普通高等教育“十三五”规划教材
工业设计专业规划教材

Creo 中文版实用教程

谭锦华　陈　明　胡远忠　主　编
滕　健　宋燕芳　陈媛媛　副主编

U0209381

電子工業出版社
Publishing House of Electronics Industry
北京·BEIJING

内 容 简 介

全书共 9 章，主要包括 Creo 绘图环境介绍、创建二维视图特征、创建基准特征、创建基础实体特征、创建工程特征、特征操作、创建曲面特征、装配设计、工程图设计等内容。

在软件的介绍中，以实用型工具的应用为主，结合实例讲述了常用工具的使用方法及作图思路。与传统的单纯介绍软件工具的图书不同，本书重点在于培养用户良好的作图习惯。本书针对机械设计及工业设计两个专业的作图特点，设计了新颖的案例以提高学习效率。

本书可作为普通高等院校 Creo 课程的本、专科教材。

图书在版编目（CIP）数据

Creo 中文版实用教程 / 谭锦华，陈明，胡远忠主编. 一北京：电子工业出版社，2017.1
工业设计专业规划教材
ISBN 978-7-121-30324-1

Ⅰ. ①C… Ⅱ. ①谭… ②陈… ③胡… Ⅲ. ①计算机辅助设计－应用软件－高等学校－教材
Ⅳ. ①TP391.72

中国版本图书馆 CIP 数据核字（2016）第 271314 号

策划编辑：赵玉山
责任编辑：赵玉山　　特约编辑：邹小丽
印　　刷：北京捷迅佳彩印刷有限公司
装　　订：北京捷迅佳彩印刷有限公司
出版发行：电子工业出版社
　　　　　北京市海淀区万寿路 173 信箱　邮编　100036
开　　本：787×1092　1/16　印张：17.25　字数：442 千字
版　　次：2017 年 1 月第 1 版
印　　次：2024 年 8 月第 8 次印刷
定　　价：39.80 元

凡所购买电子工业出版社图书有缺损问题，请向购买书店调换。若书店售缺，请与本社发行部联系，联系及邮购电话：(010) 88254888，88258888。

质量投诉请发邮件至 zlts@phei.com.cn，盗版侵权举报请发邮件至 dbqq@phei.com.cn。

本书咨询联系方式：（010）88254556，zhaoys@phei.com.cn。

前　　言

Creo Parametric 是 Pro/Engineer 野火版的升级版。它保留了 Pro/Engineer 野火版参数化设计的特点，将操作工具的图形化进一步加强，以提高设计人员的工作效率。Creo Parametric 是继 Pro/Engineer 野火版之后，当前三维 CAD 软件中的典型代表，它的全参数设计、特征基础、模型关系数据等特点，使设计工作直观化、高效化、系统化，目前是国内外 CAD/CAE/CAM 软件中用户最多的软件。它的出现改变了传统的设计方式，并广泛得到制造行业的肯定，并且已逐渐替代 Pro/Engineer 成为各高等院校的必修内容。

Creo Parametric 作为工具类软件，主要面向两类学生：一类是机械制造类相关专业的学生，在设计零件及开发零件模具时使用；另一类是设计类专业的学生，在进行产品造型时使用。目前市面上的书籍多是针对第一类学生进行编写的，有的则是单纯介绍工具为主，很难涵盖设计过程所需的系统知识。

Creo Parametric 是一个功能强大、模块众多的软件，是一个可扩展的、集成的且参数化的 3D 产品开发软件，集零件设计、产品装配、模具开发、NC 加工、钣金件设计、铸造件设计、造型设计、逆向工程、自动测量、机构模拟、应力分析、产品数据库功能于一体，可以最大程度地提高 3D 产品设计的创新和质量。由于 Creo Parametric 体系庞大而功能复杂，有很多功能随着版本的升级而加以整合，隐藏在不同的菜单下，一本书难以掌握其全部内容。本书面向的是初、中级用户，既能作为高等教育阶段的初级教材，也可以作为软件爱好者自学的参考书。

本书共 9 章，其中第 1 章、第 4 章由岭南师范学院谭锦华编写；第 2 章、第 5 章由桂林理工大学宋燕芳编写；第 3 章由湖北工业大学商贸学院陈媛媛编写；第 6 章由广东海洋大学陈明编写；第 7 章、第 8 章由岭南师范学院滕健编写；第 9 章由广东海洋大学胡远忠编写。

书中直接调用的 prt 文件可在华信教育资源网（www.hxedu.com.cn）上下载。

由于时间仓促，编者水平有限，如有错误、遗漏之处，恳请同行、读者批评指正。

目　录

第1章 Creo 绘图环境介绍

Creo 是美国 PTC 公司于 2010 年推出的软件包，它在 Pro/ENGINEER 野火版的基础上整合了 CoCreate 和 ProductView 两个软件。Creo 是一套由设计至生产的机械自动化软件，是一个基于特征的实体造型系统，并且具有单一数据库功能的软件。Creo 2.0 是 Creo 系列软件中开发时间长、整体操作较为稳定的版本。本书将以 Creo 2.0 为基础进行介绍。

1.1 Creo 启动及界面

为了让熟悉 Pro/ENGINEER 的用户快速了解 Creo 软件，Creo 的界面与 Pro/ENGINEER 野火版的界面基本一致。整体用户界面增加了更为舒适的色彩配置方案，扩大了绘图区域，并将所有的操作命令进行了图形化处理。通过图形预览，对特征的关键要素可以直接控制，即使是复杂的模型也能轻松完成。

Creo 系统的启动方式有很多种，这里简单介绍两种常见的启动方式。

① 在桌面上直接启动

双击桌面上的 Creo Parametric 系统快捷图标，如图 1-1 所示。

图 1-1 快捷方式图标

② 在 Windows【开始】菜单中启动

单击【开始】→【所有程序】→【Creo Parametric 2.0】，如图 1-2 所示。

若系统安装了绿色版 Creo，则需在文件夹中打开对应的图标以启动软件。

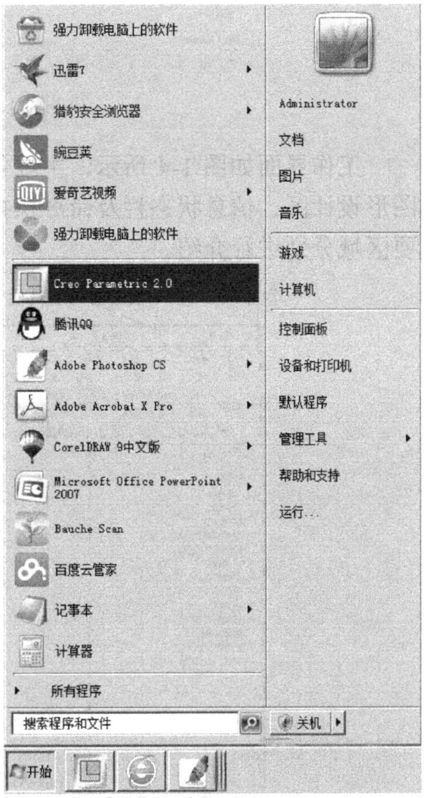

图 1-2 启动 Creo Parametric 2.0

1.2 用户界面及鼠标介绍

1.2.1 Creo 系统用户界面

Creo 软件提供了一个更为合理的工作界面。启动应用程序后，显示如图 1-3 所示的启动界面，用户可在使用过程中即时上网进行学习。

图 1-3 Creo Parametric 2.0 启动界面

工作界面如图 1-4 所示，主要包括标题栏、快速访问工具栏、菜单栏、功能区、导航区、图形设计区、信息状态栏及命令操控板。其中命令操控板需开始单个命令才能出现。下面就主要区域分别进行介绍。

图 1-4 Creo Parametric 2.0 工作界面

（1）快速访问工具栏

快速访问工具栏位于 Creo 窗口的顶部，提供常用操作命令。快速访问工具栏由一些使用频率较高的菜单命令组成，用来实现对菜单命令的快速访问，提高设计效率，如图 1-5 所示。

图 1-5　快速访问工具栏

快速访问工具栏中大部分工具都与常用绘图工具相同，只有个别工具不同，此处重点讲解不同的工具。

为“重新生成”工具，作用是更新模型。

为“窗口”工具。同一个 Creo 基础窗口可以打开多个文件，用户可以在“窗口”工具中选择并激活选中的文件。在工具右侧有下拉菜单，如图 1-6 所示。

图 1-6 “窗口”工具

为“关闭”工具。该工具是关闭正在打开的文件，而不是关闭软件基本窗口。

（2）菜单栏

文件的菜单栏包含管理文件、模型的准备相关工具、管理会话信息设置 Creo 环境和配置选项等命令。

（3）功能区

功能区用于帮助用户高效直接地查找、了解和使用命令，是由同类型功能工具组成的一组选项卡的命令按钮。选项卡主要包括选项卡名称、命令组、命令图标按钮和组溢出按钮，如图 1-7 所示。在每个选项卡上，相关功能的命令按钮会分在一组。用户可以通过添加、移除或移动按钮来自定义功能区。

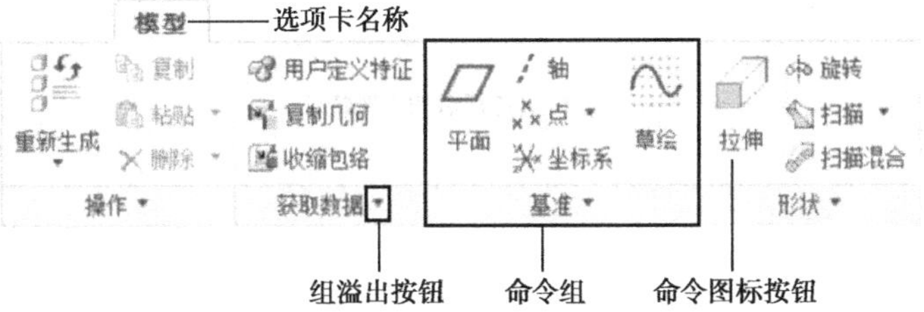

图 1-7　功能区

（4）导航区

导航区包含模型树、文件夹浏览器、个人收藏夹和层树，如图 1-8 所示，通过它们来显示所有零部件的特征模块名称、组织架构、组合顺序，以方便用户在编辑过程中选择和辨识。

模型树是包含当前零件、绘图或组建每个特征或零件的列表。模型树中能显示模型每个特征创建的顺序，并表示了特征的类型及当前状态。如果在模型树上选中某个特征，该特征就会在图形设计区以加亮方式显示出来。

正确使用模型树能提高绘图效率。若需对已创建的特征进行编辑操作，可在模型树中选择对应特征，单击鼠标右键，在弹出的对话框中可实现所选特征的删除、隐含、重命名、编辑（修改数值）、编辑定义等操作，具体操作如图 1-9 所示。模型树中的特征，如无特征冲突，可交换作图顺序，在所需特征后增加特征等。

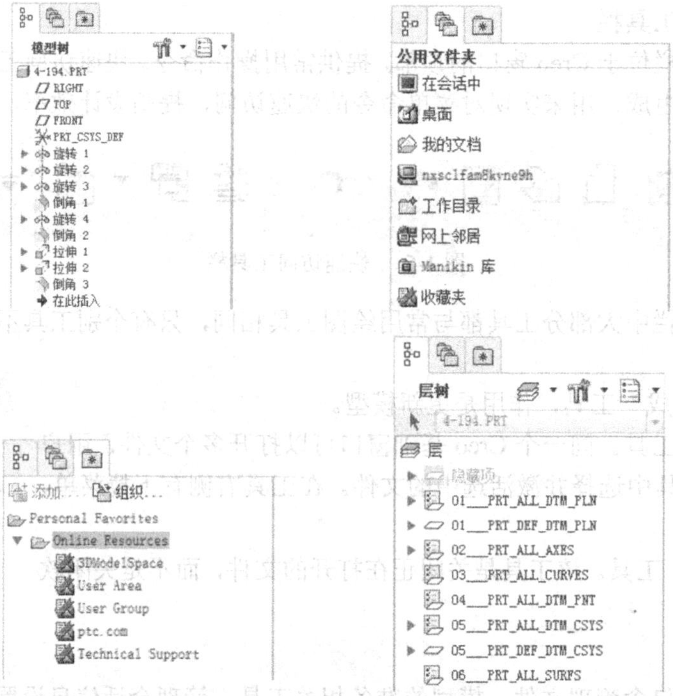

图 1-8　Creo Parametric 2.0 导航区

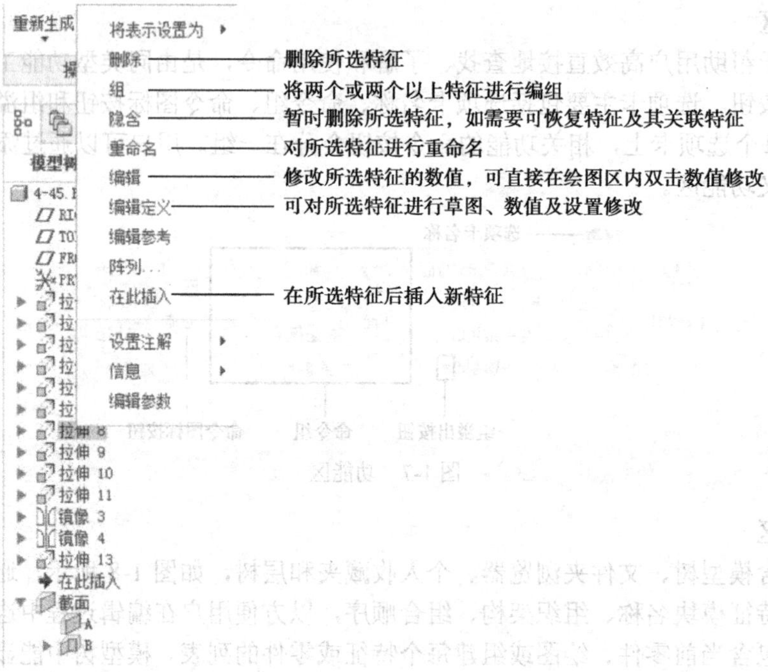

图 1-9　模型树中特征右键功能内容

层树部分请参照第 4 章内容进行学习。

（5）信息状态栏

信息状态栏位于图形设计区下方，用于提醒用户在操作工程中可能出现的各种问题。图 1-10 所示为操作倒圆角命令中，用户可按照提示进行下一步的操作。

图 1-10　信息状态栏

1.2.2　Creo 系统鼠标操作应用

Creo Parametric 的使用需配备三键鼠标。在绘制图形过程中，配合键盘使用鼠标能完成不同操作。为方便操作，用户也可以在系统中设置不同的快捷键，表 1-1 列出了鼠标在不同环境下配合键盘的使用方法。

表 1-1　鼠标各功能键的基本用途

使用环境 \ 鼠标功能键		鼠 标 左 键	鼠 标 中 键	鼠 标 右 键
二维草绘模式		1. 连续绘制图形（直线、样条曲线、同心圆等） 2. 绘制圆或者圆弧线	1. 终止正在绘制的图形，返回选择命令模式； 2. 完成直线（圆、圆弧、样条曲线等）绘制，开始另一条直线的绘制	弹出快捷菜单
三维模式	鼠标单独使用	点选或者框选模型	1. 旋转模型； 2. 滚轮转动可缩放模型	弹出快捷菜单
	与 Ctrl 键配合使用	同时选取多个对象	缩放显示模型	无
	与 Shift 键配合使用	依次选取链条等	平移当前模型	

1.3　文件管理

【文件】菜单栏中的各种命令如图 1-11 所示，可以帮助实现 Creo Parametric 的各种文件管理。下面介绍【文件】菜单中的各个命令功能。

（1）新建任务

选择【文件】→【新建】命令，系统弹出如图 1-12 所示的【新建】对话框。在对话框中，可以自行选择所需要的功能模块进行设计，并在名称中输入新建零件的文件名称。各种不同的模块会在后面的章节中介绍。

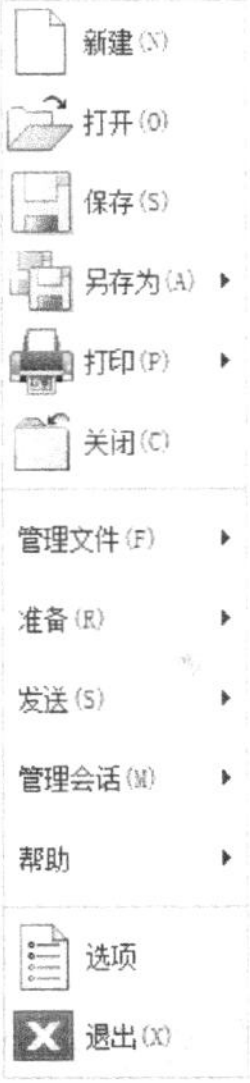

图 1-11 【文件】菜单栏

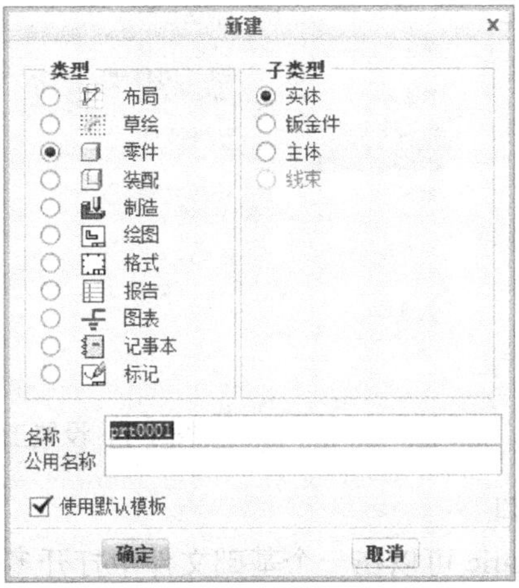

图 1-12 【新建】对话框

（2）打开文件

选择【文件】命令，下方菜单右侧会出现最近打开的文件列表。若在列表中没有需要打开的文件，选择【打开】命令，系统弹出如图 1-13 所示的对话框。用户可在对话框上方设定选择打开的路径。

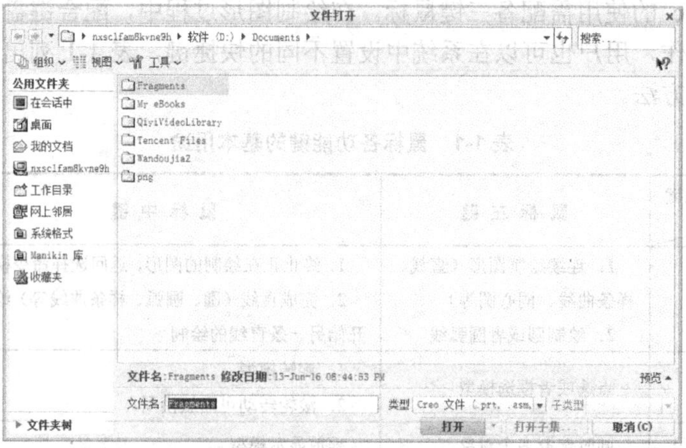

图 1-13 【文件打开】对话框

（3）设置工作目录

对于 Creo Parametric，每次打开软件读取文件都是系统默认的工作目录。用户需重新指定工作目录，方便文件的存取。

选择【文件】→【管理会话】→【选择工作目录】命令，如图 1-14 所示，系统弹出【选择工作目录】选择项，用户可以在对话框中选择指定的位置进行设置。

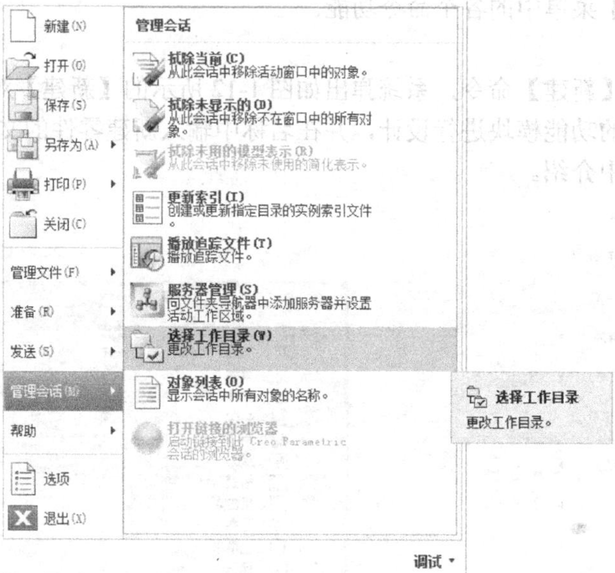

图 1-14 设置工作目录

（4）关闭窗口

Creo Parametric 可以在一个基础文件中打开多个不同的零件，在文件菜单栏中的关闭窗口是指关闭当前显示的文件窗口，不会关闭基本窗口。

（5）保存文件

保存当前编辑的文件。选择该命令后，系统弹出【保存对象】对话框，可以在设置工作目录中进行文件的保存。文件的保存过程应注意以下问题：

- 文件在第一次保存时，可以自由选择路径，若再次保存只能在原来的目录下进行快速保存。用户如需更换路径保存，则应选择【另存为】→【保存副本】进行保存。
- Creo Parametric 不允许文件在保存过程中进行重命名，若需对文件重命名，应使用【文件】→【管理文件】→【重命名】命令。在文件操作过程中的重命名操作，不会自动覆盖之前名称存盘的文件，而是形成新文件。
- Creo Parametric 系统每次执行保存操作都是在保留文件前期版本的基础上增加一个文件。在同一项设计任务中多次保存的文件，文件名尾以升序的方式添加序号，序号数字越大，文件版本越新。

Creo Parametric 系统能与多个绘图软件平台相接。文件创建成功后，需要转化为其他格式，都可以通过【另存为】来完成。在【保存副本】对话框中，如图 1-15 所示，下拉菜单能自行选择所需的文件类型。

（6）拭除文件

拭除文件是指在进程中清除占据空间的文件，而非传统意义上的删除文件。其主要操作如下：

- 【拭除当前】：从进程中清除当前打开的文件，同时该模型的设计界面被关闭。若该文件已保存在硬盘中，文件不会被删掉；
- 【拭除未显示的】：清除在系统中曾经打开过的，现已经关闭的但还保留在进程中的文件。这样能有效释放系统缓存的压力。

（7）删除文件

删除文件是指在计算机硬盘中彻底删除。删除文件的命令在【文件】→【管理文件】内，如图 1-16 所示。其主要操作如下：

- 【删除旧版本】：系统只留下最近的版本，所有旧的版本都将删除；
- 【删除所有版本】：彻底删除该文件的所有版本。

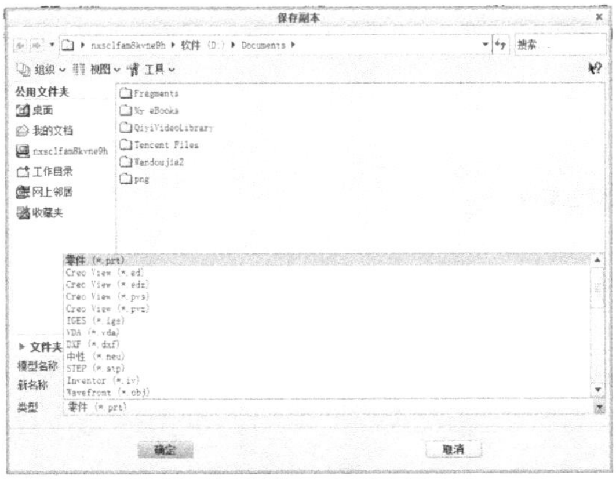

图 1-15 【保存副本】对话框

图 1-16　删除文件命令选项

1.4 系统环境管理

Creo Parametric 系统可以根据用户习惯，对其界面配置进行调整。打开【文件】→【选项】，弹出【Creo Parametric 选项】对话框，如图 1-17 所示。用户可以在该对话框中对系统设置进行更改。

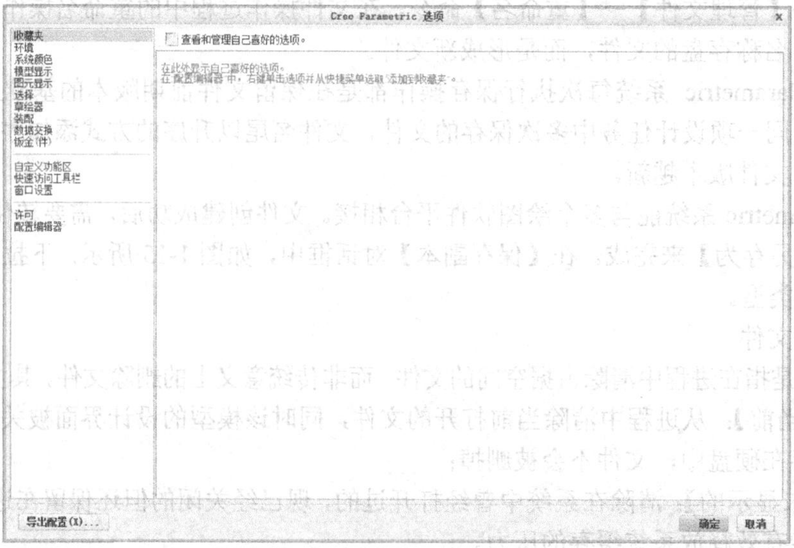

图 1-17 【Creo Parametric 选项】对话框

下面我们将针对常用内容进行讲述。

1. 系统颜色

Creo Parametric 根据用户习惯设定了系统颜色，系统颜色有助于方便识别模型几何、基准和其他重要显示内容。用户可根据自身习惯对这些系统颜色进行更改，如图 1-18 所示。在修改颜色时需注意，为方便绘图，避免图元前景色和背景色一致。

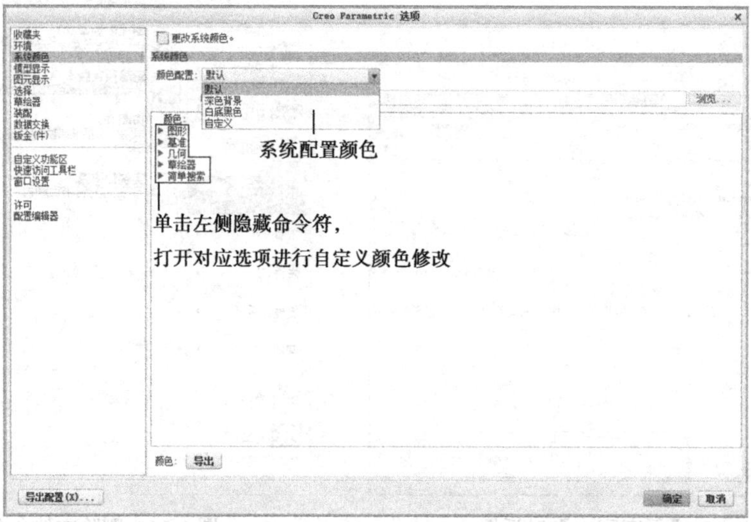

图 1-18 【Creo Parametric 选项】对话框的【系统颜色】设置

2. 模型显示

【Creo Parametric 选项】对话框中的【模型显示】，用于控制模型及曲面显示细节的级别和着色品质。用户可更改重定向模型的显示设置，如图 1-19 所示，也可以修改模型着色时的品质设置，品质越高，所需内存量越大。

图 1-19 【Creo Parametric 选项】对话框的【模型显示】设置

3. 图元显示

【Creo Parametric 选项】对话框中的【图元显示】，如图 1-20 所示，主要用于模型几何、基准、尺寸和注释等的显示设置。该部分选项的工具和绘图区上方的【图形工具栏】的工具有部分重合。

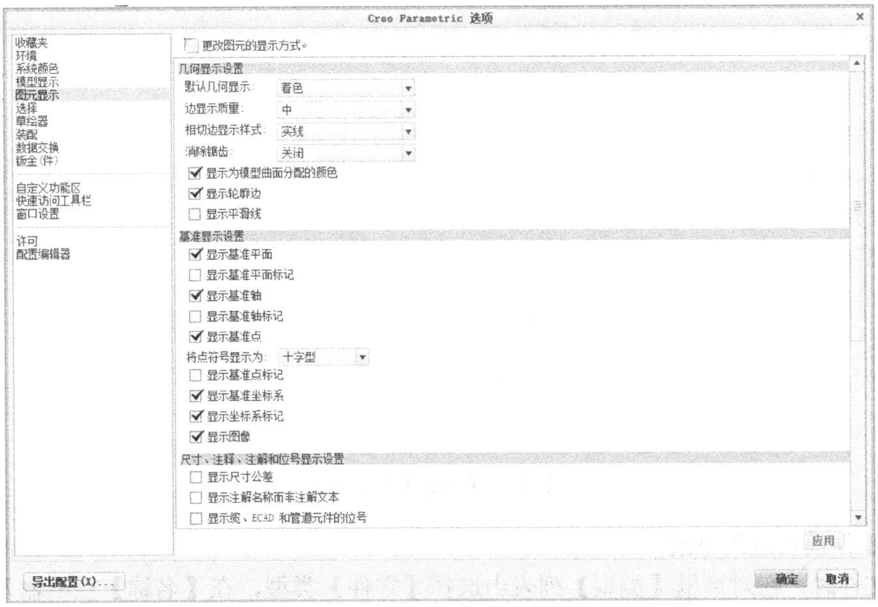

图 1-20 【Creo Parametric 选项】对话框的【图元显示】设置

第2章 创建二维视图特征

Creo 的三维实体特征都是基于二维草图基础上的，无论是拉伸、旋转等简单特征还是复杂的曲面特征，都需要绘制二维草图，因此草图的绘制是建模的基础。本章将详细讲述 Creo 的草绘技巧，包括草绘界面介绍，图元的创建、约束、标注等操作技巧，为后面的实体建模打下基础。

2.1 草绘界面的进入

进入草绘界面有两种方式。

● 新建草绘文件

在工具栏上方单击按钮，或选择【文件】→【新建】命令，弹出如图 2-1 所示的【新建】对话框，在对话框【类型】列表中选择【草绘】类型，然后在【名称】栏中输入文件的名称，也可默认系统给定的名称，然后单击【确定】按钮，即可建立新的草绘文件。

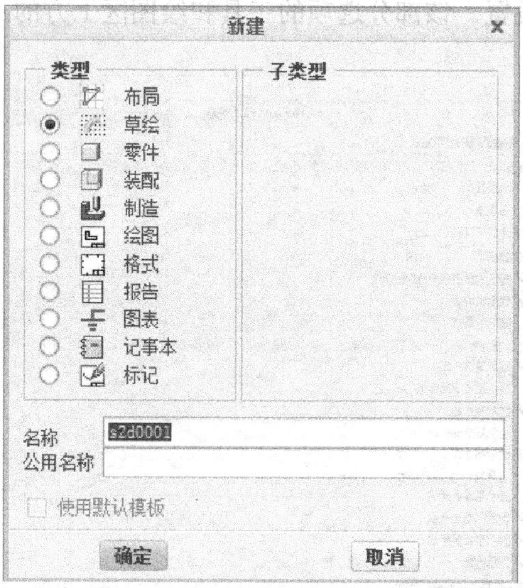

图 2-1 【新建】对话框

● 由零件模块进入草绘

新建文件时，在对话框【类型】列表中选择【零件】类型，在【名称】栏中输入文件的名称，进入创建零件界面后，选择草绘工具，然后选择一个草绘平面，即可进行草绘操作，详见本书第 4 章。

注意：<关于命名> Creo 中文件的名称只能包含字母、数字、中划线和下划线，其他字符都视为非法字符，系统是不允许的。

新建草绘文件后，系统将打开二维草绘界面。草绘界面的组成与绘制零件的界面相似，不同的是草绘界面的功能区和图形设计区。界面的功能区如图 2-2 所示，包含草绘常用工具。而图形设计区是空白的，因为草绘的是二维图形，所以界面中没有三个基准平面。草绘的图形保存后作为实体建模的图形，用户可以将重要的二维图形预先绘制并保存好，方便在建模中重复使用。

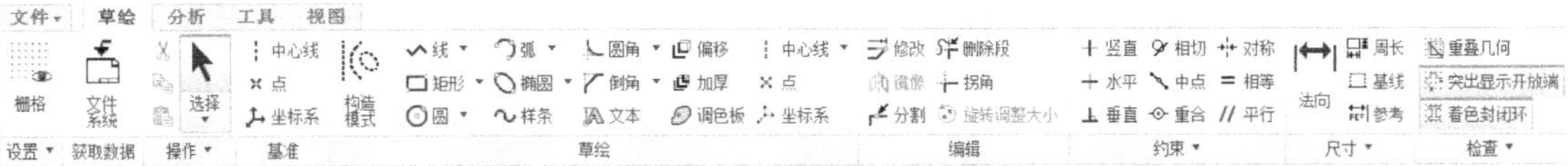

图 2-2　草绘功能区

2.2　几何图元绘制工具

在绘图区上部的【草绘】操作工具栏中，绘制几何图元主要使用的草绘工具如图 2-3 所示。

图 2-3　草绘工具

1．绘制点

选择草绘工具中的 ✖ 点 工具（注意不是基准中的点），在绘图区域单击鼠标左键，即可在绘图区绘制点。图 2-4 绘制的是与直线平齐的点，在绘制有水平直线的图上，将鼠标指针移动到直线上，水平方向移动指针，捕捉到对齐（黑色的两个小短线），在适当位置单击鼠标左键，即可获得与水平直线对齐的点，然后结束操作。

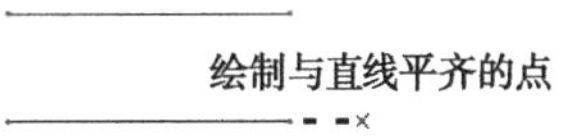

图 2-4　绘制点

在 Creo2.0 中，点是几何中最基本的组成部分，没有大小和形状。而在 CAD 中，点代表了坐标位置，是可以设置不同的样式和大小的，因此要分清两者的不同。

注意：<关于退出操作> 无论是进行何种绘图操作，鼠标中键及键盘的【Esc】退出键具有结束当前绘图操作的作用，但是不会退出当前草绘工具，选择工具则用于切换绘图工具。

2．绘制直线

绘制直线的工具如图 2-5 所示，这是含下拉按钮的工具，绘制的直线分为直线链和直线相切。

● 绘制直线

选择 线 工具，在绘图区域单击鼠标左键，通过两点即可创建一条直线，如需创建直线链则继续移动鼠标指针，单击鼠标左键确定线段端点，继续移动鼠标指针创建线段，直至目标创建完成，终止线工具。如图 2-6 所示，按顺序单击鼠标左键 a～f 点，形成线链。

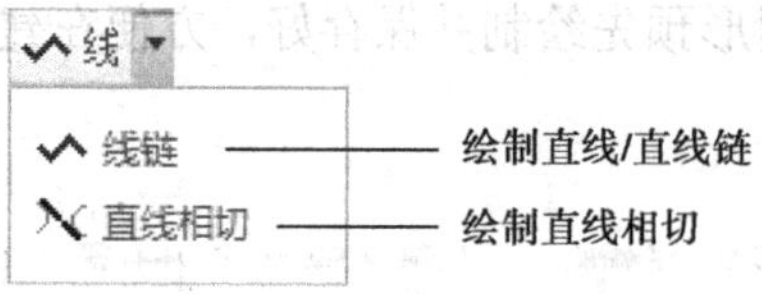

图 2-5　直线工具栏

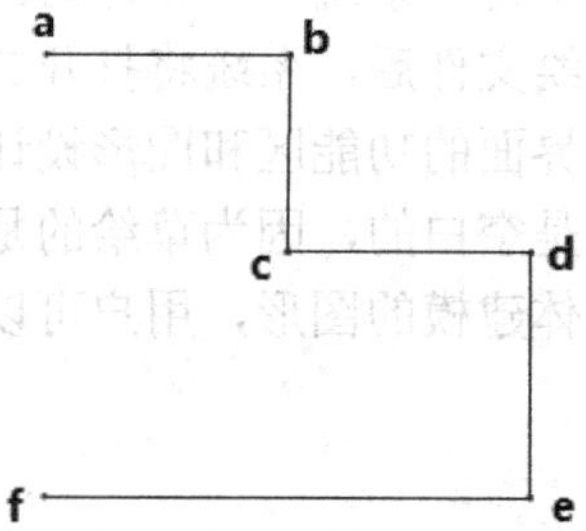

图 2-6　绘制直线

● 绘制直线相切

选择直线下拉工具栏的 直线相切 工具，用鼠标左键单击两个圆，自动生成它们的相切直线，相切直线有内切和外切两种，在单击圆的时候，希望切线在哪侧生成就单击圆的相应位置。如图 2-7 所示，选择两个圆的同侧，则生成图(1)，选择不同侧，则生成图(2)。

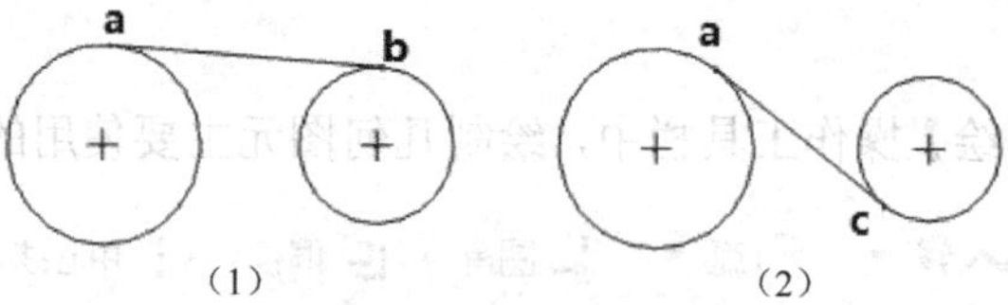

图 2-7　绘制直线相切

3. 绘制矩形

Creo2.0 中的矩形包括如图 2-8 所示的四种。

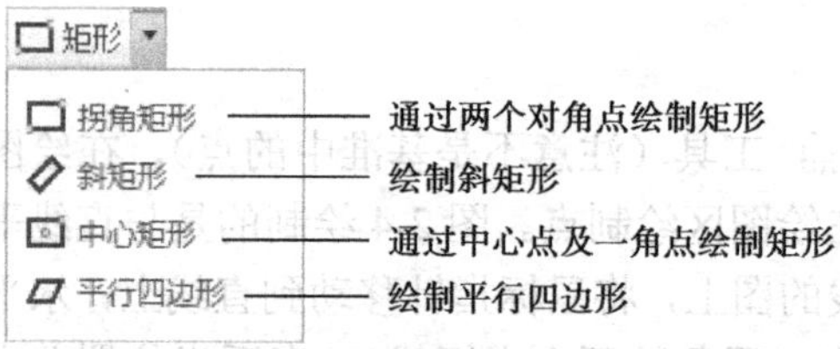

图 2-8　矩形工具栏

● 拐角矩形

选择 矩形 工具，在绘图区移动鼠标指针点选两个点 a、b 作为矩形的对角点，生成图 2-9 中的矩形（1）。

● 斜矩形

选择 斜矩形 工具，通过两点 c、d 绘制矩形的第一条边，移动鼠标指针确定延伸方向，在适当位置 e 处单击鼠标左键完成绘制，形成如图 2-9（2）所示的斜矩形。

● 中心矩形

选择 中心矩形 工具，选择一个点 f 作为矩形中心，移动鼠标指针确定矩形宽度及高度，到 g 处单击鼠标左键绘制如图 2-9（3）所示的中心矩形。

● 平行四边形

选择 ▱ 平行四边形 工具，绘制第一条边，移动鼠标指针确定平行四边形的方向，在适当距离处单击鼠标左键确定图形的另一边长，绘制如图 2-9（4）所示的平行四边形。

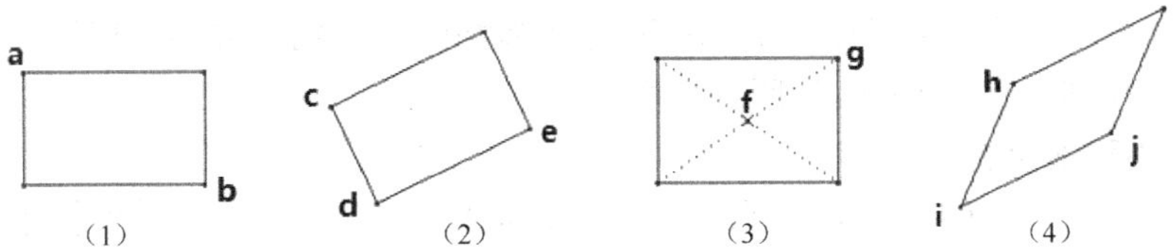

图 2-9　绘制矩形

4．绘制圆

Creo2.0 中圆的画法有如图 2-10 所示的四种。

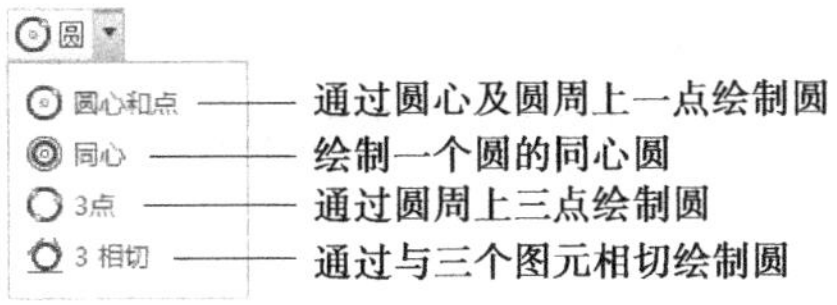

图 2-10　圆工具栏

● 通过圆心及圆周上一点绘制圆

选择 ◎圆 工具，在绘图区单击鼠标左键确定圆心及圆周上一点，生成如图 2-11（1）所示的圆。

● 三点画圆

选择 ○ 3点工具，在绘图区用鼠标左键单击选择圆周上的三个点，生成如图 2-11（2）所示的圆。

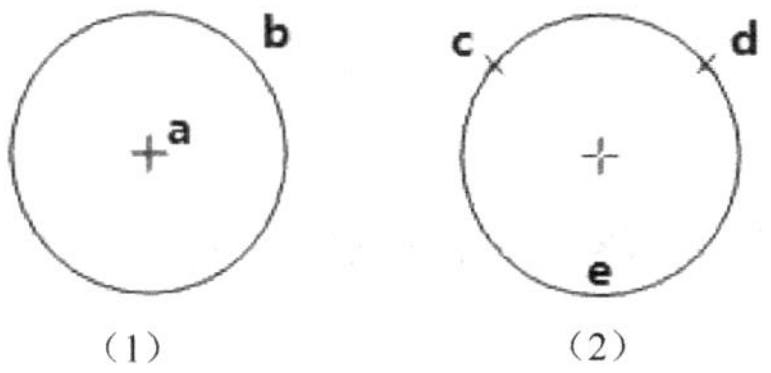

图 2-11　圆的画法

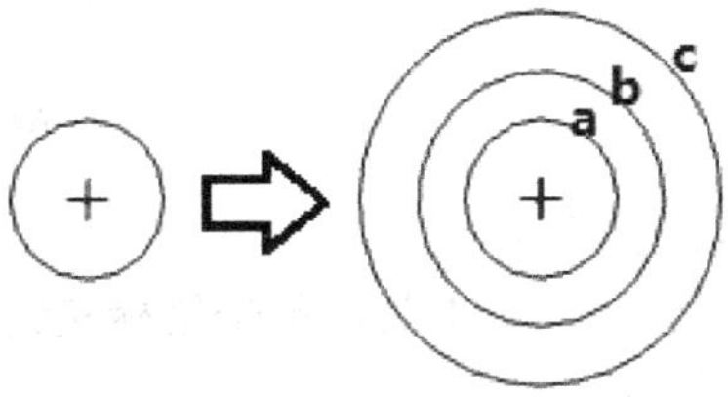

图 2-12　同心圆的画法

● 绘制同心圆

选择 ◎ 同心工具，在绘图区单击鼠标左键确定圆心及圆周上一点，生成如图 2-12 所示的圆。

● 三点相切画圆

选择 ○ 3 相切 工具，单击需要相切的三个图元（圆、圆弧或直线），生成与它们相切的圆，如图 2-13 所示。

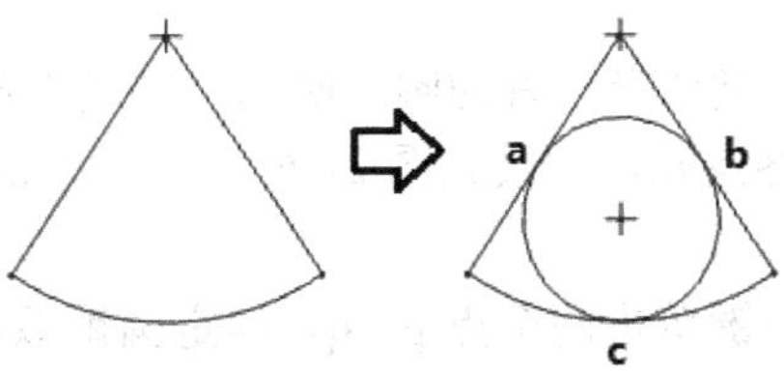

图 2-13　三点相切圆的画法

5．绘制椭圆

椭圆的绘制包括两种方法：采用主轴及椭圆上一点来绘制、采用中心和轴绘制。

● 采用主轴及椭圆上一点绘制

选择 轴端点椭圆 工具，用鼠标左键单击两点作为椭圆的主轴，移动鼠标指针至圆周，单击鼠标左键确定，生成如图 2-14（1）所示的椭圆。

● 采用中心和轴绘制

选择 中心和轴椭圆 工具，确定椭圆的中心点及椭圆的主轴长度，移动鼠标指针至圆周，单击鼠标左键，生成如图 2-14（2）所示的椭圆。

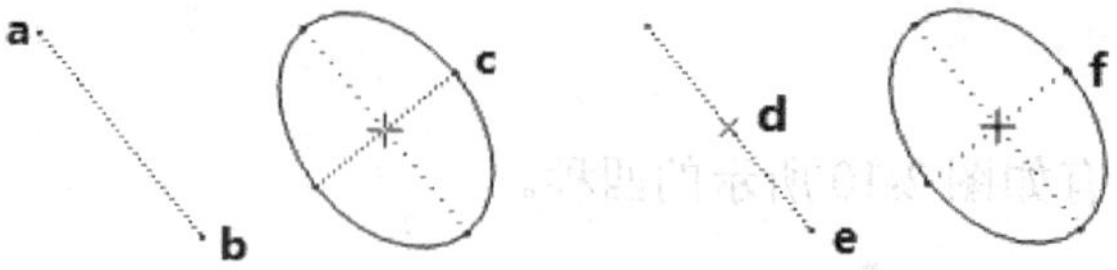

（1）　　　　（2）

图 2-14　椭圆的画法

6．绘制圆弧

与绘制圆相似，圆弧的画法有五种。

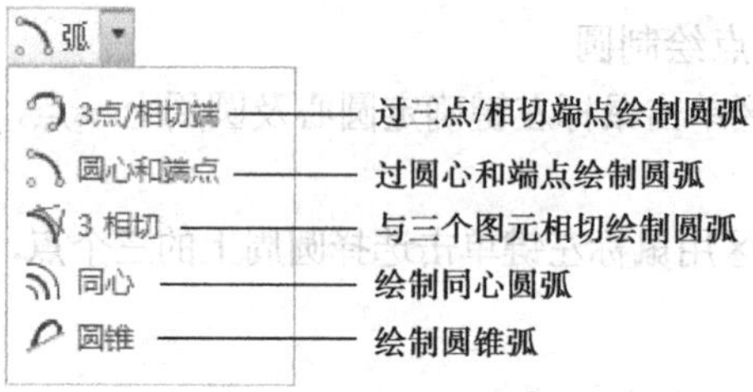

图 2-15　圆弧工具栏

● 3 点/相切端

选择 3点/相切端 工具，单击鼠标左键确定圆弧的起点 a、终点 b 及圆弧上一点 c，生成如图 2-16（1）所示的圆弧。

● 圆心和端点

选择 圆心和端点 工具，用鼠标左键单击一点 d 作为圆心，再确定圆弧的起点 e 和终点 f，生成如图 2-16（2）所示的圆弧。

● 3 相切

选择 3 相切 工具，用鼠标左键单击需要相切的三个图元（圆、圆弧或直线），生成与它们相切的圆弧，如图 2-16（3）所示，要生成与两条直线和一个圆相切的圆弧，首先用鼠标左键单击三个图元上的 g、h、i 点，就可以生成与它们都相切的圆弧。

● 同心

选择 同心 工具，用鼠标左键选择已有的圆或圆弧，移动鼠标指针到合适的半径处，单击鼠标左键确定圆弧的起点 k 及终点 m，生成如图 2-16（4）所示的同心圆弧。

● 圆锥

选择 圆锥 工具，用鼠标左键单击两个点 p、q，确定圆锥弧的方向，然后移动鼠标指针至 k 处单击鼠标左键，确定圆锥弧的大小及方向，生成如图 2-16（5）所示的圆锥弧。

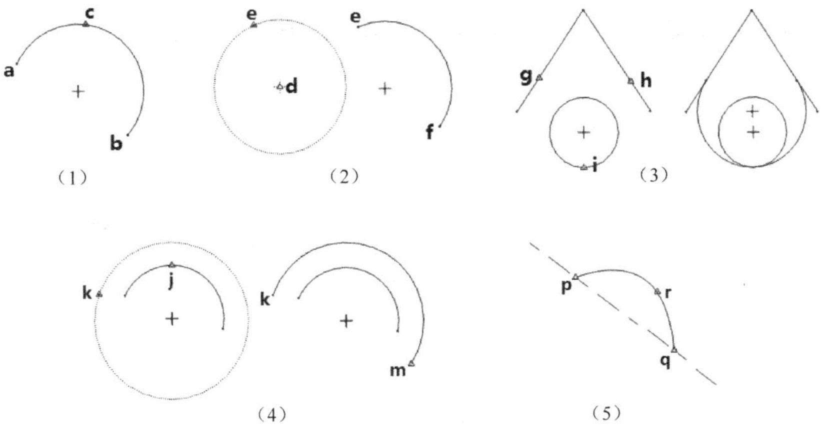

图 2-16　圆弧的画法

7．绘制样条曲线

选择 样条 工具，在绘图区移动鼠标指针点选几个点作为样条曲线上的点，点 a 和点 d 为端点；点 b 和点 c 为插值点，拖动端点可以移动样条曲线，拖动插值点可调整样条曲线的形状，如图 2-17 所示。

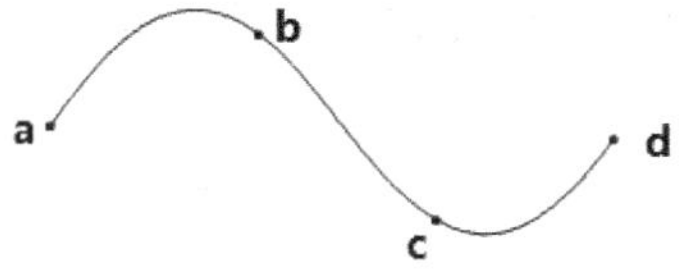

图 2-17　样条曲线的画法

8．绘制圆角

● 倒圆角

圆角包括圆形圆角和椭圆形圆角。圆形圆角的操作：选择 圆形 工具，用鼠标左键选择需要倒圆角的两个图元（圆、圆弧或直线），生成如图 2-18（1）所示的圆角，此时圆角保留了两个图元的延长线；选择 圆形修剪 工具，选择需要倒圆角的两个图元，生成如图 2-18(2)所示的圆角，此时不保留图元的延长线。椭圆形圆角的操作：选择 椭圆形 工具，生成如图 2-18（3）所示的椭圆角，和圆形圆角一样，此时椭圆角保留了两个图元的延长线；选择 椭圆形修剪 工具，生成如图 2-18（4）所示的无延长线的椭圆角。

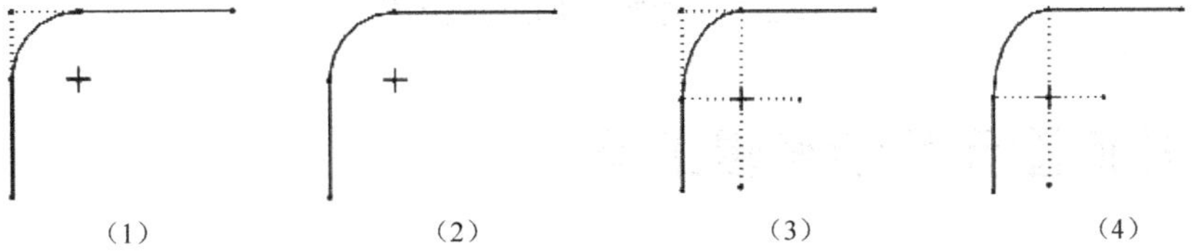

图 2-18　倒圆角

● 倒角

选择 倒角 工具，用鼠标左键单击要倒角的两段直线，生成倒角。或选择 倒角修剪 工具，用鼠标左键单击要倒角的两段直线，生成无延长线的倒角，如图 2-19 所示。

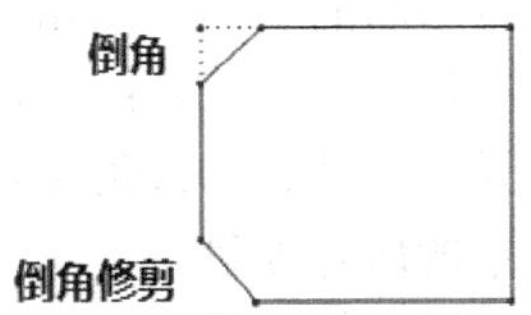

图 2-19　倒角

9．绘制文本

文本用于绘制字体，选择 文本 工具，在 a 点单击鼠标左键并按住鼠标右键移动，到 b 点单击鼠标左键，再从 b 点按住鼠标右键移动到 c 点，单击鼠标左键，形成字体绘制框。同时出现文本对话框，如图 2-20 所示，在文本行输入文字，单击【确定】按钮，生成字体。

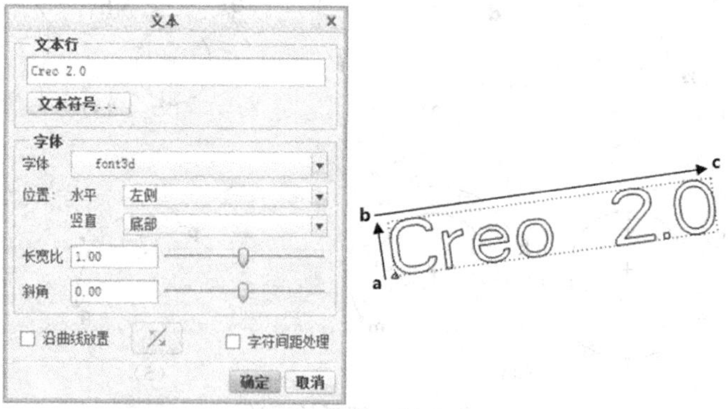

图 2-20　绘制文本

文本行包含了一些特定的符号，可以调取里面的符号；字体栏包含了字体的格式、放置的位置（水平位置在绘制线的左侧、中心及右侧；竖直位置放置在绘制线初始点的底部、中间及顶部）、长宽比和斜角；此外，字体还可以沿某条曲线放置，如图 2-21 所示。

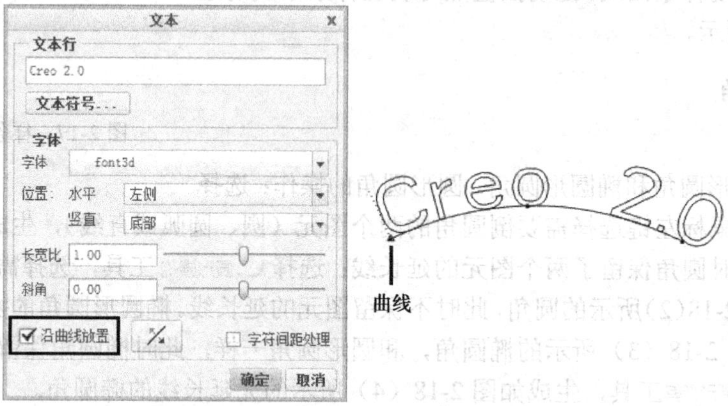

图 2-21　绘制文本沿曲线放置

2.3　几何图元草绘编辑工具

1. 图元的选择

当需要选择一个或多个图元进行操作时，采用图元选择工具 。图元选择工具是一个带有下拉选项的工具。图元的选择包括依次、链、所有几何、全部。

依次选择工具：这是默认的选项，依次选择工具可以采用鼠标左键点选一个项目，可以是图元、尺寸、约束条件等，但是每次只能选择一个项目。也可以采用框选，一次可以选择矩形框中的所有项目。

链选择工具：每次选择的是线链。

所有几何：选择草图中的所有几何图元。

全部：选择截面中的所有选项。

2. 图元移动、旋转、缩放及调整

如果要对图元放置的位置、角度或图元大小进行调整，采用 旋转调整大小 工具。旋转调整大小工具一般情况下是灰色的，只有在选择了图元之后才会被激活。选择了旋转调整大小工具之后，出现旋转调整大小的属性面板，如图 2-22 所示。

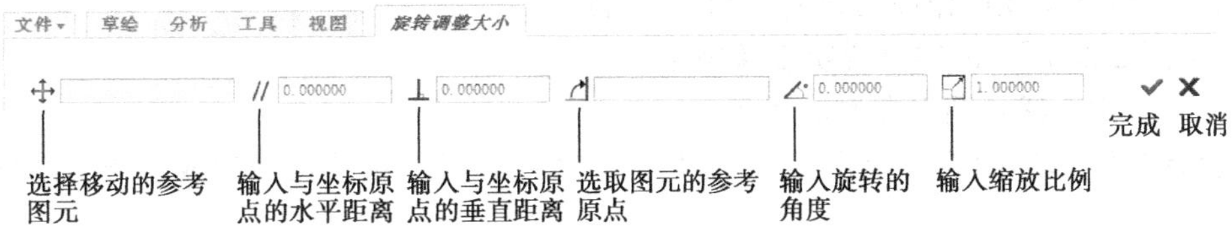

图 2-22 旋转调整大小属性面板

以图 2-23 的图形为例说明图元的调整方法，步骤如下：

① 首先用鼠标左键单击选择待调整图形，激活 旋转调整大小 。

② 选择 旋转调整大小 工具，出现调整操作栏及图元中的调整工具。可以在操作栏中输入具体数值进行调整，也可以直接在图元上进行调整。图元上的调整工具包括旋转、移动和缩放，用鼠标左键按住相应的调整工具，拖动鼠标至要调整的位置，即可进行调整。

③重新选择坐标原点。在调整工具栏中，在“选取图元的参考原点”下单击鼠标左键添加新原点，选择图形的左下角点为坐标原点，如图 2-23 所示。

④ 旋转图形。输入旋转角度为 56.48°，这样三角形的斜边就变成了水平线。要注意的是，输入的角度为正时，图形是逆时针旋转的；输入的角度为负时，图形是顺时针旋转的。

⑤ 缩放图形。输入缩放值为 1.5，将图形放大 1.5 倍，完成图形的操作。

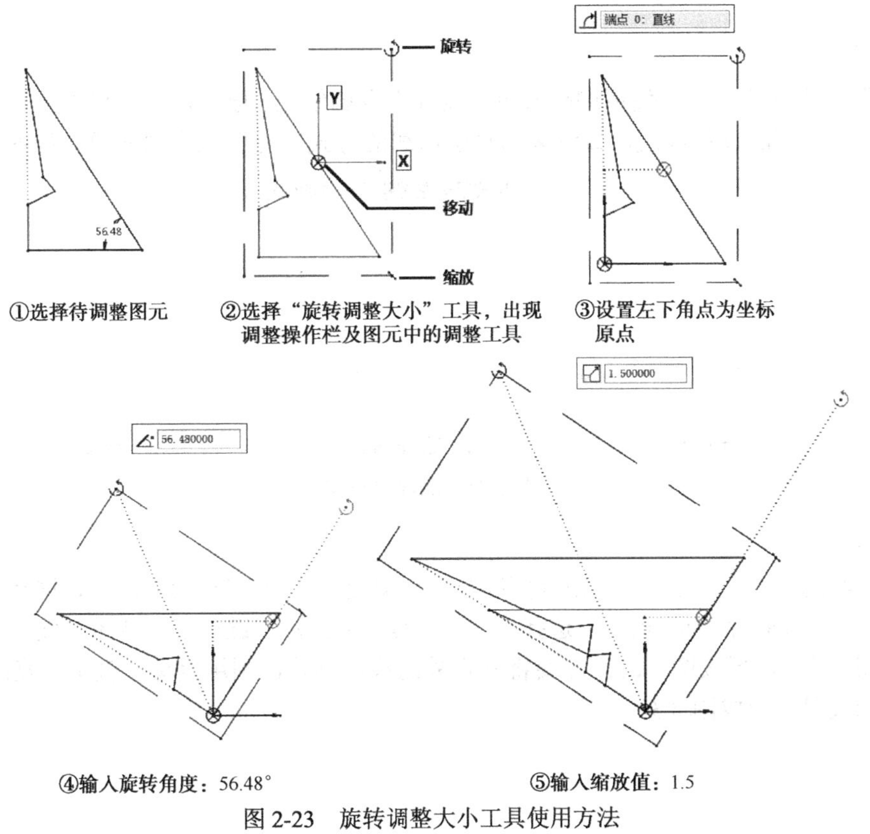

图 2-23 旋转调整大小工具使用方法

3．图元的镜像

在绘制图形的时候，如果有对称图形，可以先绘制好图形的一侧，然后采用镜像操作，形成图形的另一侧。镜像操作工具是 镜像，镜像操作工具和旋转调整大小工具一样，只有在选择了图元之后才会被激活。需要注意的是，镜像时需要有中心线作为镜像轴线才可以进行镜像操作，所以在进行镜像操作前要事先绘制好中心线。

下面以图 2-24 所示的实例说明镜像操作。

① 绘制好中心线及图形左侧的线条。

② 鼠标左键框选图形，单击 镜像 工具，选择中心线，系统自动生成右侧的线条，完成操作。

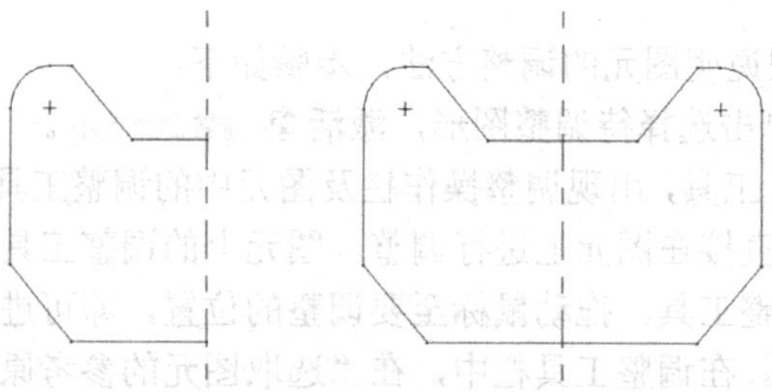

图 2-24　镜像操作

4．图元的修剪

在绘制图形时，有时需要对线条进行修剪才能获得目标图形。图元的修剪包括删除段、拐角。

- 删除段

删除段工具为 删除段，使用删除段可以删除选取的线段。删除段工具可以采用鼠标点选图元的方式，直接删除某些线段，或者采用牵引曲线的方式同时删除多根线段，如图 2-25 所示。

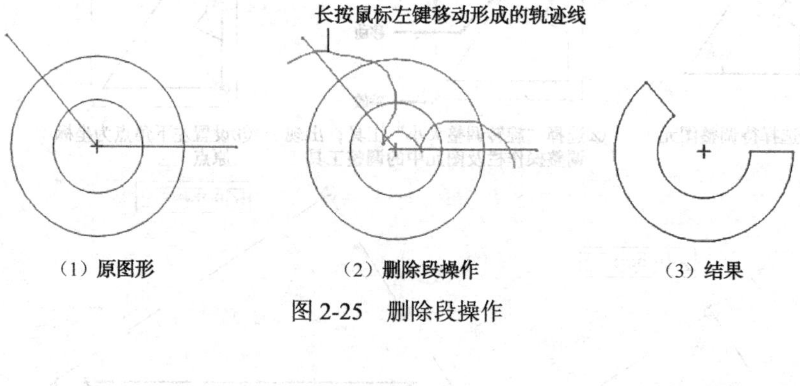

图 2-25　删除段操作

- 拐角

拐角工具为 拐角，用于延长或修剪线段至相交处。如图 2-26（1）所示，这是四条直线形成的图形。要使 ba1 和 ba2 相交，选择 拐角 工具，用鼠标左键单击这两条直线，则它们会自动延伸至相交点 a，形成图（2）；若要将 c 点外的线段删除，则用鼠标左键单击直线 bc、dc，修剪多余的线段，形成图（3）。

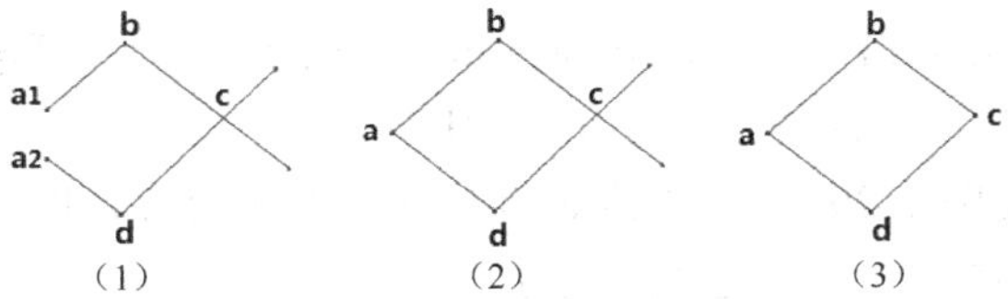

图 2-26　拐角操作

2.4　几何图元约束工具

在绘制草图时，系统会自动设置一些约束条件，约束条件会在草图中用特定的符号显示，如表 2-1 所示。

表 2-1　约束条件及符号

约 束 条 件	符　　号	意　　义
竖直约束	V	线条为铅垂线
水平约束	H	线条为水平线
垂直约束	⊥	两个图元相互垂直
相切约束	T	图元与圆弧相切
中点约束	M	点在线的中间
重合约束	⊙	两个点公用一个顶点或将点固定
对称约束	→ ←	两个点关于中心线对称
相等约束	L 或 R	两条线段长度相等或两个圆/圆弧半径相等
平行约束	//	两条直线相互平行

约束工具栏包括了九种约束类型，如图 2-27 所示。

图 2-27　约束工具栏

● 竖直约束

竖直约束用于使直线竖直或两点竖直对齐。

使直线竖直：如图 2-28（1）所示，△abc 是任意三角形，要使 ab 边竖直，可选择 + 竖直 工具，用鼠标左键单击 ab 边，单击确定，此时出现竖直符号“V”。

两点竖直对齐：要使图 2-28（3）中的 b 点与 d 点竖直对齐，同样选择 + 竖直 工具，用鼠标左键单击 b、d 两点，此时两个点之间出现对齐符号“--”。

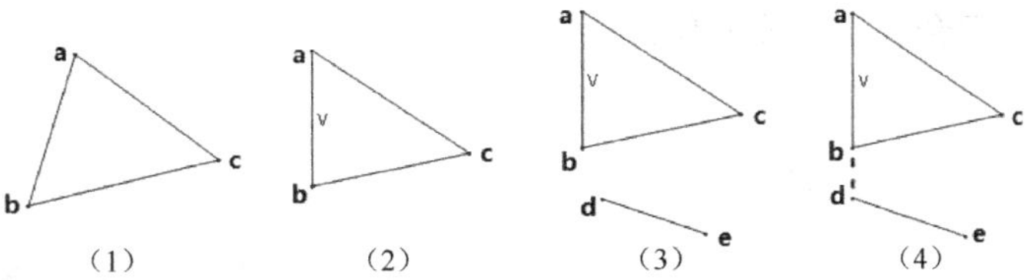

图 2-28　竖直约束

● 水平约束

使直线变成水平或使两点水平对齐。

使直线水平：如图 2-29（1）所示，要使△abc 的 bc 边水平，可选择 ╋ 水平 工具，用鼠标左键单击 bc 边，单击确定，此时出现水平符号“H”。

两点水平对齐：要使图 2-29（3）中的 a 点与 d 点水平对齐，同样选择 ╋ 水平 工具，用鼠标左键单击 a、d 两点，此时两个点之间出现对齐符号“--”。

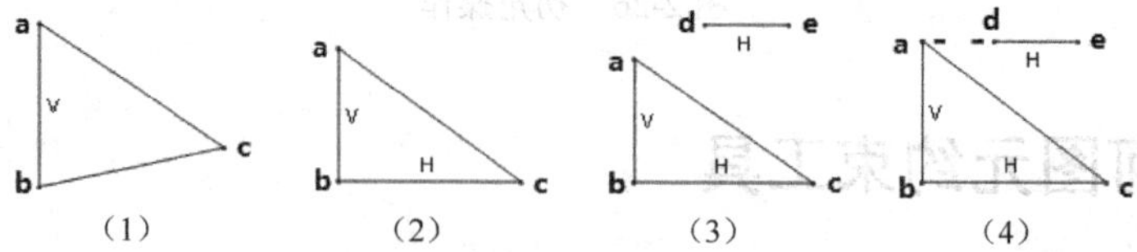

图 2-29　水平约束

● 垂直约束

使两条直线相互垂直：如图 2-30 所示，要使 ab 边与 ac 边垂直，可选择 ⊥ 垂直 工具，用鼠标左键单击边 ab、ac，出现垂直符号“⊥”，完成操作。

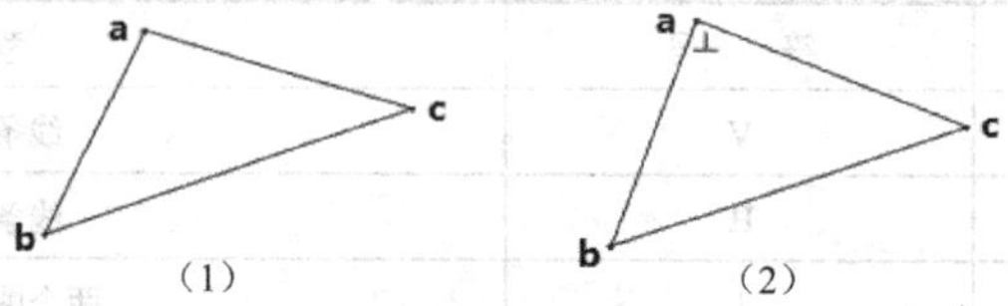

图 2-30　垂直约束

● 相切约束

使图元与圆弧相切：选择 相切 工具，选择要相切的图元（直线与圆弧或圆弧与圆弧），出现相切符号“T”。如图 2-31 所示，直线分别与两个圆相切于 a、b 点，同时两个圆相切于 c 点。

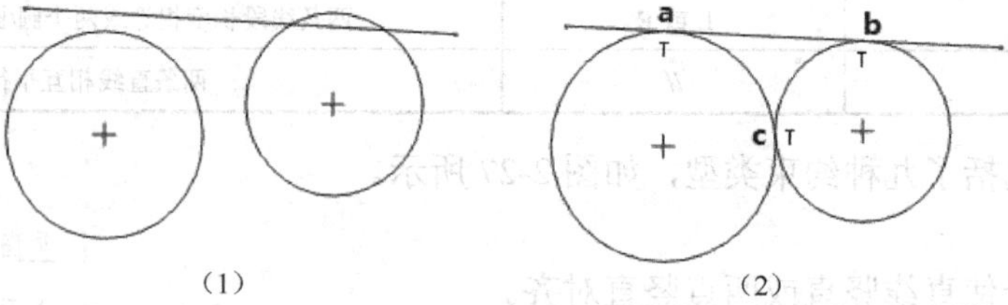

图 2-31　相切约束

● 中点约束

使点在直线或圆弧线段中间：如图 2-32 所示，要使圆心在直线的中点，可选择 中点 工具，用鼠标左键单击圆心点，然后单击直线，出现“M”符号，此时圆心在直线的中点，完成操作。

● 共点约束

使两个点重合：如图 2-33 所示，要使 a1 点和 a2 点重合，可选择 重合 工具，用鼠标左键单击这两个点，则它们合并，完成操作。

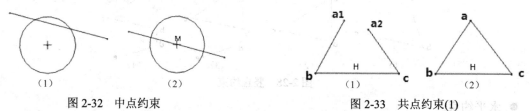

图 2-32　中点约束

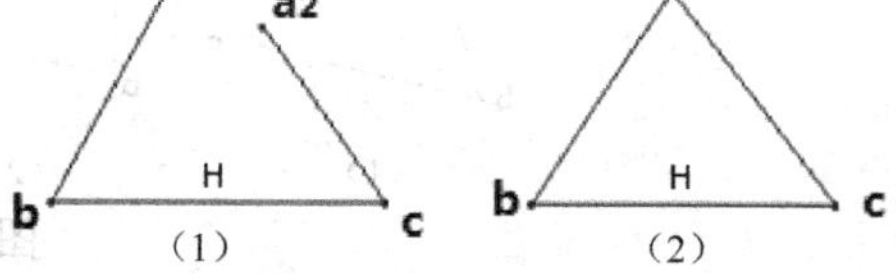

图 2-33　共点约束(1)

共点约束的另外一个作用是用于将图元的点固定在坐标轴或中心线上。如图2-34所示，要将圆心a固定在y坐标轴上，可选择 重合 工具，用鼠标左键单击圆心点a，然后单击y轴，出现固定点符号“-○-”，此时表示点在一个方向上固定，此时可以沿着y轴上下移动圆；如果圆心同时也固定在x轴，则会出现“-◇-”符号，表示点在两个方向上固定，此时圆是无法移动的。

● 对称约束

使两个点关于某条中心线对称：如图2-35所示，要使矩形关于中心线对称，可选择 对称 工具，用鼠标左键单击a、d两点，然后再单击中心线，出现“→ ←”符号，完成操作。注意：对称约束必须要有中心线，不能是构造线或者实线。

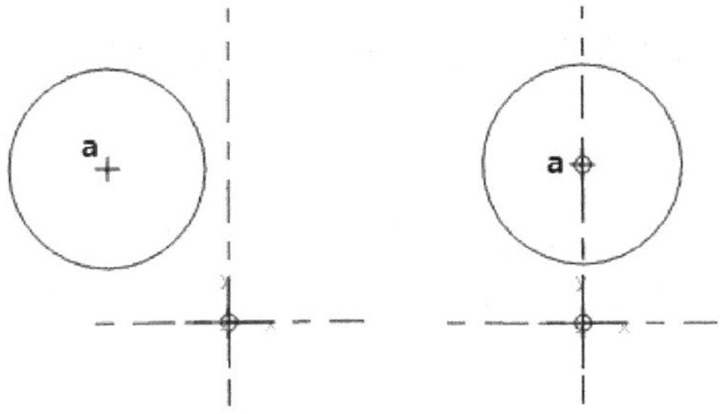

（1）　（2）

图2-34　共点约束（2）

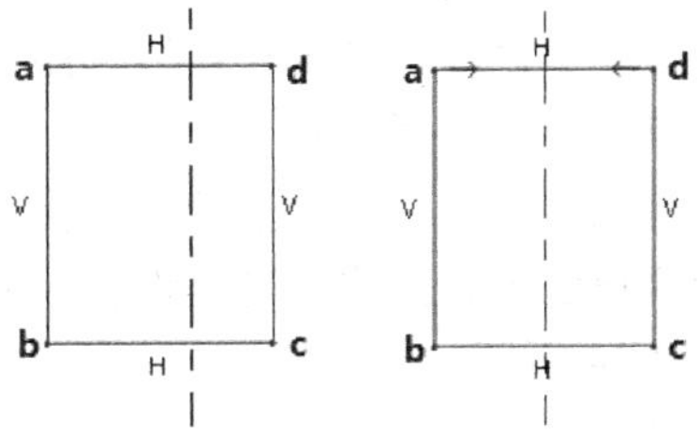

（1）　（2）

图2-35　对称约束

● 平行约束

使两条线段平行：如图2-36所示，要使ab边与cd边平行，可选择 // 平行 工具，用鼠标左键单击这两条边，出现“//”符号，完成操作。为了区分不同的平行线，用了下标作为序号，序号从1开始，拥有相同的序号的直线为平行线。

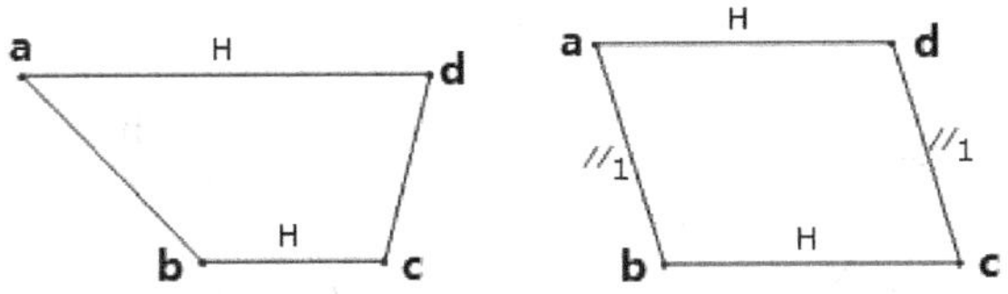

（1）　（2）

图2-36　平行约束

● 相等约束

使两条线段长度相等、两段圆或圆弧半径相等：如图2-37所示，要使两个圆角半径相等，可选择 = 相等 工具，用鼠标左键单击两个圆角，出现“R”符号。要使最下方两条线段相等，同样用鼠标左键单击两段线段，出现“L”符号，完成操作。因为圆弧的半径是用R表示的，所以圆弧相等用符号“R”表示，而线段长度用“L”表示，所以线段相等用符号“L”表示。

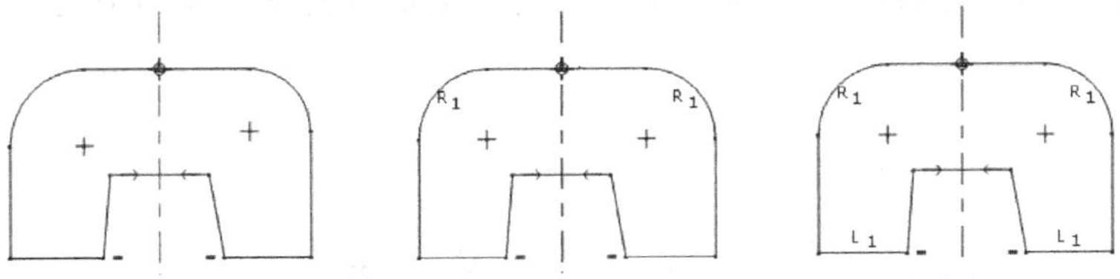

（1）　（2）　（3）

图2-37　相等约束

2.5 几何图元尺寸标注

绘制好几何图元后，系统会自动标注尺寸，此时标注的尺寸是弱尺寸，因为是系统标注的，所以可能不理想，此时可以通过尺寸标注工具|↔|来重新标注尺寸，标注后的尺寸称为强尺寸。当用户标注一个强尺寸后，系统中的一个弱尺寸会自动删除，具体在后面的实例中说明。

1. 标注直线尺寸

直线尺寸包括长度尺寸和距离尺寸。长度尺寸为直线的长度；距离尺寸包括两点的距离、点与直线的距离、直线与直线的距离。

（1）标注长度尺寸

首先绘制一个直角三角形，然后选择尺寸标注工具|↔|，标注三角形的直角边长和斜边长度，设置尺寸值分别为3.00、3.50，完成操作，如图2-38所示。

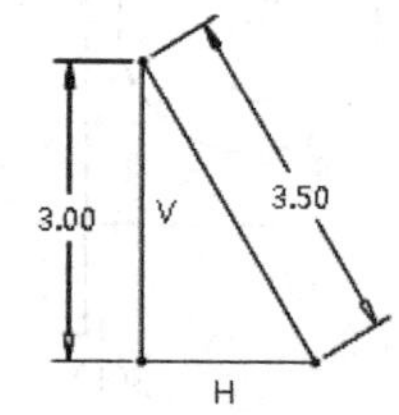

图2-38 标注长度尺寸

（2）标注距离尺寸

① 标注两点间的距离

用鼠标左键点选两个待标注的点，移动鼠标指针，在尺寸放置的位置单击鼠标中键，完成标注。不同的尺寸放置位置会生成不同的尺寸值，如图2-39所示，图（1）标注的是两点的直线距离，图（2）标注的是两点的竖直距离，图（3）标注的是两点的水平距离。因此在标注中要根据需要放置尺寸。

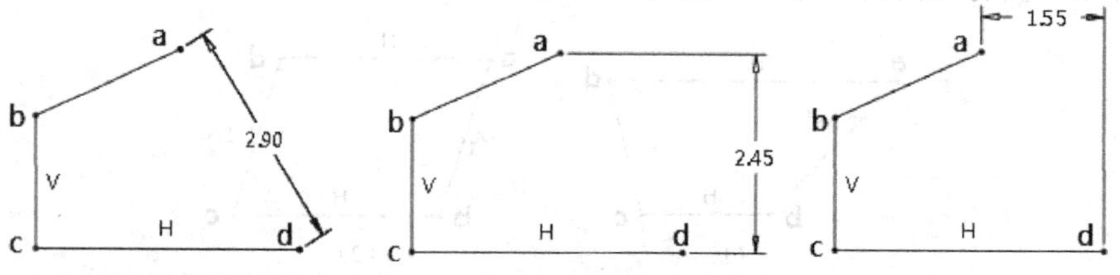

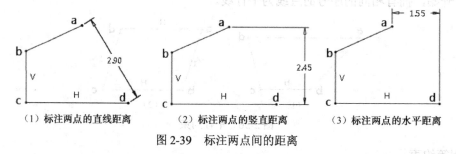

（1）标注两点的直线距离　（2）标注两点的竖直距离　（3）标注两点的水平距离

图2-39 标注两点间的距离

② 标注点与直线的距离

用鼠标左键单击待标注的点及直线，移动鼠标指针，在尺寸放置的位置单击鼠标中键，完成标注，如图2-40（1）所示。

③ 标注直线与直线的距离

用鼠标左键单击两条直线，移动鼠标，在尺寸放置的位置单击鼠标中键，完成标注，如图2-40（2）所示。

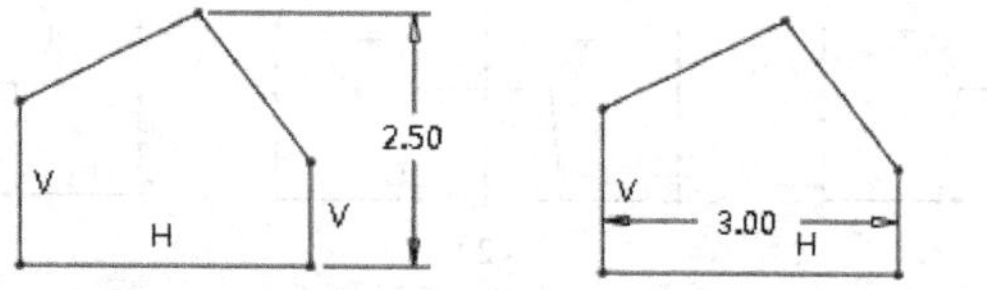

（1）标注点到直线的距离　（2）标注直线与直线的距离

图2-40 标注点与直线的距离

2．标注直径及半径尺寸

圆和圆弧通常标注直径或半径。对于超过 180° 的圆弧，常标注直径尺寸，小于或等于 180° 的圆弧，标注半径尺寸。标注直径时，用鼠标左键双击圆弧再放置尺寸；标注半径时，用鼠标左键单击圆弧放置尺寸，如图 2-41 所示。

3．标注角度尺寸

角度尺寸包括直线的夹角和圆弧的弧度。

夹角尺寸的标注：用鼠标左键单击两条直线，按住鼠标中键放置尺寸。如图 2-42 所示，不同的放置位置形成不同的夹角角度。

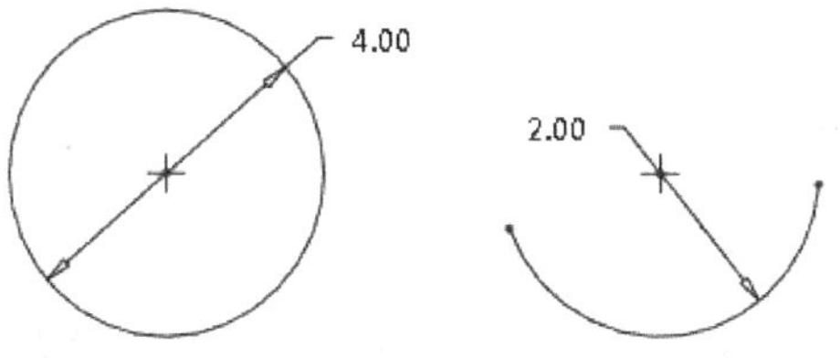

（1）　（2）

图 2-41　标注直径及半径尺寸

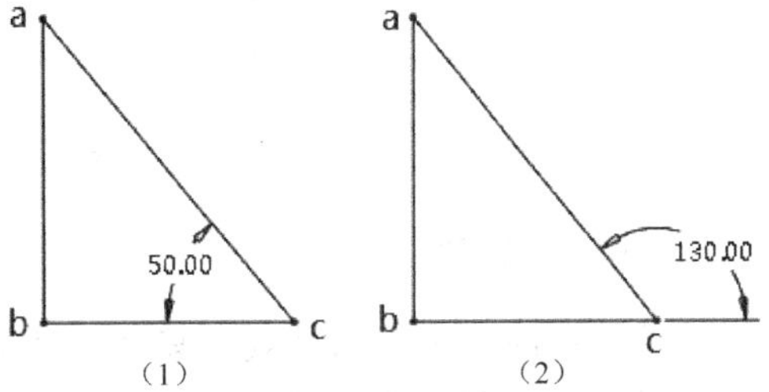

（1）　（2）

图 2-42　标注角度尺寸

弧度的标注：用鼠标左键依次单击圆弧的两个端点和圆弧上某点，单击鼠标中键放置尺寸，完成操作，如图 2-43 所示。

4．标注样条曲线

绘制好样条曲线后，标注两个端点的长度及高度方向尺寸，如图 2-44 所示。

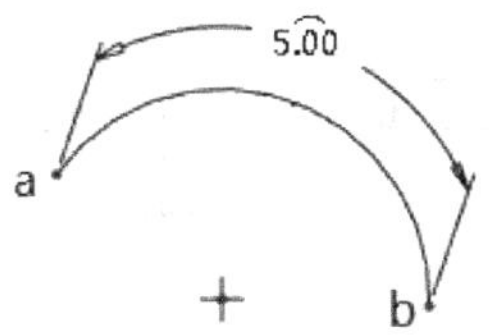

图 2-43　标注弧度尺寸

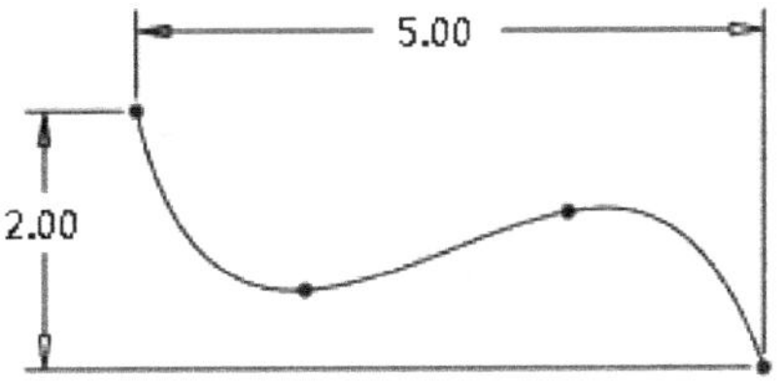

图 2-44　标注样条曲线尺寸图（1）

标注样条曲线的尺寸还可以标注两个端点处的角度、插值点的位置尺寸。

标注两个端点的角度尺寸：首先过两个端点，绘制水平中心线作为角度参照线，然后进行角度标注，如图 2-45（1）所示。标注时，首先用鼠标左键依次单击中心线上的点 a、样条曲线上的点 b 和端点 c，然后单击鼠标中键放置尺寸，完成角度标注，如图 2-45（2）所示。用同样的方法标注样条曲线另一端的角度。

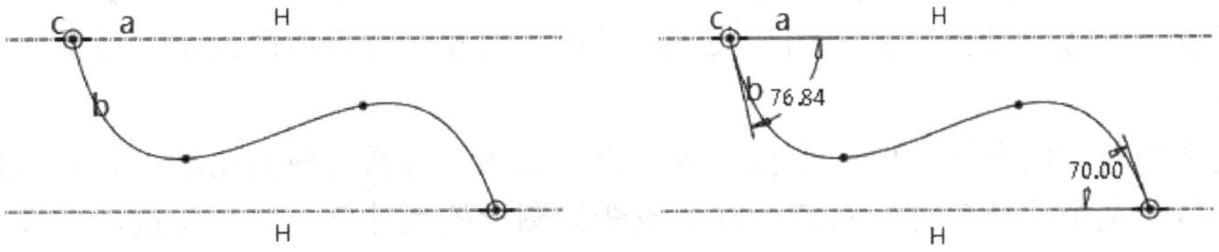

（1）　（2）

图 2-45　标注样条曲线尺寸图（2）

标注插值点的位置尺寸：和标注两点的距离尺寸一样，通过标注样条曲线的插值点的位置尺寸，完成样条曲线的尺寸标注。如图 2-46 所示，样条曲线有两个插值点，通过分别标注它们的水平及垂直距离，完成样条曲线的尺寸标注。

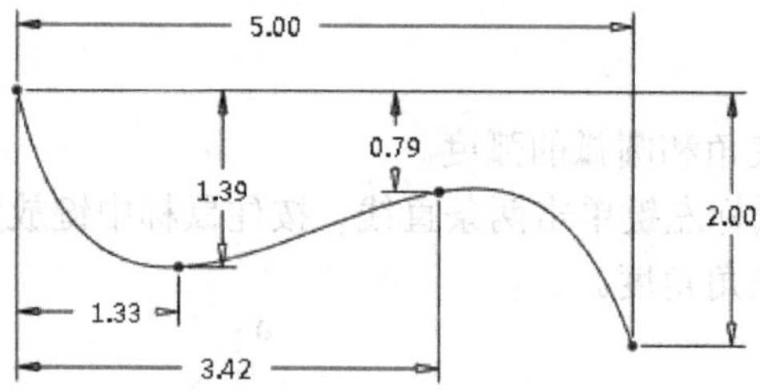

图 2-46 标注样条曲线尺寸图（3）

5. 尺寸的修改

尺寸的修改，可以通过双击某个尺寸值修改，也可以通过选择多个尺寸一起修改。通常绘制图形时，先将图形绘制好再修改尺寸值，可以提高绘图效率。尺寸修改工具是 修改。

下面以实例说明尺寸修改操作。

① 首先绘制好图形的左侧，然后进行镜像操作，形成完整的图形。

② 显示系统标注的尺寸。在草绘显示过滤器中选择 显示尺寸，将图 2-47 中的尺寸显示出来。

③ 按照图 2-48 标注尺寸，不用修改尺寸值。

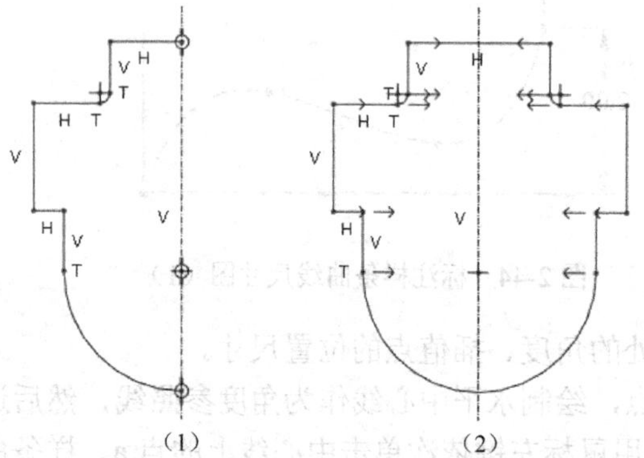

图 2-47 尺寸修改步骤图（1）

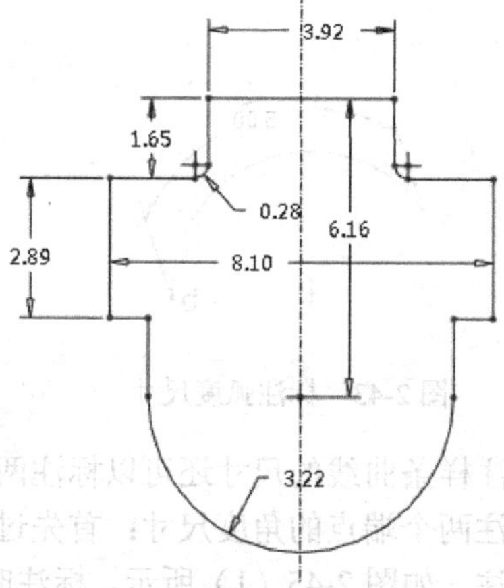

图 2-48 尺寸修改步骤图（2）

④ 用鼠标左键框选所有尺寸，选择尺寸修改工具 修改，把【重新生成】复选框的“√”去掉，然后逐一修改尺寸值，具体如图 2-49 所示。修改完成后单击确定，完成操作，获得图 2-49 的图形。

修改尺寸中包含两个复选框：重新生成和锁定比例。重新生成的用法：该复选框是默认被勾选的，当修改某个尺寸值时，系统会立即改变该图形的尺寸值，重新生成新的图形。锁定比例的用法：用于固定尺寸的形状，按比例缩放图形。如图 2-50 所示，要修改实例中的尺寸，选择【锁定比例】复选框，将第一个尺寸值 4 修改为 8，此时该尺寸放大了一倍，其他尺寸也会跟着放大一倍，获得图 2-50 所示的图形。

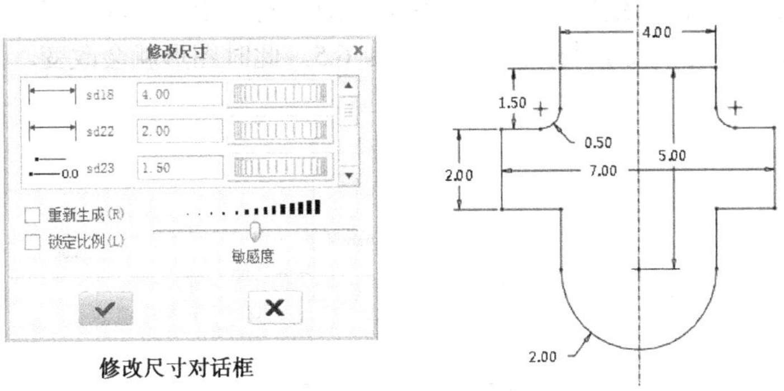

图 2-49 尺寸修改步骤图（3）

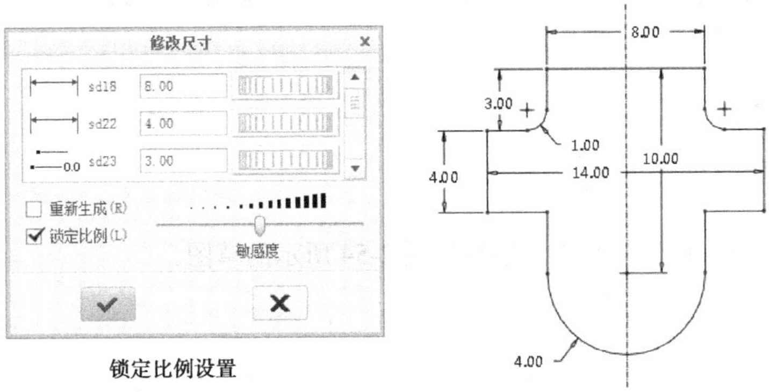

图 2-50 尺寸修改步骤图（4）

6. 约束及尺寸冲突的解决方法

约束条件过多时，它们之间就会存在冲突。由于系统无法判断哪个约束是需要的，所以会跳出冲突约束对话框，用户根据实际情况删除多余的约束。同样，出现重复尺寸时，也会出现冲突约束对话框。

如图 2-51 所示，这是一个约束和尺寸都完整的图形。

当给这个图增加一个直线长度尺寸时，系统会出现冲突提示，如图 2-52 所示。

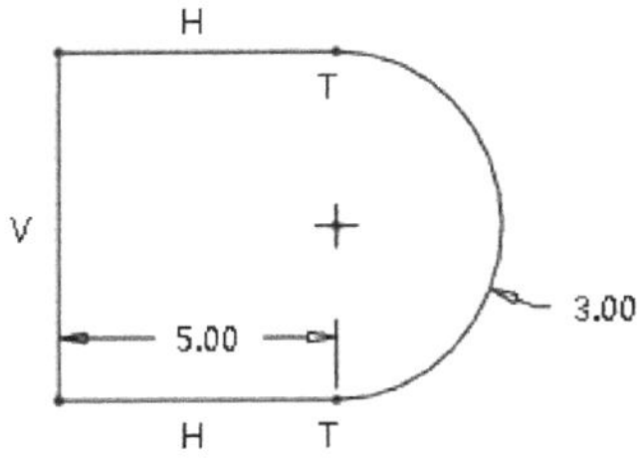

图 2-51 原图

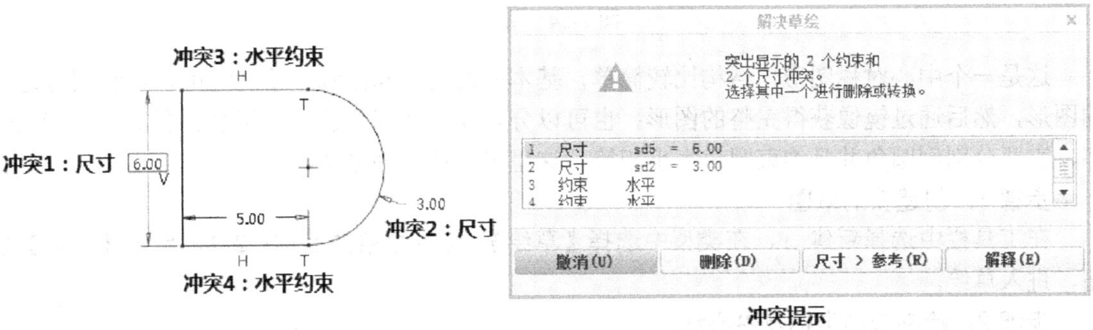

图 2-52 冲突提示

系统提示：突出显示的 2 个约束和 2 个尺寸冲突。选择其中一个进行删除或转换。此时，可以在这四个冲突中根据需要删除其中一个冲突，或者将其中一个冲突尺寸转化为参考尺寸。例如，将冲突 3 水平约束删除，将尺寸 6 修改为 6.5，此时图形就会改变，原本的水平线变成了斜线，如图 2-53 所示。

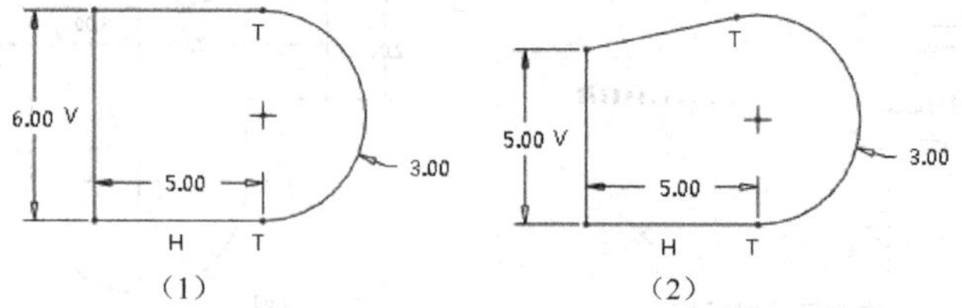

图 2-53 冲突解决后的图形

在 Creo2.0 中，尺寸和约束是可以相互转变的，在删除多余约束或尺寸时，要根据提示和需要来删除，合理利用约束条件绘制图形。

2.6 范例

运用绘图、约束、标注的知识，绘制如图 2-54 所示的草图。

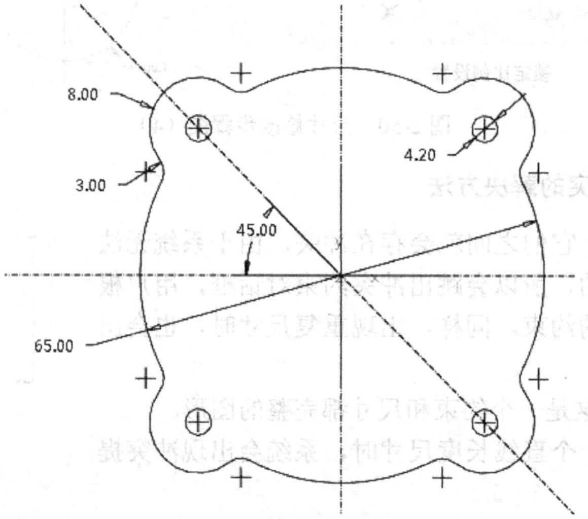

图 2-54 实例

这是一个中心对称图形，结构比较简单，基本图形为圆和圆弧，绘制时可以绘制四分之一的图形，然后通过镜像获得完整的图形；也可以分别绘制图形，但是分别绘制图重复步骤比较多，需要分别倒圆角并且约束圆角大小相等。这里采用第一种方法。

步骤 1：创建新的草图

在工具栏中选择新建，在类型中选择【草绘】，输入草绘的名称：2_1，单击【确定】按钮，进入草绘。

步骤 2：绘制辅助坐标及中心线

首先创建坐标系，选择 坐标系 工具，在绘图区创建坐标系。绘制中心线，选择 中心线 工具，在 x 和 y 方向上分别绘制中心线作为辅助线。另外，绘制 45° 中心线作为辅助线，如图 2-55

所示。

步骤 3：绘制图元

选择 圆心和端点 工具，绘制四分之一的圆弧，然后选择 圆心和点 工具，在圆弧和 45° 中心线交点处绘制圆，如图 2-56 所示。

步骤 4：倒圆角

选择 圆形修剪 工具，对圆及圆弧的两侧都进行倒圆角操作，如图 2-56 所示。

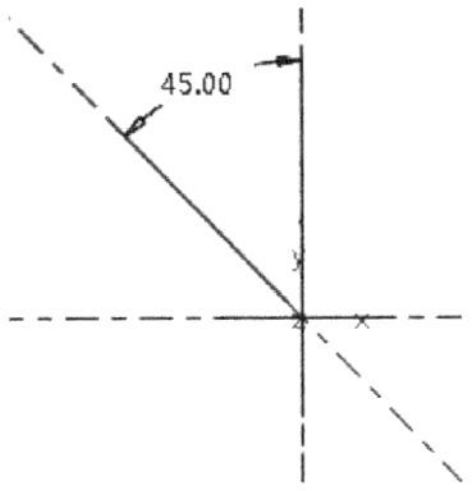

图 2-55　实例绘制步骤图（1）

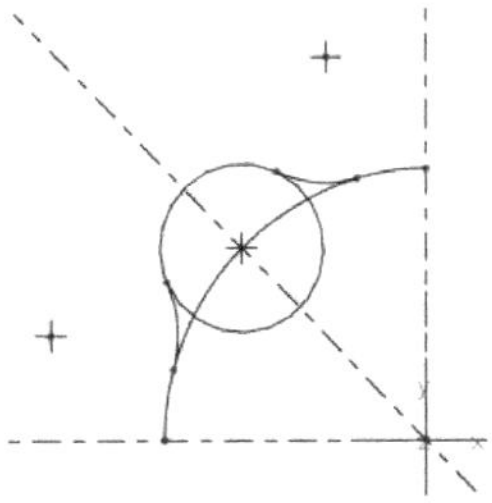

图 2-56　实例绘制步骤图（2）

步骤 5：图元修剪

将多余的线段删除，形成图 2-57（1）所示的图形。选择 = 相等 工具，选择两个圆角，使它们的半径相等，形成约束“R2”，如图 2-57（2）所示。

步骤 6：绘制圆

在图 2-57（3）所示的位置绘制一个圆。

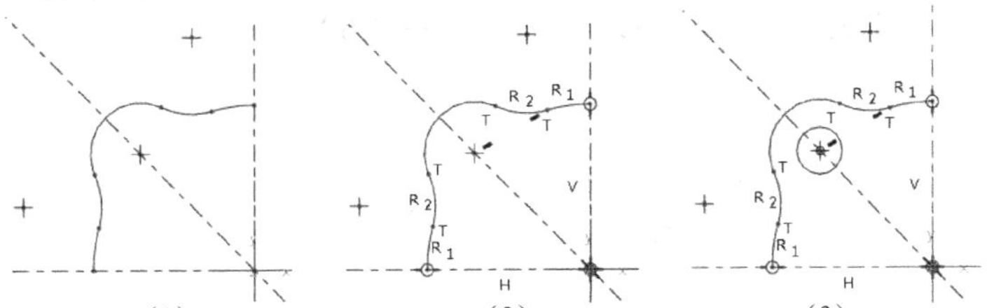

（1）　（2）　（3）

图 2-57　实例绘制步骤图（3）

步骤 7：镜像操作

用鼠标左键框选所有图元，选择 镜像 工具，选取 y 轴中心线，完成图形的左右操作，获得如图 2-58（1）所示的图形；再次用鼠标左键框选所有图元，选择 镜像 工具，选取 x 轴中心线，完成图形的上下镜像操作，获得如图 2-58（2）所示的图形。

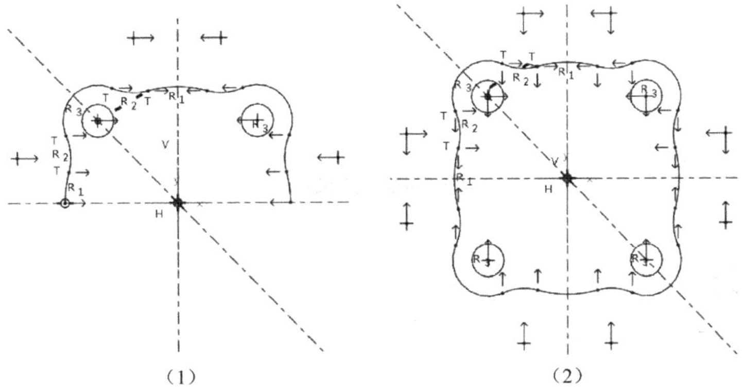

（1）　（2）

图 2-58　实例绘制步骤图（4）

步骤 8：尺寸标注

选择尺寸标注工具|↔|，根据图 2-59，依次标注尺寸，标注后先不修改尺寸值。

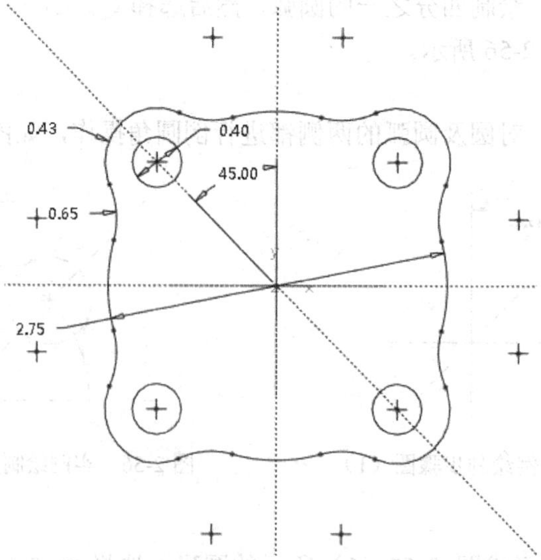

图 2-59　实例绘制步骤图（5）

步骤 9：标注完成

用鼠标左键框选所有尺寸，选择 修改工具，将【重新生成】复选框的“√”去掉，依次输入尺寸值，单击确定，完成图形的标注，最终形成图 2-60。

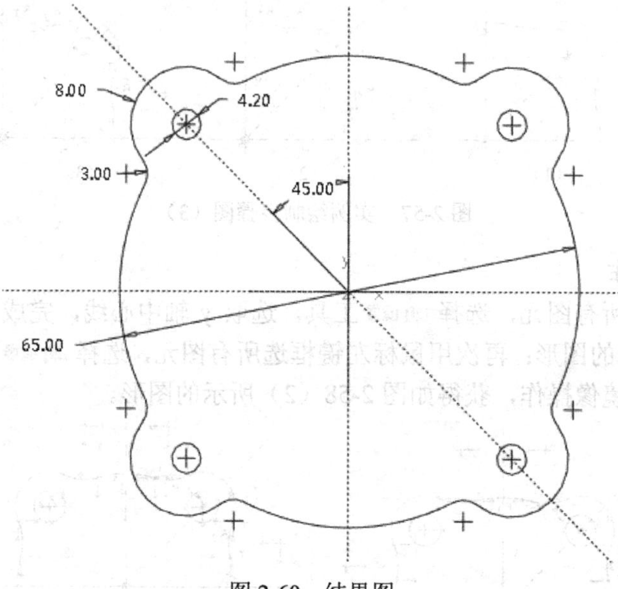

图 2-60　结果图

2.7　练习

绘制下列二维图形。

练习 1

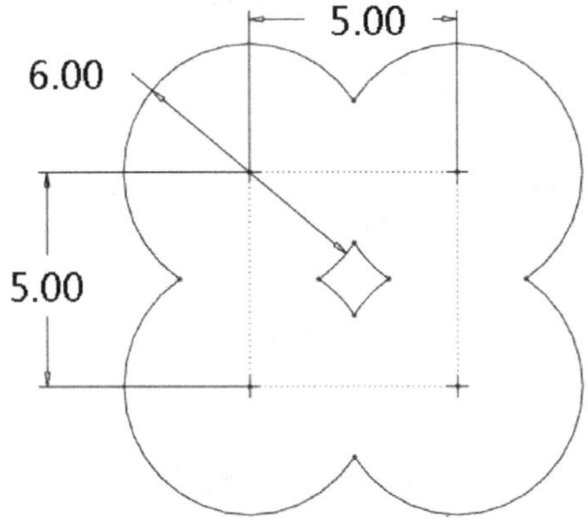

图 2-61　练习 1 二维草图

练习 2

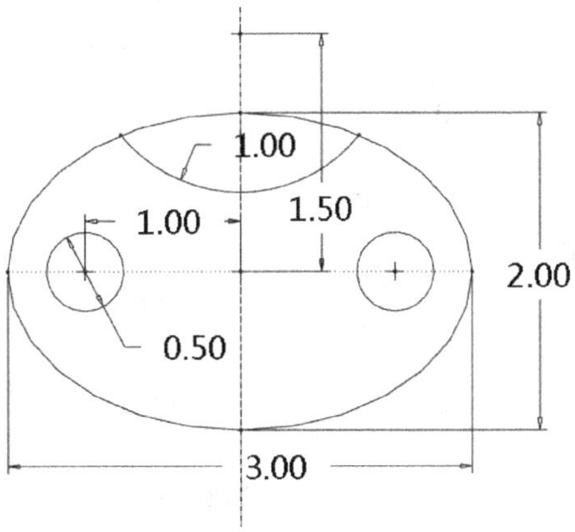

图 2-62　练习 2 二维草图

练习 3

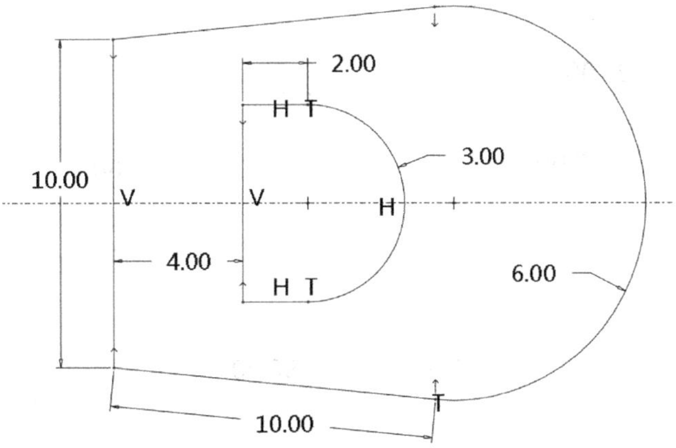

图 2-63　练习 3 二维草图

练习 4

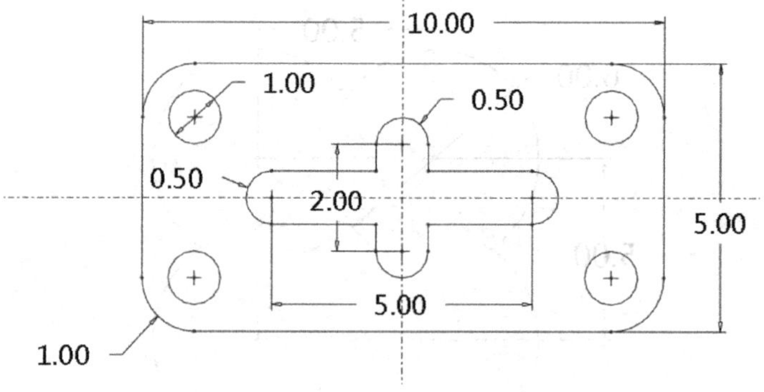

图 2-64　练习 4 二维草图

练习 5

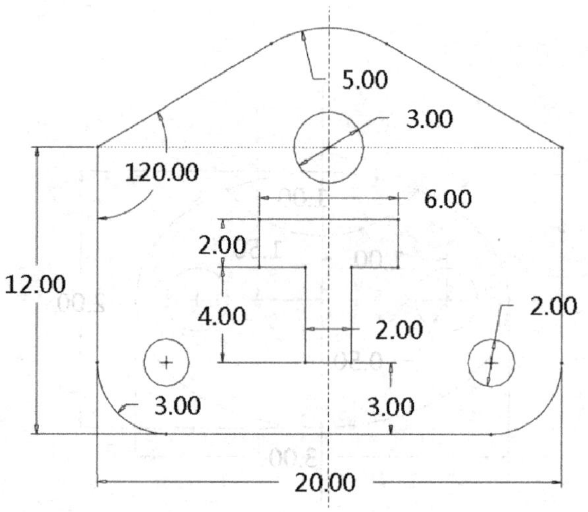

图 2-65　练习 5 二维草图

练习 6

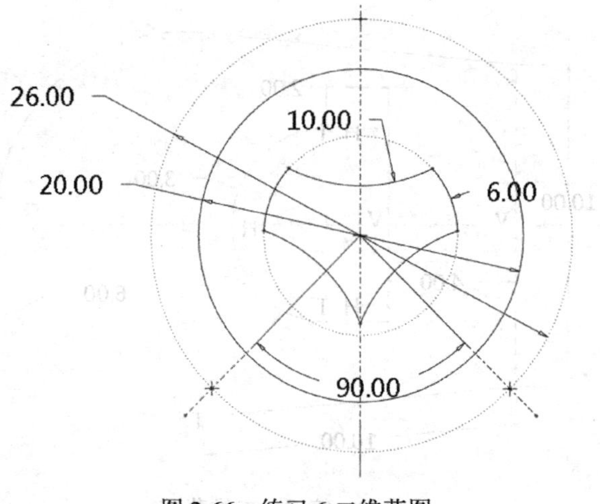

图 2-66　练习 6 二维草图

第 3 章 创建基准特征

在 Creo Parametric 绘图时，有非常严谨的设计思路。这就要求对于空间形态的相互关系有严格的控制。进行定位过程中作为几何参考的平面、轴线、点、坐标系等，我们称之为基准特征。本章主要讲述常用基准特征的使用方法和步骤。

3.1 基准特征概述

1. 基准特征的概念和作用

基准特征是零件建模的参照特征，其主要用途是辅助三维几何形态的创建。基准在 Creo 中的使用非常广，对于设计中形态的空间定位有非常重要的作用。

基准特征主要包含基准面、基准轴、基准曲线、基准点和基准坐标系等，本章将对基准的创建和用途进行阐述。

2. 设置基准特征的显示状态

基准是辅助绘图的一种工具，用户可根据需要为不同类型的基准特征分别设置不同的显示状态，从而使设计界面清晰整洁，提高设计效率。

● 显示或隐藏基准共性特征

使用绘图区上方的【图形工具栏】，单击基准显示项，如图 3-1 所示。在下拉菜单中，前面的小方块有勾选显示，表示所有该基准都显示出来。例如，【平面显示】前方有勾选项，表示所有基准平面都将在绘图区中显示；反之，则所有基准平面都不显示在绘图区内。

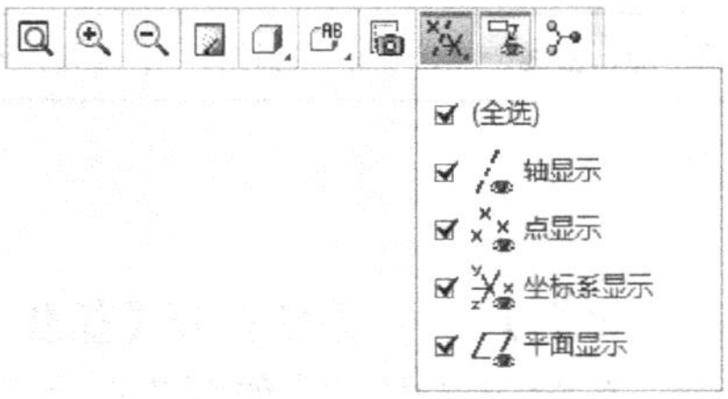

图 3-1　基准显示展开项

● 显示或隐藏单个基准特征

若在绘图过程中，只显示或者隐藏单个基准特征，可在模型树中选择需要修改的基准特征，右击出现工具栏，如图 3-2 所示，选择【隐

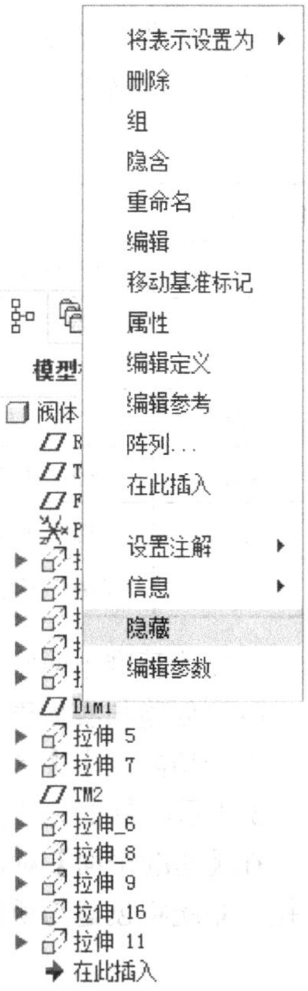

图 3-2　模型树右键工具栏

藏】/【取消隐藏】项，就可以达到修改的目的。

● 修改基准特征的显示颜色

选择【文件】→【选项】，打开【Creo Parametric 选项】对话框，在对话框中选择【系统颜色】，在【基准】中自定义基准颜色。请参照第 1 章“系统环境管理”进行设置。

3.2 基准平面的创建

基准平面主要有以下作用：

（1）充当实体特征的参考

在 Creo Parametric 中创建实体时，可挑选标准模块，系统自带三个基准平面。用户可利用已提供的基准平面充当草绘平面、标注的参考、定向参考面等进行设计。也可以在三个基准平面的基础上进行新的基准平面的创建。

（2）作为镜像特征的参考

创建对称的实体特征时，可通过镜像的命令完成。实体特征镜像需要基准平面作为对称参考面，而其他基准无法替代。

（3）作为装配约束中的参考

该部分内容将在装配中详解。

（4）作为工程图中不同视图的参考

该部分内容将在工程图中详解。

创建基准面需要指定一个或者多个参照和约束条件，直到该基准平面的位置被完全确定下来。基准平面常见的约束条件参照表 3-1。

表 3-1 常用基准平面的约束和参照

约束条件	约束说明	搭配的参照	补充条件
平行	基准平面与选定参照平行	平面	需输入两平行面之间的距离
偏移	基准平面与选定参照平移一段距离形成	平面、坐标系	需输入与参照之间的距离
法向	基准平面与选定参照垂直	轴、边、曲线、平面	需与其他参照配合使用
穿过	基准平面穿过选定参照	轴、边、曲线、点、平面、回转体	需与其他参照配合使用
相切	基准平面与选定参照相切	曲面	需与其他参照配合使用
角度	基准平面与选定参照形成角度	轴、边、曲线、点、平面、回转体	需输入两个面之间的夹角角度

下面就基准平面常见的创建方法进行介绍。

（1）创建与实体表面重合的基准平面

单击功能区中【基准】模块中的【创建基准平面】▱，系统打开【基准平面】对话框，如图 3-3 所示。单击对话框中的选择项进行激活，在绘图区内点选如图 3-4 所示的网格平面。

在【基准平面】对话框中【偏移】项下方输入默认值“0.00”，如图 3-5 所示。单击【确定】按钮，系统将创建与所选网格面重合的基准平面 DTM1，如图 3-6 所示。

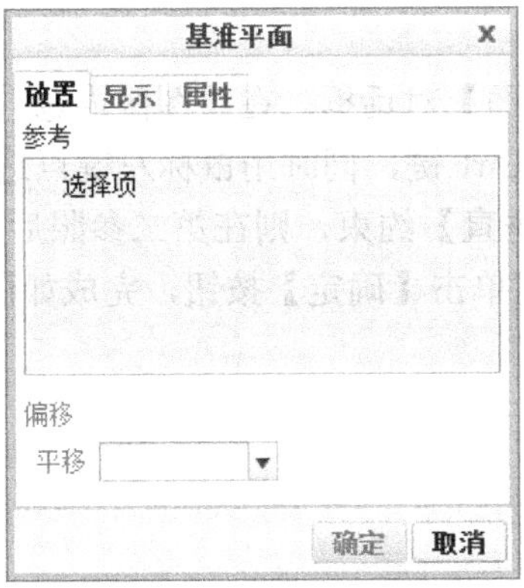

图 3-3 【基准平面】对话框

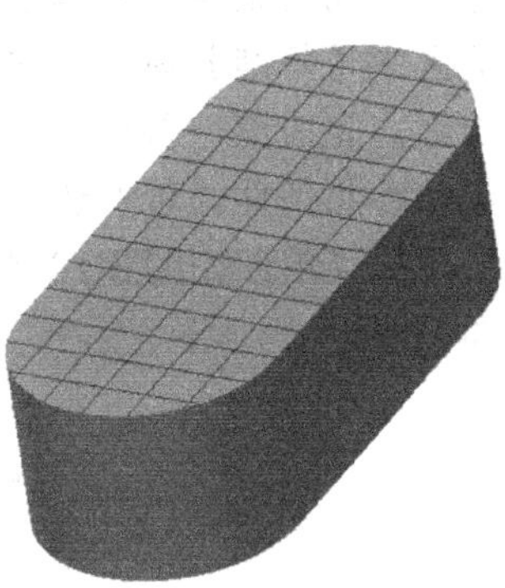

图 3-4　选取参照平面

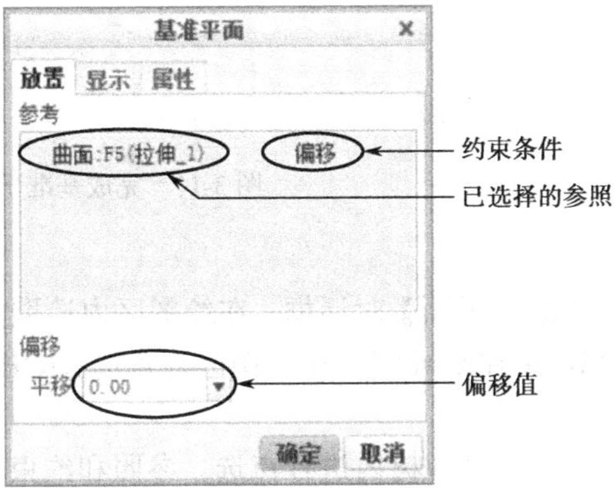

图 3-5　设定偏移值

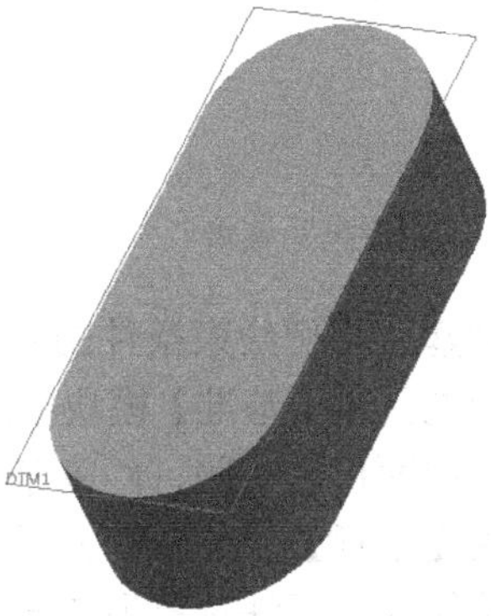

图 3-6　完成基准平面

（2）创建有偏移距离的平行基准平面

单击功能区中【基准】模块中的 ▱，系统打开【基准平面】对话框。在绘图区选择 FRONT 平面作为参照，FRONT 基准面添加到【基准平面】对话框的参照列表中。绘图区内的 FRONT 平面旁边将出现箭头，表示将向指示方向偏移，在【偏移】项下方输入偏移值“50.00”，如图 3-7 所示。单击【确定】按钮，完成如图 3-8 所示基准平面的创建。

在创建偏移平面时，若系统给出的方向与用户需求相反，可在【偏移】项下方中输入负的数值。

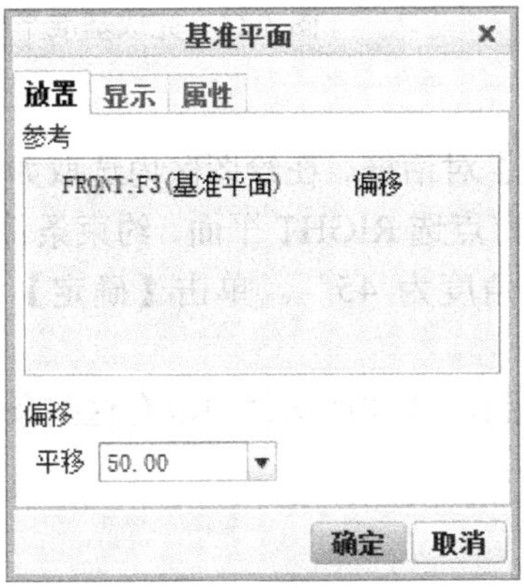

图 3-7　设定偏移值

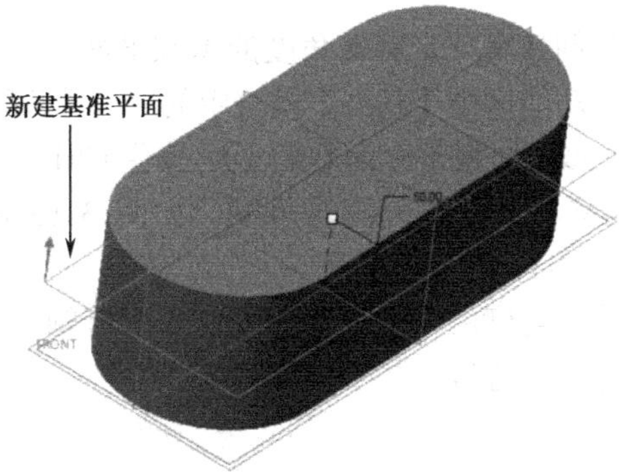

图 3-8　创建基准平面

（3）创建有法向约束条件的基准平面

单击功能区中【基准】模块中的▱，打开【基准平面】对话框。在绘图区内选取如图 3-9 所示的实体边界，完成第一参照条件的选择。然后按住 Ctrl 键，同时用鼠标左键点选 FRONT 平面，完成第二参照条件。若默认 FRONT 平面不是【垂直】约束，则在第二参照后的约束条件点选，出现下拉菜单，如图 3-10 所示，选择【法向】。单击【确定】按钮，完成如图 3-11 所示的基准平面创建。

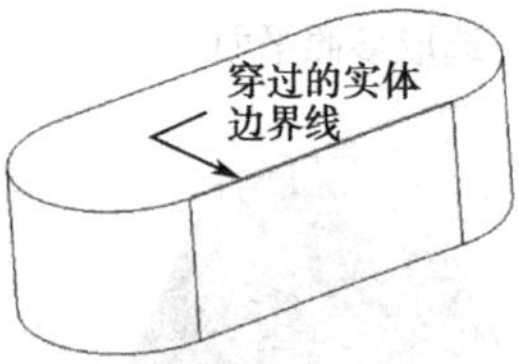

图 3-9 选取第一参考

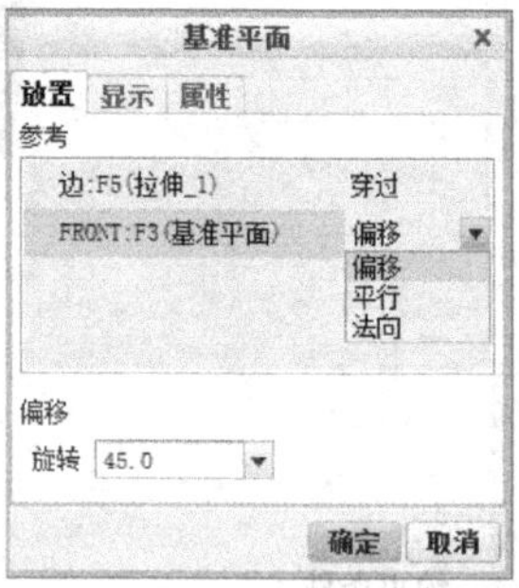

图 3-10 设定约束条件

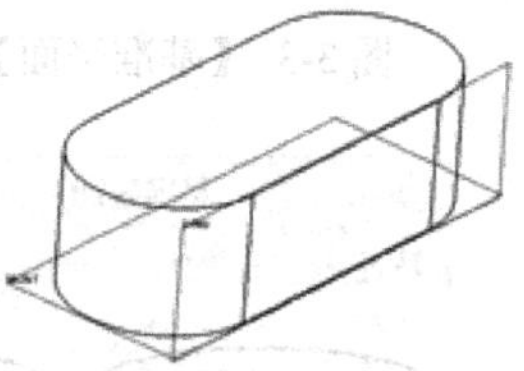

图 3-11 完成基准平面

（4）创建有相切约束条件的基准平面

单击功能区中【基准】模块中的▱，打开【基准平面】对话框。在绘图区内选取如图 3-12 所示的网格曲面作为参照，约束条件为【相切】。按住 Ctrl 键，在绘图区内点选 RIGHT 平面，约束条件为【平行】，如图 3-13 所示。

若在绘图区内无法选择所需要的基准平面，可在模型树内进行点选。参照和约束条件选完后单击【确定】按钮，创建如图 3-14 所示的基准平面。

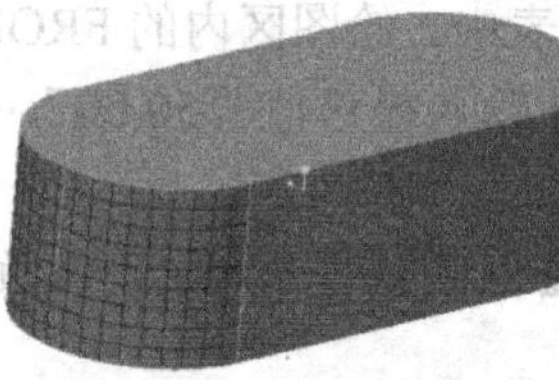

图 3-12 选取第一参考

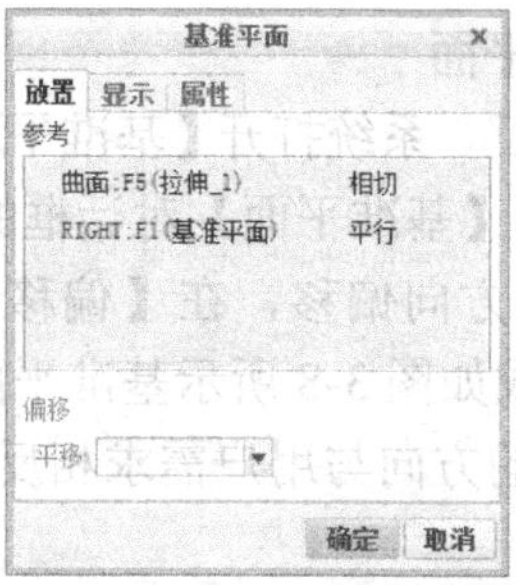

图 3-13 设定约束条件

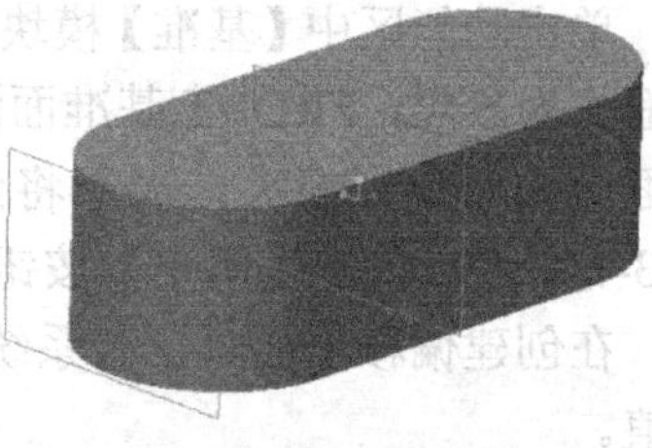

图 3-14 完成基准平面

（5）创建有一定旋转角度的基准平面

单击功能区中【基准】模块中的▱，打开【基准平面】对话框。在绘图区内选取如图 3-15 所示的轴线，约束条件为【穿过】。按住 Ctrl 键，在绘图区内点选 RIGHT 平面，约束条件为【偏移】。偏移项下方出现旋转角度，如图 3-16 所示，旋转角度为 45°。单击【确定】按钮，完成如图 3-17 所示的平面。

创建有角度的基准平面，通常需要有轴、边等作为参照，若零件文件中没有这些条件，则需先创建轴、边等。

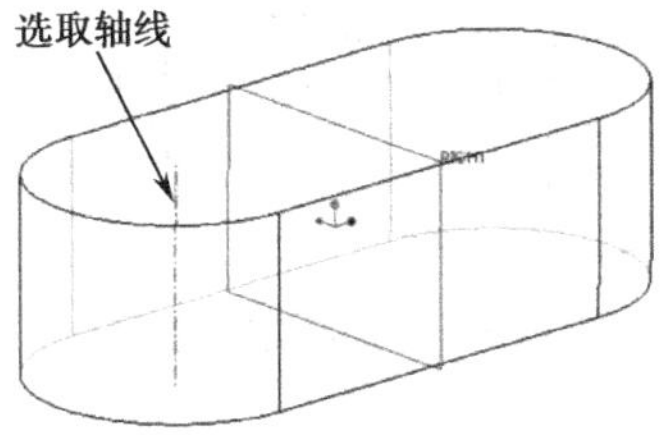

图 3-15　选取参考

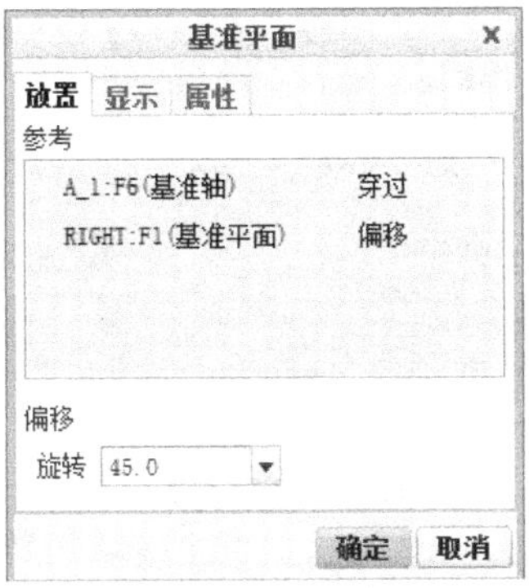

图 3-16　设定偏移角度

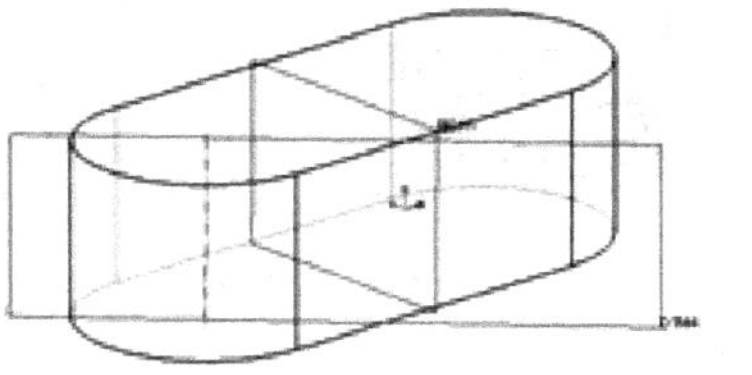

图 3-17　完成基准平面

3.3　基准轴的创建

基准轴是一种重要的参照，是创建基准平面的参照之一，也是创建旋转体必不可少的条件。创建基准轴工具是功能区中基准模块的 / 轴 图标。下面就常用的基准轴的创建进行介绍。

（1）创建与边界重合的基准轴

单击功能区的 / 轴 工具，系统出现【基准轴】对话框，如图 3-18 所示。在绘图区内选择指定参照，如图 3-19 所示。单击【确定】按钮，创建如图 3-20 所示的基准轴。

图 3-18 【基准轴】对话框

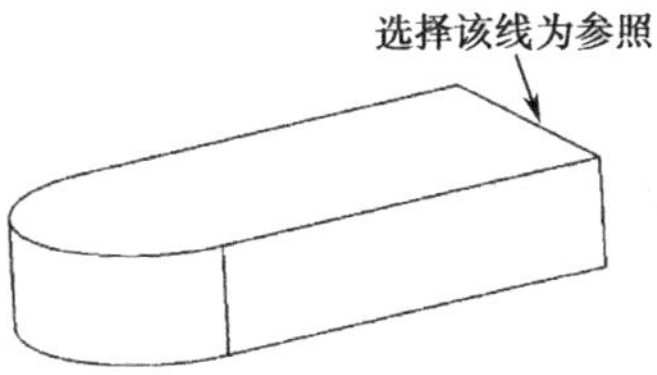

图 3-19　选取参照

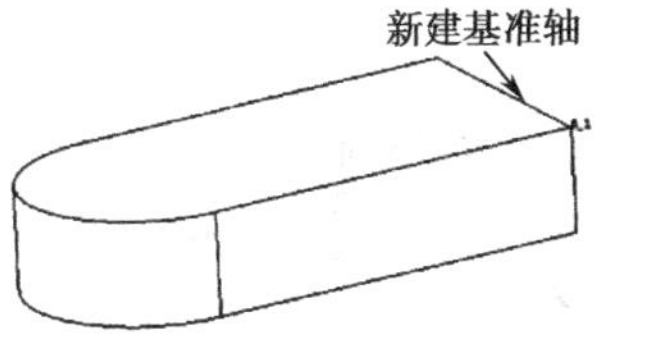

图 3-20　完成基准轴

在绘图区中如果基准轴显示并不明显，可在【文件】→【选项】中，在【图元显示】选项卡中设置显示基准轴标记。

（2）创建与圆弧面中轴重合的基准轴

单击功能区的 / 轴 图标，系统出现【基准轴】对话框。在绘图区内选择如图 3-21 所示的曲面作为参照，在【基准轴】对话框中显示约束条件为【穿过】，如图 3-22 所示。单击【确定】按钮，完成如图 3-23 所示的基准轴创建。

（3）创建穿过两点的基准轴

单击功能区的 / 轴 图标，系统出现【基准轴】对话框。在绘图区内选取如图 3-24 所示的实体上的两个点作为参照，选取第二个点时按住 Ctrl 键，同时选取两点，在【基准轴】对话框中的约束条件为【穿过】，如图 3-25 所示。单击【确定】按钮，创建如图 3-26 所示的基准轴。

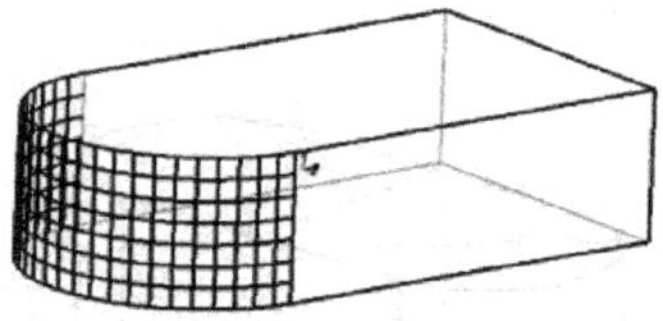

图 3-21 选取参照

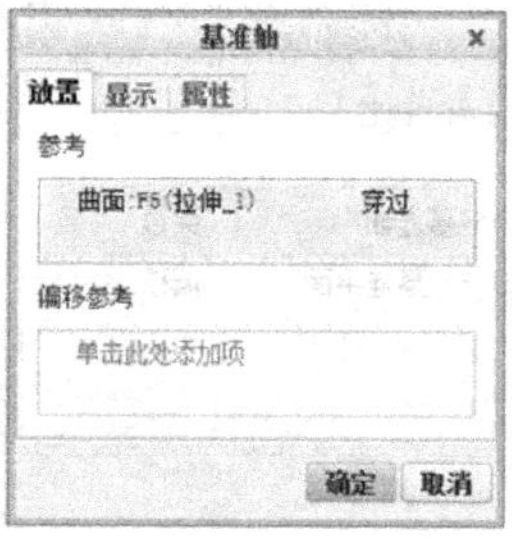

图 3-22 设定约束

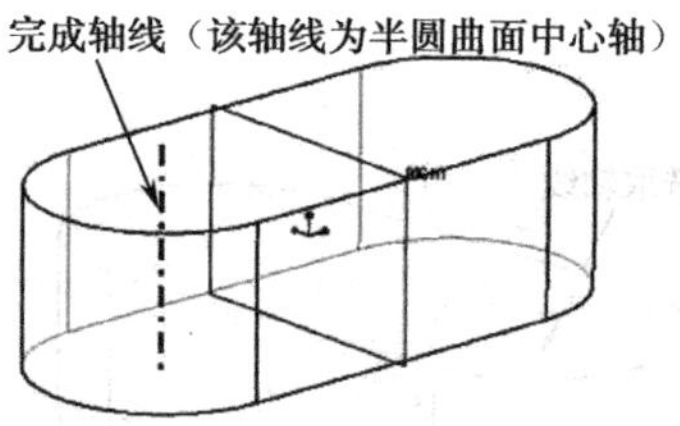

图 3-23 完成新建基准轴

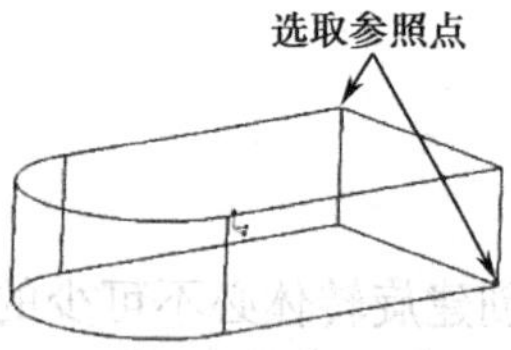

图 3-24 选取参照

图 3-25 设定约束条件

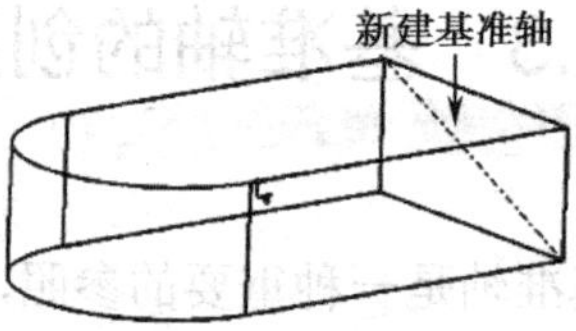

图 3-26 完成新建基准轴

（4）创建两面相交的基准轴

单击功能区的 轴 图标，系统出现【基准轴】对话框。在绘图区内选取如图 3-27 所示的两个实体面作为参照，约束条件为【穿过】，如图 3-28 所示。单击【确定】按钮，创建如图 3-29 所示的基准轴。

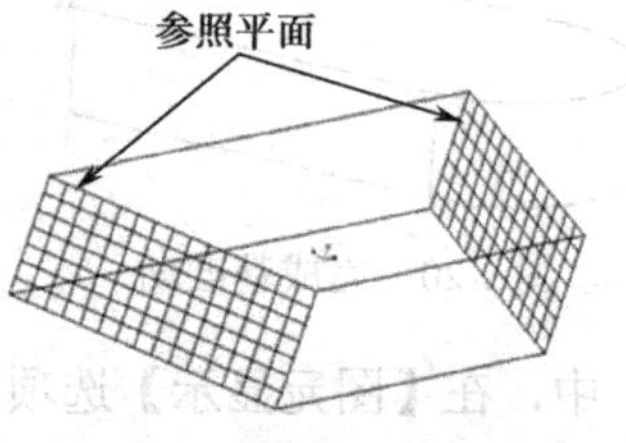

图 3-27 选取参照

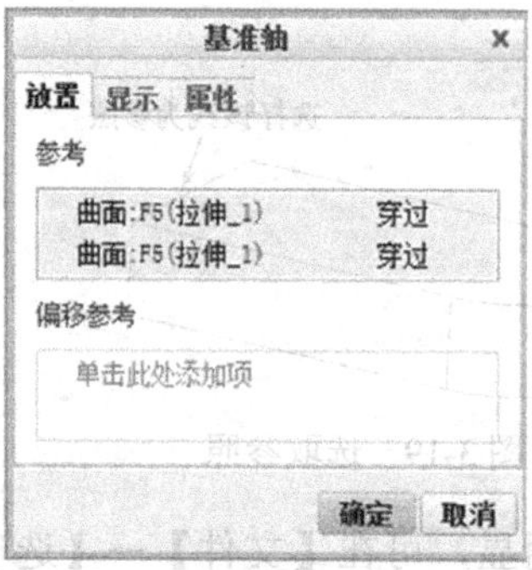

图 3-28 设定约束条件

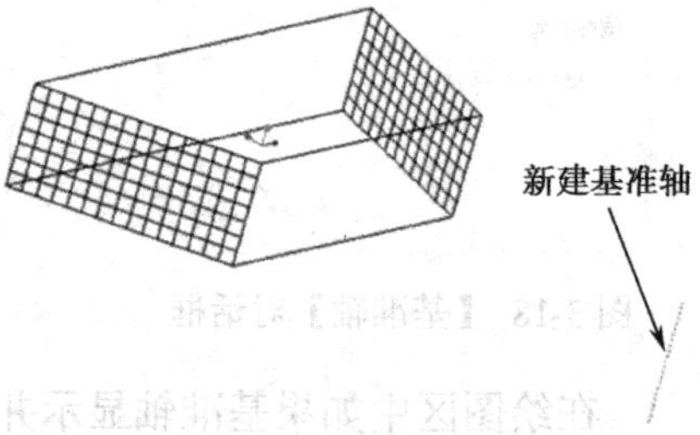

图 3-29 完成新建基准轴

（5）创建有参照面和偏移参照的基准轴

单击功能区的 轴 图标，系统出现【基准轴】对话框。选取实体上表面作为参照，采用【法向】的约束方式，在对话框中激活【偏移参考】，如图 3-30 所示。依次选取偏移参照，如图 3-31 所示，按住 Ctrl 键选取偏移参照 2。在【偏移参照】列表中修改偏移参照数值，数值分别为 50.00、100.00，如图 3-32 所示。创建完成如图 3-33 所示的基准轴。

创建此类型的基准轴，也可在绘图区内直接拉动“定位小方块”（见图 3-34）到偏移参照面。对应数值也可以在绘图区内，通过双击数值修改。该种方式则更快速地完成基准轴的创建。

图 3-30　设定约束条件

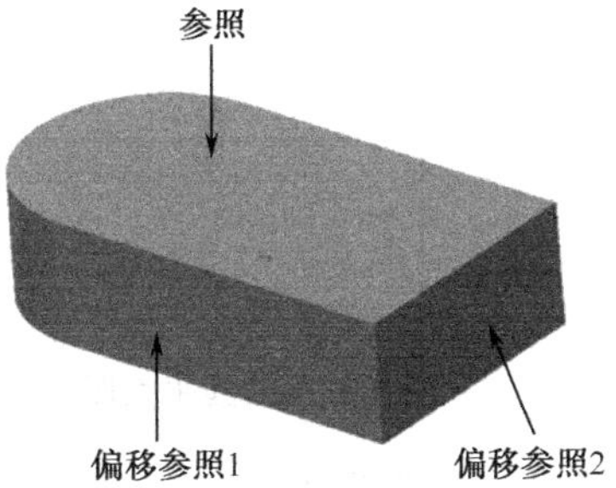

图 3-31　选取参照

图 3-32　修改偏移参考值

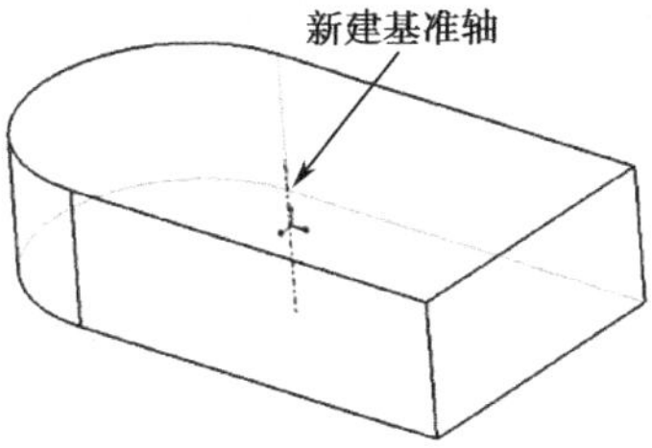

图 3-33　完成新建基准轴

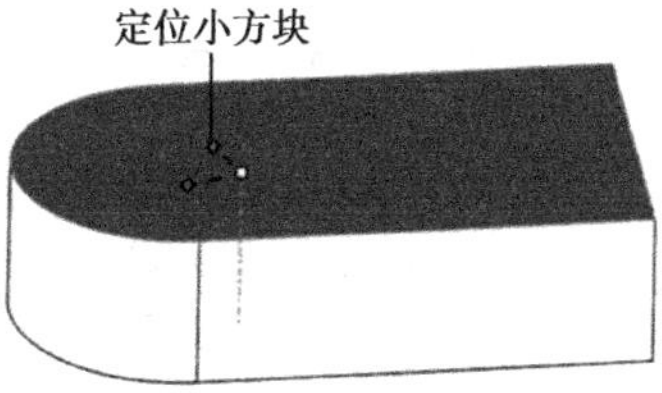

图 3-34　完成新建基准轴

3.4　基准曲线的创建

基准曲线是一种重要的基准特征，主要用于扫描或者曲面特征的创建。基准曲线的创建可分为四种形式，主要利用两种形式来完成：一是使用功能区中的草绘曲线工具 ，二是通过曲线操控板来完成。

下面通过实际的案例讲述曲线的创建。

（1）草绘基准曲线

单击【模型】→【基准】模块下的 ，弹出【草绘】对话框，如图 3-35 所示。在绘图区内选取如图 3-36 所示的网格面为草绘平面，单击【草绘】按钮，进入二维草绘模式。单击【图形工具栏】中的 调整视图，绘制如图 3-37 所示的曲线。单击【确定】按钮完成基准曲线的绘制，如图 3-38 所示。

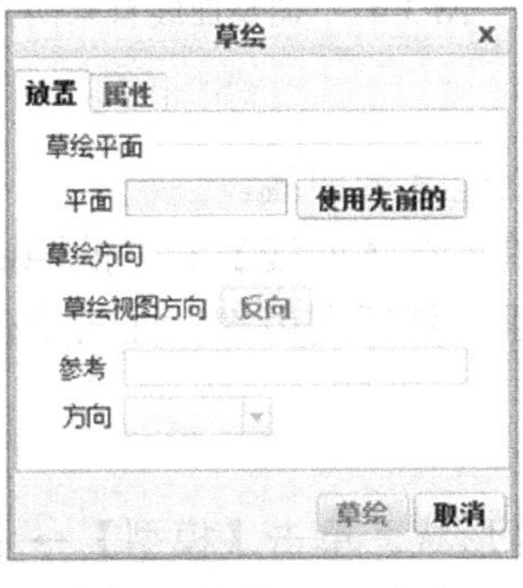

图 3-35 【草绘】对话框

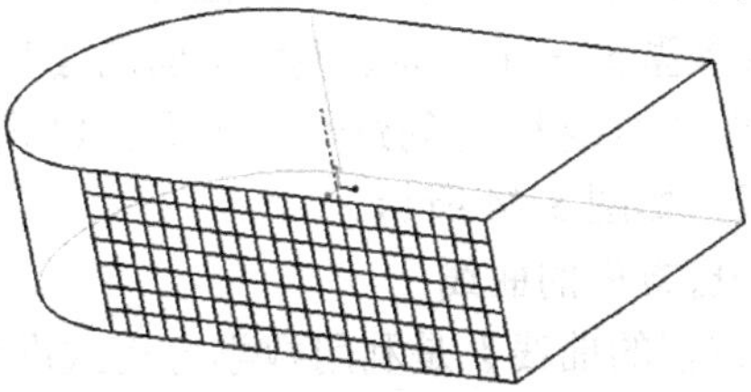
图 3-36　选取网格曲面

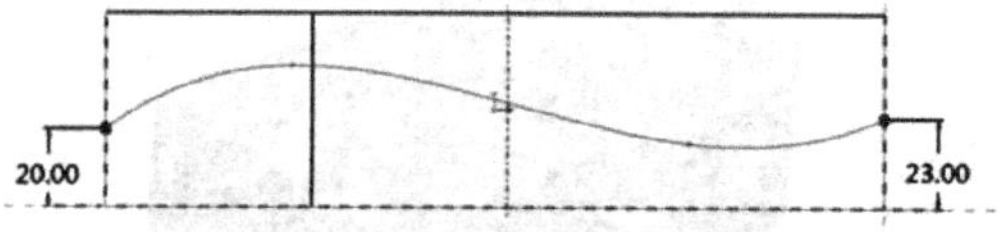

图 3-37　曲线平面图

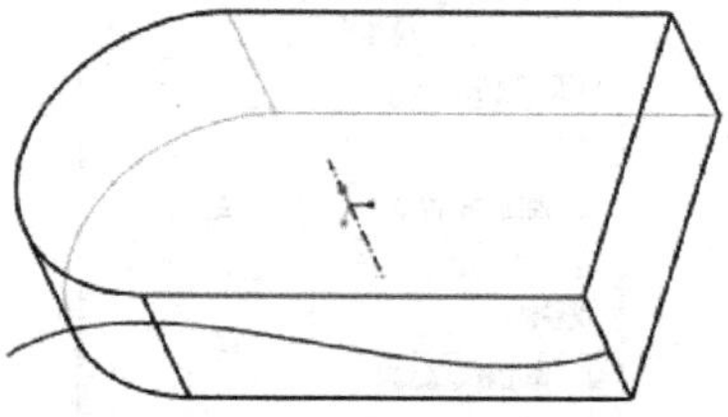
图 3-38　完成基准曲线

（2）通过点创建曲线

单击【模型】→【基准】模块下面的【基准】下拉菜单，在【曲线】右侧的隐藏菜单选择【通过点的曲线】，如图 3-39 所示。在绘图区内依次选择如图 3-40 所示指定的点，在空间形成样条曲线。单击【确定】按钮完成如图 3-41 所示的曲线。

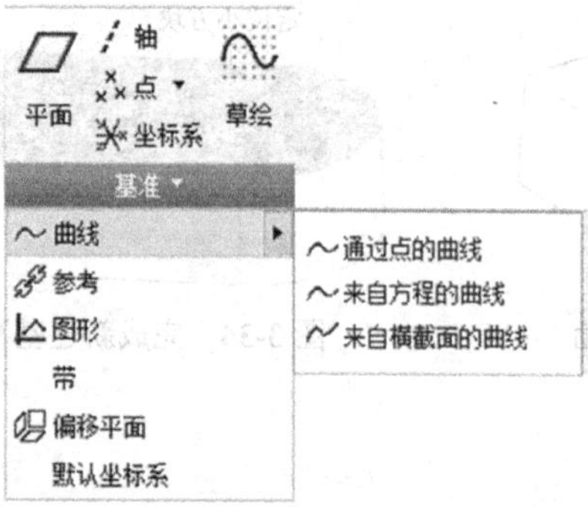

图 3-39 【通过点的曲线】选项

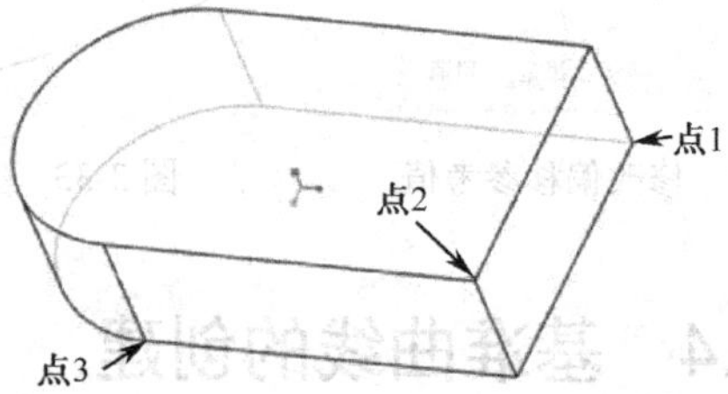

图 3-40　选择参照点

通过点创建曲线，还能对曲线的首末两点进行调整。在未完成曲线创建时，右击首末两点的信息圈，如图 3-42 所示，可根据需要选择所需的方式。创建曲线过程中，由于点的选择顺序不同，也会形成不同的曲线。

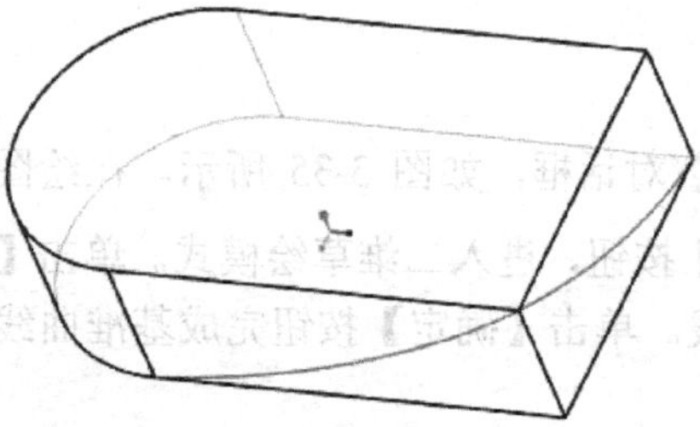
图 3-41　完成基准曲线

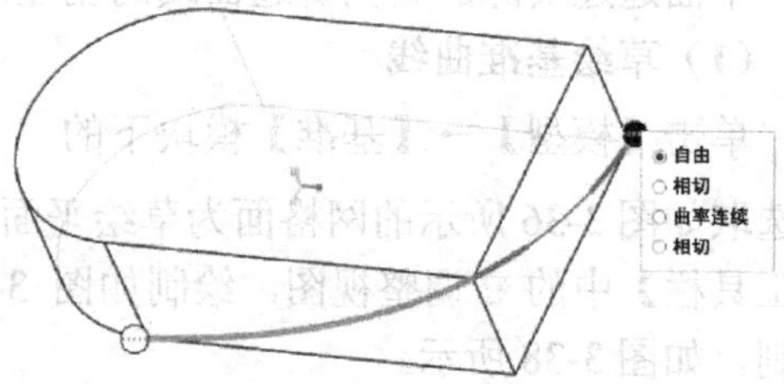

图 3-42　调整曲线首末两点

（3）来自横截面的曲线

来自横截面的曲线，即利用剖截面和实体模型的交线创建基准曲线。

单击【模型】→【基准】模块下面的【基准】下拉菜单，在【曲线】右侧的隐藏菜单选择【来自横截面的曲线】。先创建一个如图 3-43 所示的基准平面，然后利用剖截面与实体的交线创建基准曲线，如图 3-44 所示。

（4）来自方程的曲线

【来自方程的曲线】是利用数学方程式准确控制曲线的形状。单击【模型】→【基准】模块下面的【基准】下拉菜单，在【曲线】右侧的隐藏菜单选择【来自方程的曲线】。系统出现命令操控板，如图 3-45 所示，选择需要的坐标系类型，并单击【方程】弹出对话框进行曲线方程式编写。保存后即可创建由该方程控制的曲线。

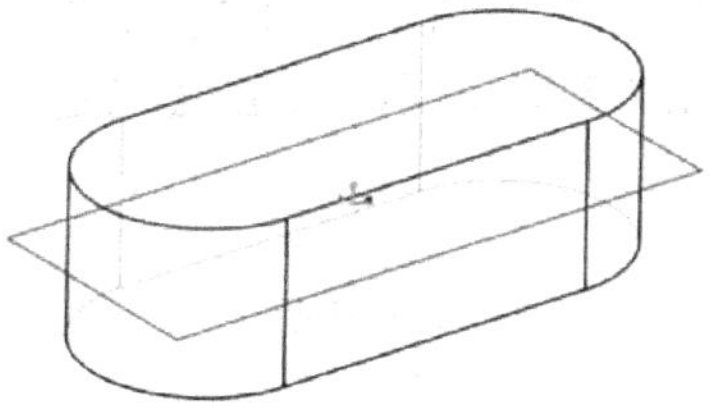

图 3-43　创建基准平面

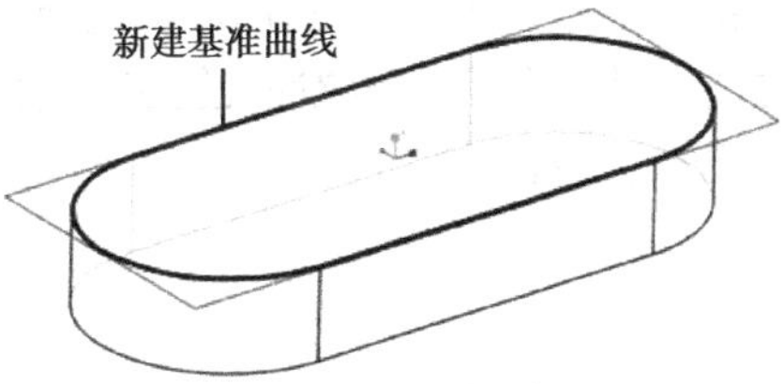

图 3-44　创建曲线

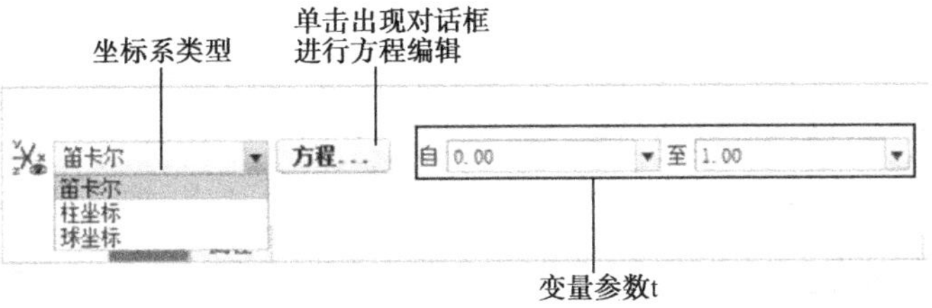

图 3-45 【来自方程的曲线】操控板

3.5　基准点的创建

基准点的创建主要是辅助创建基准曲线，辅助设定空间参照等。基准点的创建与其他基准创建相同，都在【模型】选项卡下的【基准】组中。下面就常见的基准点创建进行分类说明。

（1）使用平面作为参照创建基准点

单击【模型】→【基准】模块下的点，系统弹出【基准点】对话框。在绘图区内选取如图 3-46 所示的平面作为参考面，激活对话框中的【偏移参考】，如图 3-47 所示，依次选择两个参考面，并修改偏移距离。

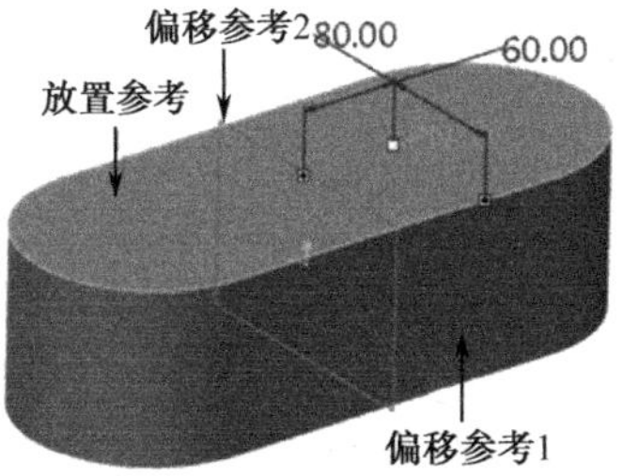

图 3-46　选取参考

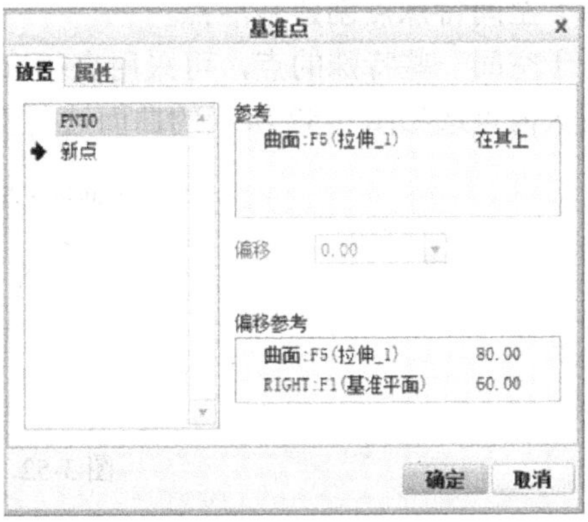

图 3-47　设置偏移值

（2）选取曲线或者实体边界作为参照

单击【模型】→【基准】模块下的点，系统弹出【基准点】对话框。在绘图区内选取如图 3-48 所示的边界，在对话框中调整点在线上的位置，如图 3-49 所示。点的设定可以用比率也可以用实数的方式。单击【确定】按钮完成基准点创建。

（3）两参照相交处创建基准点

单击功能区中的 ×× 点图标，系统弹出对话框。依次选择如图 3-50 所示的两个参照边，按住 Ctrl 键选择第二参照。两参照的约束条件均为【在其上】，如图 3-51 所示。单击【确定】按钮完成基准点创建。

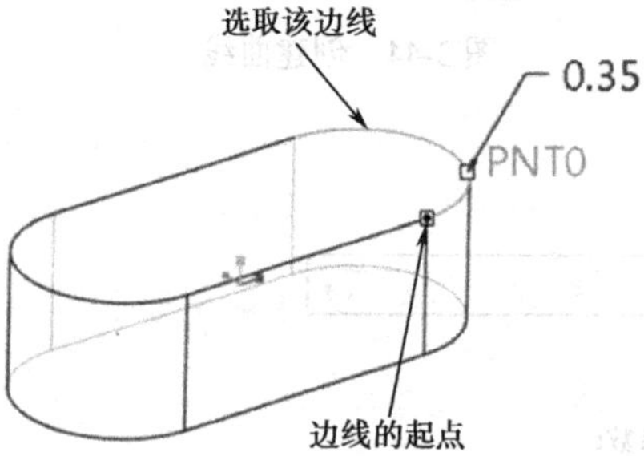

图 3-48　选取参考边

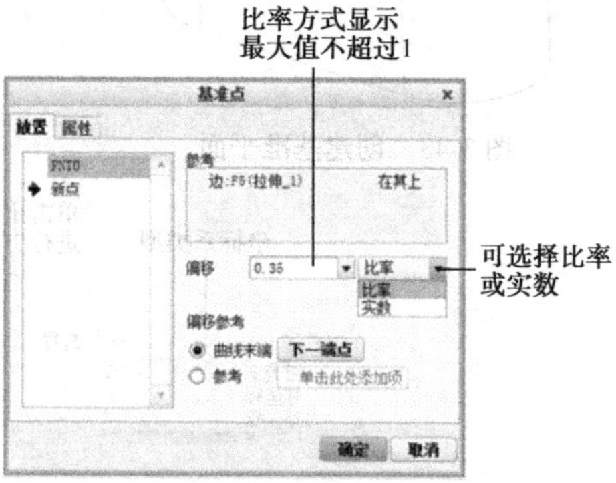

图 3-49　设置基准点位置

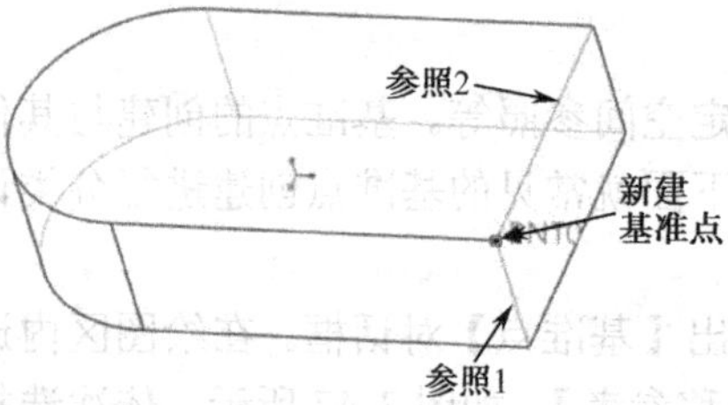

图 3-50　选取参考

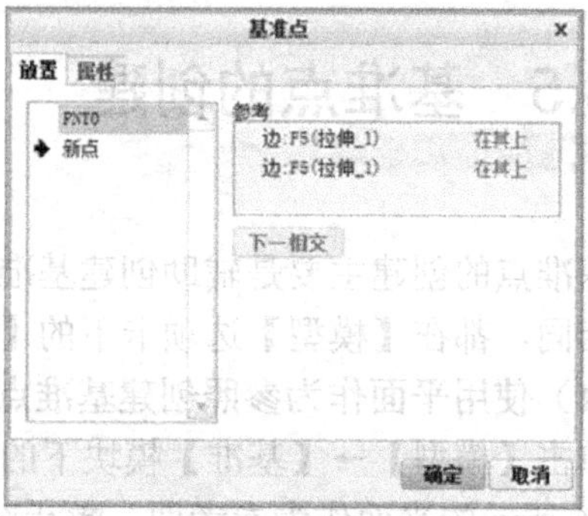

图 3-51　设置基准点

（4）空间特殊点创建基准点

对于空间一些特殊的点，可采用直接选择的方式创建基准点。单击功能区中的 ×× 点图标，在绘图区内点选如图 3-52 所示的曲面边与直线相交处。单击【确定】按钮完成基准点创建。

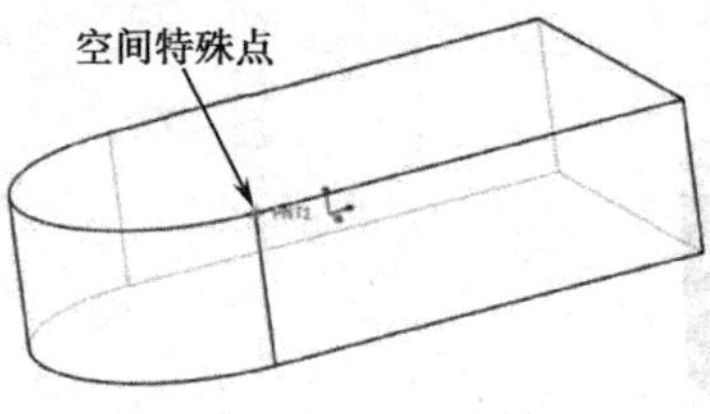

图 3-52　空间特殊点选取

3.6　基准坐标系的创建

坐标系大多用于精确定位特征的放置位置，也经常作为模型创建和模型装配时的参照。

单击基准坐标系工具【模型】→【基准】模块下的坐标系，系统弹出如图 3-53 所示的【坐标系】对话框。对话框中，有【原点】、【方向】和【属性】三个标签。

在选择【原点】偏移类型时，可以通过指定参照来确定基准坐标系所在位置。和其他基准创建相同，加选参照条件时，需按住 Ctrl 键进行加选。若坐标系放置在某一平面上，如图 3-54 所示，可以将绘图区上的小方块拉至不同方向的两个参考进行设置。

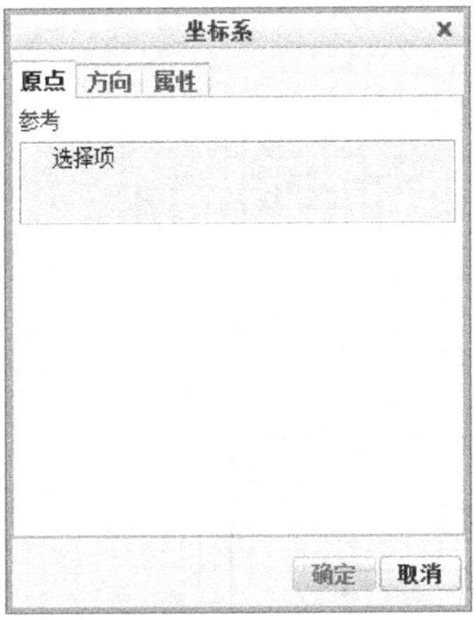

图 3-53　【坐标系】对话框

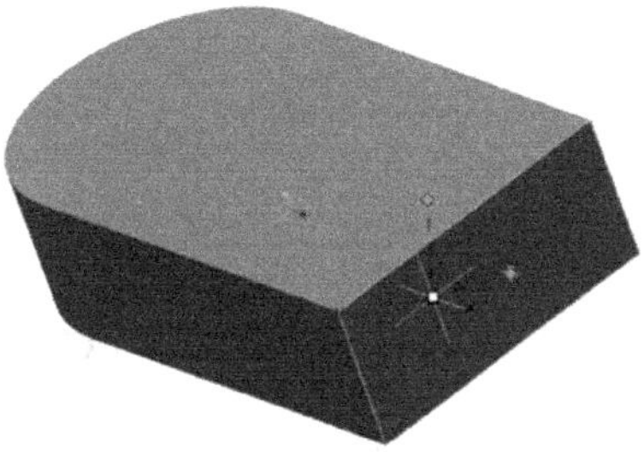

图 3-54　以面为参考的坐标系创建

在参考列表中选取坐标系，则可以通过偏移参考坐标系创建新的基准坐标系，如图 3-55 所示。其中，偏移类型共有四种方式可以进行选择。在对应方向上输入相应的移动尺寸，则可完成新坐标系的创建，如图 3-56 所示。

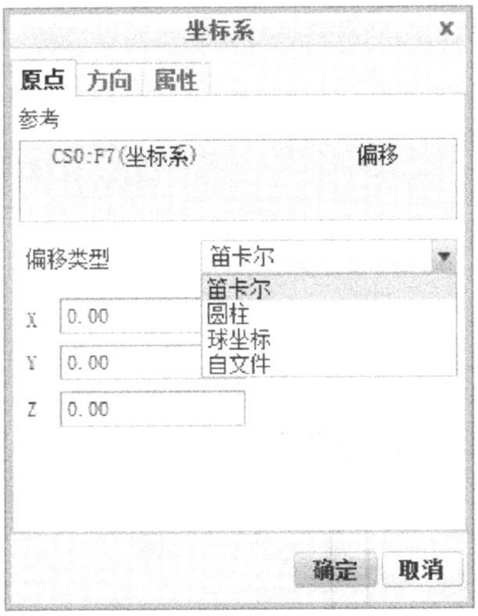

图 3-55　偏移类型

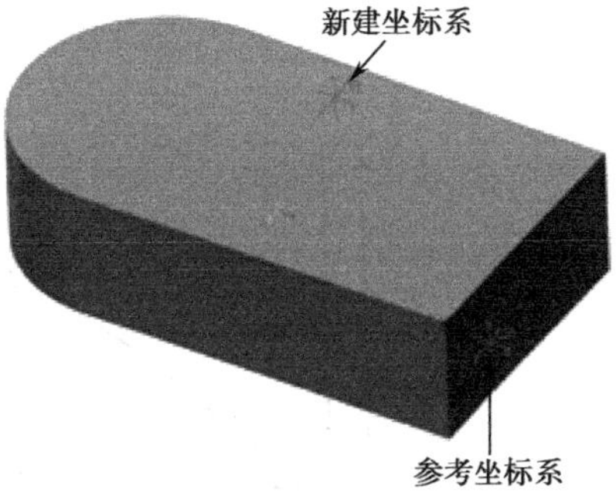

图 3-56　以坐标系为参考的坐标系创建

3.7 练习

一、根据如下图形创建曲线特征

练习 1

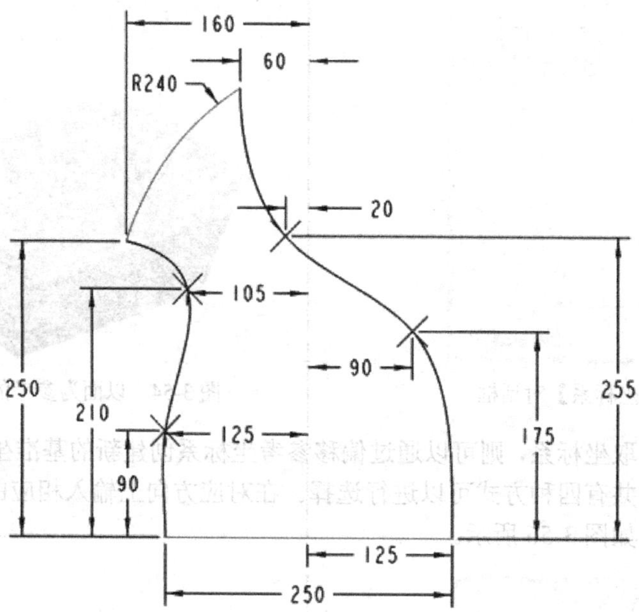

图 3-57 练习 1 图

练习 2

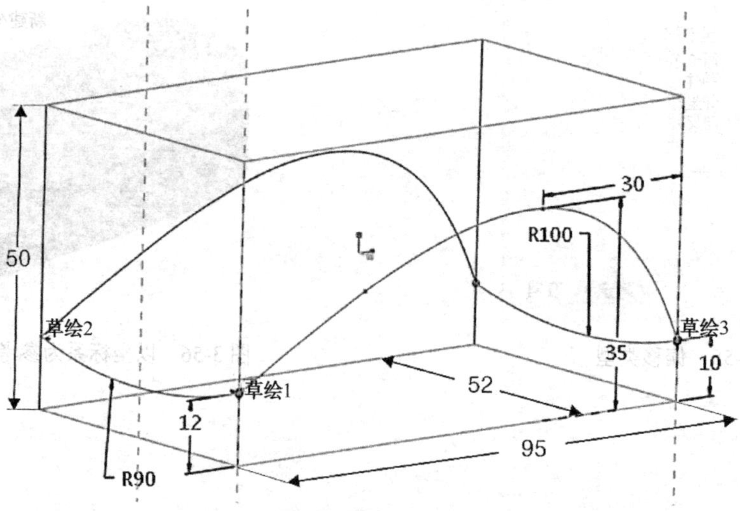

图 3-58 练习 2 图

练习 3

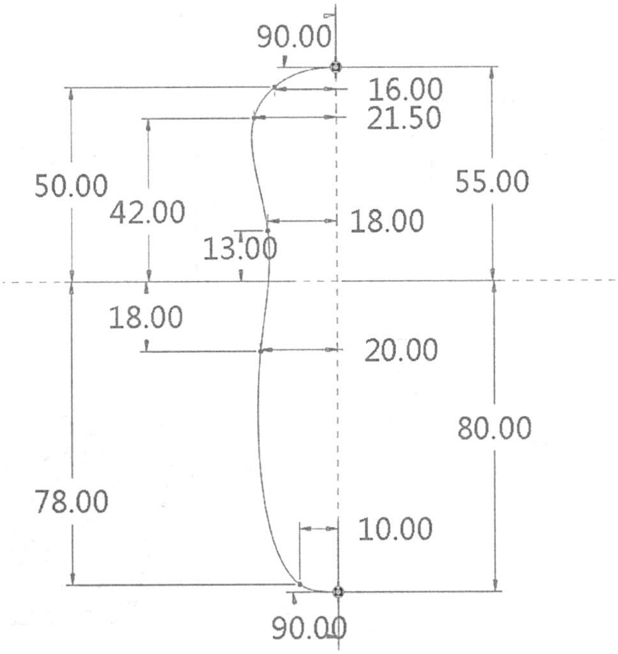

图 3-59　练习 3 图

二、根据图形创建实体特征

练习 1

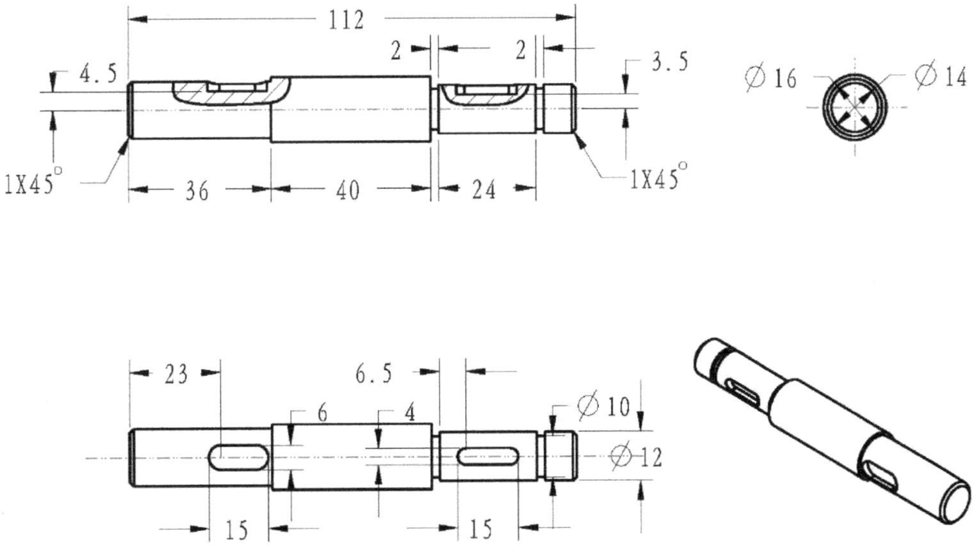

图 3-60　实体特征练习 1

练习 2

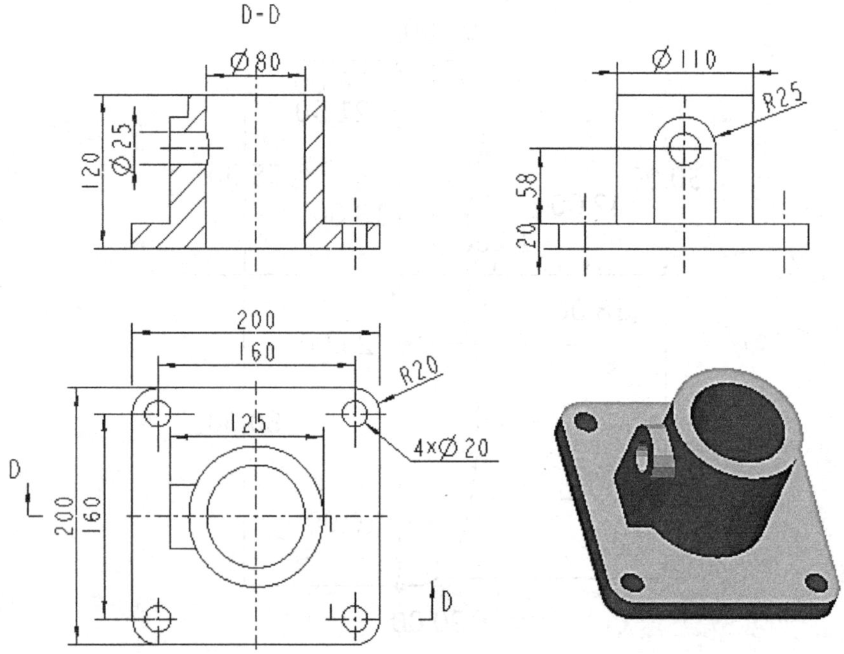

图 3-61　实体特征练习 2

第 4 章

创建基础实体特征

Creo 的三维基础建模主要为两个方向，一个是以材料加工方式一致的特征操作为基础的建模思维，另一个则是以曲线、曲面包络为基础形态的建模方法。无论哪种方式的建模方法，都需在建模前认真对模型进行分析，明确模型各个零件间的关系，才能选择最优的作图方案。Creo 参数化特征能在作图中及时修改模型，调整零件间的关系。

4.1　三维建模

4.1.1　文件的创建及设置

创建基础实体，首先需创建一个零件文件，单个零件文件只能装载一个零件。

（1）新建文件

在工具栏上方单击□按钮，或选择【文件】→【新建】命令，弹出如图 4-1 所示的【新建】对话框，在对话框【类型】列表中选择【零件】类型，在【子类型】列表中选择【实体】类型，然后在【名称】栏中输入文件的名称，也可默认系统给定的名称，然后单击【确定】按钮，即可建立新的零件文件。

在【新建】对话框中，可在【使用默认模板】前的复选框取消选择，单击【确定】按钮后，弹出如图 4-2 所示的【新文件选项】对话框，在这里可以选择其他模板，也可以导入自己定制的模板文件。

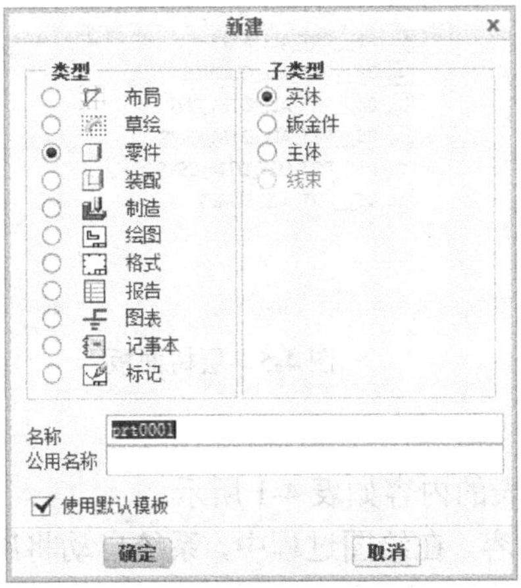

图 4-1 【新建】对话框

图 4-2 【新文件选项】对话框

（2）文件的操作

新建文件后，系统将打开如图4-3所示的三维建模界面。详细内容请参照1.2节的用户界面介绍。

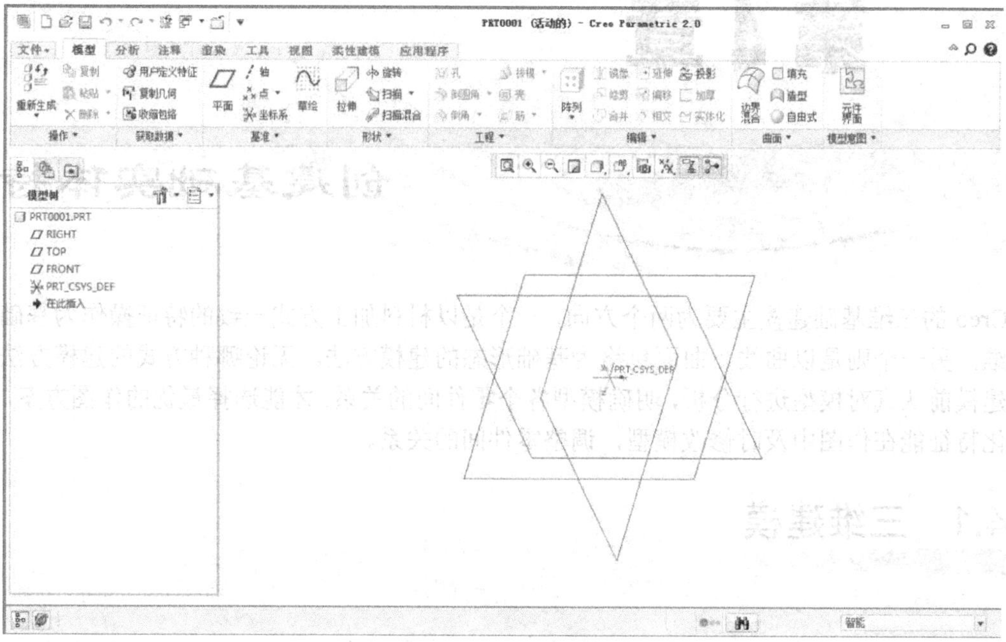

图4-3　三维建模界面

（3）图层的操作

Creo系统中，图层是在模型制作过程中，用于不同对象或特征进行分类归整的一个工具。图层建立后，用户可根据需要进行图层的显示、隐藏、重命名等操作。

● 打开层树

新建【零件】文件后，单击模型树右侧的【显示】按钮，选择其中的【层树】选项，如图4-4所示。系统打开层树面板后，如图4-5所示。

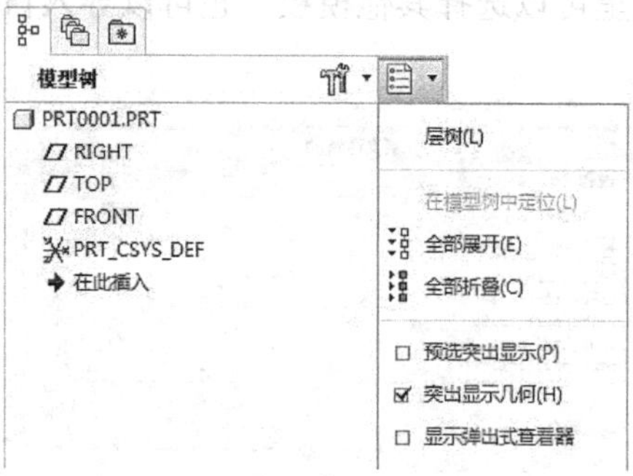

图4-4　打开层树选项卡

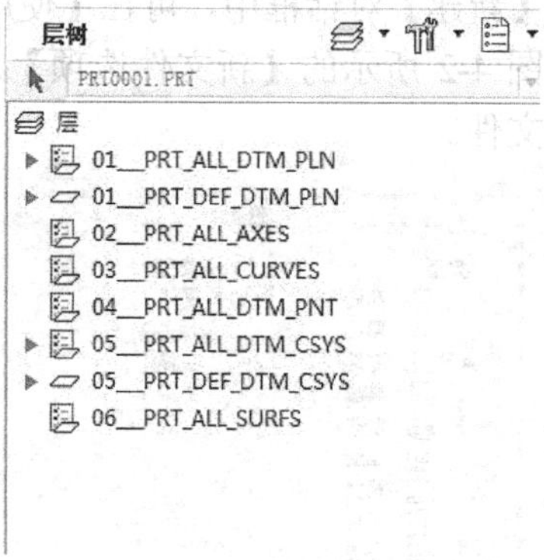

图4-5　层树面板

● 默认图层含义

打开层树后，系统提供了默认图层，每项图层代表的内容如表4-1所示。

单击图层前面的 ▶ 按钮，可以展开图层包含的内容。在绘图过程中，系统自动将所有绘制的对象分别插入对应的图层中，也可自行新建、隐藏及显示图层。

表 4-1　层树各级代表内容

PRT_ALL_DTM_PLN	该图层包含零件文件中所有基准平面
PRT_DEF_ DTM_PLN	该图层包含零件文件中系统默认的基准平面
PRT_ALL_AXES	该图层包含零件文件中所有基准轴线
PRT_ALL_CURVES	该图层包含零件文件中所有基准曲线
PRT_ALL_DTM_PNT	该图层包含零件文件中所有基准点
PRT_ALL_DTM_CSYS	该图层包含零件文件中所有基准轴
PRT_DEF_DTM_CSYS	该图层包含零件文件中系统默认的坐标系
PRT_ALL_SURFS	该图层包含零件文件中所有曲面特征

- 单个图层操作

选择层树面板上的其中一个图层，右击，系统将弹出如图 4-6 所示的快捷菜单。菜单上针对图层操作的命令的具体含义见表 4-2。

表 4-2　图层操作代表内容

取消隐藏	显示选定图层对象
隐藏	隐藏选定图层对象
激活	激活选定图层，在绘图中所创建、显示或粘贴的所有对象均会被放置在该层中
取消激活	取消已激活的选定的图元内容
新建层	新建图层
删除层	删除选定图层
重命名	对选定图层进行重新命名
层属性	单击该选项，弹出如图 4-7 所示对话框。在对话框中可向图层添加或删除项目
复制项	复制图层中所有项目

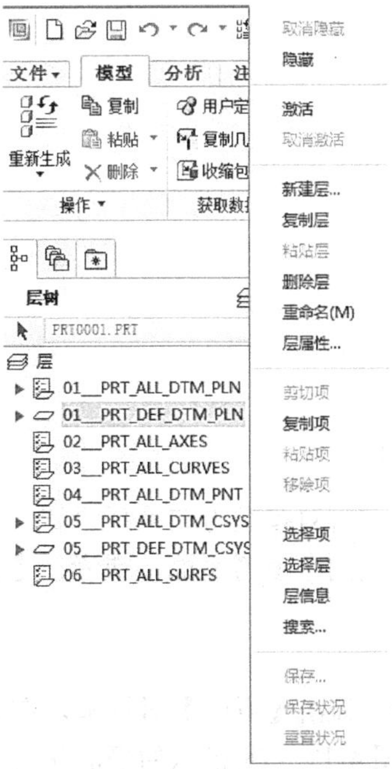

图 4-6　层树右键快捷菜单

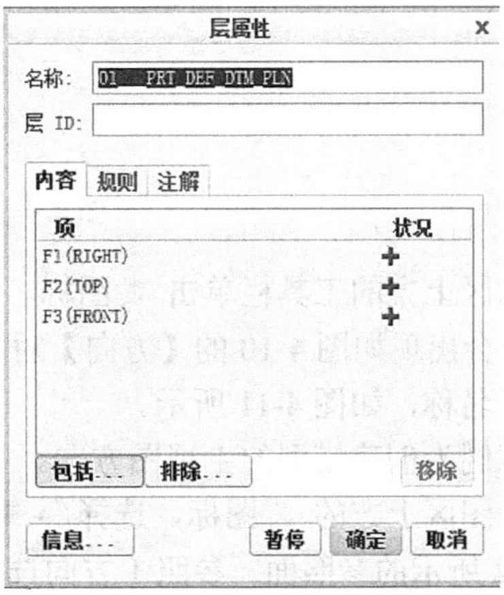

图 4-7　【层属性】对话框

4.1.2 模型的操作

在绘图区上部是图形工具栏，栏中各图标对应的功能如图 4-8 所示。

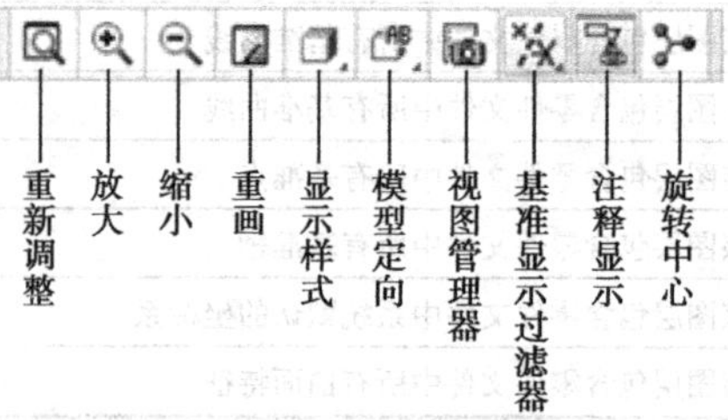

图 4-8 图形工具栏

【重新调整】：单击工具栏中的图标，或者单击【视图】→命令，可以重新调整零件模型大小，使其完全显示在绘图区内。

【放大】：单击工具栏中的图标，或者单击【视图】→命令，在绘图区中框选需要放大的区域，再单击鼠标，则放大显示所选区域。

【缩小】：单击工具栏中的图标，或者单击【视图】→ 缩小 命令，单击模型会缩小为当前模型的 1/2。

【重画】：单击工具栏中的图标，模型会显示重新修改后的状态。该命令用于刷新屏幕。

（1）零件的定向

在建模过程中，系统会根据三个基准面所在位置对模型自行进行定向，因此可在【已命名视图】的命令中选择需要的方向进行选择查看。

如图 4-9 所示，系统提供六视图方向。但系统提供视图不一定能满足用户需求，这时就需要对模型视图重新定义。

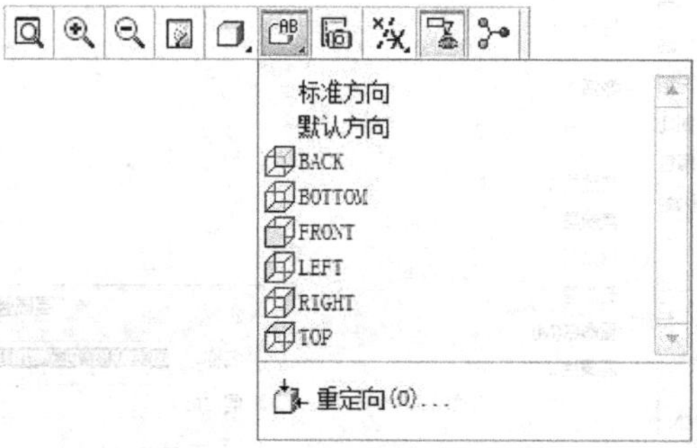

图 4-9 已命名视图展开项

在绘图区上方的工具栏单击图标，如图 4-9 所示，可对模型方向重新设置。单击【重定向】命令，会出现如图 4-10 的【方向】对话框，分别指定两个参考平面，或者在【名称】栏中输入视图新名称，如图 4-11 所示。

下面范例为创建模型的主视图方向。

单击绘图区上方的图标，选择 重定向(O)... 命令，弹出【方向】对话框。在对话框中选择如图 4-12 所示的参照面。参照 1 方向选“前”，选择图 4-13 上所指示的平面作为第 1 参考平面；参照 2 方向选“上”，选择图形上所指示的平面作为第 2 参考平面。在【名称】栏输入名称

“主视图”，单击【保存】按钮。“主视图”名称则可以出现在【保存的视图】的列表中。主视图如图 4-14 所示。

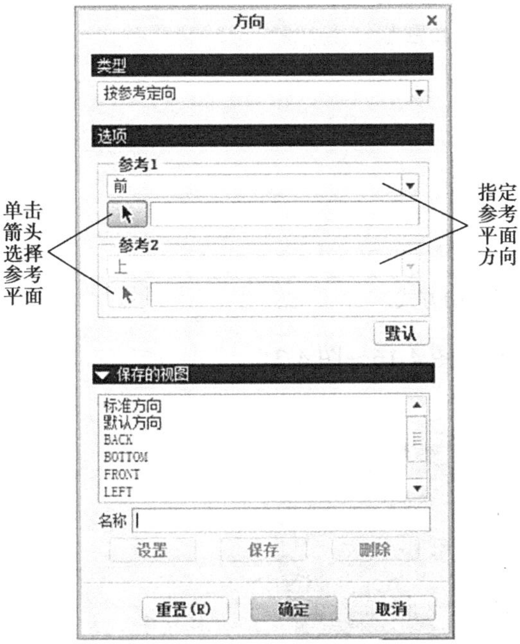

图 4-10　参考面的选择

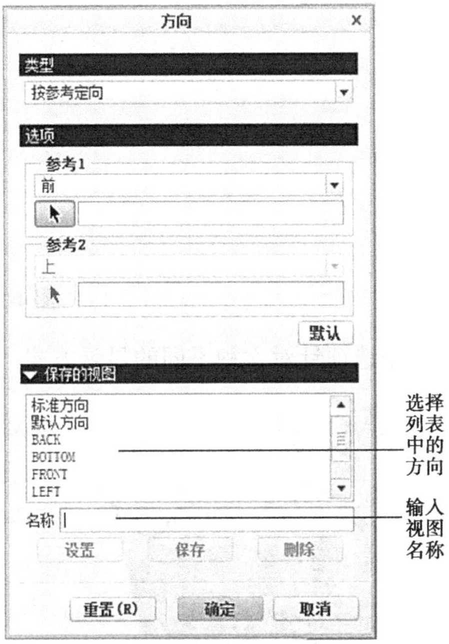

图 4-11　视图选择及设定

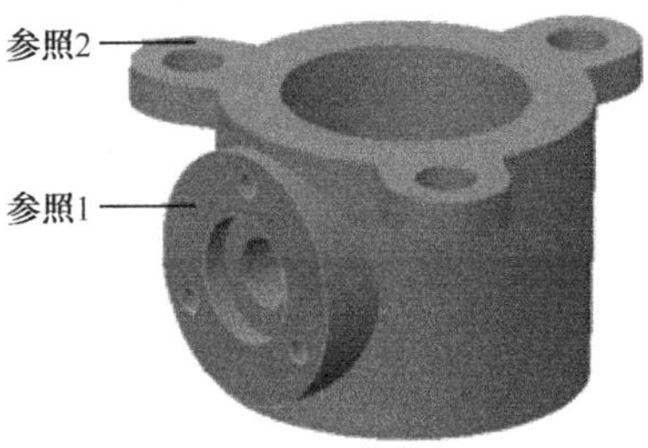

图 4-12　选择参照

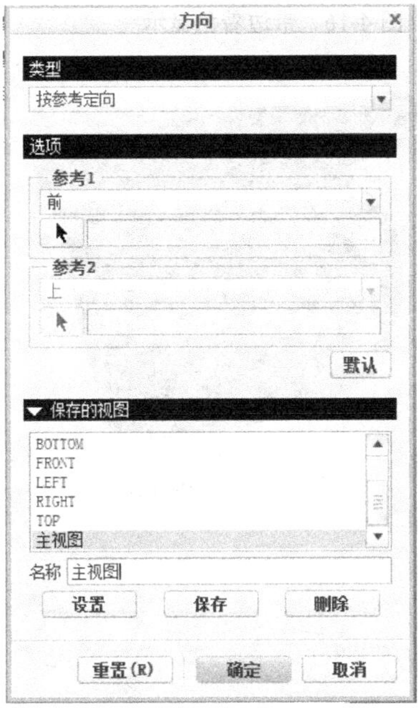

图 4-13　设置参照

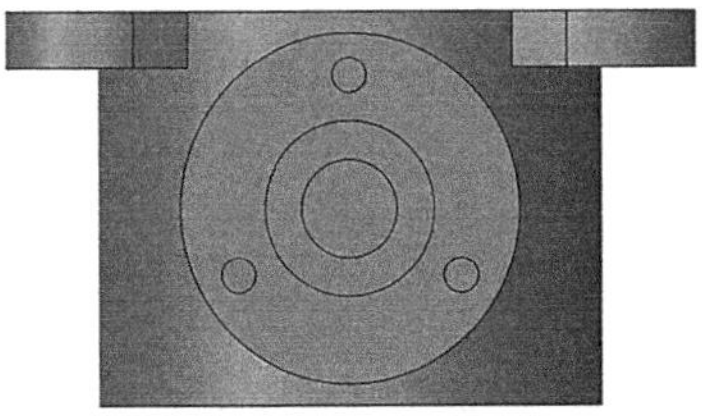

图 4-14　模型主视图

（2）模型的显示

【显示样式】是模型的显示方式。单击绘图区上方【图形工具栏】的图标，或者单击【视图】→，系统将提供六种不同的模型显示方式，如图 4-15 所示。

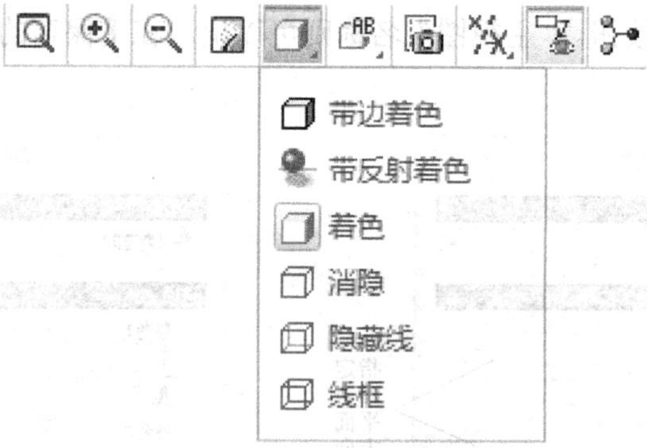

图 4-15　模型显示的方式

六个选项针对六种不同的显示方式，具体请参照图 4-16～图 4-21。

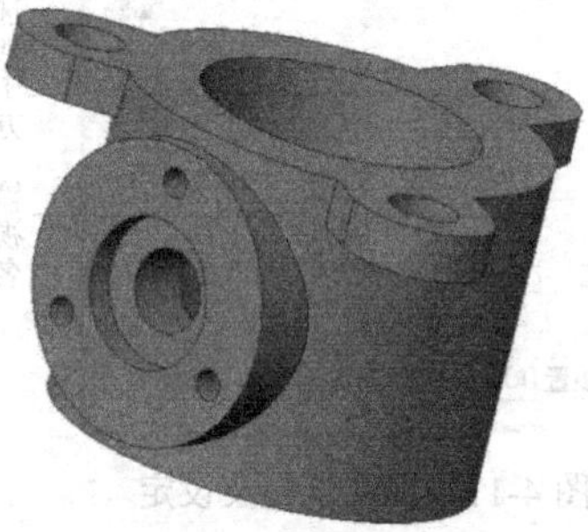

图 4-16　带边着色显示

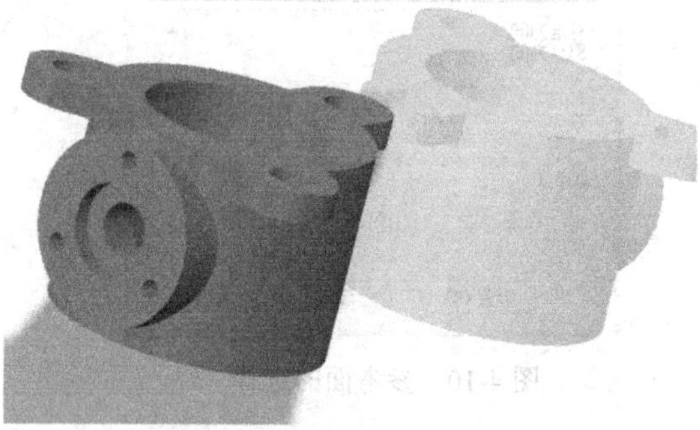

图 4-17　带反射着色显示

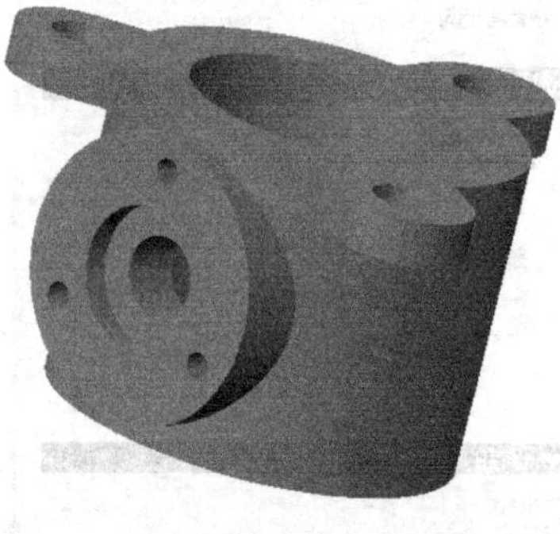

图 4-18　着色显示

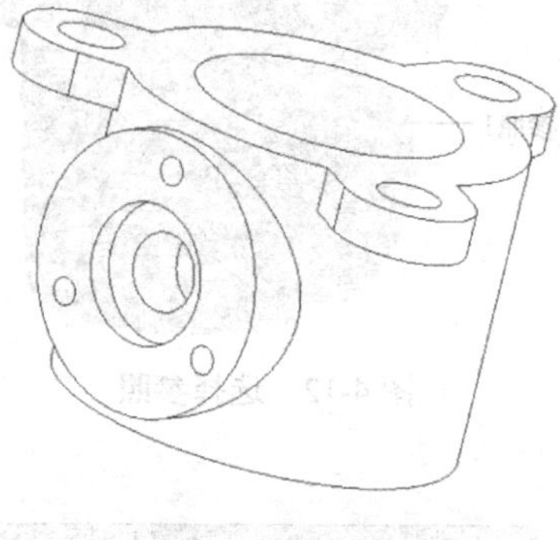

图 4-19　消隐显示

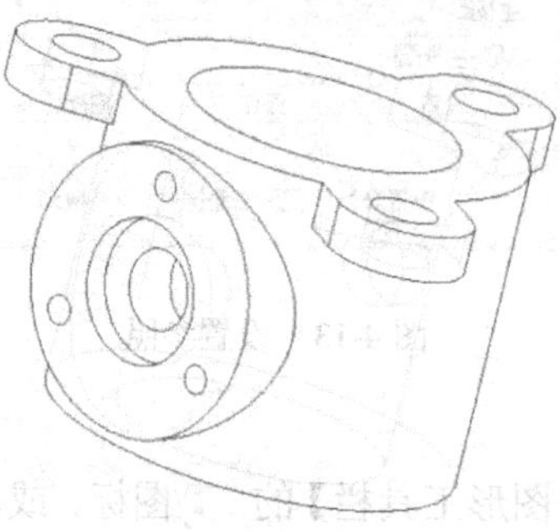

图 4-20　隐藏线显示

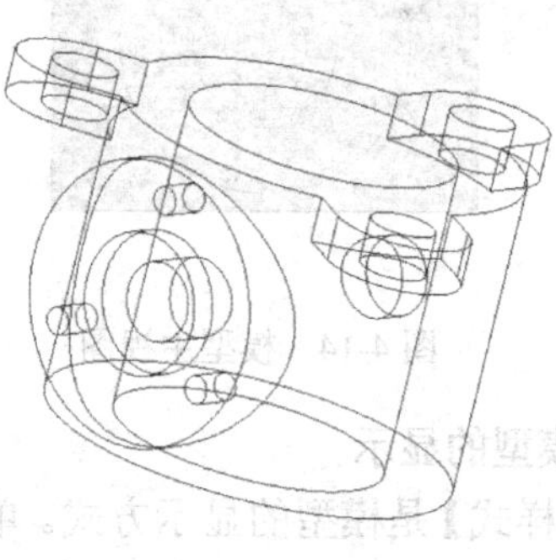

图 4-21　线框显示

（3）基准的显示

在创建三维模型的过程中，为了更好地观察模型，有时候不需要显示基准特征。基准特征的显示与关闭操作如图 4-22 所示。取消基准显示前的“√”，则可以关闭对应基准的显示。

图 4-22　基准的显示与关闭

（4）零件颜色

对于三维模型，系统会给出模型默认的颜色。若需要区分不同位置的零件，可以使用系统提供的修改模型颜色的命令。单击【视图】→ ，或者单击【渲染】→ ，打开隐藏菜单，如图 4-23 所示。

选择需要的材质球，如果是零件上色，在绘图区右下方单击【选择过滤器】，选择【零件】，如图 4-24 所示。随后单击需要改变外观的零件，单击如图 4-25 所示的【确定】按钮，完成零件上色。如果是给曲面上色，在绘图区右下方单击【选择过滤器】，选择【曲面】。随后单击需要改变外观的零件外表面或者曲面，单击【确定】按钮，完成曲面上色。

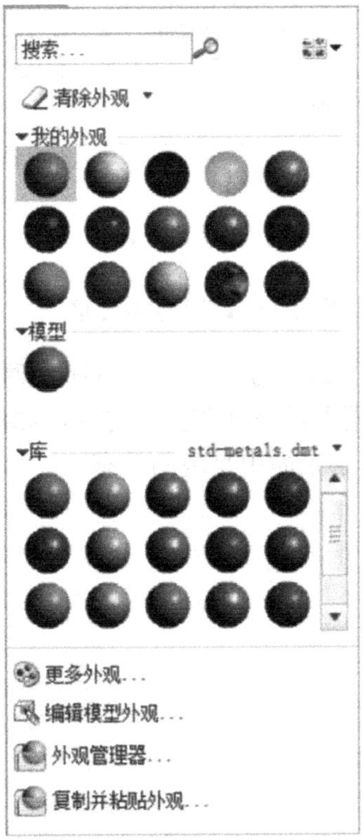

图 4-23　外观颜色选择对话框

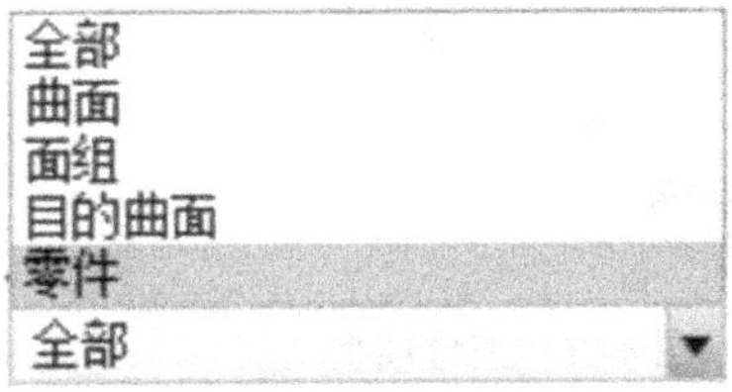

图 4-24　选择过滤器

图 4-25　【选择】对话框

4.1.3 草绘平面的操作

草绘平面：无论是创建实体特征还是曲面特征，都不能脱离二维截面图形，而绘制二维截面图形就需要选择一个草绘平面，草绘平面相当于绘图板。能成为草绘平面的面有以下几种：系统提供的基准平面（TOP、FRONT、RIGHT）、新创建的基准绘图平面、特征表面（实体特征平直表面、曲面集中的平直面）。

参考平面：为确定草绘平面的放置方向，还需要参考平面进行进一步的设置。参考平面与草绘平面需相互垂直，它们之间根据观察方向不同共有四种选择，参考平面可以放置在草绘平面的“顶、底部、左、右”位置。

下面以绘制草绘曲线为例，说明草绘平面和参考平面的设置。打开磁盘中已有的图形，如图 4-26 所示。单击【模型】→ ，打开【草绘】对话框，如图 4-27 所示。在【草绘】对话框中单击【草绘平面】下方的信息栏，选择 TOP 平面。系统自动将 RIGHT 平面作为参考平面，如图 4-28 所示，并给出自动设定方向。若无其他设置，用户可以单击【草绘】，进入草绘平面。

若系统提供的参考平面无法满足要求，则单击【参考】信息栏，在模型中自行选择平面作为参考平面，并在【方向】栏中选择适当的方向。

草绘视图：在 Creo 中，用户选择的草绘平面并不会自动转向用户。若需要选择的草绘平面转向用户与屏幕平行，则需要单击绘图区上方【图形工具栏】中的【草绘视图】 ，被选平面将调整为与屏幕平行。

图 4-26　三维模型

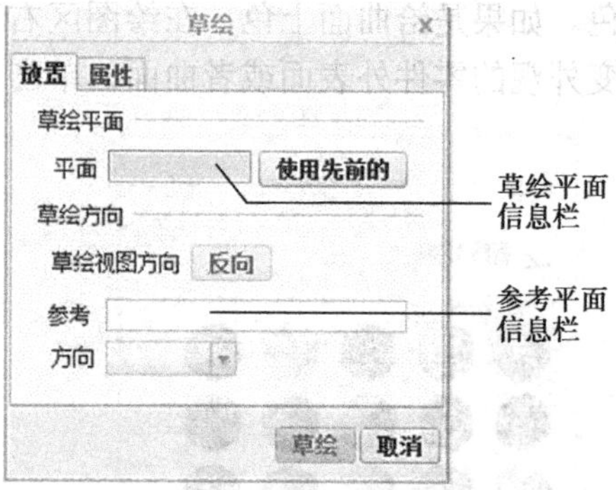

图 4-27　【草绘】对话框

【草绘】对话框中的【草绘视图方向】为用户观察草绘平面的方向。反向按钮为调整观看草绘视图的方向工具。【参考】平面下方的【方向】用来设置草绘平面放置的方向，如图 4-29 所示，相同草绘平面、参考平面为两种不同的参考方向在草绘平面中呈现的状态。

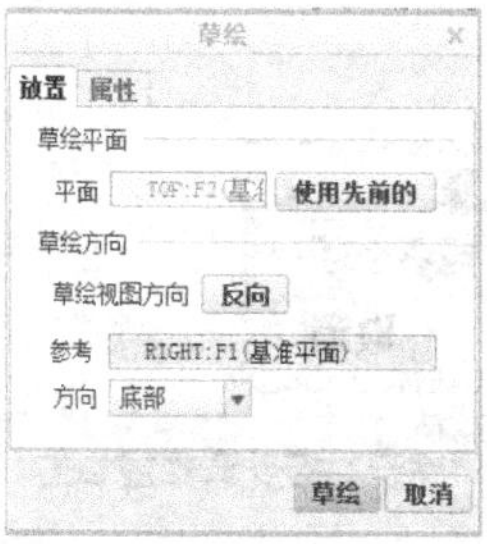

图 4-28　已选基准面【草绘】对话框

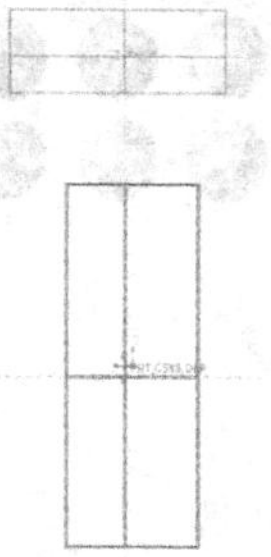

图 4-29　参考方向不同的草绘平面

4.2　创建拉伸特征

拉伸特征是指所绘制的二维草图沿着草绘平面法向方向添加或去除材料而生成的特征。

4.2.1　拉伸工具创建步骤

步骤 1：选取拉伸特征工具

单击【模型】→【形状】模块的（拉伸）按钮，激活拉伸特征工具。在绘图区上方出现拉伸特征操控面板，如图 4-30 所示。其中，用于创建“实体”特征，为系统默认状态；用于创建“曲面”特征；默认情况下为添加材料，单击为去除材料；为加厚材料特征。

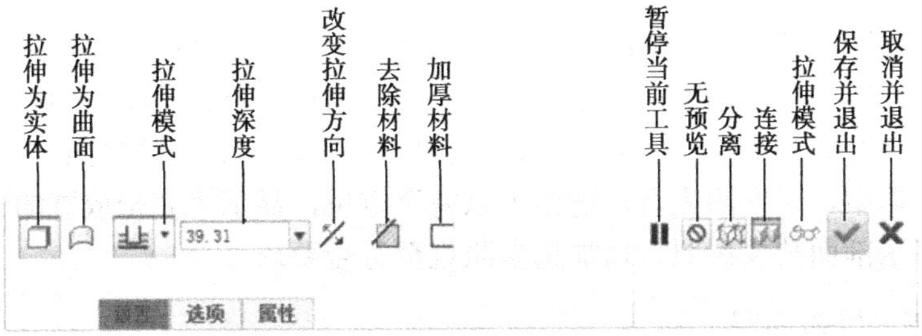

图 4-30　拉伸特征操控面板

步骤 2：放置草绘平面

该步骤主要确定拉伸实体中，绘制二维剖面所需的草绘平面。直接单击绘图区内的参考平面，可直接进入草绘界面。或者单击【放置】，打开【放置】下拉面板，如图 4-31 所示。单击下拉面板上的【定义】命令，弹出如图 4-32 所示【草绘】对话框。

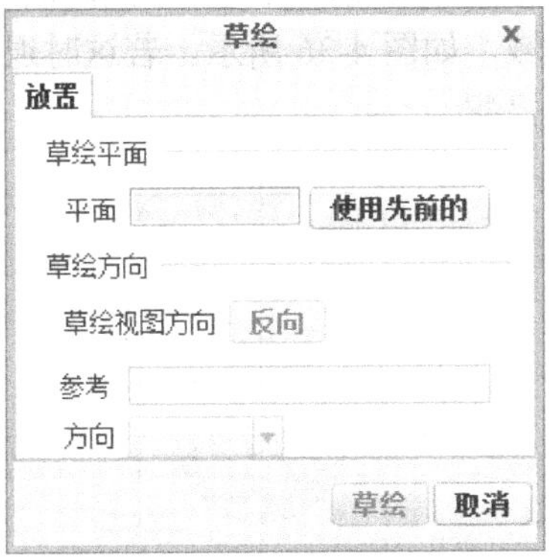

图 4-31　【草绘】对话框

图 4-32　【草绘】对话框

在【草绘】对话框中定义草绘平面及参考平面，具体内容请参照 4.1.3 节的介绍。

步骤 3：设置参考约束

单击工具栏中的【草绘】→ ，弹出【参考】对话框，如图 4-33 所示。在零件创建的二维视图中，一般至少需要两个（横向和纵向）参照条件。参考可以为基准面、基准轴、基准曲线、基准坐标系、零件的边、点、曲线的边界等。

图 4-33 【参考】对话框

单击对话框中的按钮，选取几何图元作为标注和约束的参照。

单击对话中的按钮，可以在草绘平面和曲面的交线上单击鼠标左键创建参照。

单击【选择】对话框右侧下拉菜单，可以用过滤器选取列表中的参照。

【参考状况】框中，当参照完全，剖面可以完全定位，显示“完全放置的”。若显示“未求解的草绘”，则表示剖面缺少参照，需加选参照直至符合要求。

步骤 4：绘制二维截面图

（1）绘制封闭截面

在新建一个实体模型时，文件从零开始时，模型的截面也必须是首尾相接的封闭截面，如图 4-34 显示，形成区域的地方以填充颜色显示。当截面不符合要求退出时，系统会弹出警示对话框，如图 4-35 所示。封闭截面需按照系统要求完成，具体要求如下：

- 封闭截面以外不允许有点及线条。系统进行拉伸（或者其他基础命令操作）时，只能对完整闭合图形进行操作，其他图元无法同时完成操作。因此，在二维草图画面中，有多余的线条及点时，二维图形无法形成有效拉伸区域，如图 4-36 所示。若这时退出草图，系统会弹出警示对话框，多余图元会以高亮方式提醒。

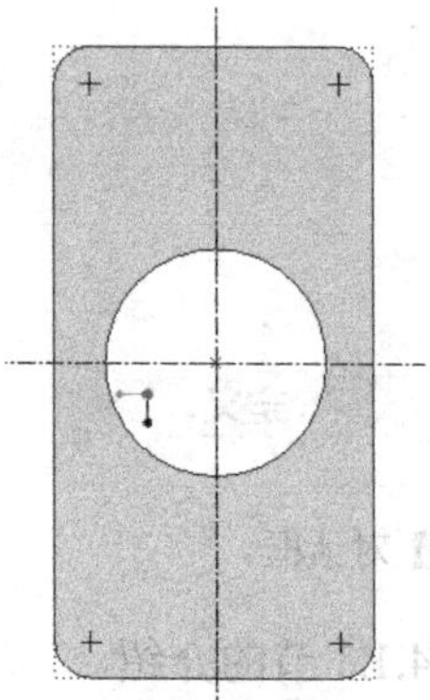

图 4-34 封闭截面

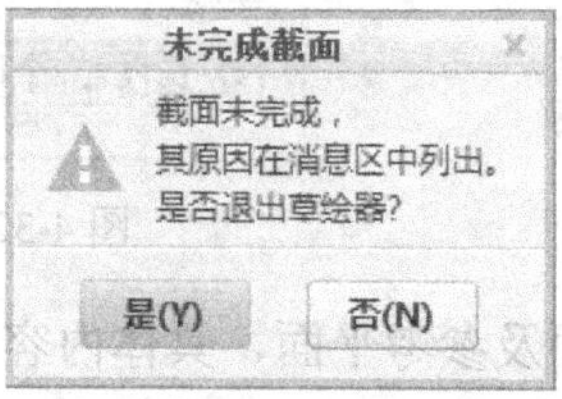

图 4-35 警示对话框

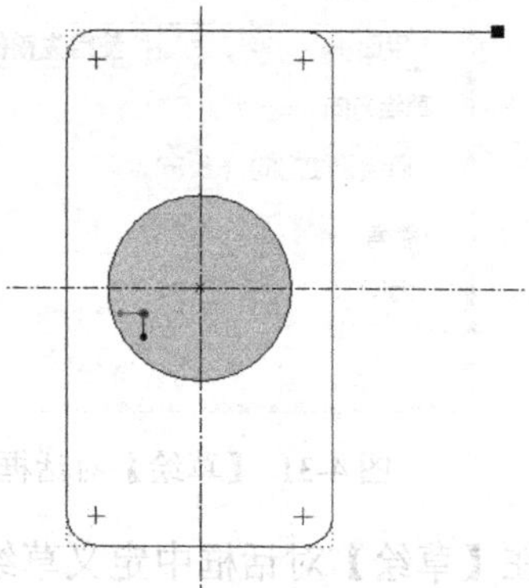

图 4-36 未封闭截面

- 不允许有重复图元。重复的图形会阻碍系统对需要拉伸图形的确认，因此，若观察视图未发现问题，如图 4-37 所示，系统弹出警示对话框，可能是由于重复图形造成的。

● 封闭截面内嵌的一个或多个截面之间不允许相交，如图 4-38 所示。这种情况也不利于系统对拉伸截面的确认。

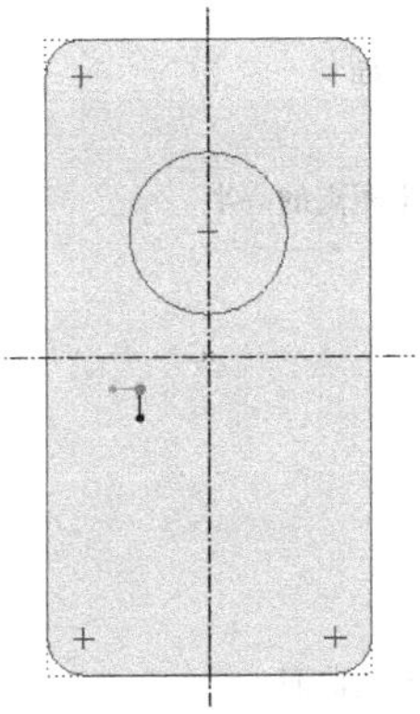

图 4-37　有重复图形的截面

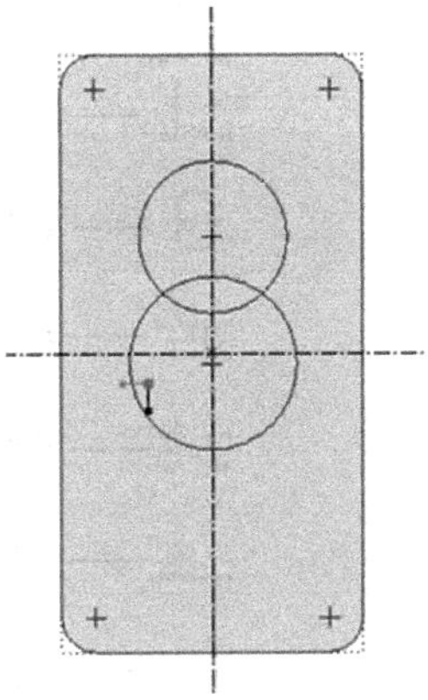

图 4-38　有相交图形的截面

（2）绘制不封闭截面

零件创建中，当模型已经有创建特征时，新绘制的截面图形可以不封闭，但是不封闭的二维截面有严格的要求，曲线必须与原有实体的边线对齐。因此，建议使用【参考】，将已有实体边界选为约束边界。或者使用【约束】面板中的⊸按钮，将草绘线条对齐实体边界，如图 4-39 所示。

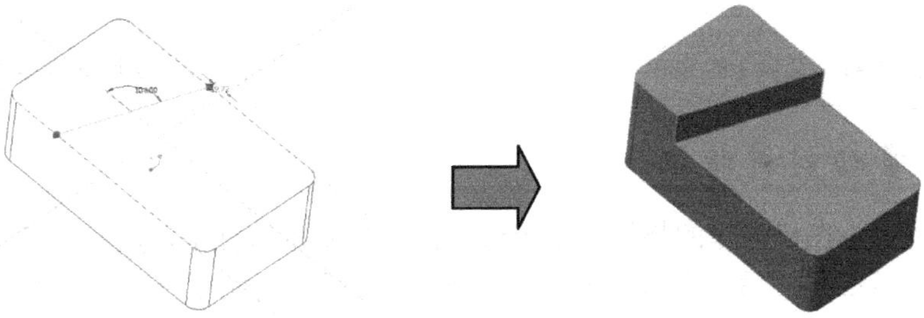

图 4-39　开放截面绘制实体

二维草图绘制完成后，单击拉伸操控面板的【保存并退出】。

步骤 5：确定特征生成方向

退出二维草图后，绘制的图形将进入三维设计模式。绘图区内将出现箭头表示剖面的拉伸方向。若要改变模型生成的方向，可以在绘图区内单击箭头，改变拉伸方向，或者单击拉伸操控面板的【改变拉伸方向】%工具。

步骤 6：设置拉伸模式

单击【拉伸模式】选项栏，有六种拉伸方式可供选择，各种方式的具体内容如图 4-40 所示。

单击【选项】，弹出下拉菜单，如图 4-41 所示。单侧拉伸时，【侧 1】右侧的数值修改与拉伸深度的修改作用相同；【侧 1】和【侧 2】同时使用适合双侧拉伸；【封闭端】复选框适合于拉伸闭合截面的曲面。

单击【属性】，弹出下拉菜单，如图 4-42 所示，可在文本框中编辑特征名。

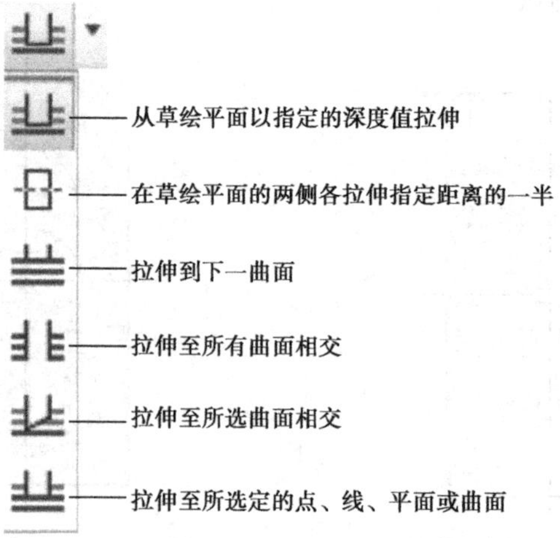

图 4-40　不同拉伸方式的作用

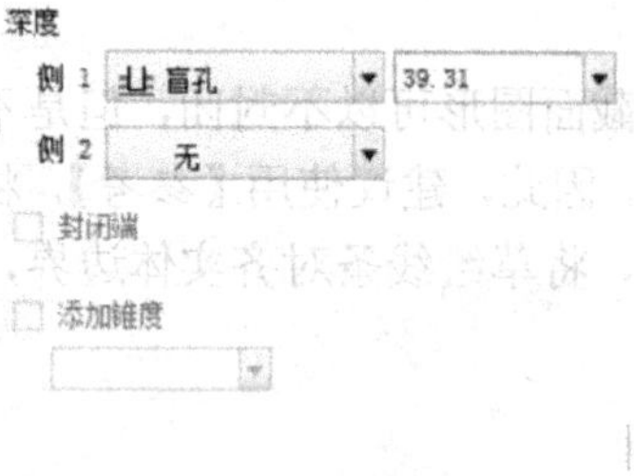

图 4-41　选项下拉菜单

图 4-42　属性下拉菜单

4.2.2 剪切材料特征

剪切材料特征是在已创建的特征基础上进行的，在基础特征中，所有特征都有剪切材料的命令。选定绘制基准平面后，在属性面板上单击 按钮，属性面板右侧会增加一个 按钮，该按钮用来控制剪切材料的部分。以图 4-43 的剪切形状为例，调整剪切特征生成方向，观察模型生成后的变化。

图 4-43　同一拉伸特征的图形及参数设置

完成以上剪切二维图形后，退出草图。调整剪切材料的部分，会产生两种不同的剪切效果，如图 4-44 所示。

图 4-44　同一草绘图形不同拉伸方向效果对比

4.2.3　拉伸工具设计范例

绘制如图 4-45 所示的平口钳。

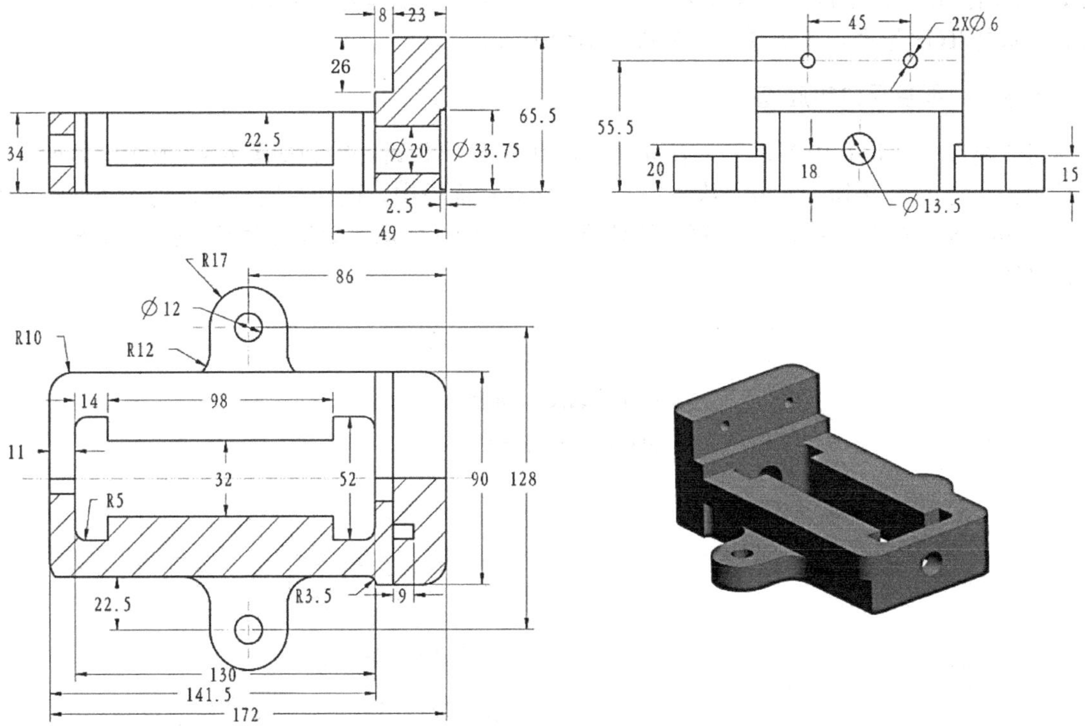

图 4-45　平口钳

步骤 1：新建文件

单击【文件】→【新建】，或者单击按钮，弹出【新建】对话框，如图 4-46 所示。取消【使用默认模板】，单击【确定】按钮。系统弹出如图 4-47 所示的【新文件选项】对话框，选择【mmns_part_solid】，单击【确定】。

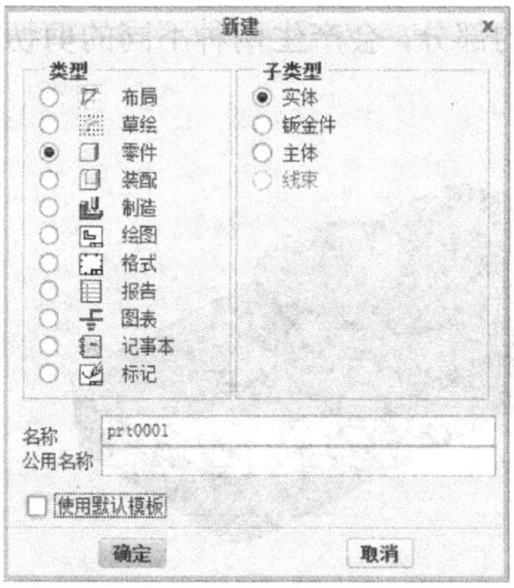

图 4-46 【新建】对话框

图 4-47 【新文件选项】对话框

步骤 2：建立拉伸实体特征

单击【模型】→ 拉伸 按钮，弹出拉伸操控面板，如图 4-48 所示。在操控面板上，选择【拉伸为实体】。单击【视图】→【显示】模块的 按钮，显示基准平面名称。单击【放置】→【定义】，选择绘图区中的 TOP 平面作为草绘平面，RIGHT 平面作为参照平面，参考方向为右。或者直接选择 TOP 平面，单击【草绘】进入草绘模式。

步骤 3：创建平口钳底座

进入草绘模式，TOP 平面若未转向屏幕，则单击 按钮。绘制如图 4-49 所示的截面，完成后单击上方的✔按钮，完成二维草图。在拉伸操控面板中，选择单向拉伸，输入拉伸深度为 34。单击拉伸操控面板中的 预览拉伸效果，如图 4-50 所示，确认无误后单击✔按钮，完成特征创建。

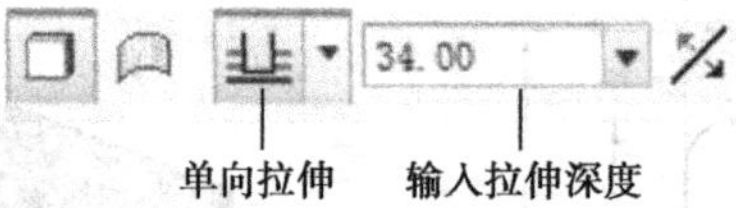

图 4-48 拉伸操控面板

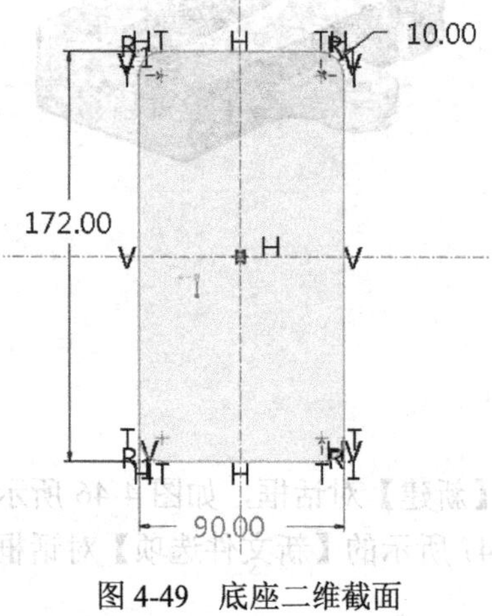

图 4-49 底座二维截面

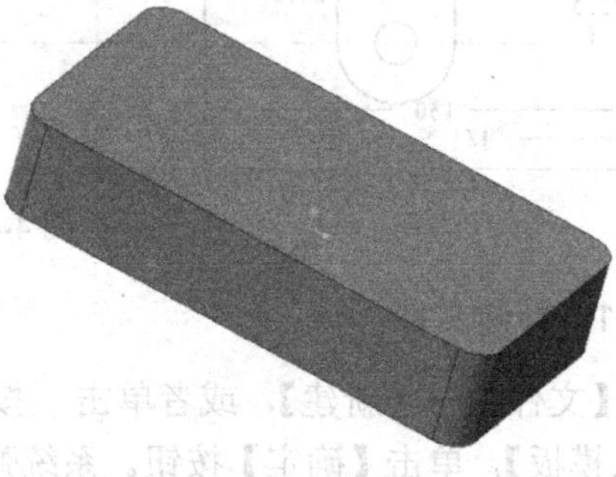

图 4-50 平口钳底座效果

步骤 4：创建平口钳左侧固位

（1）单击按钮打开拉伸操控面板。

（2）选择已建实体上表面为绘图平面，单击进入草绘模式。单击绘图区上方图形工具栏中的【显示样式】，选择消隐模式，绘制如图 4-51 所示的二维剖面，使用【约束】中的工具，将直线的两端的点对齐到实体的边界上。绘制好草图，单击草绘操控板中的，退出草绘界面。

（3）在拉伸操控面板中，选择单向拉伸方式，输入拉伸深度为 31.5，如图 4-52 所示。单击拉伸操控面板中的预览拉伸效果，确认无误后单击按钮，完成特征创建。

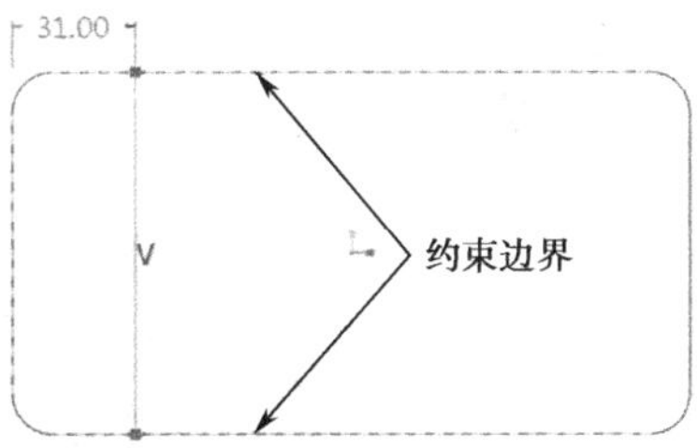

图 4-51　左侧固位截面

图 4-52　拉伸模型

步骤 5：拉伸切除材料

（1）单击按钮打开拉伸操控面板，单击属性面板上的按钮。

（2）在绘图区选择如图 4-53 所示的草绘平面，单击进入草绘模式。单击工具栏中的，系统弹出【参考】对话框，选择如图 4-54 所示的两条实体边界作为参考边界。关闭对话框，绘制如图 4-54 所示的二维剖面。

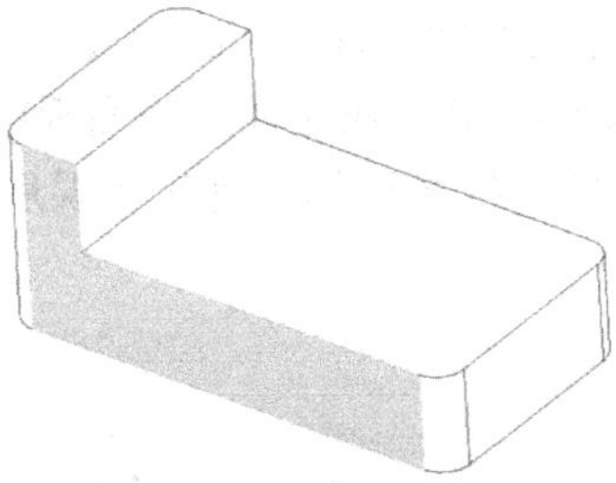

图 4-53　指定的草绘平面

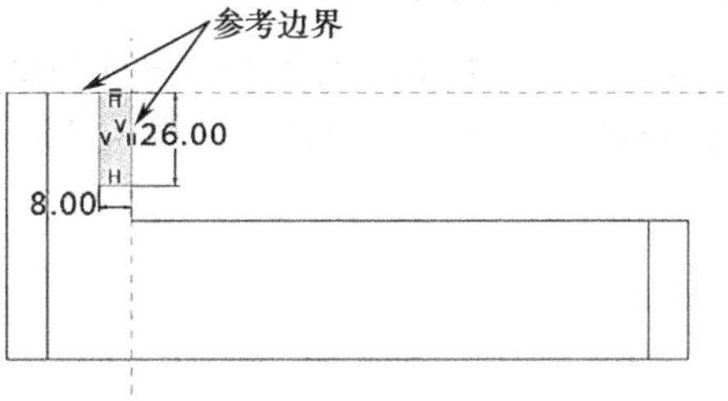

图 4-54　拉伸切除特征二维剖面

（3）在操控面板中的拉伸方向下拉菜单中，选择【拉伸至选定的曲面相交】，右侧的信息栏则显示出 选择 1 个项，要求在模型上选择需要指定的曲面。选择如图 4-55 所示的零件的另一面，则可生成如图 4-56 所示的图形。确认无误后单击按钮，完成特征创建。

步骤 6：创建平口钳底座切口

（1）单击按钮打开拉伸操控面板，单击属性面板上的按钮。

（2）选择平口钳底面作为绘图平面，单击进入草绘模式。单击【草绘】→ 投影，在绘图区选择已有实体边界，绘制其他图元，删除多余的线条，完成后保存退出草绘模式，如图 4-57 所示。

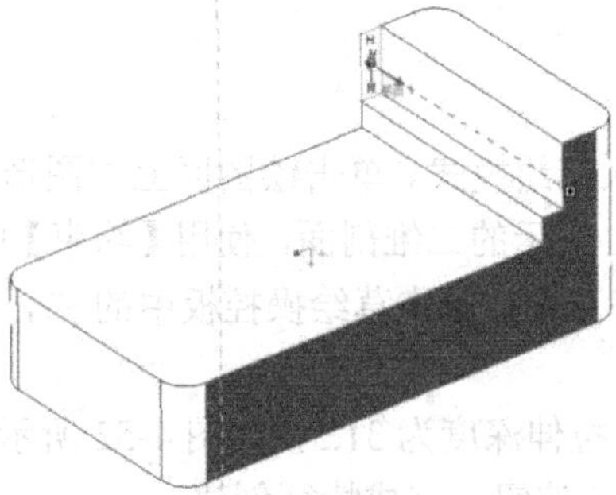

图 4-55 指定的曲面

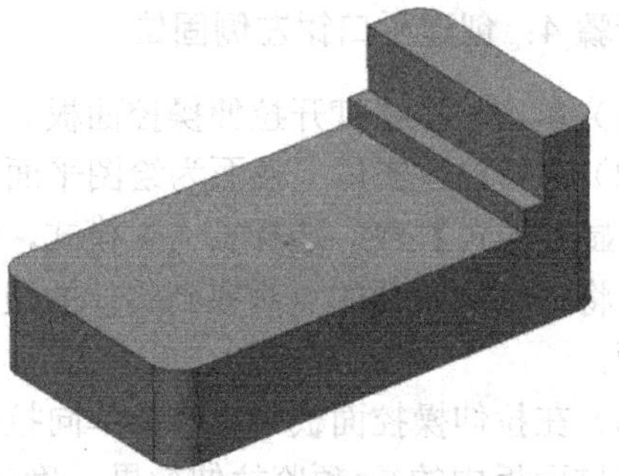

图 4-56 完成模型

（3）在拉伸操控面板中，拉伸方式选择单向拉伸，在深度值对话框中输入 20。单击拉伸操控面板中的 $\mathcal{O}\mathcal{O}$ 预览拉伸效果，确认无误后单击✔按钮，完成特征创建。

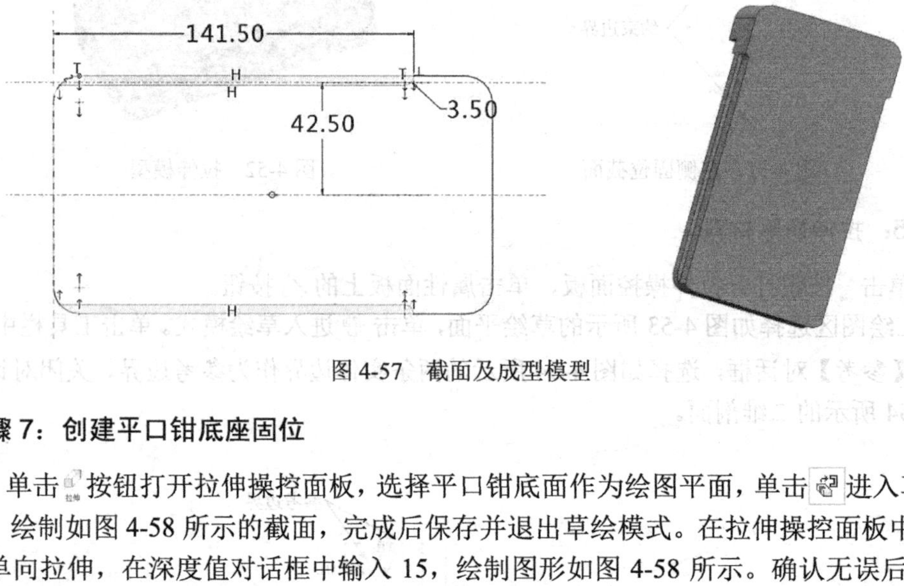

图 4-57 截面及成型模型

步骤 7：创建平口钳底座固位

（1）单击 按钮打开拉伸操控面板，选择平口钳底面作为绘图平面，单击 进入草绘模式；

（2）绘制如图 4-58 所示的截面，完成后保存并退出草绘模式。在拉伸操控面板中，拉伸方式选择单向拉伸，在深度值对话框中输入 15，绘制图形如图 4-58 所示。确认无误后单击✔按钮，完成特征创建。

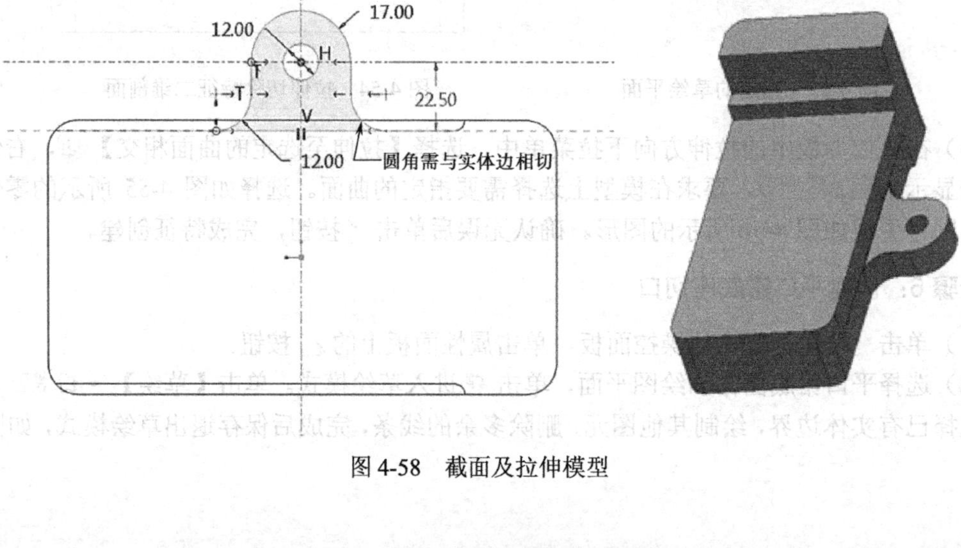

图 4-58 截面及拉伸模型

步骤 8：创建拉伸切除材料特征

（1）单击按钮打开拉伸操控面板，单击属性面板上的按钮，选择平口钳底面作为绘图平面，单击进入草绘模式。

（2）在草绘模式下绘制如图 4-59 所示的截面，绘制完成后单击✔退出草图。特征拉伸方向朝平口钳上方，在拉伸操控面板中选择拉伸方式，如图 4-59 所示。单击拉伸操控面板中的预览拉伸效果，确认无误后单击✔按钮，完成特征创建。

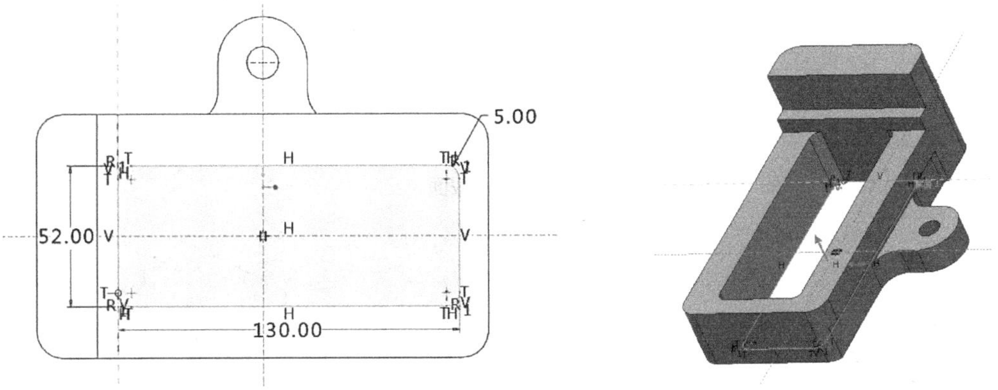

图 4-59 截面及拉伸切除模型

步骤 9：创建平口钳底座凸台

（1）单击按钮打开拉伸操控面板，选择如图 4-60 所示的零件深色表面作为草绘平面；

（2）进入二维草绘平面，绘制如图 4-61 所示的截面。在拉伸操控面板中，拉伸方式选择单向拉伸，输入拉伸深度为 22.5，拉伸方向向下。单击拉伸操控面板中的预览拉伸效果，确认无误后单击✔按钮，完成特征创建。

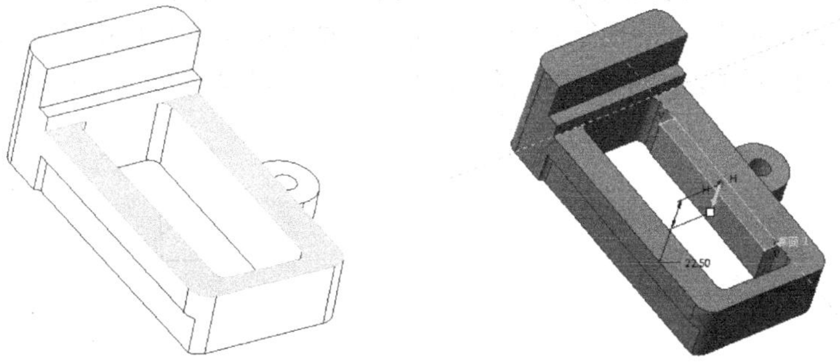

图 4-60 草绘平面及模型效果

步骤 10：创建中轴线孔位 1

（1）单击按钮打开拉伸操控面板，单击属性面板上的按钮。

（2）选择如图 4-62 所示的零件表面作为草绘平面，进入草绘界面，绘制如图 4-62 所示的截面。完成后单击草绘工具栏中的✔退出草图。

（3）在拉伸操控面板中，选择拉伸方式为【拉伸至选定的曲面相交】，右侧的信息栏则显示出● 选择 1 个项，选择如图 4-63 所示的曲面。单击拉伸操控面板中的预览拉伸效果，确认无误后单击✔按钮，完成特征创建。

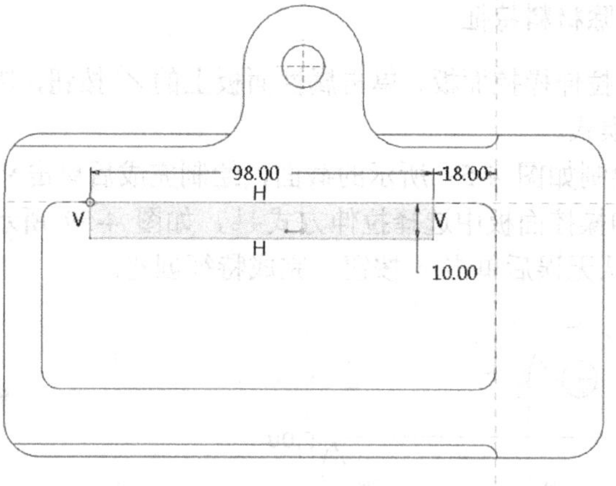

图 4-61　截面

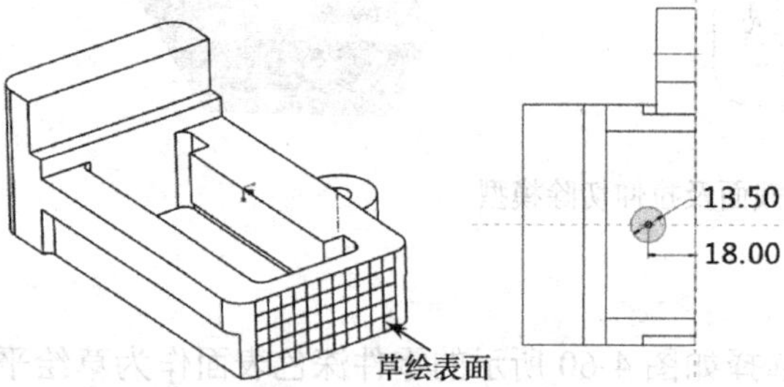

图 4-62　草绘平面及截面

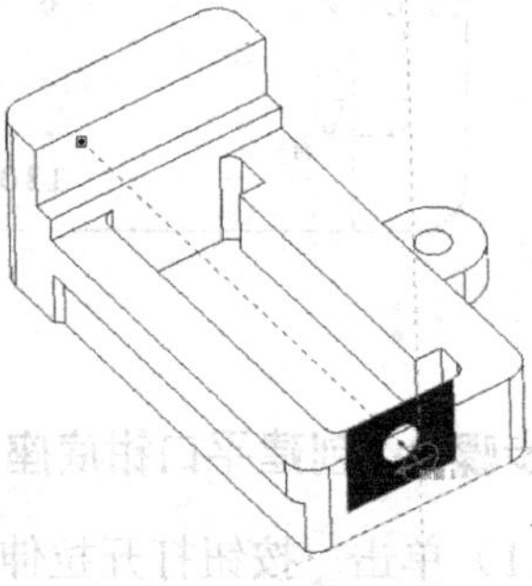

图 4-63　拉伸至选定曲面

步骤 11：创建中轴线孔位 2

（1）单击 按钮打开拉伸操控面板，单击属性面板上的 按钮。选择如图 4-64 所示的曲面作为草绘平面，绘制如图 4-65 所示的截面，完成后单击草绘工具栏中的✔退出草图。

（2）在拉伸操控面板中，拉伸方式选择单向拉伸，输入拉伸深度为 2.5。确认无误后单击✔按钮，完成特征创建。

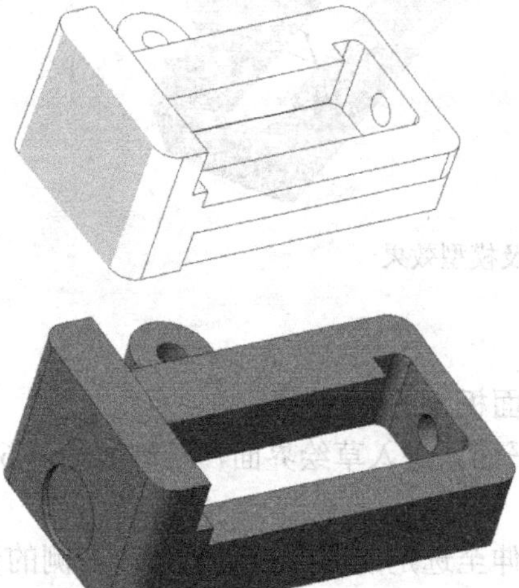

图 4-64　草绘平面及模型效果

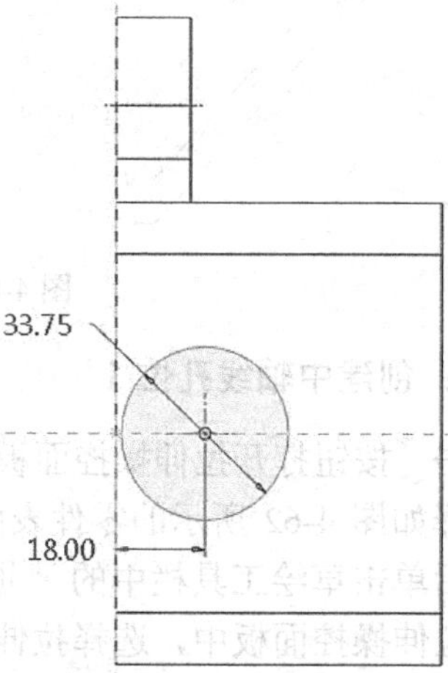

图 4-65　截面

步骤 12：创建中轴线孔位 3

（1）单击拉伸按钮打开拉伸操控面板，单击属性面板上的按钮。选择与上一步相同的曲面作为草绘平面，绘制如图 4-66 所示的截面，圆的绘制与步骤 11 绘制的圆为同心圆，完成后单击草绘工具栏中的✔退出草图。

（2）在拉伸操控面板中，拉伸方式选择【单向拉伸，拉伸方向与上步相同】，输入拉伸深度为 70（超过 62 即可）。确认无误后单击✔按钮，完成特征创建。

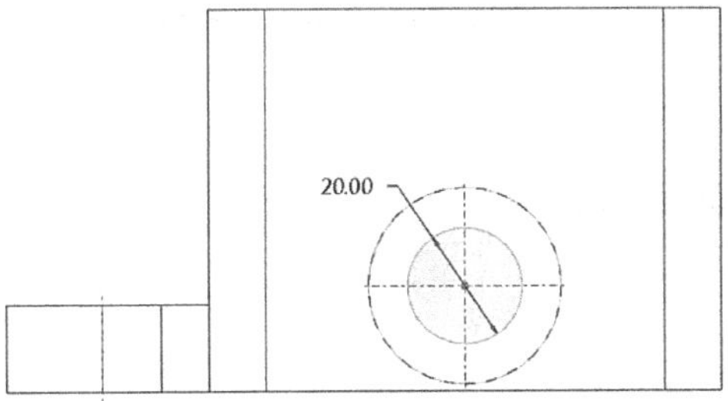

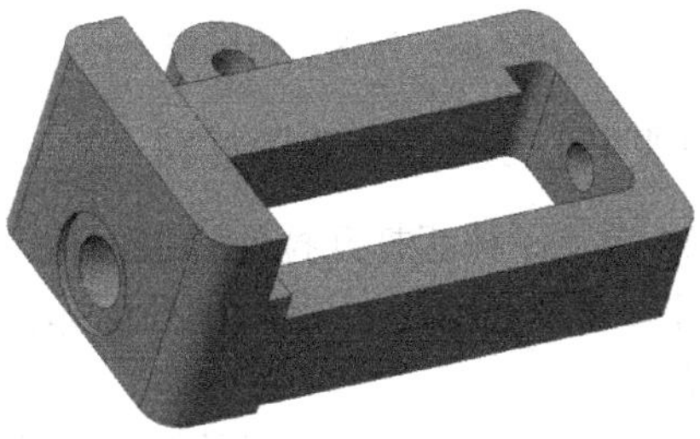

图 4-66 截面及成型模型

步骤 13：镜像底座凸台特征

（1）选择步骤 9 创建的特征，单击【模型】→【编辑】模块中的镜像按钮，系统弹出镜像操控面板，如图 4-67 所示；

（2）单击绘图区上方的图形工具条中的【基准显示过滤器】，勾选其下拉菜单中的【平面显示】，如图 4-68 所示；

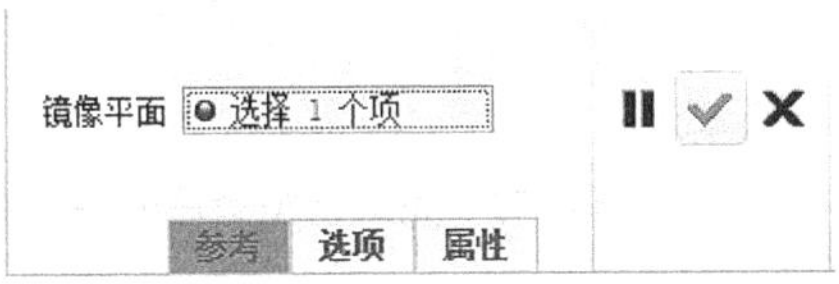

图 4-67 镜像操控面板

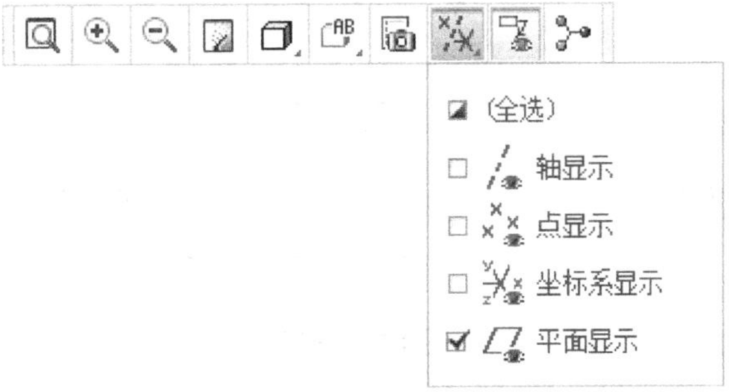

图 4-68 基准显示过滤器

（3）单击绘图区内的 FRONT 平面作为镜像平面，然后再单击✔按钮，完成特征创建，具体如图 4-69 所示。

步骤 14：镜像底座固位特征

选择步骤 7 创建的特征，单击【模型】→【编辑】模块中的镜像按钮，系统弹出镜像操控面板。选择绘图区内的 FRONT 平面作为镜像平面，单击✔按钮，完成特征创建。完成特征创建，如图 4-70 所示。

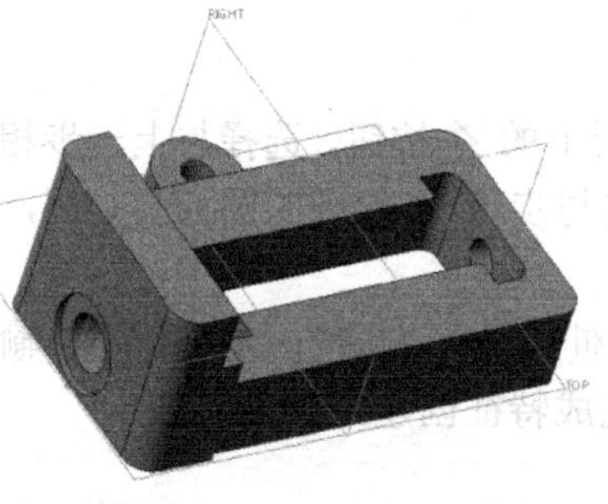

图 4-69　镜像后的模型 1

图 4-70　镜像后的模型 2

步骤 15：创建拉伸切除材料

（1）单击 按钮打开拉伸操控面板，单击属性面板上的 按钮。选择如图 4-71 所示的曲面作为草绘平面，进入草绘模式。

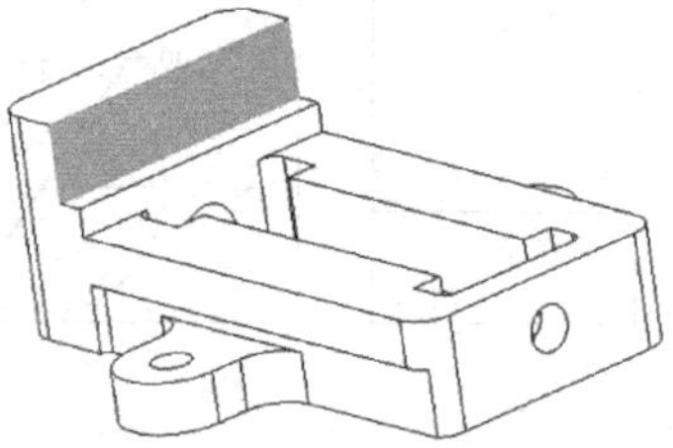

图 4-71　选草绘平面

（2）绘制如图 4-72 所示的截面，完成后单击草绘工具栏中的✔退出草图。在拉伸操控面板中，拉伸方式选择单向拉伸，输入拉伸深度为 9。单击拉伸操控面板中的 预览拉伸效果，确认无误后单击✔按钮，完成模型创建，如图 4-73 所示。

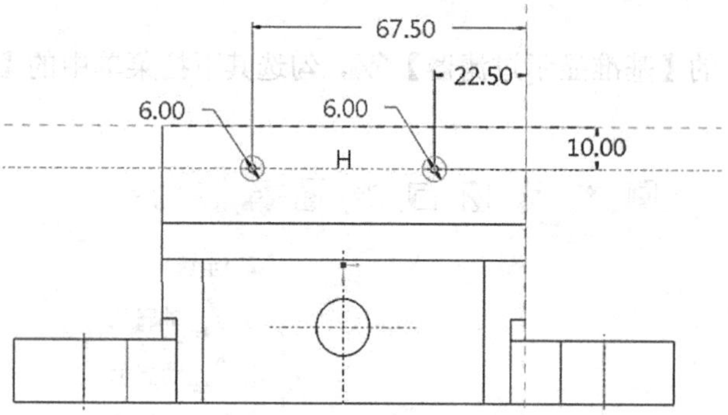

图 4-72　截面

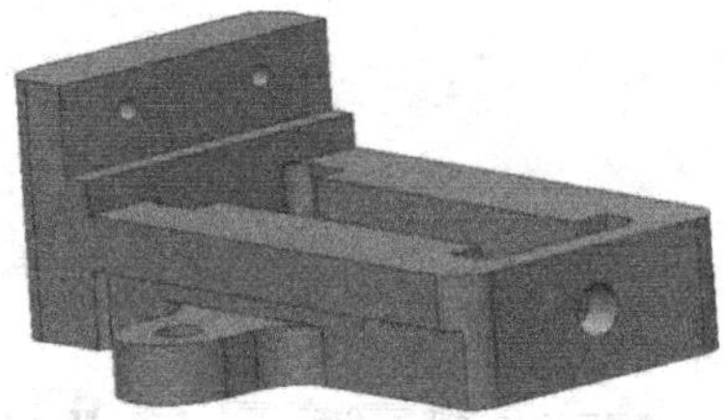

图 4-73　完成模型最后效果

4.3　创建旋转特征

旋转特征是指二维剖面沿指定轴线旋转一定角度后形成的实体特征，是关于轴线严格对称的一种特征形态。

4.3.1　旋转工具创建步骤

步骤 1：旋转特征操控面板

新建零件后，选择【模型】→【形状】模块中的 旋转 命令，系统会弹出旋转特征操控面板，如图 4-74 所示。大部分工具与拉伸操控面板一致，在数值输入位置表示的是旋转角度。

单击 按钮表示指定旋转轴，后面的对话框显示旋转轴信息。

图 4-74　旋转特征操控面板

步骤 2：放置草绘平面

与拉伸特征相似，选择合适的平面作为草绘平面，设置恰当的参考平面。

步骤 3：绘制旋转剖面

进入二维草绘平面，绘制旋转剖面。在绘制旋转剖面时，有以下问题需要注意：

① 创建实体时，二维草绘截面必须闭合，如图 4-75 所示；

② 创建曲面或者薄板时，二维草绘截面可以闭合，也可以开放，如图 4-76 所示；

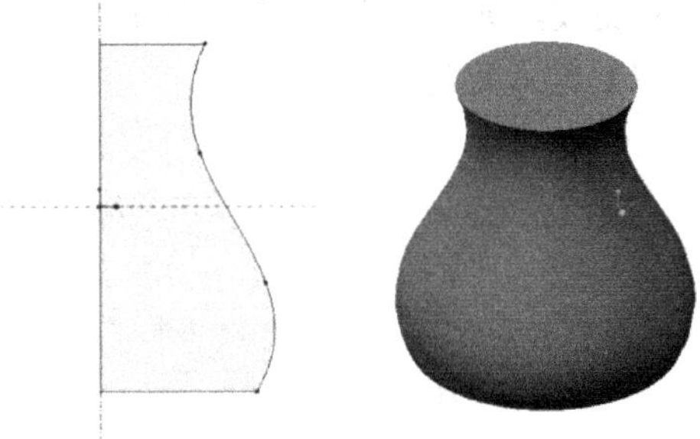

图 4-75　闭合截面旋转实体

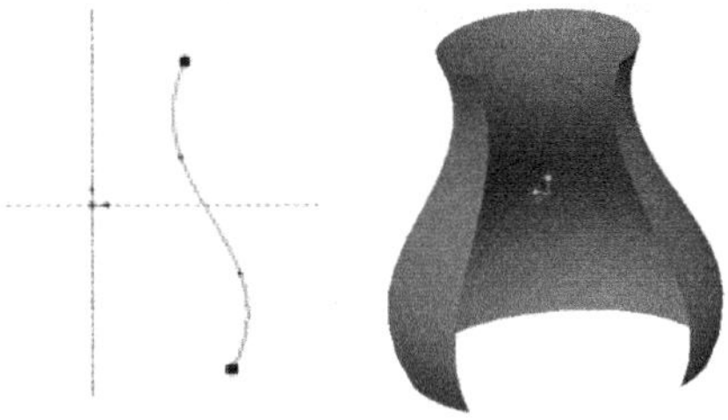

图 4-76　开放截面旋转曲面

③ 绘制截面需在旋转轴的同一侧，如图 4-77 所示，不能跨在旋转轴的两端，如图 4-78 所示；

④ 若图形外没有指定旋转轴，则需在草绘平面内绘制中心线作为旋转轴；

⑤ 若指定轴线不在草绘平面内，则退出草图后需要指定模型上的基准轴线或者坐标系的其中一个条件为旋转轴线。

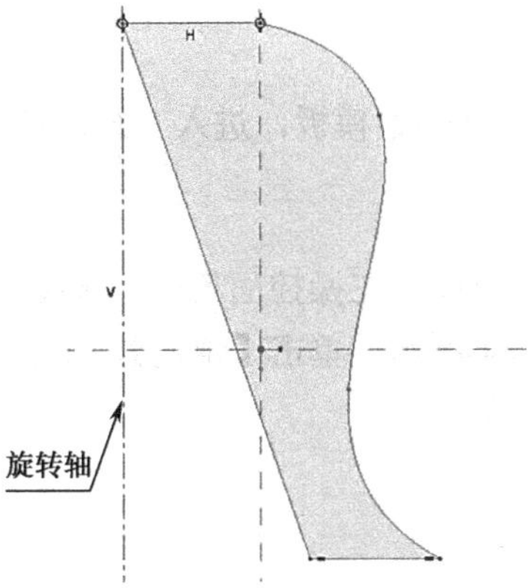

图 4-77　合适的旋转截面

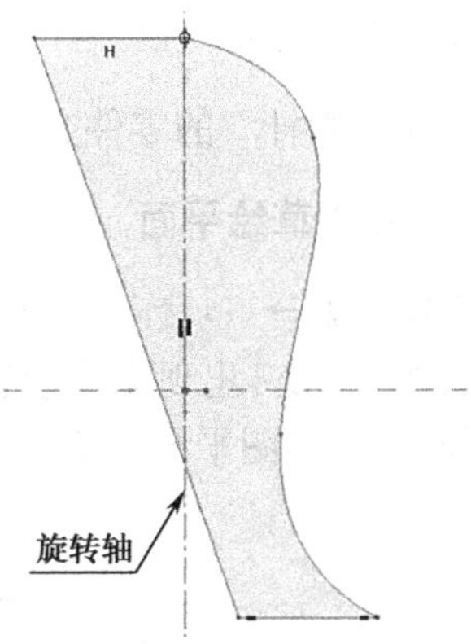

图 4-78　不合适的旋转截面

步骤 4：设置旋转方式及角度

在旋转特征操控面板中，设置旋转角度的方式共有三种：

① 单向旋转方式。这是系统默认的旋转方向，在旋转方式右侧文本框中直接输入旋转的角度值，剖面就会沿着指定方向旋转一定角度形成特征，如图 4-79 所示；

② 双侧旋转方式。以绘图平面为基础，将二维剖面向两侧围绕旋转轴同时旋转。此时文本框的数值为双侧旋转的总值，如图 4-80 所示；

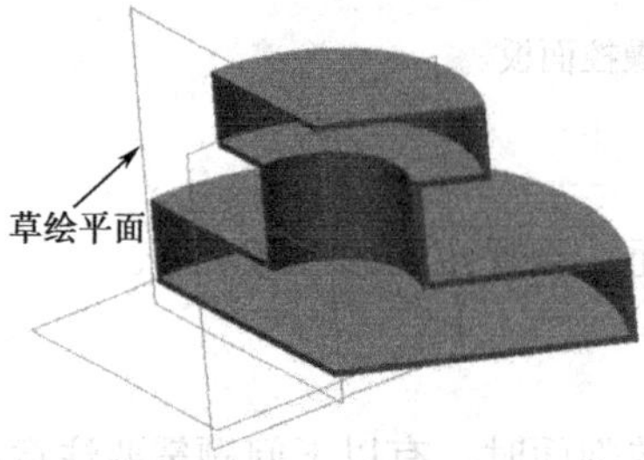

图 4-79 单向旋转方式

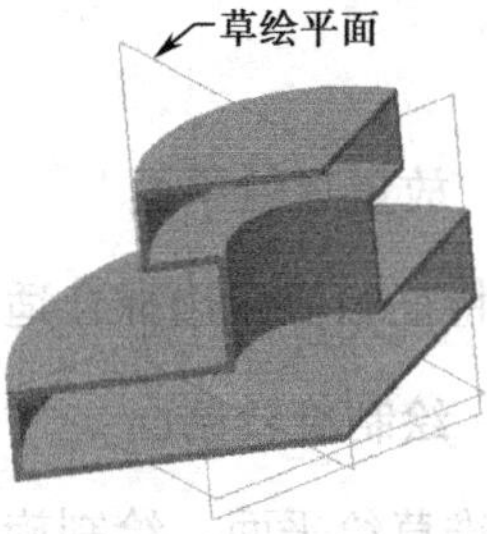

图 4-80 双侧旋转方式

③ 旋转至指定的点、线、面（包括曲面）。以图 4-81 为例，在旋转操控面板中先选择 ⊟，然后单击面板下方的【选项】下拉菜单，弹出【角度】面板，如图 4-82 所示。在【侧 1】选择【到选定项】，选择如图 4-81 所示的指定曲面，在【侧 2】输入定量值。

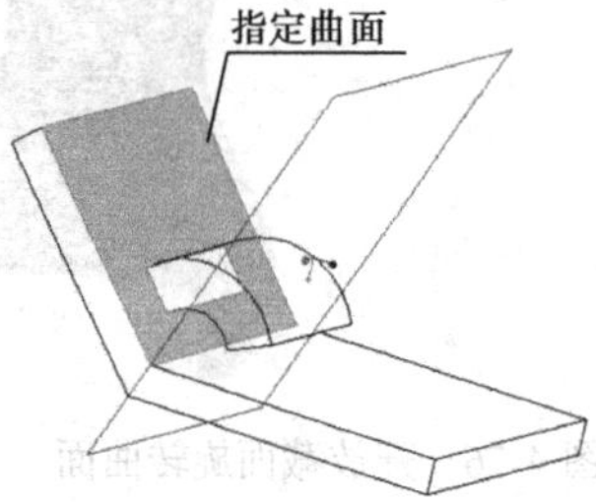

图 4-81 设置指定曲面

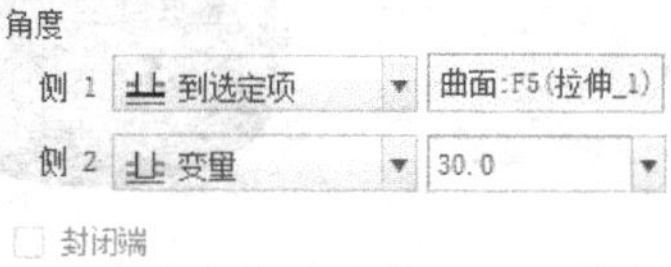

图 4-82 【角度】面板

4.3.2 旋转工具设计范例

创建如图 4-83 所示的螺栓零件。

步骤 1：创建文件

新建名为“螺杆”的零件文件，使用【mmns_part_solid】模板，进入三维建模环境。

步骤 2：设置草绘平面

单击【模型】→ 旋转 按钮，系统出现旋转操控面板。在操控面板中，选择 □。单击操控面板上的【放置】，出现【草绘】下拉菜单，如图 4-84 所示。单击【定义】，在绘图区内选择 FRONT 平面作为绘图平面，单击【草绘】进入草绘界面。

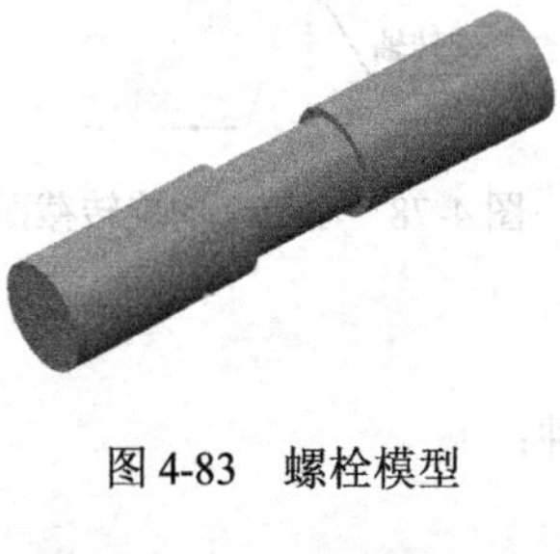

图 4-83 螺栓模型

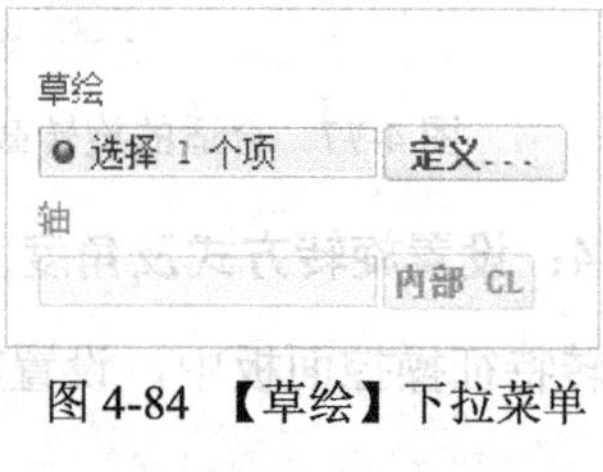

图 4-84 【草绘】下拉菜单

步骤 3：绘制截面

绘制如图 4-85 所示的截面，截面为闭合图形。草图内不用绘制中心线。单击✔按钮，退出截面绘制区。

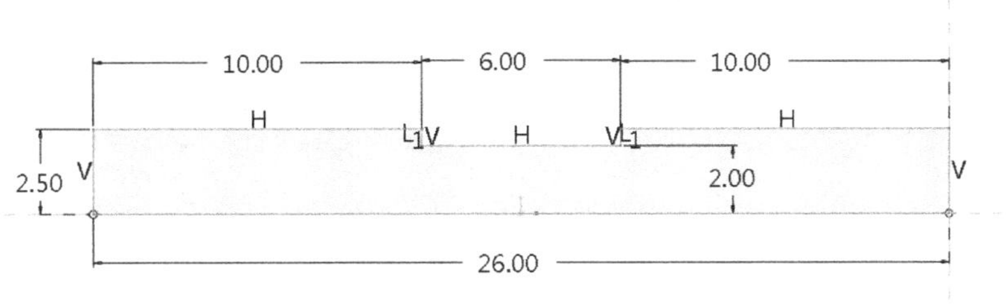

图 4-85　截面

步骤 4：指定旋转中心

绘制完截面后，旋转的中心并未绘制。在【放置】下拉菜单中，单击【轴】右侧的信息栏，在绘图区内选择坐标系中的 X 轴方向，下拉菜单如图 4-86 所示。旋转方式为单向旋转，旋转角度输入 360°。单击旋转操控面板中的预览模型效果，单击操控面板上的✔按钮，旋转实体模型完成。

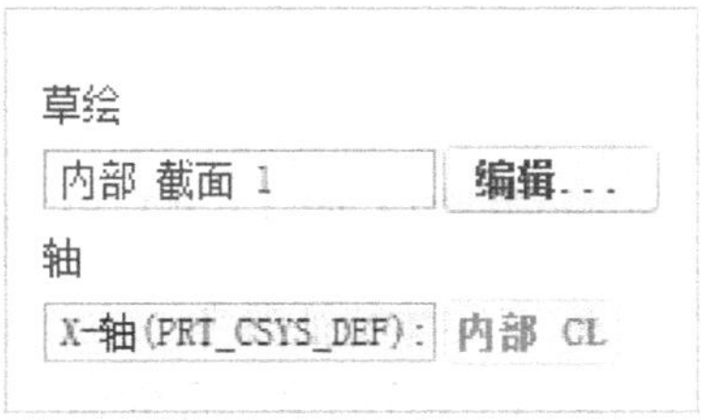

图 4-86 【放置】下拉菜单

4.4　创建扫描特征

扫描特征是将草绘截面沿着指定轨迹扫描形成的特征。根据扫描截面是否变化的特征，扫描命令又分为恒定截面扫描和可变截面扫描两种。在早期的 Proe 版本中，他们分别为两个命令，在新版本中合并为同一个。

4.4.1　恒定截面扫描特征

恒定截面扫描特征是由二维草绘截面沿着单一的空间轨迹扫描而成的特征。在恒定截面扫描中，扫描的截面大小、形状保持不变，扫描轨迹只能指定一条。下面用例子进行说明“恒定截面扫描”的作图步骤。

步骤 1：扫描操控面板

单击【模型】→【形状】模块的扫描命令，系统弹出扫描操控面板，如图 4-87 所示。在操控面板上，单击操控面板上的按钮，表示选择恒定截面扫描。

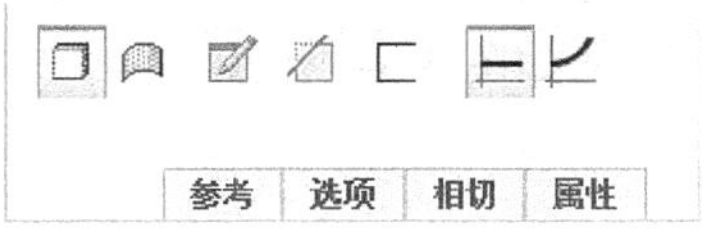

图 4-87　扫描操控面板

步骤 2：确定扫描轨迹线

● 无实体特征参考

① 确定扫描轨迹线是创建扫描特征的重要步骤。在进行扫描特征过程中，若没有提前绘制好扫描特征所需轨迹线，则单击扫描操控面板右侧的按钮，出现【基准】下拉菜单，如图 4-88 所示。选择第一个【草绘】命令，进入草绘轨迹线模式。

② 绘制完轨迹线后，回到扫描命令区，单击操控面板上的▶命令，重新回到扫描操控面板。单击操控面板中的【参考】，弹出下拉菜单，如图 4-89 所示。若零件文件中已绘制好轨迹线，可单击轨迹下方的信息栏，在绘图区内进行选择；若文件中没有轨迹线，按照上一步骤绘制好后，系统将已绘制的曲线默认为扫描轨迹线。

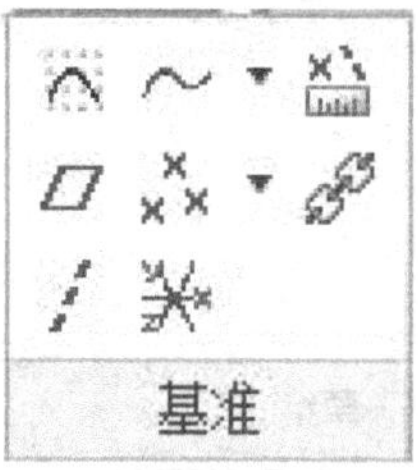

图 4-88 【基准】下拉菜单

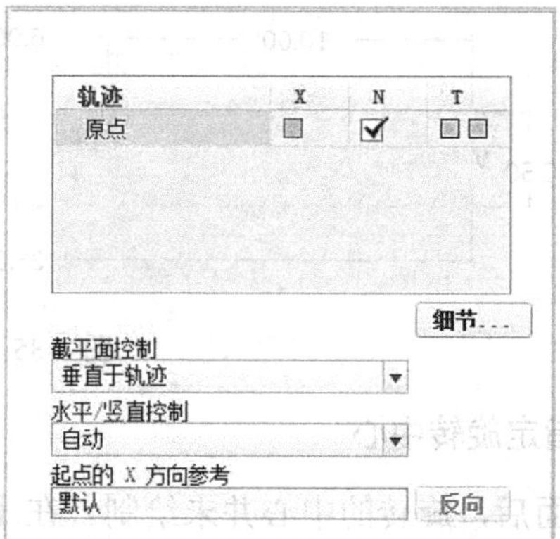

图 4-89 【参考】下拉菜单

- 有实体特征参考

① 在进行扫描特征创建过程中，若文件中已有实体特征存在，同时绘制的轨迹为开放曲线时，根据曲线与实体边界的关系，有不同的选择。如图 4-90 所示，文件中已有一个绘制好的零件特征，现在需要在已有零件上绘制扫描特征，且扫描的曲线中的一个端点或者两个端点都与已有零件的边界对齐，如图 4-91 所示。

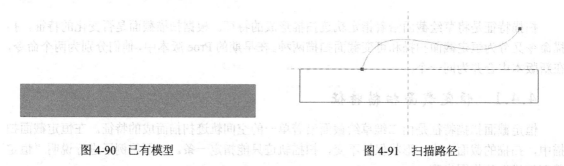

图 4-90 已有模型

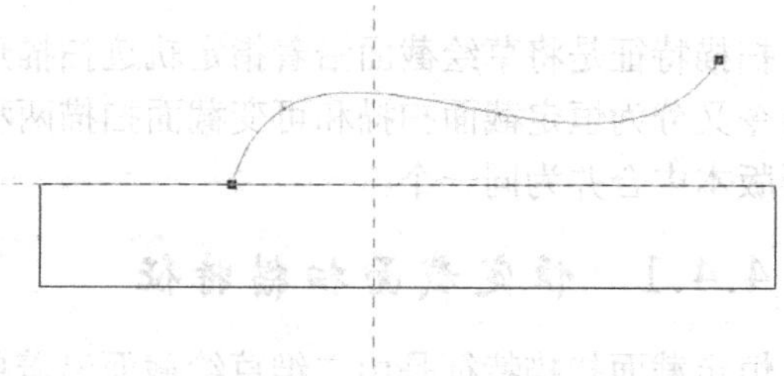

图 4-91 扫描路径

② 绘制好截面后，单击操控面板的【选项】，弹出下拉菜单，如图 4-92 所示。若【合并端】前方的复选框没有勾选，则扫描的特征显示如图 4-93；若【合并端】前方的复选框勾选了，其特征如图 4-94 所示。

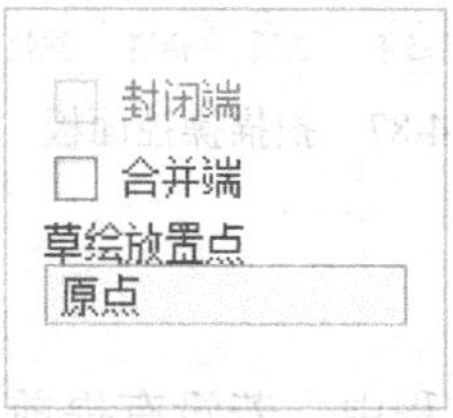

图 4-92 【选项】下拉菜单

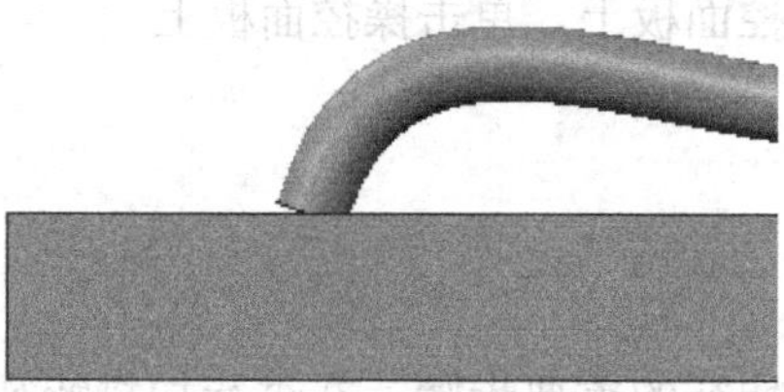

图 4-93 未合并端扫描特征

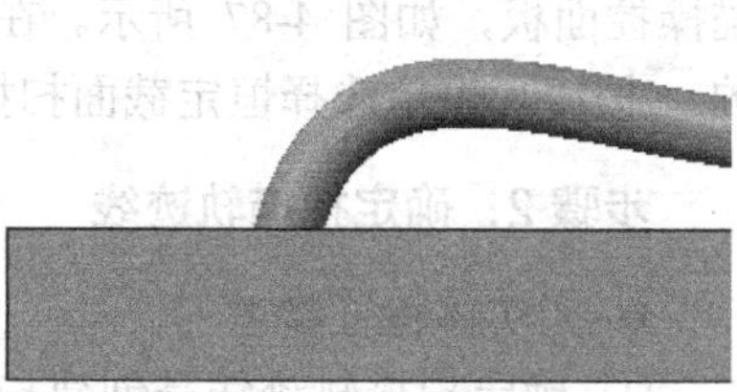

图 4-94 合并端扫描特征

步骤 3：绘制扫描截面

① 单击操控面板上的按钮即可绘制扫描截面。在【参考】下拉菜单中，【截平面控制】信息栏是控制截面的方向的。在其对应的隐藏菜单中，有三个选项，分别为【垂直于轨迹】、【恒定法向】和【垂直于投影】。三个不同选项分别对应着截面不同的方向，具体对应实例再进行讲述。

② 截面的大小与轨迹存在一定关系。当轨迹为直线时，截面的形状和大小不会受限；当轨迹为有弧度的曲线或拐角的直线时，需注意截面不能过大，如图 4-95 所示，否则创建出来的特征将变形或者无法生成，如图 4-96 所示。

图 4-95　合适的截面大小

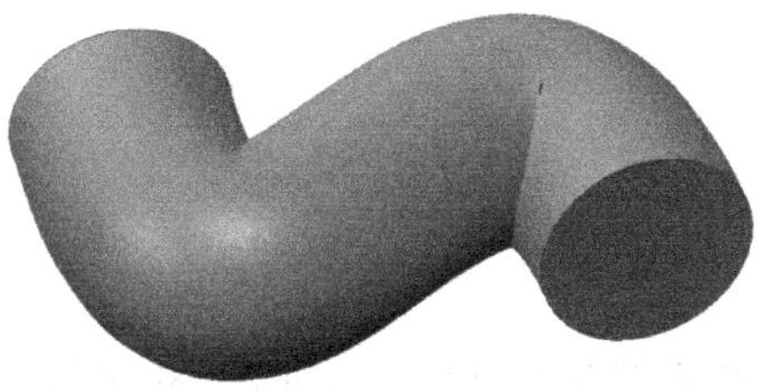

图 4-96　不合适的截面大小

③ 绘制完特征后，可以单击操控面上的按钮预览特征效果。

④ 完成特征创建。若预览特征效果和预期的一致，则可以单击 ✔ 完成特征创建。否则，可以选择 ✖ 取消特征创建。

下面以案例说明恒定截面扫描工具的使用。

（1）创建零件文件；

（2）创建旋转实体，具体尺寸如图 4-97 所示（旋转工具使用请参照 4.3）；

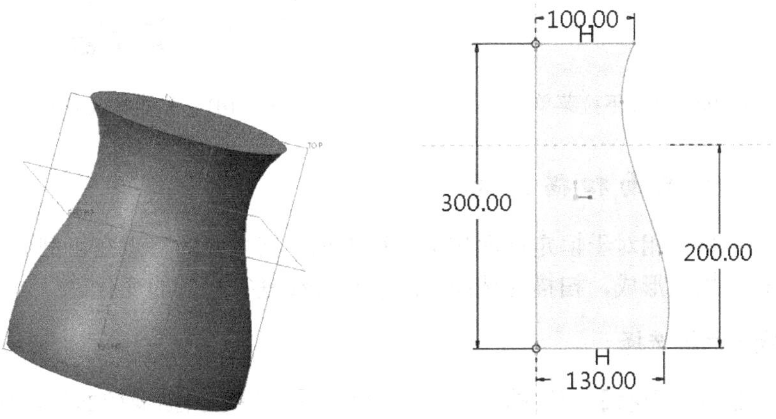

图 4-97　旋转特征实体及截面

（3）单击【模型】→【形状】模块的 扫描 命令，弹出扫描操控面板，选择操控面板上的按钮。在操控面板右侧单击按钮，在下拉菜单中选择工具，进入草绘基准曲线的环境。选择 TOP 平面作为绘图平面，绘制如图 4-98 所示的曲线。曲线两端点需对齐在实体边界上。绘制完成后，单击 ✔ 确定扫描轨迹的绘制。

（4）单击扫描操控面板上的继续扫描命令。在【参考】下拉菜单中，选择刚绘制的曲线作为扫描轨迹，其他默认系统原有的设置。单击按钮，进入截面绘制环境，单击将视图转向用户。绘制如图 4-99 所示的截面，并保存退出。

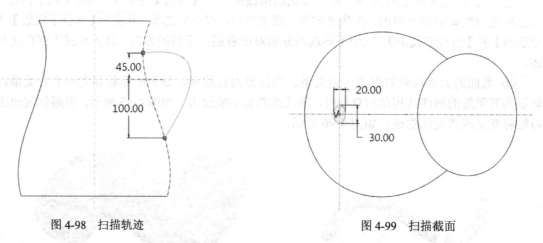

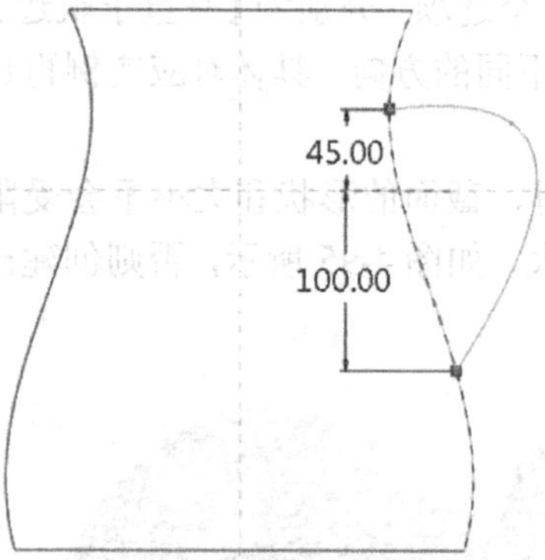

图 4-98 扫描轨迹

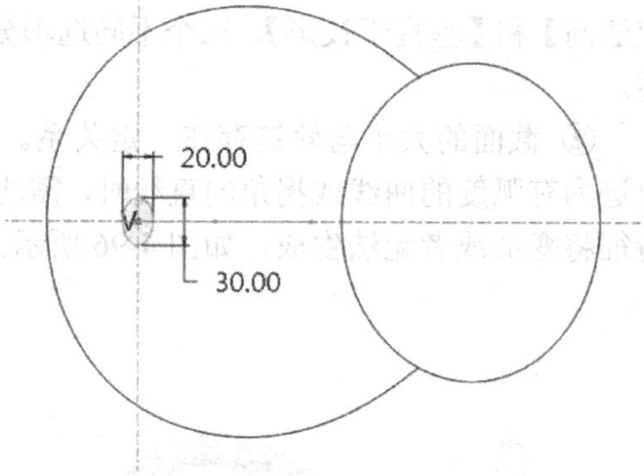

图 4-99 扫描截面

（5）在操控面板中的【选项】下拉菜单中，勾选【合并端】前的复选框，如图 4-100 所示。单击按钮预览特征效果，具体效果如图 4-101 所示。完成扫描特征绘制。

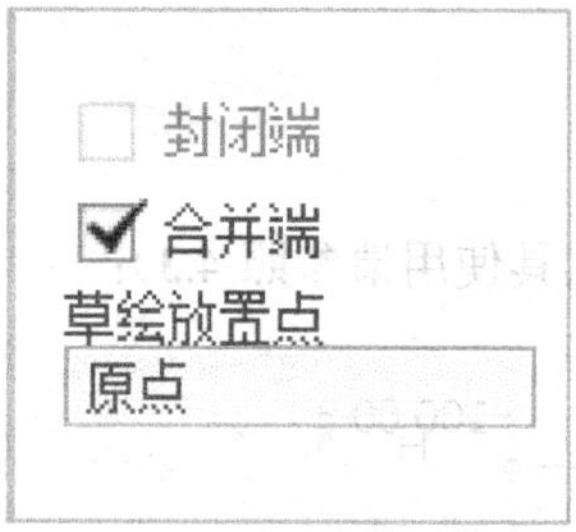

图 4-100 选项下拉菜单

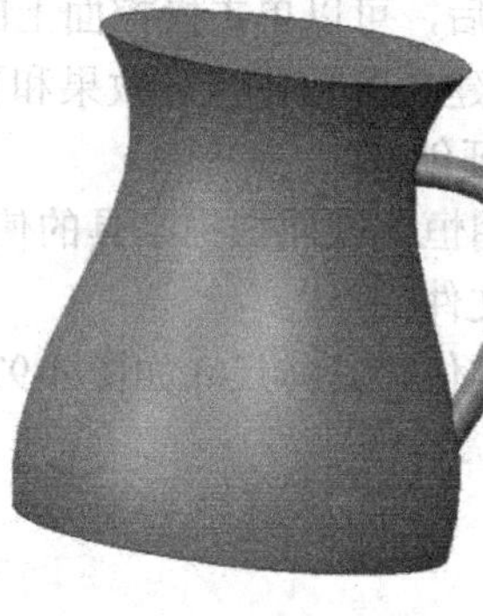

图 4-101 扫描特征完成

4.4.2 可变截面扫描特征

可变截面扫描特征相对于恒定截面扫描特征来说，其主要的特点在于截面可同时沿着轨迹线和辅助线进行扫描而形成，扫描的截面会随着辅助线进行相应的变化。

步骤 1：操控面板选择

单击【模型】→【形状】模块的扫描命令，系统弹出扫描操控面板，如图 4-102 所示。在操控面板上，单击操控面板上的按钮，表示选择可变截面扫描。

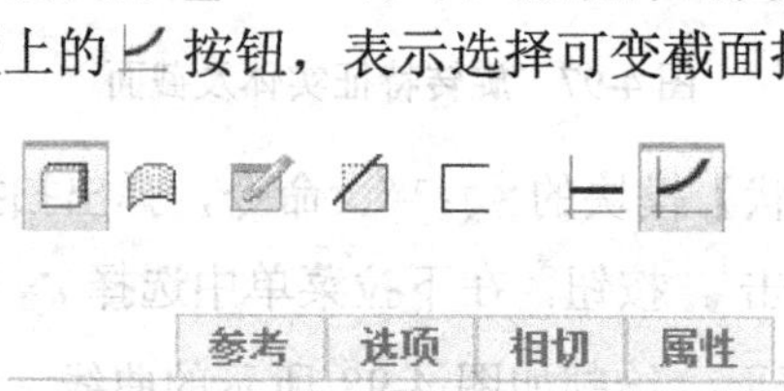

图 4-102 扫描操控面板

步骤 2：确定扫描轨迹

在可变截面扫描特征中，轨迹线将不止一条。其中，第一条被选择的是原点轨迹线，剩下的则是辅助轨迹线。辅助轨迹线可以有一条或者多条。

步骤 3：绘制扫描截面

① 单击操控面板中的 → ，进入草绘界面。此时草绘平面的中心位于原点轨迹线的起始点，并且垂直于原点轨迹线在起始点的起始方向。若截面和轨迹不对齐，形态会和辅助线相差较远，如图 4-103 所示；为更好地控制截面，截面的边界需和辅助轨迹线在草绘平面上的投影点对齐，这样截面能准确地沿着辅助轨迹线的方向进行变化，如图 4-104 所示。

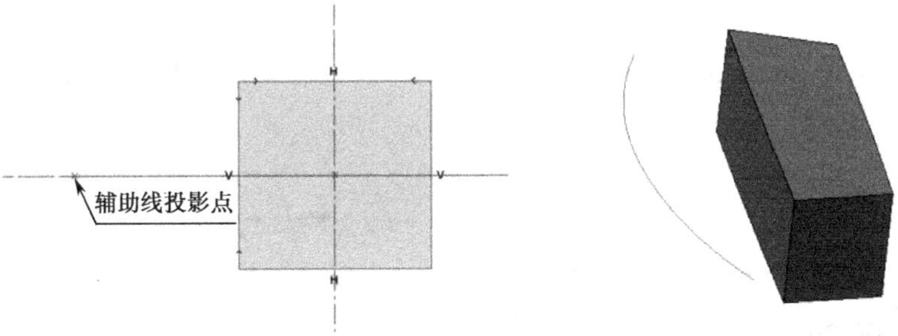

图 4-103　未对齐辅助轨迹线特征

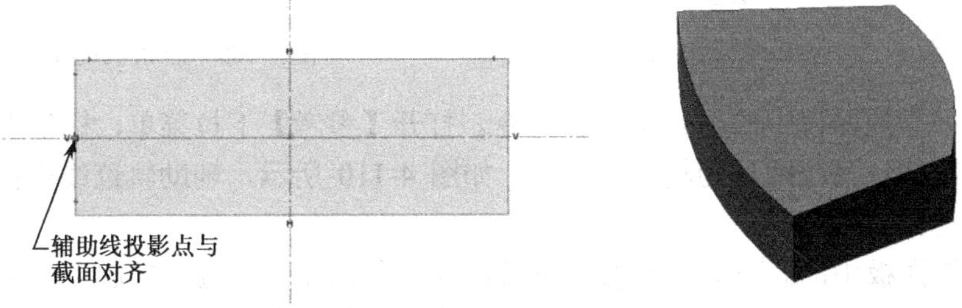

图 4-104　已对齐辅助轨迹线特征

② 完善各项选项，可以单击操控面上的按钮预览特征效果。单击 ✔ 完成特征创建。否则，可以选择 ✖ 取消特征创建。

下面以图 4-105 说明可变截面扫描特征的创建。

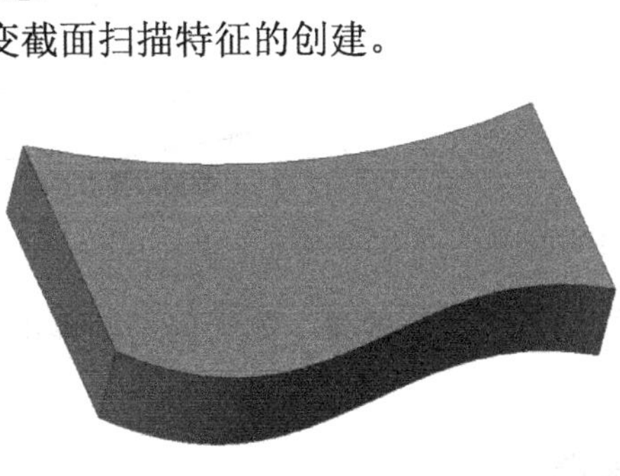

图 4-105　可变截面模型

（1）创建零件文件；

（2）单击【模型】→【形状】模块的 扫描 命令，系统弹出扫描操控面板，单击操控面板上的 按钮；

（3）单击操控面板右侧的 按钮，绘制如图 4-106～图 4-108 所示的三条草绘基准曲线，三条曲线的空间关系如图 4-109 所示。请注意，三条基准曲线不要一次性绘制完；

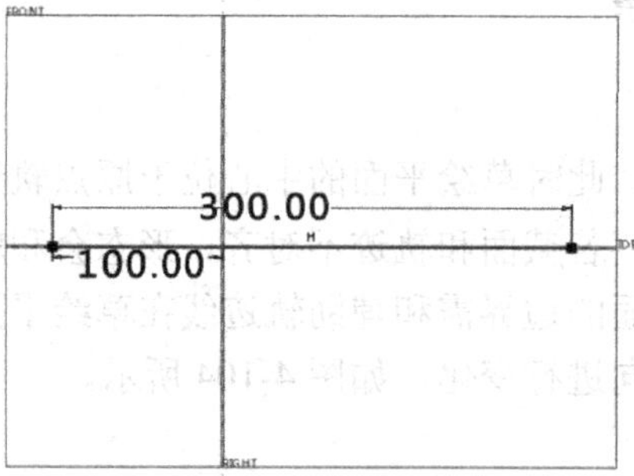

图 4-106　原点轨迹线

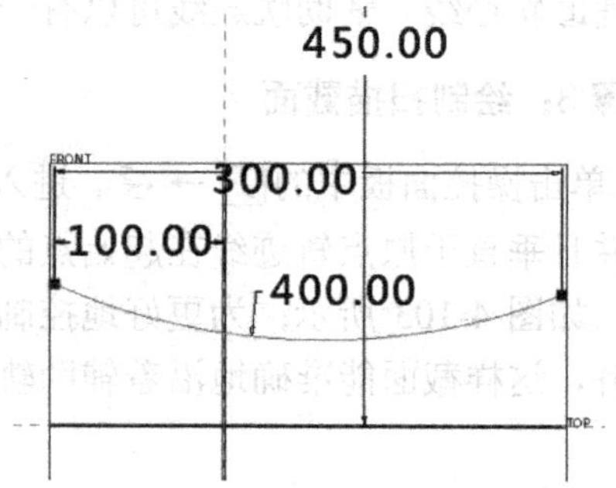

图 4-107　辅助轨迹线 1

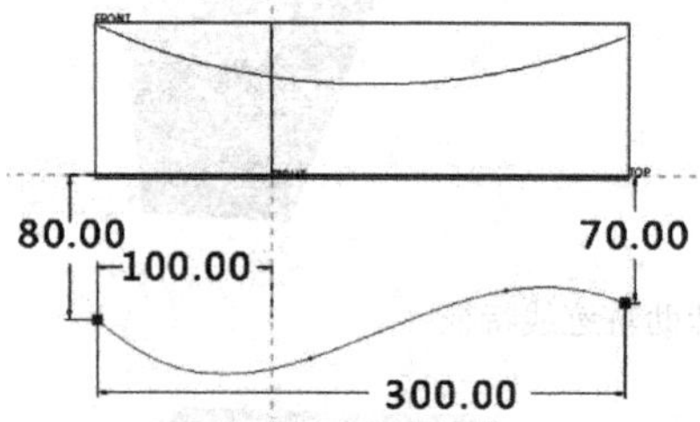

图 4-108　辅助轨迹线 2

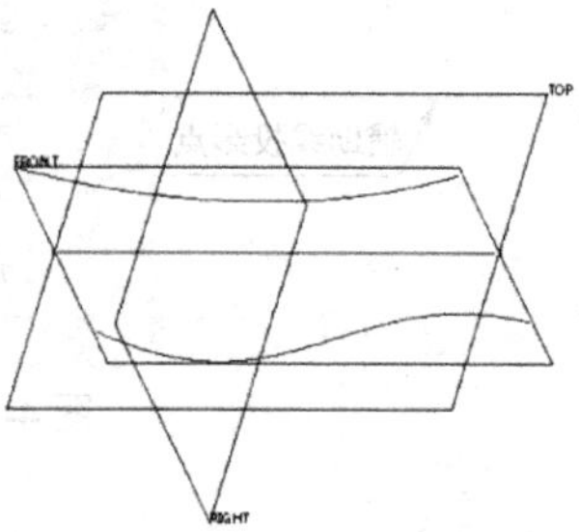

图 4-109　三条轨迹线

（4）单击扫描操控面板中的 继续扫描命令。打开【参考】下拉菜单，标记为原点的曲线为第一次选择的曲线，另外两条为辅助轨迹线，如图 4-110 所示，辅助轨迹线需按住键盘 Ctrl 然后在绘图区内选择；

（5）单击操控面板中的 按钮，进行二维截面绘制。在原点轨迹线的起点位置会显示十字中心线交汇。绘制如图 4-111 所示的截面，截面的边界需与另两个曲线的起点对齐。单击操控面板中的 ✔ 按钮退出草图绘制；

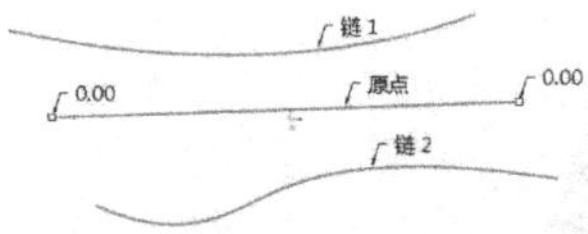

图 4-110　轨迹线选择

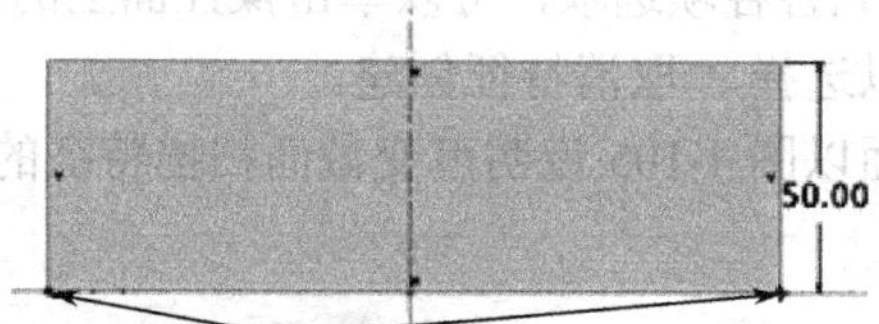

图 4-111　截面

（6）单击操控面上的 按钮预览特征效果，如无问题则单击操控面板上的 ✔ 按钮，完成特征的绘制。

4.4.3　螺旋扫描特征

螺旋扫描特征是相对于基础命令的高级命令，其功能是产生螺旋特征，主要是用于绘制弹簧、螺纹及类似的形状。下面以弹簧的绘制来说明螺旋扫描工具的运用。

步骤 1：螺旋扫描操控面板

单击【模型】→【形状】模块的【扫描】命令右侧的三角下拉符号，选择 螺旋扫描 命令，系统弹出螺旋扫描操控面板，如图 4-112 所示。信息栏中填入的数值为螺距值，右侧的两个符号分别为旋转的方向——左手定则和右手定则。

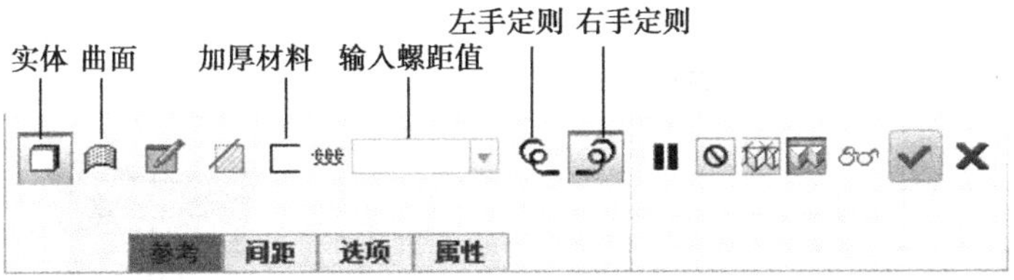

图 4-112　螺旋扫描操控面板

步骤 2：设定螺旋扫描轮廓

单击操控面板上【参考】，出现下拉菜单，如图 4-113 所示。其中【螺旋扫描轮廓】显示特征的外围轮廓；【旋转轴】是指定特征的旋转中心，可以自行绘制也可指定其他的曲线。

单击【定义】，在绘图区内选择一基准平面作为绘制平面。单击对话框中的【草绘】，然后单击 进入草绘环境。

绘制如图 4-114 所示的截面。在绘制螺旋扫描轮廓时，在草图中需绘制一条中心线，作为整个弹簧旋转的中心。

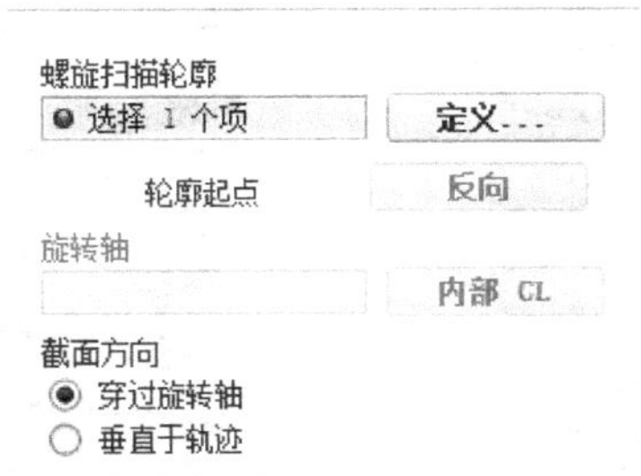

图 4-113　【参考】下拉菜单

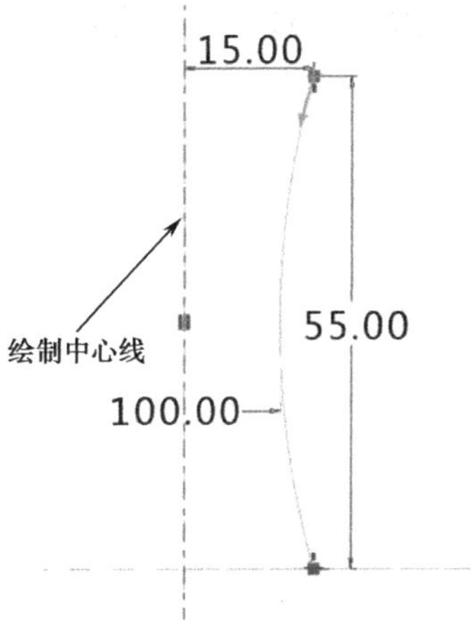

图 4-114　扫描轮廓截面

步骤 3：绘制扫描截面

在【参考】下拉菜单中，【截面方向】就是指扫描截面与特征之间的关系。一般情况下使用的都是“穿过旋转轴”的选项。

单击操控面板上的 按钮，进入扫描截面绘制环境。绘图区内会出现十字中心线交汇位置，这就是扫描轮廓的起点位置。若无法确定哪个是起点，则在绘制图元时，鼠标自动捕捉到的那个交点，即为扫描轮廓起点。

绘制如图 4-115 所示的截面，完成后单击上方的 ✔ 保存并退出草图。

步骤 4：设置间距值

对于螺旋扫描特征而言，间距值就是调节螺距值。当螺距值比截面最大值小时，扫描出来的特征会出现无缝隙的状态，如图 4-116 所示。当螺距值大于或等于截面最大值时，扫描出来的特征就会有空隙感。

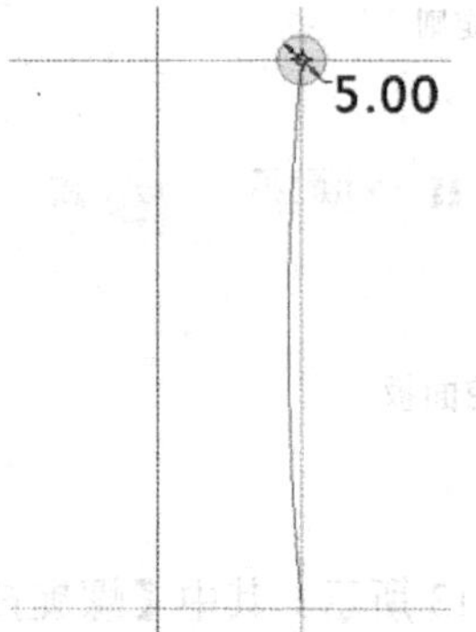

图 4-115　截面

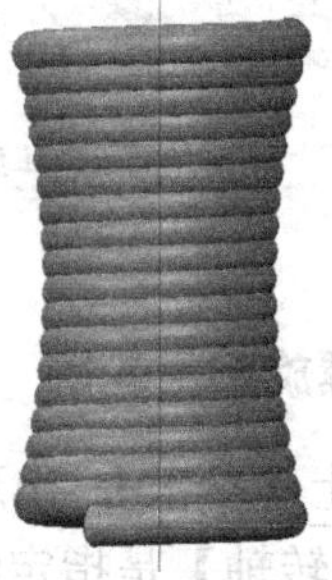

图 4-116　过密螺距值形成特征

只有一个螺距值即为恒定螺距，若有超过一个的螺距值，说明创建的特征为可变螺距。可变螺距的设置在操控面板中的【间距】下拉菜单中，如图 4-117 所示。单击【添加间距】，可增加间距值。增加间距值的位置默认为起点和终点，若需在特殊位置添加渐变数值，则在下拉菜单中【位置类型】中选择，设置需要变化螺距的位置，在螺距值处填写螺距值。可变螺距最后的特征如图 4-118 所示。

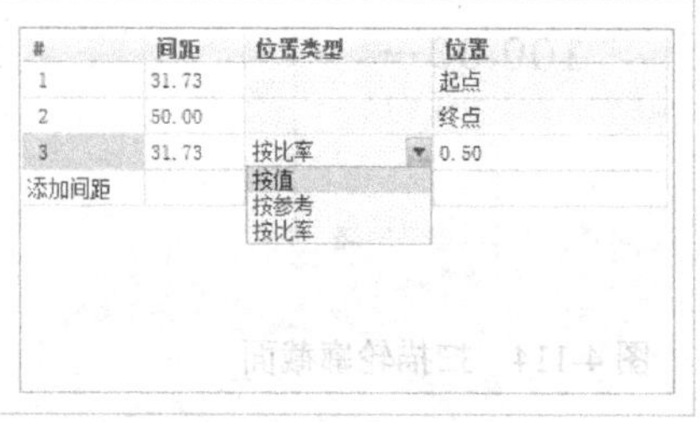

#	间距	位置类型	位置
1	31.73		起点
2	50.00		终点
3	31.73	按比率	0.50
添加间距		按值 按参考 按比率	

图 4-117 【间距】下拉菜单

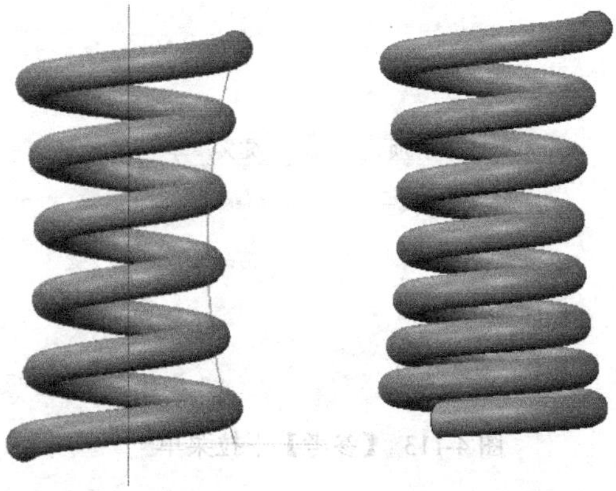

图 4-118　恒定螺距和可变螺距特征的比较

下面以范例说明利用螺旋扫描命令创建螺纹特征。

（1）创建零件文件；

（2）创建如图 4-119 所示的旋转实体；

（3）单击【模型】→【形状】模块的【扫描】命令中隐藏菜单下 螺旋扫描，弹出螺旋扫描操控面板。单击操控面板中的 ，打开【参考】下拉菜单，单击菜单中的【定义】，在绘图区内选择旋转轴所在的平面，如图 4-120 所示；

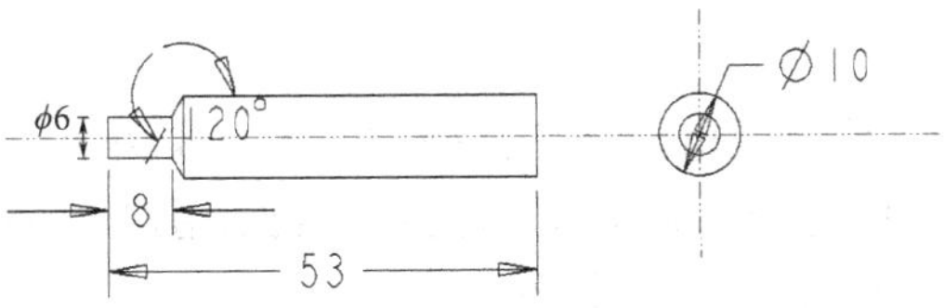

图 4-119　螺旋扫描特征实例

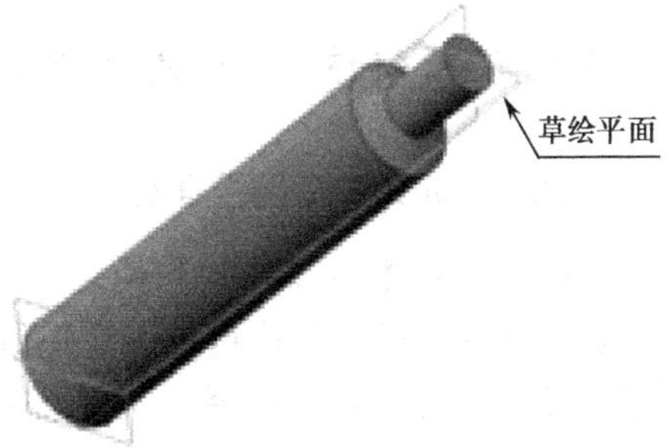

图 4-120　选择轮廓草绘平面

（4）单击【草绘】→ ，进入草绘界面，绘制如图 4-121 所示的螺旋扫描的外轮廓。绘制完成后，单击✔退出草绘螺旋扫描轮廓界面；

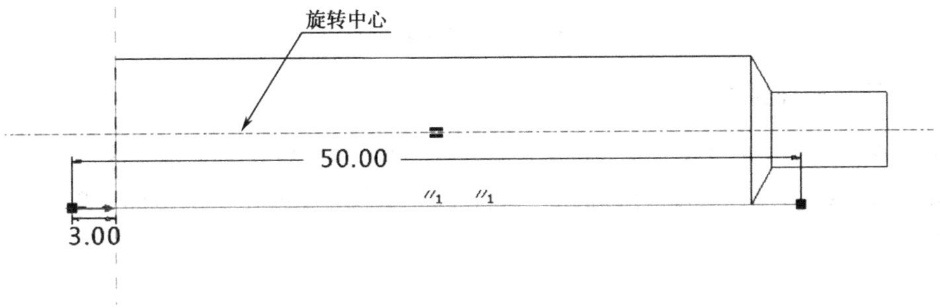

图 4-121　螺旋扫描轮廓截面

（5）单击操控面板中的 按钮，开始绘制扫描截面。绘制如图 4-122 所示的截面，绘制的截面应对齐起点所在位置。绘制完成后单击✔退出草绘扫描截面部分；

（6）在操控面板上输入螺距值为 3，【间距】下拉菜单不变，恒定螺距值。单击 预览效果，如图 4-123 所示，确认后单击✔完成螺纹特征绘制。

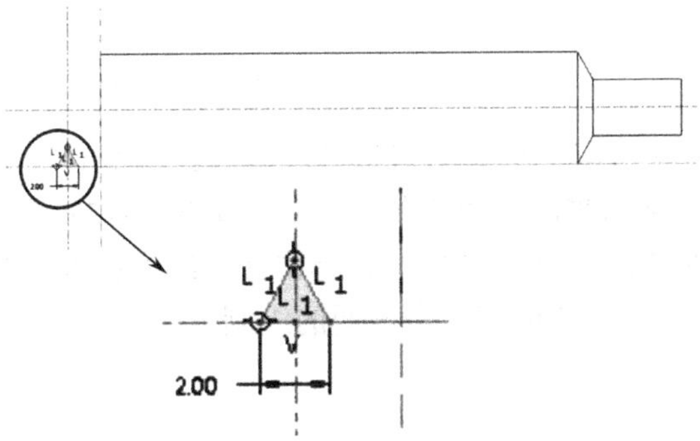

图 4-122　螺旋扫描截面

图 4-123　特征完成

4.5　创建混合特征

混合特征就是将两个或者多个形状和大小不同的剖面按照一定的规律连接形成的特征。根据建模时各剖面之间的关系不同，可分为两种类型：平行混合特征和旋转混合特征。

4.5.1 创建平行混合特征

步骤 1：混合命令操控面板

单击【模型】→【形状】模块中的 混合 命令。系统弹出混合工具操控面板，如图 4-124 所示。大部分图标与其他基础工具类似，只有在截面的选择上有不同。选择 表示用户自行绘制草绘截面进行混合，选择～表示需要在零件模型中选择混合的截面。

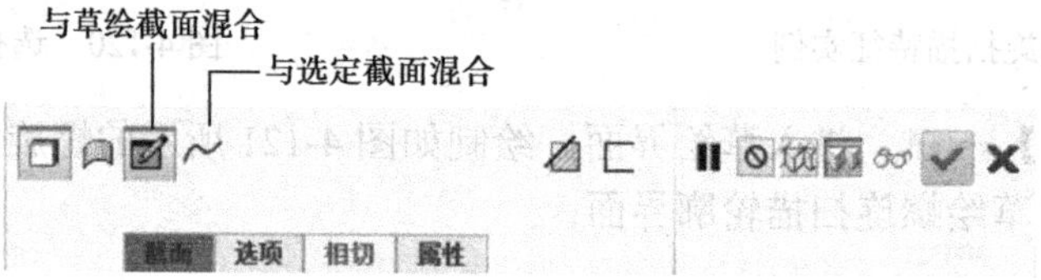

图 4-124　混合操控面板

步骤 2：混合截面绘制

① 单击操控面板中的【截面】，出现下拉菜单，如图 4-125 所示。单击【定义】，在绘图区内选择基准平面或者其他平面进行截面的绘制。绘制如图 4-126 所示的截面，单击✔完成第一个截面的绘制。

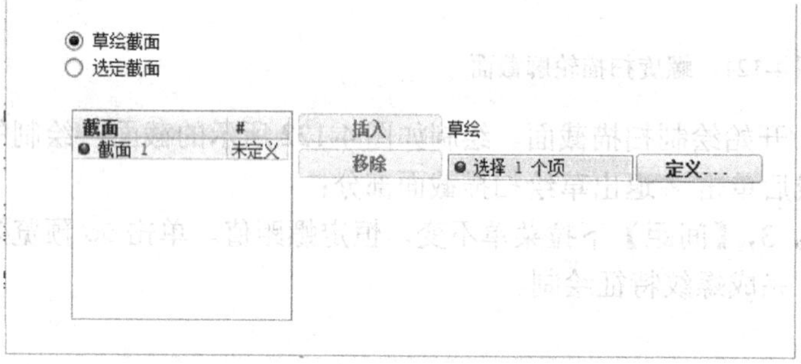

图 4-125　【截面】下拉菜单 1

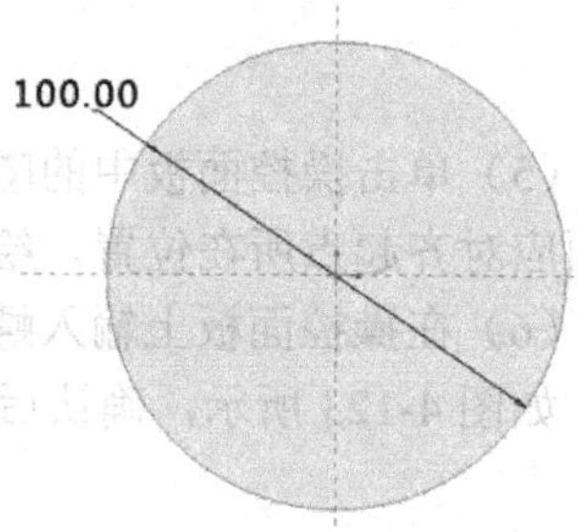

图 4-126　截面 1

② 单击【截面】出现下拉菜单，刚绘制完的第一个截面信息已经呈现。因混合工具要求至少有两个以上的截面，在对话框中，自动呈现出来的截面 2 的定义信息如图 4-127 所示。在对话框右方【偏移自】下方输入截面 1 与截面 2 的距离“100.00”，单击【草绘】进入草绘界面绘制截面 2。绘制如图 4-128 所示的截面 2，单击✔完成第二个截面的绘制。

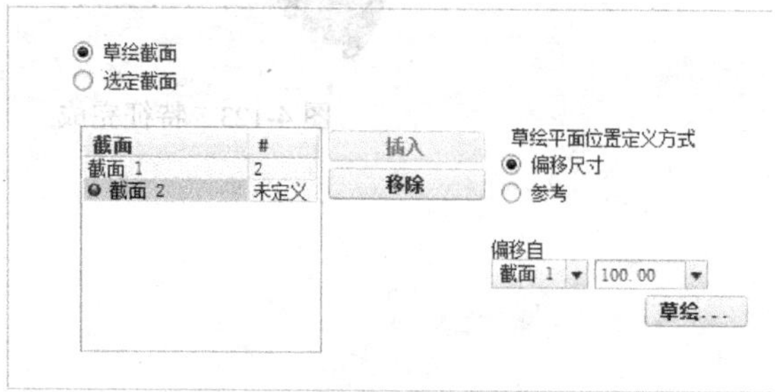

图 4-127　【截面】下拉菜单 2

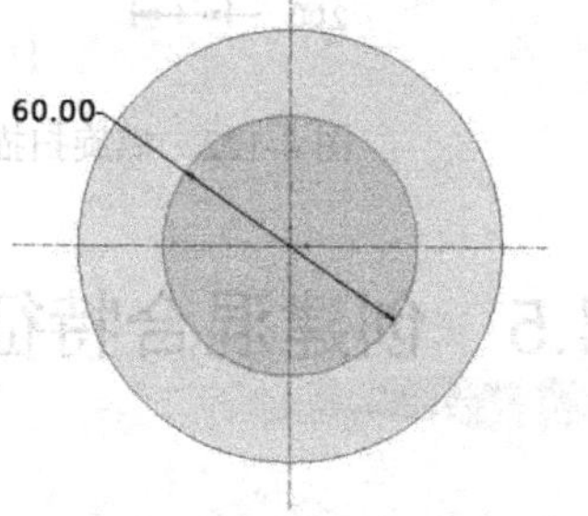

图 4-128　截面 2

● 混合截面的顶点数需相符。混合截面若是多顶点图形进行混合，各剖面的顶点数要相等。

若其中一个剖面的顶点偏少，可用草绘中【编辑】模块的 分割 工具，给其中一边进行分割，增加顶点数量。具体操作请参照范例。

- 混合顶点的应用。在截面顶点数不相符时，可以使用混合顶点。混合顶点就是将一个顶点当两个或两个以上顶点使用。如图 4-129 所示。选择对应的顶点后，右击鼠标出现的菜单中就有“混合顶点”选项。

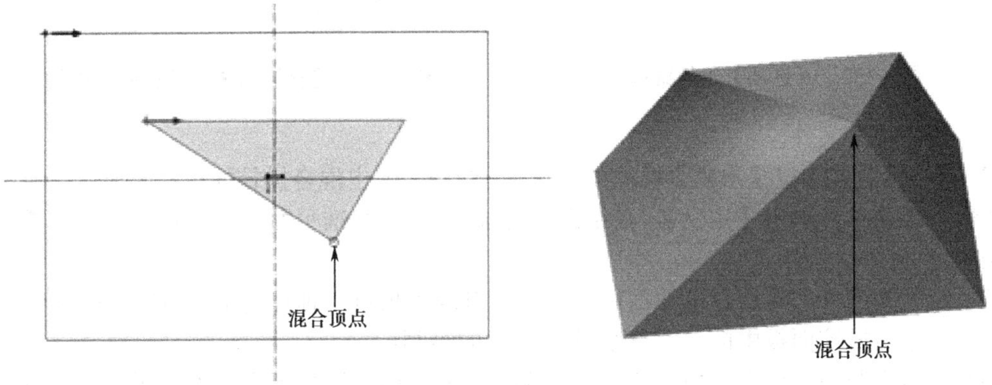

图 4-129　混合顶点应用

- 截面顶点方向一致。当混合截面中有顶点存在时，则截面中有顶点方向，如图 4-129 所示。为了让系统更好地将对应的顶点进行混合，无论混合命令中有多少个截面，其方向必须一致。

③ 单击【截面】出现下拉菜单，截面 1 和截面 2 的信息已经呈现在信息栏中。若需要添加截面，则在截面对话框空白处右击，弹出如图 4-130 所示的选项，选择【新建截面】增加截面 3，在截面偏移量中输入截面 3 与截面 2 之间的距离为“100.00”。绘制如图 4-131 显示的截面，单击✔完成第三个截面的绘制。打开【截面】下拉菜单，三个截面的信息都显示在对话框内。

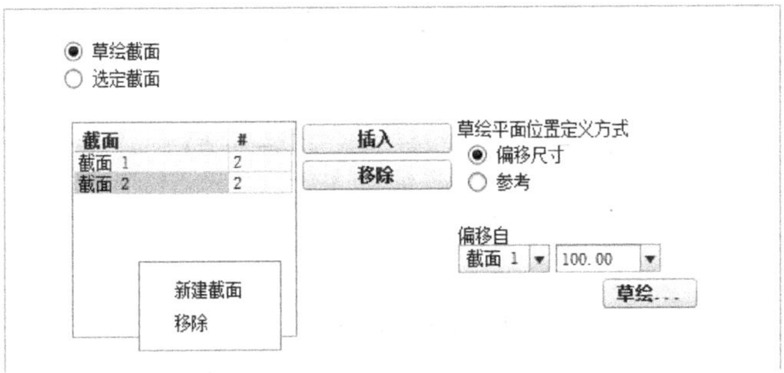

图 4-130　【截面】下拉菜单 3

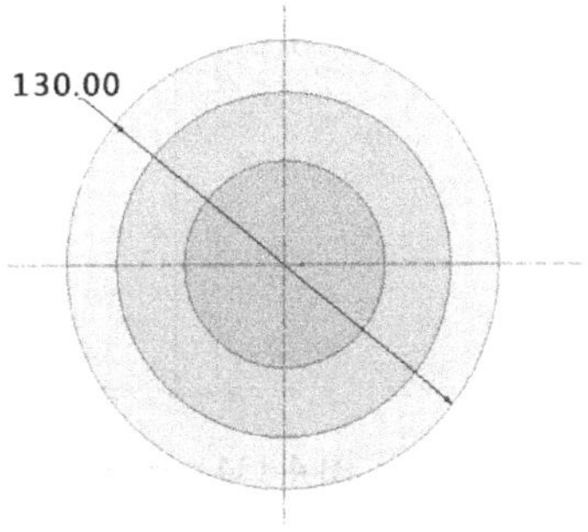

图 4-131　截面 3

步骤 3：属性设置

单击操控面板上的【选项】，弹出下拉菜单，如图 4-132 所示。混合曲面下的【直】方式和【平滑】方式不同，请参照图 4-133 所示。

操控面板上的其他工具与拉伸、旋转命令相似，完成相关属性的设置后，单击操控面板中的✔按钮，完成平行混合特征的创建。

平行混合特征范例。

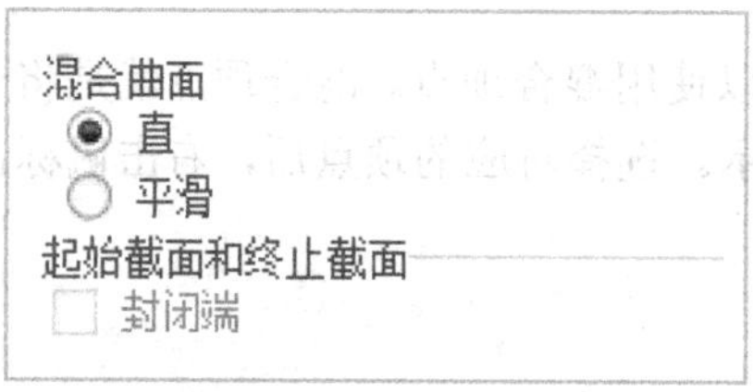

图 4-132 【选项】下拉菜单

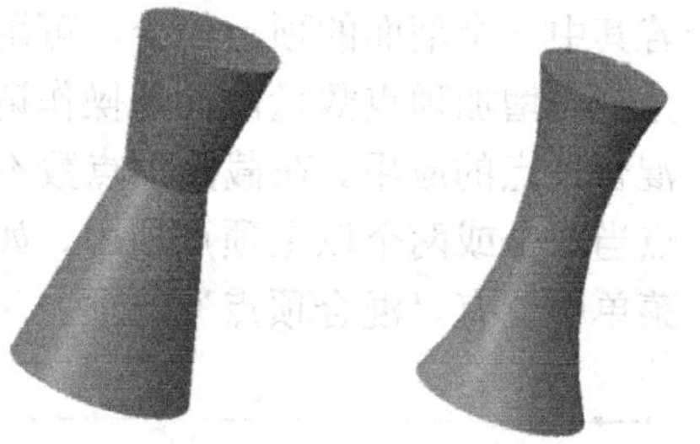

图 4-133 【直】与【平滑】两种混合方式

（1）创建零件文件；

（2）单击【模型】→【形状】模块中的混合命令，弹出混合操控面板；选择，单击【截面】出现下拉菜单，单击【定义】，在绘图区内选择 TOP 基准平面，单击对话框中的【草绘】→进行绘制；

（3）绘制如图 4-134 所示的截面，截面中共有四个顶点，顶点的旋转方向为顺时针方向。绘制完成后单击操控面板中的按钮完成截面 1 的绘制；

（4）单击【截面】出现下拉菜单，在对话框中的【偏移至】下方输入截面 1 与截面 2 的距离 2000。单击【草绘】，绘制如图 4-135 所示的圆，单击上方【草绘】模块中的中心线工具，绘制中心线。单击分割插入如图 4-135 所示的四个断点。在插入断点过程中，如果方向不符合要求，左键选择起点，按右键弹出菜单，选择【起点】，可调整旋转方向。绘制完截面 2 单击按钮退出草绘。

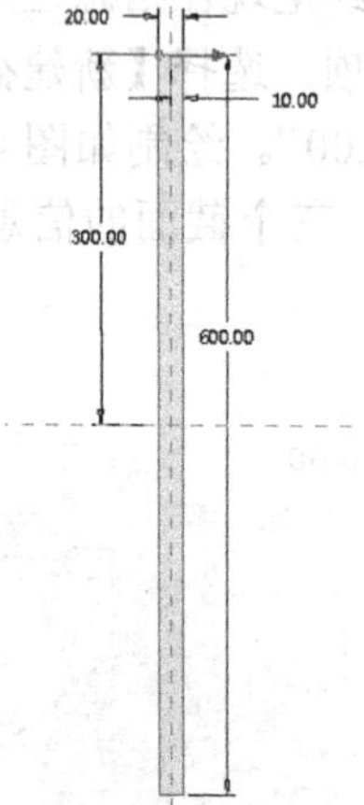

图 4-134 截面 1

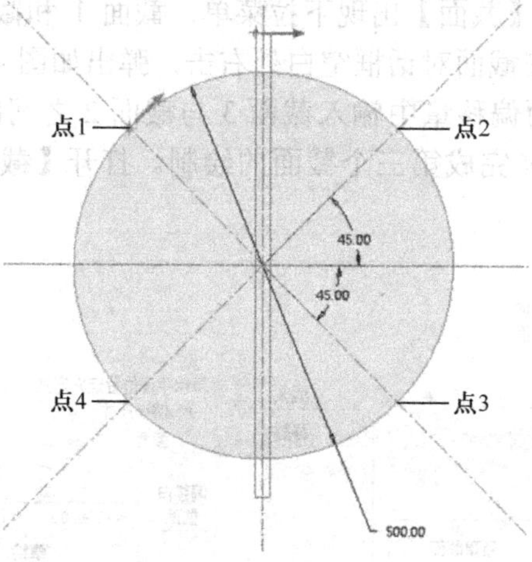

图 4-135 截面 2

（5）单击操控面板中的预览效果，如图 4-136 所示。单击完成特征创建。

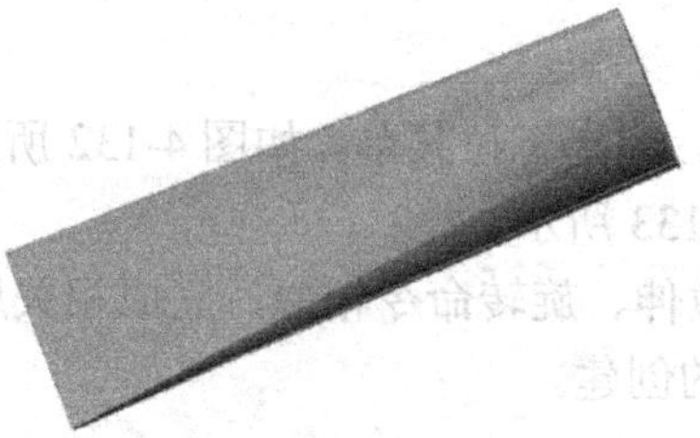

图 4-136 零件效果

4.5.2　创建旋转混合特征

旋转混合特征中，所有截面都交汇于一条交线，该交线为旋转混合特征中的旋转轴。

步骤 1：旋转混合特征操控面板

单击【模型】→【形状】模块中的旋转混合工具，系统弹出操控面板，如图 4-137 所示。

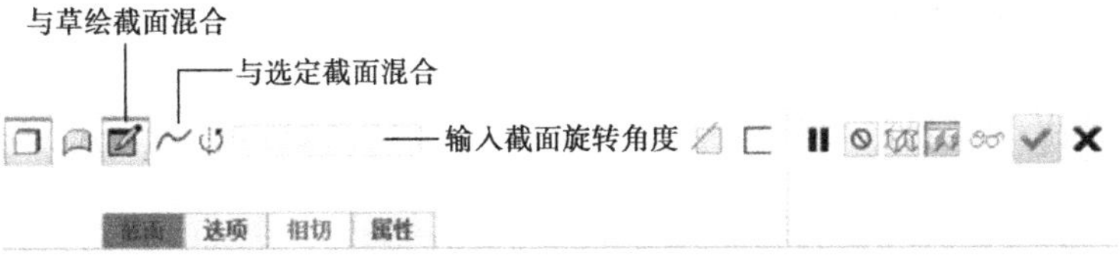

图 4-137　旋转混合操控面板

步骤 2：旋转混合截面绘制

绘制旋转混合截面与绘制平行混合截面比较相似，下面具体说明在绘制截面过程中需注意的问题。

① 混合截面的顶点数需相符。该操作步骤与平行混合特征相同，具体操作请参照平行混合特征中的步骤 2 混合截面绘制。

② 截面顶点方向一致。这点也与平行混合特征相同。

③ 绘制完截面后，需在旋转处增加一条中心线，作为旋转中心。系统自动将第一个截面中的中心线作为整个特征的旋转中心。

④ 每个截面绘制完成后，截面与截面之间的数值是旋转的角度，而非距离。旋转的角度范围为-120°～120°。

步骤 3：属性设置

单击操控面板中的【选项】下拉菜单，如图 4-138 所示。混合方式与平行混合特征类似，在【起始截面和终止截面】选项中，【连接终止截面和起始截面】是指系统让旋转的截面自动连接成一周，而【封闭端】是指用于曲面绘制时，首末两个截面所在位置用曲面进行封闭。

旋转混合范例。

（1）创建零件文件；

（2）单击【模型】→【形状】模块中的旋转混合工具，出现操控面板。在操控面板中单击→【截面】，出现下拉菜单，如图 4-139 所示。单击【定义】→FRONT 平面→【草绘】→，进入截面 1 的绘制；

（3）绘制如图 4-140 所示的截面，绘制完成后单击✔退出草绘 1；

图 4-138　【选项】下拉菜单

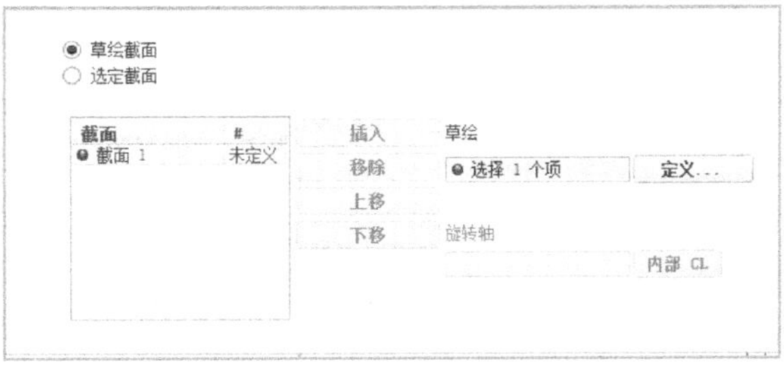

图 4-139　【截面】下拉菜单

（4）单击操控面板上的旋转角度输入值信息栏，输入 45°，如图 4-141 所示。单击右侧的开始截面 2 的绘制；

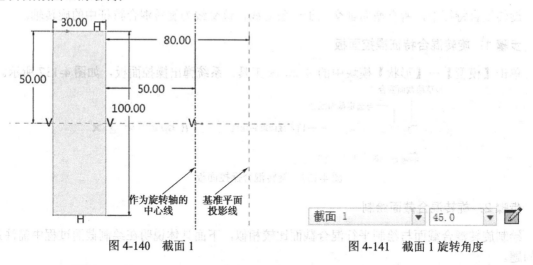

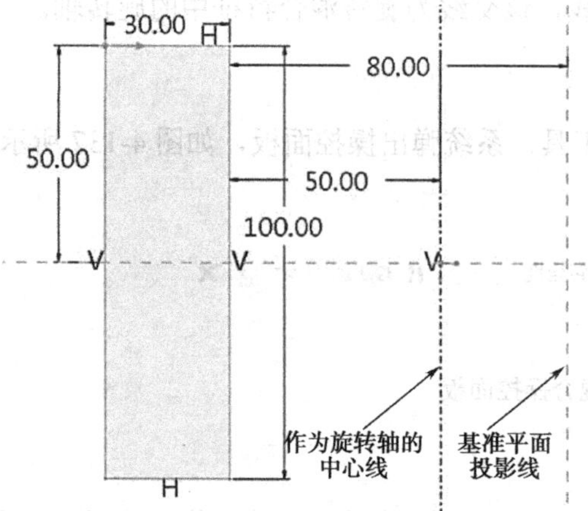

图 4-140　截面 1

图 4-141　截面 1 旋转角度

（5）单击，绘制如图 4-142 所示的截面。单击✓退出草绘 2；

（6）单击操控面板上的【截面】，出现下拉菜单，在截面空白处右击选择【新建截面】，如图 4-143 所示。输入旋转值为 45°，单击【草绘】开始截面 3 的绘制；

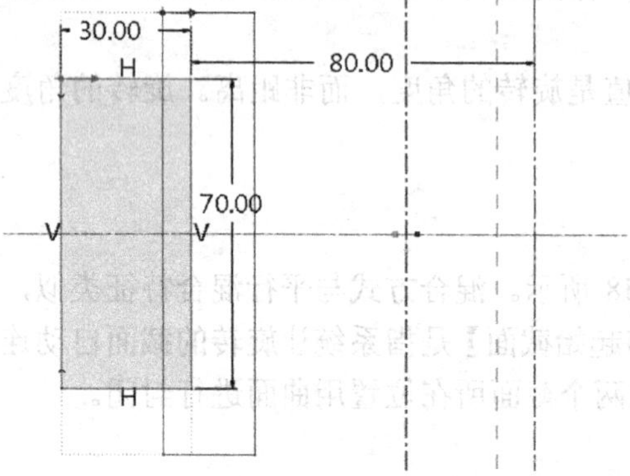

图 4-142　截面 2

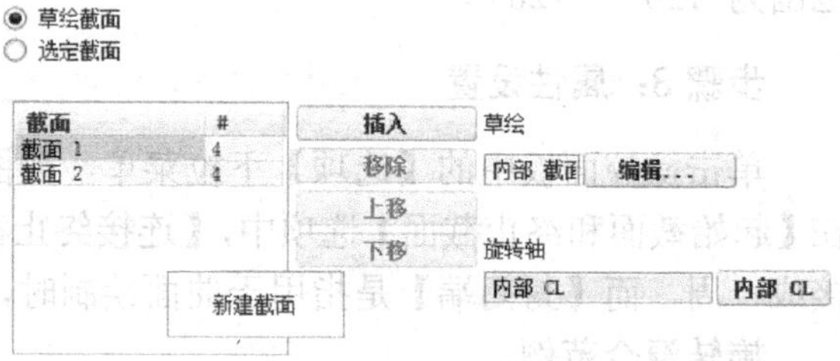

图 4-143　【截面】下拉菜单

（7）单击，绘制如图 4-144 所示的截面。单击✓退出草绘 3；

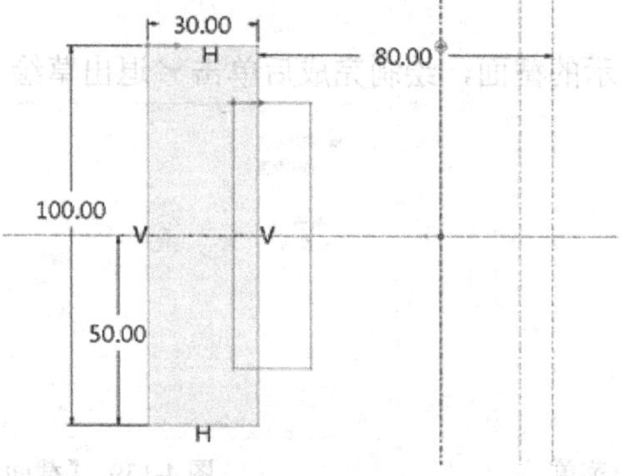

图 4-144　截面 3

（8）重复第（6）步内容，绘制相同的截面，完成后单击✓退出草绘 4；

（9）单击操控面板上的【选项】→【平滑】，单击预览效果，如图 4-145 所示。在【连接终止截面和起始截面】前的复选框打勾，则会出现如图 4-146 所示的效果。选择所需效果后，单击✓完成特征创建。

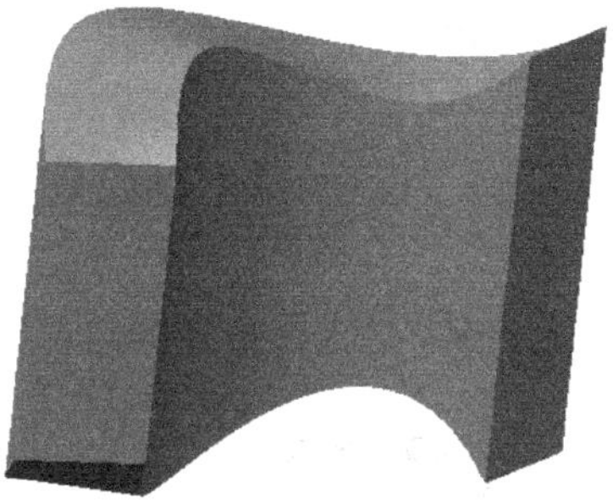

图 4-145　不连接终止截面和起始截面效果

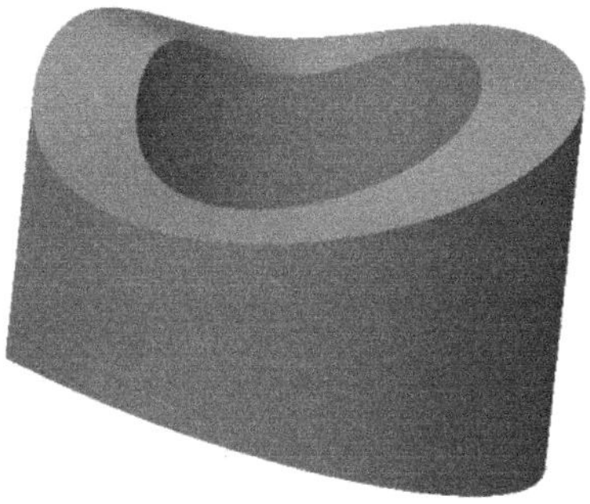

图 4-146　连接终止截面和起始截面效果

4.5.3　创建扫描混合特征

扫描混合特征是指沿着一根轨迹线（或者两根）与多个剖面同时混合生成的特征，这个特征同时拥有扫描和混合两个特征的特点。

步骤 1：扫描混合特征操控面板

单击【模型】→【形状】模块的扫描混合工具，系统弹出扫描混合操控面板，如图 4-147 所示。

图 4-147　扫描混合操控面板

步骤 2：创建扫描轨迹

单击操控面板上的【参考】，出现下拉菜单，如图 4-148 所示。在轨迹信息栏中，可以在绘图区内选择轨迹。若没有轨迹线可以选择自行绘制，则单击操控面板右侧的基准绘制所需的轨迹（具体请参照基准曲线绘制）。

步骤 3：绘制混合截面

单击操控面板上的【截面】，出现下拉菜单，如图 4-149 所示。其中截面 1 是指轨迹起点所在位置与曲线相切的直线法向平面。单击对话框中的【草绘】，进入截面 1 的绘制界面。与混合命令相似，截面需注意以下问题：

- 截面的顶点数需相同。不同的截面可以绘制不同的形状，但不同截面各顶点的数量需一致；
- 截面的顶点方向一致。各截面的顶点方向需一致。

在系统默认情况下，截面至少有两个，分别在轨迹线起点和终点所在位置。若需要增加截面，在绘制轨迹线时用草绘工具分割在轨迹线上插入断点。在下拉菜单中单击【插入】，单击绘图区中断点的位置，单击【草绘】进入新一个截面的绘制。若需要删除某个截面，单击截面名称，单击右侧的【移除】按钮即可。

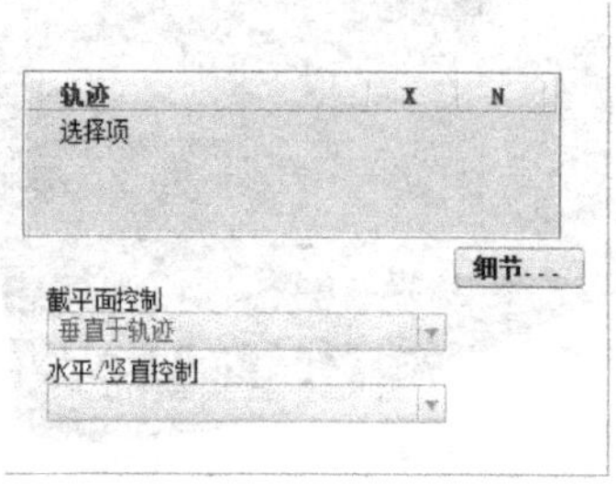

图 4-148 【参考】下拉菜单

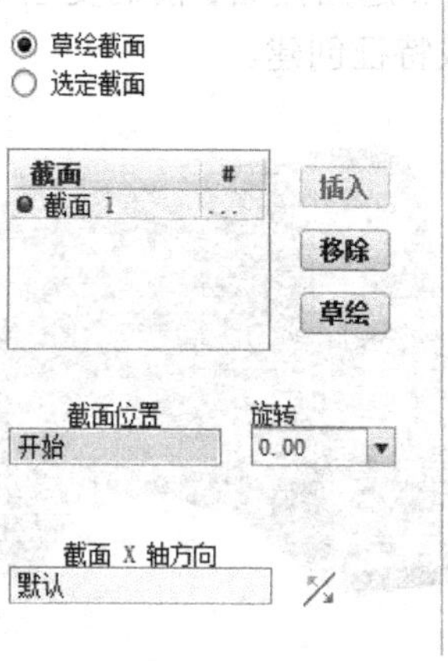

图 4-149 【截面】下拉菜单

步骤 4：属性设置

①【参考】下拉菜单，可以设置轨迹与剖面之间的关系。

②【截面】下拉菜单，控制截面混合顺序和数量，其中截面的旋转角度在-120° ~+120°之间。

③【相切】下拉菜单，设置截面和终止截面的边界条件。

④【选项】下拉菜单，控制截面之间扫描混合形状。

扫描混合范例

（1）创建零件文件；

（2）单击【模型】→【形状】模块的扫描混合工具，弹出扫描混合操控面板。在操控面板右侧单击基准→，选择其中一基准面，绘制如图 4-150 所示的曲线，单击✓完成基准曲线的绘制；

（3）单击操控面板上的命令，打开【截面】下拉菜单，单击对话框里面的【草绘】→，绘制如图 4-151 所示的截面。完成后单击✓退出草绘 1 的绘制；

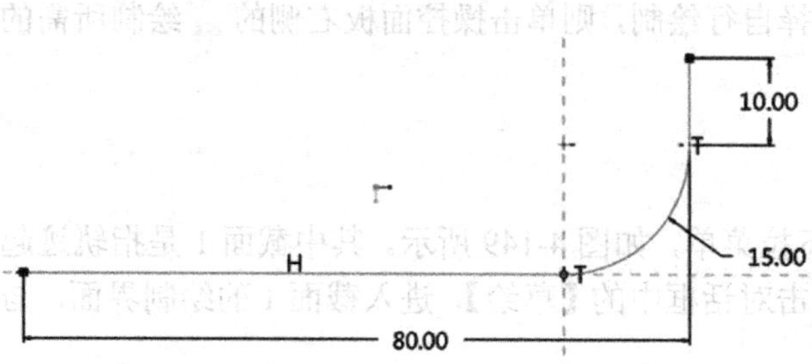

图 4-150 扫描轨迹线

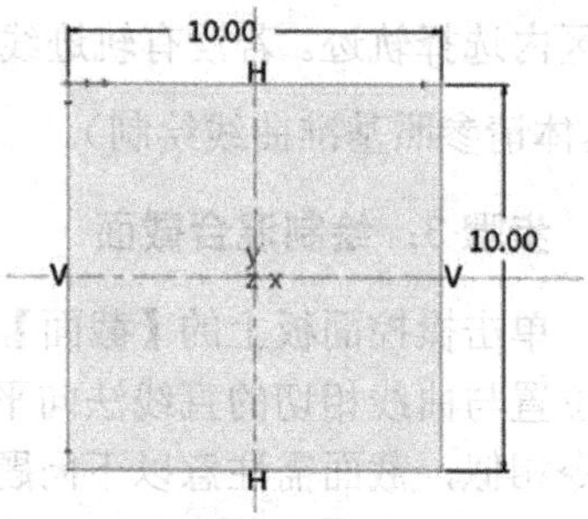

图 4-151 截面 1

（4）单击【截面】下拉菜单中的【插入】，在绘图区内选择单击如图 4-152 所示的【截面 2 位置】断点，单击【草绘】→，绘制如图 4-153 所示的截面。草绘平面中，中心线交汇十字处为起点所在位置，绘制的椭圆以此为中心。绘制中心线，在中心线与椭圆相交处插入断点。

完成后单击✔退出草绘 2 的绘制。

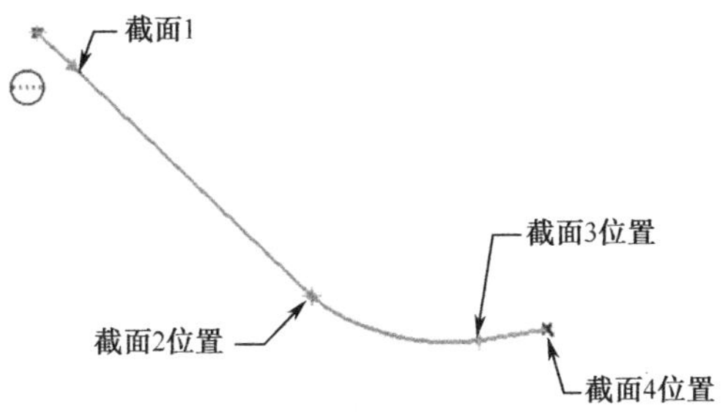

图 4-152 扫描轨迹线上截面位置

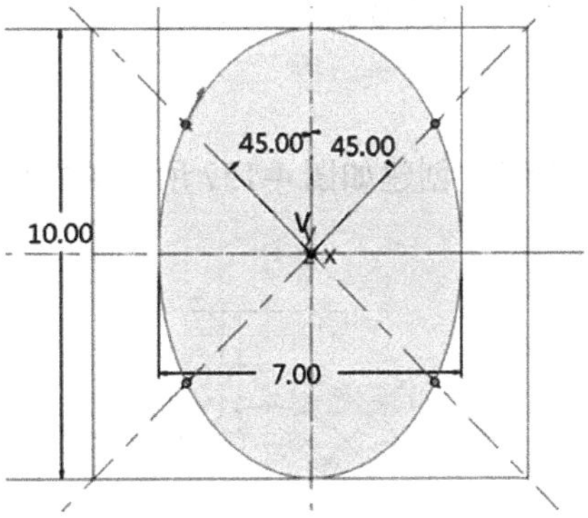

图 4-153 截面 2

（5）重复步骤(4)两次，依次选择截面 3 和截面 4 所在的位置，绘制如图 4-154、图 4-155 所示的截面，完成截面 3 和截面 4 绘制；

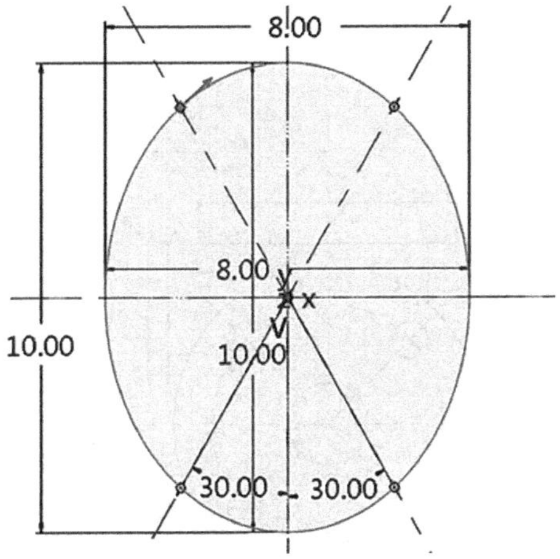

图 4-154 截面 3

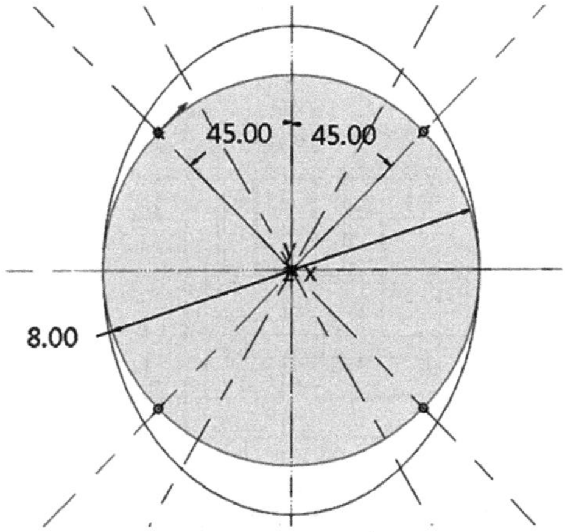

图 4-155 截面 4

（6）完成所有截面绘制后，单击操控面板上的 ◎◎ 预览效果，如图 4-156 所示。单击操控面板上的✔完成特征绘制。

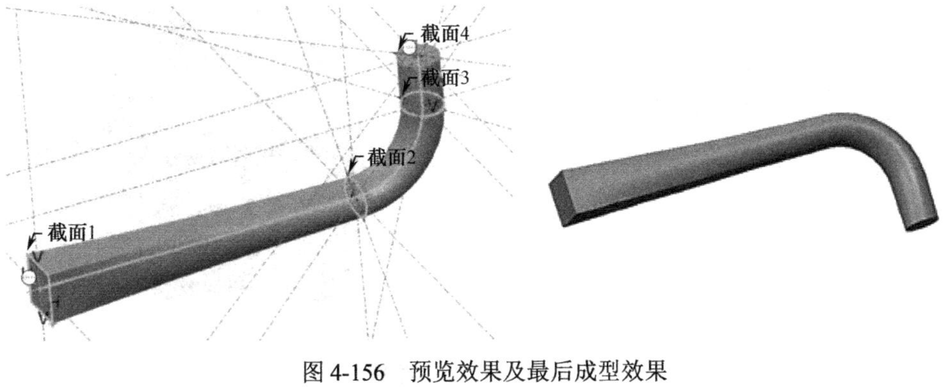

图 4-156 预览效果及最后成型效果

4.6 范例

范例 1：创建如图 4-157 所示的零件。

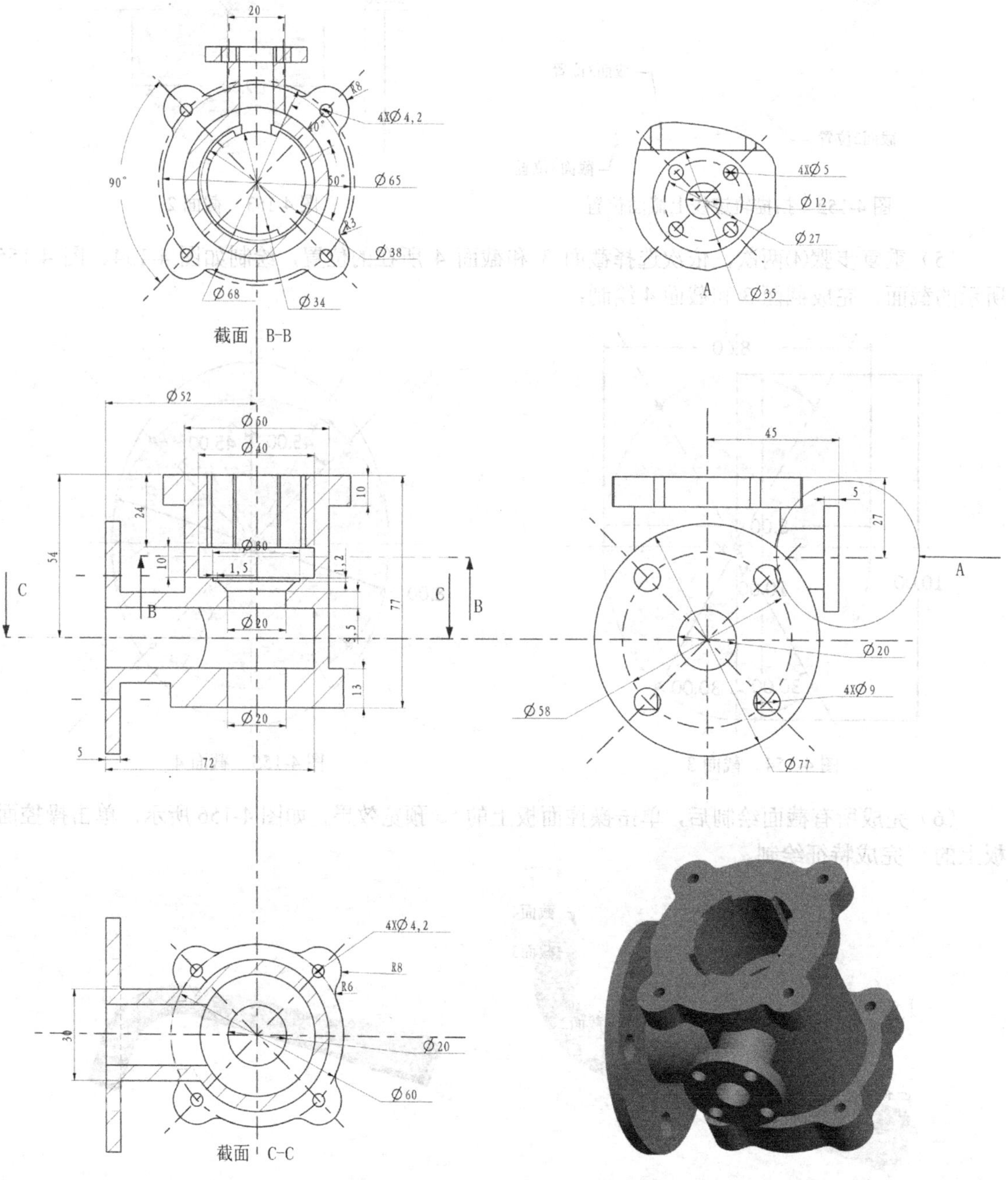

图 4-157 范例三视图

步骤 1：新建文件

单击【文件】→【新建】，或者单击按钮，弹出【新建】对话框，如图 4-158 所示。在名称一栏中输入 fati，取消【使用默认模板】，单击【确定】按钮。系统弹出【新文件选项】框，如图 4-159 所示，选择【mmns_part_solid】，单击【确定】。

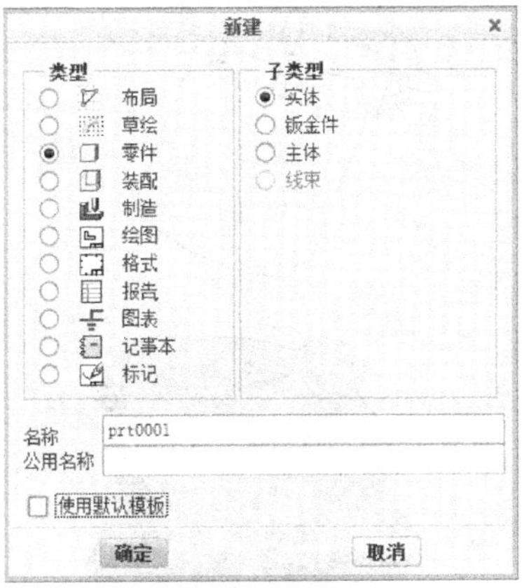

图 4-158　【新建】对话框

图 4-159　【新文件选项】框

步骤 2：建立拉伸实体特征

单击【模型】→ 拉伸 按钮，弹出拉伸操控面板。在操控面板上，选择【拉伸为实体】。单击【放置】→【定义】，选择绘图区中的 TOP 平面作为草绘平面，RIGHT 平面作为参照平面，参考方向为右。或者直接选择 TOP 平面，单击【草绘】进入草绘模式。

步骤 3：创建阀体中心

进入草绘模式，TOP 平面若未转向屏幕，则单击按钮。绘制如图 4-160 所示的截面，完成后单击上方的✔按钮，完成二维草图。在拉伸操控面板中，选择单向拉伸，输入拉伸深度值为 54，生成拉伸形态，如图 4-161 所示。

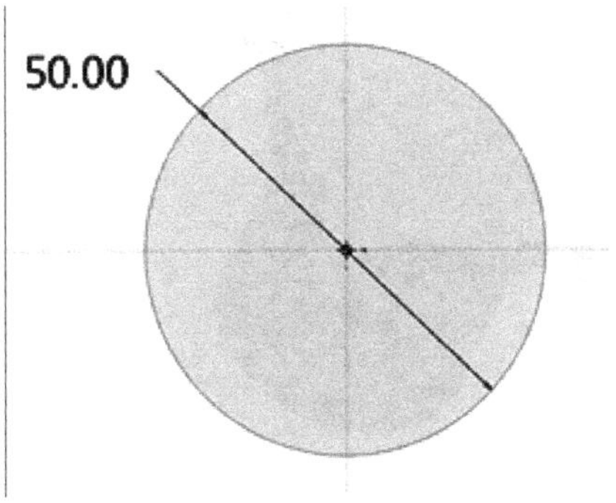

图 4-160　阀体中心截面

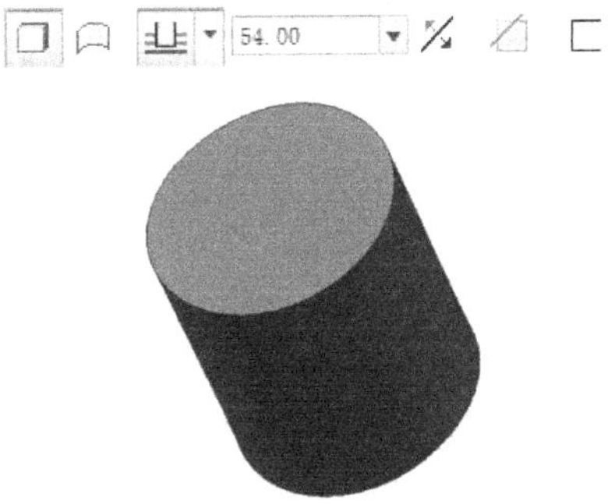

图 4-161　拉伸面板及拉伸效果

步骤 4：创建阀体安装凸台一端

（1）单击 拉伸 按钮打开拉伸操控面板；

（2）选取圆柱一端的表面作为草绘平面；

（3）单击进入二维绘图模式，绘制如图 4-162 所示的截面。单击草绘界面的✔按钮退出草绘模式。选择拉伸方向向上，在属性面板的深度文本框输入 10。单击按钮预览模型设计效果，确认无误后单击拉伸操控面板的✔按钮完成阀体安装凸台的创建，如图 4-163 所示。

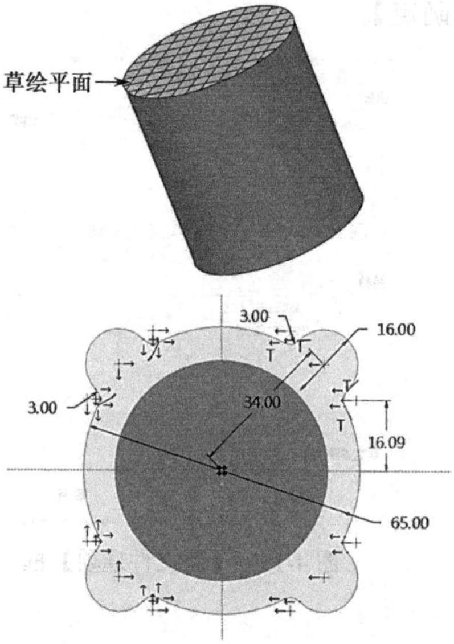

图 4-162　草绘平面及凸台一端截面

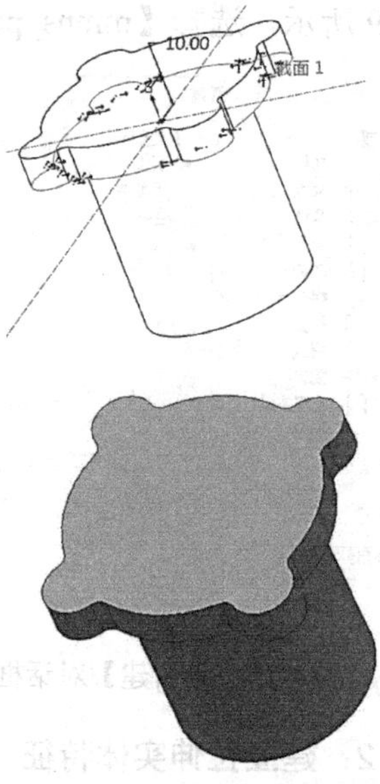

图 4-163　拉伸方向及凸台成型效果

步骤 5：创建阀体孔位

（1）单击按钮打开拉伸操控面板，单击属性面板上的去除材料按钮；

（2）单击【放置】→【定义】，在【草绘】对话框中，单击【使用先前的】。系统将上一次草绘的平面自动加载为这一次拉伸命令的二维草绘面板。单击进入二维草绘界面，绘制如图 4-164 所示的图形。绘制好二维剖面后，单击✔按钮退出草绘模式；

（3）在拉伸操控面板中，拉伸方式选择方式，拉伸方向向上，生成实体如图 4-164 所示。

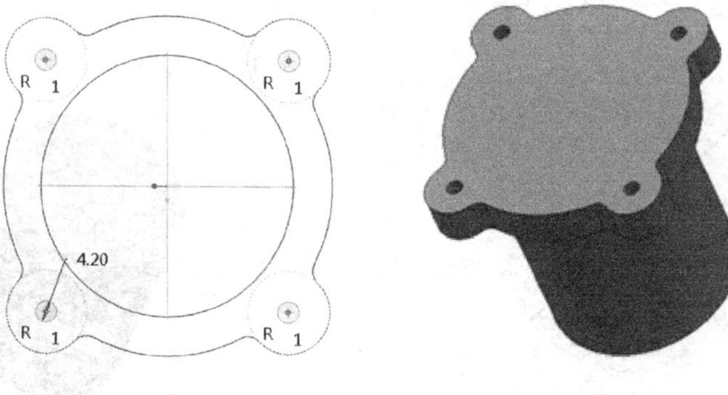

图 4-164　孔位截面及孔位拉伸效果

步骤 6：完善阀体安装凸台

（1）单击按钮打开拉伸操控面板；

（2）选择 TOP 平面作为绘图平面，单击进入二维绘图平面，绘制如图 4-165 所示的截面。完成草图后，在拉伸操控面板中输入深度值为 13，拉伸方向与阀体中心拉伸方向相反，生成如图 4-166 所示的特征。

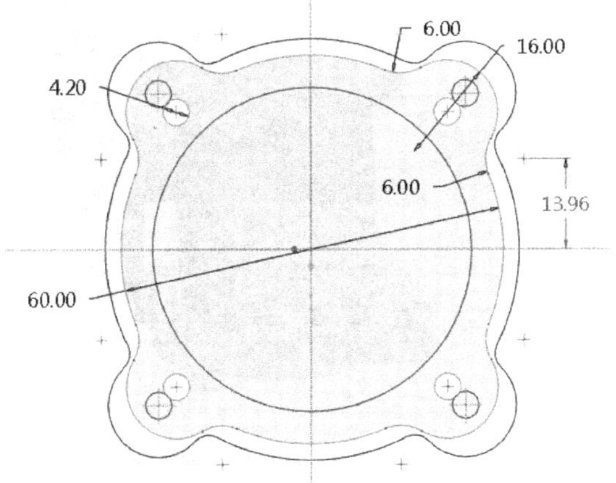

图 4-165　凸台截面

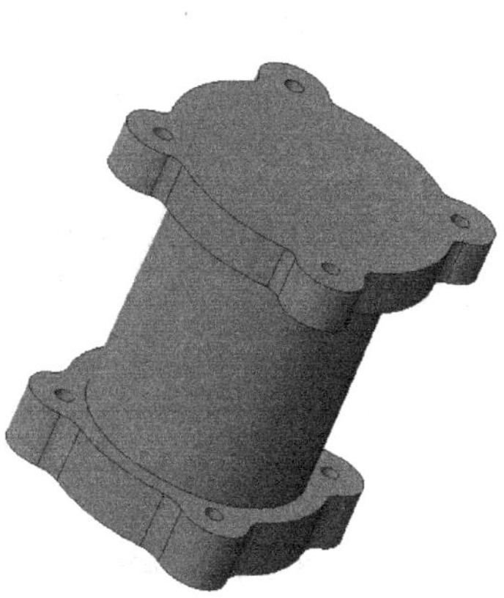

图 4-166　完成凸台效果

步骤 7：创建偏移平面

（1）单击【模型】→ ▱（创建基准平面），弹出【基准平面】对话框；

（2）选择 RIGHT 基准面做为偏移面，输入偏移距离为 47，新创建基准平面为 DTM1，如图 4-167 所示。

步骤 8：创建阀体侧腰部分

（1）单击 按钮打开拉伸操控面板，选择 DTM1 为绘图草绘平面，进入草绘模式；

（2）在草绘模式中，绘制如图 4-168 所示的截面。绘制好后，单击✔按钮，退出草绘模式。在设计拉伸操控面板中，拉伸方式选择【拉伸至下一曲面】，生成的拉伸模型如图 4-169 所示。

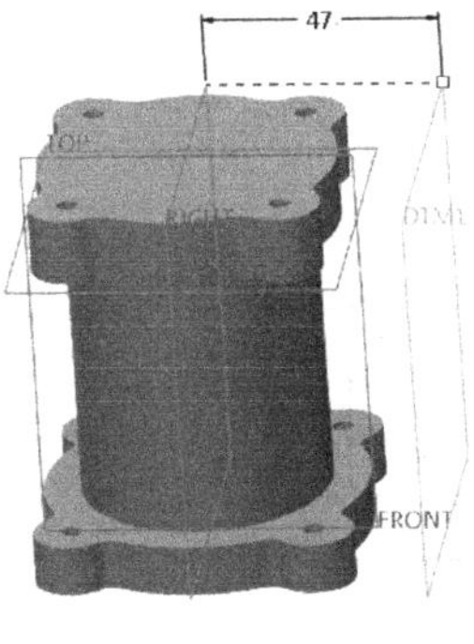

图 4-167　偏移平面 1

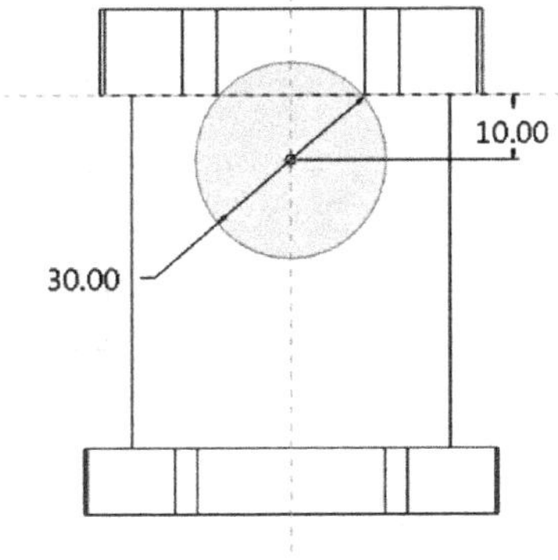

图 4-168　侧腰截面

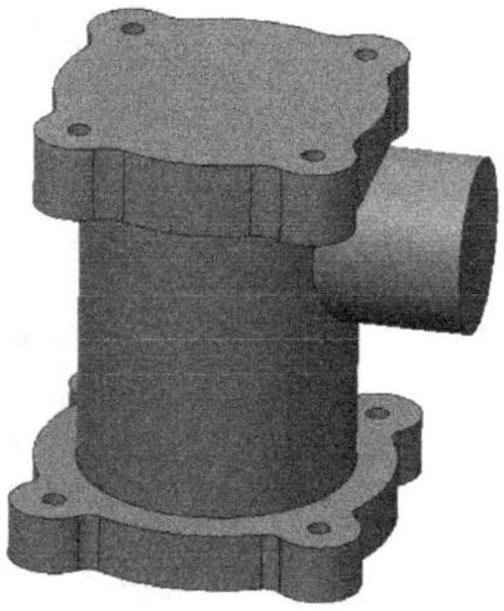

图 4-169　侧腰生成模型

步骤 9：创建阀体侧面固位

以 DTM1 为草绘平面创建拉伸特征，接受默认设置进入二维草绘模式，绘制如图 4-170 所示的截面。绘制好后单击面板上的✔按钮，退出草图模式，拉伸方向与前一个拉伸方向相反，选择拉伸方式为 ，深度为 5，如图 4-171 所示。

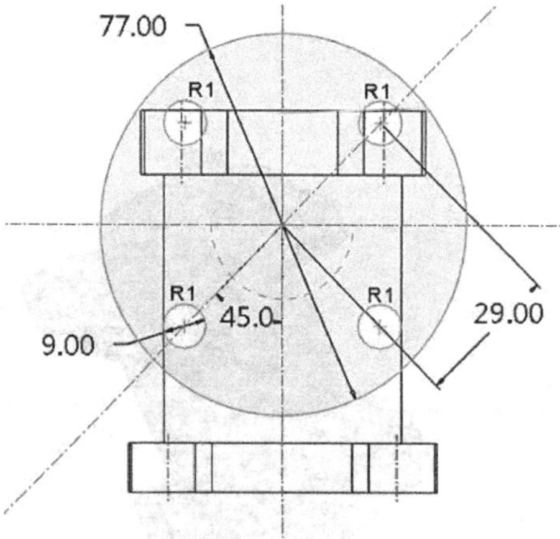

图 4-170　截面

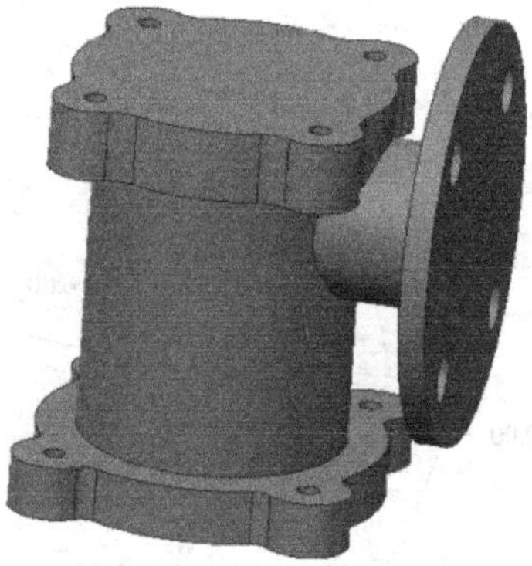

图 4-171　固位成型模型

步骤 10：创建偏移平面 2

以 FRONT 平面为参考基础，进行偏移平面的创建，偏移距离为 40，产生新的基准平面 DTM2，如图 4-172 所示。

步骤 11：创建阀体侧面固位 2

（1）以 DTM2 为草绘平面，创建拉伸特征。其截面如图 4-173 所示，绘制完成后单击✔按钮，退出草图模式。选择拉伸方式为⇶，拉伸至阀体中心实体外表面，单击✔按钮完成特征绘制；

（2）以 DTM2 为草绘平面，创建拉伸特征。其截面如图 4-174 所示，绘制完成后单击✔按钮，退出草图模式。选择拉伸方式为⊥，拉伸深度为 5，拉伸方向与上一步相反（向外）。具体效果如图 4-175 所示，单击✔按钮完成特征绘制。

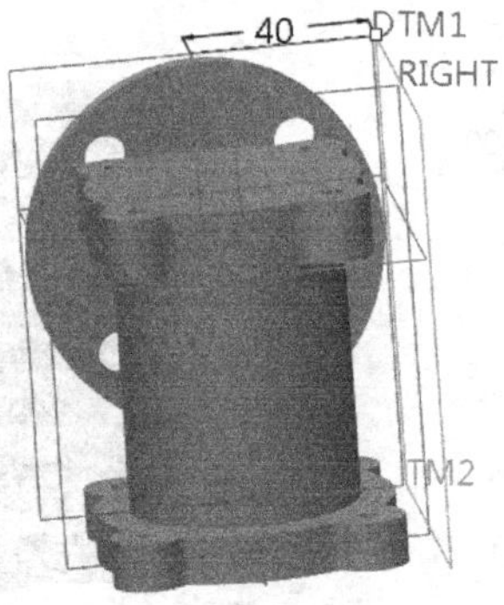

图 4-172 偏移平面 2

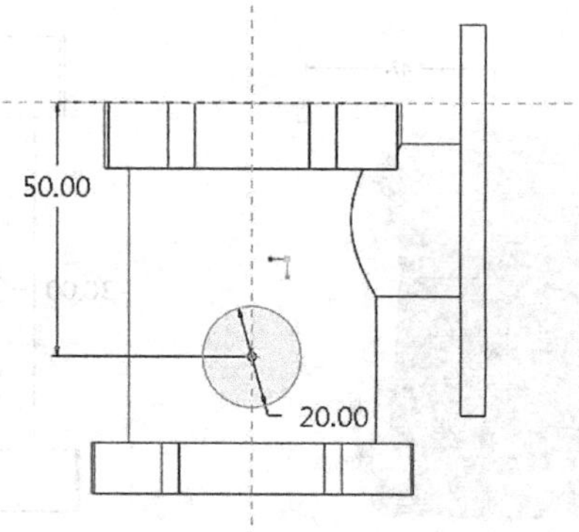

图 4-173　截面

步骤 12：创建拉伸切除特征

（1）以图 4-176 所示平面为绘图平面，创建拉伸特征。在操控面板上单击◿ 按钮，绘制如图 4-177 所示的截面，单击✔按钮退出草绘模式。选择拉伸方式为⊥，深度为 52，完成拉伸切除特征的创建；

（2）以图 4-178 所示平面为绘图平面，重复步骤（1），绘制如图 4-179 所示的截面。选择拉伸方式为⊥，拉伸深度为 45，单击✔按钮完成特征创建。

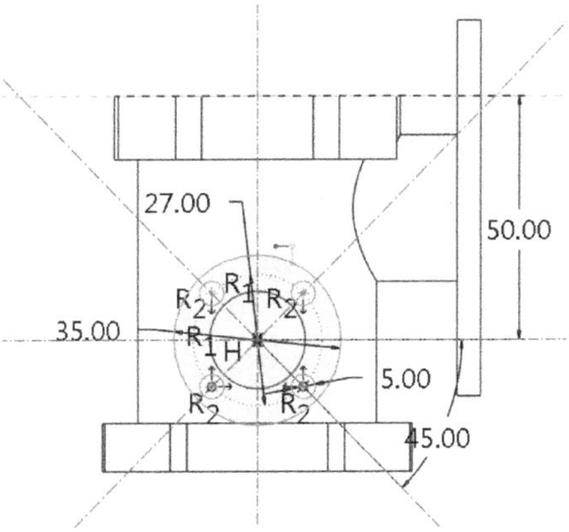

图 4-174　剖面

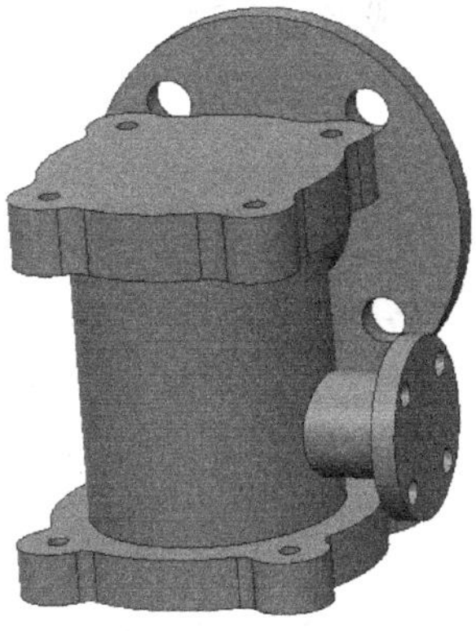

图 4-175　侧面固位成型效果

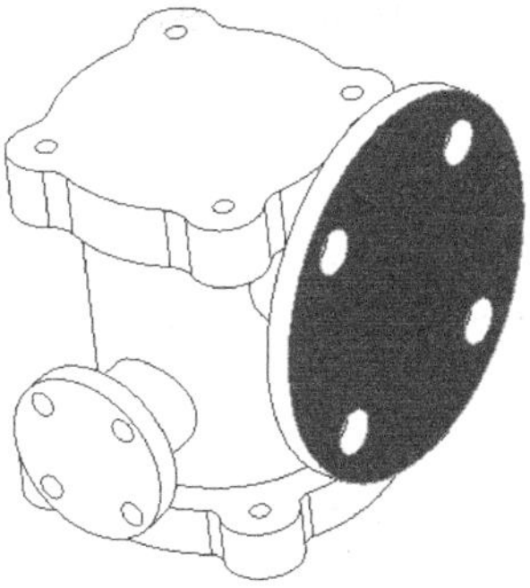

图 4-176　指定拉伸平面 1

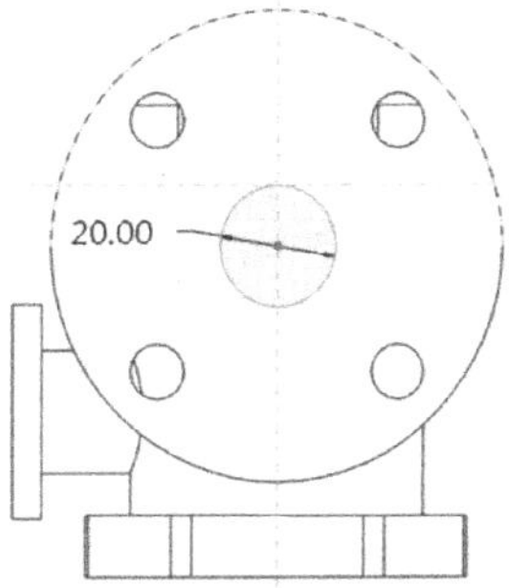

图 4-177　拉伸切除剖面 1

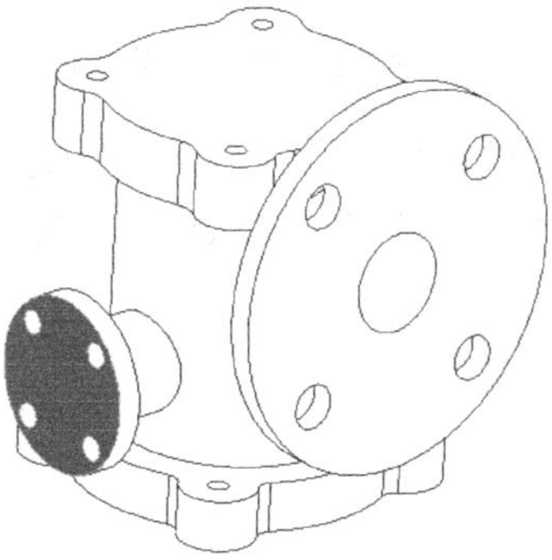

图 4-178　指定拉伸平面 2

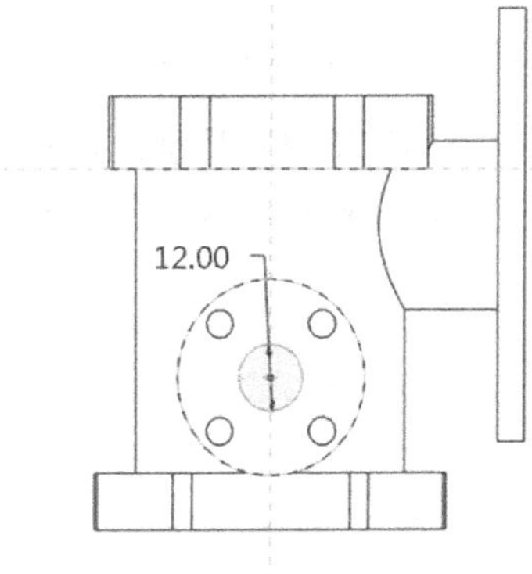

图 4-179　拉伸切除剖面 2

步骤 13:　创建阀体中心切除材料特征

（1）创建拉伸特征：指定图 4-180 所示平面为绘图平面。绘制如图 4-181 所示的截面，完成后，在操控面板上单击按钮，拉伸方向向下，选择拉伸方式为。完成后单击✓完成特征创建；

（2）创建拉伸特征：指定图 4-182 所示平面为绘图平面。绘制如图 4-183 所示的截面，完成后，在操控面板上单击按钮，拉伸方向向上，选择拉伸方式为，拉伸深度为 24。设置完后单击✓完成特征创建；

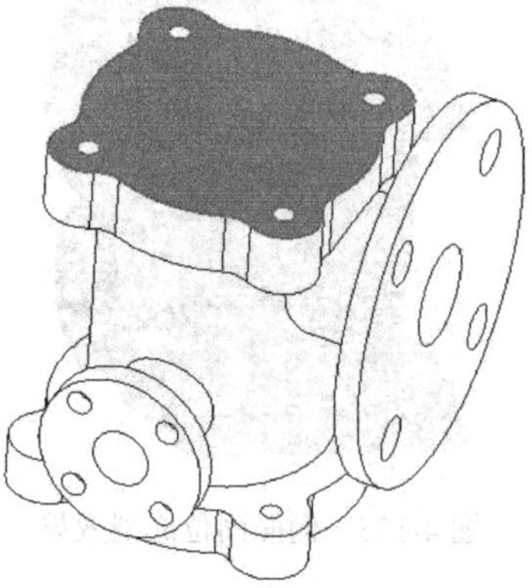

图 4-180 指定绘图平面

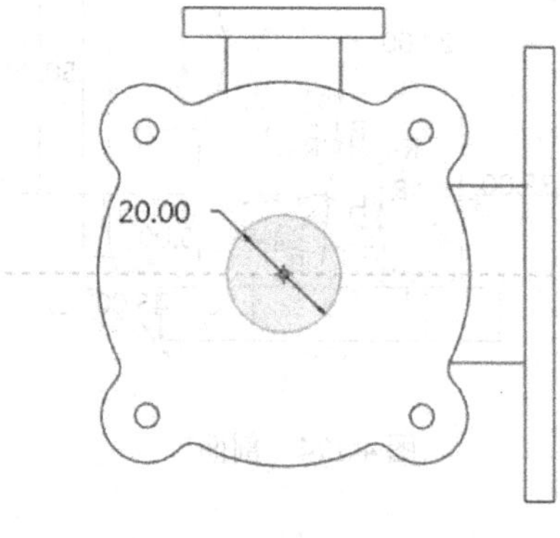

图 4-181 截面

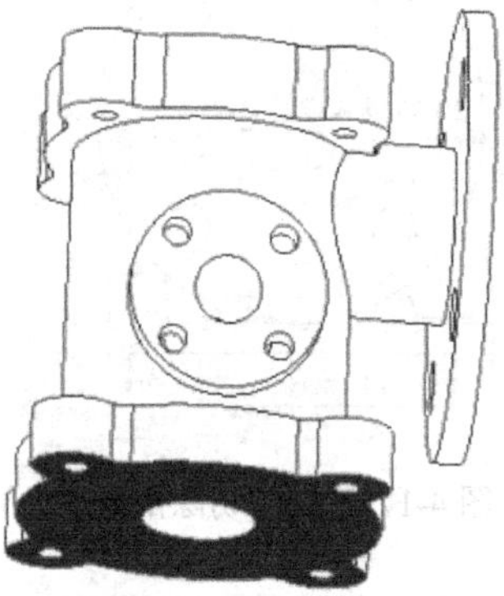

图 4-182 指定绘图平面

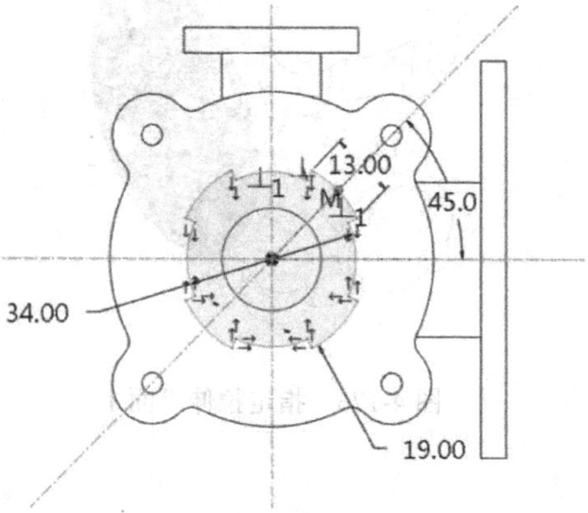

图 4-183 中心切除剖面

（3）创建拉伸切除材料特征：选择如图 4-184 所示的曲面为草绘平面，绘制如图 4-185 所示的截面。完成后在操控面板拉伸方式中选择 ⊥⊥，拉伸深度为 10，单击✓完成特征创建。

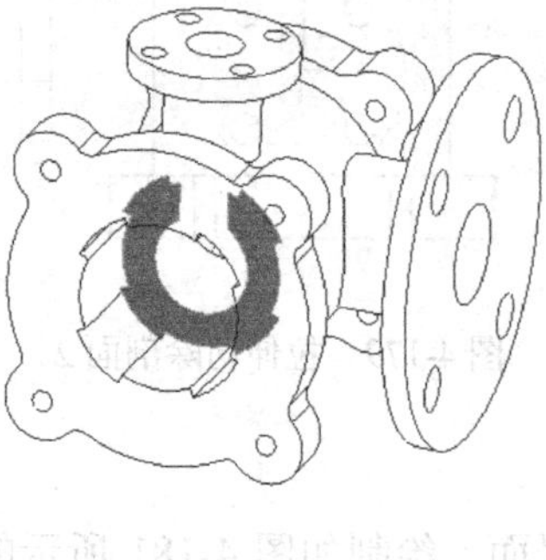

图 4-184 指定绘图平面

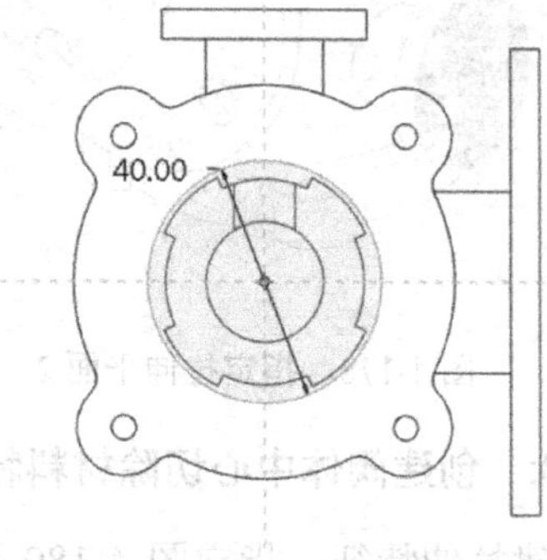

图 4-185 截面

步骤 14：创建旋转去除材料特征

（1）单击【模型】→ 旋转，弹出旋转操控面板，单击面板中的【放置】→【定义】，选择

FRONT 基准面作为绘图平面。绘制如图 4-186 所示的截面，在旋转轴位置添加中心线，完成后单击✔退出草图；

（2）操控面板中单击◿，旋转角度输入 360°。单击👓预览效果，如图 4-187 所示。若无问题单击✔完成零件绘制。

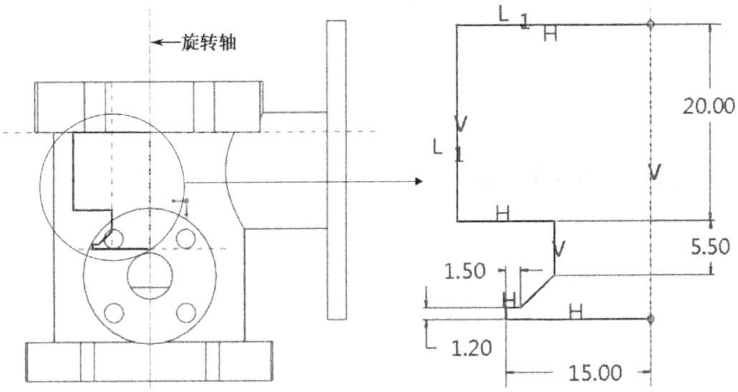

图 4-186　旋转特征截面

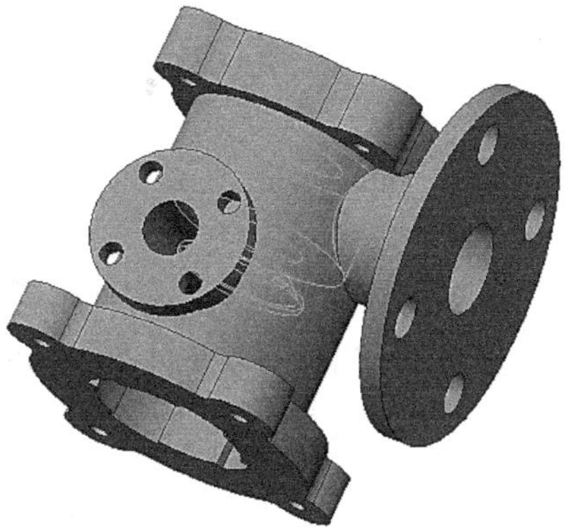

图 4-187　旋转切除后模型效果

4.7　练习

练习 1　创建图示零件（见图 4-188）

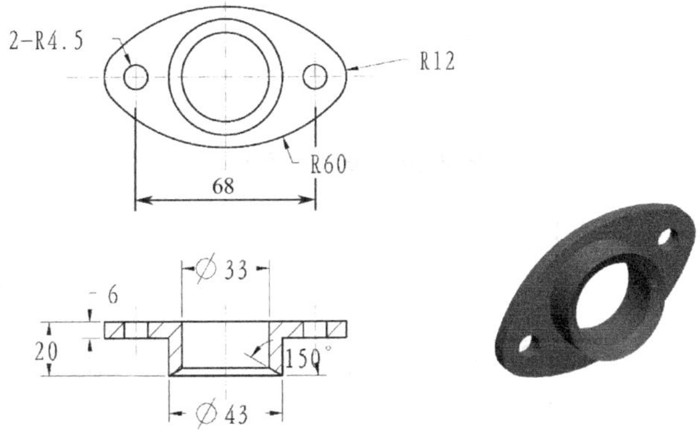

图 4-188　练习 1 零件图

练习 2　创建图示零件（见图 4-189）

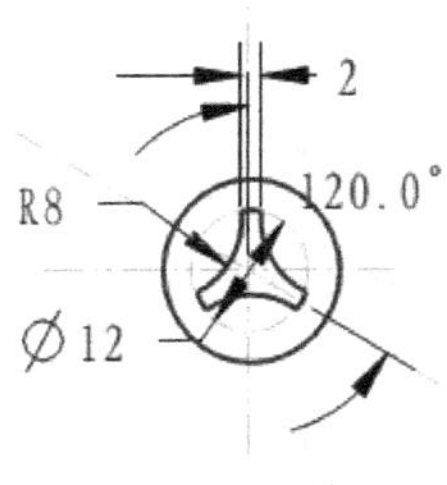

图 4-189　练习 2 零件图

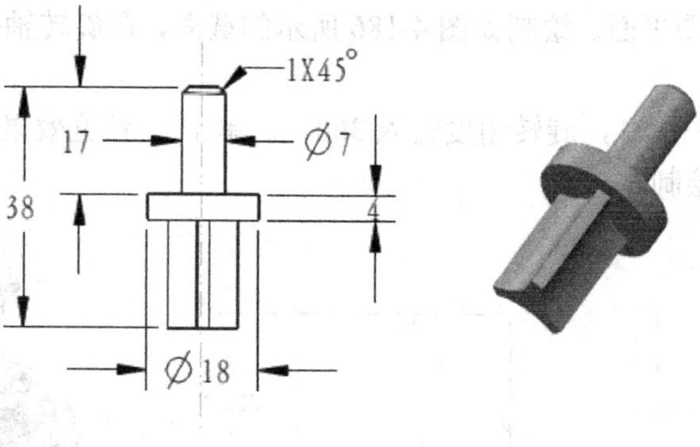

图 4-189 练习 2 零件图（续）

练习 3 创建阀盖（见图 4-190）

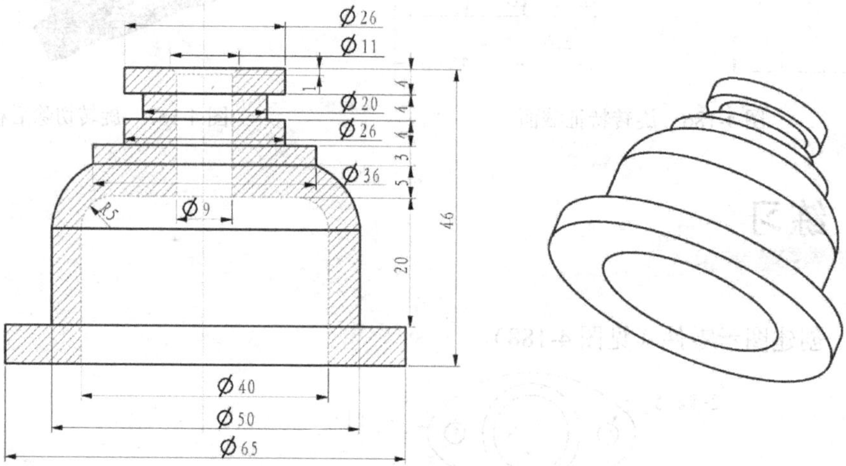

图 4-190 阀盖零件图

练习 4 创建阀帽（见图 4-191）

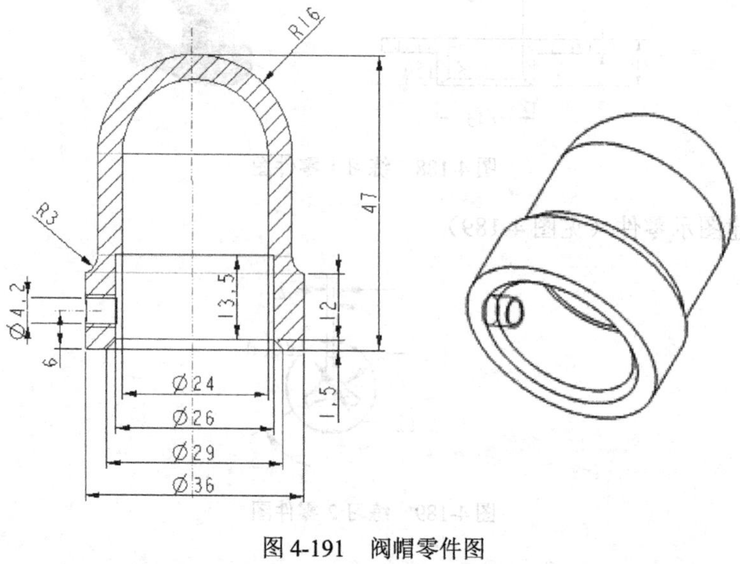

图 4-191 阀帽零件图

练习 5　创建图示零件（见图 4-192）

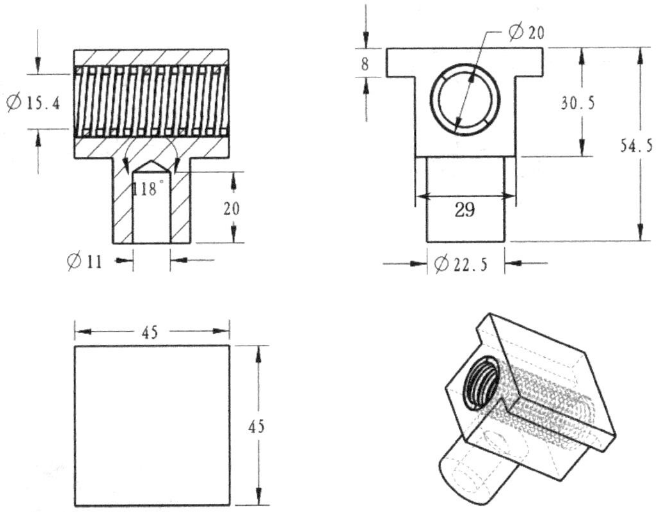

图 4-192　练习 5 零件图

练习 6　创建图示零件（见图 4-193）

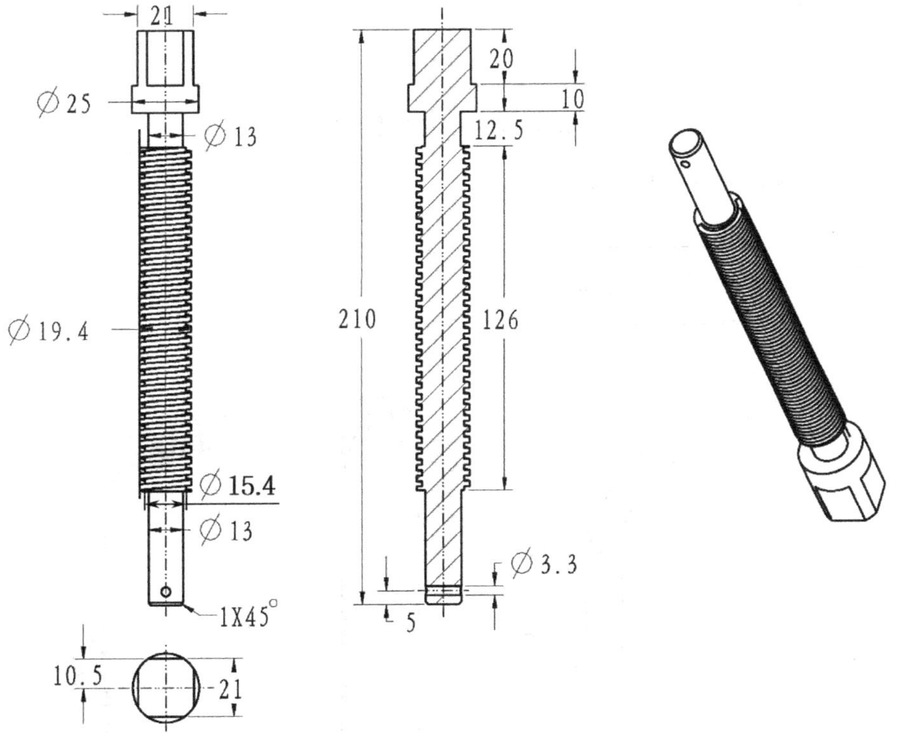

图 4-193　练习 6 零件图

练习 7 创建图示零件（见图 4-194）

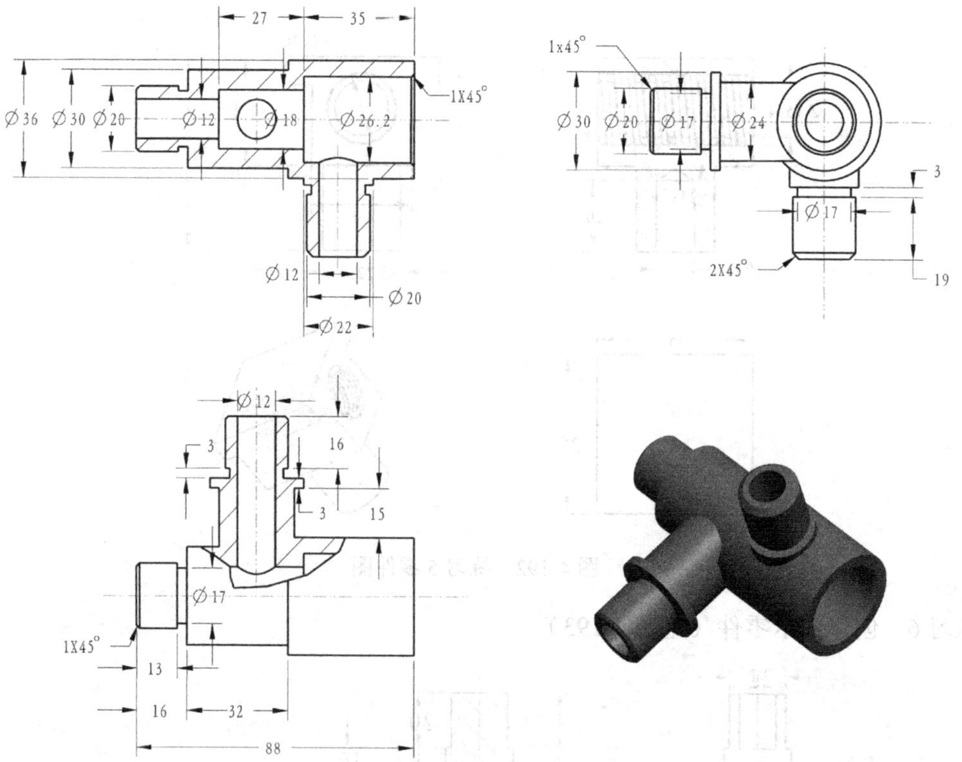

图 4-194 练习 7 零件图

练习 8 创建支撑架管（见图 4-195）

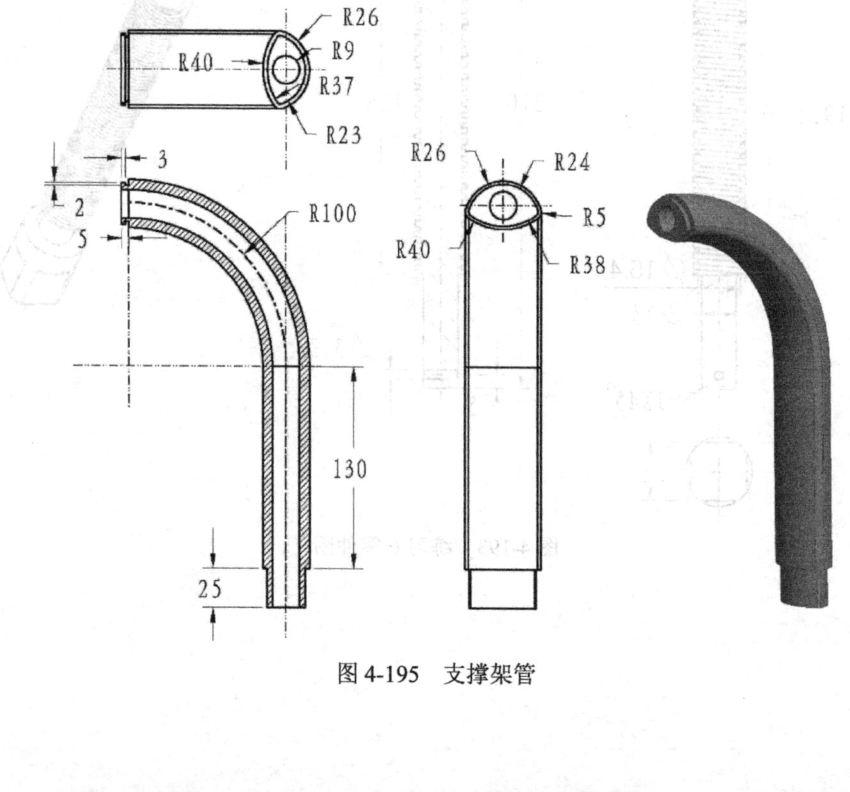

图 4-195 支撑架管

第5章

创建工程特征

在建立了基础特征以后通常要对零件进行打孔、倒角、抽壳、拔模、倒圆角等操作，这些特征通常被称为工程特征，也可以称为构造特征。工程特征是建立在实体的基础上的，用于增加实体的功能。当新建一个文件后，工程特征中的工具栏显示是灰色的，需要创建实体或曲面特征才能激活工程特征工具。下面具体讲述各工程特征的使用方法。

5.1 创建孔特征

孔特征包括三种类型：直孔、草绘孔和标准孔。孔工具用图标表示为孔。使用孔工具时，出现孔操控面板，如图 5-1 所示：

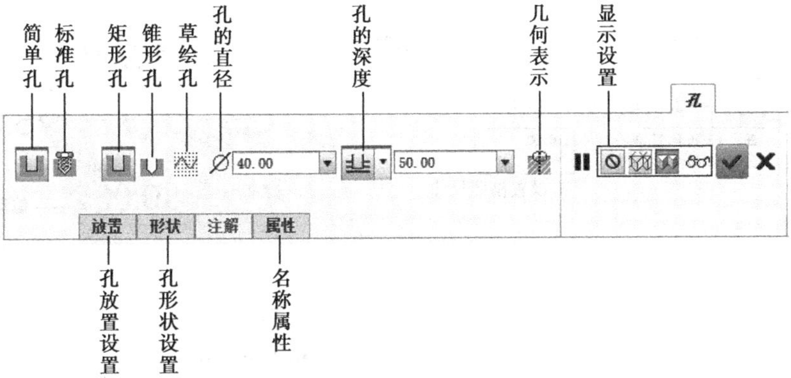

图 5-1 孔操控面板

简单孔：直孔，不含其他特征，是最简单的孔。

标准孔：按照标准创建的孔，包括沉头孔、埋头孔和螺纹孔。

矩形孔和锥形孔：底部平的是矩形孔，底部尖的、呈一定角度的是锥形孔。

草绘孔：自定义孔的形状，形成各种各样的孔，通常用于创建非标准孔。

孔的直径：孔的开口直径尺寸。如果孔的形状比较复杂，还要通过孔的形状设置不同部分的直径尺寸，如沉头孔。

孔的深度：孔的深度有多种设置方法，和拉伸特征的深度设置方法一样。

孔几何表示：创建的孔只在模型表面显示孔的大小和位置，而不去除模型的材料。

5.1.1 创建直孔特征

直孔是最简单的孔，形状为圆柱形，放置在某个面并指定孔深度。创建直孔的操作步骤如图 5-2 所示。

步骤 1： 打开文件。选择工具，打开文件：5_1_1.prt。

步骤 2： 创建孔特征。选择孔工具孔，出现孔绘制工具栏。

步骤 3： 绘制孔。

① 选择放置平面，用于放置孔。如图 5-2，选择零件的顶面作为放置平面。

② 设置孔的位置参照。选择零件的前表面和右侧表面作为参考平面，用于定位孔的位置。选择好参考平面 1（前表面）后，按住 Ctrl 键，同时选择参考平面 2（右侧表面）。

③ 设置参照尺寸。在偏移参考中出现两个参考平面的名称，在对应的偏移栏中分别设置距离值为 100、75。

④ 设置孔的直径。在孔操控面板中的【孔直径】中输入直径为 40。

⑤ 设置孔的深度。在【深度】设置中输入深度值为 50。

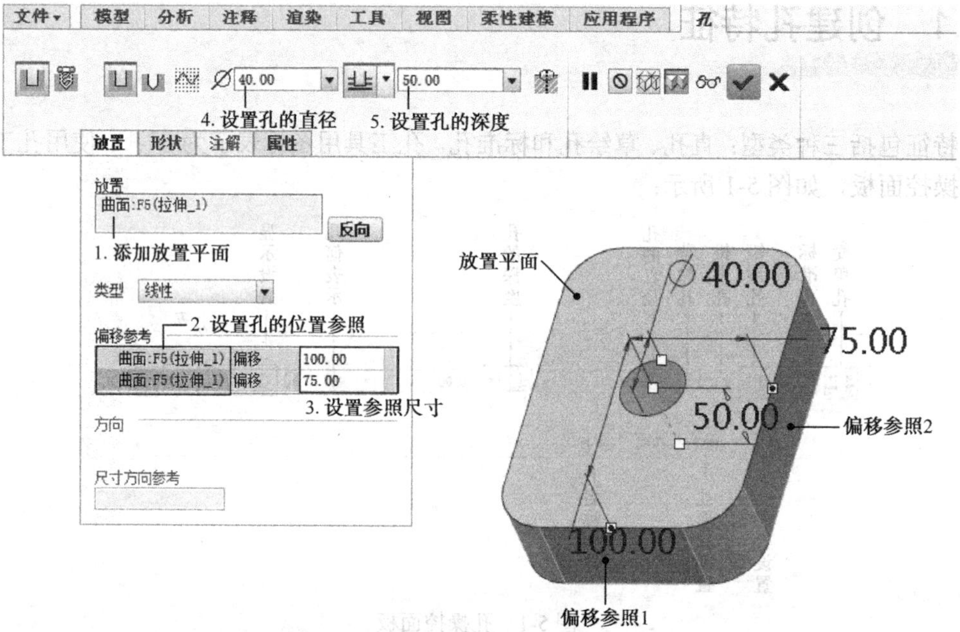

图 5-2 直孔的创建步骤

步骤 4： 完成操作后，单击，完成孔的绘制。

在创建孔的过程中，要理解两个概念，放置平面和放置孔的类型。

放置平面：用于选择曲面放置孔，旁边的【反向】按钮用于反转打孔的方向。

放置孔的类型：孔的定位方式，包括线性、径向和直径三种。

- 线性

即定位方式采用线性尺寸来定位，选择两曲面或线作为定位参照，孔到参照的尺寸为定位尺寸，以此来确定孔的位置。线性方式是默认的孔定位方式。

- 径向

该定位方式一般用于绘制圆柱表面的孔。首先，在圆柱面上，孔的径向距离就是圆的半径，还需要方位角和高度来定位孔的位置。孔的方位角是孔的轴线与圆柱轴线所在平面的夹角，孔的高度为孔与圆柱的顶面、底面或其他与圆柱轴线垂直的平面的距离。

如图 5-3 所示，要在圆柱体表面绘制孔，此时孔的放置平面为圆柱的侧面。

步骤 1：绘制一个直径为 100，高为 50 的圆柱实体。

步骤 2：选择孔工具 孔，绘制孔。

① 放置孔。如图 5-3 所示，选择【放置】，单击【放置】下面的框，然后在模型中选择放置平面为圆柱体的侧面。

② 设置孔的放置类型为【径向】。选择了放置平面为圆柱面之后，系统会自动将孔的放置类型设置为【径向】。

③ 添加孔的【偏移参考】。单击【偏移参考】，添加参考面。选择圆柱中心轴所在的平面 FRONT 平面作为角度偏移的参考平面，按住键盘的 Ctrl 键，选择距离偏移的参考平面为“圆柱体上表面”。

④ 设置偏移的角度和距离。设置与 FRONT 平面的夹角为 45°，与“圆柱体上表面”的距离为 25。此时孔位置已经确定。

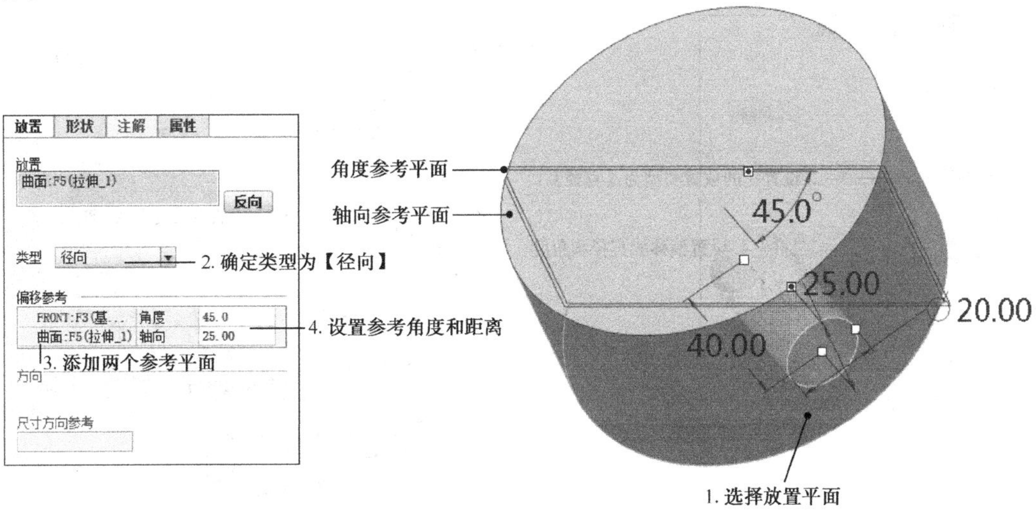

图 5-3　径向方式创建孔

步骤 3：设置孔的直径和深度。在孔操控面板中设置孔的直径和深度分别为 20、40，完成绘制，保存文件。

● 直径

当孔分布在圆周时，如图 5-4 所示，用圆的直径及孔与轴线的夹角来定位比较合适。图中，孔放置在 ø70 的圆上，并且和 x 轴的夹角为 30°，绘制孔的方法如下：

步骤 1：绘制一个直径为 100，高为 50 的圆柱实体。

步骤 2：选择孔工具 孔，绘制孔。

① 放置孔。如图 5-5 所示，选择【放置】，单击【放置】下面的框，然后在模型中选择放置平面为圆柱体的上表面。

② 设置孔的放置类型为【直径】类型。

③ 添加孔的【偏移参考】。单击【偏移参考】，添加参考平面。选择直径的参考中心为“圆柱的中心轴 A_1”，按住 Ctrl 键，选择角度参考平面为 FRONT 平面。

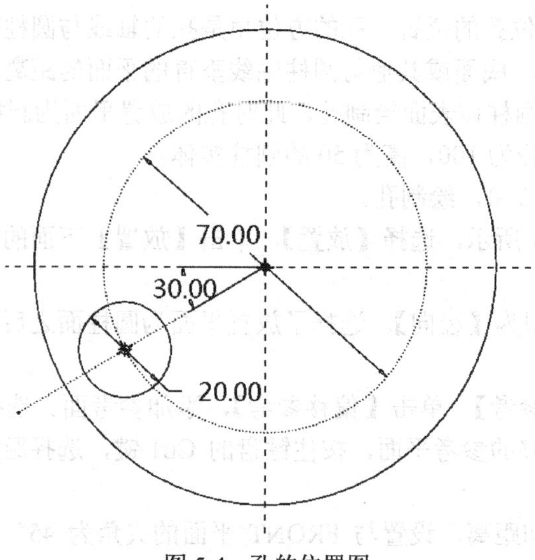

图 5-4　孔的位置图

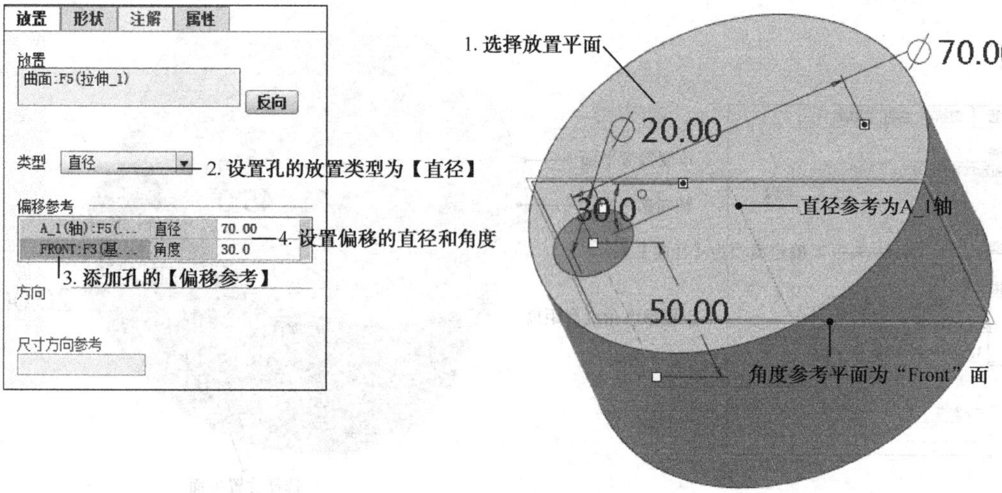

图 5-5　【直径】放置孔的步骤

④ 设置偏移的直径和角度。设置与“圆柱的中心轴 A_1”的直径为 70，与 FRONT 平面的角度为 30°。此时孔位置已经确定。

步骤 3：设置孔的直径和深度。在孔操控面板中设置孔的直径和深度分别为 20.00、50.00，完成绘制，保存文件。

5.1.2　创建草绘孔

直孔的形状都是圆柱形，如果要绘制非标准的孔，需要采用草绘孔来绘制。草绘孔是由自定义草绘截面得到的孔特征类型，可产生有锥顶开头和可变直径的圆形断面，比如阶梯轴、沉头孔、锥形孔等。

草绘孔的绘制条件：①绘制旋转中心线；②所有图元在中心线的同一侧；③图元形成封闭图形。

草绘孔的绘制步骤如下：

步骤 1：打开文件 5_1_2.prt，调入轴零件，绘制轴的中心孔。

步骤 2：选择孔绘制工具 孔，绘制孔。设置位置参照。打开基准显示设置，把全选的勾去掉，只选择轴显示 轴显示，让中心轴基准线显示出来。

放置孔的位置。选择孔操控面板中的【放置】集，在放置选项栏里添加中心轴作为孔的放置轴线，按住 Ctrl 键，选择图 5-6 所示平面作为孔放置平面，此时孔的位置就确定好了。

因为是采用轴和平面来定位孔，所以不需要再设置孔的类型和偏移参照。

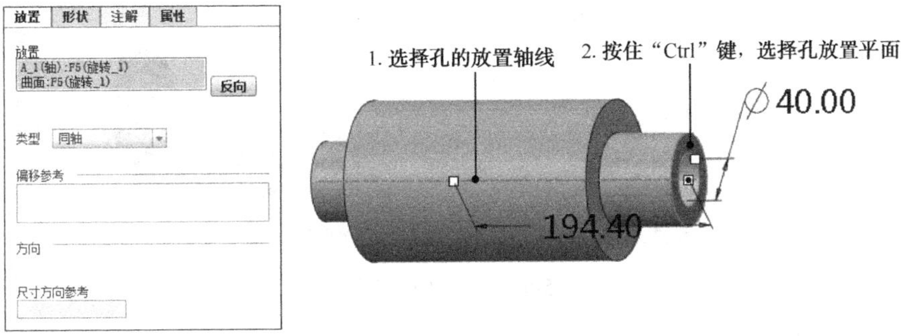

图 5-6　草绘孔操作步骤 2

步骤 3：草绘孔。选择使用草绘定义钻孔轮廓工具，此时，工具栏出现激活草绘器以创建截面工具，如图 5-7 所示。单击这个工具，进入二维草绘界面。

图 5-7　草绘孔操作步骤 3

步骤 4：绘制中心孔。绘制如图 5-8 所示的中心孔。首先绘制孔的旋转轴，然后用直线沿着旋转轴绘制出孔的深度，再在中心线一侧绘制孔的轮廓，最后修改尺寸值。

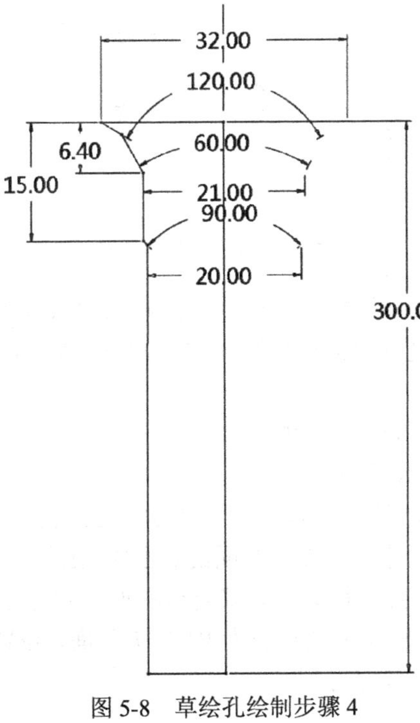

图 5-8　草绘孔绘制步骤 4

这是 C 型中心孔，因为不能采用标准孔的形式绘制，所以采用草绘孔的方式创建。

步骤 5：绘制完成后进行标注并修改尺寸，检查确认图形的正确性后，单击确定，完成草绘。

退出草绘后，可以看见生成的孔，最后完成孔的绘制，如图 5-9 所示。

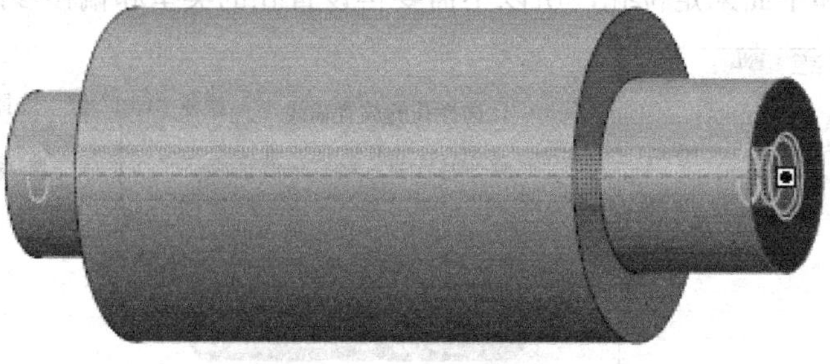

图 5-9 自定义孔完成图

草绘孔的注意事项：

① 旋转中心线的方向：绘制孔的形状时，旋转中心线是竖直放置的中心线，而不是其他方向的中心线。因为在系统中不管孔的实际方向如何，系统都会自动将草绘孔与放置平面对齐。

② 孔的开口：与中心线垂直的第一条水平直线作为孔的开口，如图 5-8 中尺寸标注为 32 的直线，且孔的开口必须是水平直线。

5.1.3 创建标准孔

标准孔：该类型的孔包含基本形状的螺孔，是基于工业标准的，可带有不同的末端形状、标准沉头和埋头的孔。用户可以利用系统提供的标准指定孔的形状和尺寸。创建标准孔的时候，在孔操控面板中选择标准孔工具，此时操控面板变成图 5-10。

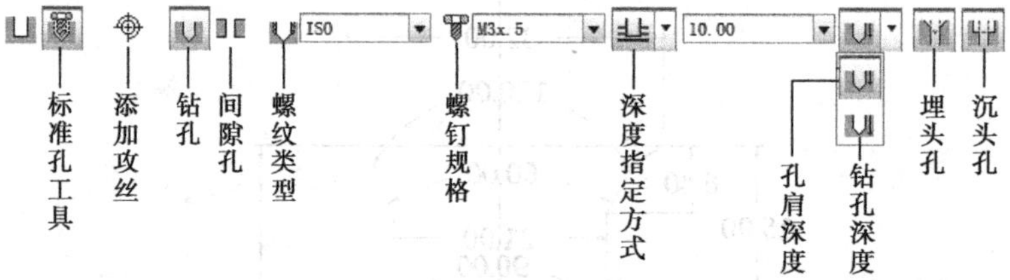

图 5-10 标准孔操控面板

螺纹类型：包括 ISO（公制螺纹）、UNC（英制粗螺纹）、UNF（英制细螺纹），默认使用 ISO 类型，其螺纹代号表示的是螺纹标称直径 x 螺纹间距，如 M3x.5 表示标称直径为 3，螺纹间距为 0.5。

下面以阀帽为例说明创建标准孔的步骤：

步骤 1：打开文件 5_1_3.prt，调入零件。

步骤 2：选择孔绘制工具，设置位置参照。选择孔工具栏下的【放置】，放置平面选择图 5-11 所示的曲面。当放置平面选择为旋转曲面的表面时，定位尺寸的类型自动设置为【径向】。

步骤 3：设置孔的位置。按照“径向”方式定位孔时，定位参照为角度及轴向位置。添加角度参照为 FRONT 平面，添加轴向位置参照为 RIGHT 平面，设置角度值和轴向距离值分别为 0、6.0，完成孔的定位，如图 5-12 所示。

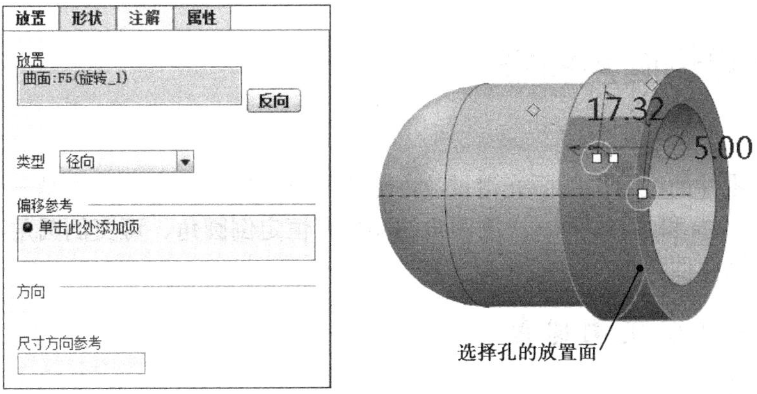

图 5-11　标准孔创建步骤 2

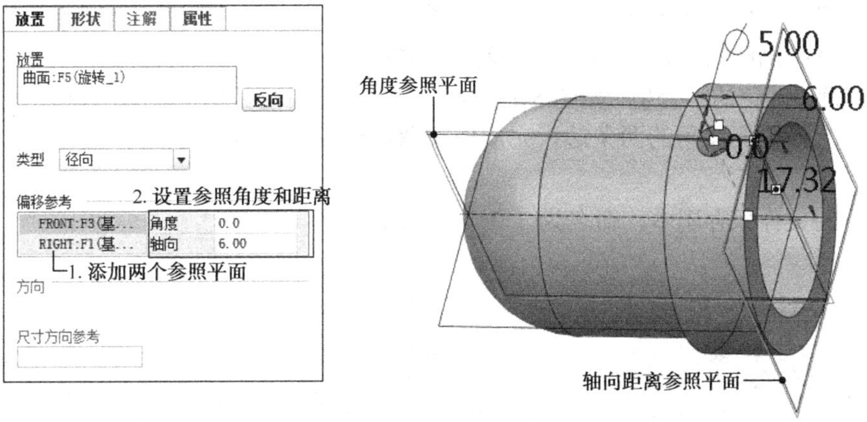

图 5-12　标准孔创建步骤 3

步骤 4： 设置孔的形状。如图 5-13，在孔操控面板中，选择创建标准孔工具，螺纹类型为默认的 ISO 类型，螺钉规格选择 M5x.8，深度设置为【钻孔至下一曲面】，单击完成孔的创建，结果如图 5-14 所示。

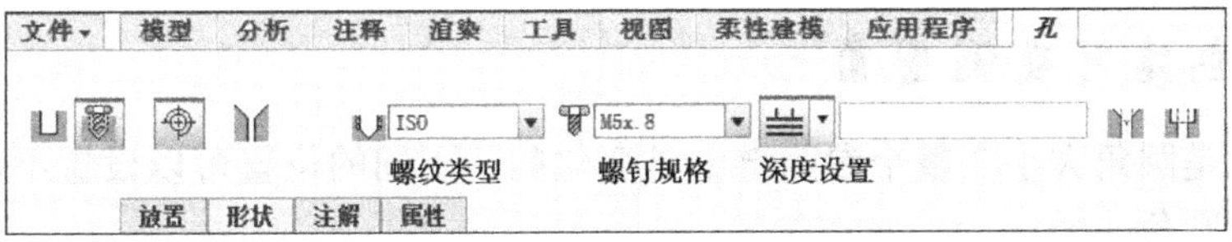

图 5-13　标准孔创建步骤 4

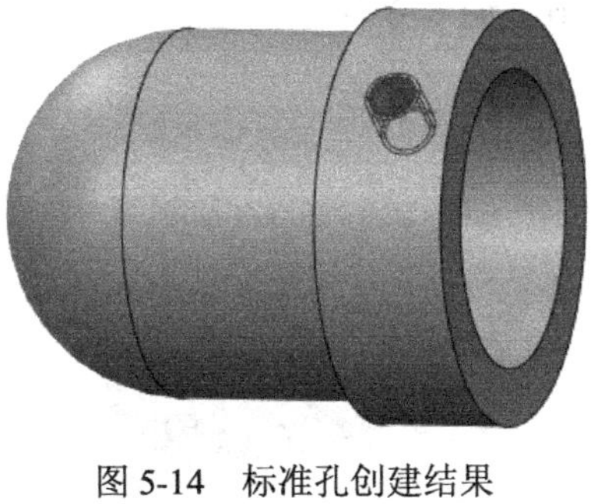

图 5-14　标准孔创建结果

步骤 5： 将文件保存副本，命名为 5_1_3_done.prt。

5.2 创建倒圆角特征

倒圆角是将零件的边用圆弧面光滑过渡，倒圆角的工具为 倒圆角，这是一个含有下拉选项的工具，包括 倒圆角 和 自动倒圆角。倒圆角的类型有恒定倒圆角、可变倒圆角、完全倒圆角和通过曲线创建倒圆角四种。

5.2.1 创建恒定倒圆角

恒定倒圆角是用半径相等的圆弧面来过渡两个面。

下面以订书机的上端盖为例说明倒圆角的操作步骤：

步骤 1： 打开文件 5_2_1.prt，调入零件模型。

步骤 2： 选择倒圆角工具 倒圆角，进入倒圆角模式。

步骤 3： 设置圆角的半径值，如图 5-15（b）所示，在圆角工具栏中输入圆角的半径为 20.00。

步骤 4： 选择待倒圆角的两条边，完成倒圆角操作后，单击确定 ，获得 5-15（c）所示的模型。

步骤 5： 将文件保存副本，命名为 5_2_1_done.prt。

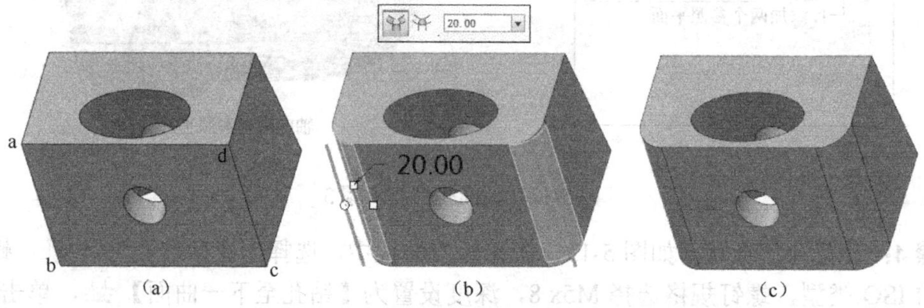

图 5-15 恒定倒圆角操作步骤

5.2.2 创建可变倒圆角

可变圆角就是圆角大小在整个参照链中是变化的，不同的位置可以设置不同的圆角尺寸，形成变化的过渡圆角曲面。

下面举例说明可变倒圆角的操作步骤。

步骤 1： 打开文件：5_2_2.prt，调入零件。

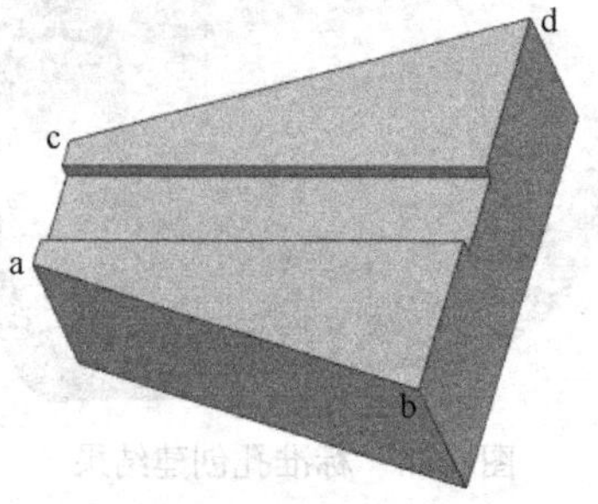

图 5-16 可变倒圆角模型

要对模型中的 ab、cd 边进行可变倒圆角操作。

步骤 2： 选择倒圆角工具 倒圆角，进入倒圆角模式，设置圆角的半径值为 10.00。

步骤 3： 首先对 ab 边进行倒圆角，如图 5-17（a）所示。在绘图区，长按鼠标右键，出现选项框，选择【成为变量】选项。尺寸成为变量后即可以设置变化的半径值，如图 5-17（b）所示，模型的首尾两个端点 a 和 b 都显示了半径值，可以通过修改半径值设置不同的尺寸。

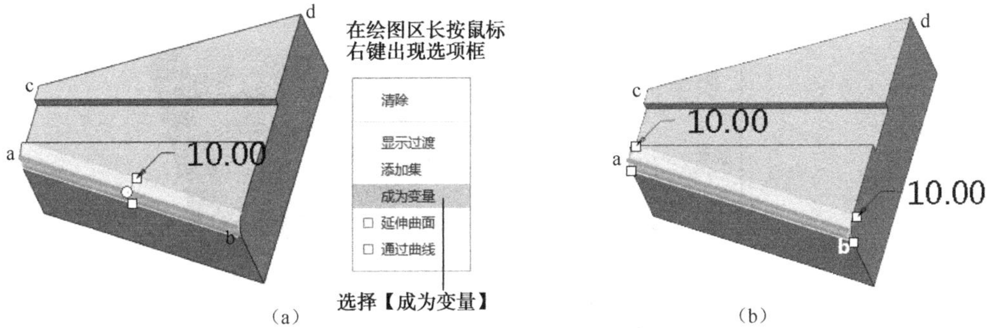

（a）　（b）

图 5-17　可变倒圆角步骤 3

步骤 4： 修改尺寸值。可以通过双击模型中的尺寸修改尺寸值，如图 5-18 所示，将 b 点的尺寸值修改为 30.00。

步骤 5： 修改多个尺寸值。在倒圆角操控面板下选择【集】选项，找到圆角值列表，在列表框内右击，选择【添加半径】选项，此时在边上新增加了一个圆角。圆角的位置可以用比率和参照来设置。修改新增圆角的位置比率为 0.50，为边的中点 e 点，然后设置三个变量的半径值分别为 10.00、16.00、30.00，得到如图 5-19 所示的模型。

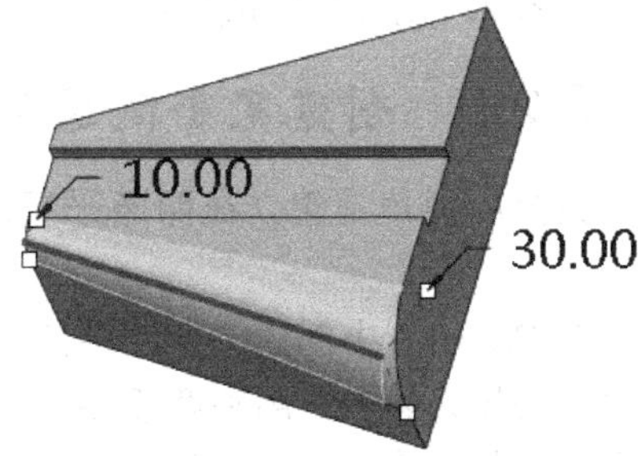

图 5-18　可变倒圆角步骤 4

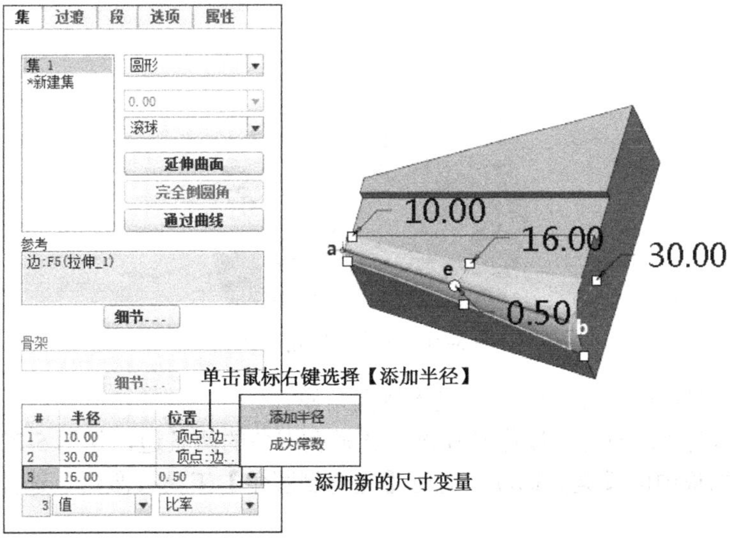

图 5-19　可变倒圆角步骤 5

步骤 6：完成 ab 边的可变圆角操作后，要对 cd 边同样进行可变圆角操作，如图 5-20 所示。在【集】下单击【新建集】，创建【集 2】，然后对 cd 边进行同样的可变圆角操作。

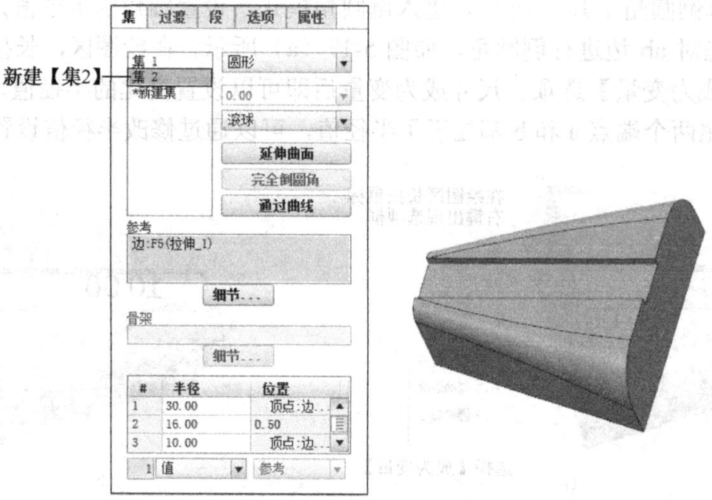

图 5-20　可变倒圆角步骤 6

步骤 7：倒圆角完成后单击 ✓，将文件保存副本，命名为 5_2_4_done.prt。

5.2.3 创建完全倒圆角

完全倒圆角是建立在两条平行的参考边之间的，用一个相切圆弧面来代替已有的几何形状。

在 Creo 2.0 中创建完全倒圆角，是使用边对边的完全倒圆角，这种圆角方式使用同一面上的对边来作为参考，用和两段参考直线相邻的三个面，形成相切的圆弧面，来代替两条边之间的平面，从而构成新的几何。

边对边的完全倒圆角操作步骤如下：

步骤 1：打开文件 5_2_3.prt，调入零件。要对如图 5-21 所示模型中的 ab、cd 边完全倒圆角。

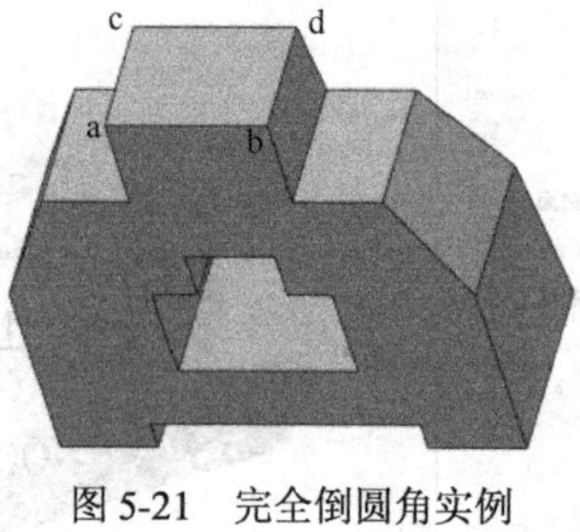

图 5-21　完全倒圆角实例

步骤 2：选择倒圆角工具 倒圆角，进入倒圆角模式。

步骤 3：选择倒圆角的边。按住 Ctrl 键，选择倒圆角的两条边，如图 5-22 所示。完成后，打开倒圆角操控面板中的【集】选项，此时【完全倒圆角】工具被激活，选择【完全倒圆角】，完成操作。

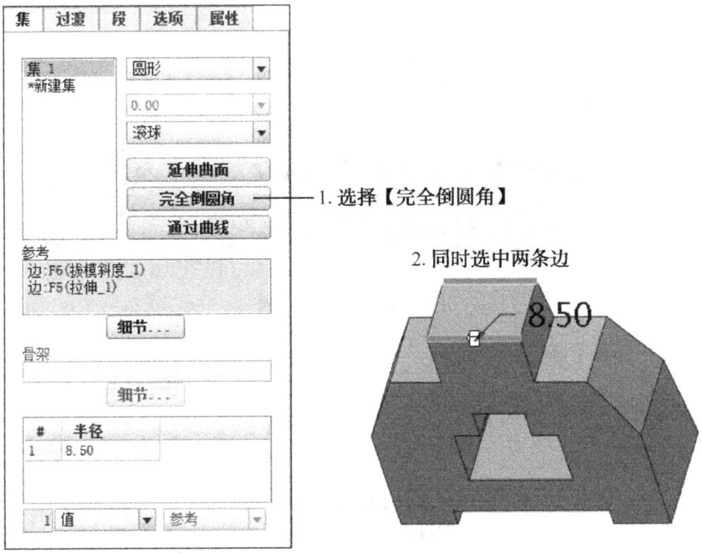

图 5-22　完全倒圆角操作

步骤 4： 倒圆角得到的模型如图 5-23 所示。单击 ✓ 退出倒圆角操作。将文件保存副本，命名为 5_2_3_done.prt。

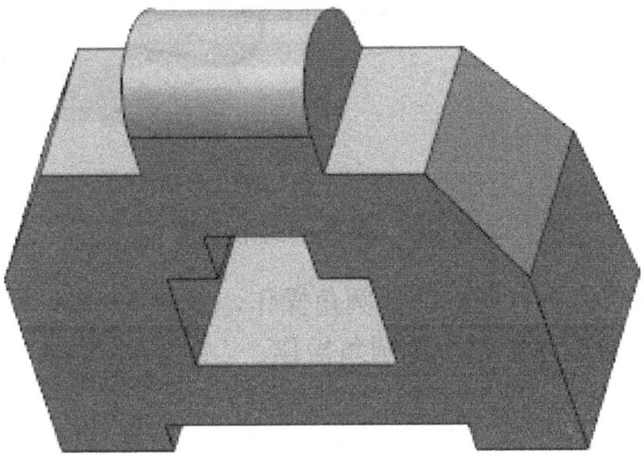

图 5-23　完全倒圆角结果

完全倒圆角时要注意，只有当两条边是凸边并且有足够的尺寸用于倒圆角时，才能进行完全倒圆角操作。

5.2.4　通过曲线创建倒圆角

通过曲线创建倒圆角，是通过曲线形状控制圆角的大小，得到的是连续变化的圆角，在实际建模中是一个非常有用的造型方法。

下面以手柄实例说明通过曲线创建倒圆角的操作步骤。

步骤 1： 打开文件 5_2_4.prt，调入零件，如图 5-23 所示。

步骤 2： 选择倒圆角工具 倒圆角，进入倒圆角模式。

步骤 3： 点开倒圆角操控面板中的【集】选项，设置【集 1】，如图 5-25 所示。首先选择要倒圆角的边 ab，然后在操控面板下的【集】选项中选择【通过曲线】，最后选择模型中的 cd 曲线作为驱动曲线，就生成了曲线圆角。

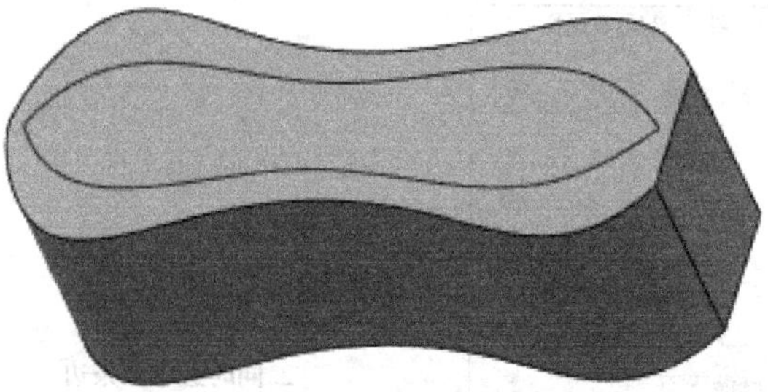

图 5-24　手柄实例

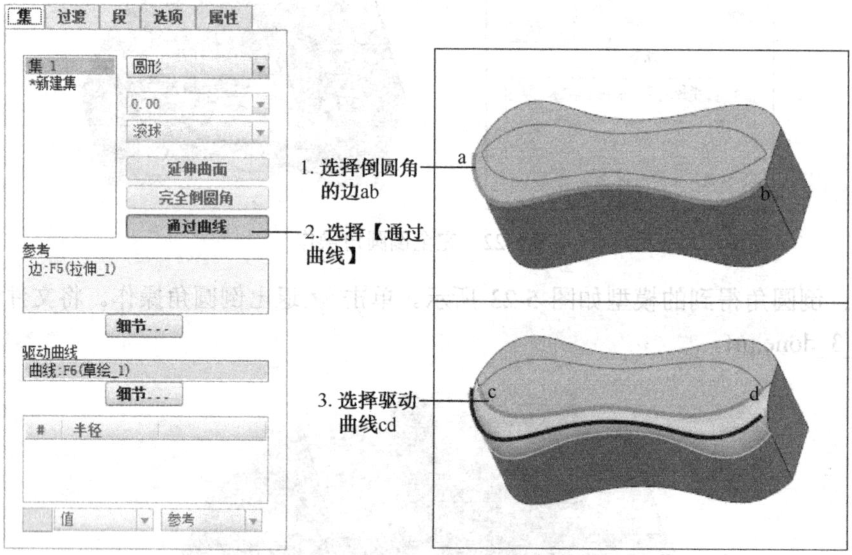

图 5-25　曲线倒圆角步骤 3

步骤 4：对另外三条侧边进行同样的倒圆角操作，获得图 5-26 所示的结果。要注意的是，驱动的曲线与倒圆角的边对应才能进行倒圆角操作。

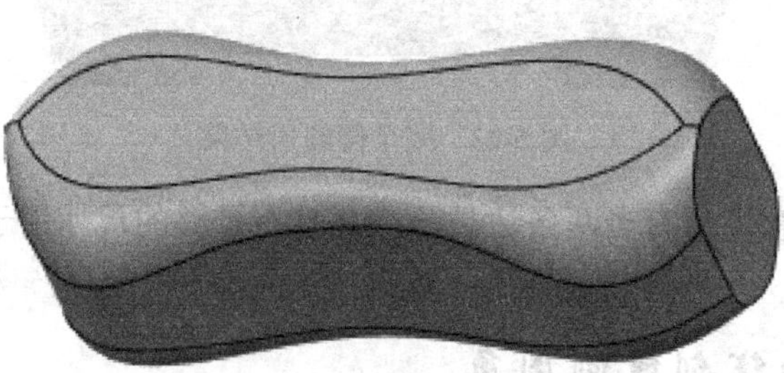

图 5-26　曲线倒圆角结果

步骤 5：完成倒圆角后，单击✓，将文件保存副本，命名为 5_2_4_done.prt。

恒定倒圆角和曲线倒圆角的比较：

对于圆角部分变化比较大的模型，采用恒定圆角获得的圆角几何变化不自然，而使用曲线倒圆角，能够使圆角的变化连续且流畅。如图 5-27 所示是分别采用恒定倒圆角和曲线倒圆角创建的手柄，可以看出图（a）比图（b）更自然有质感，当然还是要根据需要的效果来选择不同的倒圆角方式。

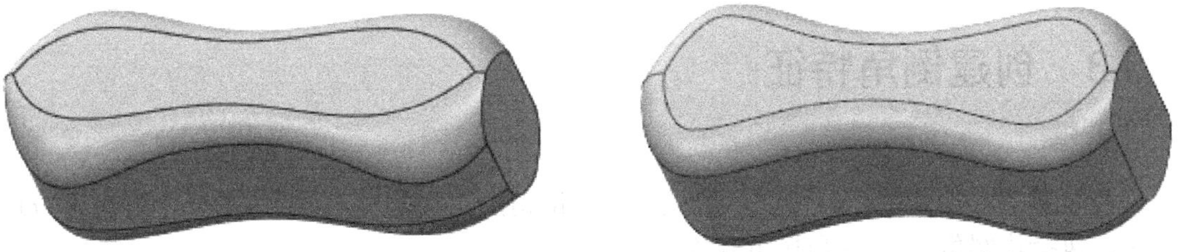

（a）曲线倒圆角　　　　（b）恒定倒圆角

图 5-27　两种倒圆角的结果比较

5.2.5　自动倒圆角

自动倒圆角是系统自动将零件的边用圆弧面光滑过渡，零件的边包括凸边和凹边，可以选择要对哪种类型的边进行自动倒圆角操作。自动倒圆角的工具为自动倒圆角。

下面以实例说明自动倒圆角的操作步骤。

步骤 1： 打开文件 5_2_5.prt，调入零件。

步骤 2： 选择自动倒圆角的工具自动倒圆角，进入倒圆角模式。

步骤 3： 设置倒圆角的尺寸为 1.5，在倒圆角操控面板中选择【范围】，设置倒圆角的边为【凸边】和【凹边】，如图 5-28 所示。

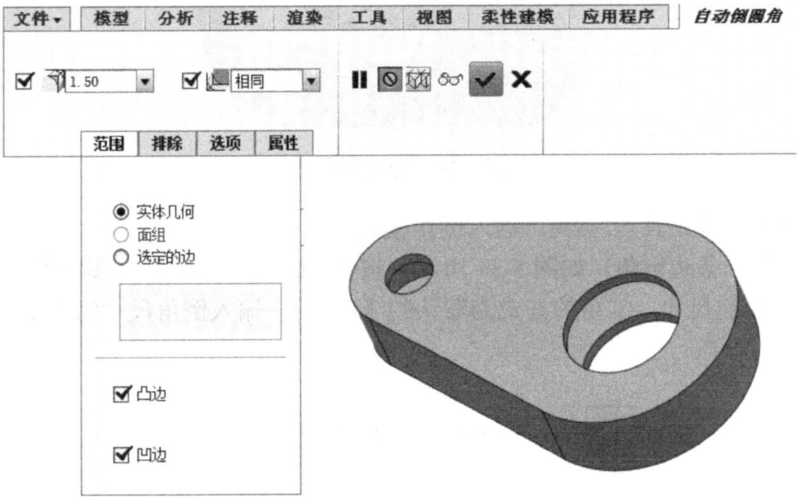

图 5-28　自动倒圆角操作

步骤 4： 单击，出现自动倒圆角的结果，如图 5-29 所示。将文件保存副本，命名为 5_2_5_done.prt。

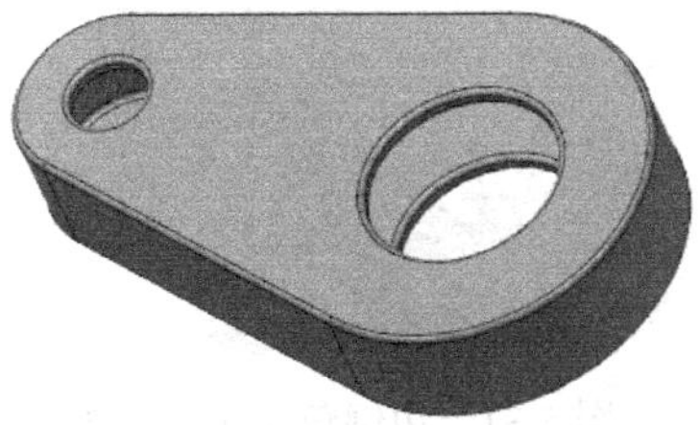

图 5-29　自动倒圆角的结果

5.3 创建倒角特征

倒角是对边或拐角进行斜切削，形成斜面。倒角的工具是倒角，这是一个含有下拉选项的工具，包括边倒角边倒角和拐角倒角拐角倒角两种。

5.3.1 创建边倒角

边倒角是对一条或几条边进行倒角操作，下面以图 5-30 所示的零件讲解倒角步骤。

步骤 1：打开文件 5_3_1.prt，调入零件。

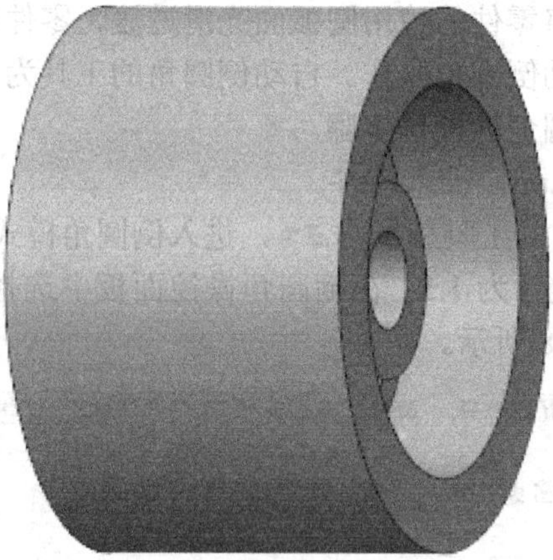

图 5-30　边倒角实例

步骤 2：选择边角工具边倒角，进入倒角模式。

步骤 3：对第一条边倒角。如图 5-31 所示，按住 Ctrl 键，同时选择图中所示的两条边，选择好后，设置倒角的尺寸。倒角的方式为默认的【DxD】，输入倒角尺寸为 10.00，完成倒角。单击退出倒角操作。

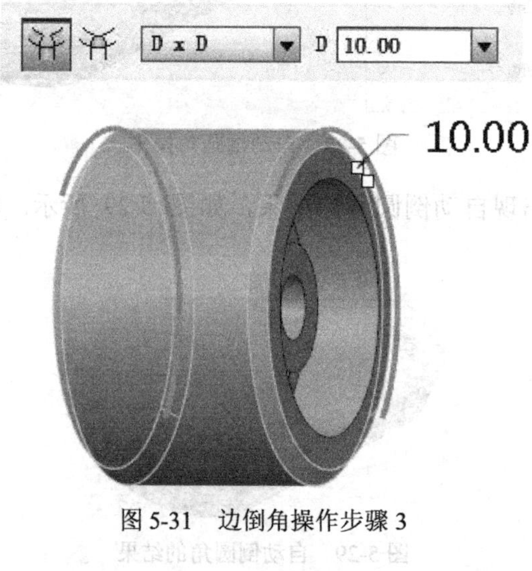

图 5-31　边倒角操作步骤 3

步骤 4： 将文件保存副本，命名为 5_3_1_done.prt。

倒角的标注方式有四种："45×D"、"D×D"、"D1×D2"　、"角度×D"，如图 5-32 所示，在进行边倒角时，要结合实际情况使用不同的边倒角方式。

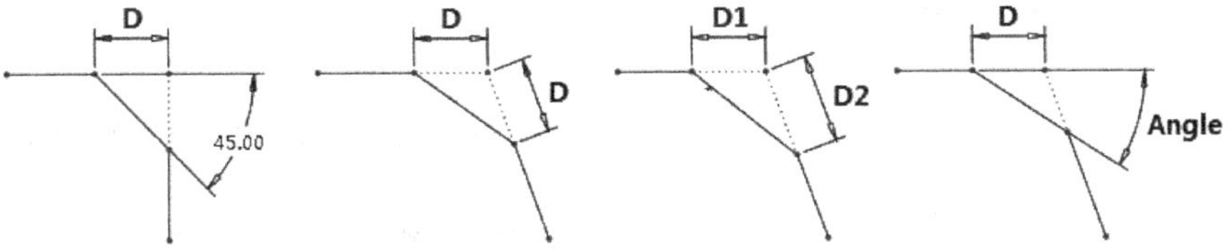

（1）45×D　（2）D×D　（3）D1×D2　（4）角度×D

图 5-32　边倒角方式

5.3.2　创建拐角倒角

拐角倒角是通过定义拐角倒角的边的参照及距离值来创建的。

拐角倒角：拐角倒角是从零件的拐角处移除材料，在零件中三线共有的点上创建拐角。一个拐角需要参照和指定其三条边的放置尺寸。

拐角倒角的操作步骤如下：

步骤 1： 打开文件 5_3_2.prt，调入零件。

步骤 2： 选择拐角倒角工具 拐角倒角，进入倒角模式。

步骤 3： 选择要倒角的顶点，如图 5-33 所示。设置各边的倒角尺寸分别为 D1：20.00，D2：30.00，D3：20.00，完成倒角操作后，单击 ✓ 退出倒角操作。

步骤 4： 将文件保存副本，命名为 5_3_2_done.prt。

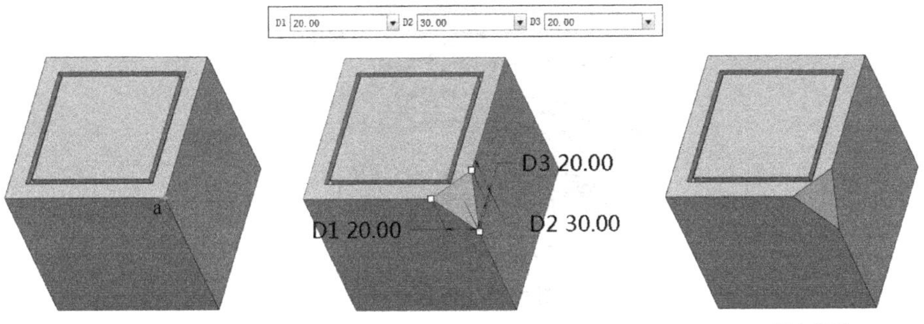

（1）选择倒角顶点　（2）设置倒角尺寸　（3）倒角结果

图 5-33　拐角倒角顶点选择

5.4　创建拔模特征

拔模是增加曲面的倾斜角度，便于零件从模具中顺利取出，通常拔模的角度介于−30°和+30°之间。拔模工具是含有下拉工具的工具选项，包括 拔模 和 可变拖拉方向拔模，可以创建基本拔模特征、分割拔模特征和可变拔模特征。

学习拔模操作之前，首先认识拔模操控面板，如图 5-34 所示。

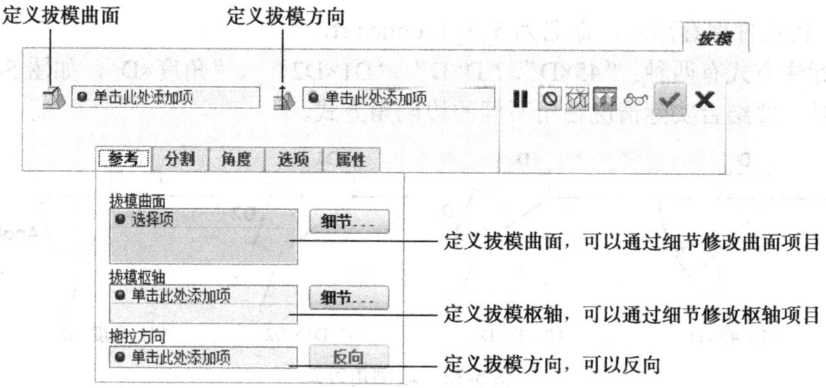

图 5-34　拔模操控面板

拔模的基本组成如图 5-35 所示。

拔模曲面：要拔模的模型曲面，可以为平面、圆柱面或相切的环形面组。

拔模枢纽：曲面围绕其旋转的拔模曲面上的线或曲线（也称作中立曲线），通过选取平面或者选取拔模曲面上的单个曲线链来定义拔模枢纽。

拔模方向：用于测量拔模角度的方向，通常为模具开模的方向。可通过选取平面、直边、基准轴或坐标系来定义它。要注意的是，当选取平面时，拔模方向为平面的法线方向。

拔模角度：拔模方向与生成的拔模曲面之间的角度，拔模的角度在-30 到+30 之间。

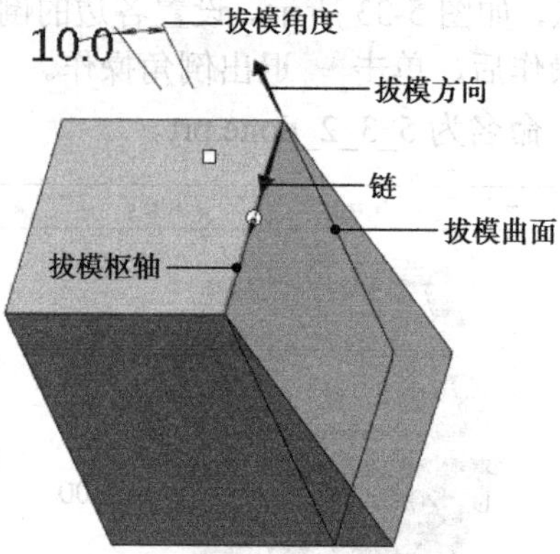

图 5-35　拔模示例

拔模特征包含三种类型：基本拔模、分割拔模和可变拔模。

5.4.1　创建基本拔模特征

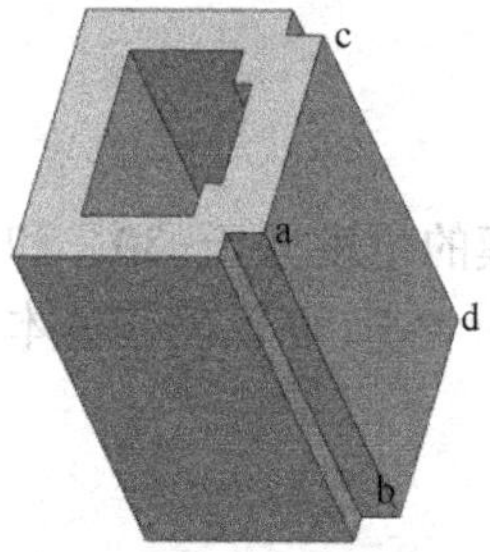

图 5-36　基本拔模实例

基本拔模曲面是整个曲面沿着该拔模枢轴旋转。拔模的操作步骤如下：

步骤 1：打开文件 5_4_1.prt，调入零件，如图 5-36 所示。要对平面 abcd 进行拔模操作。

步骤 2：进入拔模模式。选择拔模工具 拔模，进入拔模操作。

步骤 3：选择拔模曲面。首先在拔模操控面板中选择【参考】选项，单击拔模曲面，添加拔模的面，然后单击模型中的面，如图 5-37 所示，对该曲面进行拔模操作。

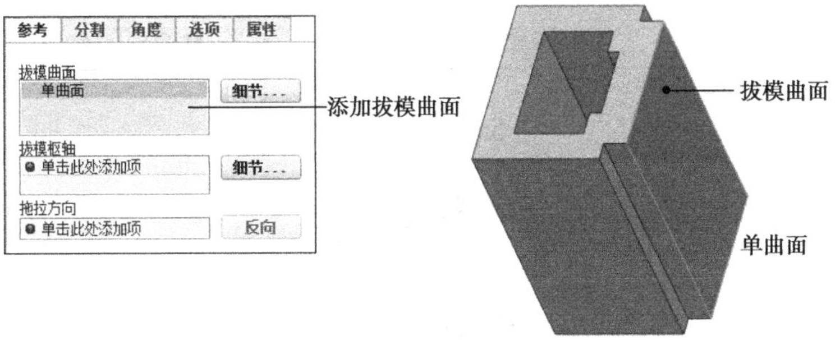

图 5-37　基本拔模操作步骤 3

步骤 4：选择拔模枢轴。单击【拔模枢轴】，添加拔模枢轴，选择模型的 ac 边作为拔模枢轴，如图 5-38 所示。

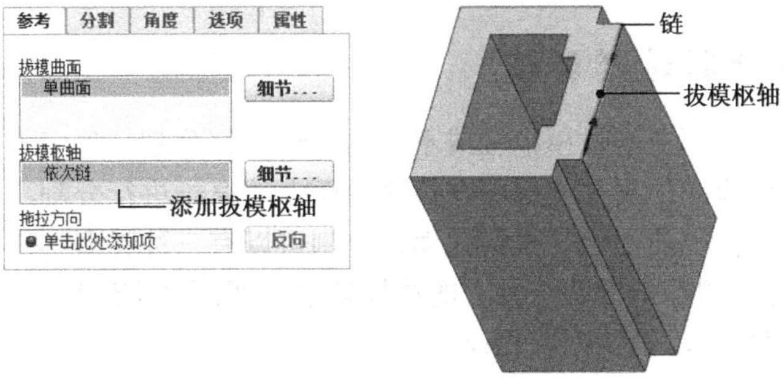

图 5-38　基本拔模操作步骤 4

步骤 5：选择拔模方向。单击【拖动方向】，添加选项，选择拔模的方向为图 5-39 所示的平面。拖动方向可以选择面或线作为参考，选择面作为参考的时候，拖动方向是面的法向面；选择线作为参考时，则拖动方向与线的方向一致。拖动方向用箭头来指示。

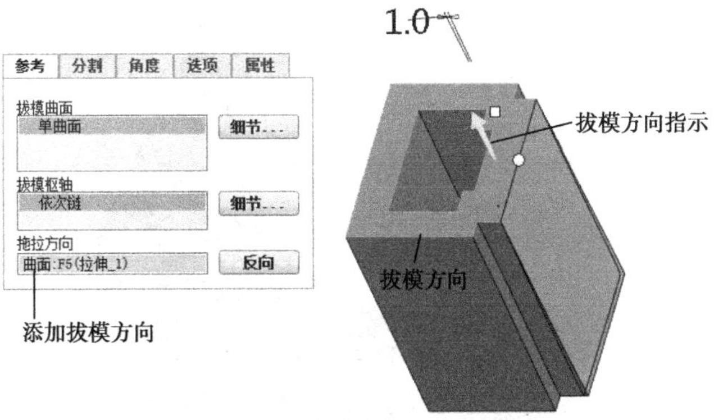

图 5-39　基本拔模操作步骤 5

步骤 6：设置拔模角度。在拔模操控面板中，设置拔模角度为 5.0。

步骤 7：完成拔模操作后，单击✔退出操作。将文件保存副本，命名为 5_4_1_done.prt。

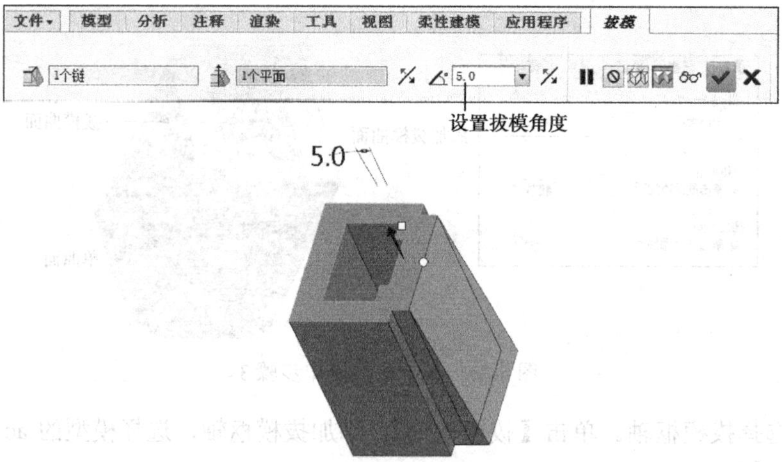

图 5-40 基本拔模操作步骤 6

5.4.2 创建分割拔模特征

当拔模的曲面沿着曲面上的拔模枢轴或不同的曲线进行分割，形成不同的拔模曲面时，这种拔模方式就是分割拔模。如果是使用不在拔模曲面上的草绘进行分割，系统会以垂直于草绘平面的方向将其投影到拔模曲面上。拔模曲面被分割可以有三种类型：

① 拔模曲面的每一侧都指定两个独立的拔模角度，即两侧都进行拔模。

② 指定一个拔模角度，第二侧以相反方向拔模。

③ 仅拔模曲面的一侧（可以是任意一侧），另一侧不拔模。

分割拔模有两种类型，辅助线分割拔模和辅助面分割拔模。

- 辅助线分割拔模

下面举例说明采用辅助线进行分割拔模的操作步骤：

步骤 1：打开文件 5_4_2a.prt，调入零件，如图 5-41 所示。

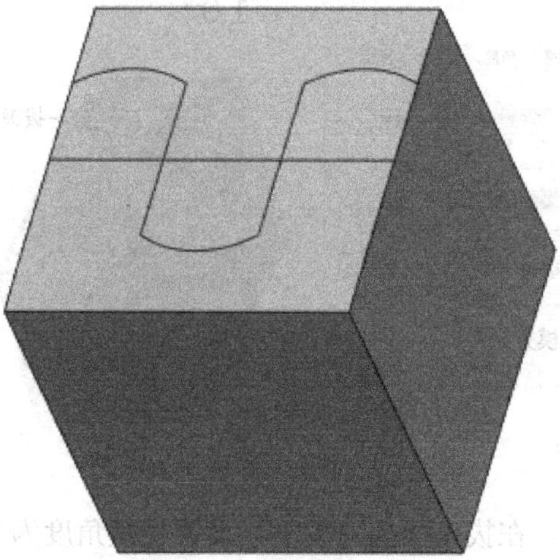

图 5-41 分割拔模实例

步骤 2：进入拔模模式。选择拔模工具 拔模。设置拔模参考，如图 5-42 所示。

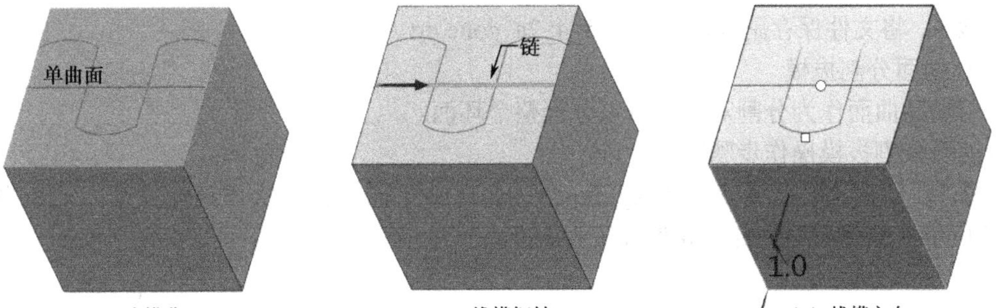

（1）拔模曲面　（2）拔模枢轴　（3）拔模方向

图 5-42 设置拔模参照

步骤 3： 拔模曲面分割。选择拔模工具栏中的【分割】项，在分割下拉选项中选择【根据分割对象分割】，然后选择“草绘 1”作为分割对象，侧选项采用默认的【独立拔模侧面】，如图 5-43 所示。

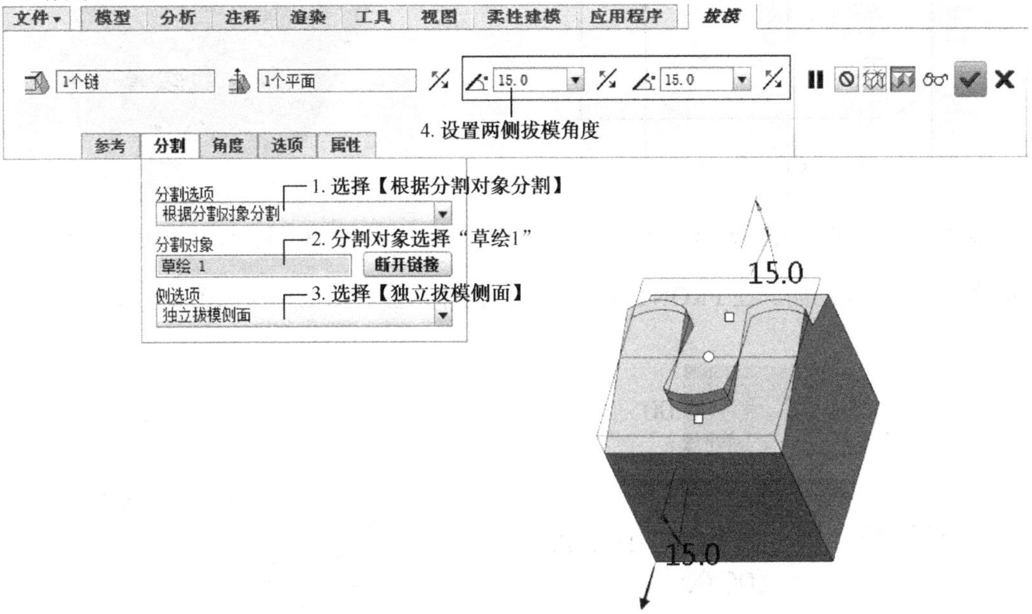

图 5-43 分割拔模操作步骤 3

步骤 4： 设置拔模角度。设置分割线两侧的拔模角度都为 10。完成操作后，单击✔，完成拔模操作，得到图 5-44 所示的模型。

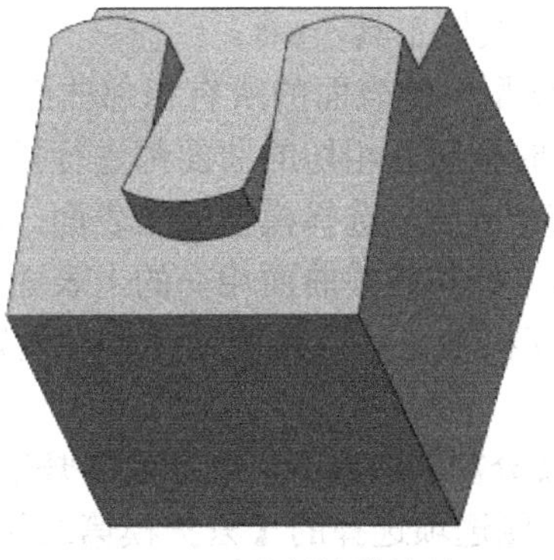

图 5-44 分割拔模结果

步骤 5：将文件保存副本，命名为 5_4_2a_done.prt。

● 辅助面分割拔模

采用辅助曲面作为分割对象，可以分割整个环面。

辅助面分割拔模操作步骤如下。

步骤 1：新建文件，命名为 5_4_2b.prt。在 TOP 平面上创建实体拉伸特征，二维草图如图 5-45 所示。选择单侧拉伸，拉伸深度为 200。

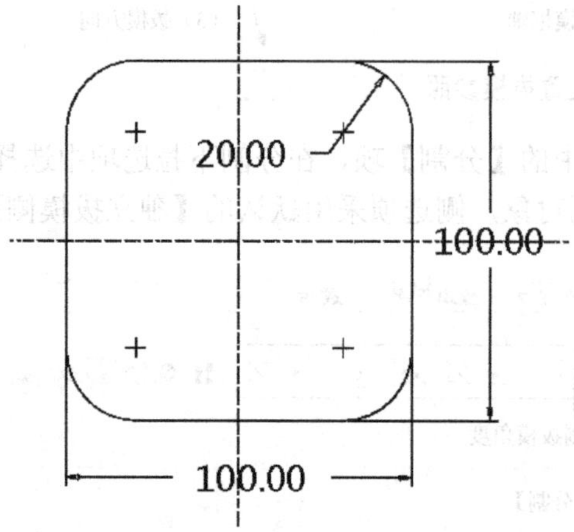

图 5-45 辅助面分割拔模实例二维草图

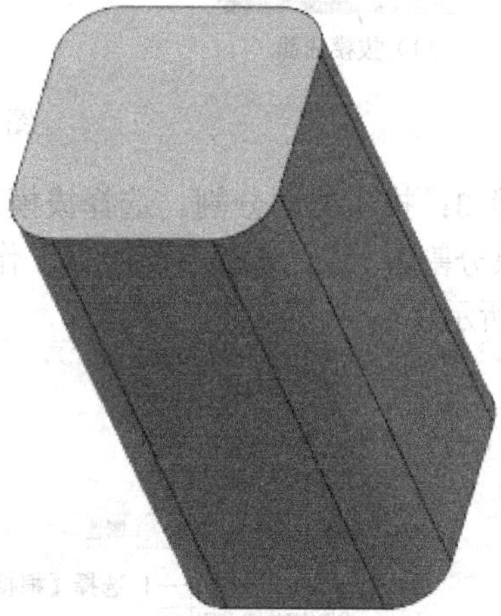

图 5-46 辅助面分割拔模模型

步骤 2：创建辅助面。在 FRONT 平面上平面拉伸特征，二维草图如图 5-47 所示。

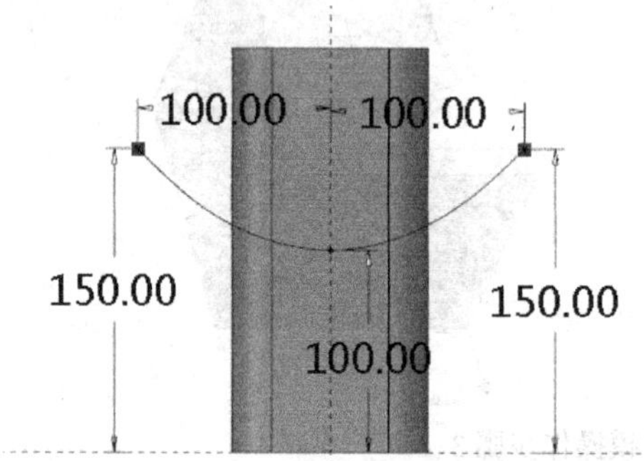

图 5-47 分割拔模辅助面二维草图

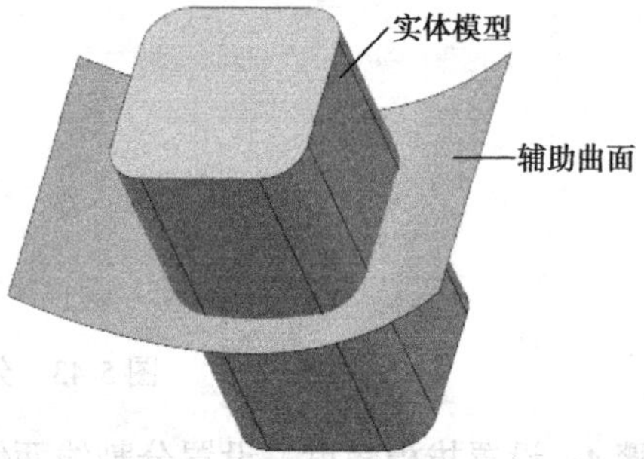

图 5-48 辅助面分割拔模实例

步骤 3：进入拔模模式。选择拔模工具 拔模 。

① 选择拔模曲面：因为在模型中侧表面的所有相邻曲面是相切的，所以只用选择其中一个面作为拔模曲面，即可在拔模时把所有相切的曲面都进行拔模操作，如图 5-49 所示。

② 选择拔模枢轴：如图 5-50 所示，选择模型的上表面。因为拔模的曲面是一个曲面环，所以拔模枢轴必须是曲线链，当选择与拔模曲面相交的上表面时，它们的交线就是拔模枢轴。

③ 拔模方向：当选择了拔模枢轴之后，系统已经自动设置了拔模方向为垂直向上，即拔模枢轴面作为拔模方向。

步骤 4：拔模曲面分割。在【分割】选项下，选择【根据分割对象分割】，然后选择“曲面”作为分割对象，如图 5-51 所示。侧选项选择的【只拔模第二侧】，即只拔模分割曲面的下侧。

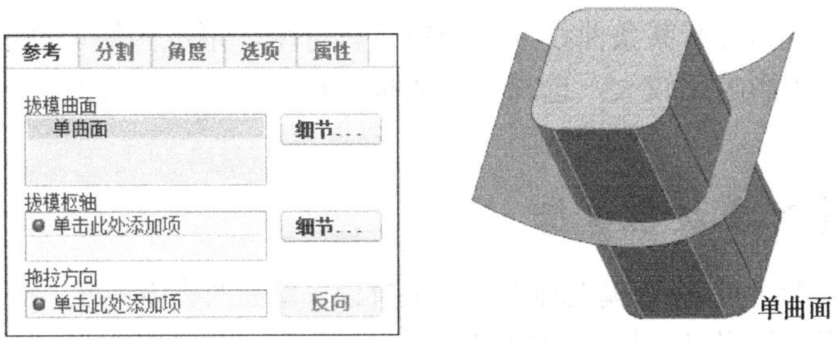

图 5-49　设置拔模曲面

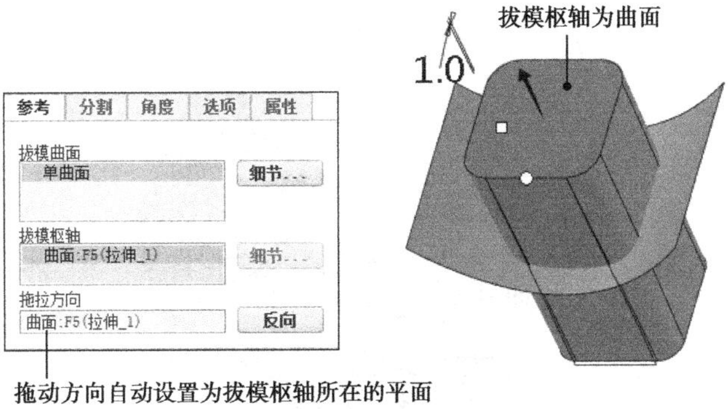

图 5-50　设置拔模数轴和拔模方向

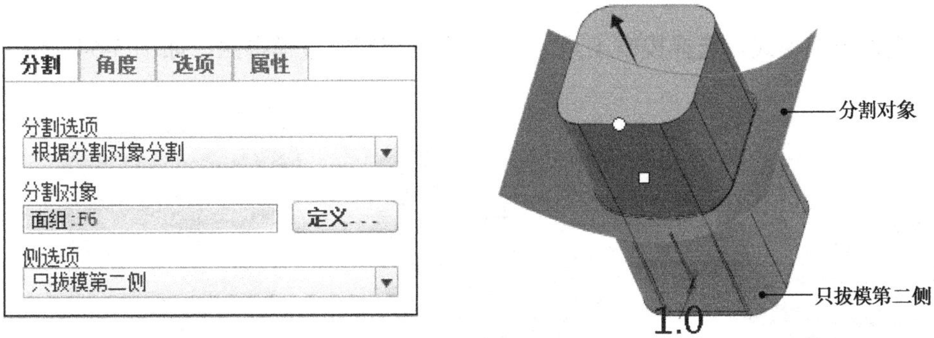

图 5-51　设置分割对象

步骤 5： 设置拔模角度。设置拔模角度都为 10.0。

步骤 6： 完成操作后，单击 ✓，退出拔模操作，得到图 5-52 所示的模型，保存文件。

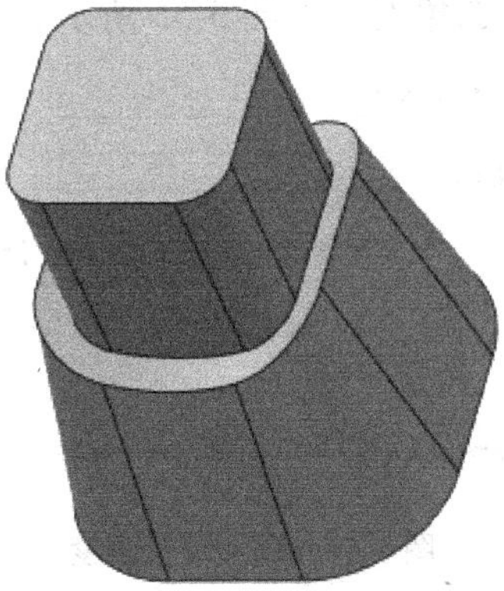

图 5-52　辅助面分割拔模实例结果

分割拔模可以把模型沿着某条曲线或曲线链进行分割，形成两侧单独的拔模角度。拔模枢轴的选择对拔模结果的影响比较大，选择不同的拔模枢轴作为中性轴会得到不同的结果，要根据需要选择拔模枢轴。

5.4.3 创建可变拔模特征

可变拔模特征，就是可以在拔模枢轴不同的位置设置单独的拔模角度，形成可变的拔模特征。下面以零件为例子说明可变拔模的操作步骤。

步骤 1：打开文件 5_4_3.prt，调入零件，如图 5-53 所示。

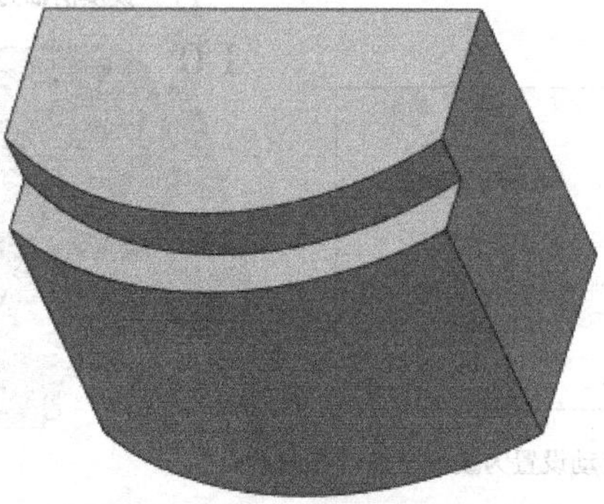

图 5-53 可变拔模实例

步骤 2：进入拔模模式。选择拔模工具 拔模。设置相应的拔模参照，如图 5-54 所示。

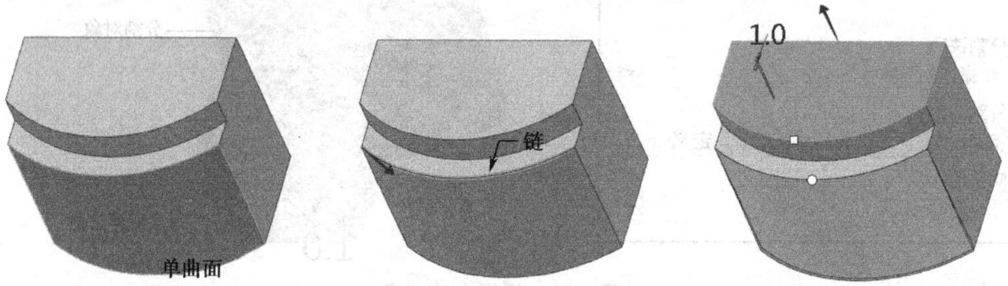

（1）拔模曲面 （2）拔模枢轴 （3）拔模方向

图 5-54 可变拔模参照设置

步骤 3：可变拔模设置。选择拔模工具栏下的【角度】项，看到【角度 1】选项里有 1 号角度值，在【角度 1】框中右击添加角度，如图 5-55 所示。

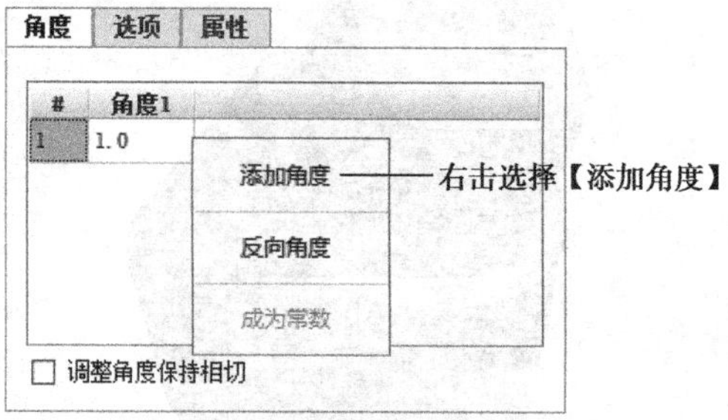

图 5-55 添加拔模角度

添加角度。添加四个角度，一共得到五个角度。设置各角度的位置（在线中的比率）分别为：0.10、0.30、0.50、0.70、0.90，然后设置 0.30、0.70 处的角度值为 8.0，其他角度值为 1.0，如图 5-56 所示。

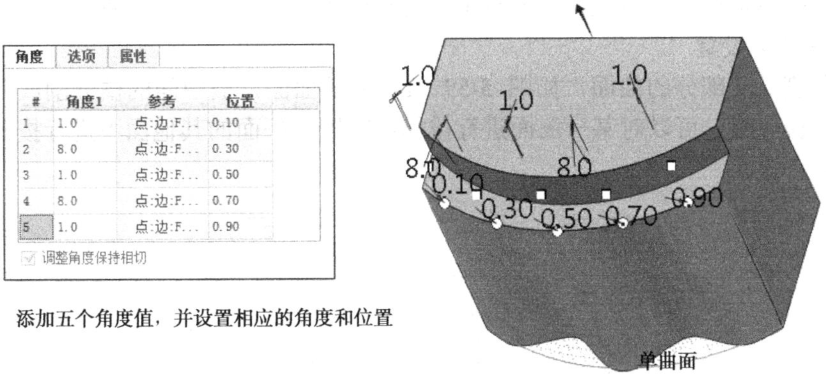

图 5-56　设置角度值和位置

设置角度方向。获得的模型是拔模角度都朝曲面外的，要将 0.30、0.70 处的角度反向。首先用鼠标左键选择角度 2，然后右击，出现选项框，选择【反向角度】，同样，将角度 4 也进行方向角度操作。

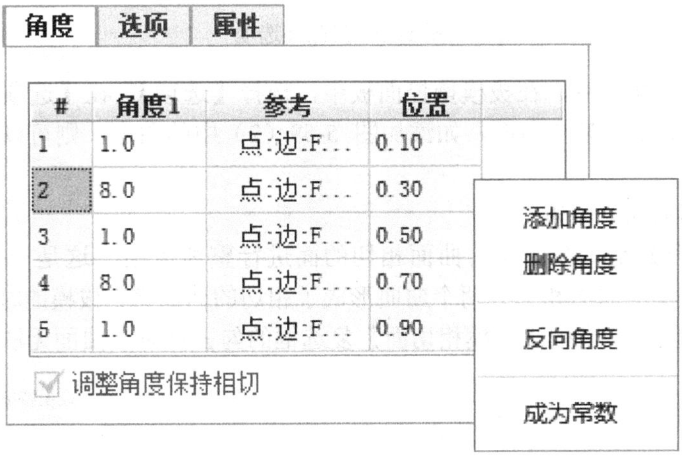

图 5-57　角度设置

步骤 4：完成操作后，单击，退出拔模操作，得到图 5-58 所示的模型。

步骤 5：将文件保存副本，命名为 5_4_3_done.prt。

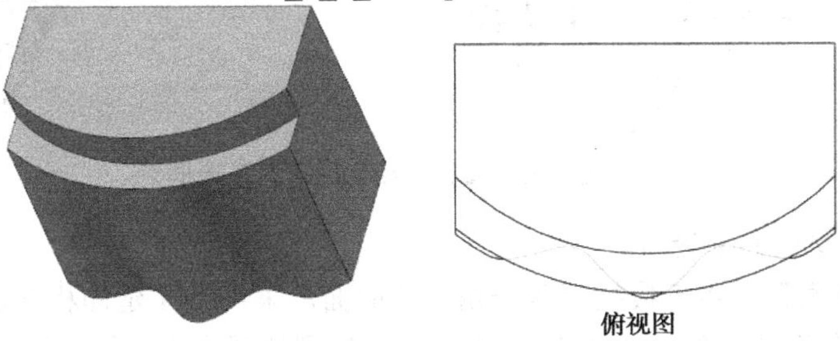

图 5-58　可变拔模结果

5.4.4 拔模特征的其他操作

除了各种拔模特征外，拔模操控面板中还有一些需要注意的拔模设置。

● 【排除环】设置

对于被分割成几部分的曲面，如图 5-59（1）中的曲面，被中间的槽分割成为两部分，此时在进行拔模操作时，可以对某一曲面进行拔模而对同一平面的其他面不进行拔模操作，这就是【排除环】设置。

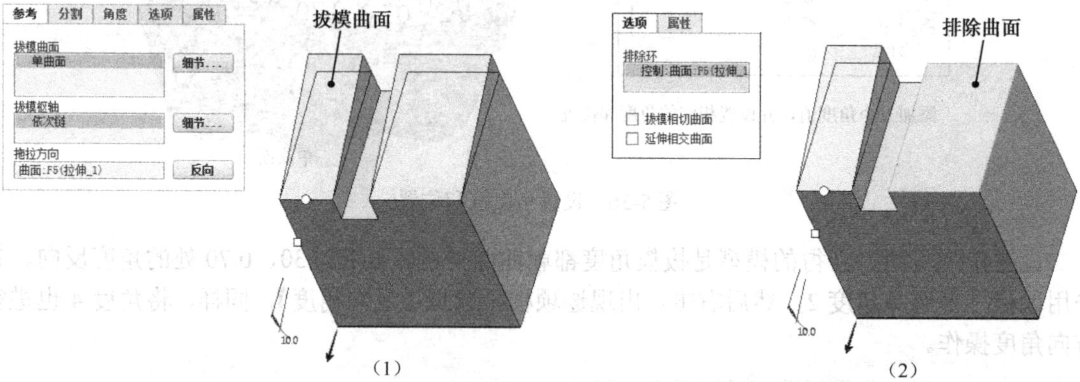

图 5-59 排除环选项

在设置了拔模曲面之后，在拔模操控面板中，选择【选项】，在【选项】下的【排除环】中添加要排除的已选中的某个曲面，如添加图 5-59（2）中的曲面，则可以实现对某一部分不进行拔模操作。

● 【拔模相切曲面】设置

【拔模相切曲面】是对曲面及与曲面相切的面进行整体拔模。这是一个默认的选项，如图 5-54 所示，要拔模的曲面和另外两个曲面形成了相切的曲面链，拔模的时候，会自动将相切的曲面进行拔模，但是，当把【拔模相切面】复选框的勾去掉时，曲面无法进行拔模。

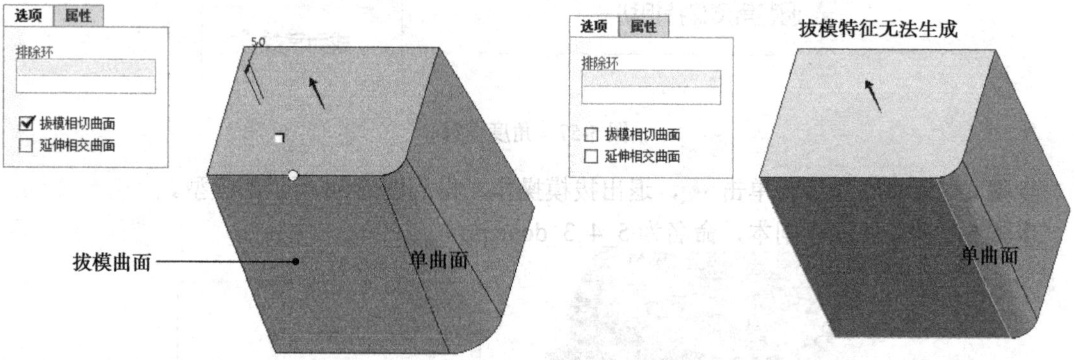

图 5-60 【拔模相切曲面】复选框

● 【延伸相交曲面】设置

【延伸相交曲面】适用于拔模后两个相交的曲面。采用了【延伸相交曲面】，拔模的曲面和相邻的曲面会延伸至相交线处。如图 5-61 所示，模型的两个上表面是不平齐的，拔模过程中，不采用【延伸相交曲面】时，形成 5-61（1）图的模型，而采用了【延伸相交曲面】后，形成图 5-61（2）所示的模型，此时两个面会延伸至相交线 a′b′处。

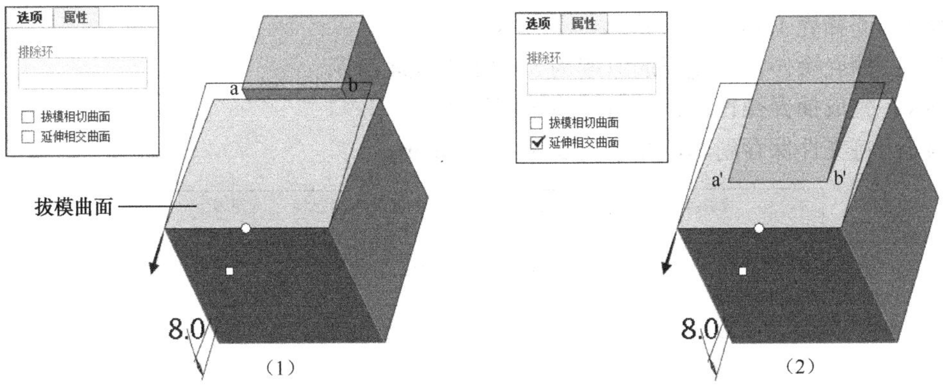

图 5-61　【延伸相交曲面】设置

5.5　创建壳特征

壳特征是将实体内部掏空，形成壳。壳工具为 回 壳，壳操控面板如图 5-62 所示。在操控面板中，可以进行移除曲面、设置非默认厚度、排除曲面等操作。

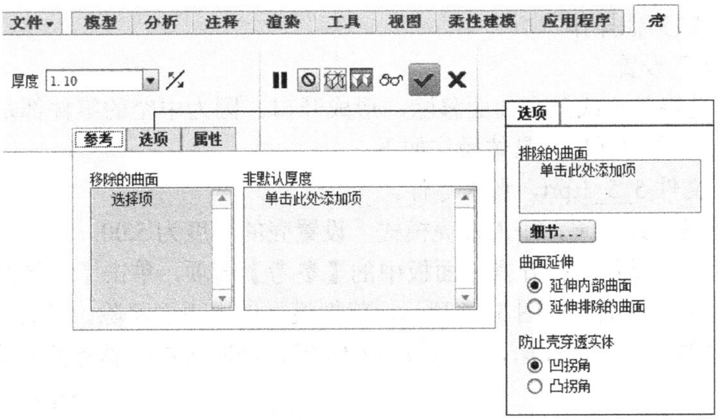

图 5-62　壳操控面板

下面以图 5-63 的容器为例说明创建壳特征的操作步骤。

步骤 1：打开文件 5_5_1.prt，调入零件。

图 5-63　抽壳实例

步骤 2：选择壳工具 回壳，进入抽壳模式。

步骤 3：抽壳操作，设置壳的厚度为 5，如图 5-64 所示。

步骤 4：完成抽壳操作后，单击 ✔ 退出壳操作。

步骤 5：将文件保存副本，命名为 5_5_1_done.prt。

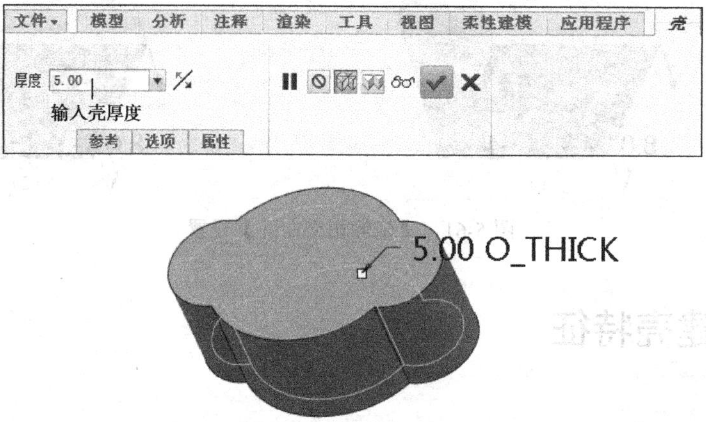

图 5-64 抽壳操作

完成壳操作后，模型的外观没有变化，但是内部是空的。

接下来看抽壳的其他操作。

● 【移除曲面】设置

【移除曲面】是将某个或几个曲面移除，形成开口。因为中空的零件都是有开口的，采用移除某些曲面创建模型的开口。具体操作如下：

步骤 1：打开文件 5_5_1.prt，调入零件。

步骤 2：选择壳工具 回壳，进入抽壳模式，设置壳的厚度为 5.00。

步骤 3：移除曲面操作。打开操控面板中的【参考】选项，单击【移除的曲面】下的框添加选项，选择模型的上表面，如图 5-65 所示，就把模型的上表面移除，形成开口，得到图 5-66 所示的模型。如果要移除多个曲面，可以按住 Ctrl 键，同时选中要移除的面即可。

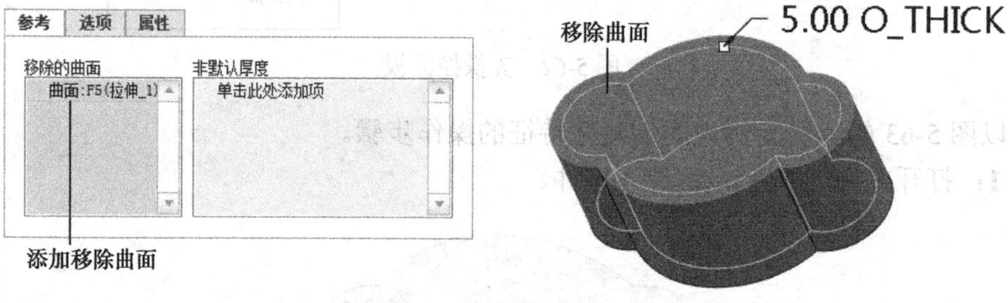

图 5-65 移除曲面操作

● 【非默认厚度】设置

非默认厚度是指当零件的某些壁厚不一致时，可以在抽壳过程中设置不同的厚度。

要设置不同的壁厚，在【非默认厚度】下添加项，如图 5-67 所示，选择模型的前表面并设置为非默认厚度，然后在【非默认厚度】选项下，设置厚度值为 10.00，完成操作，获得如图 5-68 所示的模型。

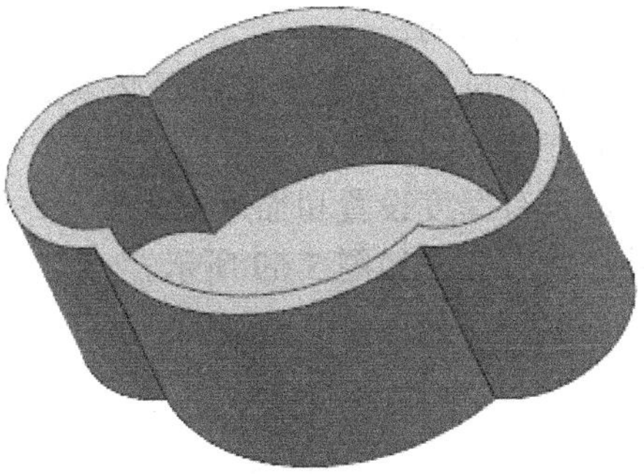

图 5-66　移除曲面结果

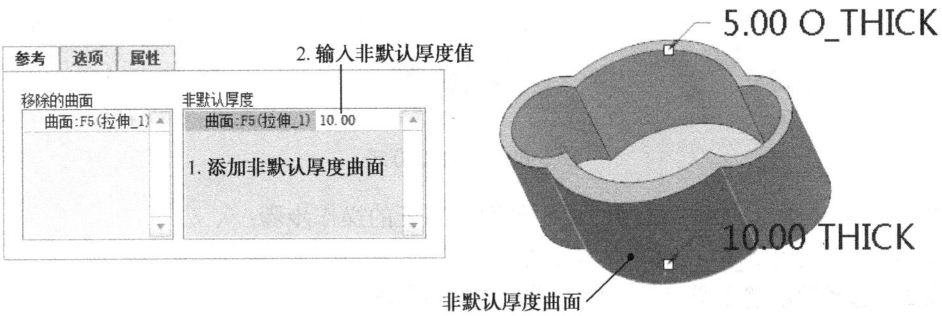

图 5-67　非默认厚度操作

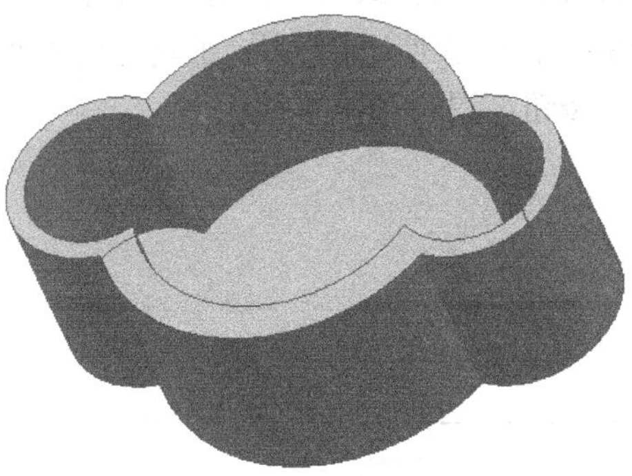

图 5-68　非默认厚度结果

在创建壳特征的过程中，要注意壳与其他工程特征的排序，因为在创建“壳”特征之前添加到实体的所有特征都将被掏空，所以在建模前要确定好建模的顺序。

5.6　创建筋特征

"筋"特征是设计中连接到实体曲面的薄翼或腹板伸出项。筋通常用来加固设计中的零件，也常用来防止出现不需要的折弯。利用“筋”工具可快速开发简单的或复杂的筋特征。筋包括轮廓筋和轨迹筋，筋的操作工具为 轮廓筋 和 轨迹筋，根据实际情况使用筋特征。

5.6.1　创建轮廓筋特征

轮廓筋特征包括直的筋板和旋转的筋板，是以筋板连接的曲面来区分的，直的筋板是连接到直曲面的，旋转的筋板是连接到曲面的。

在创建筋板时，与创建零件图不同的是，绘制的图形必须是单一的开放环，且连续非相交，草绘端点必须与形成封闭区域的连接曲面对齐。

筋特征的操控面板很简单，只有厚度设置和加厚方式设置，筋板材料的加厚方式有左侧加厚，两侧加厚和右侧加厚三种加厚方式，如图 5-69 所示。

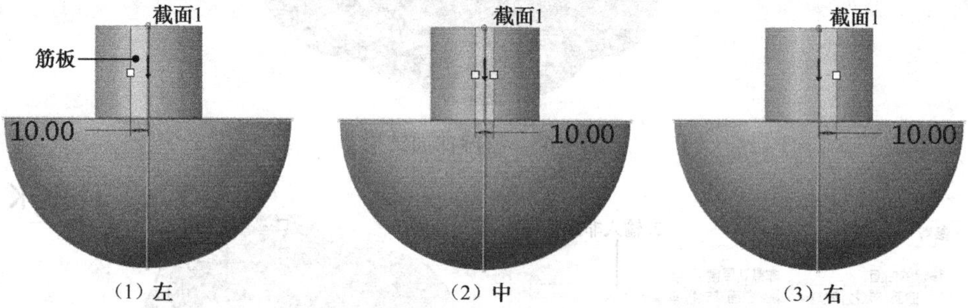

图 5-69　筋加厚方式

下面以图 5-70 所示的连接器为例说明创建筋特征的操作步骤：

步骤 1： 打开文件 5_6_1.prt，调入零件。

步骤 2： 选择轮廓筋工具 轮廓筋，进入轮廓筋模式。

步骤 3： 打开筋操控面板的【放置】项，选择 RIGHT 平面作为草绘平面。

步骤 4： 绘制筋的轮廓线。进入草绘模式后，单击 按钮让草绘平面与屏幕平行。绘制如图 5-71 所示的二维截面，绘制时，注意使用 投影 工具将模型两侧的内轮廓线作为参照线。轨迹线绘制完成后单击确定 ✔ 按钮，退出二维草绘。

图 5-70　轮廓筋实例

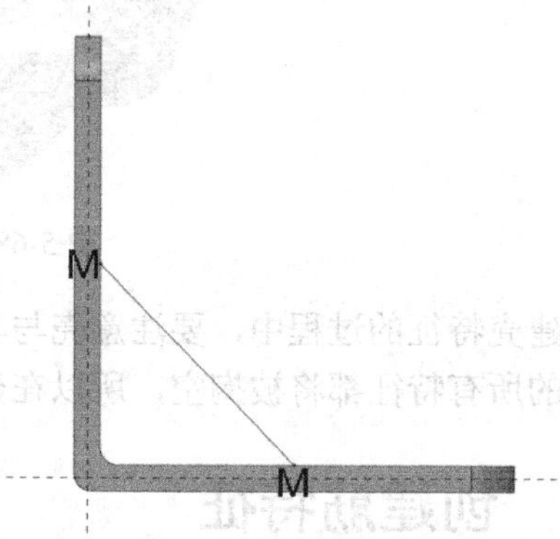

图 5-71　轮廓筋截面

步骤 5： 设置筋的厚度和方向。首先，调整筋板的生成方向，如图 5-72 所示，要让绘制的筋轮廓朝模型侧生成筋特征。然后在筋操控面板中，加厚方向通过 调整为双向加厚，设置厚度值为 3.5，生成轮廓筋，如图 5-73 所示。完成后单击 ✔ 按钮，完成操作。

步骤 6： 将文件保存副本，命名为 5_6_1_done.prt。

此外，还可以绘制带中心孔的筋板。将轮廓筋的截面改成 5-74 所示的截面时，将获得带有中心孔的筋板，得到图 5-75 所示的模型。

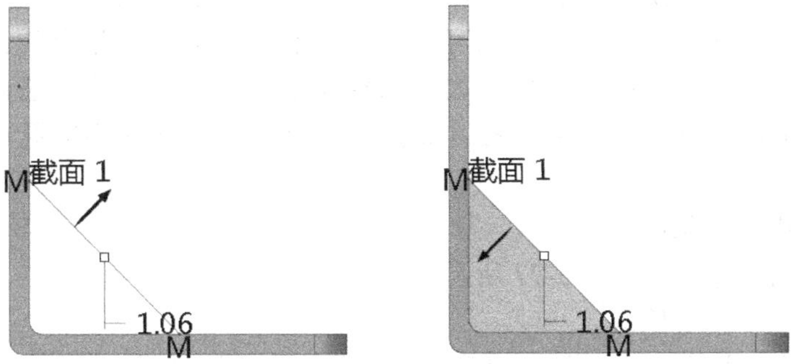

图 5-72 调整筋的生成方向

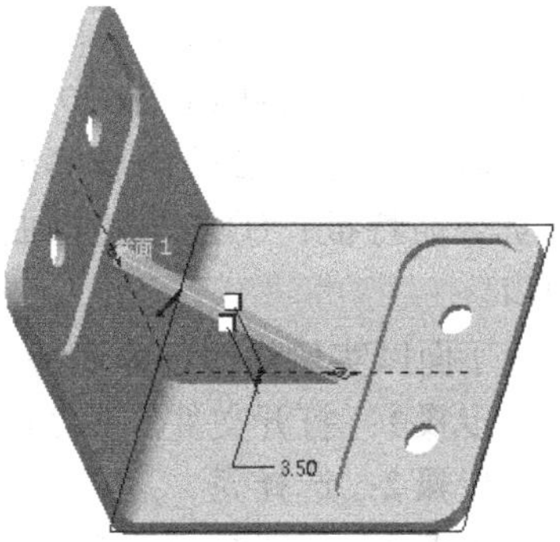

图 5-73 轮廓筋结果

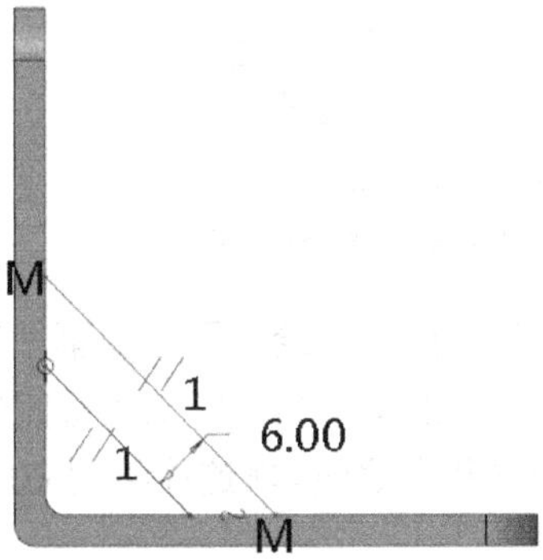

图 5-74 带中心孔筋板截面

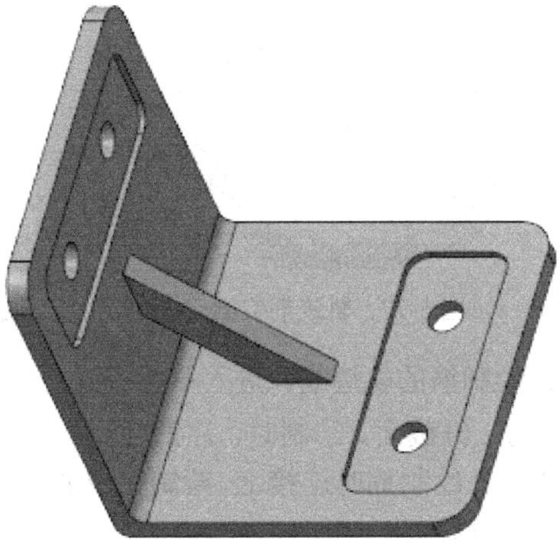

图 5-75 带中心孔筋板结果

要注意的是，绘制筋板截面时，草图都是与两个面连接的开放曲线链，绘制过程中要注意这点。

5.6.2 创建轨迹筋特征

轨迹筋经常被用在塑料零件中起加固结构的作用，这些塑料零件通常在腔槽曲面之间，含有空心区域，模型必须由实体组成。通过在腔槽间草绘筋轨迹线获得轨迹筋，也可选取现有的草绘来创建轨迹筋。

轨迹筋操控面板如图 5-76 所示。

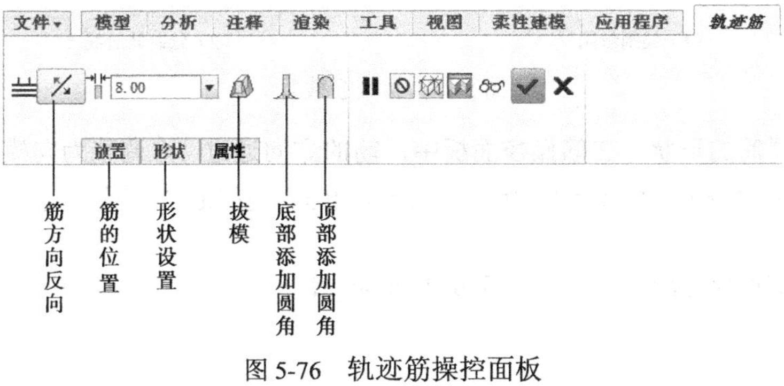

图 5-76 轨迹筋操控面板

轨迹筋具有顶部和底部特征，底部与模型表面相交，顶部高度由草绘平面来确定。轨迹筋可由各种曲线组成。轨迹筋的绘制可以是开放的也可以是封闭的，还可以是相交的。但是轨迹筋特征必须沿着筋的每一点与实体曲面相接，如果出现如下情况，则可能无法创建轨迹筋特征：①筋与腔槽曲面在孔或空白空间处相接；②筋路径穿过基础曲面中的孔或切口。

下面以实例说明创建筋特征的操作步骤：

步骤 1： 打开文件 5_6_2.prt，调入零件，如图 5-77 所示。

步骤 2： 选择壳 轨迹筋 工具，进入筋模式。

步骤 3： 打开筋操控面板的【放置】项，选择图 5-78 所示的平面作为草绘平面。

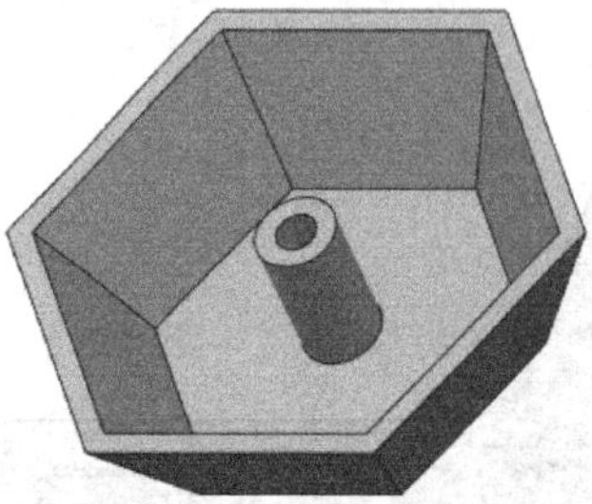

图 5-77 轨迹筋实例

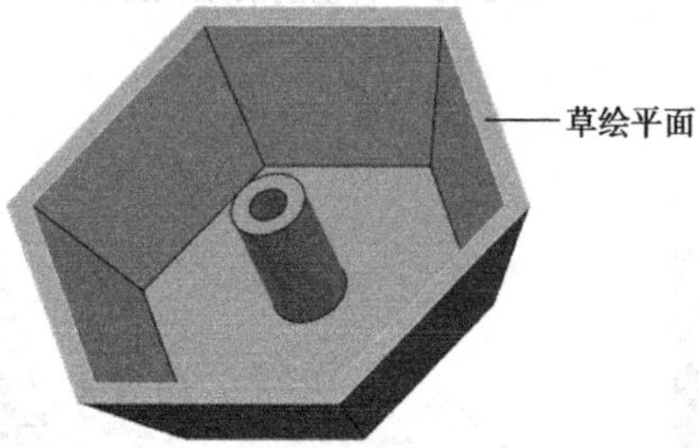

图 5-78 选择轨迹筋草绘平面

步骤 4： 绘制筋的轨迹线。进入草绘模式后，单击 按钮让草绘平面与屏幕平行。绘制如图 5-79 所示的二维截面，绘制时，注意使用 投影 工具将图 5-79（1）所示的参照线投影到草绘平面上，才能在绘制筋时连接上，绘制完成要及时删除这些参照线。轨迹线绘制完成后单击✓按钮，退出二维草绘。

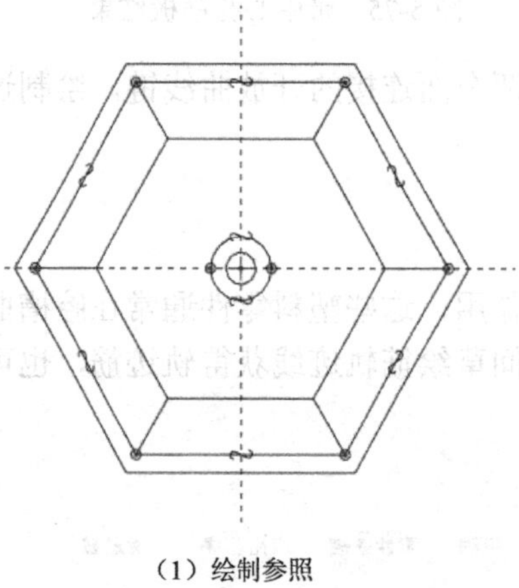

（1）绘制参照

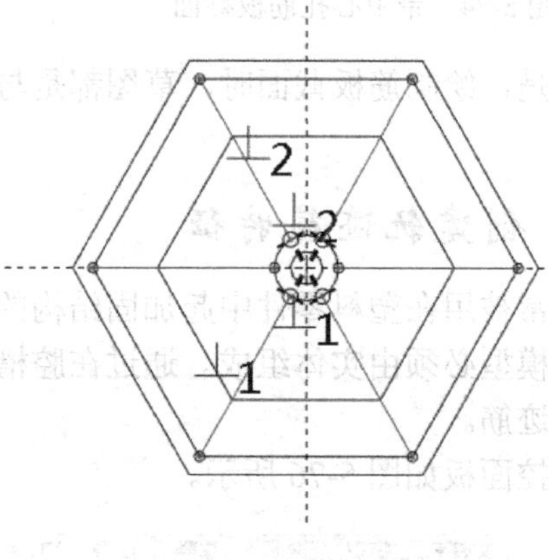

（2）绘制轨迹线

图 5-79 轨迹筋截面

步骤 5： 设置筋的形状。在筋操控面板中，筋的方向通过 调整为向模型一侧，厚度值设置为 8.00，生成轨迹筋，如图 5-80 所示。完成后单击✓按钮，完成轨迹筋绘制，得到图 5-81 所示的结果。

步骤 6： 将文件保存副本，命名为 5_6_2_done.prt。

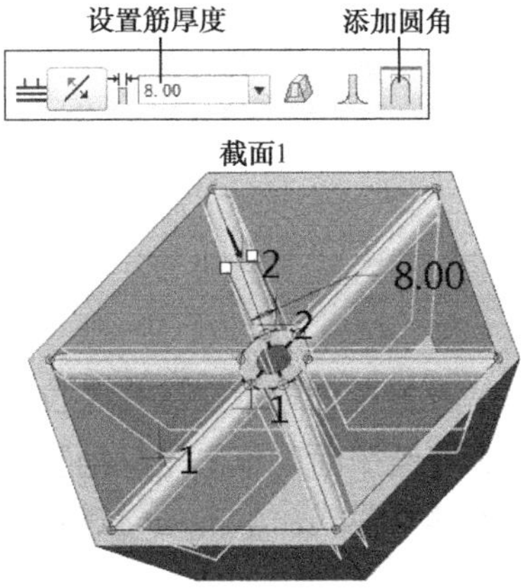

图 5-80　轨迹筋尺寸设置

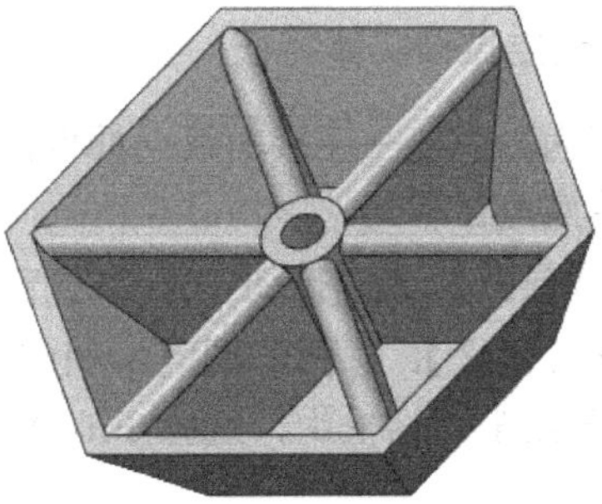

图 5-81　轨迹筋效果

5.7　范例

范例 1

创建如图 5-82 所示的零件。

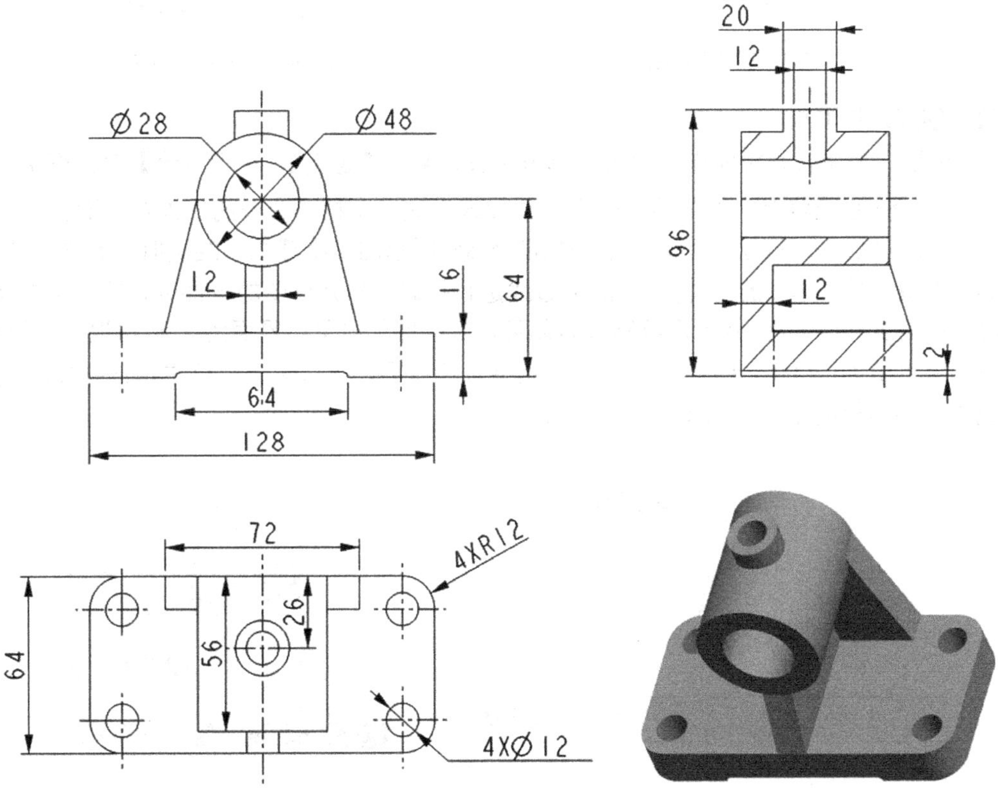

图 5-82　零件图

这是以拉伸、旋转、孔、圆角、筋等特征来绘制的零件。创建零件的详细步骤如下：

步骤 1：新建文件

新建零件，命名为 5_7_1.prt。

步骤 2：建立拉伸实体特征

创建顺序为：底座→连接面板→薄壁圆柱。

（1）创建底座

① 单击【模型】→ 拉伸 按钮，弹出拉伸操控面板。在操控面板上，选择【拉伸为实体】。单击【放置】→【定义】，选择绘图区中相应的平面作为草绘平面，单击【草绘】进入草绘模式。

② 在【草绘】对话框中，选择 FRONT 平面进入草绘模式，单击 按钮让 FRONT 平面与屏幕平行。

③ 单击 进入二维绘图模式，绘制如图 5-83 所示的二维截面。绘制完成后单击✔按钮，完成二维草图绘制。在拉伸操控面板中，选择单向拉伸，拉伸深度值为 64，生成拉伸形态，如图 5-84 所示。

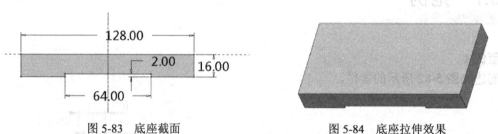

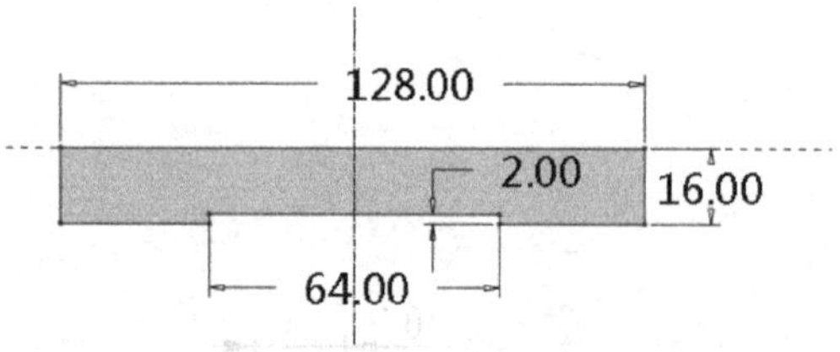

图 5-83　底座截面

图 5-84　底座拉伸效果

（2）创建连接面板

① 单击 拉伸 按钮打开拉伸操控面板，单击【放置】→【定义】，在【草绘】对话框中，单击【使用先前的】。系统将上一次草绘的平面自动加载为这一次拉伸命令的二维草绘面板。

② 单击 进入二维绘图模式，绘制如图 5-85 所示的二维截面。绘制时，首先选择 投影工具，类型选择“单一的”，将底座的上边线进行投影，作为草图的一部分，然后绘制其他线段，运用拐角工具 拐角 将图形绘制成封闭环，完成后单击草绘界面的✔按钮退出草绘模式。设置拉伸深度值为 12.00。单击 按钮预览模型设计效果，确认无误后单击拉伸操控面板的✔按钮完成连接面板的创建，如图 5-86 所示。

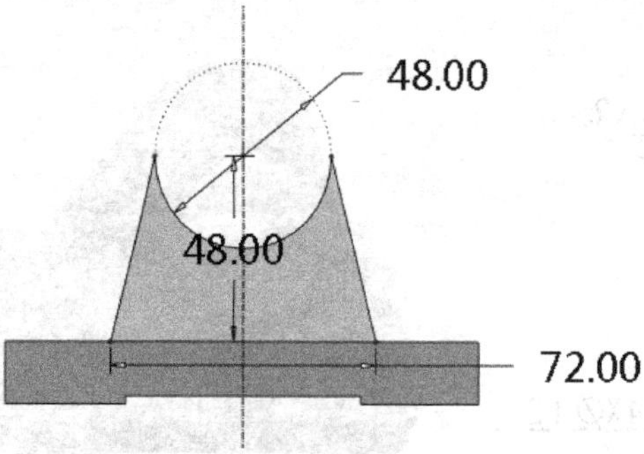

图 5-85　连接面板截面

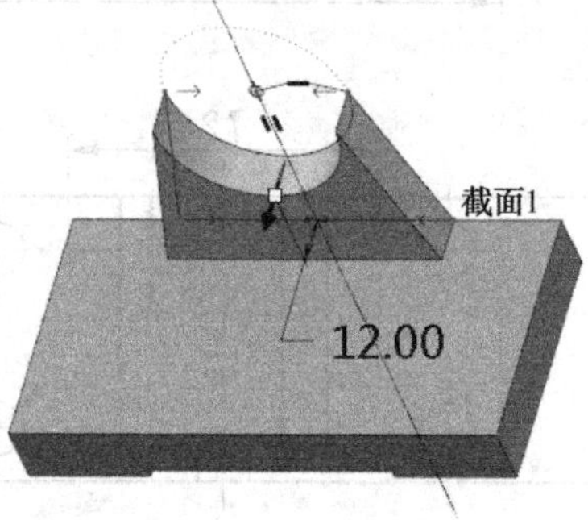

图 5-86　连接面板效果

（3）创建薄壁圆柱

单击 拉伸 按钮打开拉伸操控面板，单击【放置】→【定义】，在【草绘】对话框中，单击【使用先前的】。系统将上一次草绘的平面自动加载为这一次拉伸命令的二维草绘面板。

绘制如图 5-87 所示的截面，首先选择◎同心工具，绘制与连接面板中的圆同心且大小相等的圆，然后再绘制同心的直径为 28 的内圆，完成后单击草绘界面的✔按钮退出草绘模式。在属性面板的深度文本框输入 56.00。单击 按钮预览模型设计效果，确认无误后单击拉伸操控面板的✔按钮完成连接面板的创建，得到如图 5-88 所示的模型。

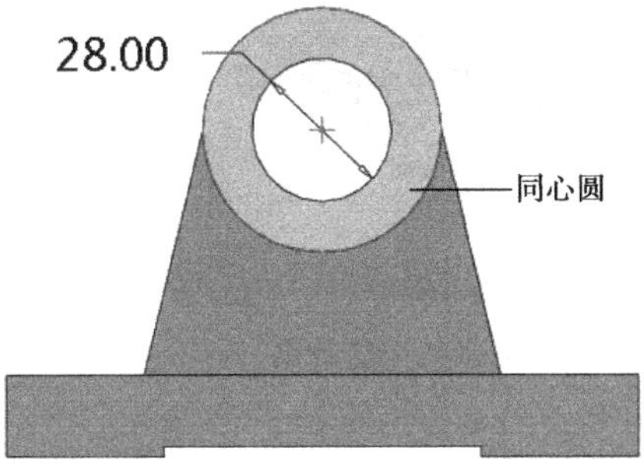

图 5-87 薄壁圆柱截面

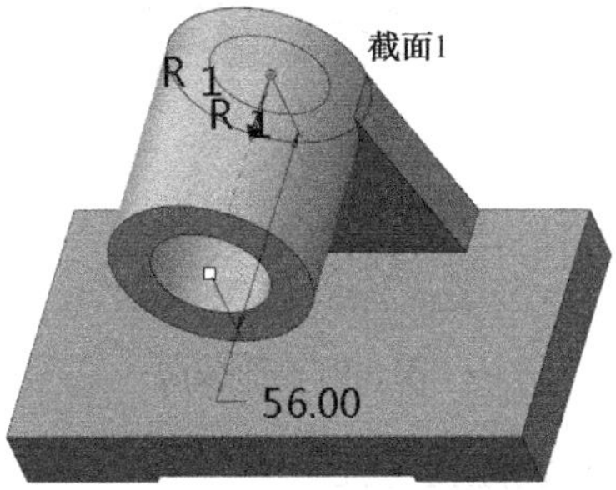

图 5-88 薄壁圆柱拉伸效果

步骤 3：创建孔位旋转实体

（1）选择 旋转 工具，弹出旋转操控面板，单击面板中的【放置】→【定义】，选择 RIGHT 基准面作为绘图平面。进入二维草图绘制，在视图方向 中，选择 LEFT 作为当前视图方向，绘制如图 5-89 所示的二维截面，添加中心线在旋转轴位置，完成后单击✔退出草图；

（2）在操控面板中输入旋转角度 360°。单击 预览效果，如图 5-90 所示。若无问题单击✔完成生成旋转实体。

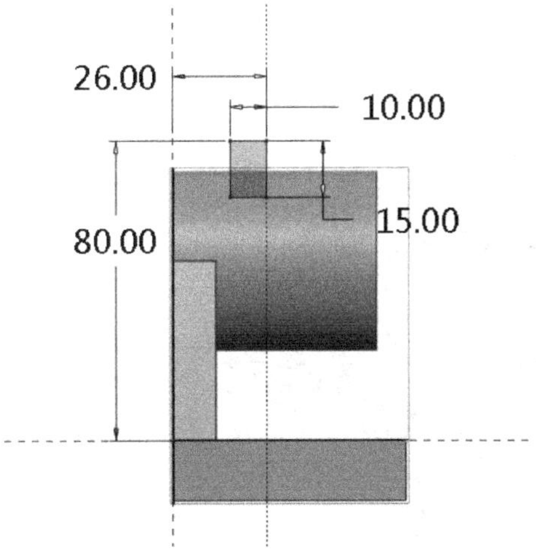

图 5-89 孔位旋转实体截面

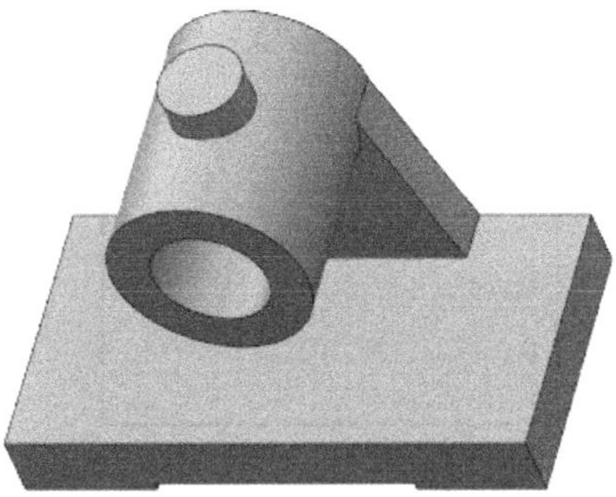

图 5-90 孔位旋转实体结果

步骤 4：创建筋特征

（1）单击 轮廓筋 按钮打开筋操控面板；

（2）单击【放置】→【定义】，在【草绘】对话框中，选择 RIGHT 基准面作为绘图平面。进入二维草图绘制，在视图方向 中，选择 LEFT 作为当前视图方向，绘制如图 5-91 所示的二维截面，该截面是两条连接在一起的开放线链，绘制时记得参照底座的上边线。完成筋绘制后单击✔退出草图；

（3）在筋操控面板中，拉伸方式选择两侧加厚，厚度为12.00，生成如图5-92所示的模型。

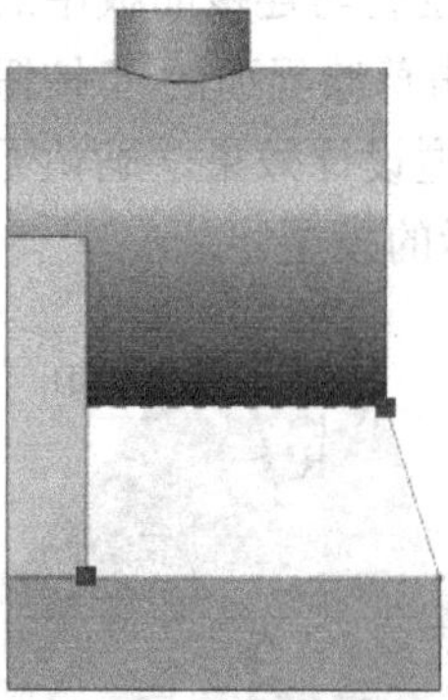

图 5-91　筋截面

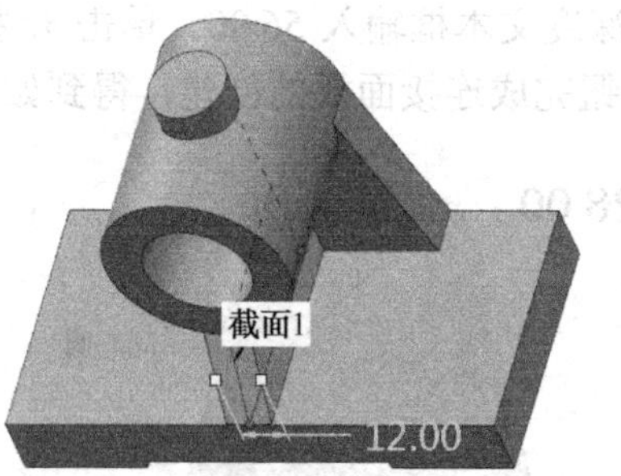

图 5-92　筋效果

步骤 5：创建孔特征

（1）创建孔 1

① 单击孔按钮打开孔操控面板，进入创建孔模式。

② 设置位置参照。打开基准显示设置，把全选的勾去掉，只选择轴显示，让中心轴基准线显示出来。

③ 选择孔工具栏中的【放置】集，在放置选项栏里添加旋转中心轴作为孔的放置轴线，按住 Ctrl 键，选择模型最上侧的平面作为打孔平面，此时孔的位置就确定好了，如图5-93所示。因为是采用轴和平面来定位孔，所以不需要再设置孔的类型和偏移参照。

④ 设置孔的形状。在孔操控面板中，设置孔的直径为12.00，深度选择【拉伸至下一曲面】，完成孔1的绘制后单击✔，退出孔操作。

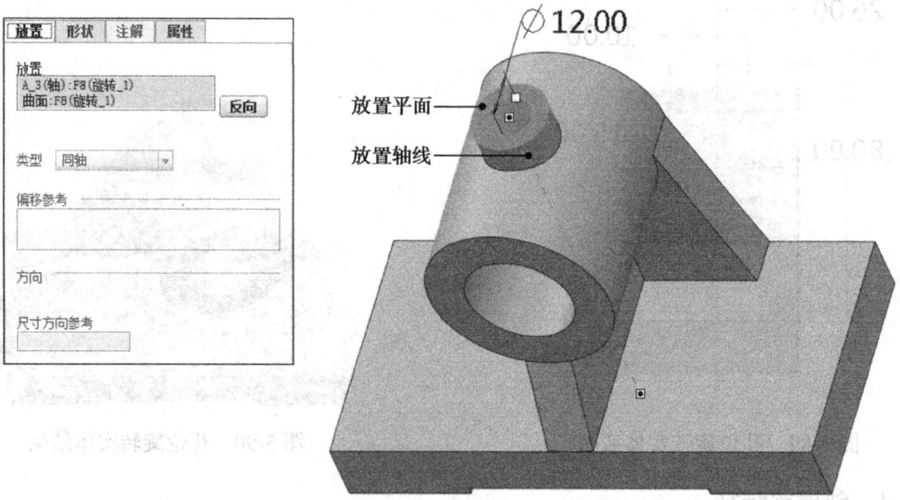

图 5-93　绘制孔 1 操作

（2）创建孔 2 至孔 5

这四个孔形状一样，与边线的距离也一样。首先，创建孔2特征。

① 单击孔按钮打开孔操控面板，进入创建孔模式。

② 选择放置平面。选择孔工具栏中的【放置】集，放置平面如图5-94所示，孔放置在底

座的上表面。

③　设置位置参照。参照类型为【线性】，按住 Ctrl 键，选择底座的前表面和左表面作为孔 2 的偏移参照，距离都为 12.00，完成位置设置。

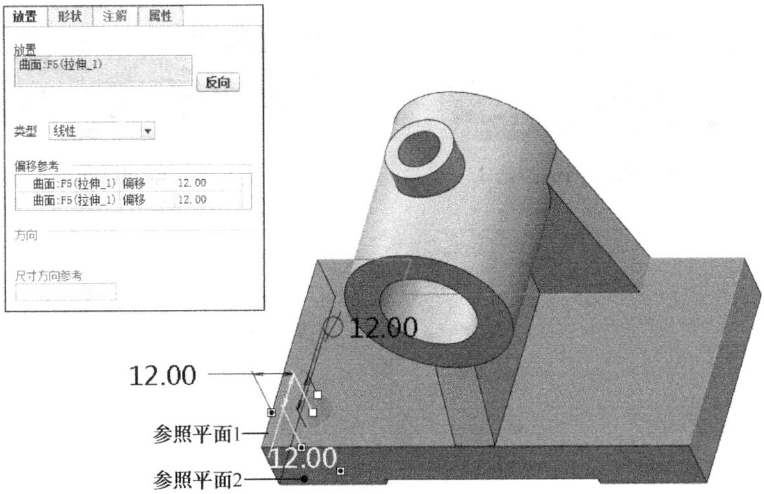

图 5-94　孔 2 的参照

④ 设置孔的形状。在孔操控面板中，设置孔的直径为 12.00，深度选择【拉伸至下一曲面】，完成孔 2 的绘制后单击 ✓ 退出孔操作。

同理，完成孔 3～孔 5 的创建。得到如图 5-95 所示的模型。

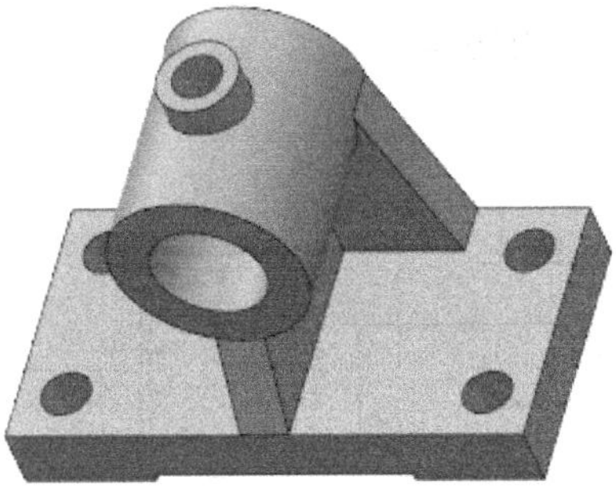

图 5-95　孔效果

步骤 6：倒圆角

（1）单击 倒圆角 按钮打开倒圆角操控面板。

（2）创建圆角集 1，设置圆角的半径为 12.00，选择待倒圆角的四条边，如图 5-96 所示。

（3）创建圆角集 2。选择圆角操控面板下的【集】项，新建集 2，设置圆角的半径为 2，选择待倒圆角的两条边，如图 5-97 所示，完成倒圆角操作，单击 ✓ 按钮退出倒圆角模式。获得图 5-98 所示的模型。

步骤 7：保存模型

所有操作已经完成，保存模型。

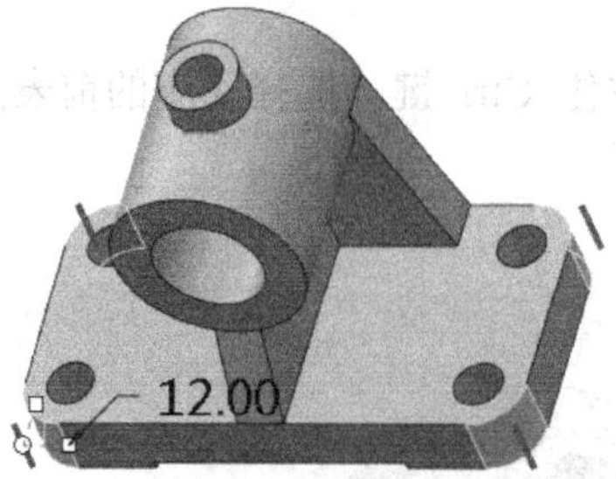

图 5-96 创建圆角 1

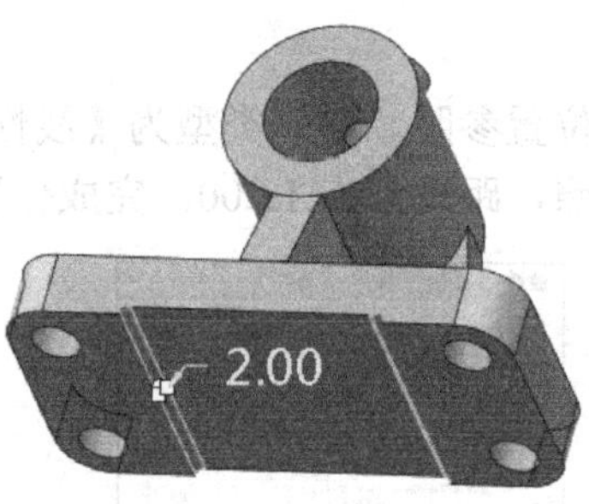

图 5-97 创建圆角 2

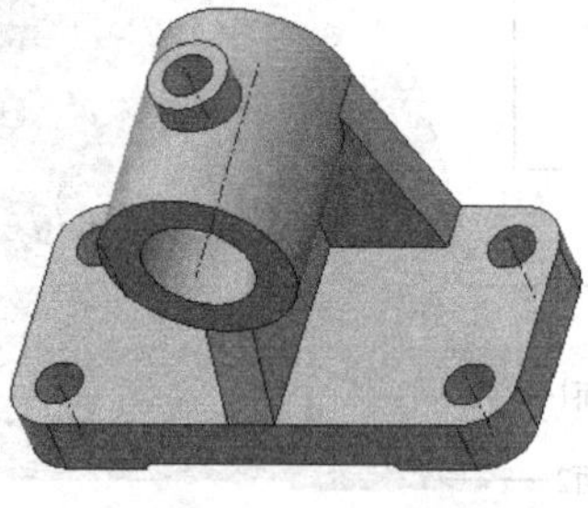

图 5-98 实例效果

5.8 练习

练习：运用所学知识，绘制下面的模型。

练习 1

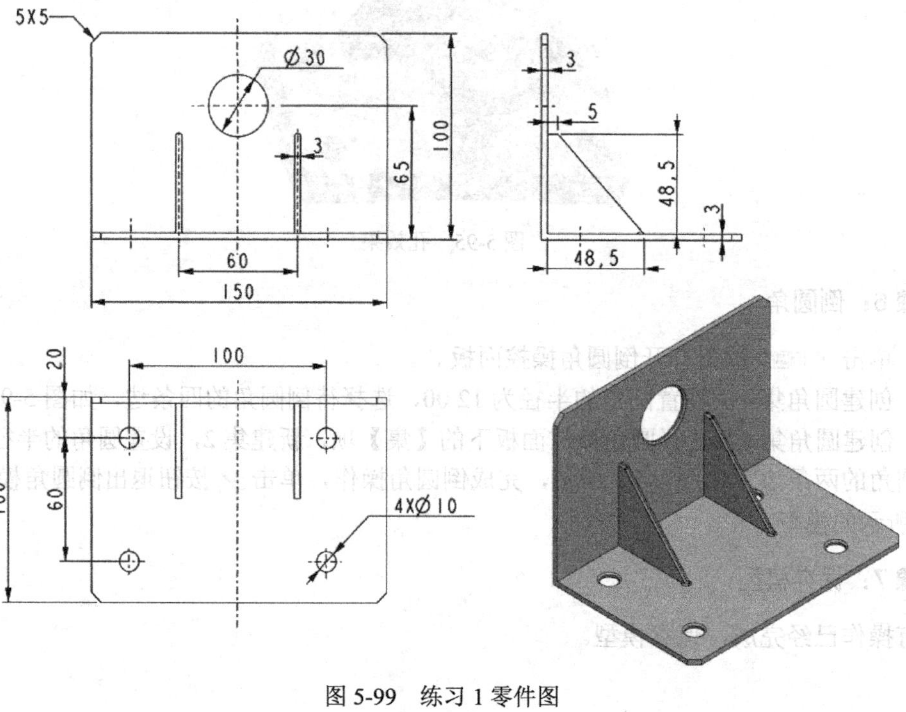

图 5-99 练习 1 零件图

练习 2

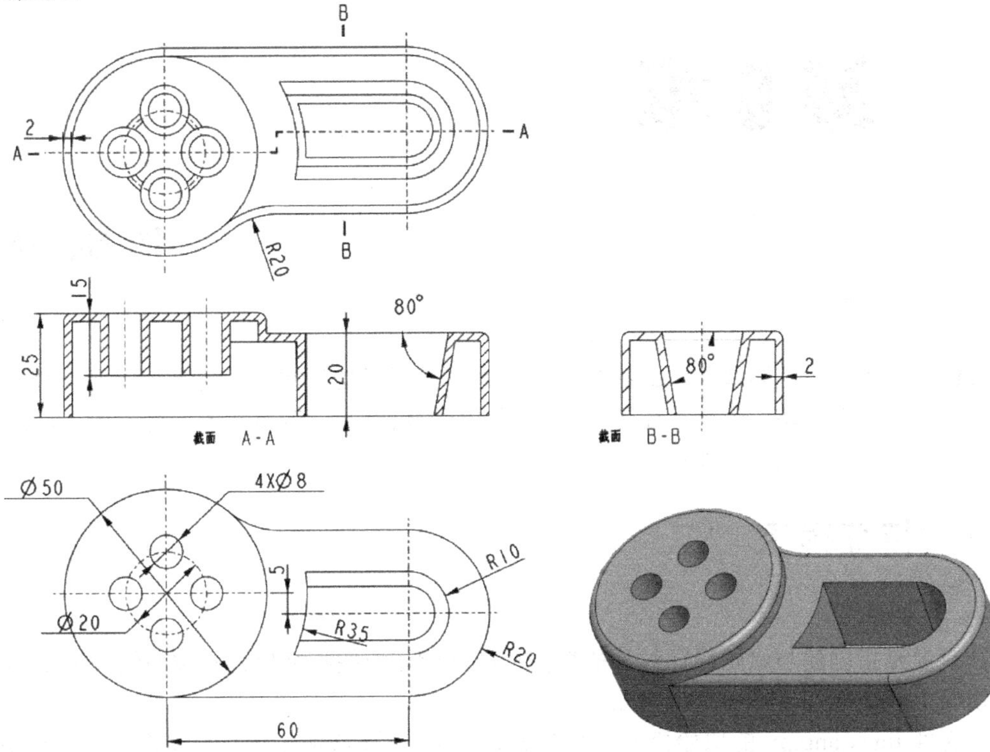

图 5-100　练习 2 零件图

练习 3

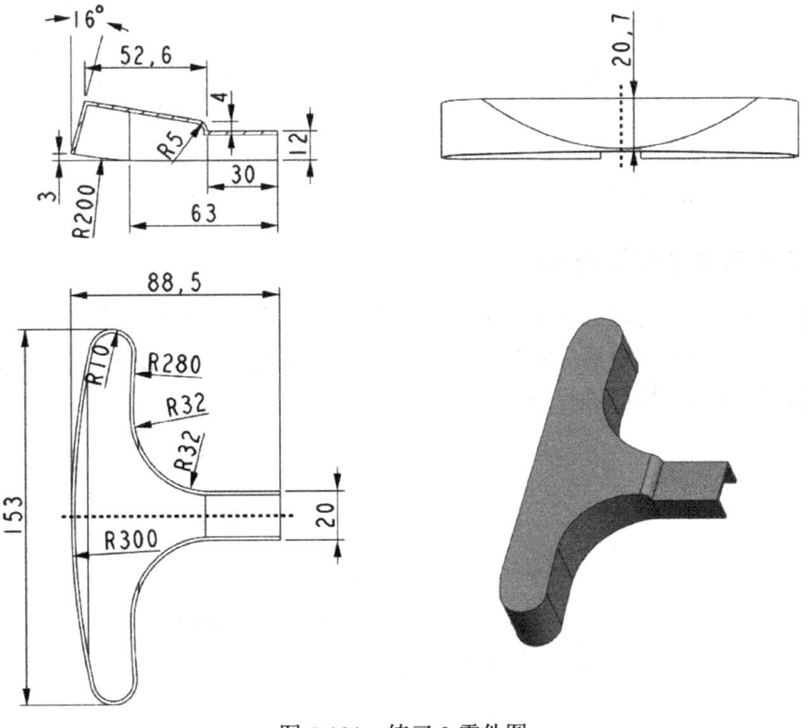

图 5-101　练习 3 零件图

第 6 章

特征操作

在 Creo2.0 中，对相同或类似的特征，可以通过特征复制与粘贴、镜像、阵列等操作进行快速创建，提高作图效率。另外，还可以对特征进行编辑定义、编辑参考、特征插入、删除等操作，便于零件建模和设计的变更。

6.1 特征镜像

特征镜像是指创建与原始特征对称的特征，或创建与原始特征位置对称但结构参数不同的特征。镜像工具的操作步骤举例说明如下。

打开文件 jingxiang.prt 的原始模型，如图 6-1 所示。图 6-2 所示为特征镜像后的模型效果。

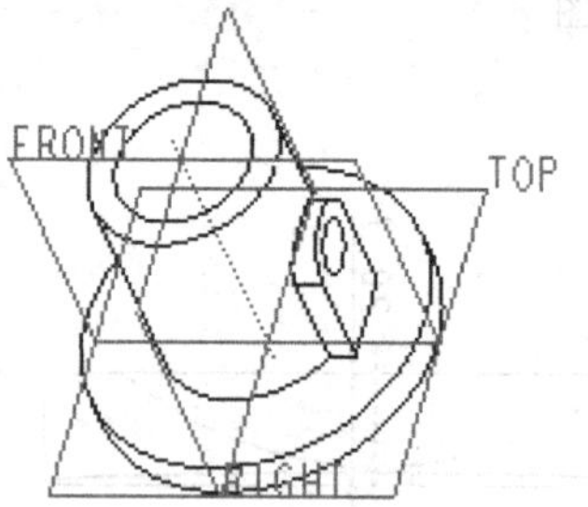

图 6-1　镜像前原始模型

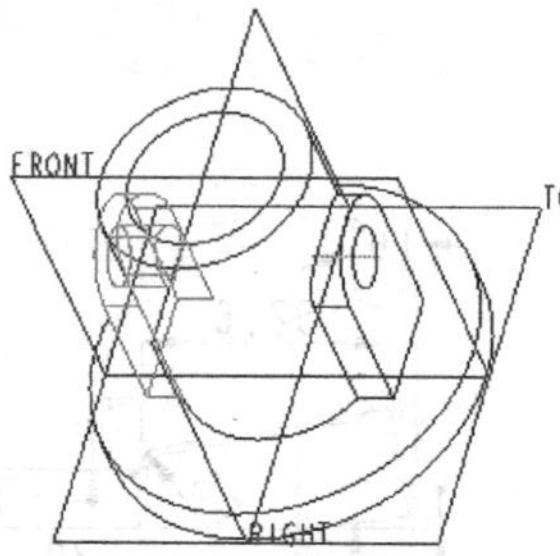

图 6-2　镜像后模型

步骤 1：选取要镜像的原始特征

在模型树上或模型上同时选择如图 6-3 所示的 U 形凸台和小圆孔特征。注意：只有选中特征之后，镜像命令图标才被激活为彩色，否则为灰色。原始特征可以是实体、曲面、曲线及基准等。一次可以选取多个特征进行镜像。

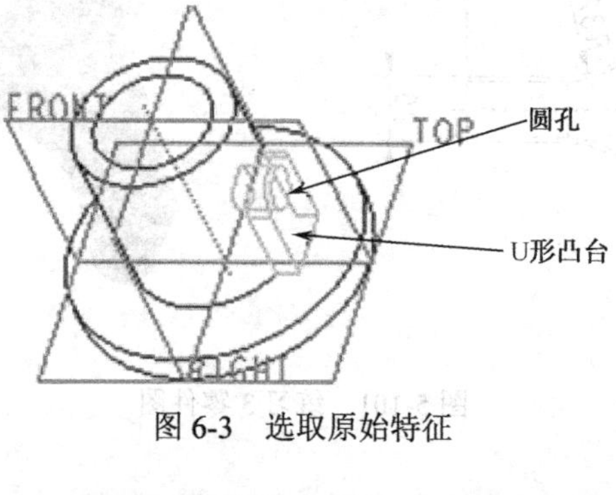

图 6-3　选取原始特征

步骤 2：单击镜像命令

单击【模型】→【编辑】→ 镜像 命令按钮，如图 6-4 所示。系统会弹出镜像特征操控面板，如图 6-5 所示。

图 6-4　镜像命令的位置

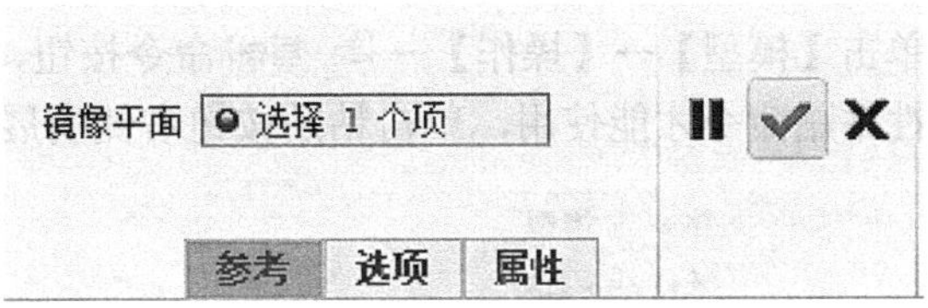

图 6-5　镜像特征操控面板

步骤 3：选取镜像平面

选取图 6-3 中的 RIGHT 基准平面为镜像平面。镜像平面可以是基准平面或模型上的平面，不能是曲面或轴线等。

步骤 4：设置从属性

在【选项】下拉面板中进行从属性的设置，勾选【从属副本】意味着原始特征与副本有相关性，会同时更新；不勾选【从属副本】意味着副本和原始特征不相关，可以各自单独编辑。勾选后进一步点选完全从属或部分从属，如图 6-6 所示。

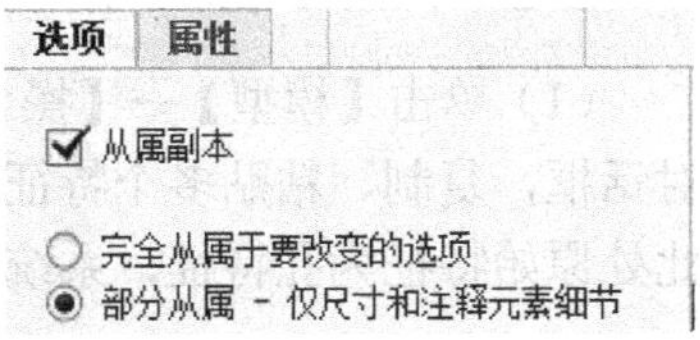

图 6-6 “选项”下拉面板

步骤 5：单击操控面板上的 ✓ 按钮，完成镜像特征的创建

创建的镜像特征如图 6-2 所示。

6.2　特征复制、粘贴和选择性粘贴

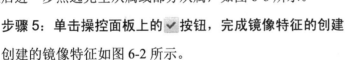

复制、粘贴和选择性粘贴是指先在现有位置上复制对象特征，再将特征粘贴到其他位置或其他文件中。通过复制和粘贴命令可以生成与原始特征几何结构相同或相似，位置不同的特征。还可以对生成的副本进行单独编辑。

复制、粘贴和选择性粘贴工具的操作步骤举例说明如下。

打开文件 6-7.prt 的原始模型，如图 6-7 所示。图 6-8 所示为复制、粘贴和选择性粘贴后的模型效果。

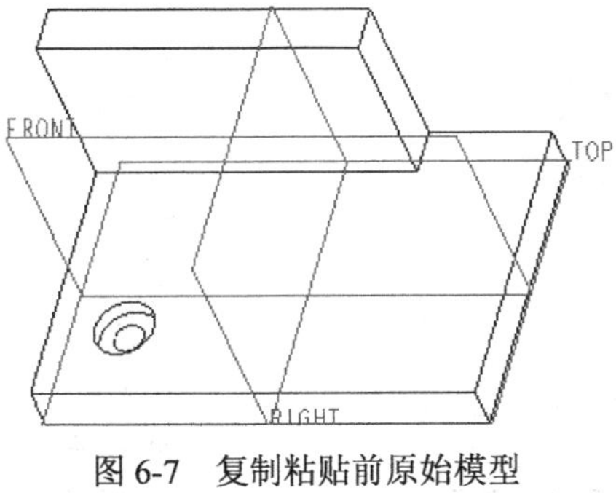

图 6-7　复制粘贴前原始模型

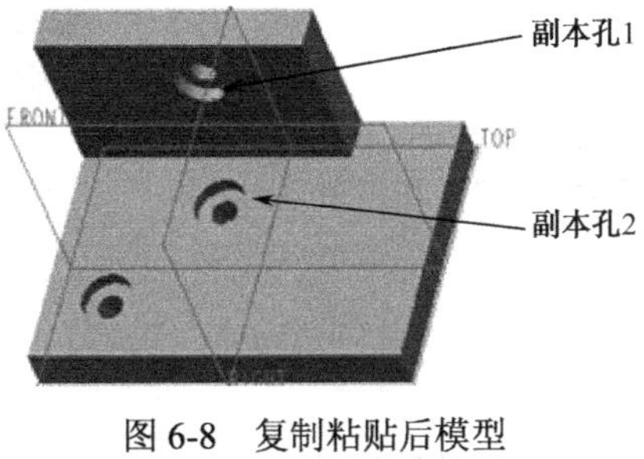

图 6-8　复制粘贴后模型

步骤 1：选取要复制的原始特征

点选如图 6-7 所示的原始孔特征。注意：只有选中特征之后，复制命令才被激活。

步骤 2：单击复制命令

单击【模型】→【操作】→ 复制 命令按钮，如图 6-9 所示。当选择了复制命令后粘贴和选择性粘贴命令才能使用，单击粘贴按钮右侧的展开箭头，会弹出下拉菜单，如图 6-10 所示。

图 6-9　复制与粘贴命令的位置

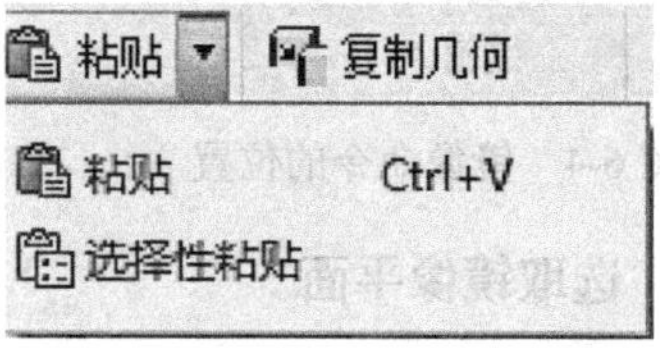

图 6-10　粘贴命令的类型

步骤 3：用【粘贴】命令完成竖版上的副本孔 1

（1）单击【模型】→【操作】模块的 粘贴 命令按钮，系统将打开原始特征的操控面板或对话框，复制、粘贴多个特征时，系统将按组中特征的顺序逐一打开各特征的操作界面。由于此处原始特征为孔特征，系统打开了孔特征操控面板，如图 6-11 所示。

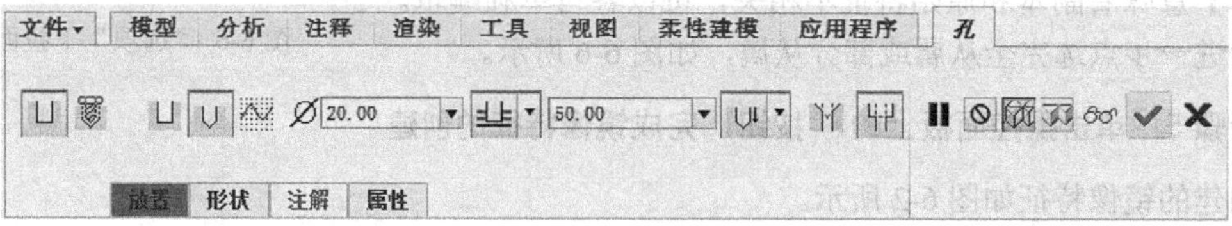

图 6-11　孔特征操控面板

（2）单击【放置】按钮打开放置下拉面板，如图 6-12 所示，单击副本“孔 1”要放置的平面即竖版的前表面，并将 RIGHT 基准面和 TOP 基准面设置为偏移参考平面，给定副本孔 1 的轴线相对于参照平面的偏移量为 30.00 和 110.00。

（3）单击 图标。如果需要，可以更改副本孔的尺寸，然后单击操控面板上的 图标，完成粘贴特征。如图 6-13 所示。注意：模型树中副本“孔 1”显示的是“孔 2”，如图 6-14 所示，是因为复制、粘贴的对象是孔操作的步骤。更改或删除原始特征“孔 1”对“孔 2”没有影响。

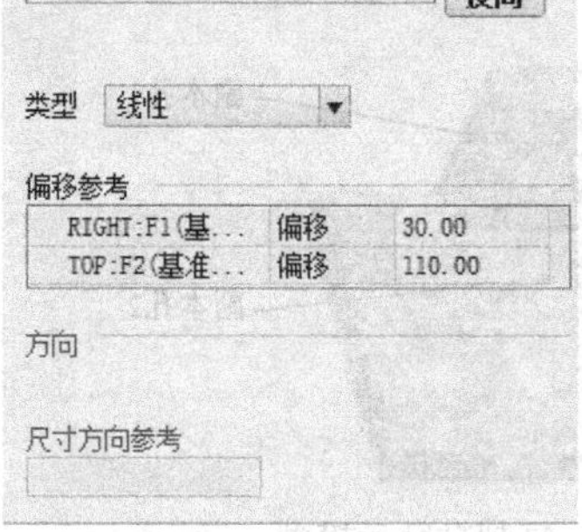

图 6-12　放置下拉面板

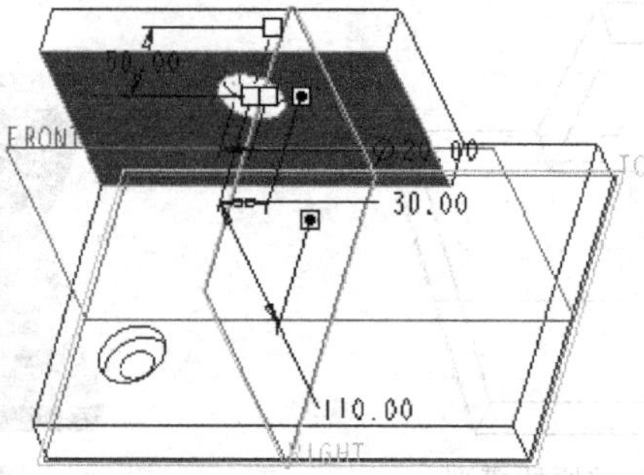

图 6-13　粘贴尺寸及效果

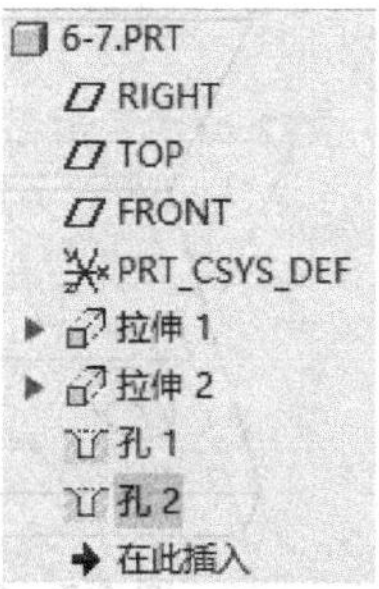

图 6-14　粘贴后模型树

步骤 4：用【选择性粘贴】命令完成水平底板上的副本孔 2

（1）单击【模型】→【操作】模块的选择性粘贴命令按钮，弹出【选择性粘贴】对话框，依实际需求确定副本的从属性，然后勾选【对副本应用移动/旋转变换】复选框，如图 6-15 所示。单击【确定】后，打开【移动（复制）】面板，如图 6-16 所示。

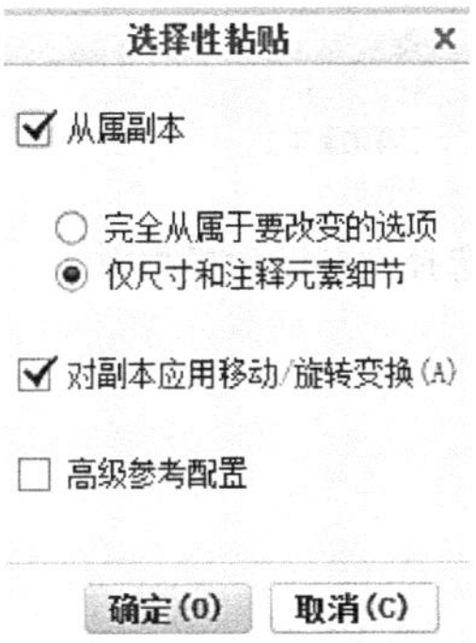

图 6-15 【选择性粘贴】对话框

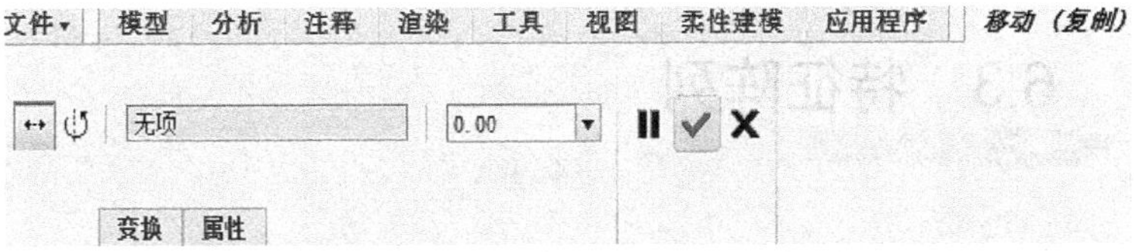

图 6-16 【移动（复制）】面板

（2）单击【变换】按钮展开变换下拉面板，设置移动 1 的方向参考面为 FRONT 基准面和移动距离 80.00，如图 6-17 所示。移动 1 效果如图 6-18 所示。

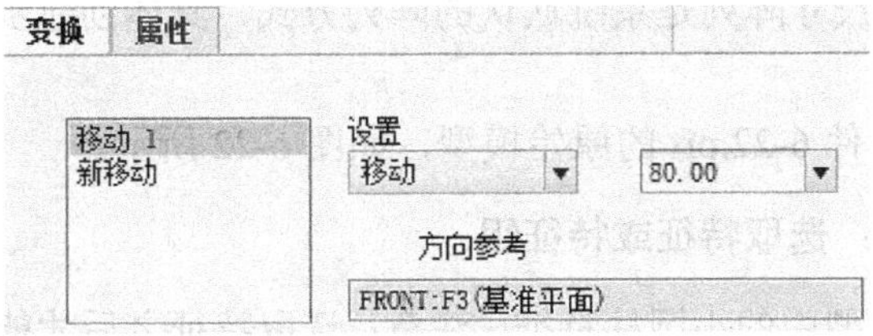

图 6-17　设置移动 1 的参数

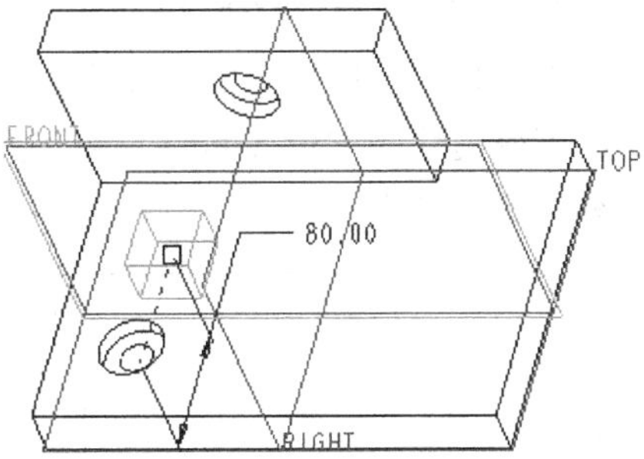

图 6-18　移动 1 的效果

（3）单击【变换】下拉面板的【新移动】选项，设置移动 2 的方向参考面为 RIGHT 基准面和移动距离 70.00，如图 6-19 所示。移动 2 效果如图 6-20 所示。

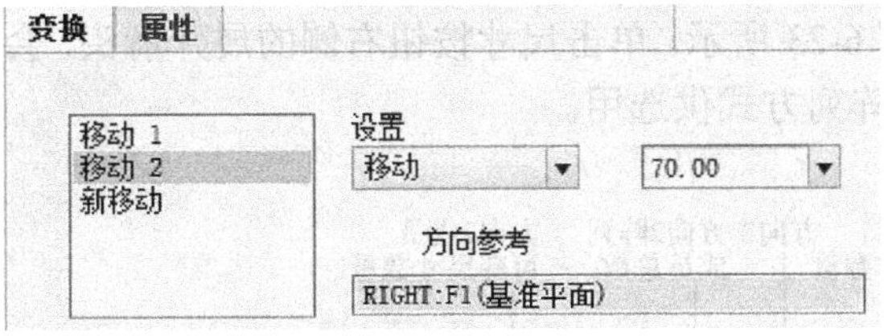

图 6-19　设置移动 2 的参数

（4）单击【移动（复制）】面板的✔按钮。完成整个复制粘贴操作。选择性粘贴操作后，模型树中显示的是“已移动副本 1”，如图 6-21 所示。

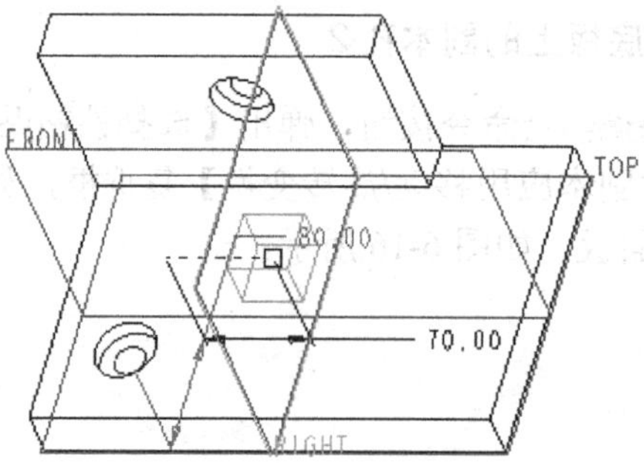

图 6-20 移动 2 的效果

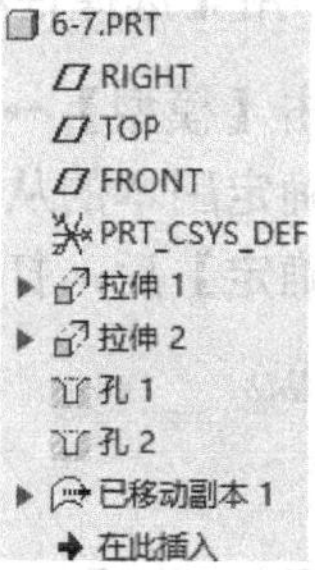

图 6-21 选择性粘贴后模型树

6.3 特征阵列

特征阵列是指将特征（特征组）按指定的方式批量复制出多个相同的特征（特征组）。如果要阵列多个特征，需要将多个特征组成特征组。改变原始特征，阵列成员会随之改变。阵列方式包括尺寸阵列、方向阵列、轴阵列、填充阵列、表阵列、曲线阵列、点阵列、参考阵列等。

6.3.1 创建尺寸阵列

尺寸阵列是以尺寸的方向作为特征阵列的方向，按尺寸的变化进行阵列。需要指定两项参数：可变尺寸的增量（间距）和阵列成员总数。尺寸阵列是系统默认的阵列方式，具体创建步骤举例说明如下。

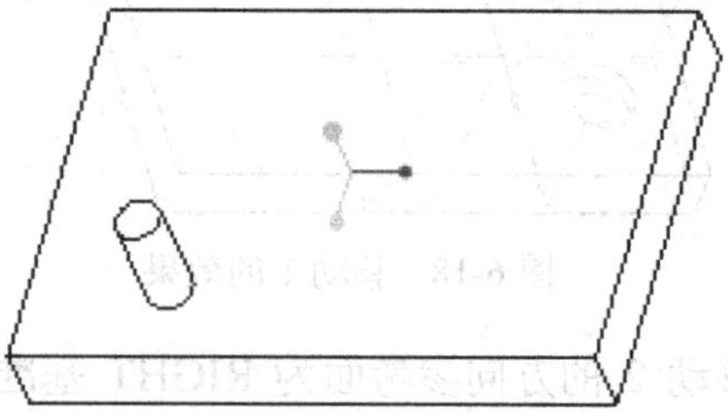

图 6-22 阵列前模型

打开文件 6-22.prt 的原始模型，如图 6-22 所示。

步骤 1：选取特征或特征组

点选模型中的小圆柱特征，注意：选取特征之后才能激活阵列命令图标⿴。

步骤 2：单击【阵列】命令

单击【模型】→【编辑】模块的⿴命令按钮，系统会弹出阵列操控面板，如图 6-23 所示。单击尺寸按钮右侧的展开箭头，会弹出阵列方式下拉菜单，如图 6-24 所示，有八种阵列方式供选用。

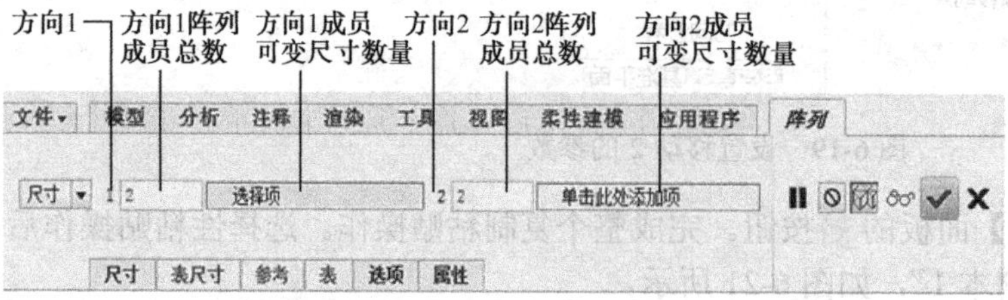

图 6-23 阵列操控面板

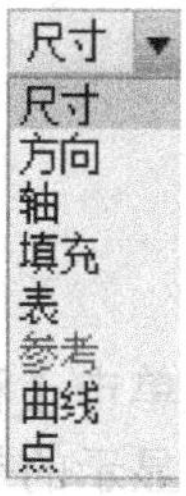

图 6-24 阵列方式

步骤 3：打开尺寸下拉面板

单击操控面板最下方的【尺寸】按钮，展开尺寸下拉面板如图 6-25 所示（该图已设置参数）。

步骤 4：设置方向 1 的参数

点选图 6-26 所示的尺寸 85 为可变尺寸，设置增量为-50.00；按住 Ctrl 键，点选ϕ20 为可变尺寸，设置增量为 5.00；在阵列操控面板中输入阵列成员总数为 4，如图 6-27 所示。

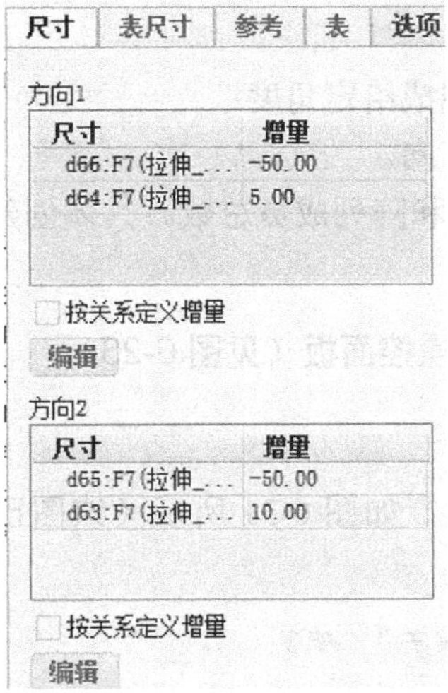

图 6-25　尺寸下拉面板

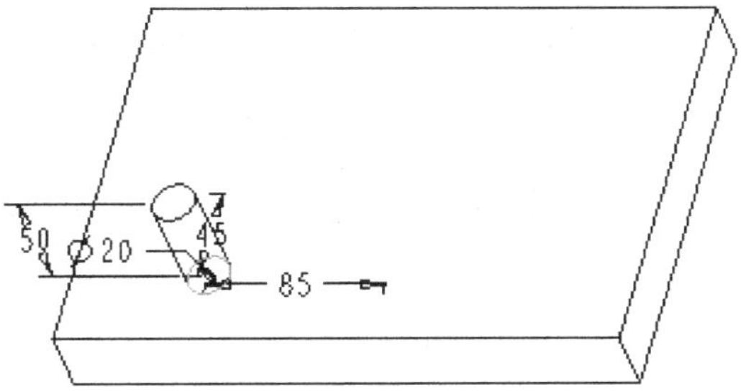

图 6-26　模型的尺寸参数

步骤 5：设置方向 2 的参数

单击尺寸下拉面板的方向 2 空白处，点选 45 为可变尺寸，设置增量为-50.00；按住 Ctrl 键，点选 50.00 为可变尺寸，设置增量为 10.00；在阵列操控面板中输入阵列成员总数为 3，如图 6-27 所示。

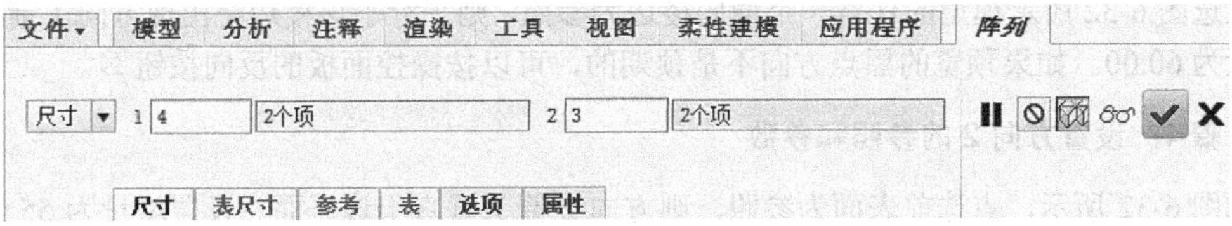

图 6-27　尺寸阵列操控面板及其参数设置

步骤 6：单击操控面板上的✓**按钮**，完成尺寸阵列特征的创建，如图 6-28 所示。

注意：阵列预览中的黑点代表阵列成员的位置，可单击黑点使其变成白点，如图 6-29 所示，表示此位置不需要阵列，则阵列效果如图 6-30 所示。

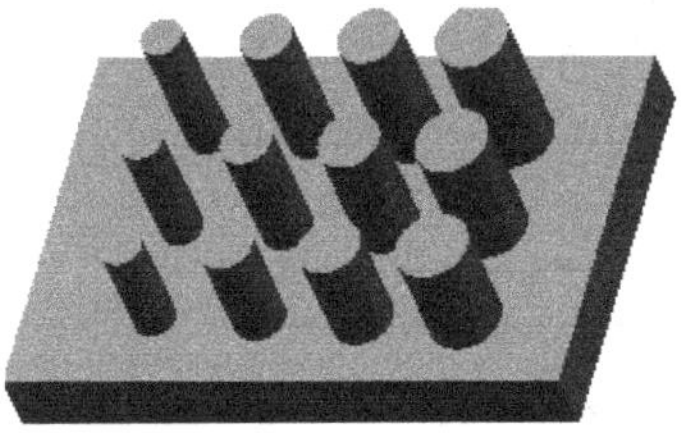

图 6-28　尺寸阵列效果

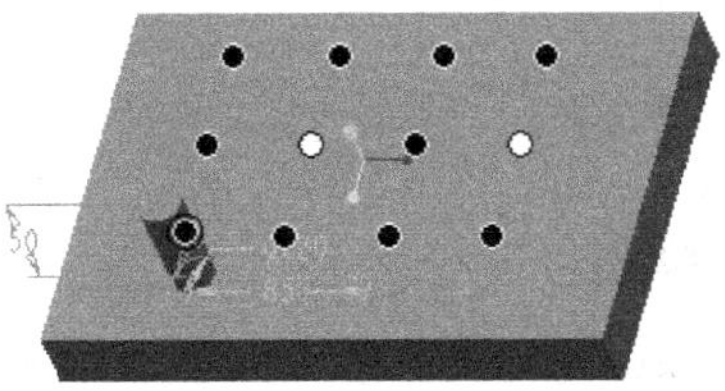

图 6-29　两处黑点变白点

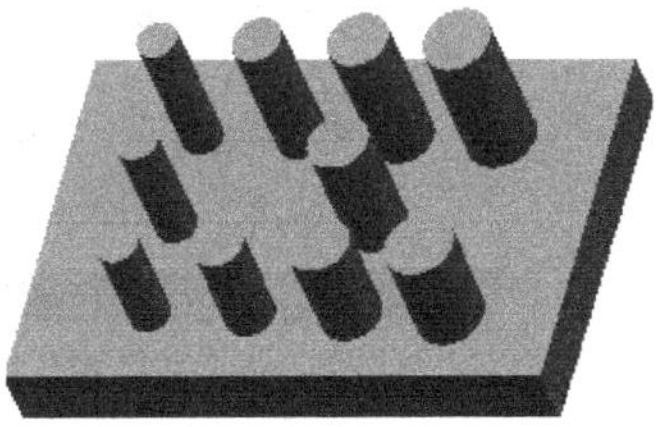

图 6-30　去掉两处特征的效果

6.3.2 创建方向阵列

方向阵列与尺寸阵列的操作相类似，但使用者可以自行指定阵列方向 1 和方向 2 的参照。阵列方向的指定有以下几种方法：

- 以平面为参照，阵列方向将垂直于该平面；
- 以边线或轴为参照，阵列方向将沿着该直线或与该直线成给定角度；
- 以坐标系为参照，根据各坐标轴上的矢量和确定阵列方向。

需要指定的两项参数为各阵列方向上的尺寸增量（间距）和阵列成员总数。具体创建步骤举例说明如下。

步骤 1：选取小圆柱特征，单击【阵列】命令，打开阵列操控面板（见图 6-23）

步骤 2：打开方向阵列操控面板

点选图 6-24 中的【方向】按钮，打开方向阵列操控面板，如图 6-31 所示（该图已设置参数）。

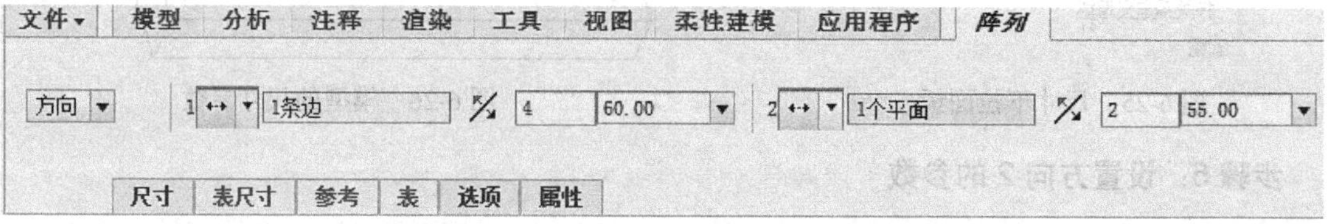

图 6-31 方向阵列操控面板及其参数设置

步骤 3：设置方向 1 的参照和参数

点选图 6-32 所示模型的任意一个横向棱边为参照，则平行于该棱边会出现方向 1 箭头。设置增量为 60.00。如果预览的黑点方向不是预期的，可以按操控面板的反向按钮。

步骤 4：设置方向 2 的参照和参数

如图 6-32 所示，点选前表面为参照，则方向 2 箭头垂直于该平面。设置增量为 55.00。如果预览的黑点方向不是预期的，可以按操控面板的反向按钮。

步骤 5：单击操控面板上的 ✓ 按钮，完成方向阵列特征的创建（见图 6-33）

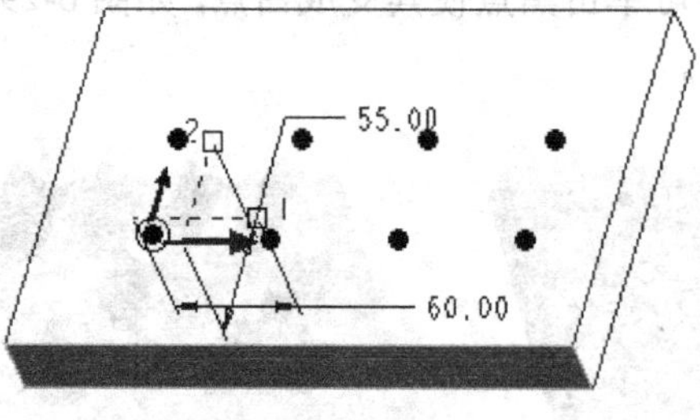

图 6-32 方向阵列预览

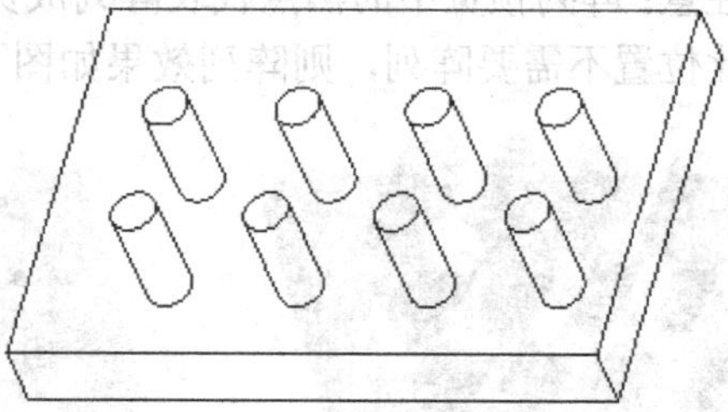

图 6-33 方向阵列效果

6.3.3 创建轴阵列

轴阵列也称圆周阵列，是以轴线为回转中心，创建环形分布的一组特征副本。除阵列成员总数以外，轴阵列还可以设置两个参数：圆周方向的角度间距、径向的间距。具体创建步骤举例说明如下。

打开文件 6-35.prt 的原始模型，如图 6-34 所示。

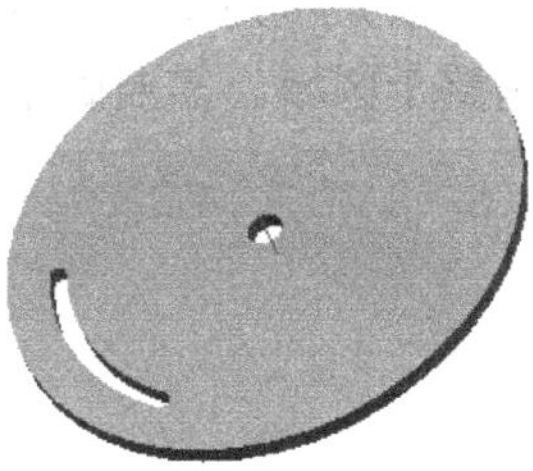

图 6-34　轴阵列前模型

步骤 1：选取弧形孔特征，单击【阵列】命令，打开阵列操控面板（见图 6-23）

步骤 2：打开轴阵列操控面板

点选图 6-24 中的【轴】按钮，打开轴阵列操控面板，如图 6-35 所示。其中，方向 1 用于设置圆周方向阵列成员总数和角度间距，方向 2 用于设置径向阵列成员总数和径向间距。

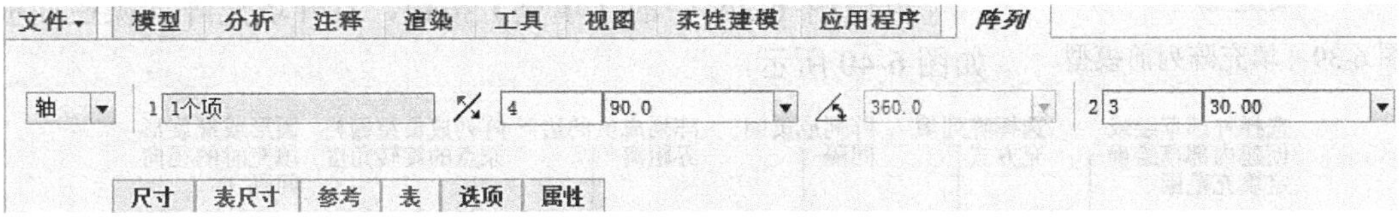

图 6-35　轴阵列操控面板

步骤 3：设置方向 1 的圆周阵列成员总数和角度间距

单击图 6-34 所示模型的圆孔轴线，在操控面板的方向 1 中，设置阵列成员总数为 4，角度间距为 90.0，如图 6-35 所示。也可以单击图标设置角度范围，角度间距可以由“角度范围/阵列成员总数”得到。角度范围和角度间距只能使用一个。

步骤 4：设置方向 2 的径向阵列成员总数和径向间距参数

径向阵列成员数可以理解为圈数。在操控面板的方向 2 中，设置圈数为 3，各圈间距为 30.00，如图 6-35 所示。

步骤 5：设置弧形孔特征的尺寸增量

展开操控面板最下方的【尺寸】下拉面板，在方向 2 内设置弧形圆心角的增量为-15.0，【尺寸】下拉面板如图 6-36 所示。

步骤 6：单击操控面板上的按钮，完成双向轴阵列的特征创建（见图 6-37）

注意：如果不设置圆心角增量，模型内环的弧形孔会干涉，如图 6-38 所示。

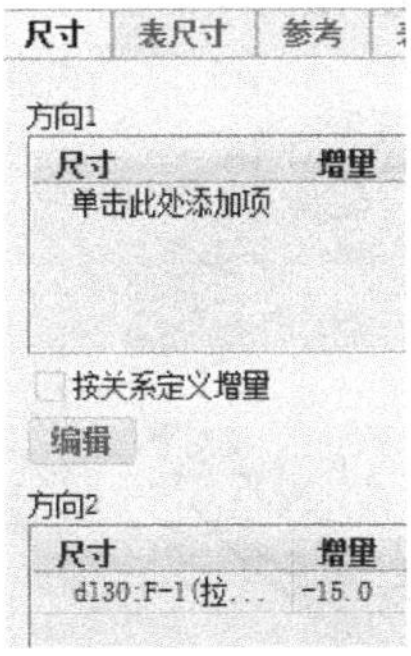

图 6-36　尺寸下拉面板

图 6-37　双向轴阵列后模型

图 6-38　干涉的内环弧形孔

6.3.4 创建填充阵列

填充阵列是在指定的二维草绘区域内对特征进行阵列，并使阵列成员按照一定几何方式布满整个区域。需要确定的条件有栅格方向、边界余量、填充区域和成员间距等。具体创建步骤举例说明如下。

图 6-39　填充阵列前模型

打开文件 tianchongzl.prt 的原始模型，如图 6-39 所示。

步骤 1：选取小圆孔特征，单击【阵列】命令，打开阵列操控面板（见图 6-23）

步骤 2：打开填充阵列操控面板

点选图 6-24 中的【填充】按钮，打开填充阵列操控面板，如图 6-40 所示。

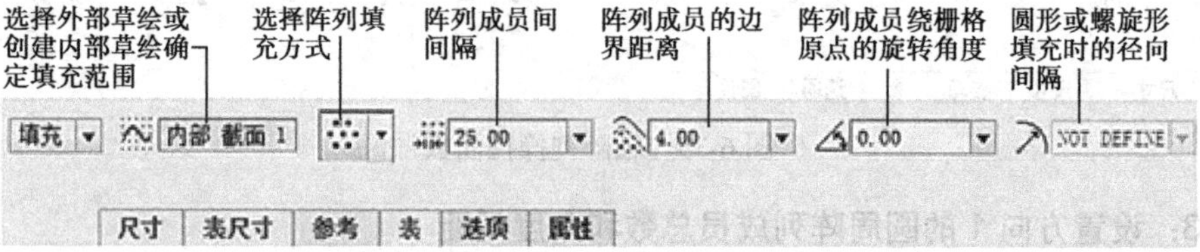

图 6-40　填充阵列操控面板

（1）阵列的填充范围，可以选择外部草绘，也可以在阵列过程中创建内部草绘。

（2）阵列的填充方式有：方形分布，菱形分布，六边形分布，圆形分布，螺旋形分布，沿着草绘曲线分布。

步骤 3：绘制填充范围草绘

单击【参考】→【定义】，选择 TOP 基准面为草绘平面；右击弹出快捷菜单，选择【参考】，点选所有边界轮廓作为参考；单击 投影 按钮，绘制边界轮廓；单击完成草绘，如图 6-41 所示。

步骤 4：设置填充参数

选择六边形分布的填充方式，指定成员间隔为 25.00，阵列成员距离边界为 4.00，成员分布栅格的旋转角度为 0.00，如图 6-40 所示。

步骤 5：单击操控面板上的按钮，完成填充阵列的特征创建（见图 6-42）

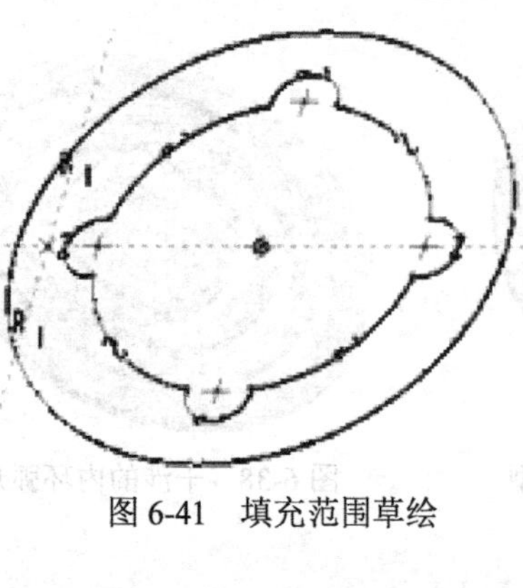

图 6-41　填充范围草绘

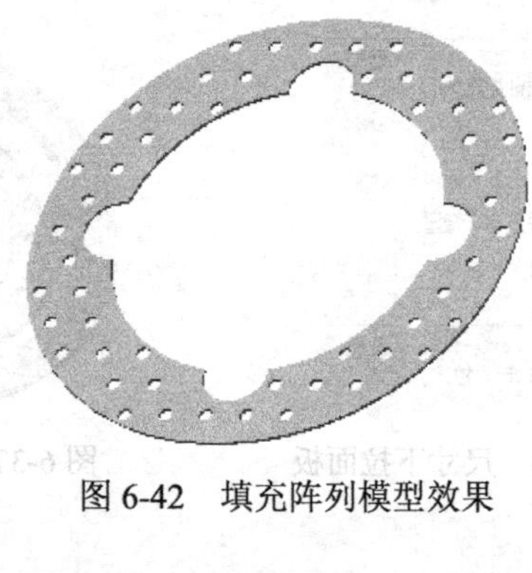

图 6-42　填充阵列模型效果

6.3.5　创建表阵列

表阵列是通过表格设定各成员的位置尺寸和几何尺寸。常用于创建较复杂或不规则的阵列。具体创建步骤举例说明如下。

打开文件 6-43biao.prt 的原始模型，如图 6-43 所示。

图 6-43　表阵列前模型

步骤 1：选取“拉伸 2”、“孔 1”特征组，单击【阵列】命令，打开阵列操控面板（见图 6-23）

步骤 2：打开表阵列操控面板

点选图 6-24 中的【表】按钮，打开表阵列操控面板，如图 6-44 所示。

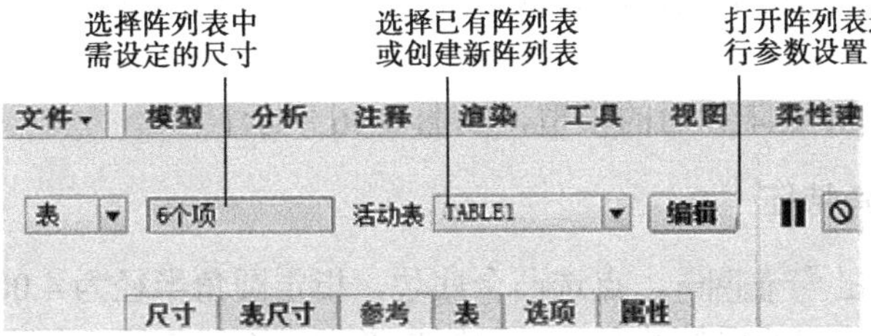

图 6-44　表阵列操控面板

步骤 3：选择阵列表中需设定的尺寸

点选“拉伸 2”凸台定位尺寸 40.00，按住 Ctrl 键点选另一定位尺寸 85.00、孔特征定位尺寸 40.00 和 85.00、大孔直径 35.00、小孔直径 20.00；活动表选项为默认的 TABLE1。

步骤 4：编辑阵列表

单击【编辑】，打开【pro/TABLE】对话框，设置阵列成员的定位、定形尺寸，如图 6-45 所示。

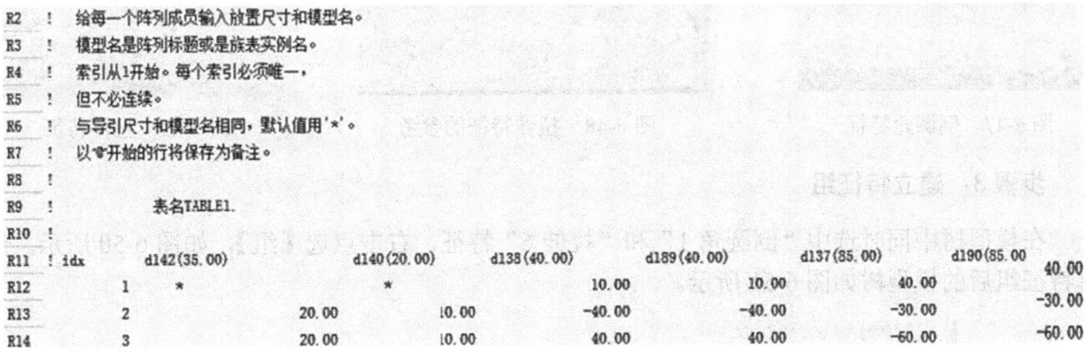

R2 ! 给每一个阵列成员输入放置尺寸和模型名。
R3 ! 模型名是阵列标题或是族表实例名。
R4 ! 索引从1开始。每个索引必须唯一，
R5 ! 但不必连续。
R6 ! 与导引尺寸和模型名相同，默认值用'*'。
R7 ! 以'@'开始的行将保存为备注。
R8 !
R9 ! 表名TABLE1.
R10 !

	! idx	d142(35.00)	d140(20.00)	d138(40.00)	d189(40.00)	d137(85.00)	d190(85.00
R12	1	*	*	10.00	10.00	40.00	40.00
R13	2	20.00	10.00	-40.00	-40.00	-30.00	-30.00
R14	3	20.00	10.00	40.00	40.00	-60.00	-60.00

图 6-45　【pro/TABLE】对话框

步骤 5：单击操控面板上的 ✓ 按钮，完成表阵列的特征创建（见图 6-46）

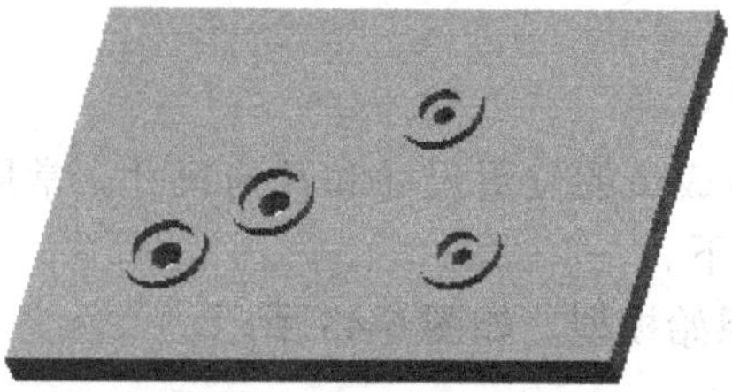

图 6-46　表阵列模型效果

6.3.6　创建参考阵列

参考阵列是指依附于已有的阵列方式创建新的阵列特征。通常在阵列方式下拉菜单中，参考阵列为灰色不可用，如图 6-24 所示。只有与已有阵列的原始特征有定位参考关系的特征，才可以使用参考阵列，即参考阵列的原始特征必须是以已有阵列的原始特征为参考。具体创建步骤如下。

打开文件 6-46biao.prt 表阵列后的模型，如图 6-46 所示。

步骤 1：创建倒圆角特征

单击【倒圆角】按钮 倒圆角，点选凸台底边，指定圆角半径为 4.00。注意：倒圆角特征一定要创建在上一节表阵列的原始特征上，否则参考方式不能使用，如图 6-47 所示。

步骤 2：创建拉伸特征

单击【拉伸】按钮，注意：点选同一原始特征的沉孔底面为草绘平面，指定该面上的大棱边圆和孔轴线为参考，如图 6-48 所示。草绘与参考重叠的圆，拉伸高度为 2.00，如图 6-49 所示。

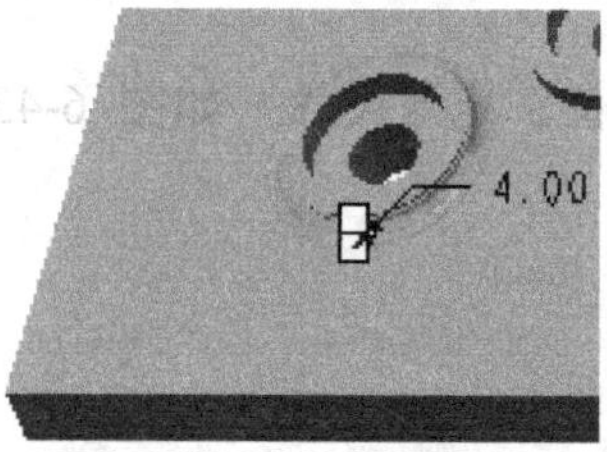

图 6-47　倒圆角特征

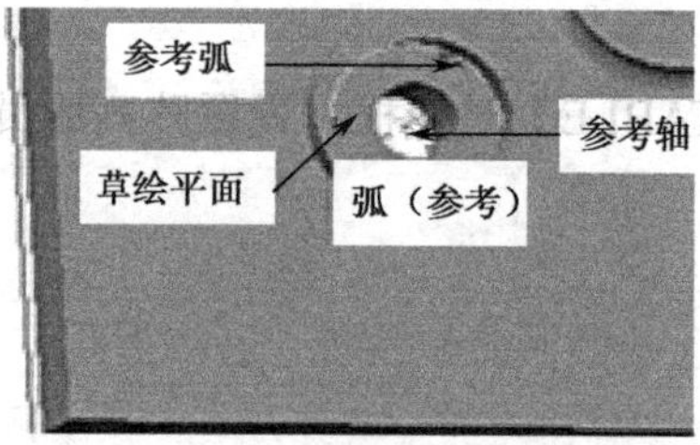

图 6-48　拉伸特征的参考

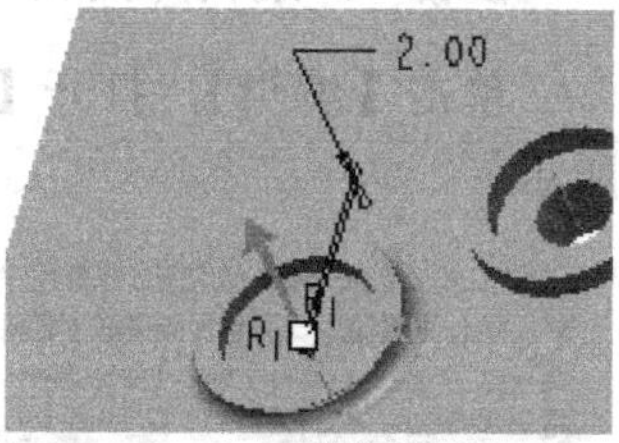

图 6-49　拉伸特征

步骤 3：建立特征组

在模型树中同时选中“倒圆角 1”和“拉伸 6”特征，右击点选【组】，如图 6-50 所示。创建特征组后的模型树如图 6-51 所示。

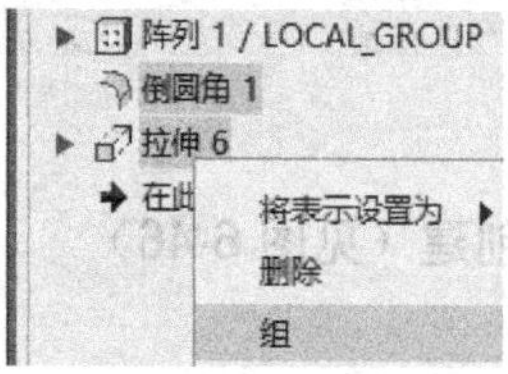

图 6-50　创建特征组

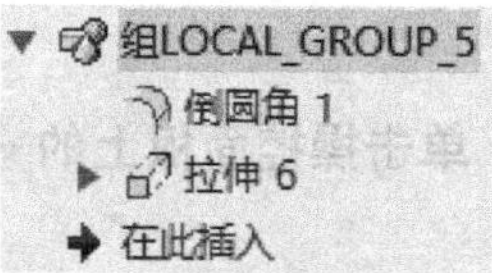

图 6-51　模型树中的特征组

步骤 4：打开参考阵列操控面板

选取特征组，单击【阵列】命令，打开阵列操控面板。点选如图 6-24 所示阵列方式下拉菜单中的【参考】按钮，打开参考阵列操控面板，如图 6-52 所示。

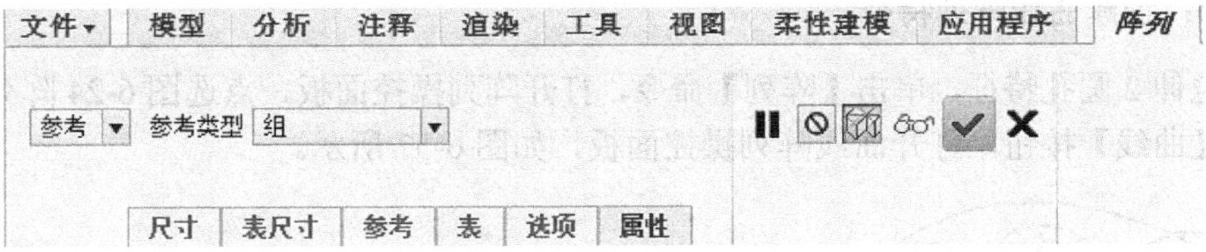

图 6-52　参考阵列操控面板

步骤 5：单击操控面板上的✔按钮，完成参考阵列的特征创建（见图 6-53）

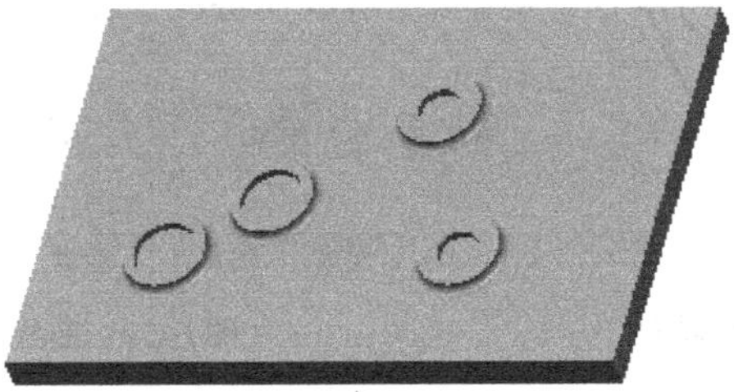

图 6-53　参考阵列模型效果

6.3.7　创建曲线阵列

曲线阵列是指将特征（特征组）沿着曲线分布。在阵列操作之前，需要先绘制一条二维曲线。具体操作步骤举例说明如下。

打开文件 quxianzl.prt 的原始模型，如图 6-54 所示。

步骤 1：绘制二维曲线的草绘图形

单击【模型】→【基准】模块的命令，点选模型的上表面为草绘平面，单击【草绘】对话框的草绘按钮，单击【模型】→【草绘】模块的偏移命令，点选内轮廓链，指定向外偏移量为 15.00，绘制如图 6-55 所示的曲线。单击✔按钮完成草绘。

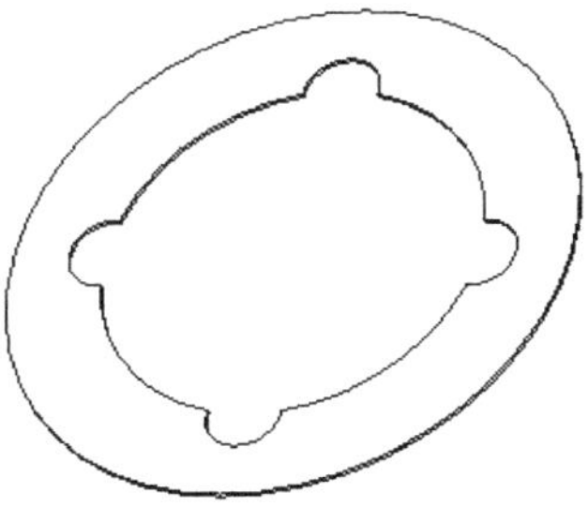

图 6-54　曲线阵列原始模型

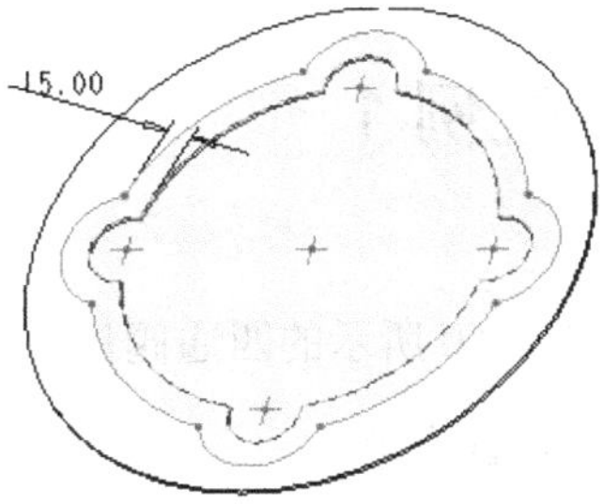

图 6-55　草绘二维曲线

步骤 2：拉伸圆孔特征

注意：为使阵列成员能精确地沿着曲线分布，应使将要拉伸的原始特征处于曲线的起始位置。

单击【拉伸】按钮，点选模型的上表面为草绘平面，点选偏移二维曲线时的第一段圆弧作为参考，在圆弧逆时针的起点处，画直径为 8.00 的圆，指定深度为穿透，单击【移除材料】按钮，单击按钮完成拉伸，如图 6-56 所示。

步骤 3：创建曲线阵列特征

点选拉伸 2 圆孔特征，单击【阵列】命令，打开阵列操控面板，点选图 6-24 阵列方式下拉菜单中的【曲线】按钮，打开曲线阵列操控面板，如图 6-57 所示。

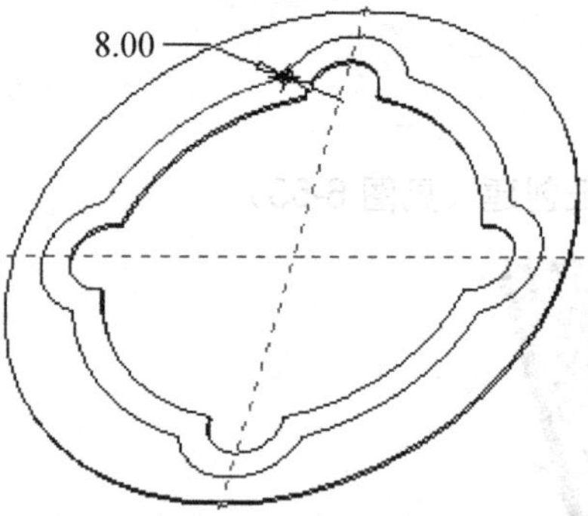

图 6-56　在曲线起始位置绘制原始特征

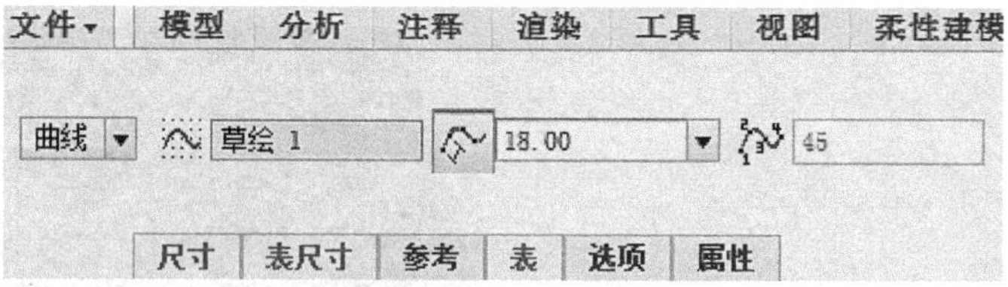

图 6-57　曲线阵列操控面板

点选草绘的二维曲线，指定阵列成员之间的间隔为 18.00，阵列预览如图 6-58 所示。单击按钮完成曲线阵列特征，如图 6-59 所示。

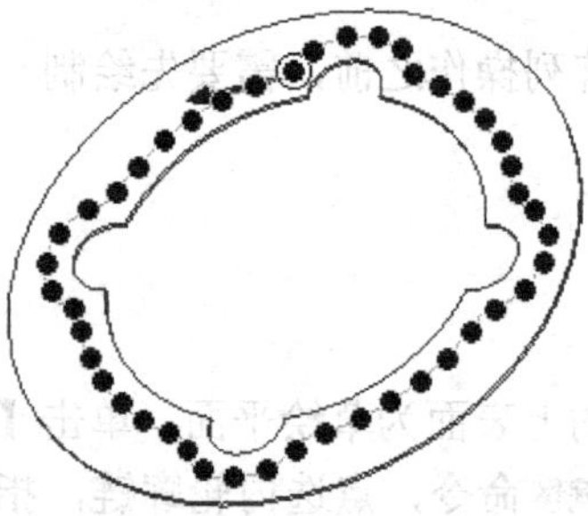

图 6-58　阵列预览图

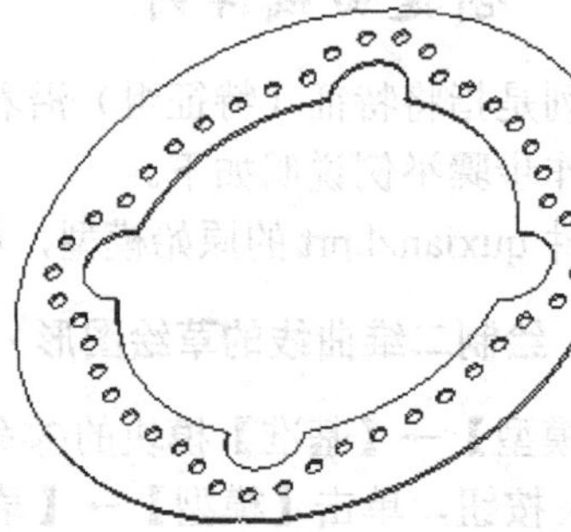

图 6-59　曲线阵列模型效果

6.4　范例 1

绘制如图 6-60 所示的四通阀体。

步骤 1：新建文件

单击新建文件按钮，在新建对话框中点选【零件】，输入零件名 sitongfati，取消【使用默认模板】，单击【确定】；在【新文件选项】对话框中点选【mmns_part_solid】，单击【确定】。

步骤 2：复制及粘贴菱形板

打开 4-188yagai.prt 零件，点选拉伸 1 菱形板特征，单击【复制】按钮复制；激活

sitongfati.prt 文件，单击【粘贴】按钮 粘贴 ，完成菱形板的创建，如图 6-61 所示。

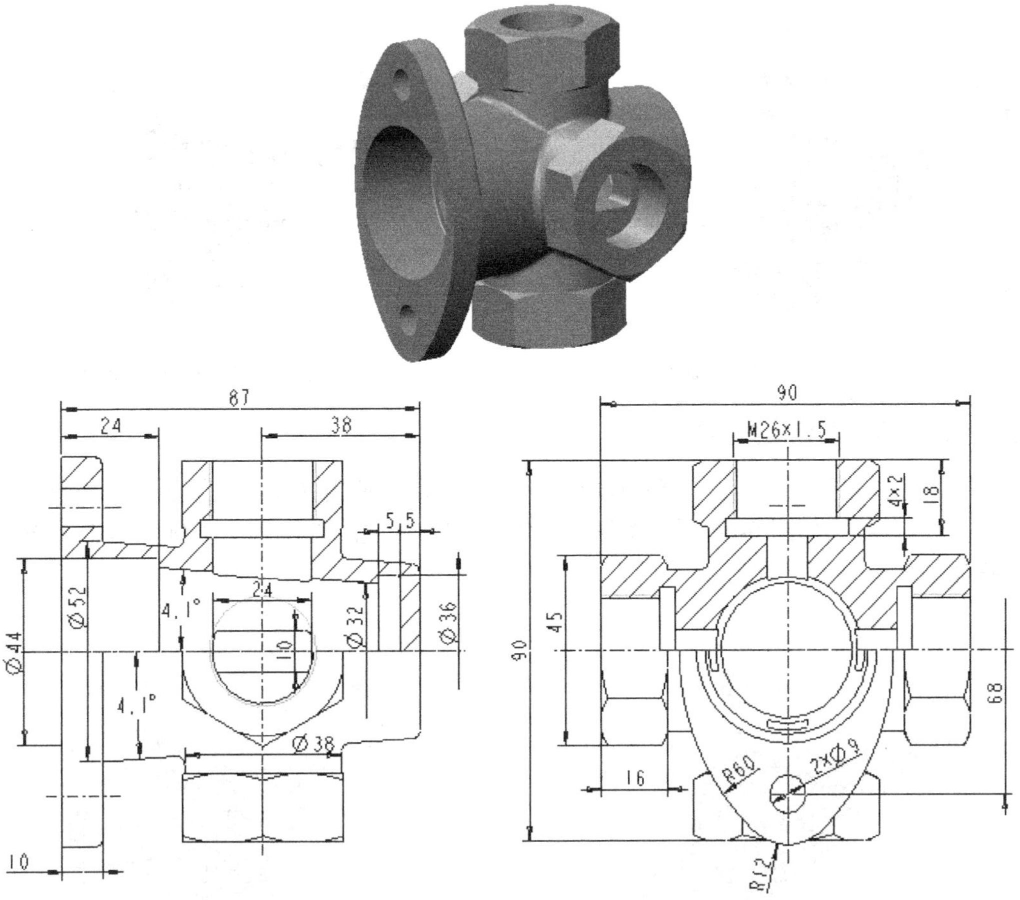

图 6-60　四通阀体模型及视图

步骤 3：旋转阀体的圆台特征

单击【旋转】按钮 旋转，点选 FRONT 基准面为草绘平面，绘制几何中心线及草图，如图 6-62 所示，单击按钮完成旋转特征的创建，如图 6-63 所示。

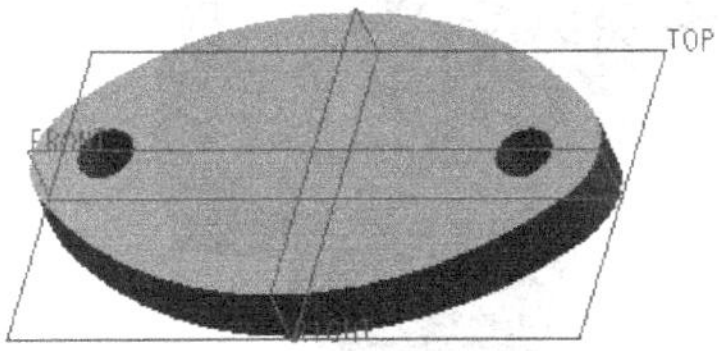

图 6-61　粘贴的菱形板

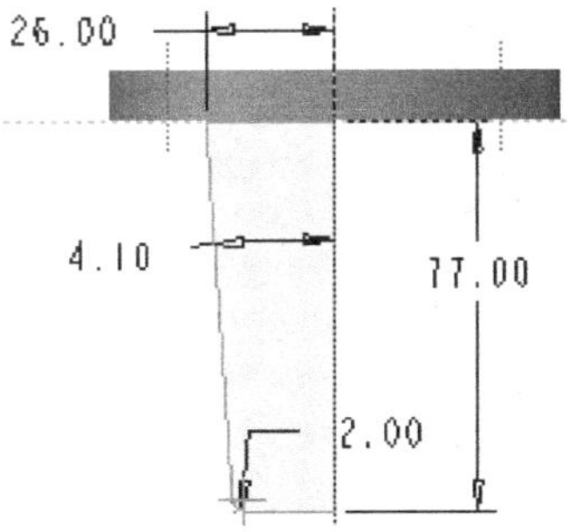

图 6-62　旋转命令的草绘

图 6-63　完成圆台特征

步骤 4：创建基准平面 DTM1 和 DTM2

单击【模型】→【基准】模块的命令，将 RIGHT 基准平面向右平移 45.00，创建 DTM1，如图 6-64 所示；将 TOP 基准平面向下平移 39.00，DTM2 如图 6-65 所示。

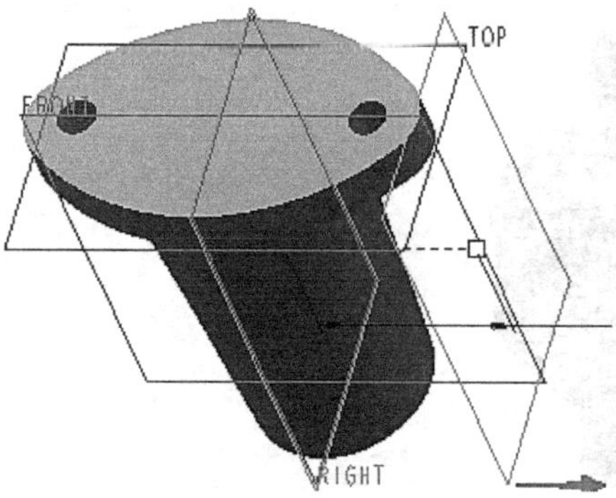

图 6-64 创建 DTM1 基准平面

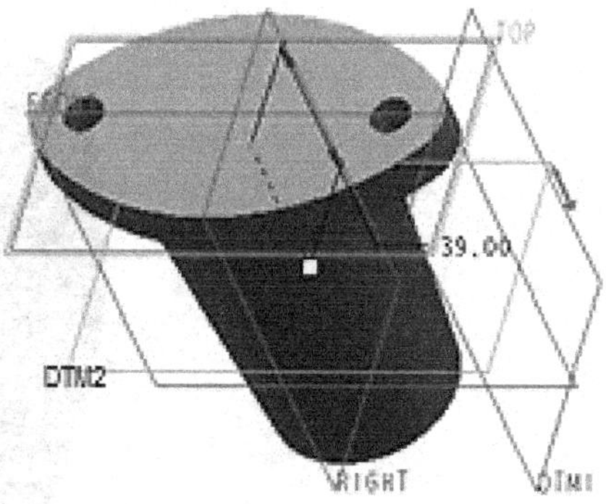

图 6-65 创建 DTM2 基准平面

步骤 5：创建右侧管接头实体

（1）单击【拉伸】按钮，点选 DTM1 为草绘平面，使用【调色板】命令，指定外接圆直径为 45.00，绘制如图 6-66 所示图形，拉伸方向向右，指定厚度为 16.00，单击按钮完成拉伸特征，如图 6-67 所示。

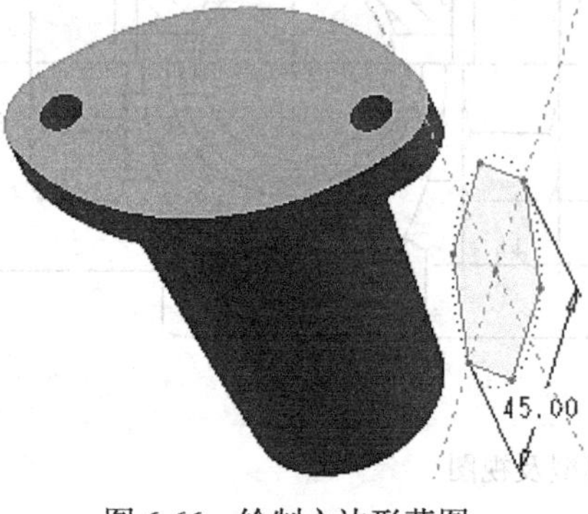

图 6-66 绘制六边形草图

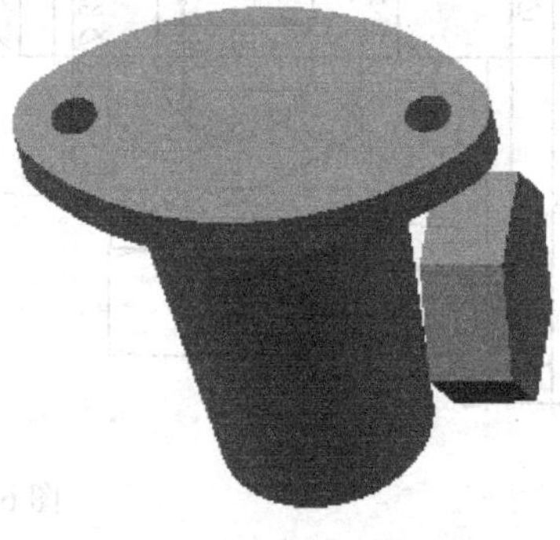

图 6-67 完成拉伸六棱柱特征

（2）单击【拉伸】按钮，点选 DTM1 基准面为草绘平面，绘制直径为 38.00 的圆，如图 6-68 所示，指定厚度为【拉伸至下一曲面】，单击按钮完成拉伸圆柱特征的创建，如图 6-69 所示。

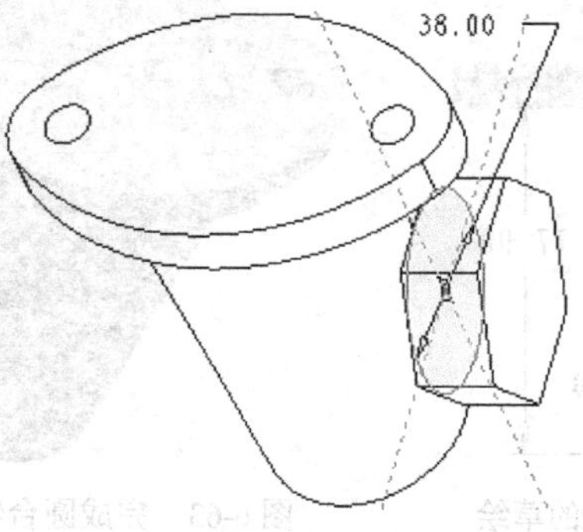

图 6-68 绘制圆草图

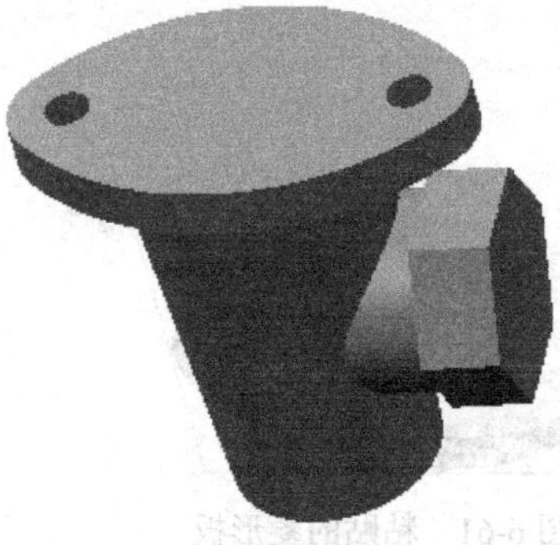

图 6-69 完成拉伸圆柱特征

（3）单击【旋转】按钮 旋转，点选 DTM2 为草绘平面，绘制几何中心线、构造中心线及两个三角形，如图 6-70 所示，单击【移除材料】按钮，单击完成旋转移除特征的创建。

如图 6-71 所示。

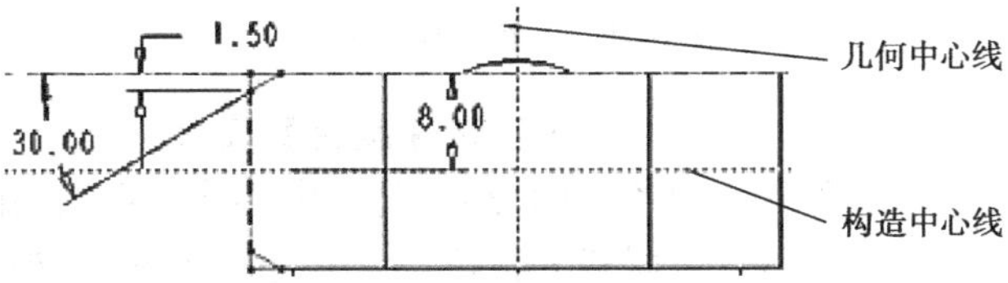

图 6-70　绘制三角形草图

（4）单击【倒圆角】按钮 倒圆角，点选圆柱与圆台的交线，指定圆角半径为 2.00，单击按钮完成倒圆角特征，如图 6-72 所示。

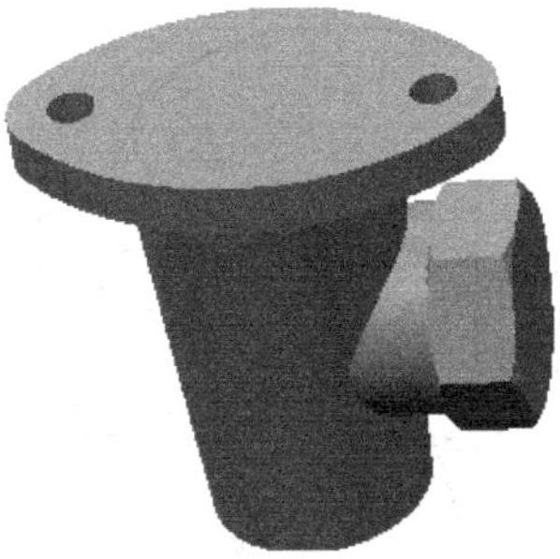

图 6-71　完成旋转移除特征

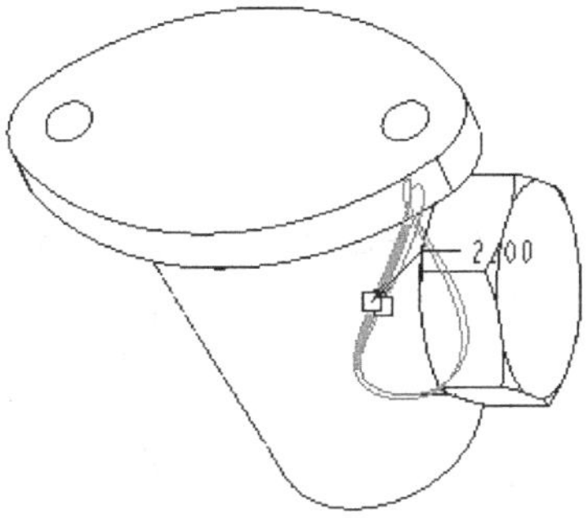

图 6-72　完成倒圆角特征

步骤 6：创建管接头实体的阵列特征

（1）在模型树中同时选中步骤 5 中的四个特征，右击，在弹出的菜单中单击【组】，得到模型树中的特征组为 组LOCAL_GROUP。

（2）在特征组为选中的状态下，单击【阵列】按钮，设置阵列类型为【轴】，单击圆台特征的轴线，指定阵列成员总数为 4，间隔为 90 度，单击按钮完成阵列特征的创建。如图 6-73 所示。

步骤 7：创建管接头内孔特征

（1）单击【模型】→【工程】模块的孔命令按钮 孔，单击原始管接头右表面，按住 Ctrl 键点选管接头圆柱特征的轴线，如图 6-74 所示；单击创建标准孔按钮，指定标准孔螺纹类型为 ISO，螺纹规格为 M26×1.5，孔深度为 14.00，单击操控面板下方的 形状 按钮，指定锥顶角为 180 度，阵列操控面板如图 6-75 所示。

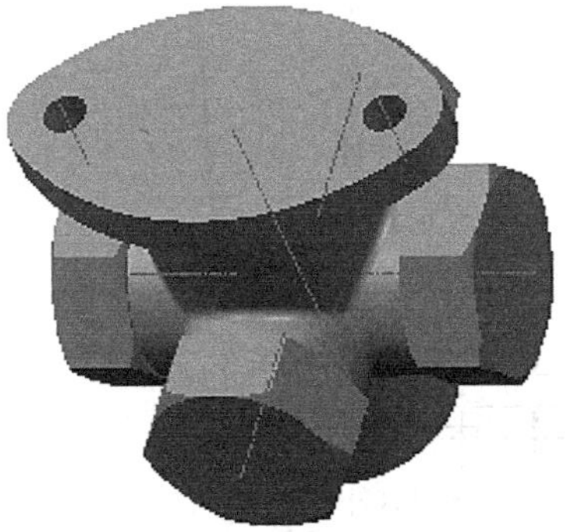

图 6-73　完成管接头阵列特征

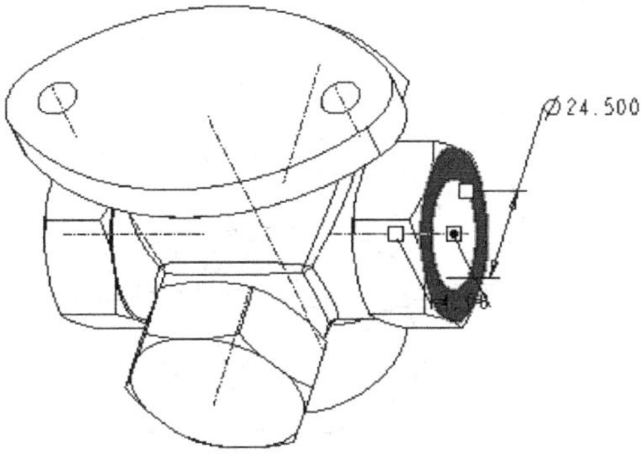

图 6-74　创建标准孔特征

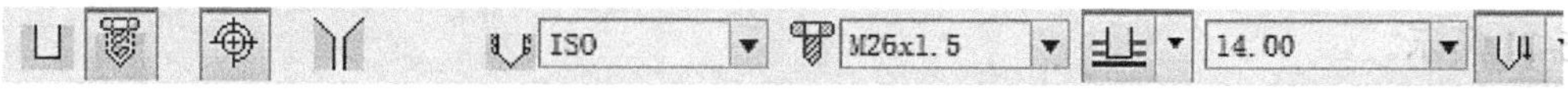

图 6-75　孔特征操控面板

（2）单击【旋转】按钮 旋转，点选 DTM2 基准面为草绘平面，绘制几何中心线及草图如图 6-76 所示，单击【移除材料】按钮，单击完成旋转移除的孔特征。

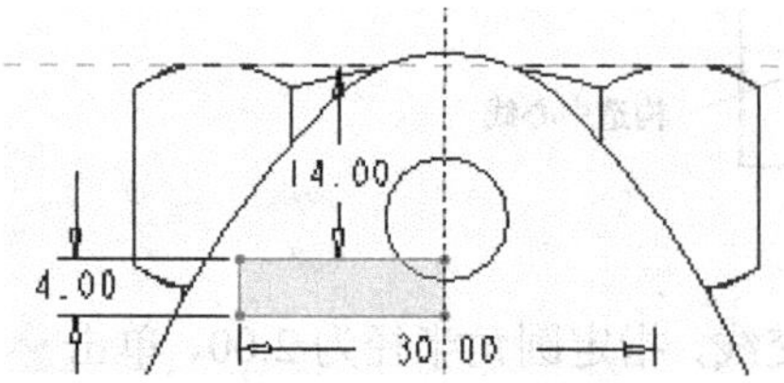

图 6-76　旋转移除命令矩形草图

（3）单击【拉伸】按钮，点选刚绘制的旋转孔底面为草绘平面，绘制矩形草图如图 6-77 所示。指定拉伸深度为 20.00，单击【移除材料】按钮，单击完成拉伸移除特征，如图 6-78 所示。

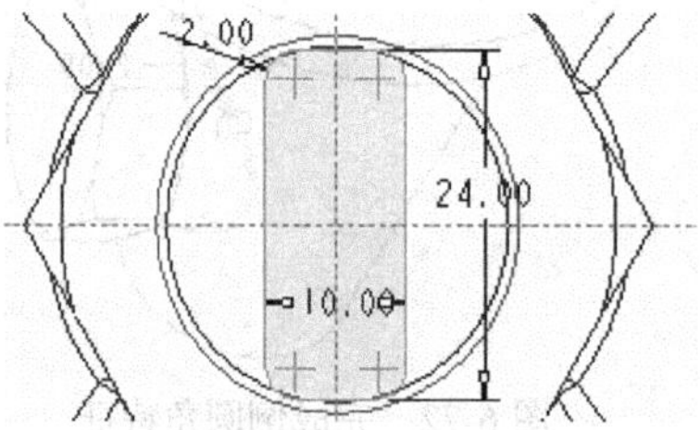

图 6-77　拉伸移除命令矩形草图

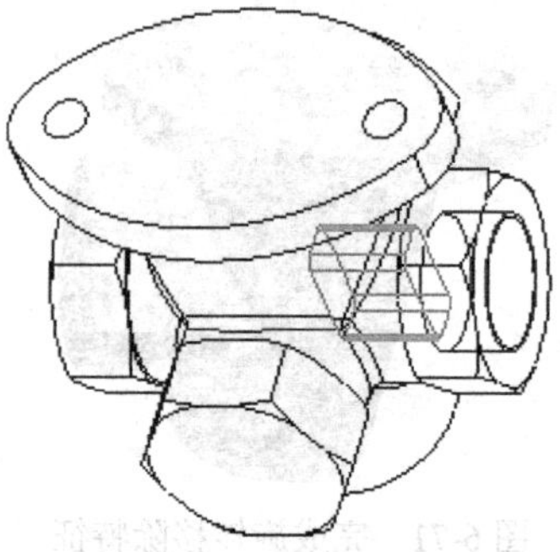

图 6-78　拉伸移除的方孔

步骤 8：创建管接头内孔组的阵列特征

（1）在模型树中同时选中步骤 7 中的三个特征，右击，在弹出的菜单中单击【组】，得到模型树中的特征组为 组LOCAL_GROUP_4。

（2）在特征组为选中的状态下，单击【阵列】按钮，设置阵列类型为【轴】，单击圆台特征的轴线，指定阵列成员总数为 4，间隔为 90 度，单击按钮完成阵列特征，如图 6-79 所示。

步骤 9：创建阀体空腔

单击【旋转】按钮 旋转，点选 DTM2 基准面为草绘平面，绘制几何中心线及草图，如图 6-80 所示，单击【移除材料】按钮，单击完成旋转移除的孔特征，如图 6-81 所示。

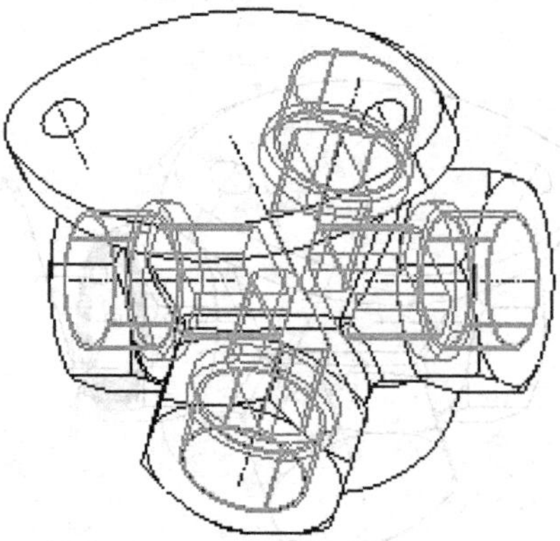

图 6-79　完成内孔组的阵列特征

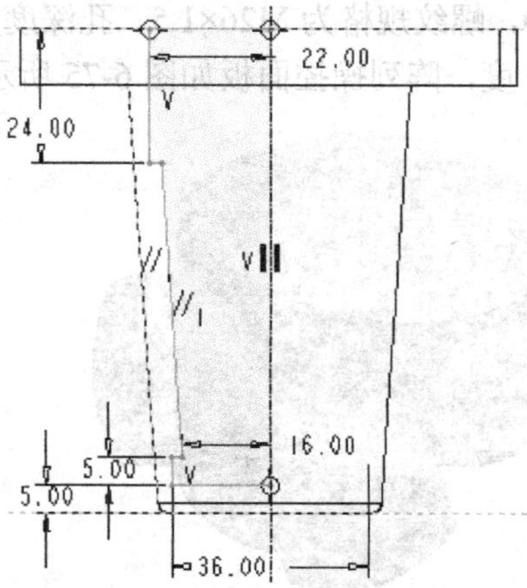

图 6-80　阀体空腔的草图

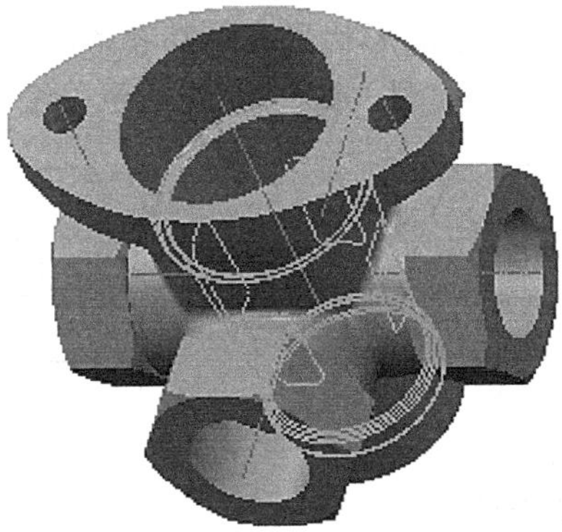

图 6-81　四通阀体的着色显示

步骤 10：保存文件

单击【文件】→【保存】命令，在保存对象对话框中按【确定】按钮。单击【文件】→【管理会话】→【拭除当前】→【是】完成零件的创建。

6.5　特征修改

Creo 2.0 作为参数化的设计软件，已创建特征的尺寸参数值及其他操控面板设置的内容都可以修改，修改后特征几何体会随之而改变，与之相关的子特征也会随之更新。

6.5.1　特征的编辑

特征的编辑是对已创建特征的尺寸参数进行修改，但不改变特征操控面板中的其他项目。特征编辑的方法如下。

方法一：在模型实体或模型树中选中要编辑的特征，右击，在弹出的菜单中单击【编辑】选项，如图 6-82 所示。系统将在模型中单独显示此特征的所有尺寸参数。双击要编辑的尺寸，在文本框中修改后按回车键，如图 6-83 所示。最后单击屏幕退出选中状态，完成特征编辑。

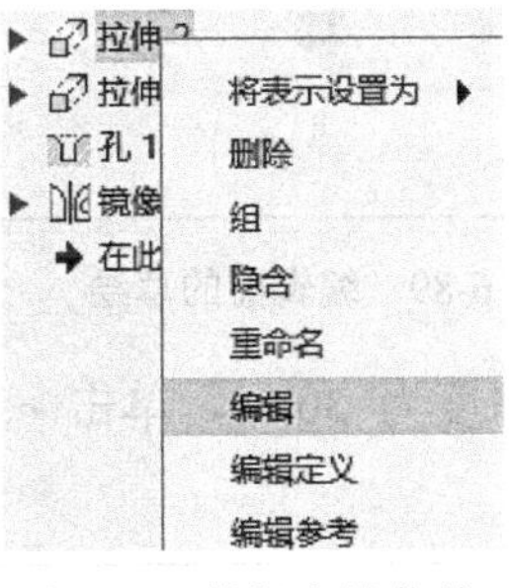

图 6-82　特征右键菜单

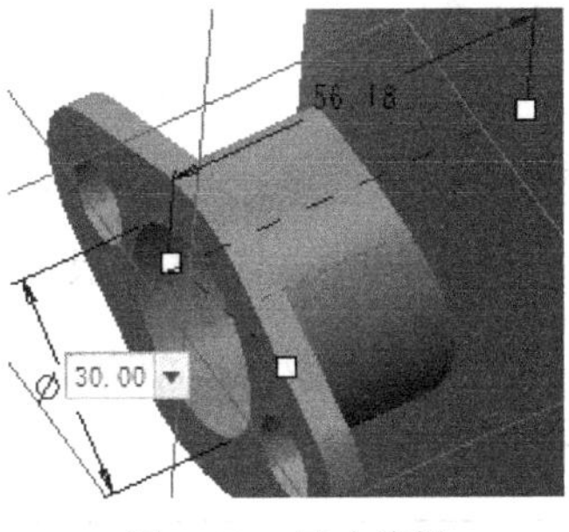

图 6-83　尺寸编辑

方法二：直接在模型实体上双击要编辑的特征，即可显示此特征的所有尺寸参数，后续步骤同方法一。

6.5.2　特征的编辑定义及删除

特征的编辑定义是对已创建特征的特征操控面板的各项内容进行重新定义，包括特征属性、特征方式、特征尺寸参数、二维截面形状尺寸及其参考等。具体的操作步骤举例说明如下。

打开文件 bianjidingyi .prt 的原始模型，如图 6-84 所示。编辑后的模型如图 6-85 所示。

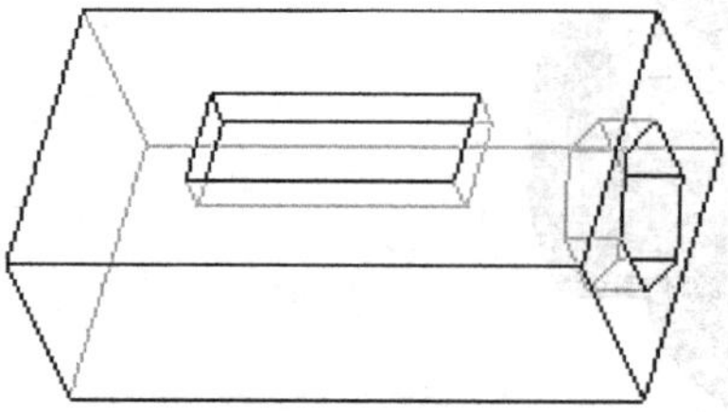

图 6-84　编辑定义及删除前

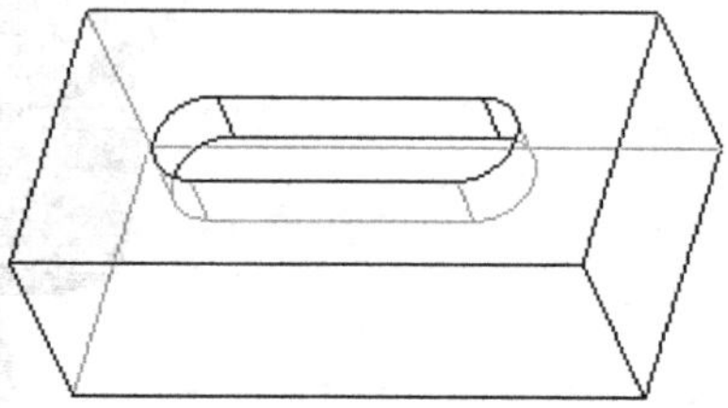

图 6-85　编辑定义及删除后

步骤 1：编辑定义方形槽为跑道形槽，深度由 20 增至 30

（1）在模型树或模型中点选方形槽特征，右击，在弹出的菜单中单击【编辑定义】选项。如图 6-86 所示。系统打开拉伸操控面板，如图 6-87 所示。

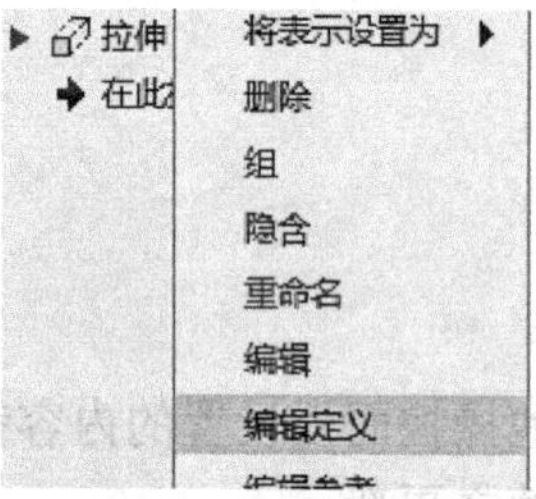

图 6-86　特征右键菜单

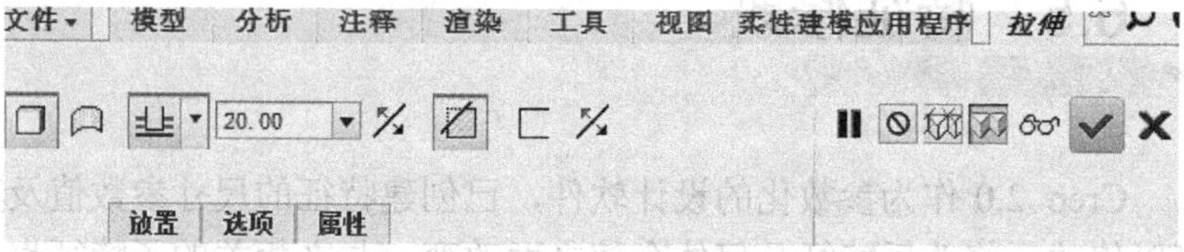

图 6-87　打开的拉伸操控面板

（2）单击操控面板下方的【放置】按钮 放置 ，在打开的放置下拉面板中单击【编辑】按钮 编辑... ，如图 6-88 所示。

（3）单击【草绘视图】按钮 草绘视图，使草绘平面平行于屏幕，如图 6-89 所示。编辑后的草绘图形如图 6-90 所示。单击✔按钮完成草绘编辑。

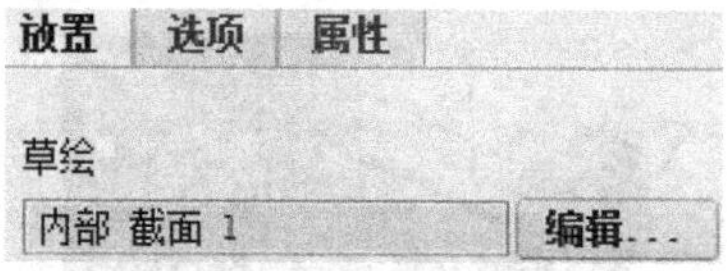

图 6-88　放置下拉面板

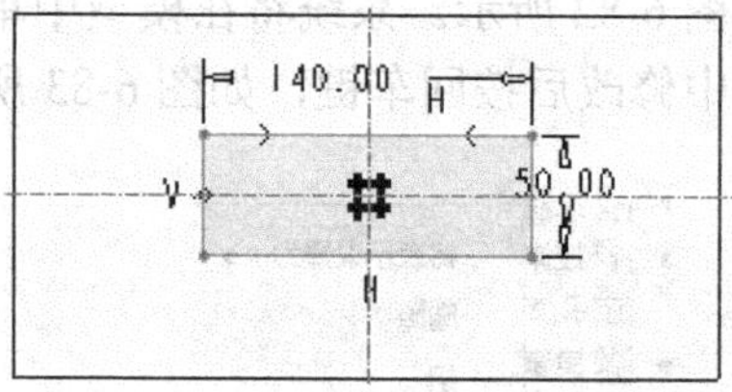

图 6-89　编辑前的草绘

（4）在操控面板上或在模型上双击深度尺寸，更改拉伸深度为 30.00，单击✔完成编辑定义。如图 6-91 所示。

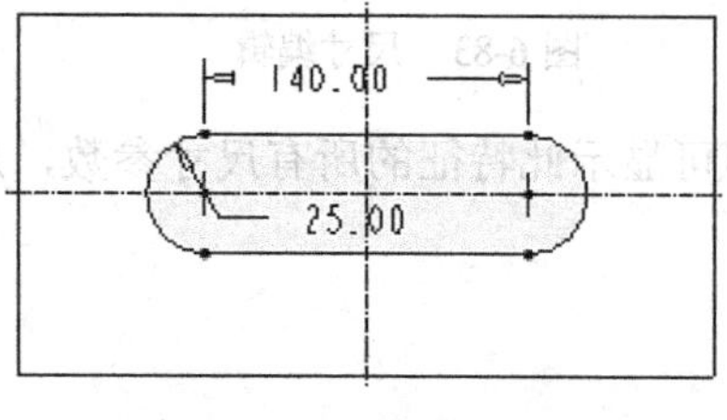

图 6-90　编辑后的草绘

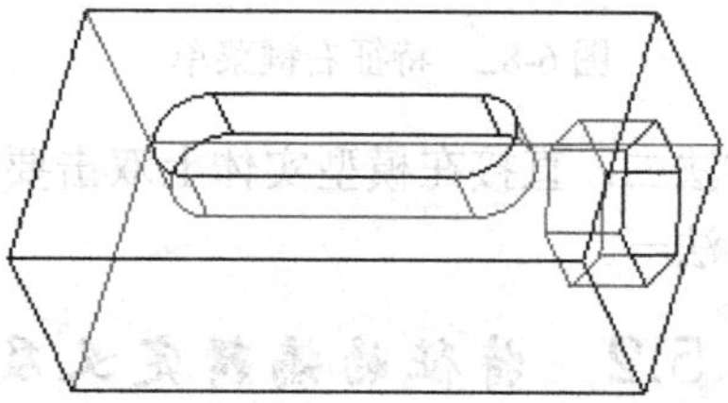

图 6-91　编辑定义后的模型

步骤 2：删除六棱柱孔特征

点选六棱柱孔特征，右击，在弹出的菜单上点选【删除】选项；或者选中后直接按键盘上的 Delete 键。在弹出的删除菜单上单击【确定】按钮。完成的模型如图 6-85 所示。

注意：当要删除的特征与后续特征之间有参考或放置关系时，系统的删除对话框如图 6-92 所示。如果删除该特征，后面创建的子特征也会随之被删除。此时，可单击【选项】按钮 选项>> ，系统将弹出【子项处理】对话框，如图 6-93 所示。可以对子特征进行重新定义或替换参考操作。

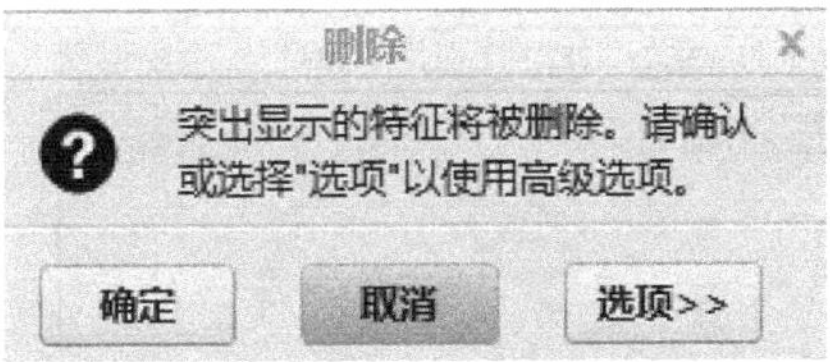

图 6-92　删除对话框

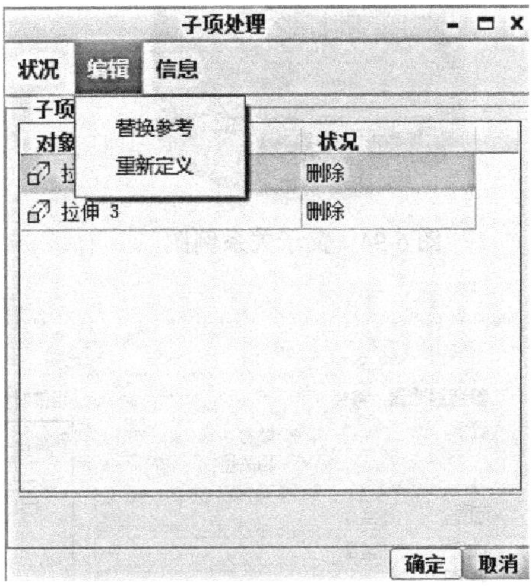

图 6-93　【子项处理】对话框

6.5.3　父子关系

新特征与已创建的特征及基准特征之间，存在着因摆放位置或尺寸参照而产生的联系，这种联系称作父子关系。父子关系对设计变更的难易程度有很大影响。产生父子关系的因素通常有以下几种：第一，特征草绘过程中，选择的草绘平面、绘图的参考及约束、尺寸标注的参考等几何要素；第二，工程特征创建过程中，特征放置的面、边、点、坐标系，定位尺寸的参考等几何要素；第三，建立基准特征时，作为参考的几何要素。查看父子关系的方法举例说明如下。

打开 fuziguanxi.prt 文件，模型如图 6-94 所示。

如果要查看小圆柱特征的父子关系，可以在模型树中右击该特征，在弹出的菜单中点选【信息】，在信息子菜单中点选【参考查看器】，如图 6-95 所示，弹出【参考查看器】对话框，如图 6-96 所示。由对话框可见，该小圆柱的父项特征为 RIGHT 基准平面、FRONT 基准平面及拉伸 1 长方体。

父子关系通常决定了所创建特征的位置，有时会影响形状。在修改模型时，如果删除父特征或修改子特征时，牵连到关系中的其他特征而引起不便，就需要将父子关系脱离或减弱，通常的方法是使用【编辑参考】命令，有时还需结合【编辑定义】命令进行模型修改。

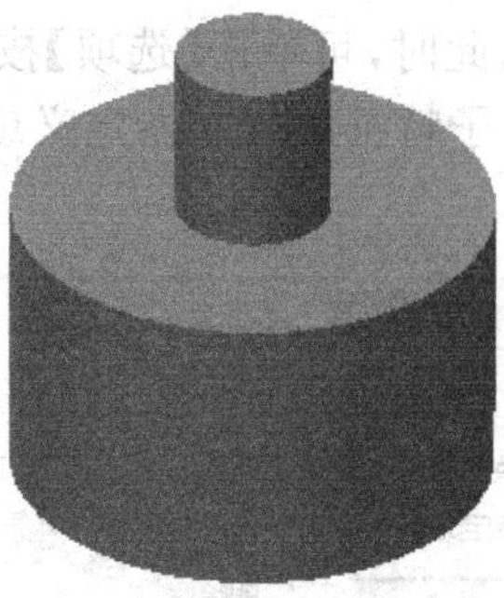

图 6-94　父子关系例图

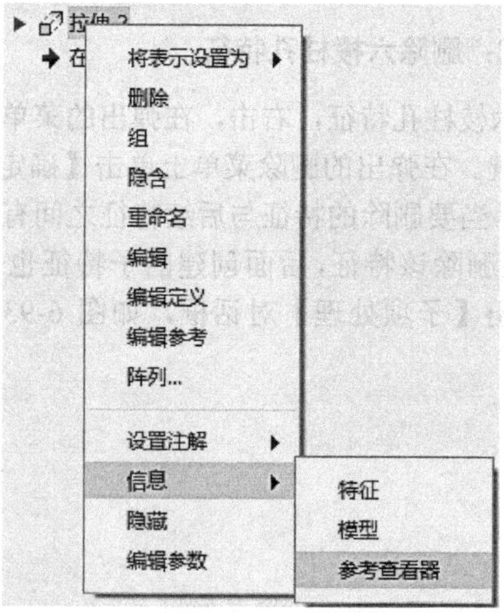

图 6-95　查看父子关系的方法

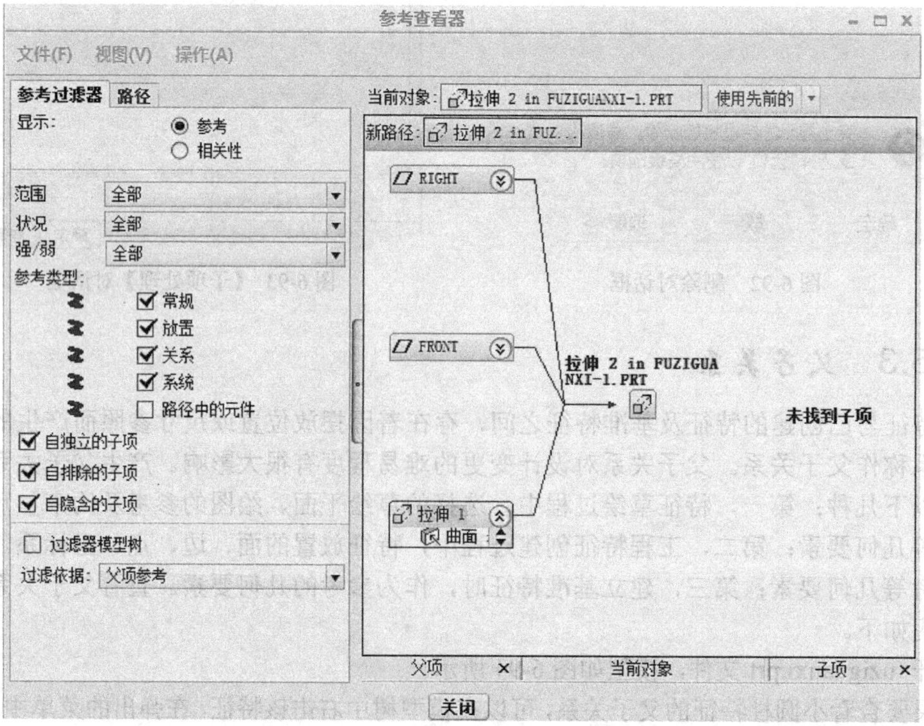

图 6-96　【参考查看器】对话框

6.5.4　特征的编辑参考

特征的编辑参考操作是通过替换草绘平面、方向参考平面、尺寸标注的参考要素，或者通过替换工程特征的放置平面、线等来改变零件特征之间的父子关系，从而达到零件建模和设计变更的要求。

下面以图 6-97 所示的模型为原始模型，说明操作的具体步骤。修改后的模型需满足：拉伸 2（小圆柱）特征要脱离与长方体的父子关系，且方向改为从后向前伸出，如图 6-98 所示。

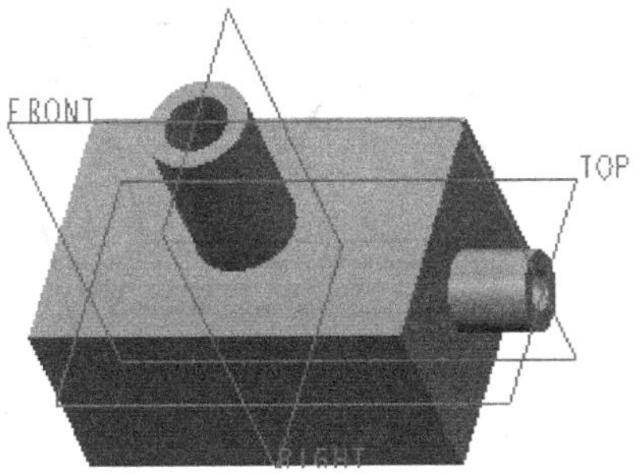

图 6-97　编辑参考原始模型

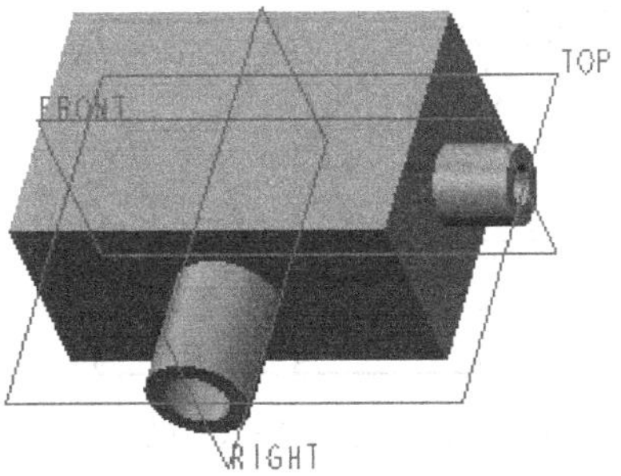

图 6-98　修改后模型

步骤 1：打开【编辑参考】命令

右击模型树中的拉伸 2 小圆柱特征，在弹出的菜单中单击【编辑参考】选项，如图 6-99 所示。系统弹出确认对话框，如图 6-100 所示。

步骤 2：点选确认菜单中的选项

点选【是】按钮，打开菜单管理器，如图 6-101 所示。模型将回到拉伸 2 特征的草绘状态，该特征（及其后续特征）都不显示，如图 6-102 所示。如果点选【否】按钮，则显示模型的所有特征。

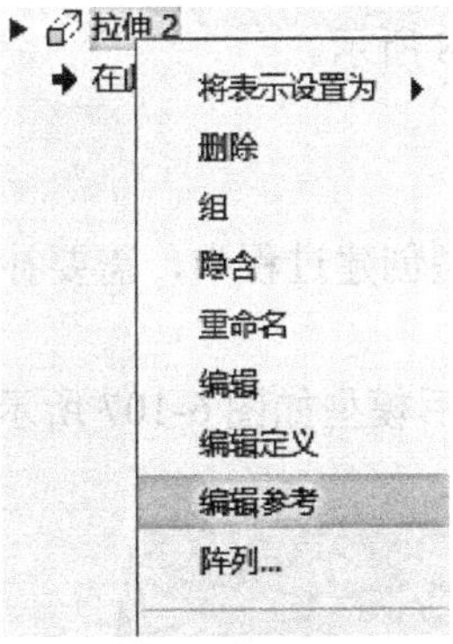

图 6-99　特征右键菜单

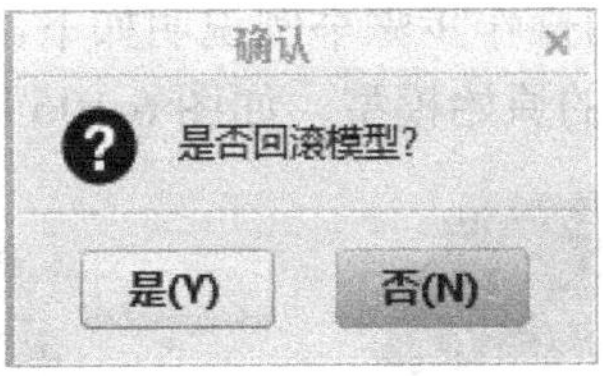

图 6-100　确认菜单

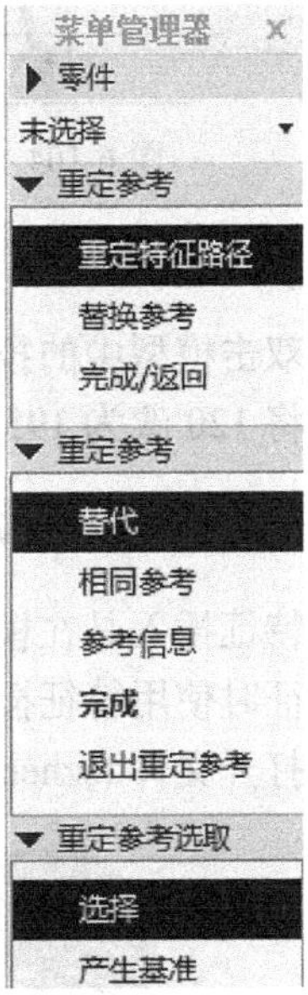

图 6-101　菜单管理器

步骤 3：按照系统提示，逐一替换草绘平面和参考平面（待替换平面呈红色）

（1）顶面（原草绘平面）呈红色，左下角提示 选择一个替代草绘平面。，点选 FRONT 基准平面为草绘平面后，RIGHT 面呈红色，如图 6-102 所示。

（2）左下角提示 为草绘器选择一个替代竖直参考平面。，点选 TOP 基准平面为竖直参考面（与草绘平面垂直）。图样保持不变，仍是 RIGHT 面呈红色。

（3）左下角提示 选择一个替代尺寸标注参考。，点选 TOP 基准平面后，FRONT 面呈红色，如图 6-103 所示。

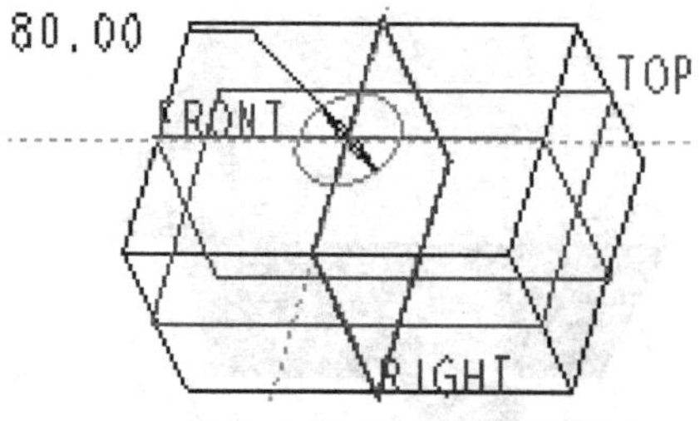

图 6-102　步骤（1）、（2）图形

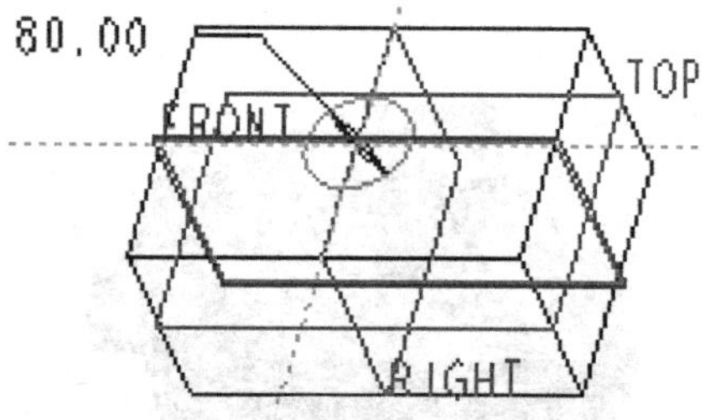

图 6-103　步骤（3）图形

（4）左下角提示 ➪选择一个替代尺寸标注参考。，点选 RIGHT 基准平面后，如图 6-104 所示。

（5）左下角提示 ➪指定基准平面的新方向。旧方向用绿色显示。，新方向（图 6-104 中黑色箭头）符合从后向前的要求，单击【菜单管理器】中的【确定】，否则应选择【反向】。选择【确定】后模型如图 6-105 所示。如果要得到如图 6-98 所示的模型效果，还需要结合【编辑定义】命令进行修改。

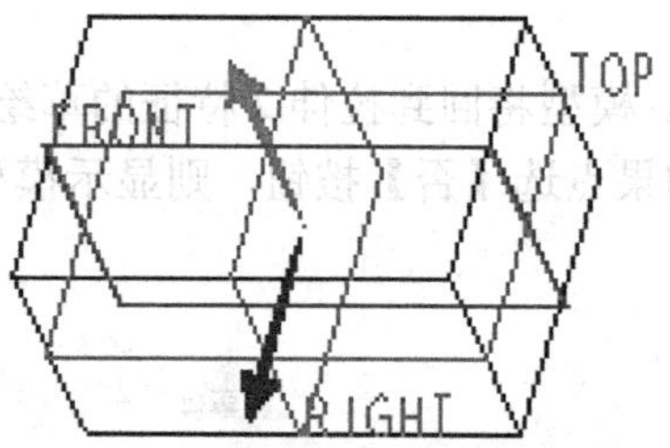

图 6-104　步骤（4）图形

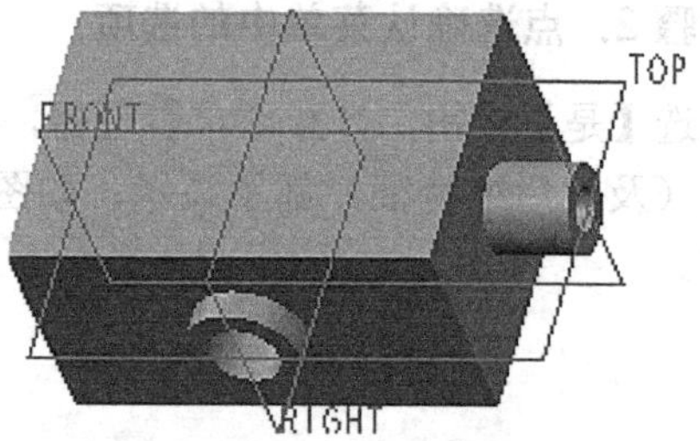

图 6-105　编辑参考后的模型

步骤 4：【编辑】拉伸 2 的长度尺寸参数

双击模型中的拉伸 2 小圆柱特征，系统显示该特征的所有尺寸。双击小圆柱的原始深度尺寸，将 120 改为 195，单击屏幕完成编辑。最后得到的模型如图 6-98 所示。

6.5.5　特征的插入

特征插入是在模型的某个位置，插入其他新特征的操作。在模型创建过程中，需要补充某些特征时使用特征插入。具体的操作步骤举例说明如下。

打开文件 tezhengcharu .prt 的原始模型，如图 6-106 所示。编辑后模型如图 6-107 所示。

图 6-106　插入特征前的模型

图 6-107　插入特征后的模型

步骤 1：单击并拖动模型树的 ➔ 在此插入 到指定位置

在模型树中，单击 ➔ 在此插入，并将其拖动到拉伸特征之后，如图 6-108 所示。其后面的其他所有特征将不显示，此时，模型回到抽壳前的形状，如图 6-109 所示。

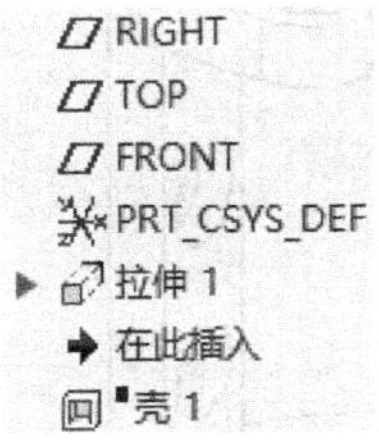

图 6-108　模型树

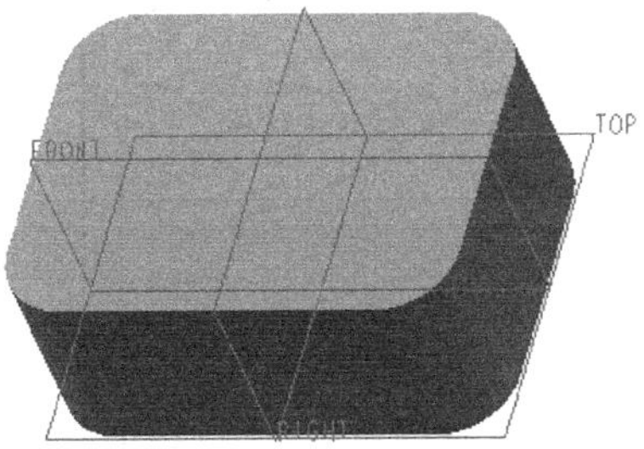

图 6-109　回到抽壳前的模型

步骤 2：创建拔模特征

单击【拔模】命令 拔模，打开拔模操控面板，如图 6-110 所示。单击顶面为拔模枢轴平面，四个侧面为拔模曲面，指定拔模角度为 10.0 度，拔模后如图 6-111 所示。

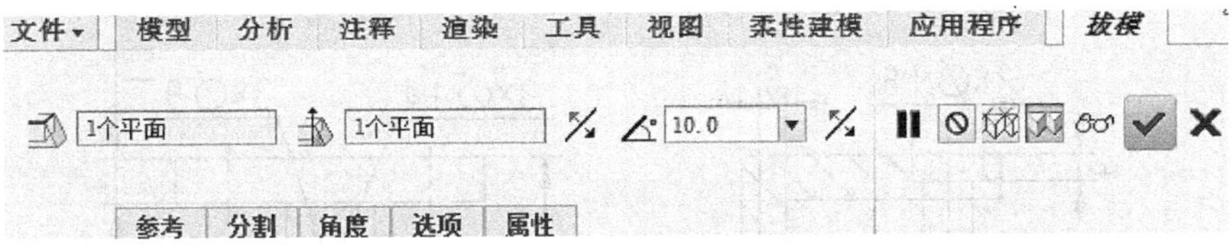

图 6-110　拔模操控面板

步骤 3：创建倒圆角特征

单击【倒圆角】命令 倒圆角，打开倒圆角操控面板。单击模型的底边，指定圆角半径为 30。底边倒圆角后的模型如图 6-112 所示。

步骤 4：单击并拖动模型树的 在此插入 到模型树的末端

在模型树中单击 在此插入，并拖动到模型树的最末端之后，如图 6-113 所示。完成的模型如图 6-107 所示。

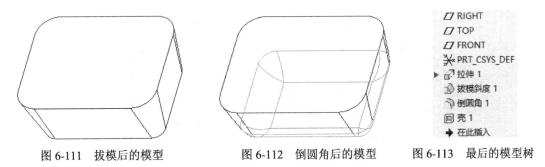

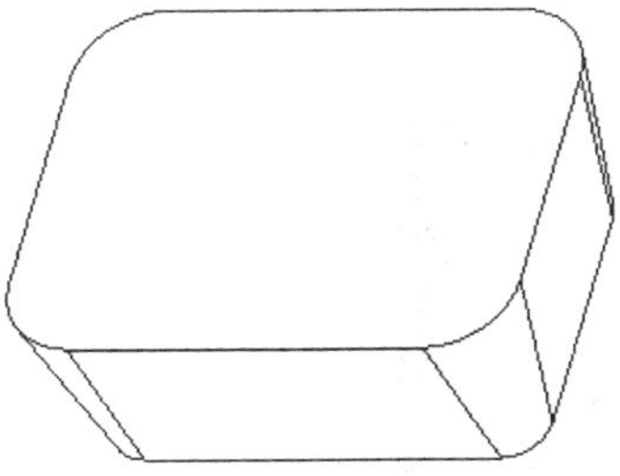

图 6-111　拔模后的模型

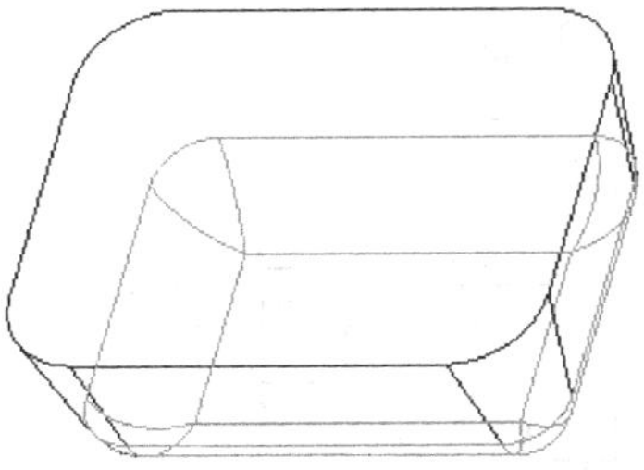

图 6-112　倒圆角后的模型

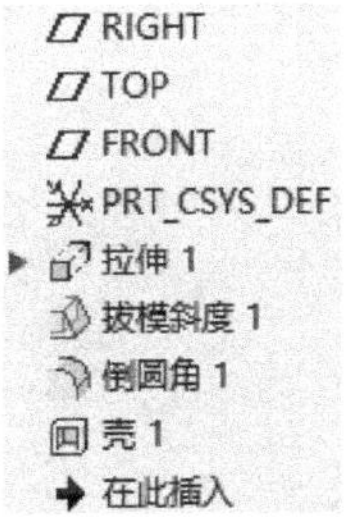

图 6-113　最后的模型树

6.6　范例 2

将图 6-114 所示的夹具手柄座修改为图 6-115 的形状。修改后的夹具手柄座的零件图如图 6-116 所示。

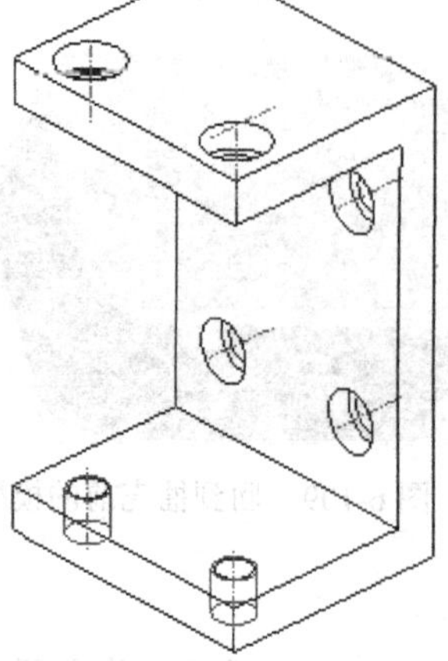

图 6-114　修改前夹具手柄座模型

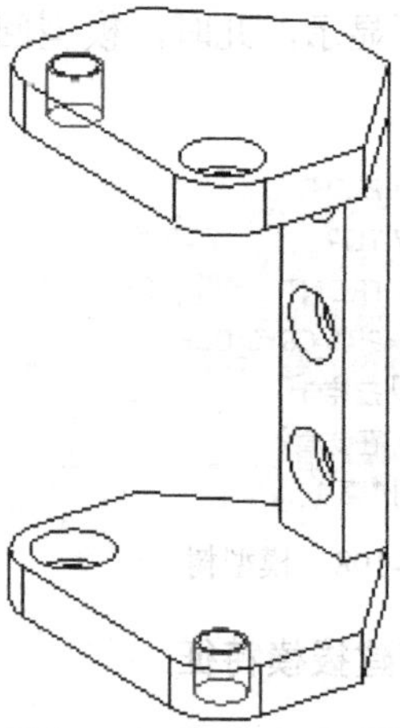

图 6-115　修改后夹具手柄座模型

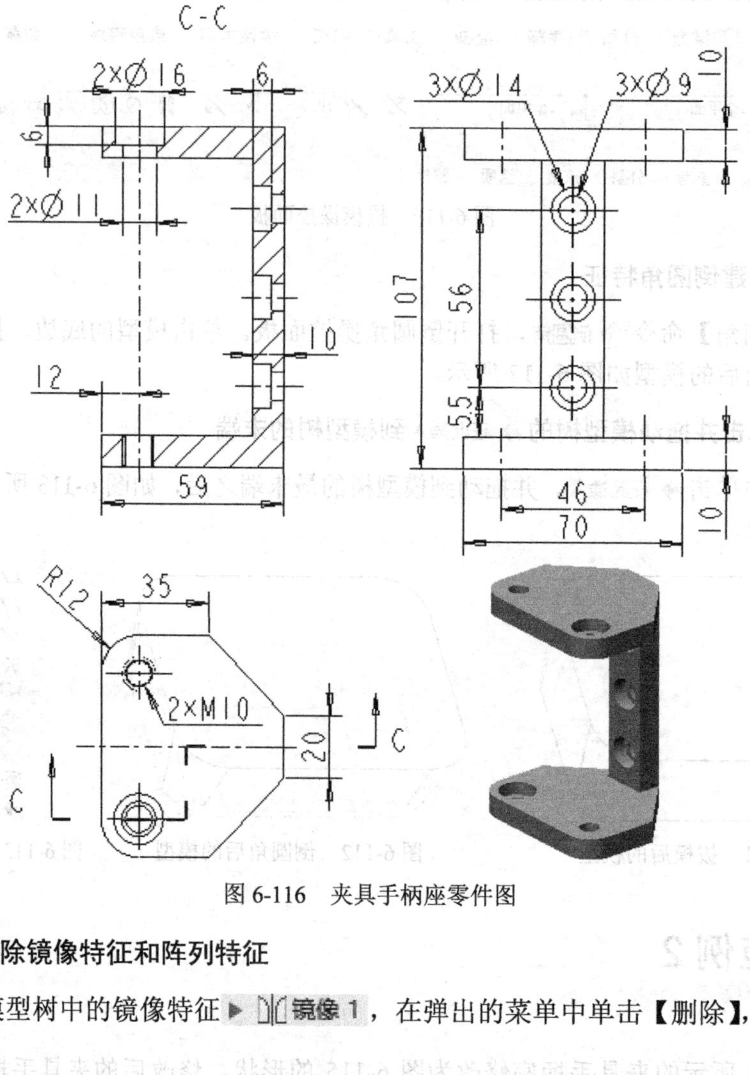

图 6-116　夹具手柄座零件图

步骤 1：删除镜像特征和阵列特征

（1）右击模型树中的镜像特征 ▶ 镜像 1，在弹出的菜单中单击【删除】，然后单击【确定】。

（2）右击模型树中的阵列特征 ▶ 阵列 1 / 孔 3，在弹出的菜单中单击【删除阵列】。删除后的模型如图 6-117 所示。

步骤 2：复制、粘贴孔 1 和孔 2

（1）为方便粘贴时孔的放置，先建立基准轴 A_11，A_12。单击【基准】→【轴】命令 ╱ 轴，单击图 6-117 中孔 1 的圆孔边线，在基准轴对话框中单击【确定】，完成建立基准轴 A_11；选中基准轴 A_11，单击【镜像】命令，单击 FRONT 基准面，单击镜像操控面板的 ✔ 完成基准轴建立，如图 6-118 所示。

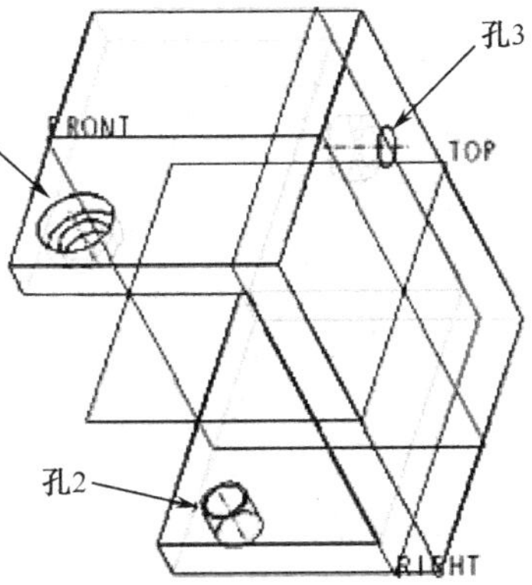

图 6-117　删除镜像与阵列后的模型

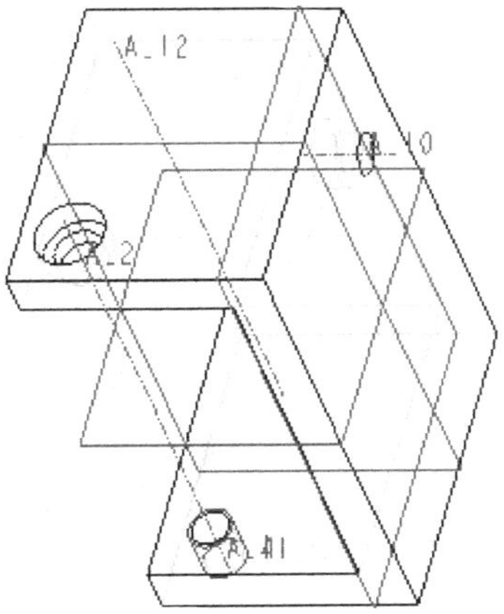

图 6-118　建立基准轴 A11、A12

（2）点选孔 1 特征后，单击【复制】命令 ▤ 复制，再单击【粘贴】命令 ▤ 粘贴，点选下方安装板的顶面为放置平面，按住 Ctrl 点选轴 A_12，单击 ✔ 完成孔 1 的复制。

（3）点选孔 2 特征后，单击【复制】命令 ▤ 复制，再单击【粘贴】命令 ▤ 粘贴，点选上方安装板的顶面为放置平面，按住 Ctrl 点选轴 A_12，单击 ✔ 完成孔 2 的复制。

复制、粘贴后的模型如图 6-119 所示。

步骤 3：编辑定义孔 3

（1）右击孔 3 特征，在弹出的菜单中单击【编辑定义】选项，打开【孔】操控面板。

（2）单击操控面板下方的【位置】按钮，在打开的位置下拉面板中将与 FRONT 基准平面的偏移量修改为 0.00，与 TOP 基准平面的偏移量修改为 28.00，如图 6-120 所示。单击 ✔ 完成孔 3 的编辑定义，如图 6-121 所示。

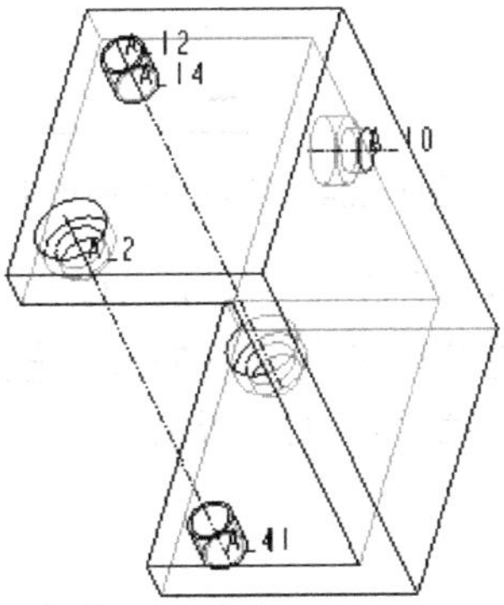

图 6-119　复制粘贴孔 1、孔 2

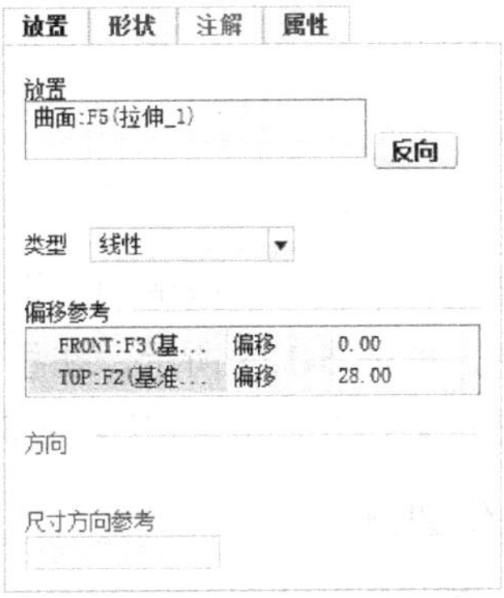

图 6-120　修改孔 3 的位置

步骤 4：阵列孔 3

（1）点选孔 3 特征，单击【阵列】命令，打开【阵列】操控面板。

（2）选择默认的【尺寸阵列】方式，点选竖直方向尺寸 28.00 为可变尺寸方向，在尺寸下拉面板或文本框中输入尺寸增量为-28.00，指定成员总数为 3，单击完成阵列，如图 6-122 所示。

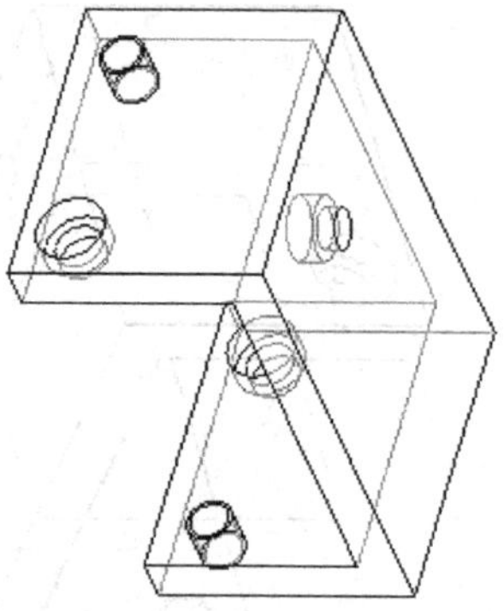

图 6-121 编辑定义的孔 3

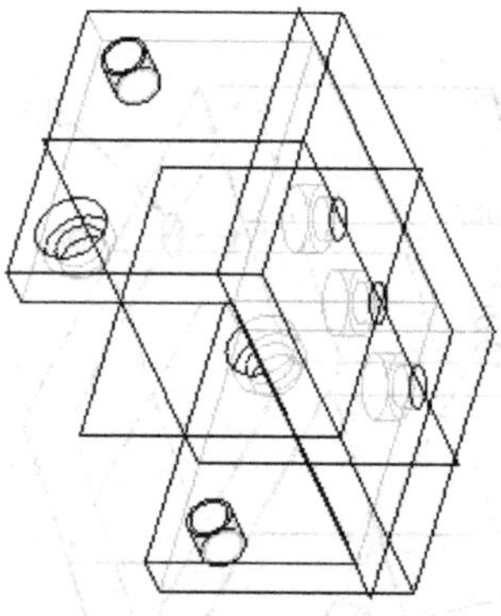

图 6-122 阵列孔 3

步骤 5：拉伸移除多余材料

（1）移除竖板两侧多余材料。单击【拉伸】命令，点选 RIGHT 面为草绘平面，绘制草绘图形，如图 6-123 所示。在拉伸操控面板中指定拉伸厚度为 10.00，选择适合的拉伸方向，点选【移除材料】命令，单击完成拉伸，如图 6-124 所示。

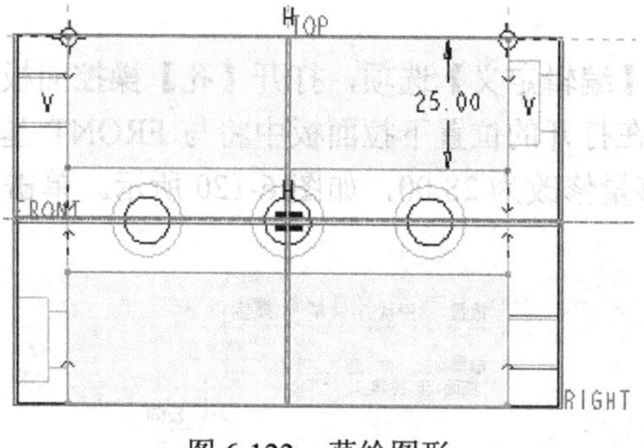

图 6-123 草绘图形

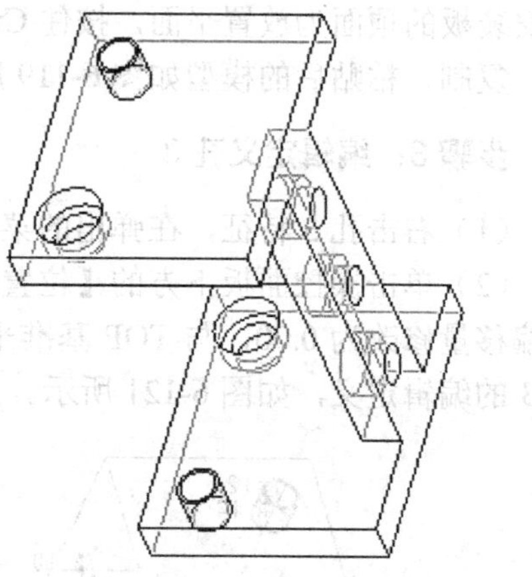

图 6-124 移除竖板两侧多余材料

（2）移除上、下水平板两侧的多余材料。单击【拉伸】命令，点选 TOP 面为草绘平面，绘制草绘图形，如图 6-125 所示。在拉伸操控面板中指定拉伸厚度为 107.00，选择对称拉伸，点选【移除材料】命令，单击完成拉伸。最后的模型如图 6-126 所示。

步骤 6：倒圆角

单击【倒圆角】命令倒圆角，打开倒圆角操控面板。单击模型的上、下水平板的四个棱边，指定圆角半径为 12.00，单击完成倒圆角。模型如图 6-115 所示。

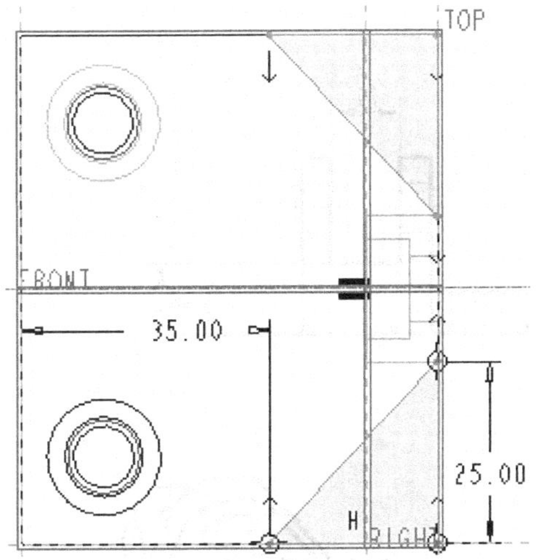

图 6-125　草绘图形

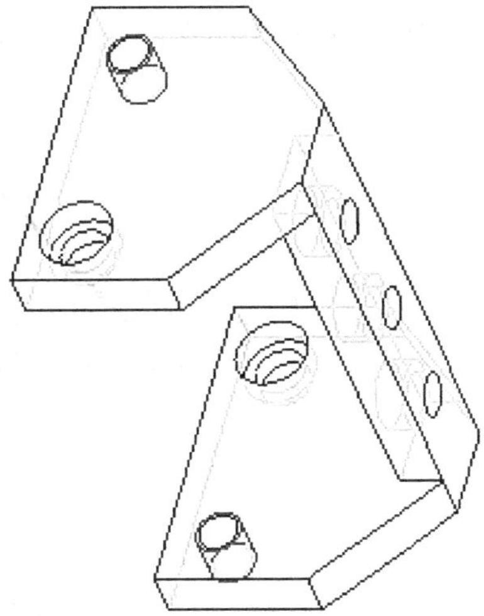

图 6-126　移除上、下水平板两侧多余材料

6.7　练习

练习 1　创建图示零件（图 6-127）

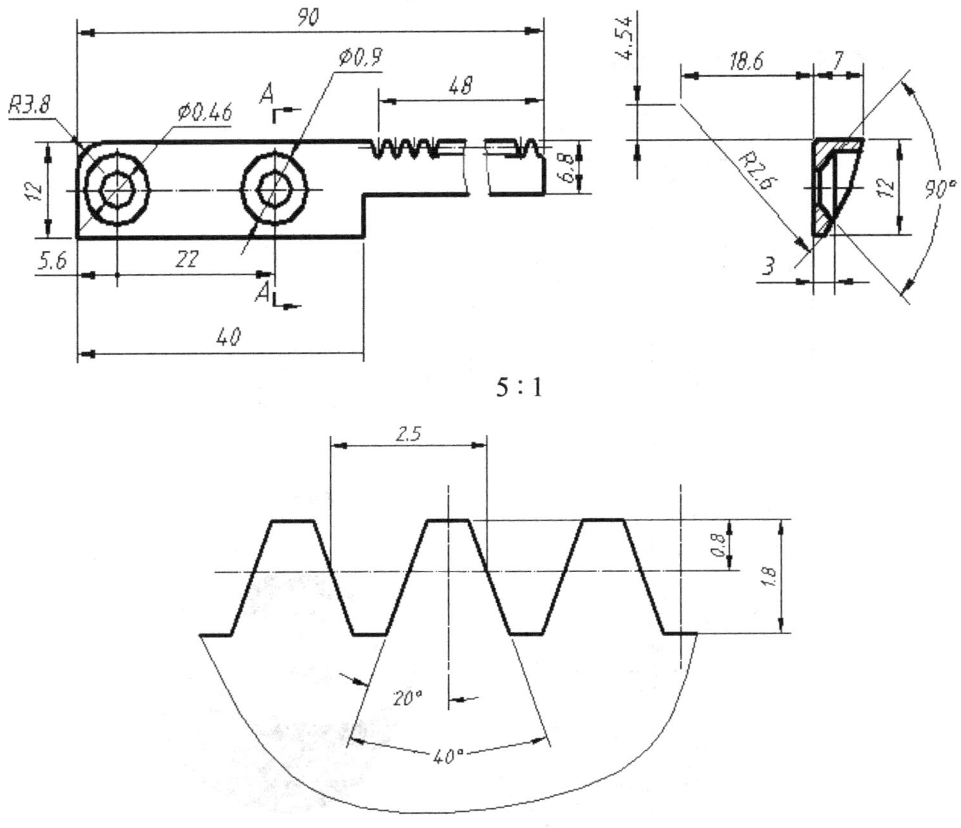

图 6-127　练习 1 零件图

练习 2　创建图示零件（图 6-128）

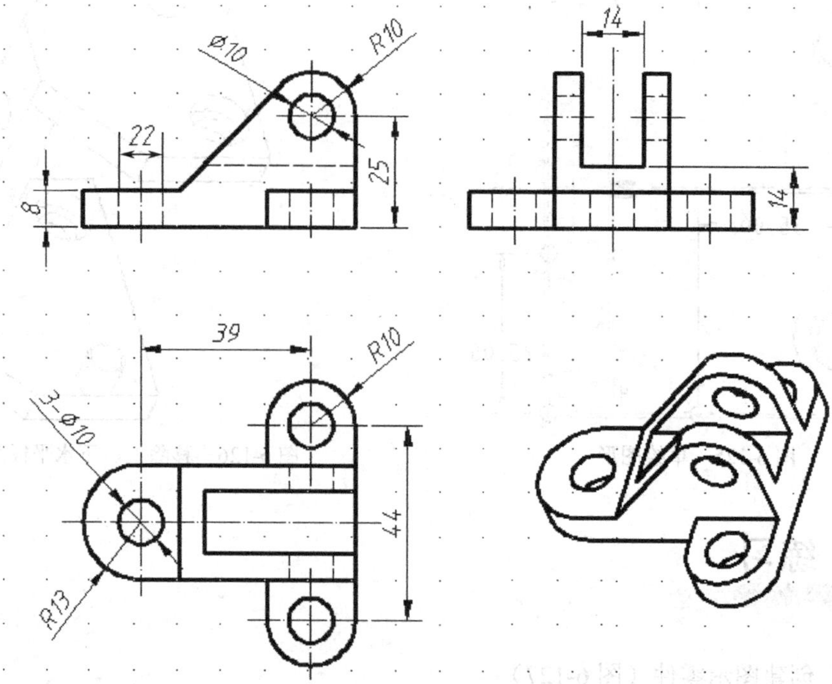

图 6-128　练习 2 零件图

练习 3　创建图示喉轮（图 6-129）

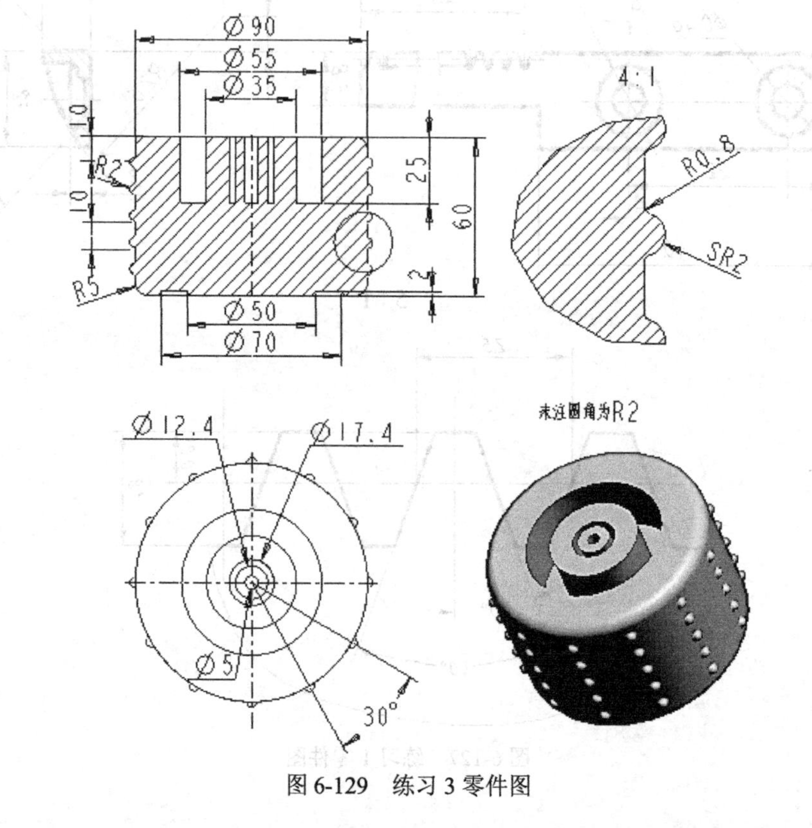

图 6-129　练习 3 零件图

练习 4　创建图示前盖（图 6-130）

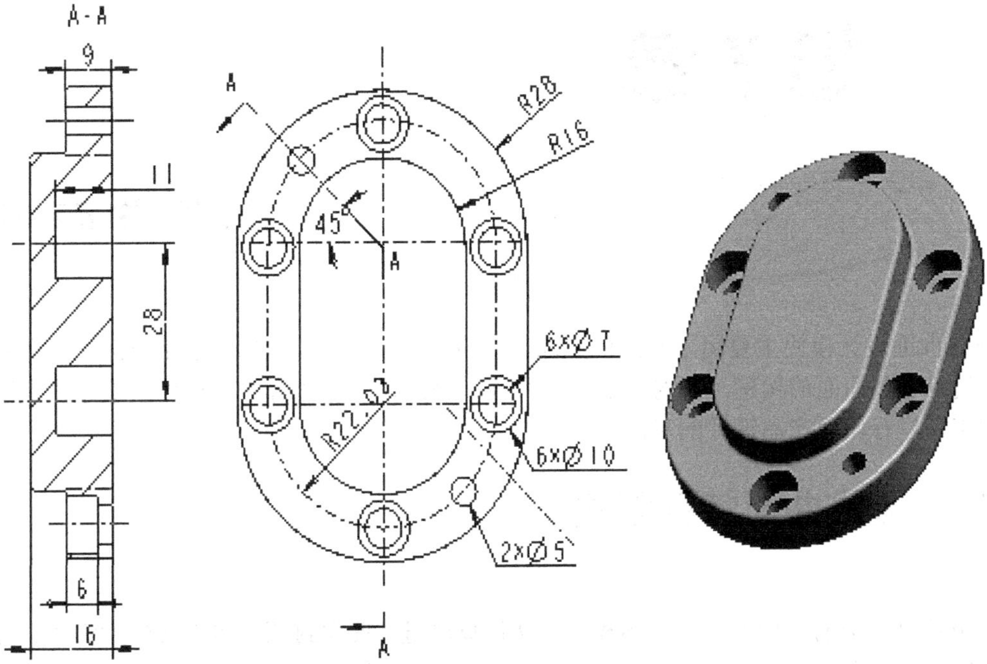

图 6-130　练习 4 零件图

练习 5　创建图示护罩。

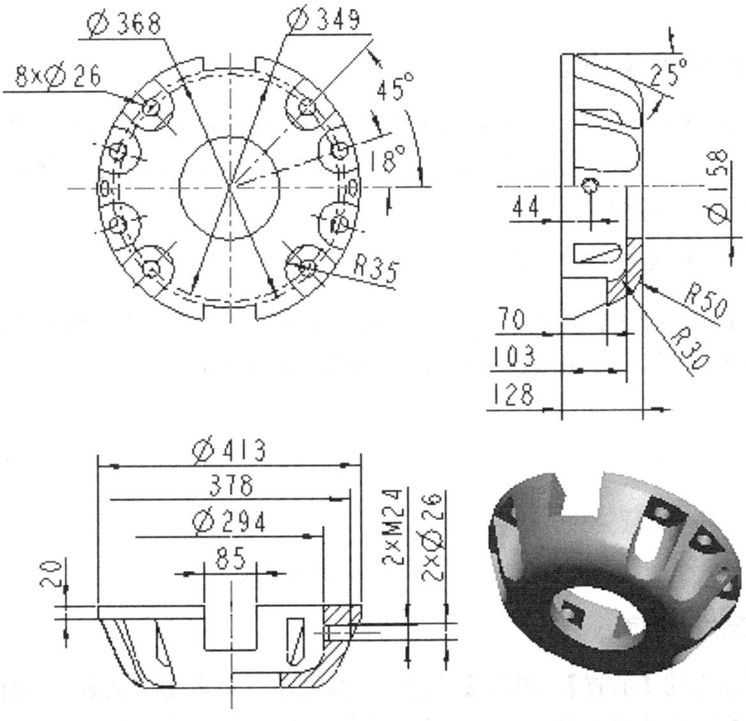

图 6-131　练习 5 零件图

第7章 创建曲面特征

Creo 曲面设计模块主要用于复杂的产品造型设计。本章将讲解如何使用曲面相关命令和造型工具进行各类曲面的构建，并对曲面进行合并、修改、实体化等命令操作，最终达到可以使用曲面工具进行曲面产品设计的目的。

7.1 基本曲面特征创建

Creo 中曲面只有表面积，没有体积，无法计算质量，曲面封闭后可以转化为实体。而实体是封闭的，既有表面积和体积，也可以计算质量。曲面建模与实体建模相比更加灵活，造型更加丰富，造型复杂的产品往往都是先通过曲面建模完成的。Creo 中曲面的拉伸、旋转、扫描、混合建模过程与实体建模相近，下面举例说明曲面的拉伸、旋转、平整曲面等基本曲面特征的创建。

7.1.1 拉伸曲面创建

Creo 拉伸曲面创建的步骤与实体拉伸的步骤类似，可以使用曲面拉伸命令创建，也可以利用其对现有曲面进行修剪。在此对其原理不再详细讲解，具体可以参照实体拉伸特征的内容。下面举例说明如何创建拉伸曲面。

步骤 1：选取拉伸曲面特征工具

单击【模型】→【形状】模块的按钮，激活拉伸特征工具。在绘图区上方出现拉伸曲面操控面板，如图 7-1 所示，单击【曲面】按钮创建曲面特征。

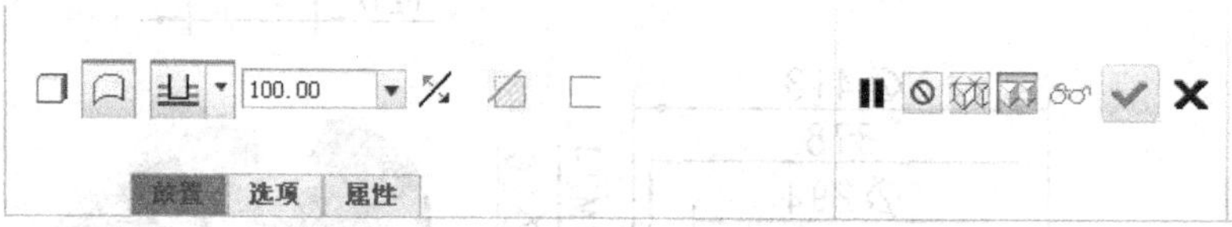

图 7-1 拉伸曲面操控面板

步骤 2：绘制拉伸截面

单击操控面板上的【放置】，出现【草绘】下拉菜单，单击【定义】，在绘图区内选择 TOP 平面作为绘图平面，默认参考方向，单击【草绘】进入草绘界面。绘制如图 7-2 的草绘截面，单击按钮，退出二维截面绘制区。

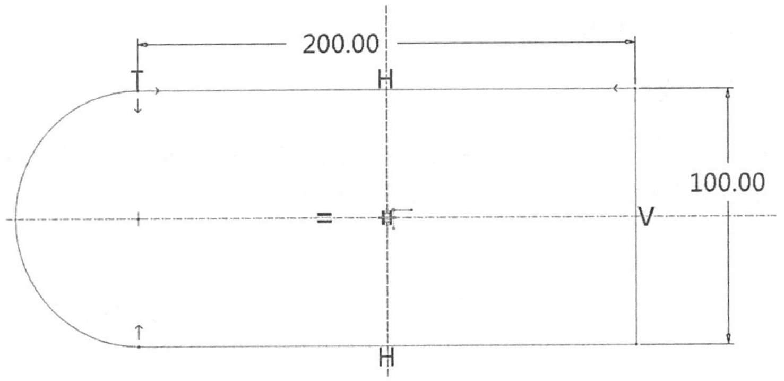

图 7-2　拉伸曲面截面绘制

步骤 3：定义拉伸长度

单击【拉伸模式】选项栏，在其界面中选取深度类型为，深度值为 100.00。定义是否为封闭曲面，单击【封闭端】复选框可以定义曲面为封闭曲面。单击操控面板上的按钮，完成拉伸曲面创建，如图 7-3 所示。

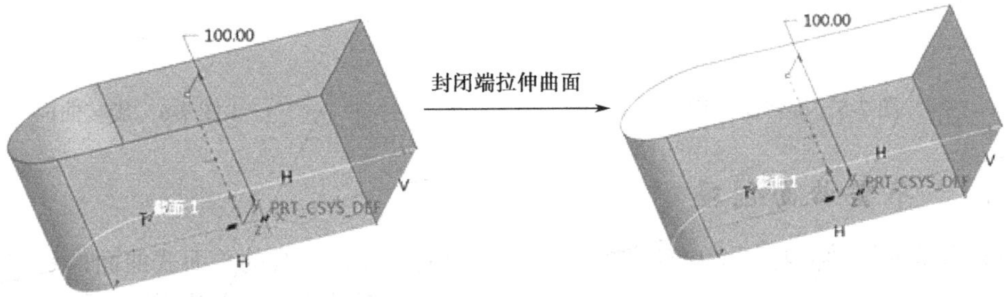

图 7-3　拉伸曲面

7.1.2　旋转曲面创建

曲面旋转特征的建立过程与实体旋转特征原理和步骤类似，在此对其原理不再详细讲解，具体可以参照实体旋转特征讲解。下面举例说明如何创建旋转曲面。

步骤 1：选取旋转曲面特征工具

单击【模型】→【形状】模块的【旋转】，激活旋转特征工具。在绘图区上方出现【旋转】操控面板，如图 7-4 所示，单击【曲面】按钮创建曲面特征。

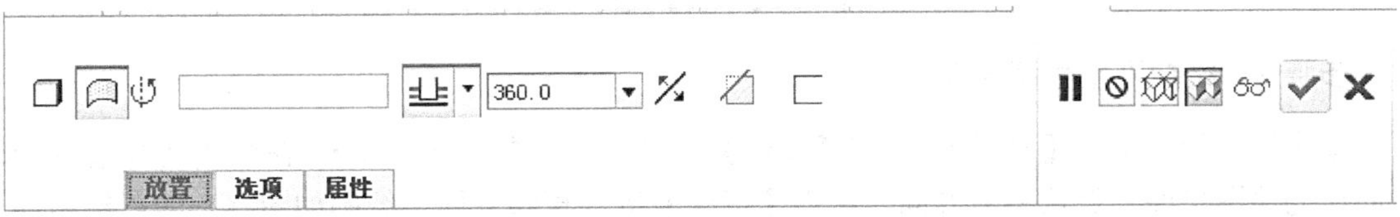

图 7-4　【旋转】操控面板

步骤 2：绘制旋转截面

与拉伸曲面特征相似，选取 FRONT 基准平面为草绘平面，默认参考平面为 RIGHT，方向为右，使用草绘工具栏中【样条】工具，绘制如图 7-5 的草绘截面，并选取中轴线为旋转中心线，单击按钮，退出二维截面绘制区。

步骤 3：定义旋转类型及角度

单击操控面板中的 选项 选项卡，在其界面中选取角度类型为，旋转角度为 360°。确认无误后单击按钮，完成旋转曲面创建，如图 7-6 所示。

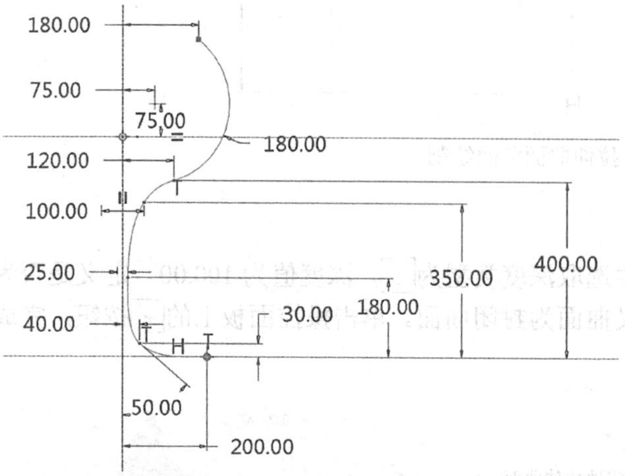

图 7-5　旋转曲面截面

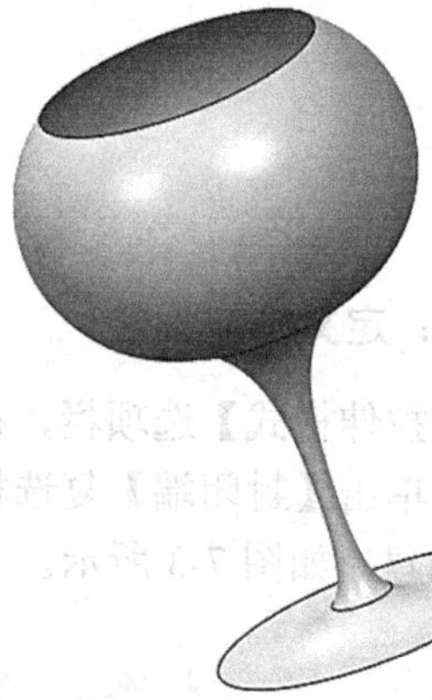

图 7-6　旋转曲面

7.1.3　平整曲面创建

平整曲面是使用填充特征命令建立的，平整曲面的特点是二维的平面式曲面，是在基准平面或者现有特征平面上由封闭的线条轮廓构成的。下面举例说明如何创建平整曲面。

步骤 1：选取平整曲面特征工具

单击【模型】→【形状】模块的【平整】，激活平整特征工具。在绘图区上方出现【平整】操控面板，如图 7-7 所示。

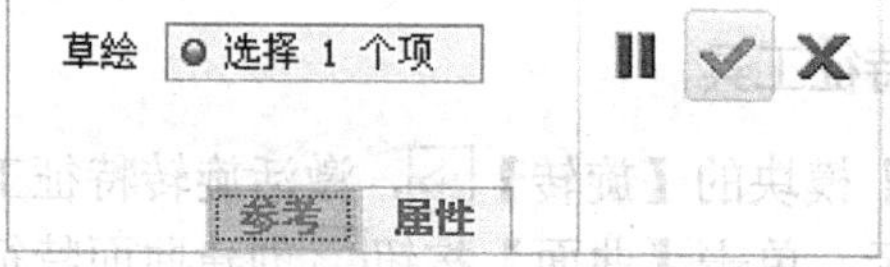

图 7-7 【平整】操控面板

步骤 2：绘制平整截面轮廓

单击操控面板上的【参考】，出现【草绘】下拉菜单，单击【定义】，在绘图区内选择 TOP 平面作为绘图平面，默认参考方向，单击【草绘】进入草绘界面。绘制如图 7-8 的草绘截面，单击按钮，退出二维截面绘制区。

步骤 3：完成平整曲面创建

在填充特征操控面板中单击操控面板上的按钮，完成平整曲面创建，如图 7-9 所示。

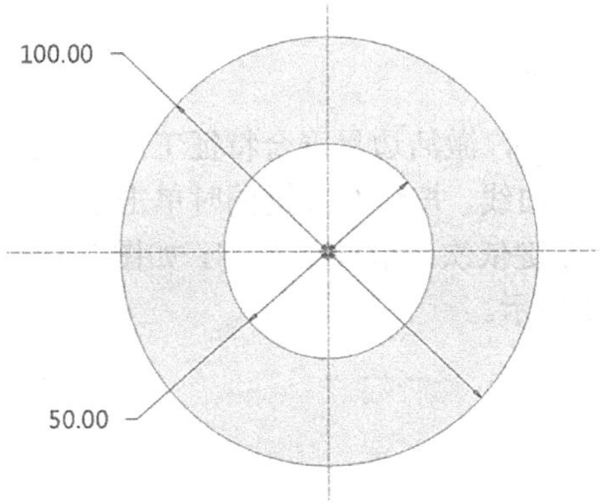

图 7-8　平整截面轮廓

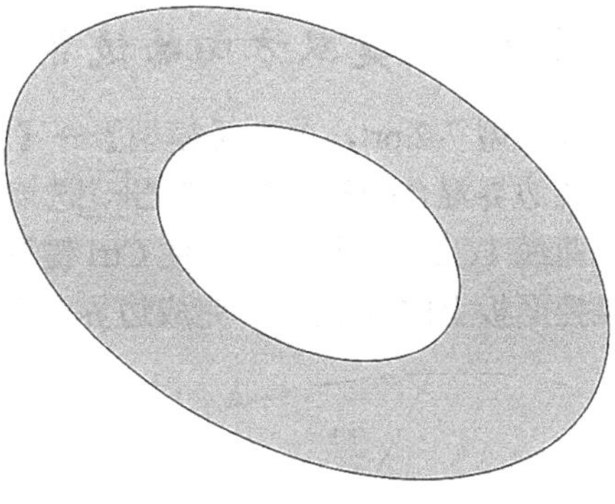

图 7-9　平整曲面

7.2　边界混合曲面创建

边界混合曲面是曲面设计中最常用的曲面工具之一，它是根据一个或两个方向上的参考图元来建立的曲面特征，系统会根据每个方向上的第一个和最后一个图元作为轮廓线来定义曲面。

7.2.1　创建单一方向的边界混合曲面特征

单一方向的边界混合特征曲面的特点是构成曲面的截面线都在同一方向上，这些同一方向的曲线共同控制着边界混合的形状，下面举例说明如何创建单一方向的边界混合曲面。

打开模型 7-1.prt，单击【模型】→【曲面】模块的【边界混合】，激活边界混合特征工具。在绘图区上方出现边界混合操控面板，如图 7-10 所示。单击第一方向收集器选取第一方向边界曲线，按住 Ctrl 键，同时单击鼠标左键依次选取曲线 1、2、3，4，如图 7-11 所示。单击操控面板上的按钮，完成边界混合，如图 7-11 所示。

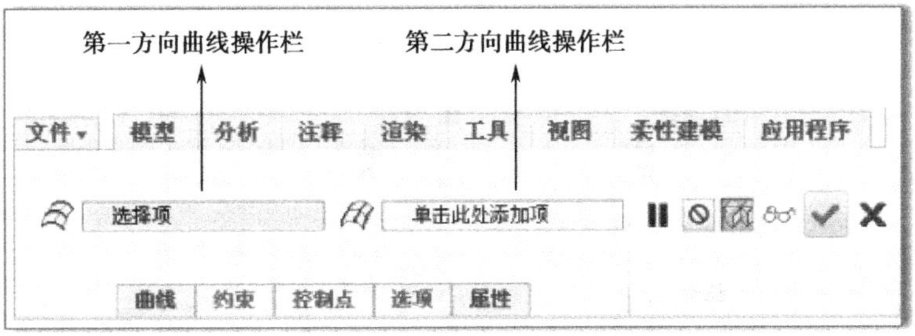

图 7-10　边界混合操控面板

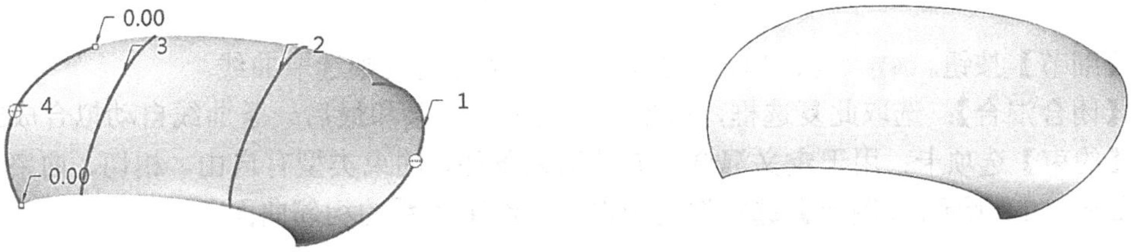

图 7-11　单一方向边界曲线及边界混合

7.2.2 创建双方向的边界混合曲面特征

打开模型 7-2.prt，单击【模型】→【曲面】模块的，激活边界混合特征工具。在绘图区上方出现边界混合操控面板，单击选取第一方向边界曲线，按住 Ctrl 键同时单击鼠标左键依次选取曲线 1、2；单击，按住 Ctrl 键同时单击鼠标左键依次选取曲线 3、4，如图 7-12 所示。单击操控面板上的按钮，完成边界混合，如图 7-12 所示。

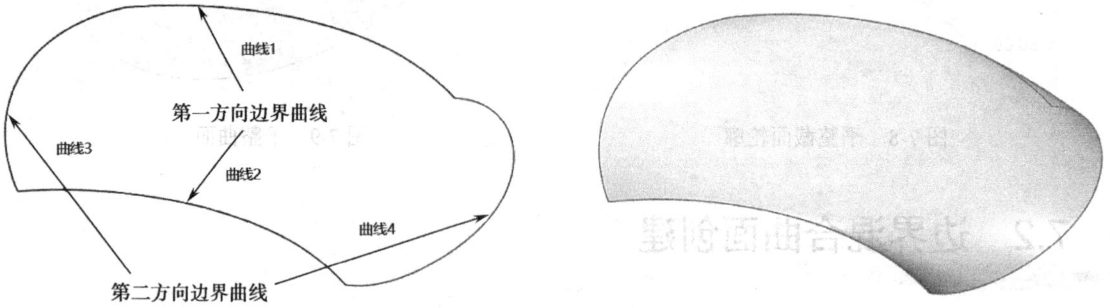

图 7-12　双方向边界曲线及边界混合

7.2.3 调节边界混合曲面约束条件

在设计复杂曲面的产品时，单一曲面往往无法直接完成造型，这时就需要对曲面进行拼接或者组合，这样的复合曲面之间往往存在连接关系，在 Creo 软件中，边界混合曲面与其他曲面衔接的边界约束有自由、相切、曲率、垂直四种，实际设计中，曲面之间自由约束连接较少，相切约束连接较多，曲率约束用在对曲面质量要求高的情况下。设计人员可以根据设计需要定义边界约束条件。下面介绍边界混合边界约束条件的建立。

（1）【曲线】选项卡

如图 7-13 是混合曲线功能面板，用于选取第一方向和第二方向的轮廓曲线。

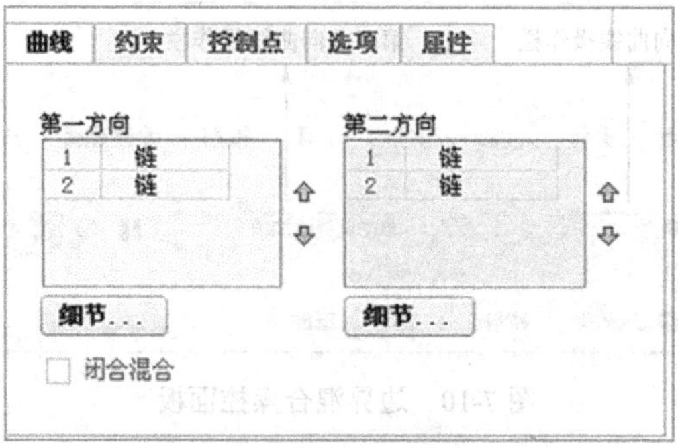

图 7-13　混合曲线功能面板

①【细节】按钮 细节... ：单击此按钮，可以按照链规则选取曲线。

②【闭合混合】：选取此复选框，则单一方向上第一条和最后一条曲线自动拟合成封闭环。

③【约束】选项卡：用于定义混合边界的约束条件，约束类型有自由、相切、曲率、垂直，其界面如图 7-14 所示，【图元】选择框用于选取有约束关系的相邻曲面。

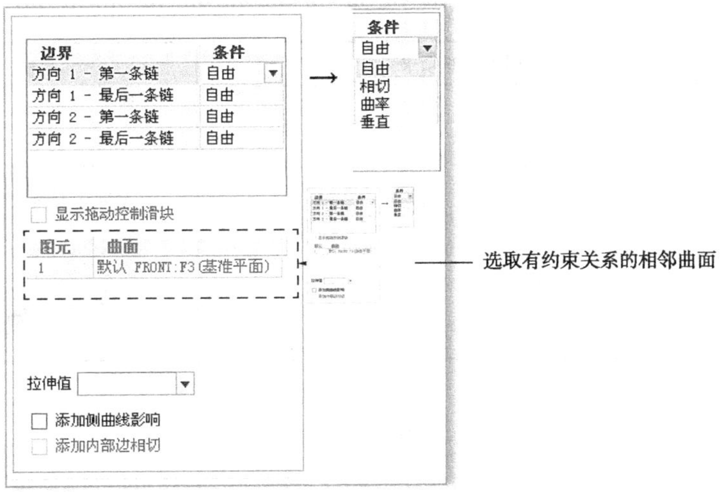

图 7-14　边界的约束条件选项卡

在“条件”下拉菜单中，单击与要设置边界条件的边界相邻的框，然后从【条件】列表框中选择下列边界条件之一，具体边界约束条件图示见表 7-1。

- 自由：沿边界没有设置相切条件，所在边界约束符号为。
- 相切：混合曲面沿边界与参考曲面相切，所在边界约束符号为。
- 曲率：混合曲面沿边界具有曲率连续性，所在边界约束符号为。
- 垂直：混合曲面与参考曲面或基准平面垂直，所在边界约束符号为。

显示拖动控制滑块：当边界控制条件为非自由状态时可选，显示用于控制边界拉伸因子的拖动控制滑块。

添加侧曲线影响：启用侧曲线影响。在单向混合曲面中，对于指定为“相切”或“曲率”的边界条件，混合曲面的侧边相切于参考的侧边。

添加内部边相切：设置混合曲面单向或双向的相切内部边界条件。此条件只适用于具有多段边界的曲面。可创建带有曲面片的混合曲面。

表 7-1　边界混合约束条件图示

边界约束条件	约束条件选项卡	模　型
自由	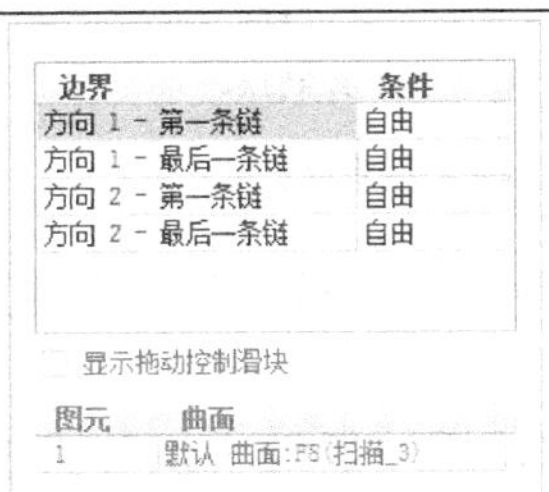边界 条件 方向 1 - 第一条链 自由 方向 1 - 最后一条链 自由 方向 2 - 第一条链 自由 方向 2 - 最后一条链 自由 显示拖动控制滑块 图元 曲面 1 默认 曲面:F5(扫描_3)	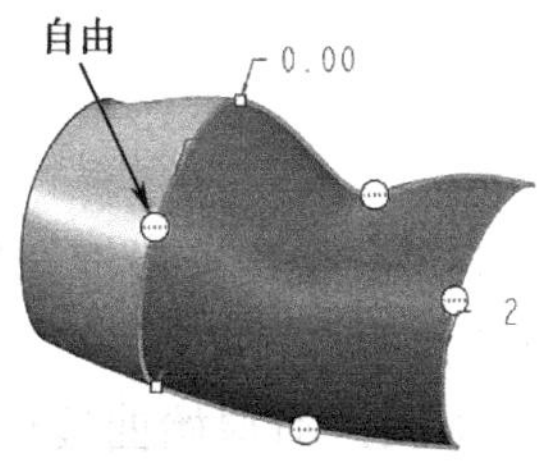自由 0.00 2
相切	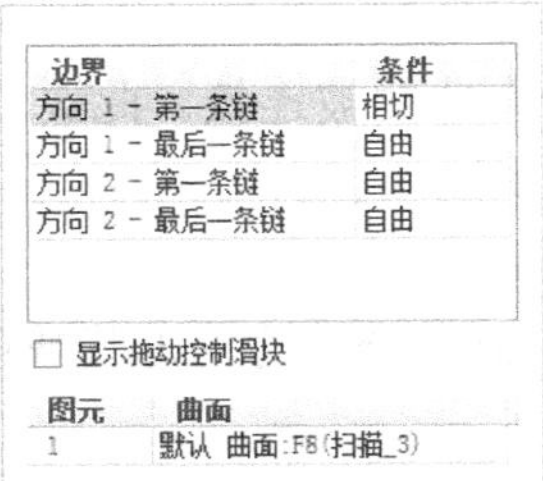边界 条件 方向 1 - 第一条链 相切 方向 1 - 最后一条链 自由 方向 2 - 第一条链 自由 方向 2 - 最后一条链 自由 显示拖动控制滑块 图元 曲面 1 默认 曲面:F5(扫描_3)	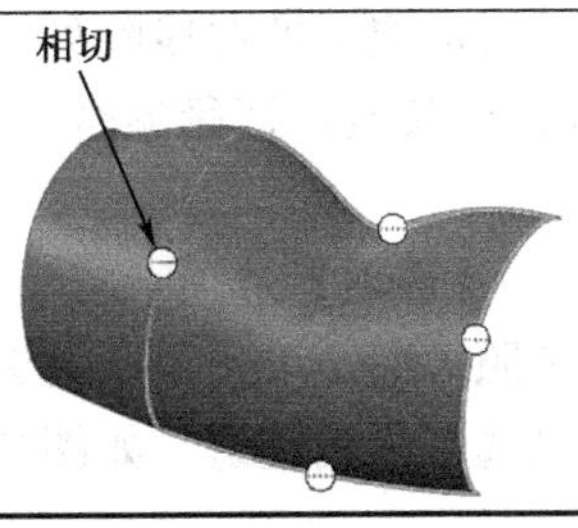

续表

边界约束条件	约束条件选项卡	模　　型
曲率	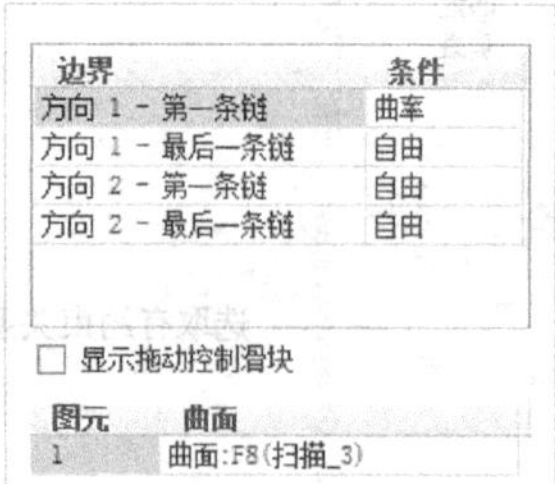边界 条件 方向 1 - 第一条链 曲率 方向 1 - 最后一条链 自由 方向 2 - 第一条链 自由 方向 2 - 最后一条链 自由 显示拖动控制滑块 图元 曲面 1 曲面:F8(扫描_3)	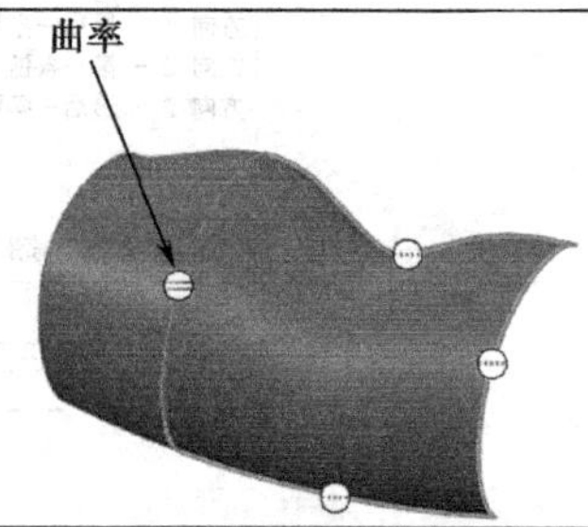
垂直	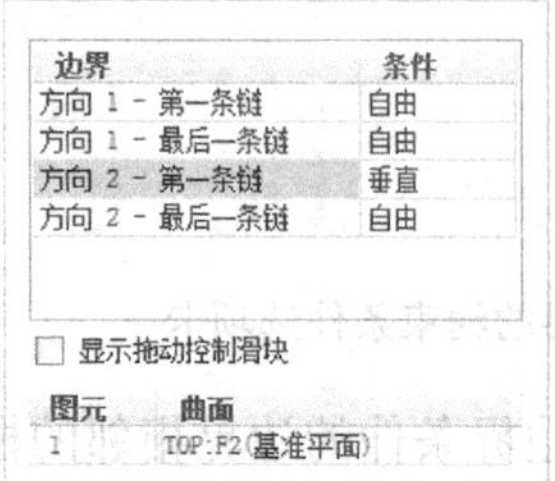边界 条件 方向 1 - 第一条链 自由 方向 1 - 最后一条链 自由 方向 2 - 第一条链 垂直 方向 2 - 最后一条链 自由 显示拖动控制滑块 图元 曲面 1 TOP:F2(基准平面)	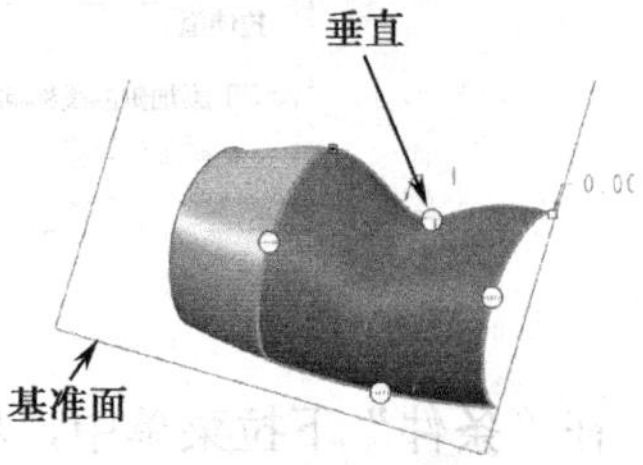垂直 基准面

（2）【控制点】选项卡

此功能可以用边界曲线连接映射位置的控制点来控制曲面，参照模型 7-3.prt，如图 7-15 所示。单击【拟合】下拉菜单，可以选择控制点的连接方式，主要有自然、弧长、段长至三种。边界混合曲面的控制点以红色加亮显示。

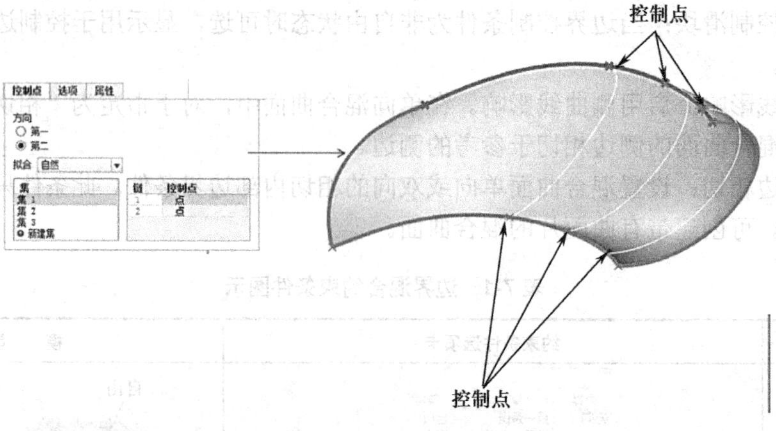

图 7-15　拟合控制点

a．自然：使用一般混合例程来混合曲线，并使用相同例程来重置输入曲线的参数，可获得最逼近的曲面。

b．弧长：对原始曲线进行的最小调整。使用一般混合例程来混合曲线，被分成相等的曲线段并逐段混合的曲线除外。

c．段长至：逐段混合。边界曲线链或复合曲线被连接。此选项只可用于具有相同段数的曲线。

（3）【选项】选项卡

参照模型 7-4.prt，通过选取影响曲线来控制混合曲面的形状或逼近方向，单击【细节】按钮用以选取曲线链组，如图 7-16 所示。

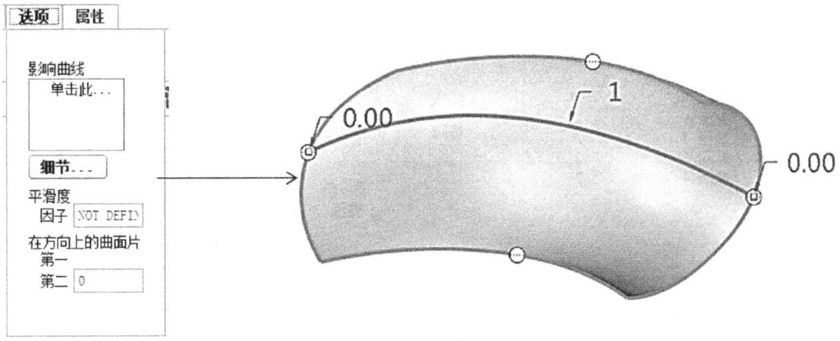

图 7-16　边界混合控制曲线

7.3　混合曲面创建

混合曲面是由一组截面的轮廓线之间以过渡曲面连接而成的特征曲面，混合曲面由两个或两个以上截面混合而成。混合曲面特征的建立过程与混合实体特征的步骤类似，在此对其原理不再详细讲解，具体可以参照混合实体特征的讲解。下面举例说明如何创建混合曲面。

步骤 1：选取一般混合曲面特征工具

单击【模型】→【形状】模块中的。系统弹出【混合】操控面板，如图 7-17 所示。选择进行混合，同时单击按钮自行绘制混合轮廓线（～按钮表示需要在零件模型中选择混合的截面。）

图 7-17　【混合】操控面板

步骤 2：混合截面绘制

单击操控面板中的【截面】，出现下拉菜单，如图 7-18 所示，截面 1 和截面 2 的信息已经呈现在信息栏中。单击【截面列表】添加截面 3、4，依次单击各截面后单击 编辑... 进行草绘。

步骤 3：属性设置

参照图 7-19，绘制 4 个混合截面草绘，截面 1～4 的直径分别是ϕ250、ϕ25，ϕ25、ϕ150，截面 1～4 之间的距离分别为 80、150、30。单击操控面板上的【选项】，弹出下拉菜单，如图 7-20 所示。点选【混合曲面】【直】复选框，单击操控面板中的✓按钮，完成平行混合曲面特征的创建。

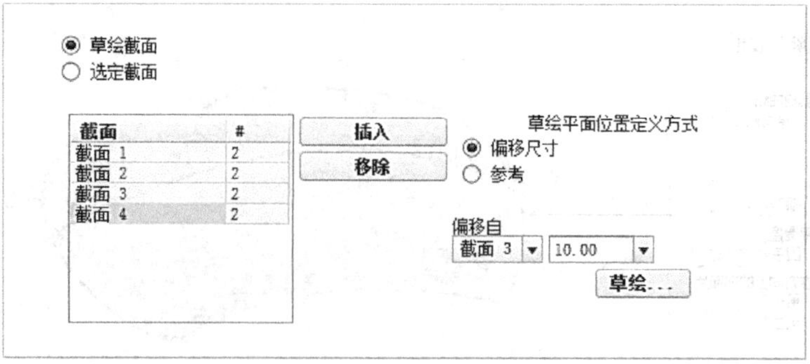

图 7-18 【截面】下拉菜单

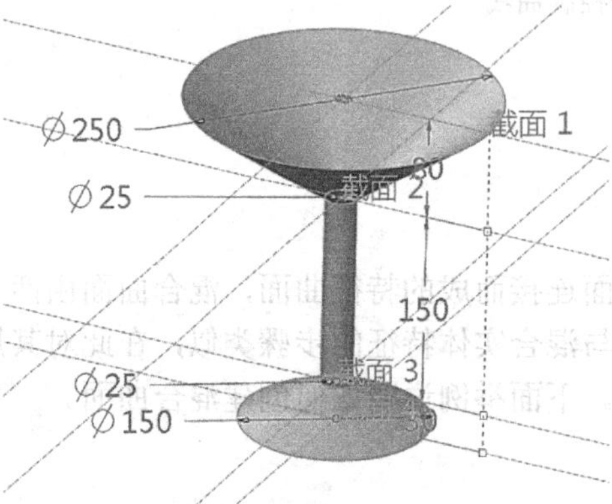

图 7-19 混合曲面示意图

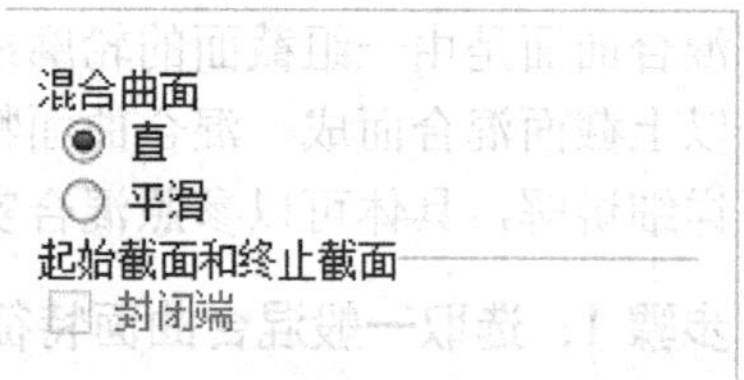

图 7-20 【选项】下拉菜单

7.4 扫描曲面的创建

7.4.1 恒定截面扫描

与实体的恒定截面扫描一样，恒定截面扫描是由二维草绘截面沿着单一的空间轨迹扫描而成的特征。在恒定截面扫描中，扫描的截面大小、形状保持不变，扫描轨迹只能指定一条。下面以例子说明恒定截面扫描曲面的作图步骤。

步骤 1：选取恒定扫描曲面工具

单击【模型】→【形状】模块的【扫描】按钮，激活拉伸特征工具。在绘图区上方出现扫描操控面板，如图 7-21 所示。单击创建曲面特征，单击恒定截面选项，同时按住 Shift 键依次选取参考线的各段。

步骤 2：恒定扫描截面的绘制

打开模型 7-5.prt，首先点选模型内已绘制好的轨迹线，如图 7-22 所示，注意草绘截面起点选在 RIGHT 基准平面上，单击草绘按钮，进入草绘环境，选择默认参考方向，绘制如图 7-23 所示的草绘截面，单击✔按钮，退出二维截面绘制区。

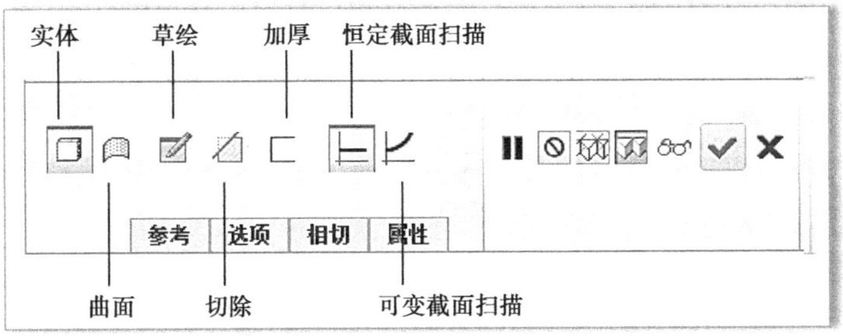

图 7-21 扫描操控面板

步骤 3：完成恒定扫描曲面的创建

在填充特征操控面板中单击按钮，完成恒定扫描曲面的创建，如图 7-24 所示。

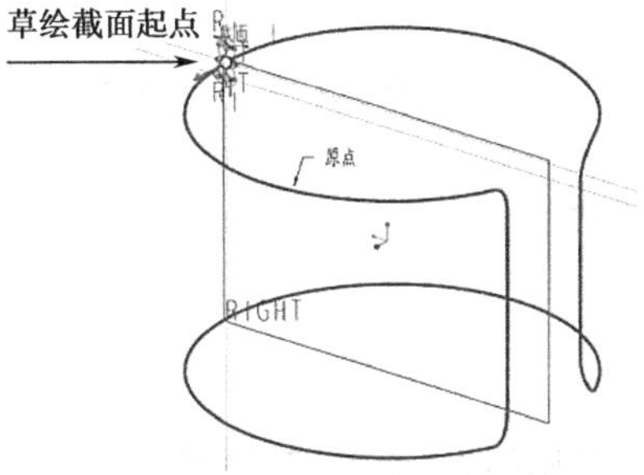

图 7-22 扫描轨迹

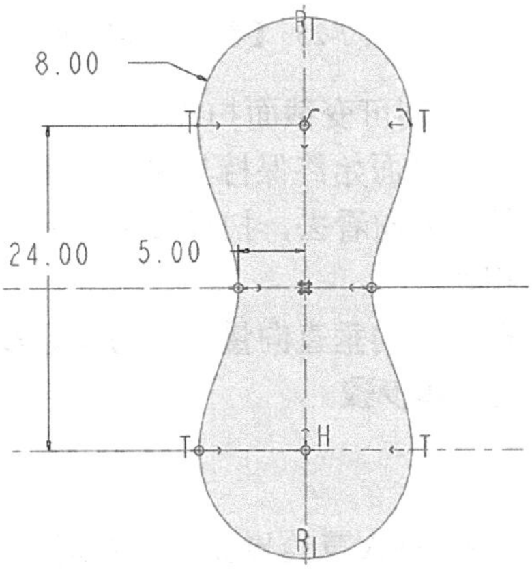

图 7-23 扫描截面

图 7-24 恒定扫描曲面

7.4.2 可变截面扫描

可变截面扫描命令所得到的实体或曲面特征，以第一次所选的轨迹作为截面的原点轨迹，以其他所选的轨迹链作为限制轨迹。可变截面扫描的关键在于可变，它既可以创建相对规则的曲面，又可以通过其丰富的曲面属性控制，构建形态复杂的曲面。

可变截面扫描命令可以通过多条轨迹来控制曲面形状，通常用于创建外形比较复杂、变化多端的曲面，本节讲解可变截面扫描中的 3 种扫描方式：垂直于轨迹扫描、垂直于投影扫描、恒定法向扫描。

单击【模型】→【形状】模块的命令，系统弹出扫描操控面板。在操控面板上，单击操控面板上的按钮，表示选择可变截面扫描，同时点选曲面，创建可变截面扫描曲面。单击【参考】选项卡，弹出【参考】操控面板，如图 7-25 所示。

【轨迹】选项：在可变截面扫描中有两类轨迹，第一条选择的轨迹称之为原始轨迹（Origin），它有且只有一条。原始轨迹必须是一条相切的曲线链。除了原始轨迹外，其他的都是轨迹，一个可变截面扫描指令可以有多条轨迹。截面的定向依赖于两个方向的确定：Z 方向和 X 方向。

- X——将轨迹设置为 X 轨迹。
- N——将轨迹设置为法向轨迹。N 复选框被选定时，截面垂直于轨迹。
- T——将轨迹设置为与“侧 1”、“侧 2”或选定的曲面参考相切。

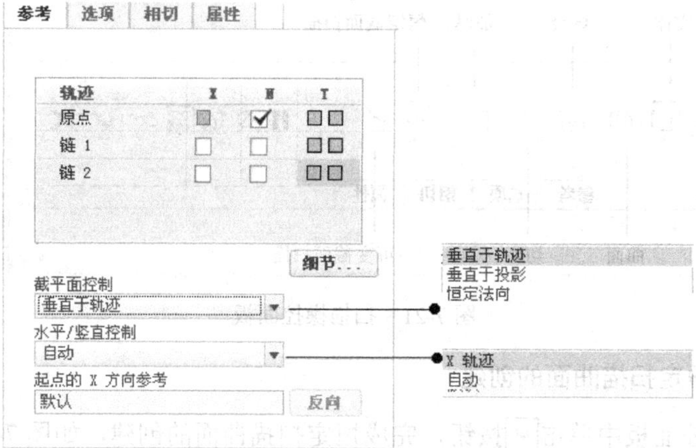

图 7-25 【参考】操控面板

【截平面控制】选项：用于控制可变截面扫描截平面的控制方式。

- 垂直于轨迹扫描：扫描截平面始终保持与原点轨迹垂直。
- 垂直于投影扫描：沿投影方向看去，扫描截平面保持与原点轨迹垂直。Z 轴与指定方向上的原点轨迹的投影相切。
- 恒定法向扫描：扫描截平面的垂直向量保持与指定参照方向平行。

下面介绍可变截面扫描的具体步骤。

步骤 1：草绘轨迹

单击操控面板中的→，进入草绘界面。绘制两条扫描轨迹线，如图 7-26 所示。

单击基准平面按钮，设置偏移 TOP 基准平面距离为 200，得到基准平面 DTM1，以 DTM1 为基准面绘制草绘轨迹链 2，如图 7-27 所示。

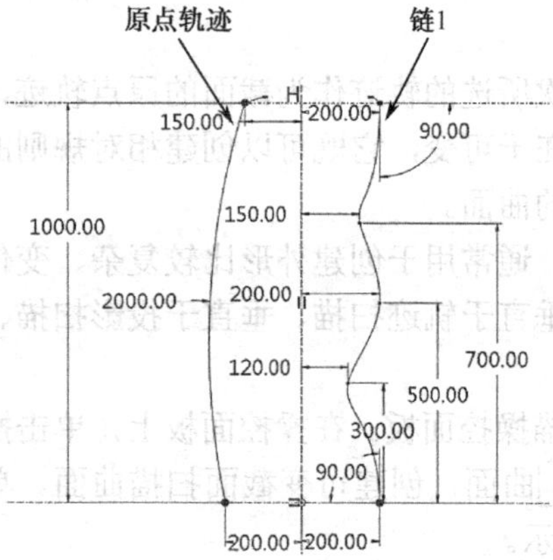

图 7-26 扫描轨迹线

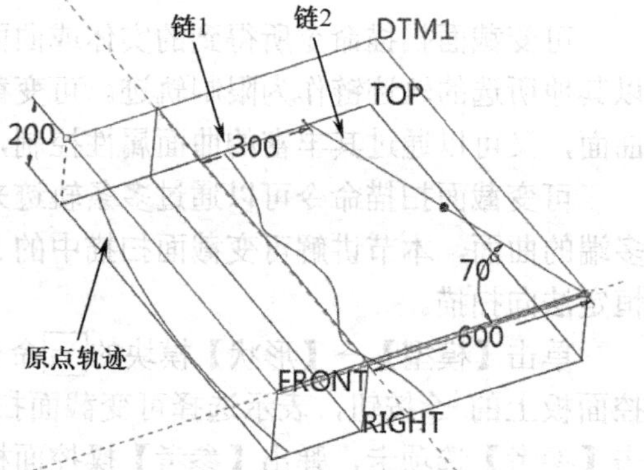

图 7-27 草绘轨迹链 2

步骤 2：选扫描轨迹

单击【模型】→【形状】模块的命令，系统弹出扫描操控面板。单击操控面板上的按钮，表示选择可变截面扫描，同时点选，创建可变截面扫描曲面。按住 Ctrl 键依次选择原点轨迹、链 1、链 2，单击【参考】选项卡，在【截平面控制】选项卡下选择【垂直于轨迹】。

步骤 3：绘制扫描截面

单击操控面板中的 → ，进入草绘界面。此时草绘平面的中心位于原点轨迹线的起始点，并且在起始点的起始方向垂直于原点轨迹线。绘制如图 7-28 所示的截面曲线，完成后单击上方的✔保存并退出草图。不同的【截平面控制】选项和【轨迹】选项，可变截面扫描可以得到不同的扫描曲面，表 7-2 列出了不同设置下得到的可变截面扫描曲面类型。

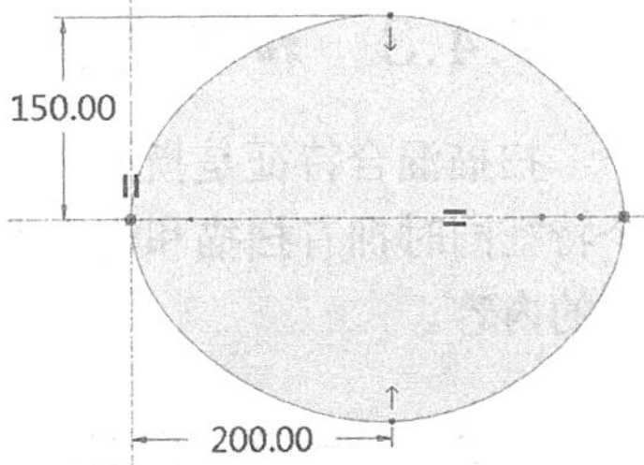

图 7-28　截面曲线

表 7-2　可变截面扫描曲面类型

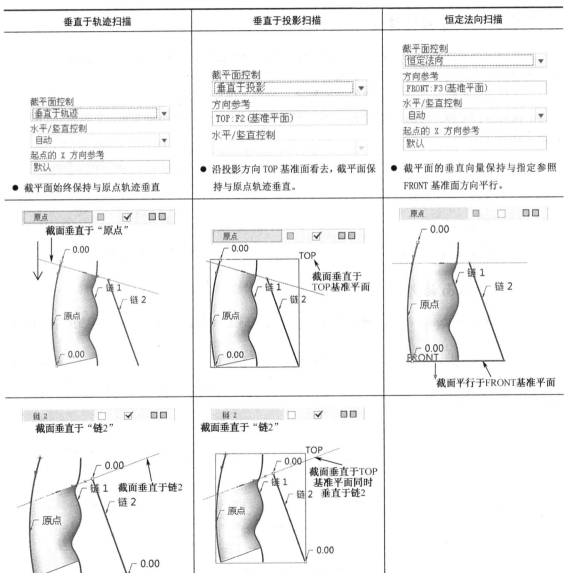

垂直于轨迹扫描	垂直于投影扫描	恒定法向扫描
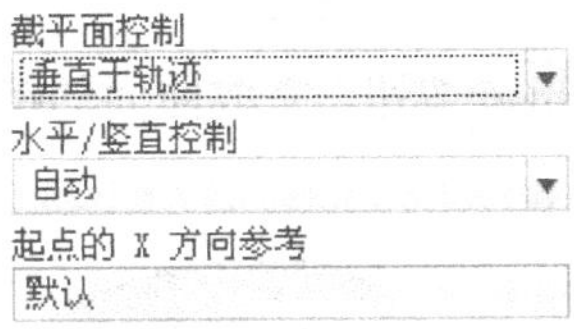 ● 截平面始终保持与原点轨迹垂直	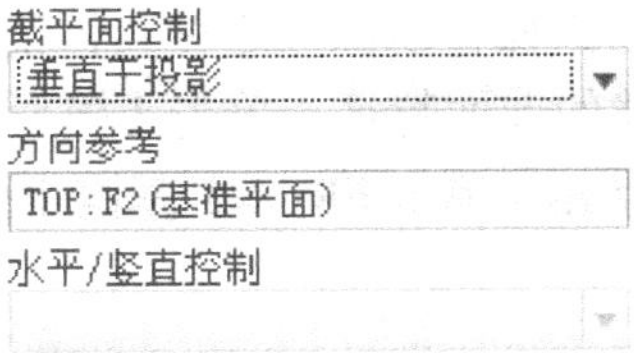 ● 沿投影方向 TOP 基准面看去，截平面保持与原点轨迹垂直。	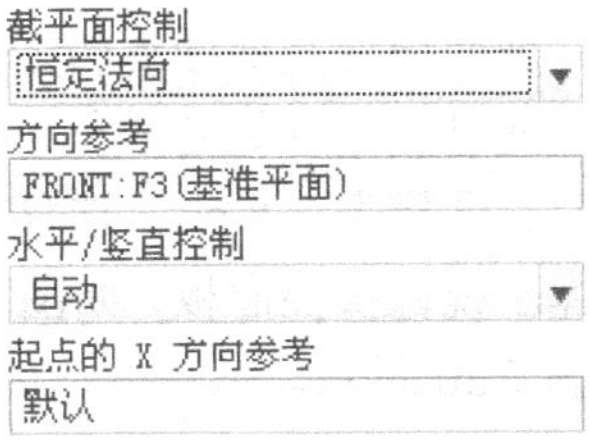 ● 截平面的垂直向量保持与指定参照 FRONT 基准面方向平行。
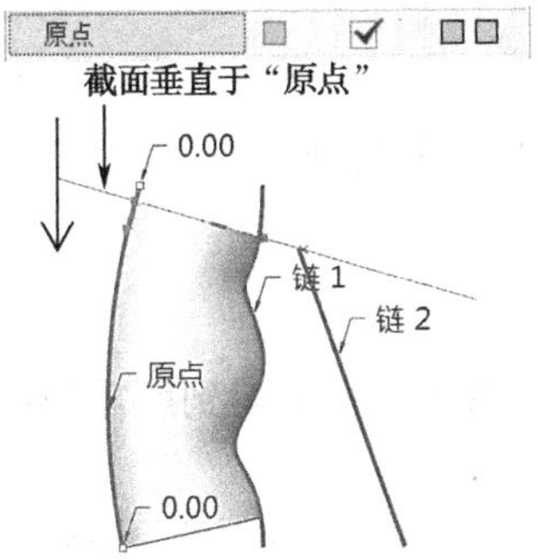	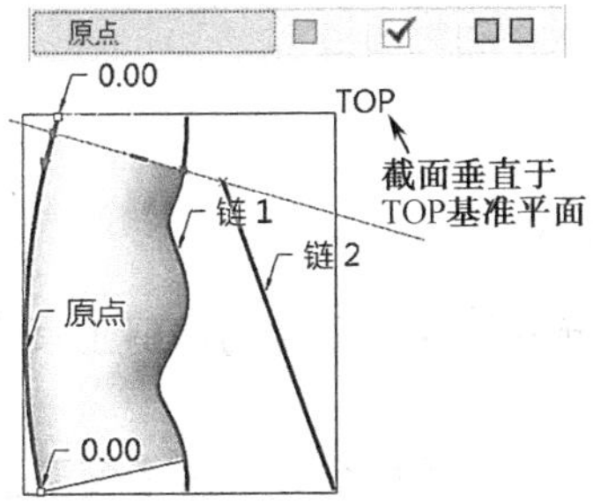	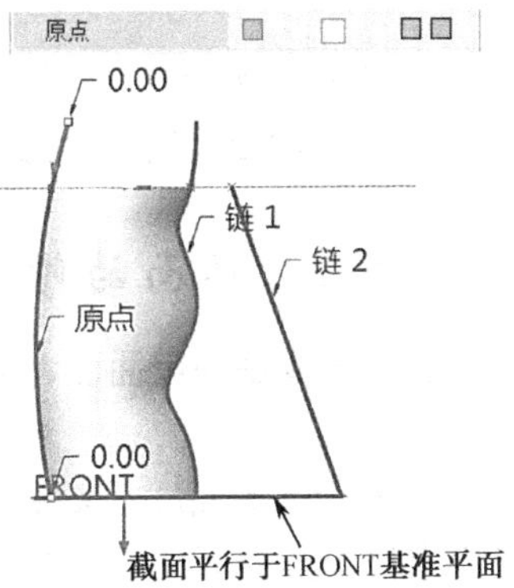
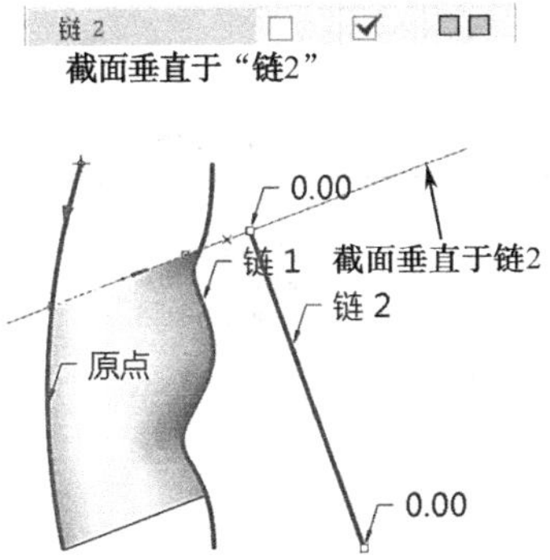	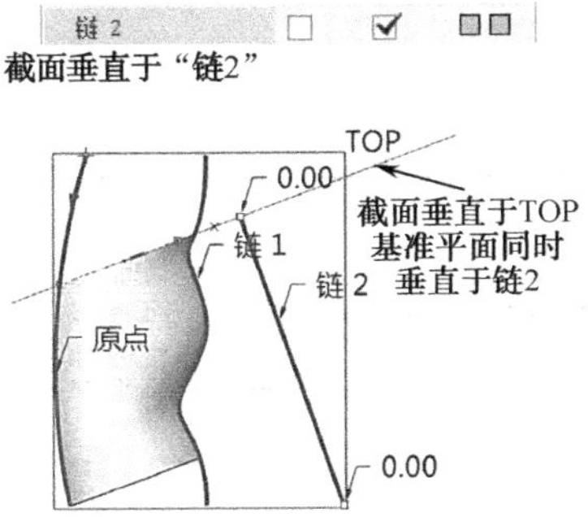	

7.4.3 扫描混合曲面

扫描混合特征是指沿着一条轨迹线（或者两条）与多个剖面同时混合生成的特征曲面，这个特征同时拥有扫描和混合两个特征的特点。命令操作可参考第 4 章 4.5.3 节创建扫描混合特征的内容。

7.5 曲面编辑

7.5.1 曲面的镜像特征

曲面镜像是曲面编辑的常用工具，设计对称零件或产品时，通常先设计一半的曲面的特征，然后通过曲面镜像完成整个产品。其操作步骤与零件实体镜像相同。

打开模型 7-6.prt，选择已创建的曲面特征，单击【模型】→【编辑】模块中的按钮，系统弹出镜像操控面板，如图 7-29 所示。单击 FRONT 基准平面，单击按钮，完成曲面的镜像，如图 7-30 所示。

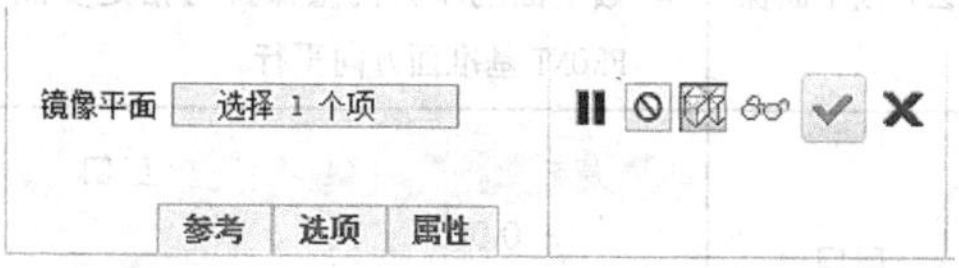

图 7-29 镜像操控面板

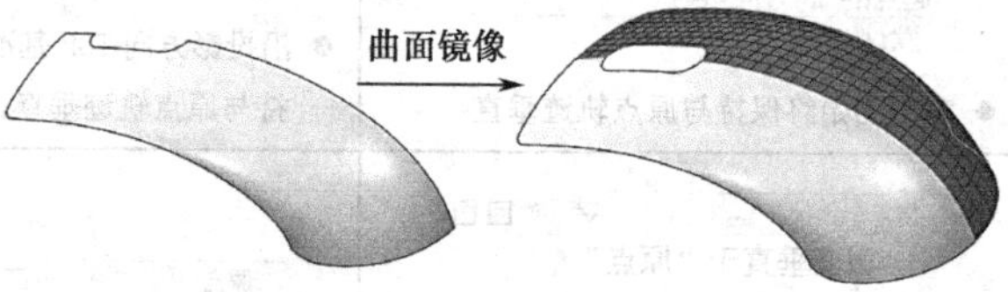

图 7-30 镜像曲面

7.5.2 曲面的修剪特征

曲面修剪是利用曲面、曲线链或基准平面作为修剪工具去剪裁曲面，从而得到所需的曲面形状。

打开模型 7-7.prt，选择已创建的曲面特征，单击【模型】→【编辑】模块中的按钮，系统弹出修剪操控面板，如图 7-31 所示。单击【参考】选项卡弹出参考界面，在此面板中可以设置修剪曲面的方式。

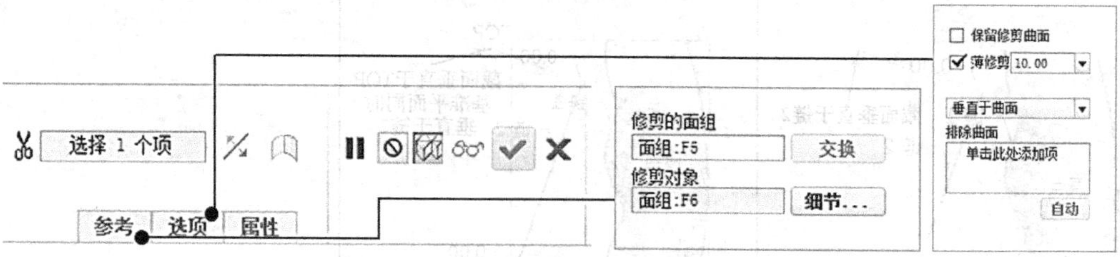

图 7-31 修剪操控面板

单击 选项 按钮，系统修剪选项面板如图 7-31，鼠标分别选取修剪面组和修剪对象，单击按钮，完成曲面的修剪，修剪后的曲面如图 7-32 所示。

① 保留修剪曲面：勾选该选项后，修剪完成后修剪对象仍然保留，如图 7-33 所示。

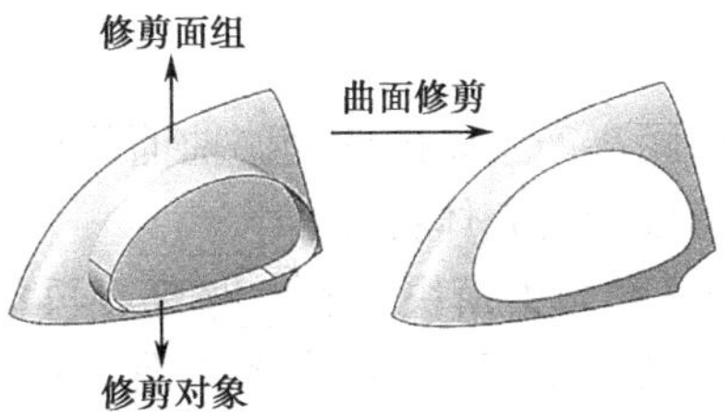

图 7-32　修剪曲面

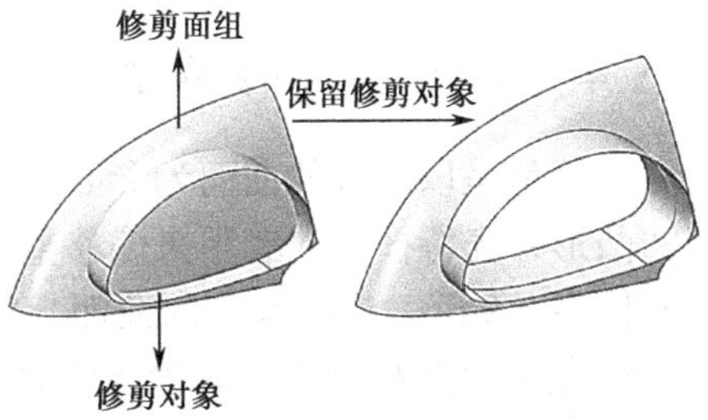

图 7-33　保留修剪对象

② 薄修剪：勾选该选项后，修剪对象将按照输入值距离进行偏移，此距离中间段曲面将被修剪掉，如图 7-34 所示。

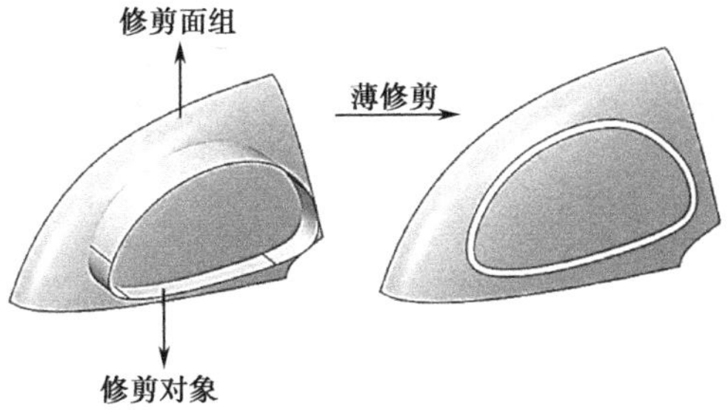

图 7-34　薄修剪曲面

7.5.3　曲面的合并特征

使用曲面合并可以把多个曲面合并成单一曲面，打开模型 7-8.prt，同时选择需要合并的两个曲面特征，单击【模型】→【编辑】模块中的按钮，系统弹出合并操控面板，如图 7-35 所示。单击【参考】选项卡，弹出参考界面，如图 7-35 所示，在此面板中可以设置选取修剪曲面组。

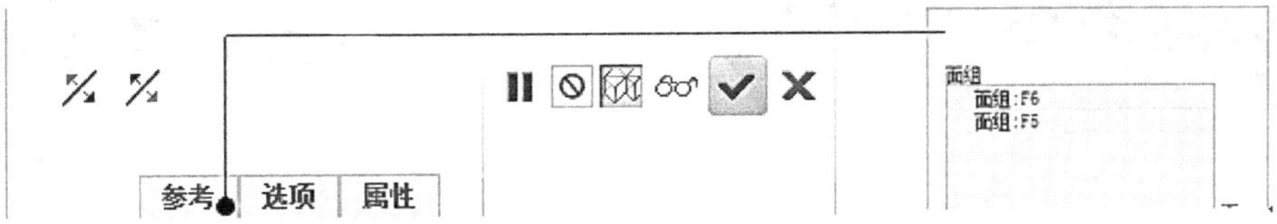

图 7-35　合并操控面板

单击按钮，完成曲面的合并，合并后的曲面如图 7-36 所示。单击反转合并方向按钮，可以更改曲面合并方向。

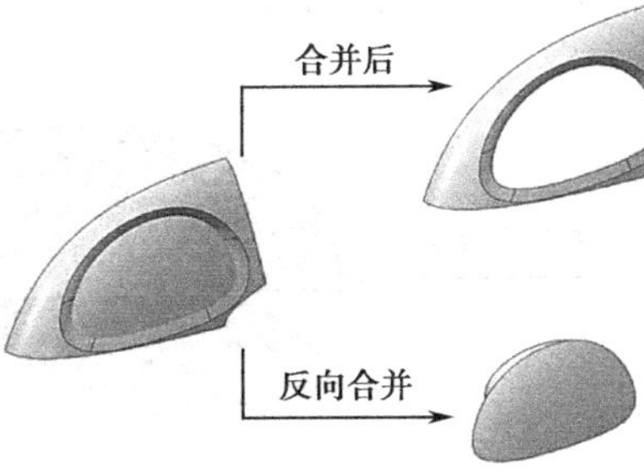

图 7-36　曲面合并

7.5.4 曲面的偏移特征

曲面的偏移是以现有的曲面为参照，按照输入的偏移距离产生新的曲面。曲面偏移通常用于创建凹凸形外壳特征，或者用来偏移整个实体外壳，形成新的壳体特征。

打开模型 7-9.prt，选择其中的曲面，单击【模型】→【编辑】模块中的按钮，再单击按钮，在的偏移距离输入框内输入需要偏移的距离 20。单击选项弹出参考界面，如图 7-37 所示，单击按钮，完成曲面的偏移，偏移后的曲面如图 7-38 所示。在面板中可以设置曲面偏移选项，偏移方式有垂直于曲面偏移、自动拟合偏移、控制拟合偏移。

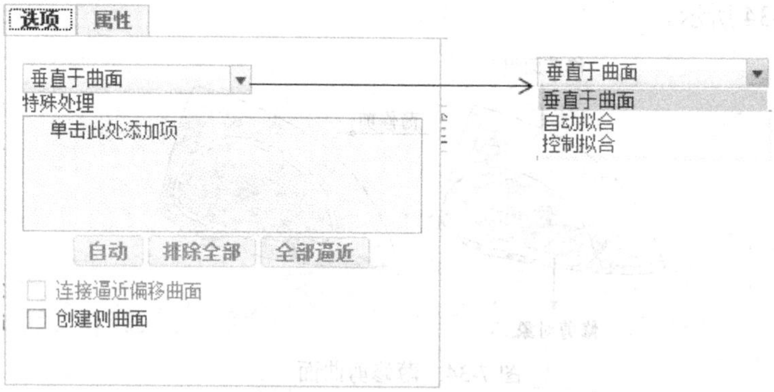

图 7-37 偏移操控面板

① 垂直于曲面偏移：系统默认方式，沿着垂直于参考曲面的方向创建偏移特征，如图 7-38 所示。

② 自动拟合偏移：沿着坐标系轴向对曲面进行偏移，如图 7-39 所示。

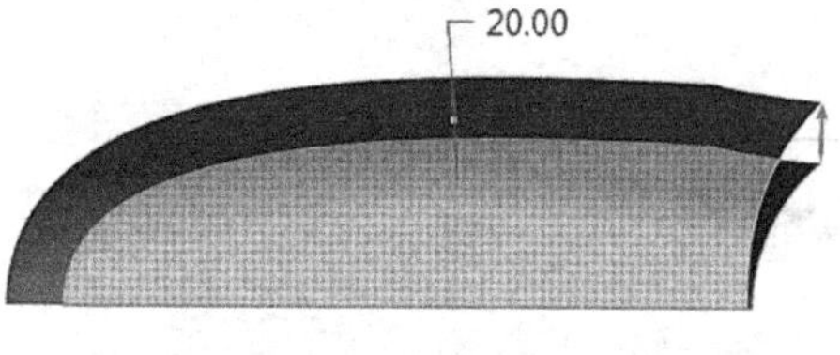

图 7-38 垂直于曲面偏移

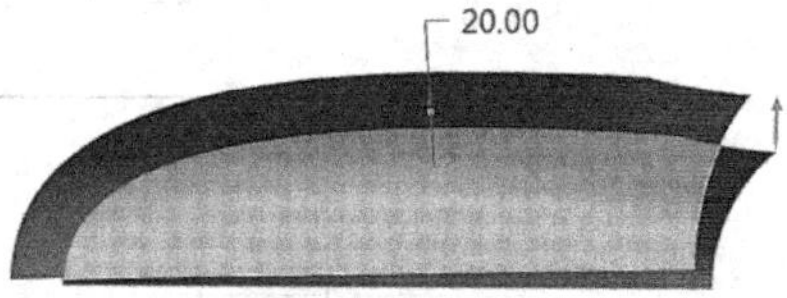

图 7-39 自动拟合偏移

③ 控制拟合偏移：选择控制拟合之后弹出控制拟合面板，在面板中可以对曲面平移按坐标系的 X、Y、Z 3 个方向进行控制，如图 7-40 所示为勾选 Z 方向时生成的曲面。当勾选【创建侧曲面】时，原始曲面和偏移曲面之间成封闭状态。

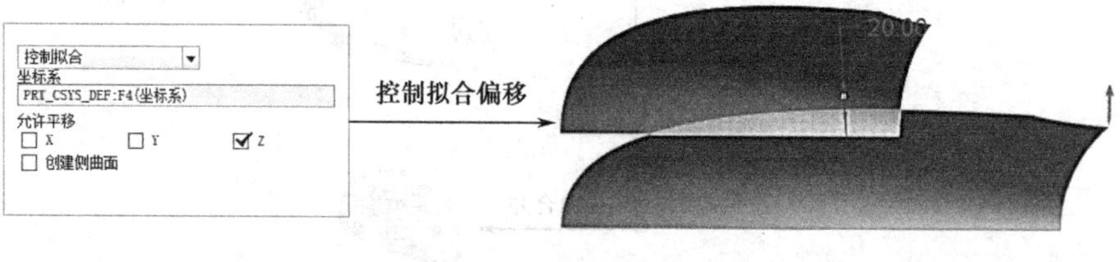

图 7-40 控制拟合偏移 Z 方向

7.6　曲面的实体化

零件或产品设计中，经常需要对曲面进行实体化来创建所需特征，实体化后的模型才可以生成产品模型，以便后续加工、制造。曲面的实体化方式有封闭曲面实体化、加厚、曲面替换等方式。

7.6.1　封闭曲面转化为实体

将曲面转化为实体，待转化曲面必须是单一封闭曲面，因此需要对面组进行合并，生成封闭曲面再进行实体化操作。如果对开放式曲面进行实体化操作，可以对与其相交的实体进行修剪。

打开模型 7-1.prt，使用【合并】命令将分离的曲面两两合并，最后形成一个封闭曲面。单击【模型】→【编辑】模块中的按钮，再单击实体填充按钮。单击按钮，完成曲面的实体化，实体化后的曲面如图 7-41 所示。

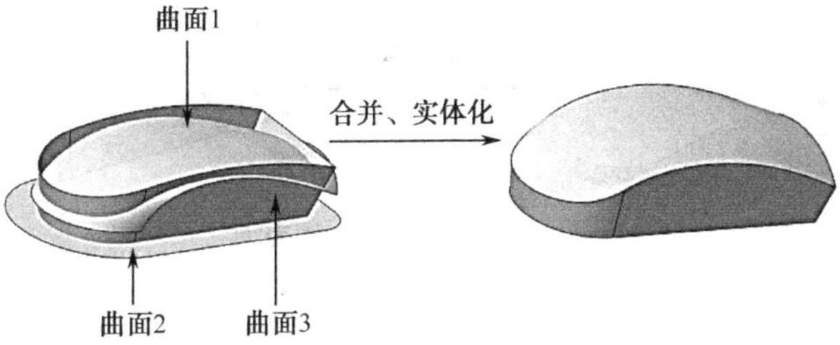

图 7-41　实体化曲面

7.6.2　开放式曲面实体化修剪

打开模型 7-11.prt，用鼠标选取开放式曲面。单击【模型】→【编辑】模块中的按钮，再单击移除实体材料按钮。单击按钮，完成开放曲面的实体化修剪，实体化后的曲面如图 7-42 所示，单击反转合并方向按钮，可以更改修剪保留部分。

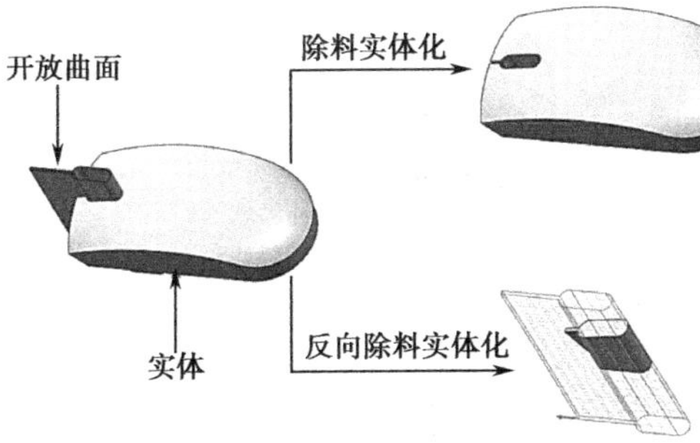

图 7-42　开放曲面的实体化修剪

7.6.3　曲面加厚为薄板实体

打开模型 7-11.prt，用鼠标选取需要加厚的曲面。单击【模型】→【编辑】模块中的按钮，在的尺寸输入框内输入所需厚度 1.5。单击按钮，完成曲面的加厚，加厚的曲面如图 7-43 所示。

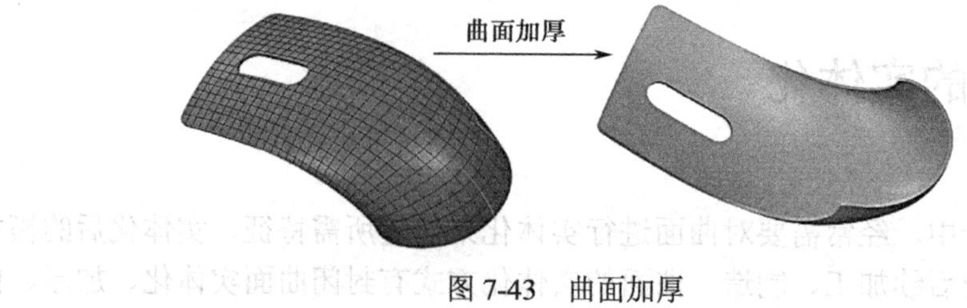

图 7-43 曲面加厚

7.6.4 曲面替换实体表面

设计中常用到曲面替代实体表面来实现外观面的构建，除此之外，修补产品外观曲面也常用到这种曲面替换方法。

打开模型 7-11.prt，鼠标点选图 7-44 中实体的网格曲面。单击【模型】→【编辑】模块中的按钮，在偏移方式选择下拉项中选取替换曲面选项，再用鼠标选取替换曲面，单击按钮，完成实体的曲面替换，曲面替换实体表面后如图 7-44 所示。

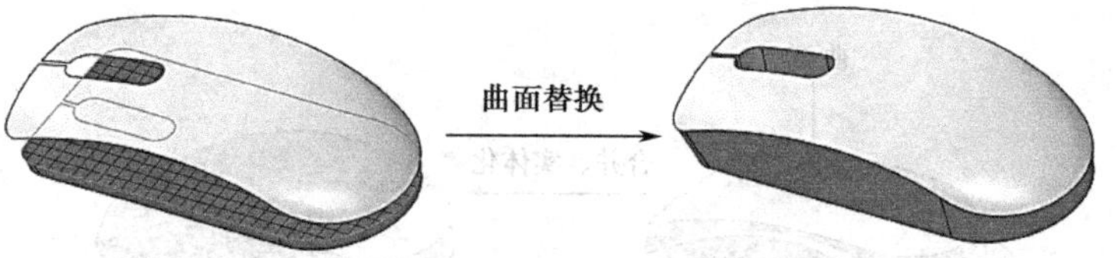

图 7-44 曲面替换实体表面

7.7 范例 1

本节以一款市场上较为流行的蒸脸器产品设计为例，结合本章的曲面命令讲解曲面设计的综合运用。如图 7-45 所示，该产品形体以曲面构成为主，下面详细分步骤讲解该产品的曲面设计流程。

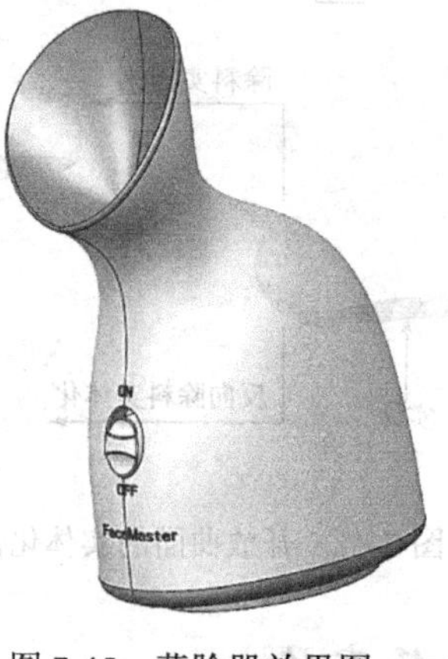

图 7-45 蒸脸器效果图

步骤 1：绘制头部轮廓线

此步骤绘制蒸脸器头部立体轮廓线，该立体轮廓线需要由 FRONT 和 RIGHT 基准面两个方向的投影曲线相交生成。

（1）单击按钮，选择绘图区中的 RIGHT 平面作为草绘平面，TOP 平面作为参照平面，参考方向为顶。单击【草绘】进入草绘模式。单击弧按钮绘制蒸脸器顶部弧线轮廓“草绘 1”，如图 7-46 所示。

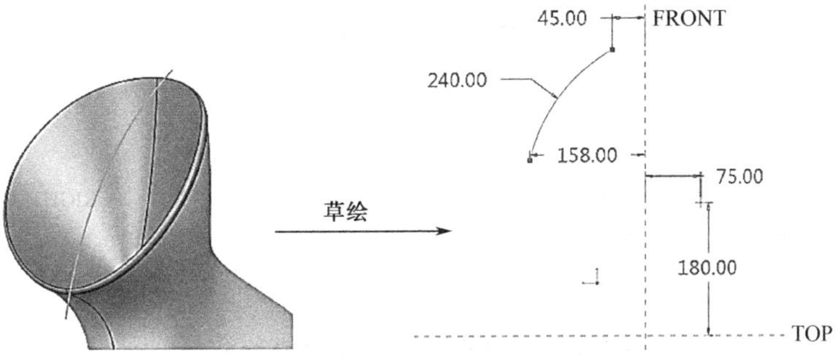

图 7-46 蒸脸器顶部弧线轮廓“草绘 1”

（2）单击按钮，选择绘图区中的 FRONT 平面作为草绘平面，RIGHT 平面作为参照平面，参考方向为右。单击【草绘】进入草绘模式。单击按钮绘制蒸脸器顶部侧面弧线轮廓（草绘 2）如图 7-47 所示。

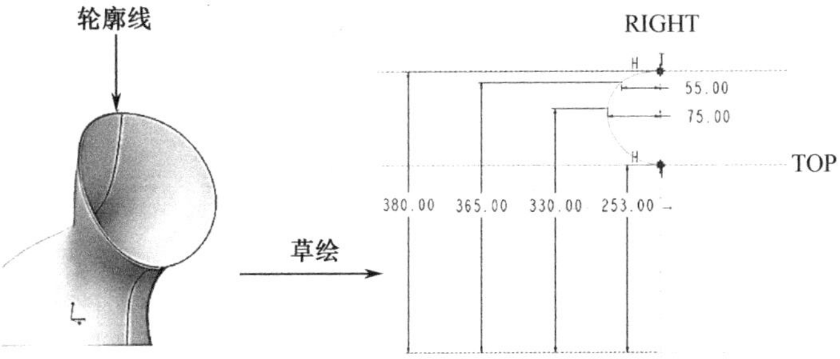

图 7-47 蒸脸器顶部侧面弧线轮廓“草绘 2”

上下端点与水平中心线设置约束条件为相切。

（3）鼠标同时选取草绘 1、草绘 2，单击【编辑】→按钮，生成蒸脸器头部立体轮廓线“相交 1”，如图 7-48 所示。

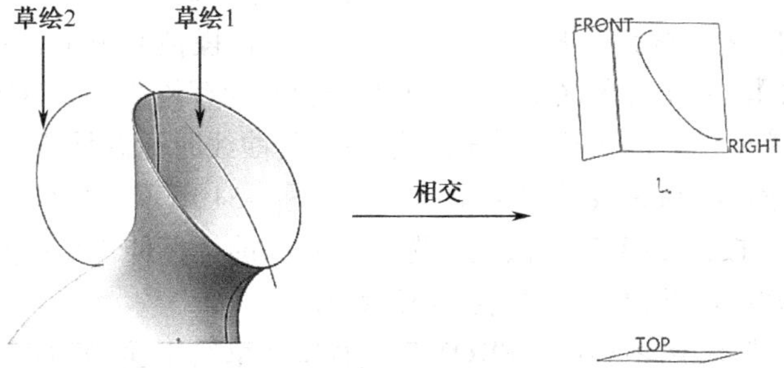

图 7-48 蒸脸器顶部立体轮廓线“相交 1”

步骤 2：绘制底部轮廓线

（1）单击按钮，选择绘图区中的 TOP 平面作为草绘平面，RIGHT 平面作为参照平面，参考方向为底部。单击【草绘】进入草绘模式。单击按钮绘制蒸脸器底部弧线轮廓（草绘 3），如图 7-49 所示。

注意：样条曲线在绘制时左、右端点与 RIGHT 参考面呈 90° 角。

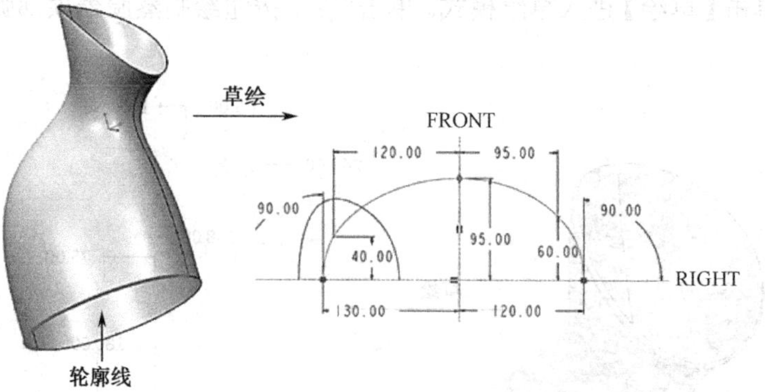

图 7-49　蒸脸器底部轮廓线“草绘 3”

（2）参照分步骤（1），绘制蒸脸器侧面曲线，选择绘图区中的 RIGHT 平面作为草绘平面，TOP 平面作为参照平面，参考方向为顶。单击【草绘】进入草绘模式。绘制时需要捕捉相交 1 和草绘 3 中的草绘线端点作为参照点。单击按钮绘制蒸脸器侧面轮廓曲线“草绘 4”，如图 7-50 所示。

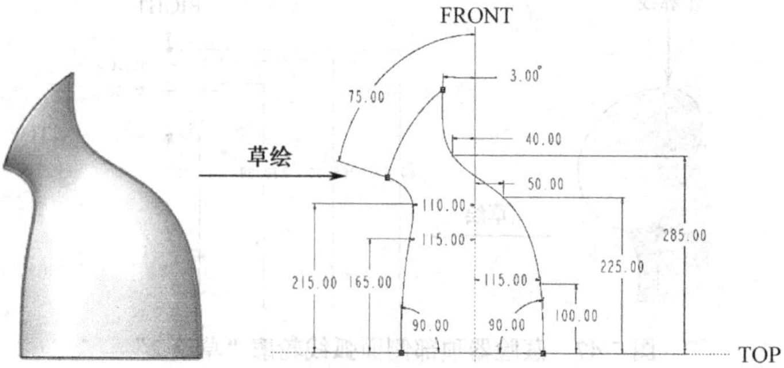

图 7-50　蒸脸器侧面轮廓曲线“草绘 4”

步骤 3：绘制侧面辅助线

为了绘制蒸脸器侧面线，首先要做一个侧面的参考平面。

（1）单击【模型】→按钮，弹出拉伸操控面板。在操控面板上，选择【拉伸为曲面】。单击【放置】→【定义】，选择绘图区中的 RIGHT 平面作为草绘平面，TOP 平面作为参照平面，参考方向为顶。单击【草绘】进入草绘模式，绘制样条曲线时注意捕捉“相交 1”和“草绘 3”生成的投影线作为参考。绘制完成后得到拉伸 1，如图 7-51 所示。拉伸深度不限。

（2）单击按钮，按住 Ctrl 键，依次点选上面步骤的“拉伸 1”曲面和“相交 1”、“草绘 3”，求得参考基准点 PNT0 和 PNT1，如图 7-52 所示。

（3）单击按钮，选择绘图区中的 FRONT 平面作为草绘平面，RIGHT 平面作为参照平面，参考方向为右。或者直接选择 FRONT 平面，单击【草绘】进入草绘模式。单击按钮绘制蒸脸器侧部轮廓“草绘 5”，如图 7-53 所示，绘制时注意捕捉 PNT0 和 PNT1 作为参考端点。

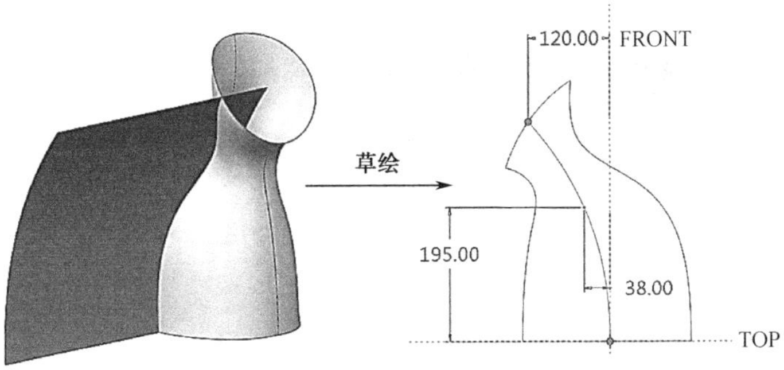

图 7-51　蒸脸器侧面辅助面“拉伸 1”

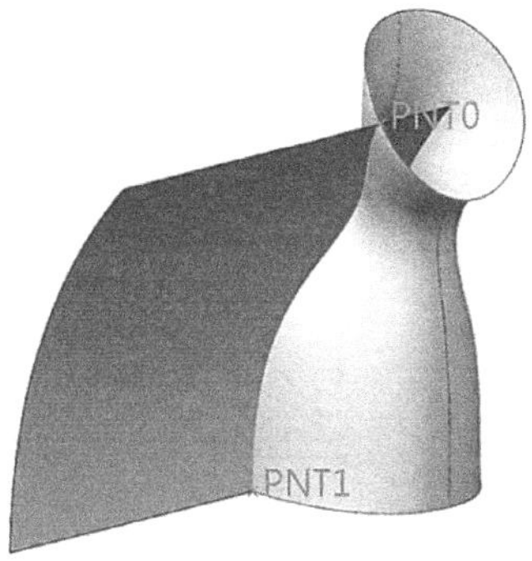

图 7-52　蒸脸器侧面参考线基准点

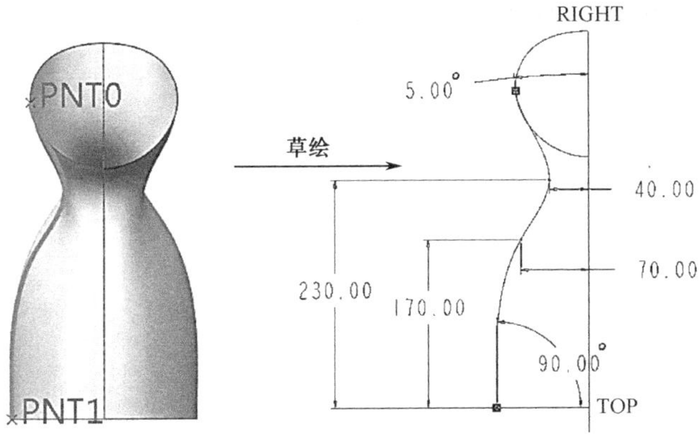

图 7-53　侧部轮廓线“草绘 5”

（4）选取“草绘 5”，单击【编辑】→按钮，选择“拉伸 1”作为投影平面，单击按钮。生成蒸脸器侧面立体参考线“投影 1”，如图 7-54 所示。

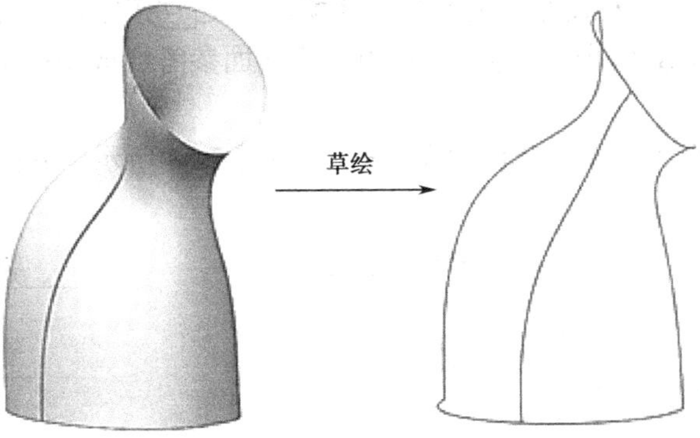

图 7-54　侧面立体参考线“投影 1”

步骤 4：绘制截面线

（1）单击【模型】→按钮，弹出拉伸操控面板。在操控面板上选择【拉伸为曲面】。单击【放置】→【定义】，选择绘图区中的 RIGHT 平面作为草绘平面，TOP 平面作为参照平面，参考方向为顶。单击【草绘】进入草绘模式。绘制如图 7-55 所示“拉伸 2”截面，完成后单击按钮，得到拉伸参考曲面。

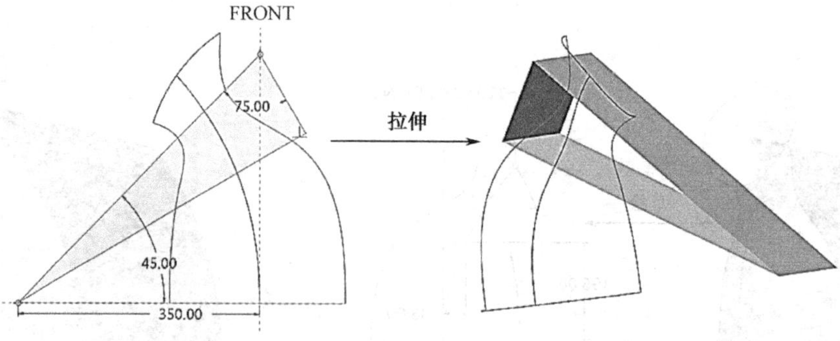

图 7-55　参考曲面“拉伸 2”

（2）参照步骤 3 的分步骤（2），建立“拉伸 2”与“草绘 4”和“投影 1”的交点 PNT2、PNT3、PNT4、PNT5、PNT6、PNT7，如图 7-56 所示。

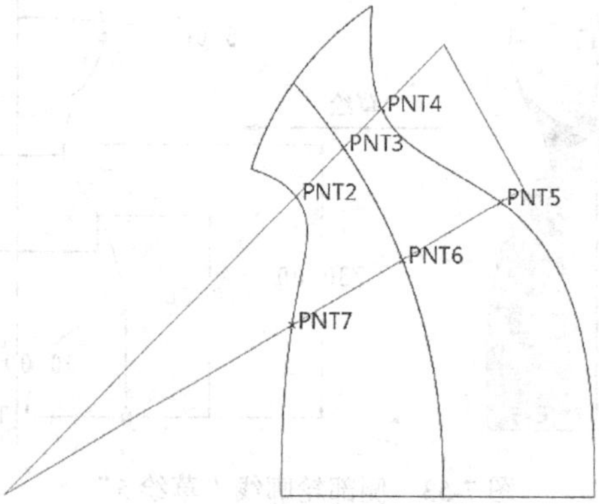

图 7-56　参考交点

（3）单击【模型】→按钮，单击【放置】→【定义】，选择绘图区中的“拉伸 2”上方平面为基准平面，参考方向为底部，进入草绘环境，单击按钮，以点 PNT2、PNT3、PNT4 为参考点画出样条曲线，其两个端点需要与 RIGHT 平面参考线成 90°，得到截面线“草绘 6”，如图 7-57 所示。

参照“草绘 6”做出第 2 条轮廓线“草绘 7”，如图 7-58 所示，并隐藏拉伸曲面“拉伸 2”。

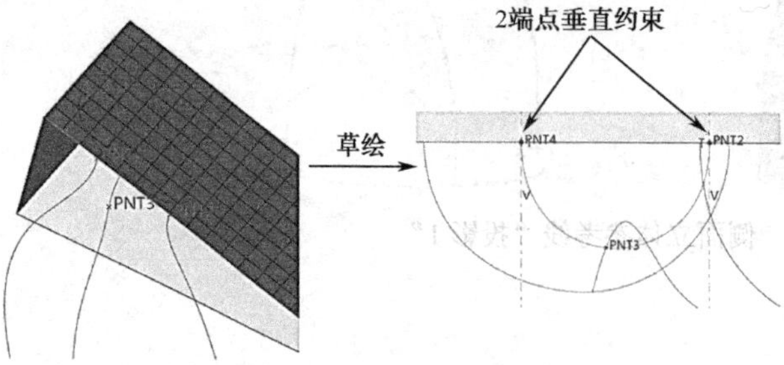

图 7-57　截面线“草绘 6”

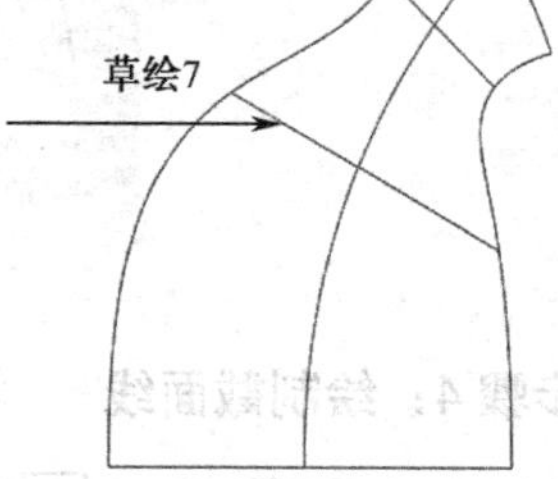

图 7-58　轮廓线“草绘 6 和草绘 7”

步骤 5：建立侧曲面

建立边界混合侧面曲面：单击【模型】→【曲面】模块的（边界混合）按钮，激活边界混合特征工具。在绘图区上方出现边界混合操控面板，单击选取第一方向边界曲线，按住

Ctrl 键同时依次选取曲线“相交 1”、“草绘 3”、“草绘 6”、“草绘 7”；单击 (第二方向曲线)，按住 Ctrl 键同时单击依次选取曲线草绘 4 的两条曲线和投影 1 曲线，初步生成边界混合曲面。最后右击选定轮廓曲线草绘 4 所在两条边上的约束条件图标，选择【垂直】，以便后续与另一侧镜像曲面成相切状态，生成边界混合 1 曲面，如图 7-59 所示。

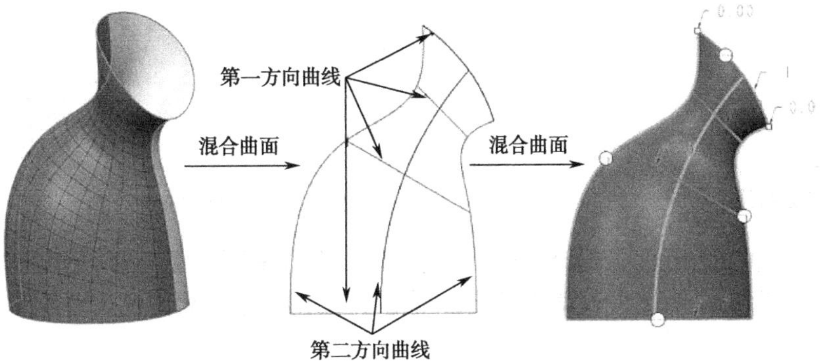

图 7-59　边界混合 1 曲面

(2) 单击【模型】→【编辑】模块中的按钮，系统弹出镜像操控面板，选择上步中的“边界混合 1”曲面。单击 RIGHT 基准平面，单击按钮，得到镜像 1 曲面。

(3) 同时选择原始曲面与镜像 1 曲面，单击【模型】→【编辑】模块中的按钮，单击按钮，完成合并 1，合并后的曲面如图 7-60 所示。

步骤 6：建立瓶口曲面

(1) 点选合并 1 曲面，单击【模型】→【编辑】模块中的按钮，再单击标准偏移按钮，方向向内，在偏移距离输入框内输入需要偏移的距离 3，单击按钮。完成曲面的偏移，偏移后得到曲面“偏移 1”，如图 7-61 所示。

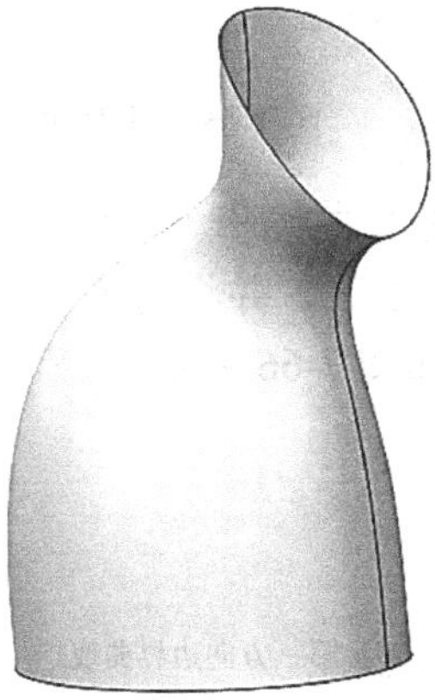

图 7-60　镜像合并后曲面

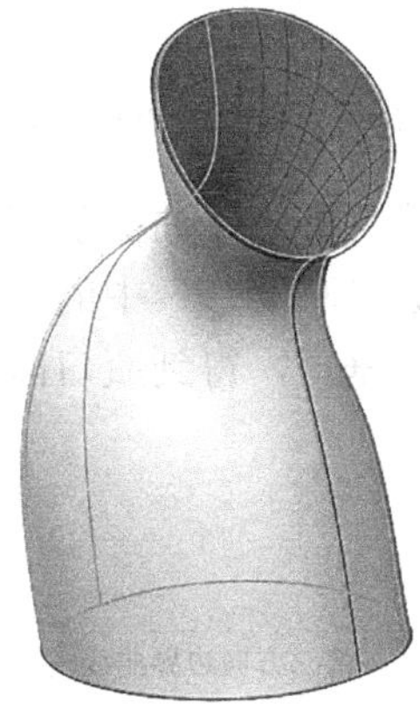

图 7-61　偏移后曲面“偏移 1”

(2) 鼠标选取偏移 1 的瓶口轮廓线，单击【模型】→【编辑】模块中的按钮，在的距离输入框内输入 4，方向为【垂直于边】，得到偏移 2 曲线，如图 7-62 所示。

(3) 鼠标单击【模型】→【形状】模块的→→，按住 Ctrl，选择合并 1 的瓶口轮廓线和偏移 2 曲线，分别作为原点轨迹和链 1 轨迹。单击草绘截面按钮进入草绘环境，绘制如图 7-63 所示的曲面，单击按钮，完成扫描曲面“扫描 1”。

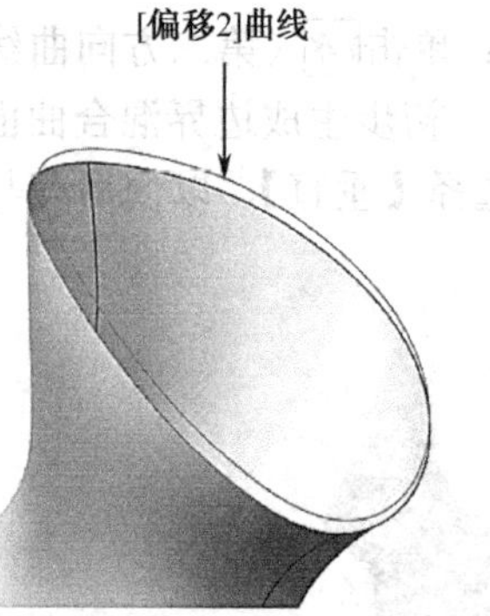

图 7-62　偏移 2 曲线

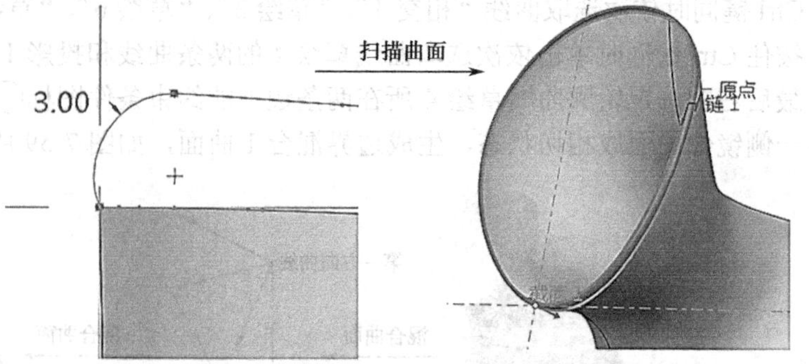

图 7-63　曲面“扫描 1”

（4）显示“拉伸 2”曲面，选择绘图区中的拉伸 2 上方平面（图 7-57 所示的网格面）为基准平面，参考方向为左，确认进入草绘环境，单击∿按钮，绘制截面线“草绘 8”，如图 7-64 所示。

单击按钮，选择绘图区中的 RIGHT 平面作为草绘平面，TOP 平面作为参照平面，参考方向为顶，单击【草绘】进入草绘模式。单击 弧（圆弧）按钮，捕捉“草绘 8”和“扫描 1”的端点作为参考绘制圆弧，单击✓按钮得到“草绘 9”，如图 7-65 所示。

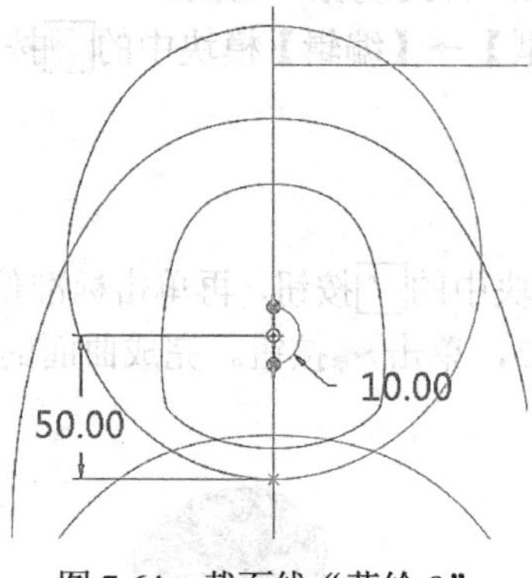

图 7-64　截面线“草绘 8”

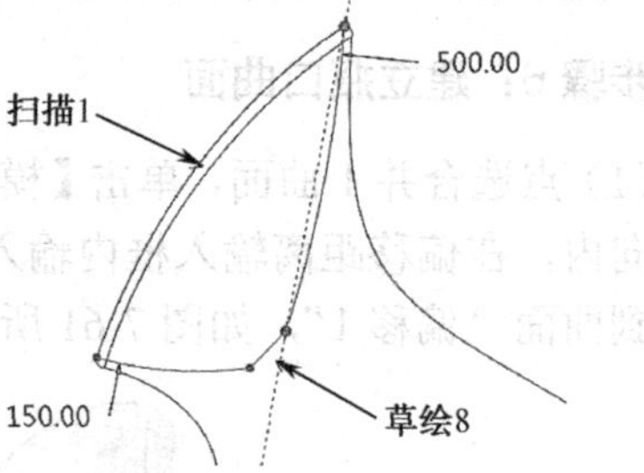

图 7-65　截面线“草绘 9”

（5）单击【模型】→【曲面】模块的按钮，选择瓶口曲线和“草绘 8”作为第一方向边界曲线；选择两条“草绘 9”中的曲线作为第二方向边界曲线，并将两条第二方向边界曲线处的约束条件设置为垂直，得到瓶口曲面“边界混合 2”，如图 7-66 所示。

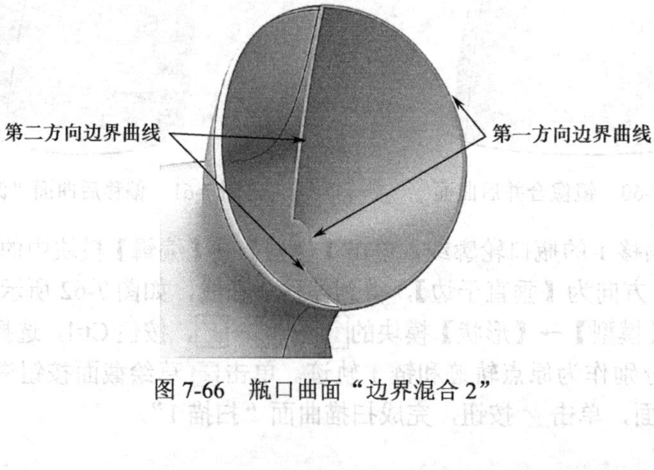

图 7-66　瓶口曲面“边界混合 2”

（6）单击【模型】→【编辑】模块中的镜像，系统弹出镜像操控面板，选择“边界混合 2”，再单击 RIGHT 平面作为镜像参考面，完成曲面的镜像，得到“镜像 2”。再同时选择原始曲面与镜像 2 曲面，单击【模型】→【编辑】模块中的按钮，单击按钮，完成“合并 2”，合并后的曲面如图 7-67 所示。

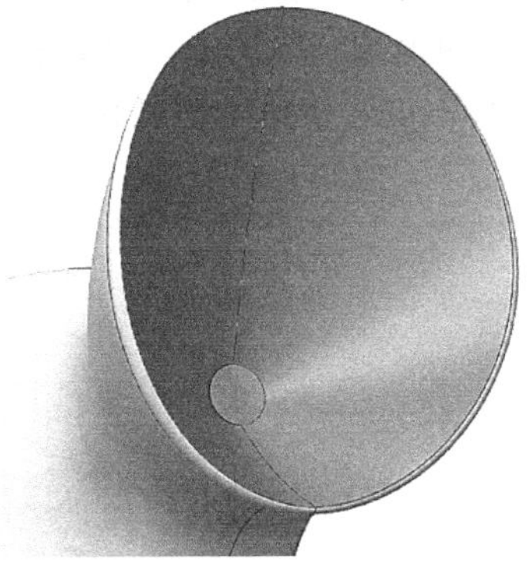

图 7-67　镜像合并后的瓶口曲面

（7）单击【模型】→按钮，弹出拉伸操控面板，单击实体。单击【放置】→【定义】，选择绘图区中的拉伸 2 上的平面（图 7-57 所示的网格面）作为草绘平面，参考方向为默认。单击【草绘】进入草绘模式。捕捉“草绘 8”轮廓，绘制如图 7-68 所示曲线。深度 3.00 输入 3，厚度 4.00 输入 4，完成后单击【确定】退出截面绘制，得到瓶嘴“拉伸 3”。

（8）选择倒圆角工具，按住 Ctrl 键分别选择拉伸 3 的两条棱边，输入倒角半径 1.5，单击按钮，得到图 7-68。

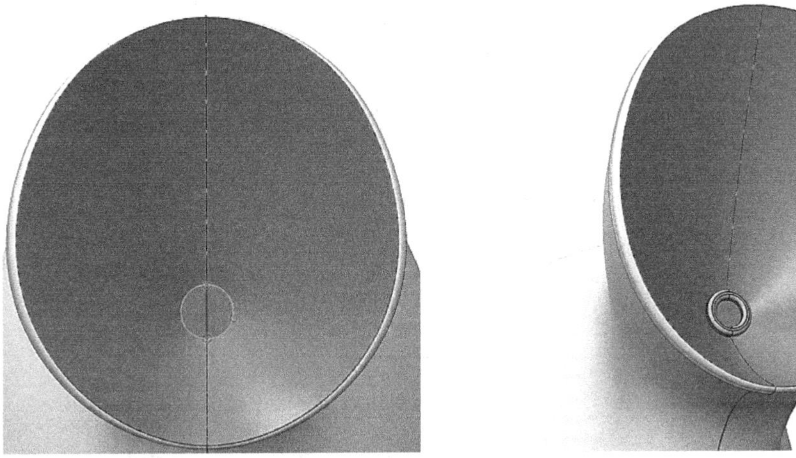

图 7-68　草绘和瓶嘴“拉伸 3”

步骤 7：建立底座曲面

（1）单击【基准】按钮，选择 TOP 基准面，平移 25.00 向下偏移距离输入 25，得到基准平面“DTM1”。

（2）单击【填充】按钮，单击【参考】→【定义】，选择绘图区中的 DTM1 平面作为草绘平面，RIGHT 平面作为参照平面，参考方向为底。或者直接选择 FRONT 平面，单击【草绘】进入草绘模式。绘制如图 7-69 所示曲线，完成后单击确定退出截面绘制，得到底座曲面“填充 1”。

（3）单击【扫描】→【曲面扫描】→【可变截面扫描】，按住 Ctrl，选择合并 1 底面轮廓线和填充 1 轮廓线，分别作为原点轨迹和链 1 轨迹。单击草绘截面按钮进入草绘环境，使用样条工具绘制如图 7-70 截面，单击确定，完成瓶底曲面“扫描 2”。

步骤 8：绘制按钮

（1）单击【模型】→按钮，弹出【拉伸】操控面板。在操控面板上，选择【拉伸为曲面】。

单击【放置】→【定义】，选择绘图区中的 RIGHT 平面作为草绘平面，TOP 平面作为参照平面，参考方向为顶。单击【草绘】进入草绘模式。绘制如图 7-71 所示曲线，双向拉伸深度为 50.00，完成后单击✔按钮，得到拉伸曲面“拉伸 4”。

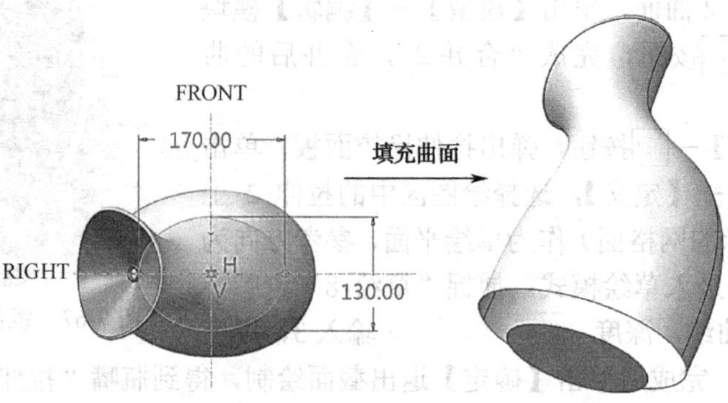

图 7-69　底座曲面“填充 1”

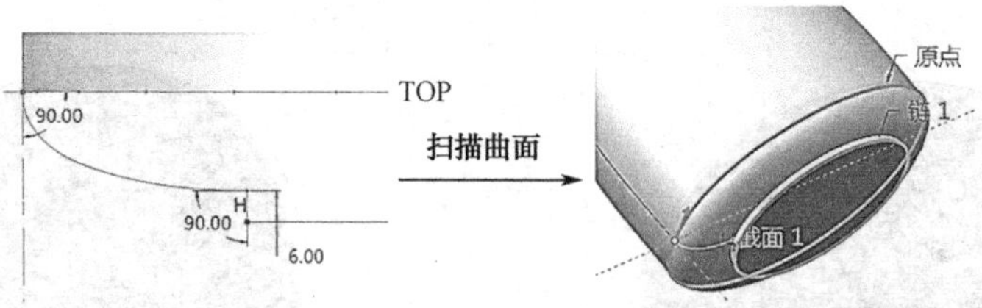

图 7-70　瓶底曲面“扫描 2”

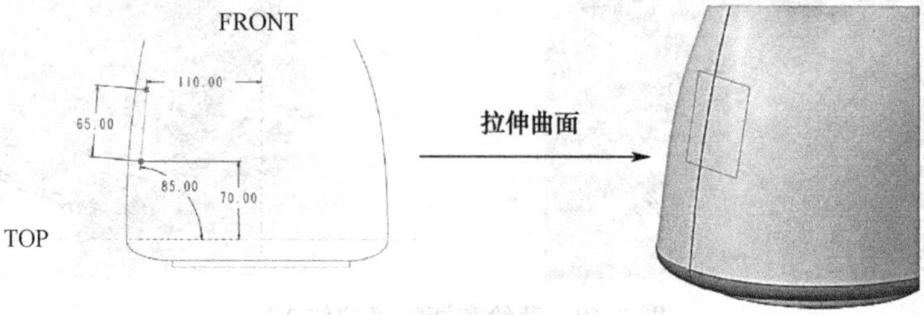

图 7-71　“拉伸 4”曲面

（2）单击【模型】→按钮，弹出【拉伸】操控面板。在操控面板上，选择【拉伸为曲面】且为修剪模式。单击【放置】→【定义】，选择绘图区中的 FRONT 平面作为草绘平面，RIGHT 平面作为参照平面，参考方向为右。单击【草绘】进入草绘模式。绘制如图 7-72 所示曲线，完成“拉伸 5”后单击✔按钮，完成曲面的拉伸修剪。

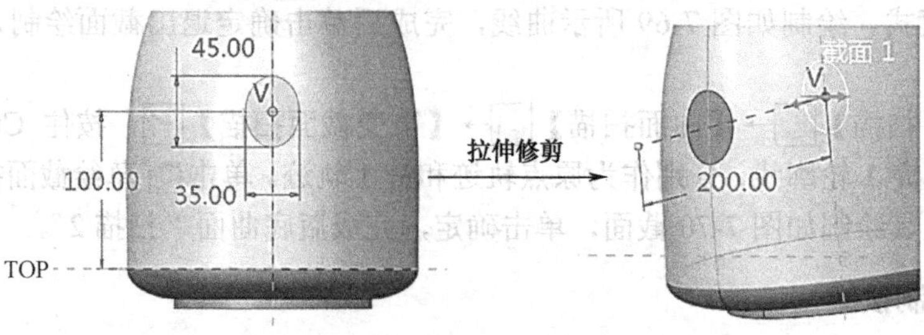

图 7-72“拉伸 5”修剪

（3）重复以上拉伸步骤，得到“拉伸 6”并使用合并命令对曲面“拉伸 4”、“拉伸 6”曲面进行合并，得到曲面合并 3，如图 7-73 所示。再将“合并 3”和“合并 1”曲面进行合并，得到“合并 4”，如图 7-74 所示。

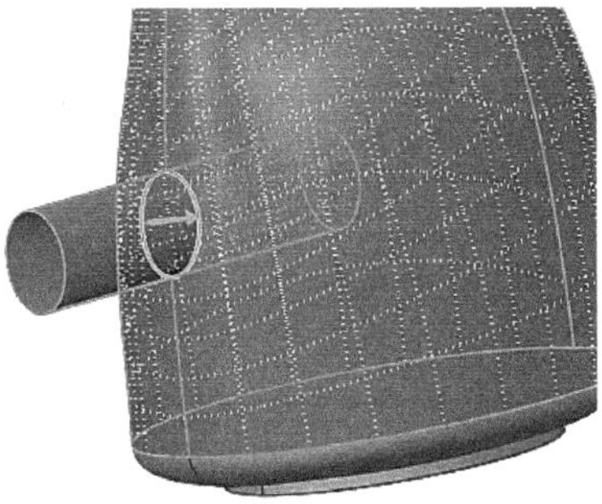

图 7-73　合并 3

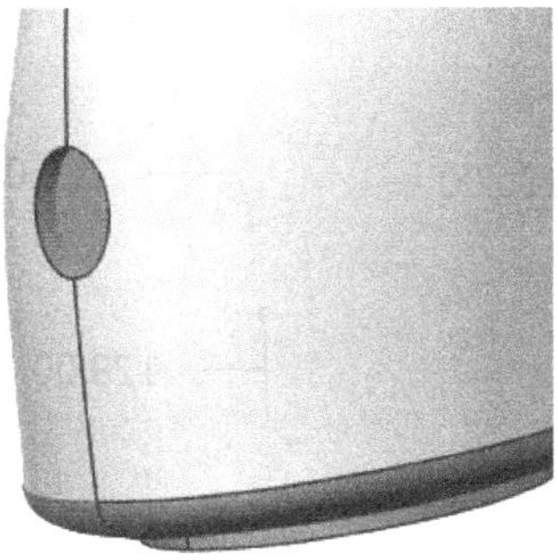

图 7-74　合并 4

（4）单击按钮，选择如图 7-75 所示的网格平面作为草绘平面，参考平面和方向为默认，单击【草绘】进入草绘模式，利用 椭圆 工具绘制椭圆，如图 7-76 所示。

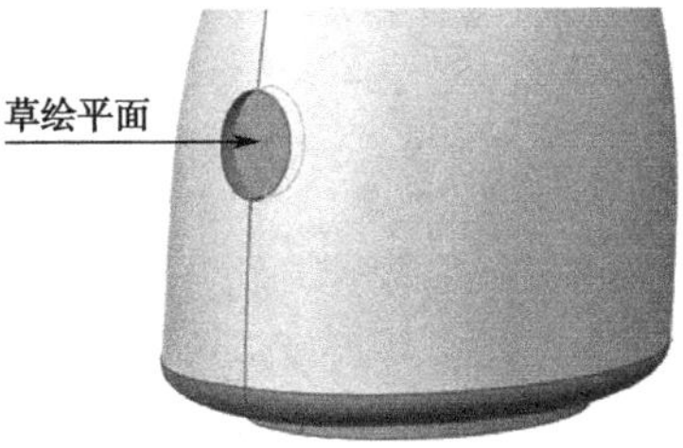

图 7-75　草绘参照面图

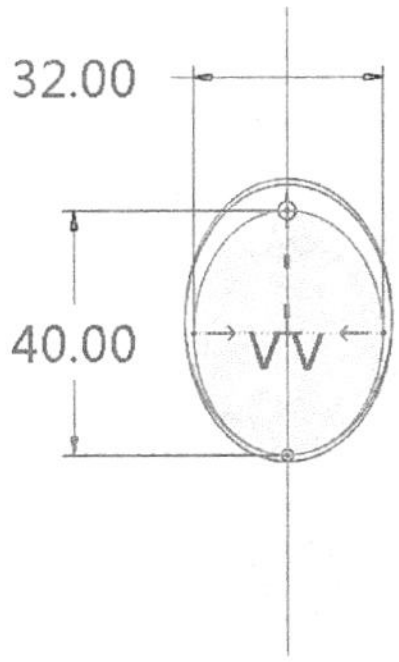

图 7-76　椭圆“草绘 10”

（5）单击【模型】→【形状】模块的【扫描混合】工具，单击选择“草绘 10”轮廓作为扫描轨迹，单击【截面】选项卡，为扫描混合添加截面 1 选择按钮靠下截面线为参考草绘，如图 7-77 所示，截面 2 绘制如图 7-78 所示，单击【确认】，完成绘制按钮侧面曲面“扫描混合 1”，如图 7-79 所示。

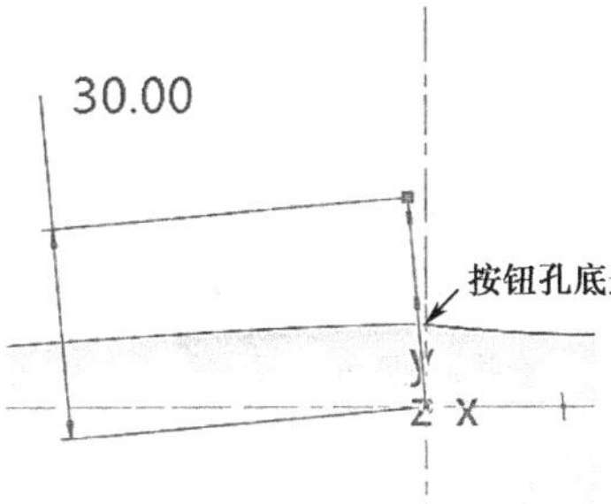

图 7-77　截面 1 草绘

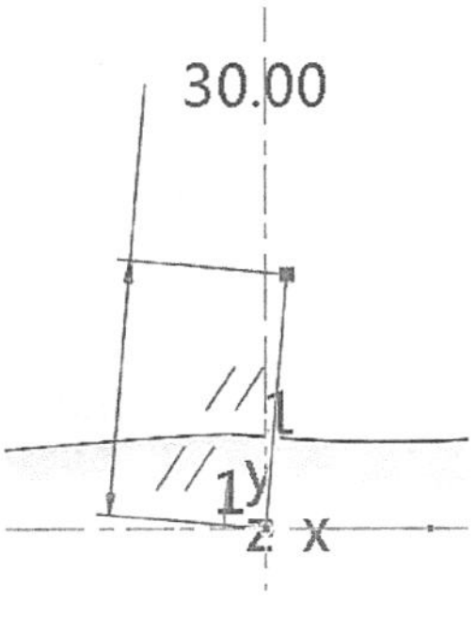

图 7-78　截面 2 草绘

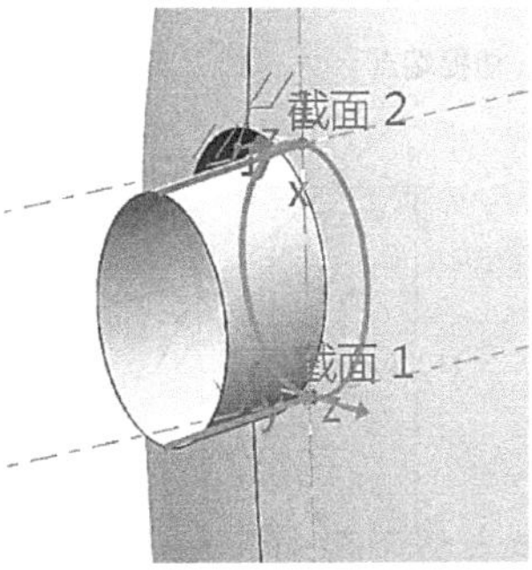

图 7-79　按钮侧面曲面

（6）单击按钮，选择绘图区中的 FRONT 平面作为草绘平面，RIGHT 平面作为参照平面，参考方向为顶。利用 弧工具绘制如图 7-80 所示的“草绘 11”。

（7）参考步骤 6 的分步骤（3），单击→→，选择草绘 11 作为扫描轨迹。单击进入草绘环境，使用弧工具绘制截面，如图 7-81 所示，单击按钮，完成曲面“扫描 3”，如图 7-82 所示。

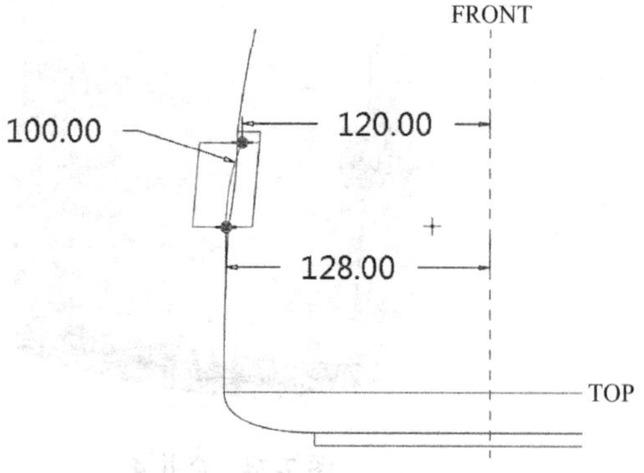

图 7-80　扫描轨迹草绘

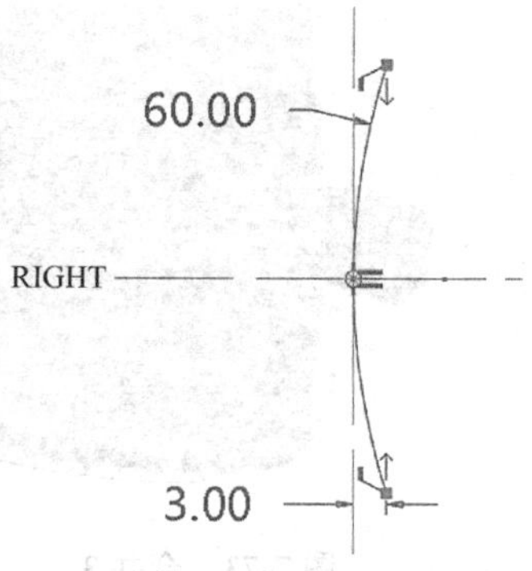

图 7-81　扫描截面草绘

（8）将“扫描混合 1”和“扫描 3”曲面合并，得到按钮的表面曲面“合并 5”，如图 7-83 所示。

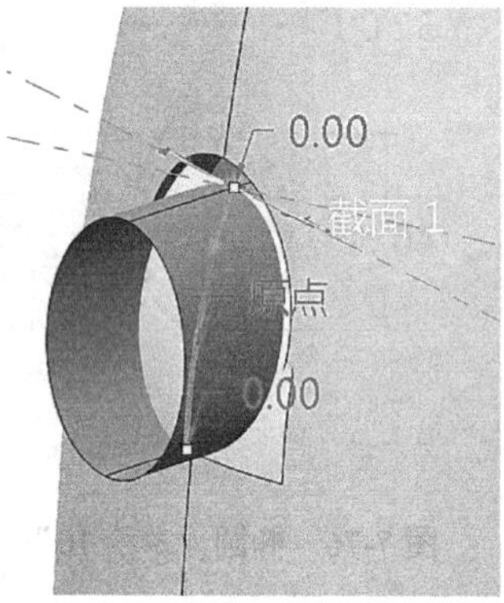

图 7-82　曲面“扫描 3”

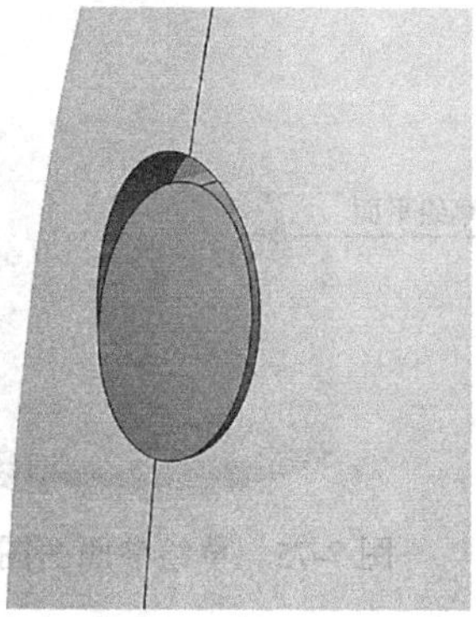
图 7-83　合并 5

（9）单击【模型】→按钮，选择 RIGHT 为草绘平面，绘制如图 7-84 所示草绘截面的拉伸曲面，得到“拉伸 7”。再将此拉伸曲面与按钮合并，并倒圆角修饰，圆角半径为 1.00，最后效果如图 7-85 所示。

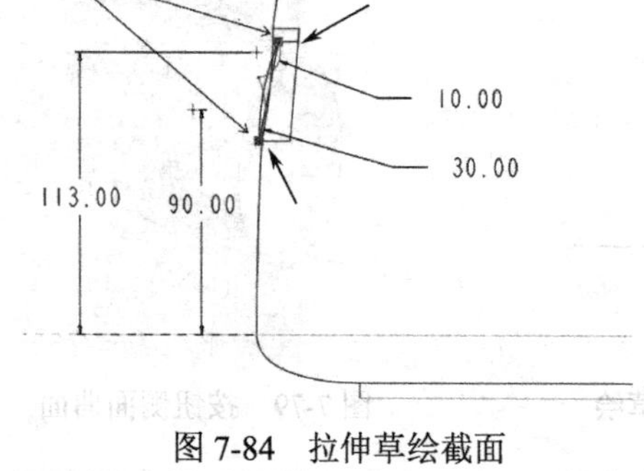

图 7-84　拉伸草绘截面

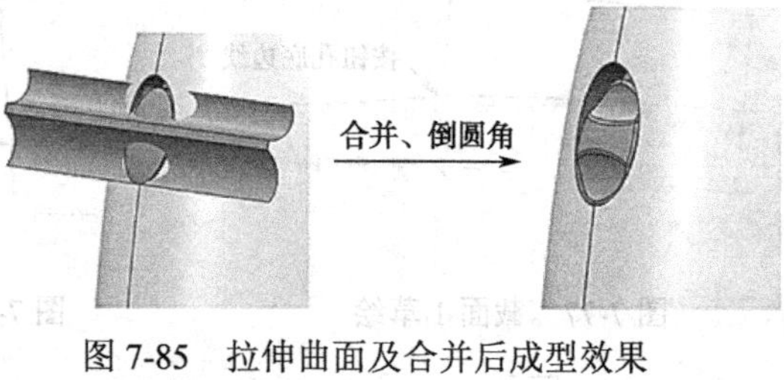

图 7-85　拉伸曲面及合并后成型效果

步骤 9：绘制修饰 LOGO 曲面

（1）偏移 FRONT 基准面 200.00，新建 DTM2 基准平面，如图 7-86 所示，以 DTM2 基准平面为草绘平面，利用文本工具绘制如图 7-87 所示字样。

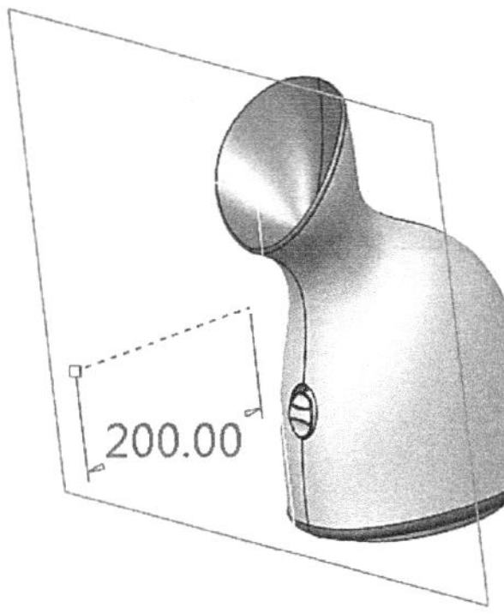

图 7-86　基准面偏移

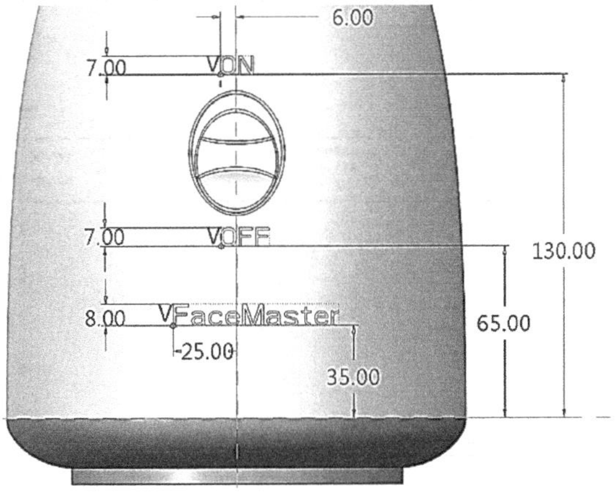

图 7-87　字样草绘

（2）选择蒸脸器瓶身曲面，单击→展开特征，单击【选项】→【定义】，以 DTM2 基准平面为草绘平面，进入草绘环境，用投影复制选取环的方式选取上一分步骤中的字样，单击【确定】退出草绘。在厚度距离处输入 0.5，再单击【确定】得到最终产品，如图 7-88 所示。

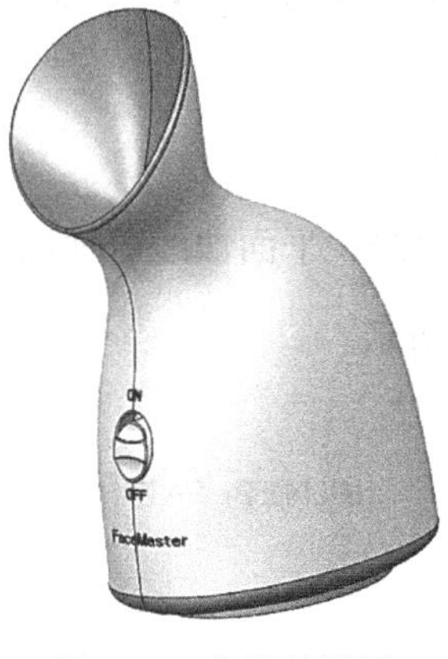

图 7-88　产品效果图

7.8　造型工具

7.8.1　概述

针对工业设计或产品外观设计人员，由于专业本身存在的创意性和概念性强的特点，因此需要高效、直观地构建曲线和曲面。针对这些需求，Creo 提供了【造型】设计环境，用户通过它可以在弱化参数的情况下方便而迅速地创建自由形式的曲线和曲面，自由而强大的图元约束方式让它在表达一些概念性的形状上具有独特的优势。

7.8.2 工作环境介绍

在 Creo 零件设计环境下，单击 造型 按钮进入【造型】设计环境，【造型】环境具有独立的工作界面，包含模型树栏、样式树栏、造型工具栏、辅助工具栏、绘图区域等，如图 7-89 所示。

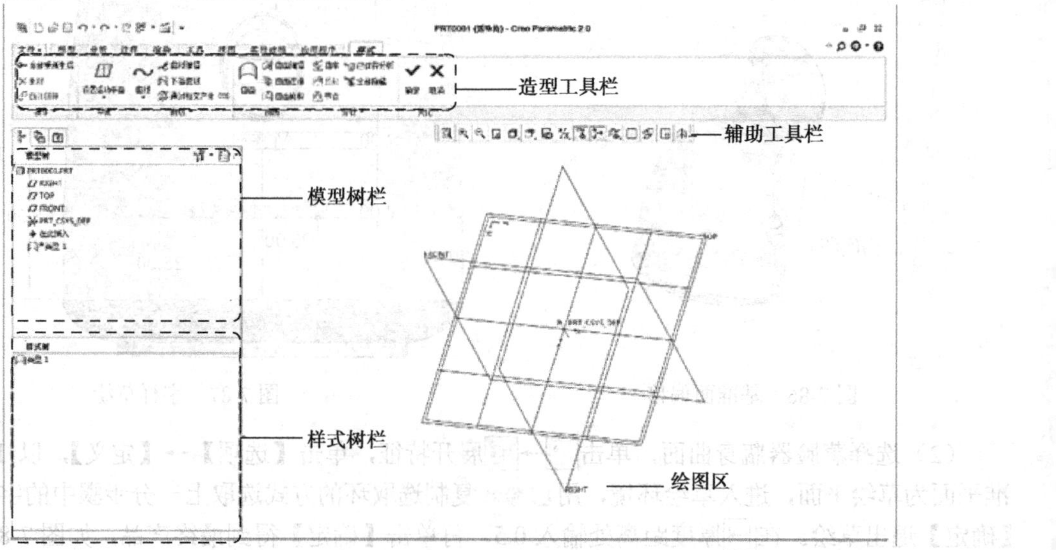

图 7-89 【造型】设计环境

7.8.3 曲线创建

造型环境下的曲线类型有自由曲线、平面曲线、曲面上的曲线。单击【曲线】 曲线 按钮，弹出【曲线】操控面板，如图 7-90 所示。

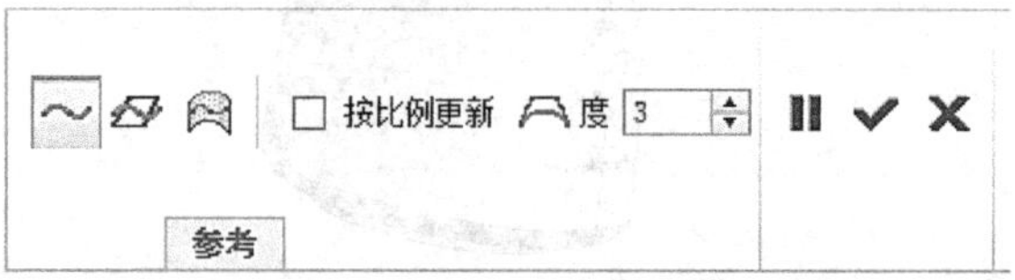

图 7-90 【曲线】操控面板

（1）自由曲线

单击按钮，如图 7-90 所示，出现曲线类型选项，单击自由曲线绘制按钮，如图 7-91 所示，添加曲线点进行曲线绘制，单击完成自由曲线绘制。该命令绘制出的曲线是空间曲线，不受基准平面或曲面的约束。

（2）平面曲线

单击平面曲线绘制按钮。首先设置活动平面，单击设置活动平面按钮，选取 TOP 基准平面作为活动平面，如图 7-92 所示，添加曲线点进行曲线绘制，单击完成曲线绘制。该命令绘制出的曲线是被约束在活动平面上的平面曲线。

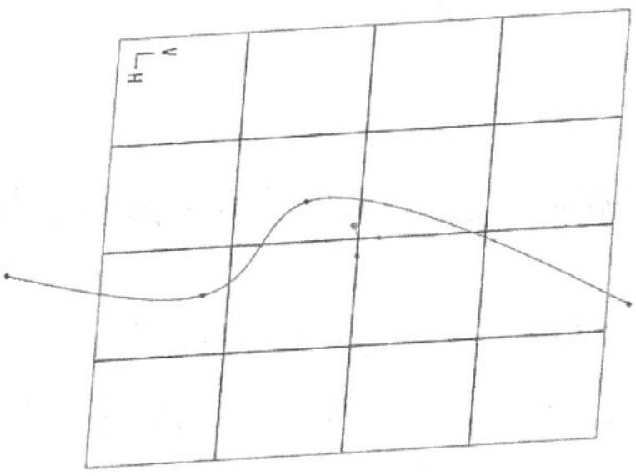

图 7-91　自由曲线

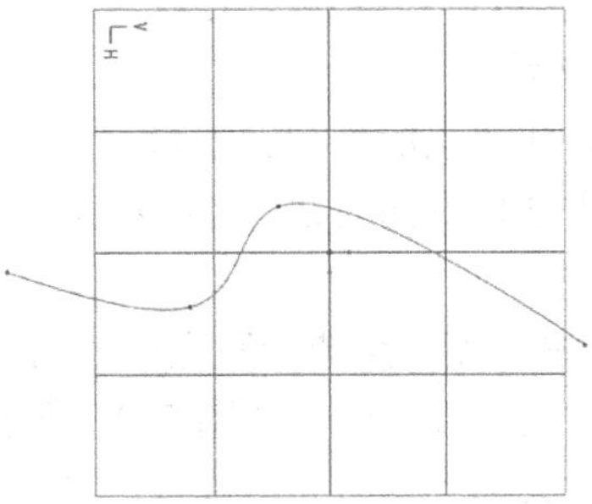

图 7-92　平面曲线

（3）曲面上的曲线

单击曲面曲线绘制按钮，首先选取基准曲面，单击如图 7-93 所示的曲面作为绘图基准，添加曲线点进行曲线绘制，单击✔完成曲线绘制，如图 7-93 所示。该命令绘制出的曲线是被约束在所选曲面上的。

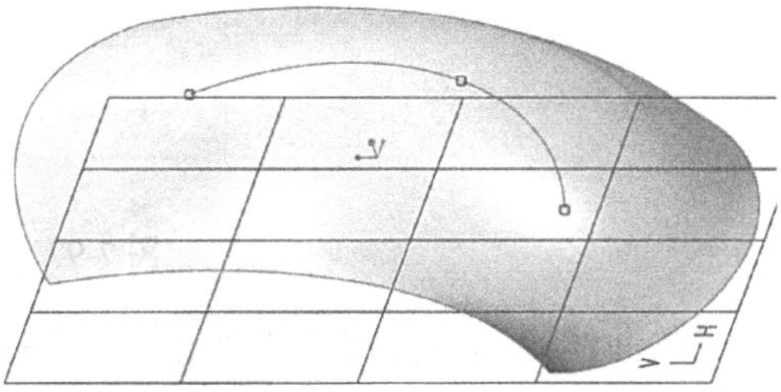

图 7-93　曲面上的曲线

7.8.4　曲线编辑

（1）曲面上点的类型

曲线创建后由于设计的需要经常对曲线进行编辑和修改，由于曲线是由点构成的，因此学习造型曲线的编辑先要认识其点的特点。在造型中，曲线是通过点连接起来的，点的类型又分为以下几种：

① **自由点**：没有任何约束可以自由调整位置的点，以实心点来表示，如图 7-94 所示。

② **固定点**：完全约束不能移动的点，如曲线的交点，用交叉曲线段表示，如图 7-95 所示。如果需要移动固定点，需要同时按住 Shift 键。

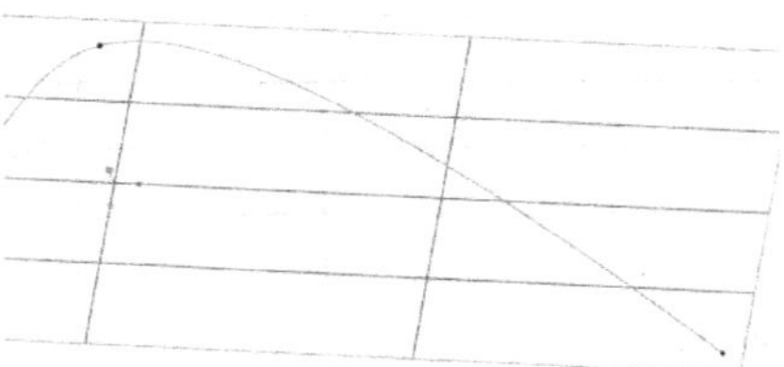

图 7-94　自由点

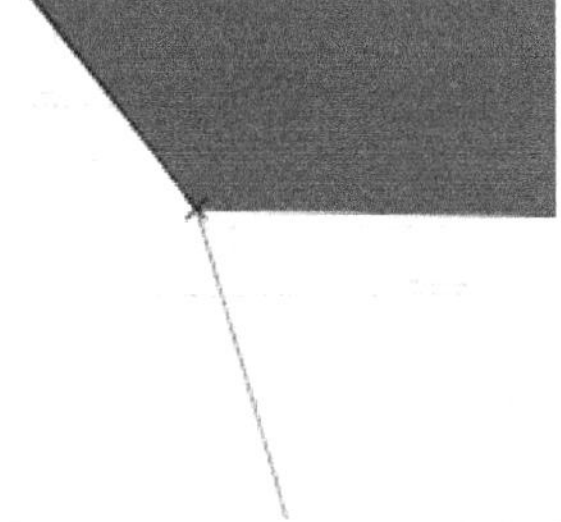

图 7-95　固定点

③ **软点**：在曲线上的软点以小空心圆 表示，在基准曲面上以空心方块 表示，如图 7-96 所示。

（2）曲线点的添加、删除、分割、组合

对于创建好的曲线，可以对其上的曲线点进行添加、删除，还可以利用其对曲线进行分割、组合。

① **添加点**：点选绘制完成的曲线，单击曲线编辑按钮，在曲线上需要添加点的位置按住鼠标右键不放，弹出如图 7-97 所示的快捷菜单。如果选择【添加点】，那么新插入的点将位于曲线上鼠标光标所处的位置；如果选择【添加中点】，那么新插入的点将位于曲线中段。

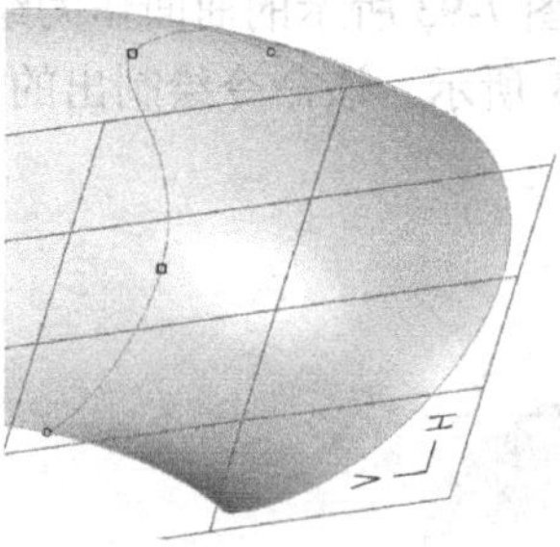

图 7-96　软点

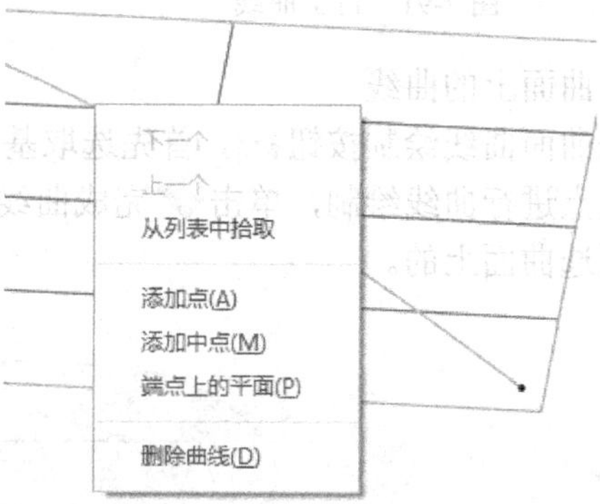

图 7-97　添加控制点

② **删除点**：点选绘制完成的曲线，单击曲线编辑按钮，在曲线上需要删除点的位置按住鼠标右键不放，弹出快捷菜单。选择【删除点】，那么光标处的曲线点将被删除，效果如图 7-98 所示。

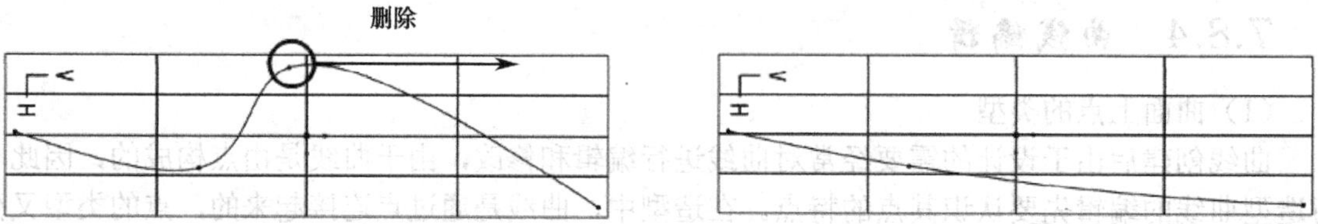

图 7-98　删除控制点

③ **曲线分割**：点选绘制完成的曲线，单击曲线编辑按钮，在曲线上需要分割曲线的位置按住鼠标右键不放，弹出快捷菜单。选择【分割】，那么曲线将被光标处的曲线点分割，效果如图 7-99 所示。

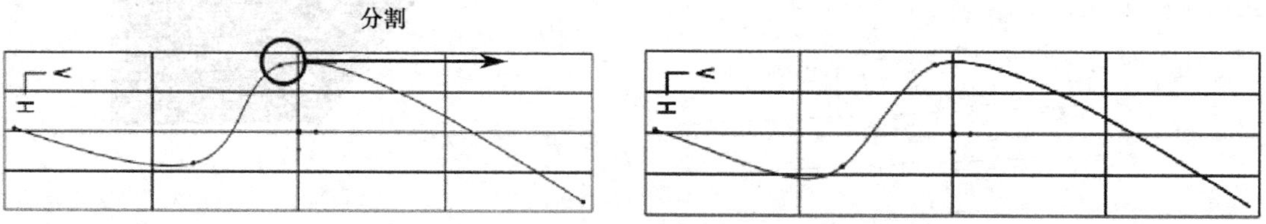

图 7-99　曲线点分割

④ **曲线组合**：对于端点相接的曲线，点选其中一条曲线，在端点处按住鼠标右键不放，弹出快捷菜单。选择【组合】，两条曲线将被组合，效果如图 7-100 所示。

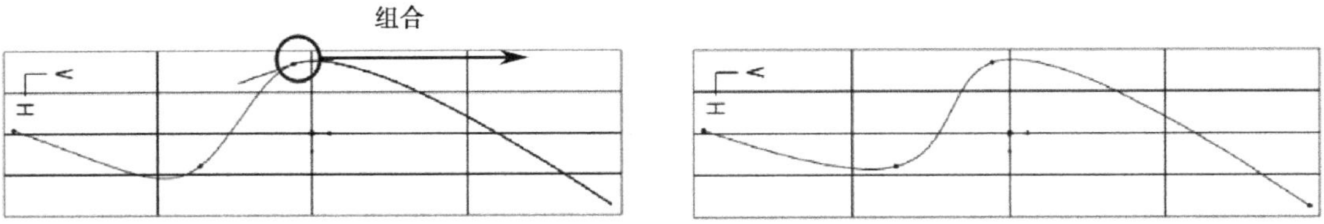

图 7-100　曲线点组合分割

（3）曲线约束类型

选择如图 7-101 所示造型曲线，单击或双击曲线，进入曲线编辑模式，鼠标靠近曲线相交部分，右击出现曲线约束设置快捷菜单，其中有多种约束方式，如自然、自由、固定角度、水平、垂直、法向、对齐、对称，相切、曲率、曲面相切、曲面曲率、拔模相切。设置相关约束条件的前提是所选点必须符合约束的相关条件，否则无法设置。如图 7-102 所示，除了在右击弹出的曲线约束设置快捷菜单之外，还可以单击曲线编辑环境下的【相切】选项卡，弹出约束设置面板，在其中可以进行相关参数的详细设置。

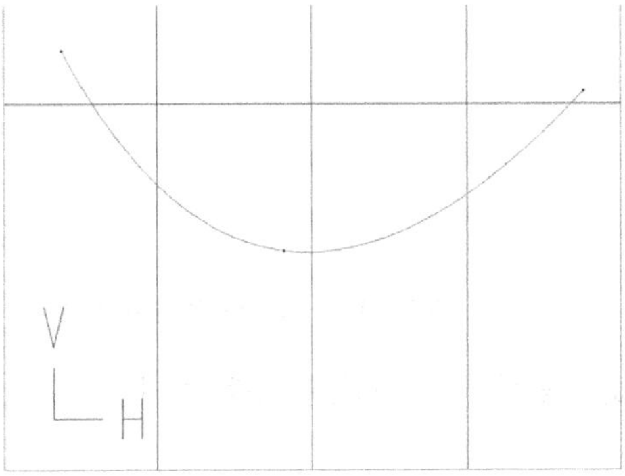

图 7-101　造型曲线

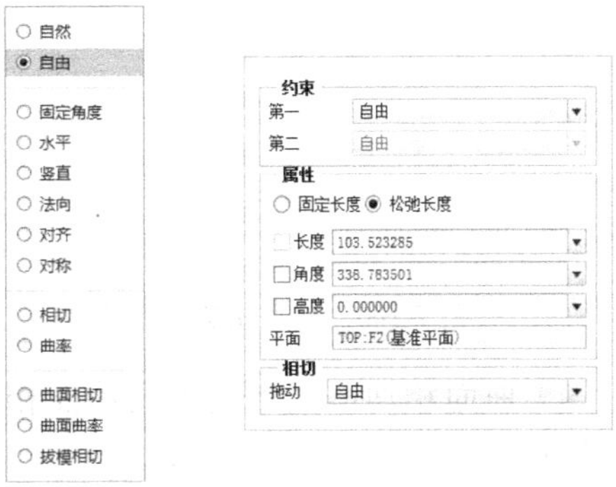

右键快捷菜单　　【相切】选项卡

图 7-102　约束设置面板

① 自然：端点设置为自然约束的曲线，按系统默认设置，且在相切面板中长度、角度、高度均无法改变。

② 自由：端点设置为自由约束的曲线，可在相切面板中设置其长度、角度、高度。

③ 固定角度：端点设置为固定角度约束的曲线，可在相切面板中更改曲线的长度，无法改变其角度。

④ 水平：端点设置为水平约束的曲线，其切线方向与系统默认水平方向平行，系统默认方向坐标图标为，（H 方向为水平方向，V 方向为垂直方向），如图 7-103 所示。

⑤ 垂直：端点设置为水平约束的曲线，其切线方向与系统默认水平方向垂直，如图 7-104 所示。

⑥ 法向：端点设置为水平约束的曲线，其切线方向与所选参照呈垂直状态，如图 7-105 所示，被编辑曲线的端点切线与 FRONT 基准面垂直。

⑦ 对齐：端点设置为对齐约束的曲线，两约束线呈对齐状态。

⑧ 对称：端点设置为对称约束的曲线，两约束线呈对称状态。

⑨ 相切：端点设置为相切约束的曲线，两约束曲线以相切方式相连，约束符号为单箭头直线，如图 7-106 所示。

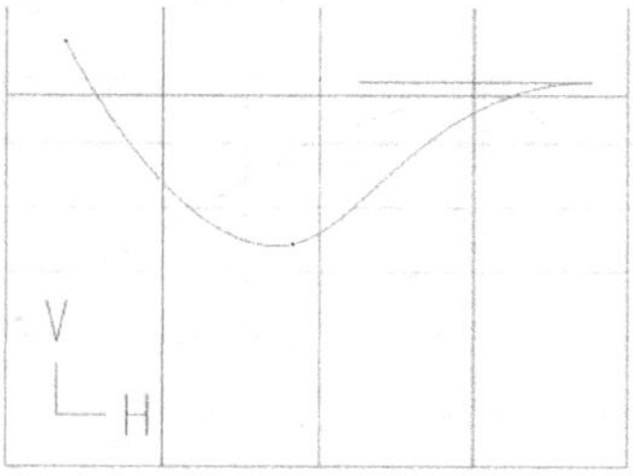

图 7-103　端点水平曲线

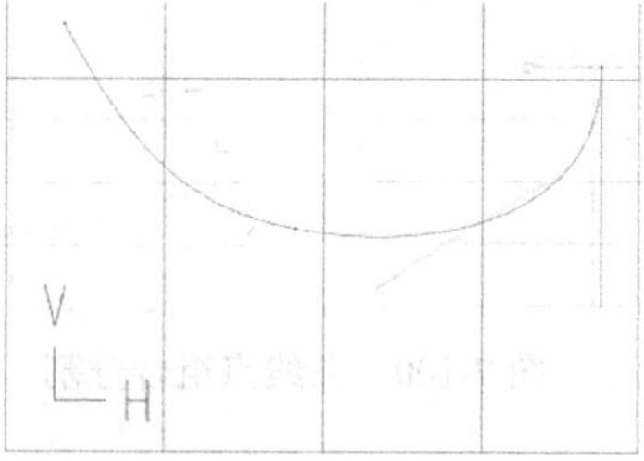

图 7-104　端点竖直曲线

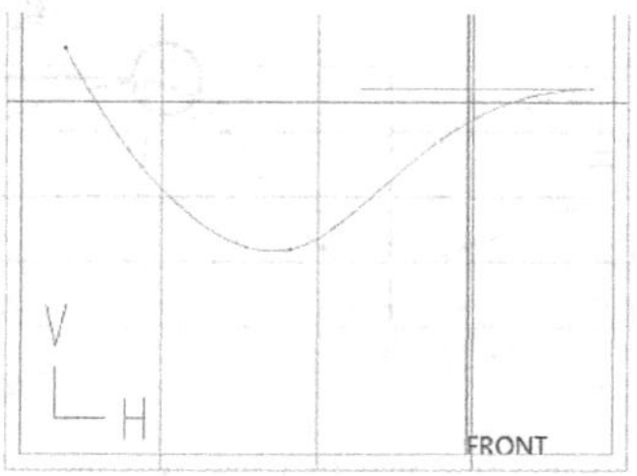

图 7-105　端点法向曲线

⑩ 曲率：端点设置为曲率约束的曲线，两约束曲线以曲率方式相连，约束符号为双箭头直线，如图 7-107 所示。

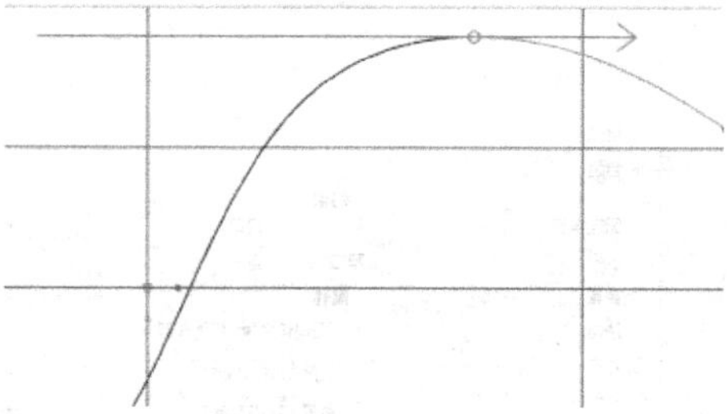

图 7-106　端点相切约束曲线

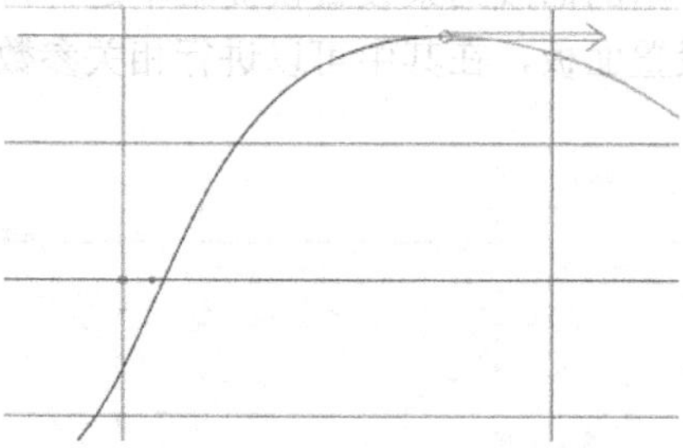

图 7-107　端点曲率约束曲线

⑪ 曲面相切：端点设置为曲面相切约束的曲线，曲线与曲面边界连接呈相切状态，如图 7-108 所示。

⑫ 曲面曲率：端点设置为曲面曲率约束的曲线，曲线与曲面边界连接呈曲率状态，如图 7-109 所示。

⑬ 拔模相切：端点设置为拔模相切约束的曲线，在与相连曲线呈相切约束条件下，曲线与所选平面成一定角度，如图 7-110 所示，被设置曲线选择拔模相切约束时，该曲线与 FRONT 基准面成 10° 角，并与相连曲线相切。

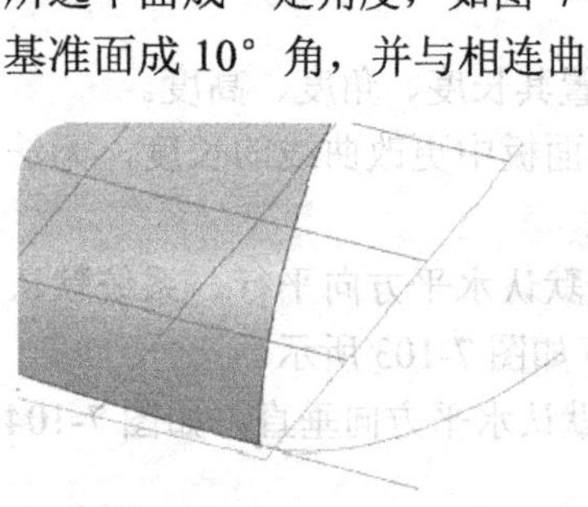

图 7-108　曲面相切曲线

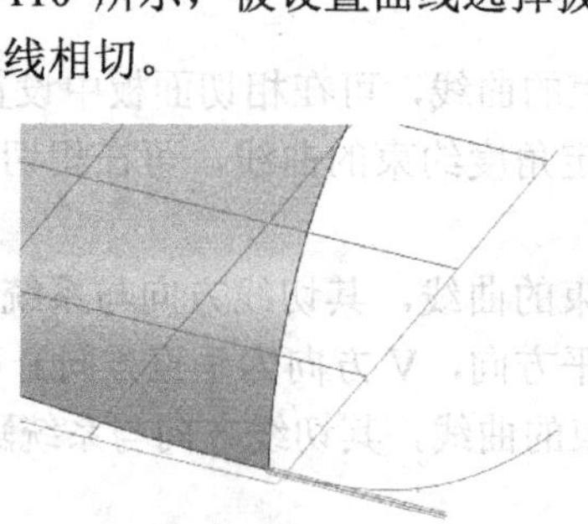

图 7-109　曲面曲率曲线

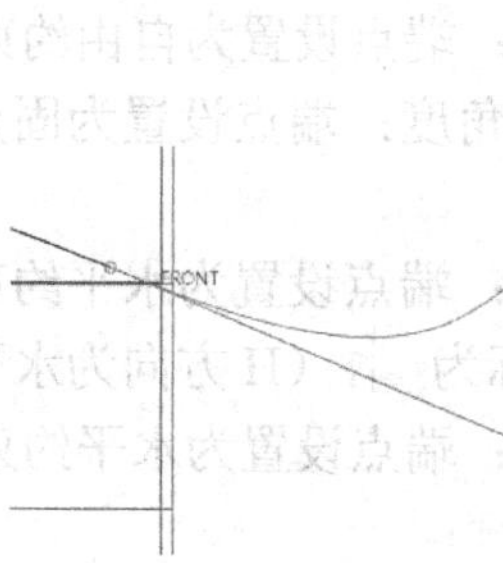

图 7-110　拔模相切曲线

7.8.5　曲面创建

在 Creo 造型模块中，构建曲面的方法与边界混合曲面类似，但在造型模块中曲面构建方式更加灵活、易于操作，本节将讲解如何在造型模块中构建四边曲面、三边曲面、放样曲面。

（1）四边造型曲面

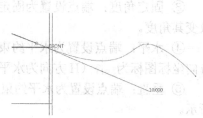

打开模型 7-12.prt，进入造型模块后，单击曲面按钮，弹出【曲面】操控面板，按住 Ctrl

键，依次选取四条边界曲线，如图 7-111 所示，选择完成后，点选 单击此处添加项 选择内部曲线，按住 Ctrl 键，依次选取相交的两条内部曲线，生成四边曲面，如图 7-112 所示。

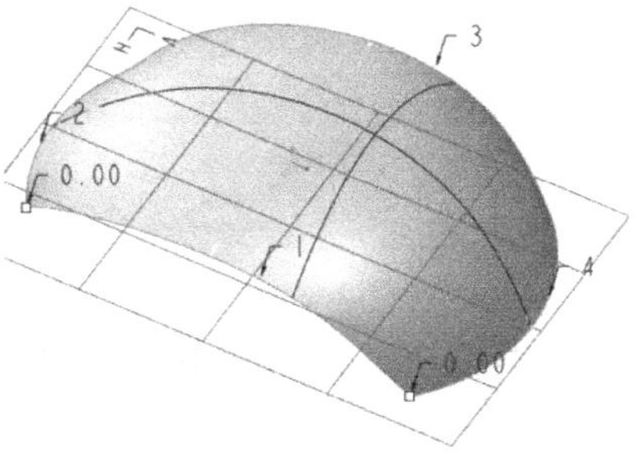

图 7-111　选取轮廓边

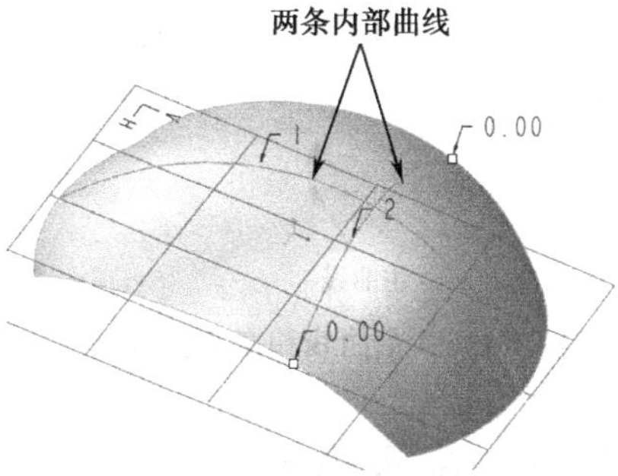

图 7-112　四边造型曲面

（2）三边造型曲面

三边曲面的构建方法与四边曲面类似，打开模型 7-13.prt，单击曲面按钮，弹出【曲面】操控面板，按住 Ctrl 键，依次选取三条边界曲线，点选 单击此处添加项 选择内部曲线，生成效果如图 7-113 所示。

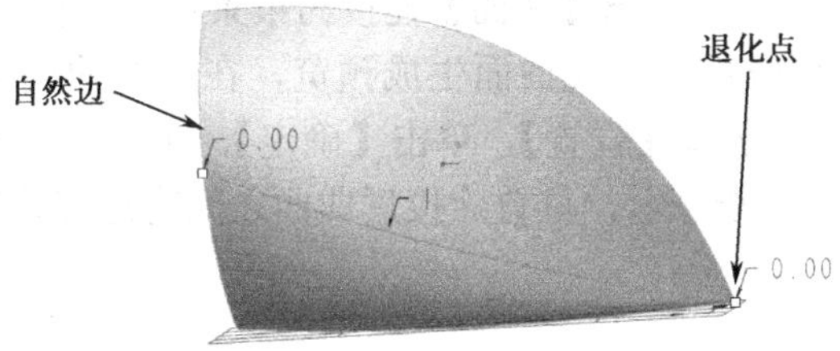

图 7-113　三边造型曲面

需要注意的是首先选取的边叫做自然边，自然边的对应点叫做退化点，内部曲线两端必须位于自然边和退化点上，否则无法生成曲面。

（3）放样造型曲面

- 单截面放样：打开模型 7-14.prt，单击，弹出【曲面】操控面板，首先选择主曲线，如图 7-114 所示，单击操控面板中的【内部曲线】选项将其激活，选择【横截面线】，如图 7-115 所示，生成单截面放样曲面。

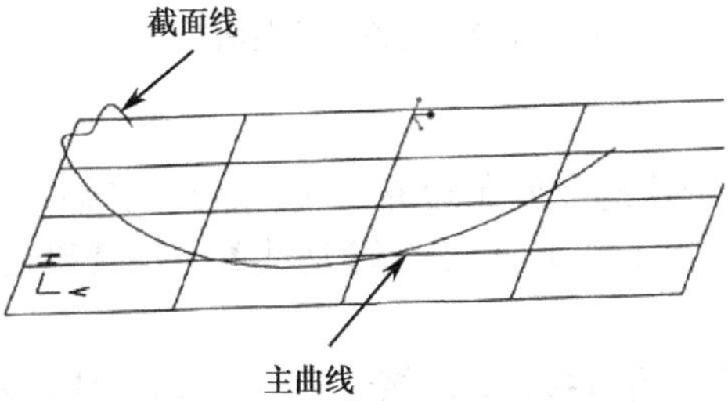

图 7-114　主曲线和横截面线

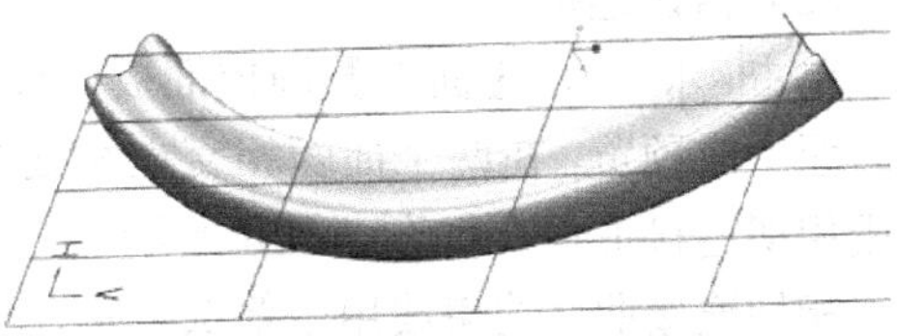
图 7-115　单截面放样造型曲面

- 多截面放样：参照单截面放样，打开模型 7-15.prt，如图 7-116 所示，首先选择主曲线，单击操控面板中的【内部曲线】选项将其激活，依次选择 3 条横截面线，如图 7-117 所示，生成多截面放样曲面。

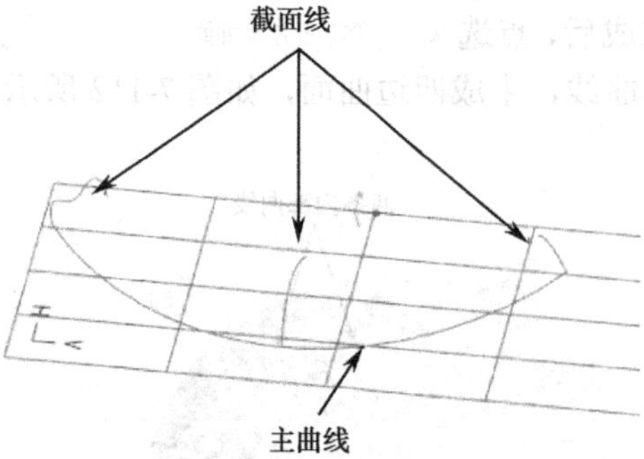

图 7-116 主曲线和横截面线

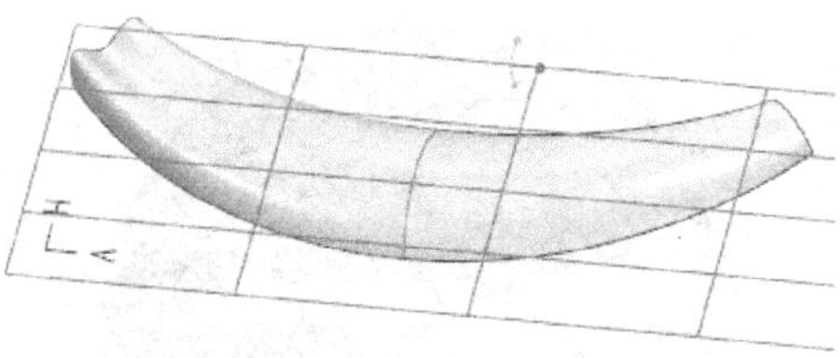

图 7-117 多截面放样造型曲面

7.8.6 曲面编辑

1. 曲面连接

曲面与曲面之间的连接方式有三种，分别是位置连接、相切连接、曲率连接。实际设计中，曲面之间的位置连接使用较少，相切连接使用较多，曲率连接用在对曲面质量要求高的条件下。

（1）位置连接

打开模型 7-16.prt，单击，弹出【曲面】连接约束菜单，按住 Ctrl 键，依次选取图 7-118 中的四条边界曲线，选择完成后，出现曲面生成预览，在两个曲面相交虚线处右击，弹出如图 7-118 所示约束条件菜单，选择【位置】，单击【确定】，生成位置连接曲面。

位置连接曲面约束线用虚线表示，位置连接后曲面之间有连接痕迹，并不是光顺连接，如图 7-119 所示。

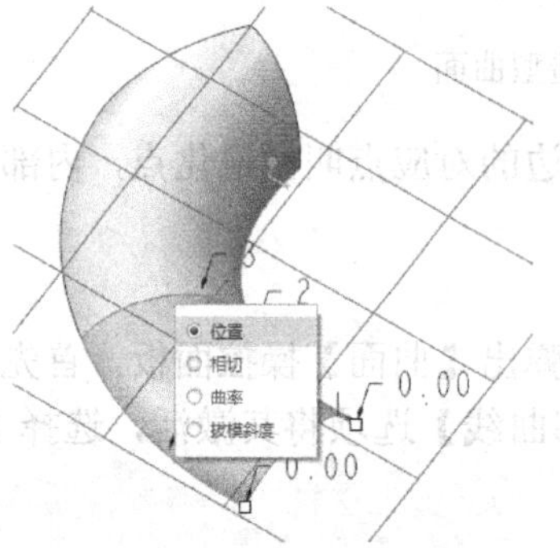

图 7-118 曲面连接约束菜单

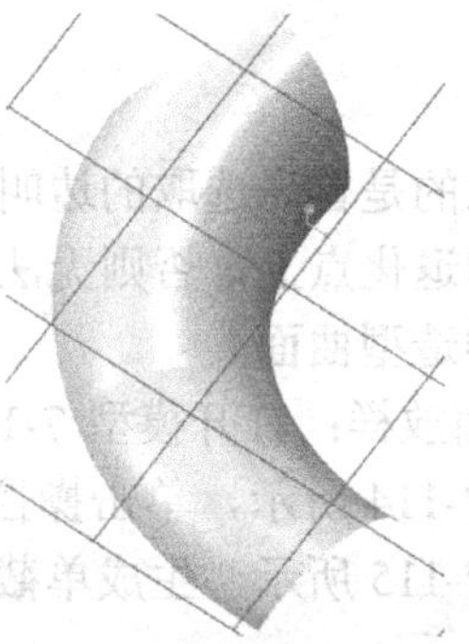

图 7-119 位置连接曲面

（2）相切连接

单击，弹出【曲面】操控面板，按住 Ctrl 键，依次选取四条边界曲线，选择完成后，出现曲面生成预览，在两个曲面相交虚线处右击，弹出约束条件菜单，选择【切线】，单击【确定】，生成相切连接曲面，如图 7-120 所示。

相切连接曲面约束线用单箭头表示，连接后曲面之间没有痕迹，连接光顺，如图 7-121 所示。

（3）曲率连接

参考以上步骤，弹出约束条件菜单，选择【曲率】，单击【确定】，生成曲率连接曲面，如图 7-122 所示。曲率连接曲面约束线用双箭头表示，连接后曲面之间没有痕迹，连接光顺，如图 7-123 所示。

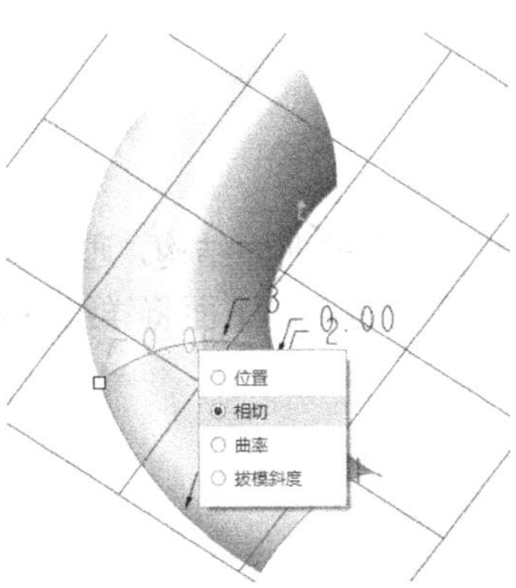

图 7-120　曲面相切设置

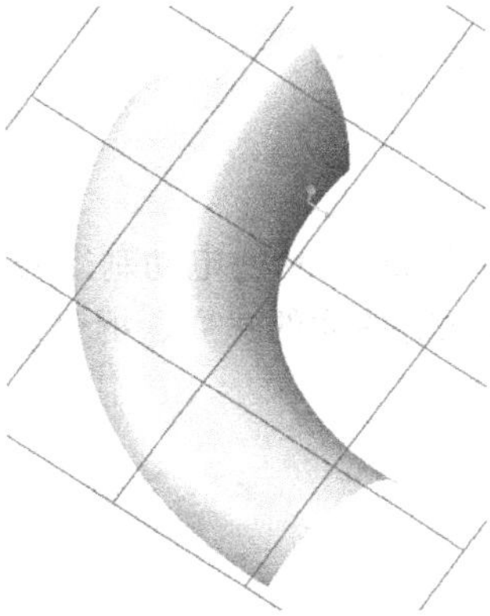

图 7-121　相切连接曲面

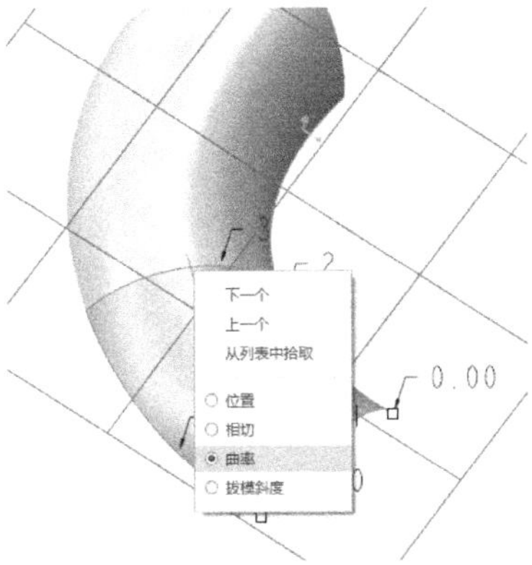

图 7-122　曲率连接设置

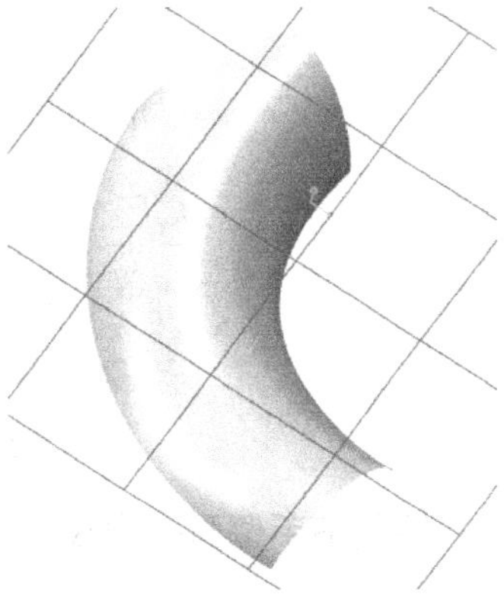

图 7-123　曲率连接曲面

2. 曲面修剪

造型模块的修剪相比普通曲面模块的修剪要灵活、方便很多。单击 曲面修剪 按钮，弹出如图 7-124 所示的【曲面修剪】操控面板，首先选择要修剪的曲面，再单击 单击此处添加项，用于选择修剪曲线，然后点选曲面上的曲线。最后单击 单击此处添加项 选择要删除的曲面，单击按钮，曲面修剪结果如图 7-125 所示。

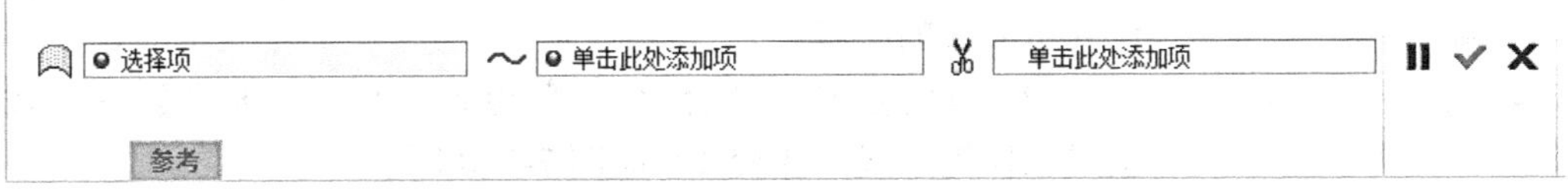

图 7-124 【曲面修剪】操控面板

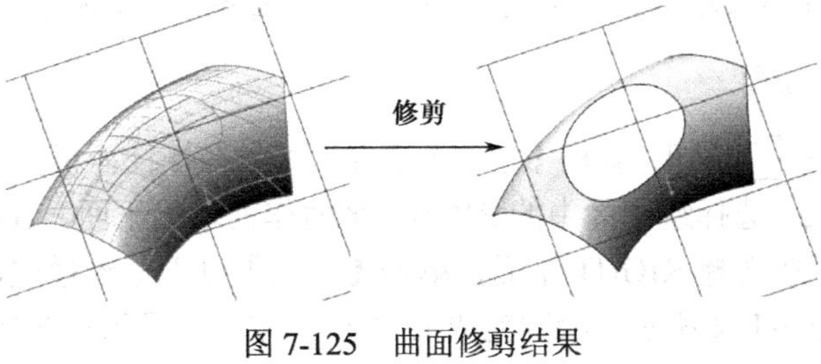

图 7-125　曲面修剪结果

7.9 范例 2

创建如图 7-126 所示的电动剃须刀产品，该产品有着典型的曲面结构，通过该范例的学习，可以进一步加深对曲面的建立、拆分、连接、组合等技巧的运用。下面将详细讲解该产品模型的建立过程。

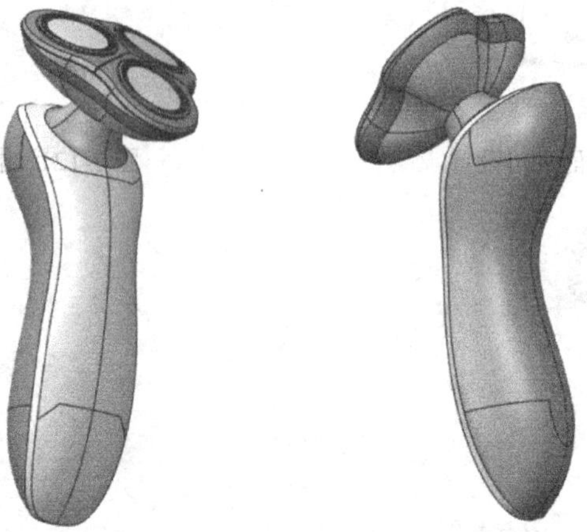

图 7-126 电动剃须刀产品

步骤 1：绘制把手侧面轮廓线

此步骤用来绘制如图 7-127 所示的把手立体轮廓线，该立体轮廓线由 FRONT 和 RIGHT 基准面两个方向的投影曲线相交生成。

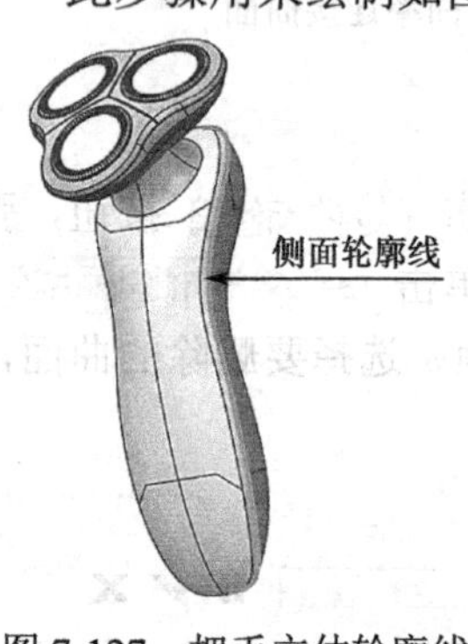

图 7-127 把手立体轮廓线

（1）单击按钮，选择绘图区中的 FRONT 基准面作为草绘平面，RIGHT 基准面作为参照平面，参考方向为右。单击【草绘】进入草绘模式。单击进行 FRONT 基准面方向投影轮廓线草绘 1 的绘制，注意样条曲线上下端点与中心线成 90° 角，如图 7-128 所示。

单击按钮，选择 RIGH7 基准面为草绘平面。绘制如图 7-129 所示截面，完成“草绘 2”。注意在绘制时捕捉草绘 1 的上、下端点作为本曲线的参照。

（2）同时点选“草绘 1”、“草绘 2”，单击【编辑】→按钮，生成立体轮廓线（相交 1）如图 7-130 所示。

（3）单击按钮，选择 RIGHT 基准面，在绘制时捕捉相交 1 曲线的上、下端点作为本曲线的参照。单击进行尾部轮廓线“草绘 3”的绘制，如图 7-131 所示。

步骤 2：建立侧面曲面

（1）单击【模型】→按钮，弹出【拉伸】操控面板。在操控面板上，选择【拉伸为曲面】。单击【放置】→【定义】，选择绘图区中的 RIGHT 平面作为草绘平面，TOP 平面作为参照平面，参考方向为顶。或者直接选择 RIGHT 平面，单击【草绘】进入草绘模式，使用线链工具进行拉伸截面草绘，如图 7-132 所示。绘制完成后单击按钮，得到拉伸参考平面“拉伸 1”，如图 7-133 所示。

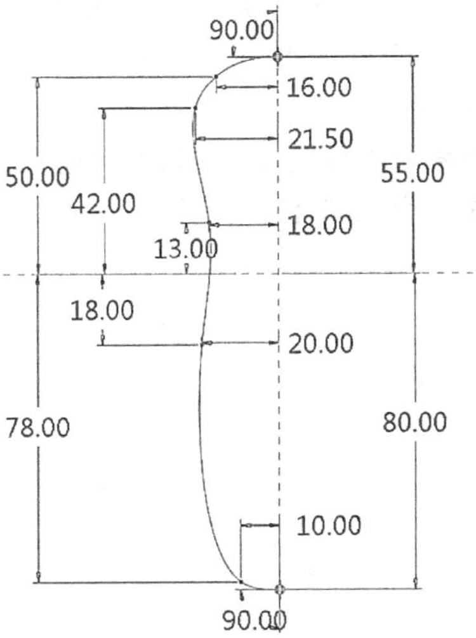

图 7-128　轮廓线“草绘 1”

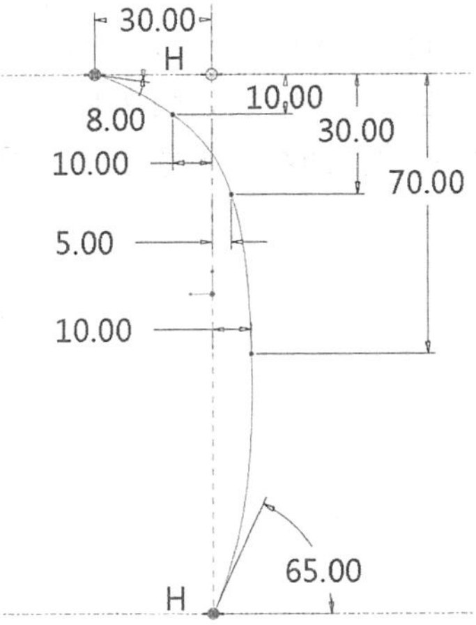

图 7-129　轮廓线“草绘 2”

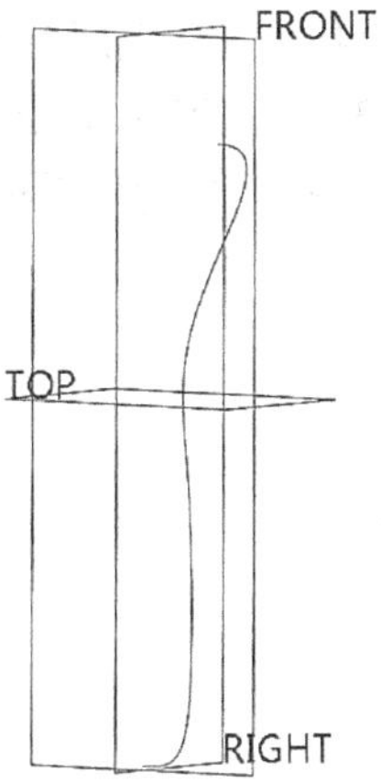

图 7-130　立体轮廓线“相交 1”

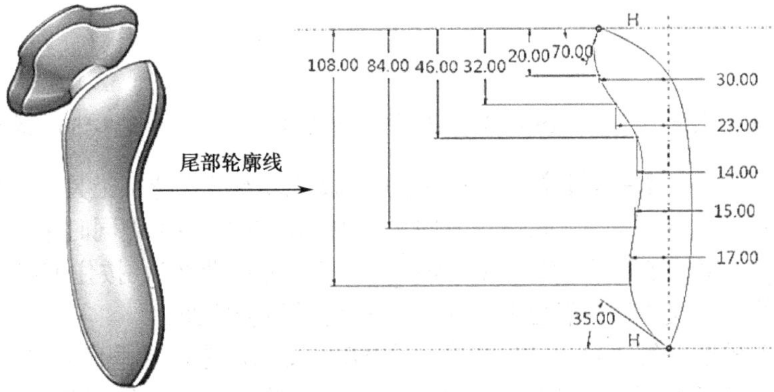

图 7-131　尾部轮廓线“草绘 3”

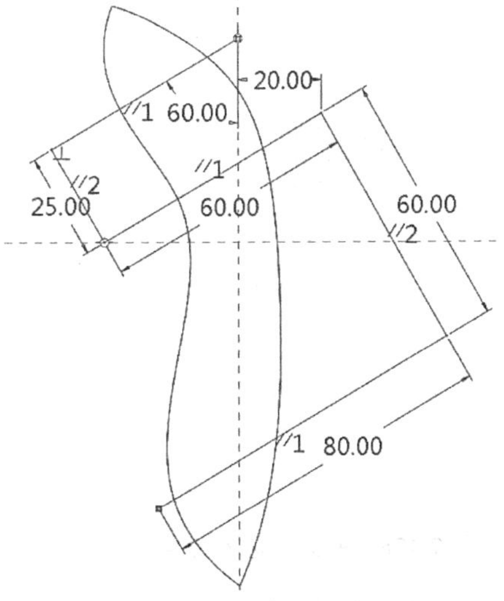

图 7-132　拉伸截面草绘

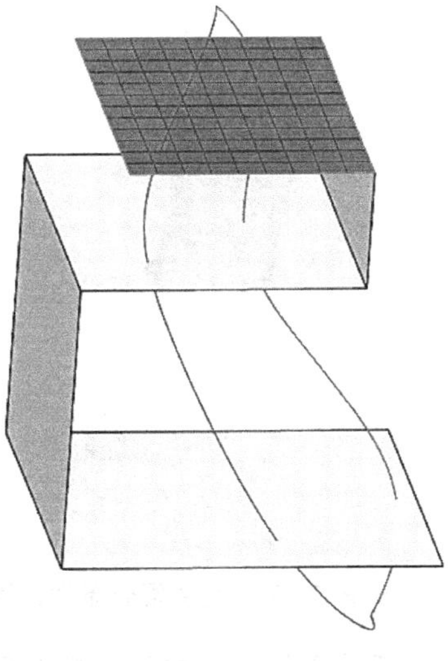

图 7-133　拉伸参考平面“拉伸 1”

（2）单击按钮选取“拉伸 1”上层网格平面作为基准面，单击【模型】→点按钮，按住 Ctrl 键同时点选“草绘 3”和上层参考平面得到相交基准点 PNT0，同理点选“相交 1”曲线和“拉伸 1”上层参考平面到相交基准点 PNT1，如图 7-134 所示。

（3）以 PNT0 和 PNT1 为基准端点，绘制如图 7-135 所示的截面“草绘 4”。以同样的方式在其他两个平行基准面上绘制相应的截面线“草绘 5”、“草绘 6”，如图 7-136 所示。

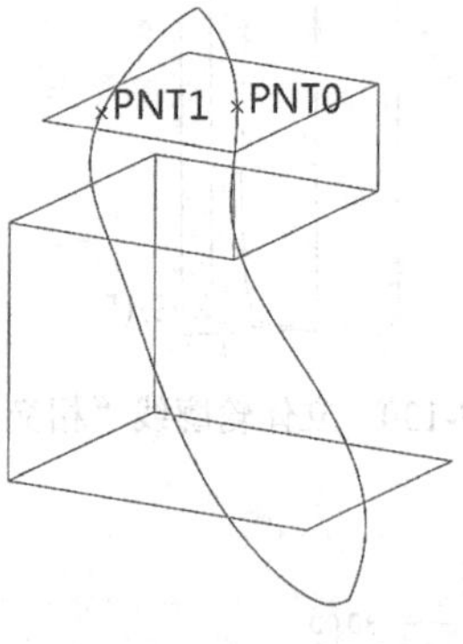

图 7-134　建立基准交点

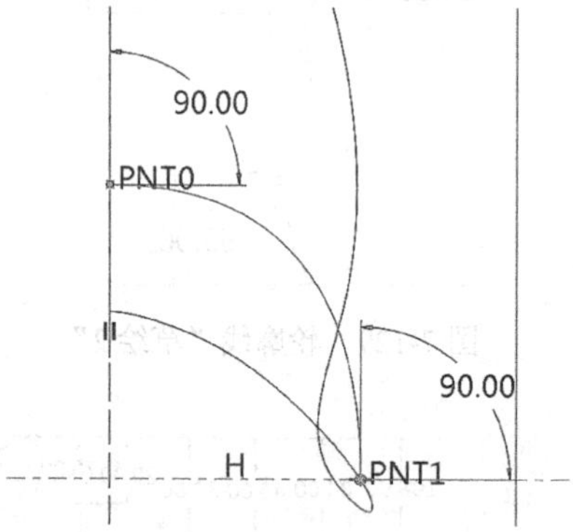

图 7-135　截面线“草绘 4”

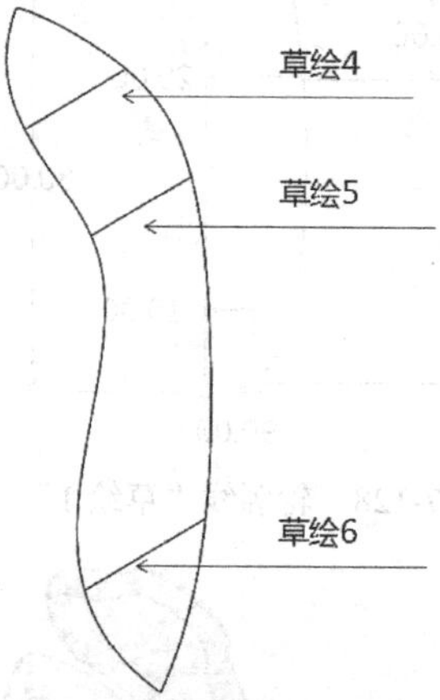

图 7-136　绘制 3 条截面线

（4）单击【模型】→【曲面】模块的按钮，激活边界混合特征工具。在绘图区上方出现【边界混合】操控面板，单击选取第一方向边界曲线，按住 Ctrl 键同时单击鼠标左键依次选取曲线“草绘 4”、“草绘 5”、“草绘 6”；单击（第二方向曲线），按住 Ctrl 键同时单击鼠标左键依次选取曲线“相交 1”、“草绘 3”，初步生成边界混合曲面。

右击选定尾部轮廓曲线“草绘 3”所在边上的图标，选择【垂直】，如图 7-137 所示。方便后续与另一侧镜像曲面成相切状态，得到曲面“边界混合 1”，如图 7-138 所示。

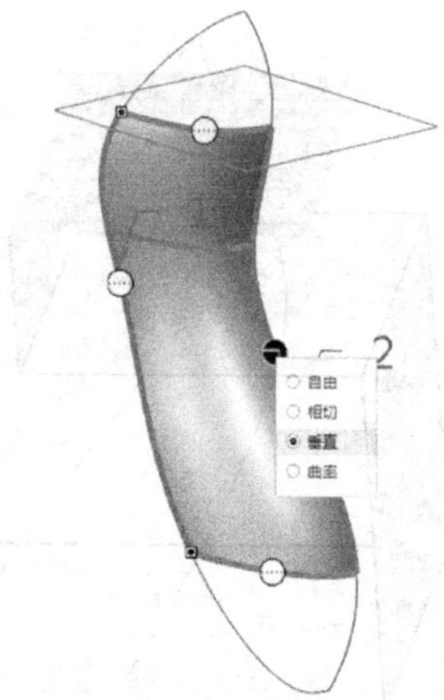

图 7-137　边界混合条件设置

图 7-138　曲面“边界混合 1”

（5）单击【模型】→按钮，弹出【拉伸】操控面板。在操控面板上，选择【拉伸为曲面】。单击【放置】→【定义】，选择绘图区中的 RIGHT 平面作为草绘平面，TOP 平面作为参照平面，参考方向为顶。单击【草绘】进入草绘模式。绘制如图 7-139 所示的曲线，完成后单击【确定】。

选择☐同时点选“边界混合 1”曲面进行剪切，生成修剪曲面，如图 7-140 所示。

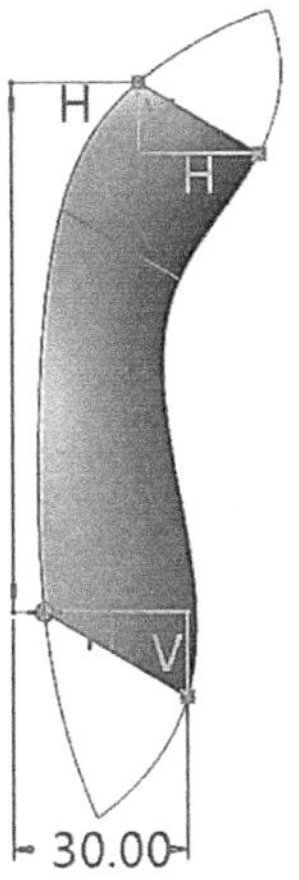

图 7-139　草绘“拉伸 2”

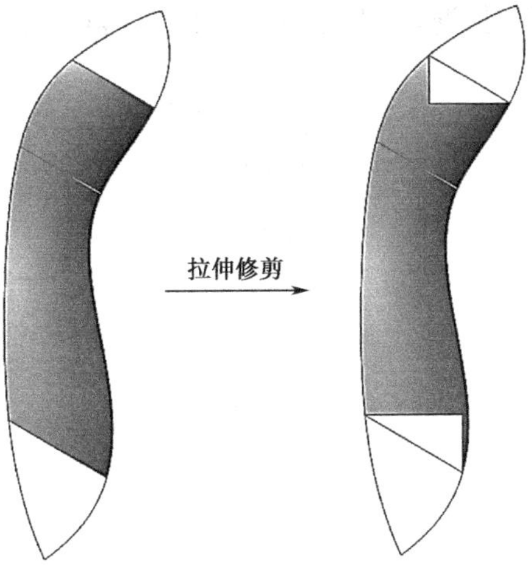

图 7-140　修剪曲面

（6）单击【模型】→【曲面】模块的☐按钮，激活边界混合特征工具。单击☐（第一方向曲线），如图 7-141 所示，选取模型底部第一方向边界曲线；单击☐（第二方向曲线），选择第二方向边界曲线，初步生成把手底部曲面“边界混合 2”。然后右击选定各轮廓曲线所在边上的☐图标，分别设置“草绘 3”所在边为【垂直】约束，“拉伸 2”与“边界混合 1”相交的两边设置为【相切】约束。同理，建立如图 7-142 所示模型顶部曲面“边界混合 3”。

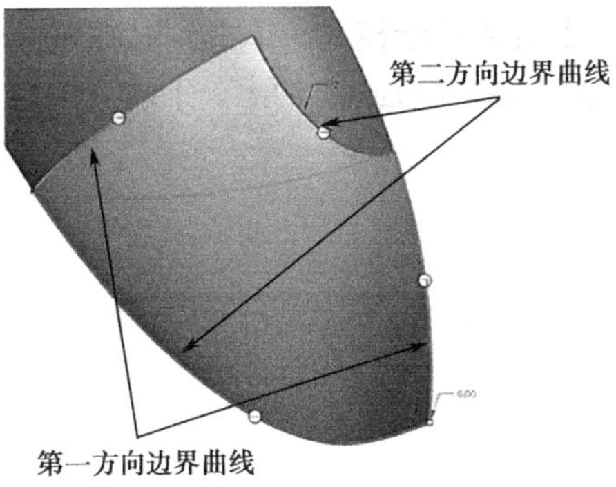

图 7-141　曲面“边界混合 2”

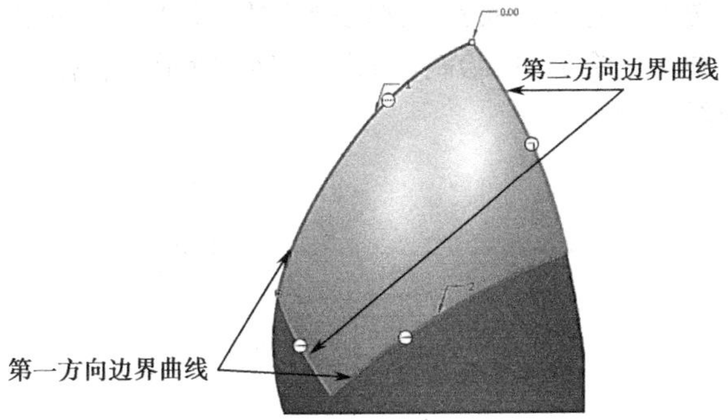

图 7-142　曲面“边界混合 3”

（7）单击【模型】→【形状】模块的【扫描混合】☐工具，单击选择“相交 1”曲线为扫描轨迹，同时为“相交 1”曲线添加基准中点 PNT6。分别选取扫描轨迹链条底部点、中点、顶点为截面 1、截面 2、截面 3 的起点绘制截面线，如图 7-143 所示。

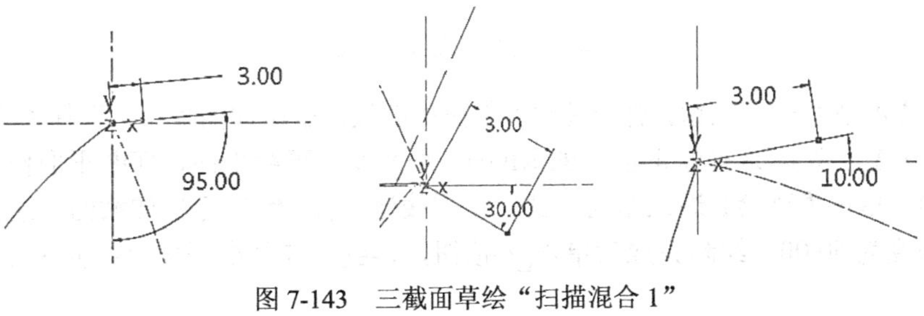

图 7-143　三截面草绘“扫描混合 1”

为了镜像后与另一半特征在相交处相切，为截面 1 和截面 3 线设置约束为【垂直】，单击确定生成“扫描混合 1”曲面，如图 7-144 所示。

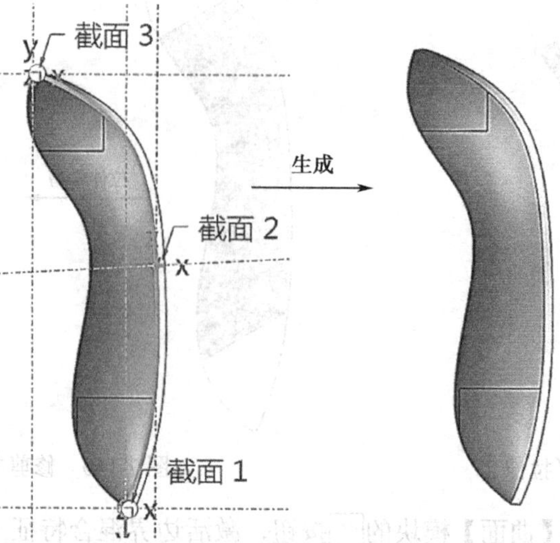

图 7-144 “扫描混合 1”曲面建立

步骤 3：建立正面外形曲面

（1）单击按钮，选择绘图区中的 RIHGT 平面作为草绘平面，TOP 平面作为参照平面，参考方向为顶。或者直接选择 RIHGT 平面，单击【草绘】进入草绘模式。单击按钮进行轮廓线“草绘 7”的绘制，如图 7-145 所示注意在绘制时捕捉“混合扫描 1”的上、下端点作为本曲线的参照。

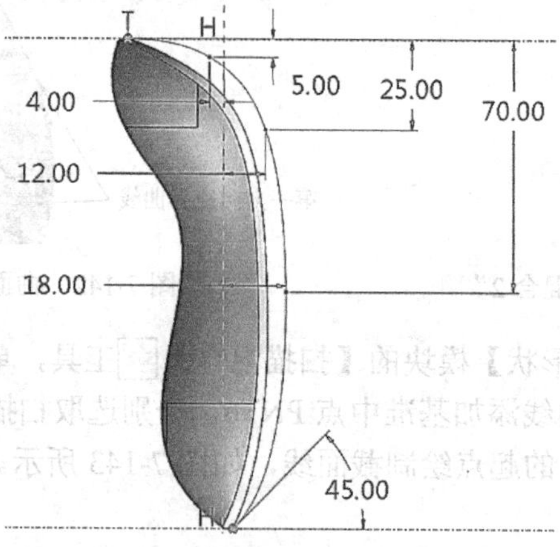

图 7-145 正面轮廓线“草绘 7”

（2）单击【模型】→按钮，弹出【拉伸】操控面板。在操控面板上，选择【拉伸为曲面】。单击【放置】→【定义】，选择绘图区中的 RIGHT 平面作为草绘平面，TOP 平面作为参照平面，参考方向为顶。单击【草绘】进入草绘模式。使用线链工具进行拉伸截面草绘，如图 7-146 所示，拉伸深度为 50.00，绘制完成后单击按钮，得到拉伸基准平面“拉伸 3”。

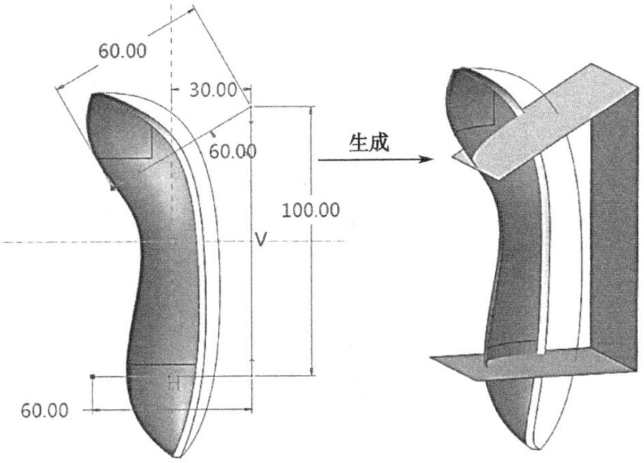

图 7-146　基准面建立“拉伸 3”

（3）参考步骤 2 中分步骤（3）截面线的绘制，绘制截面线“草绘 8”、“草绘 9”，如图 7-147 所示。

（4）单击【模型】→【曲面】模块的按钮，激活边界混合特征工具。在绘图区上方出现【边界混合】操控面板，单击选取第一方向边界曲线，单击初步生成曲面“边界混合 4”。右击选定正面轮廓曲线“草绘 7”所在边上的图标，设置【垂直】约束，如图 7-148 所示。

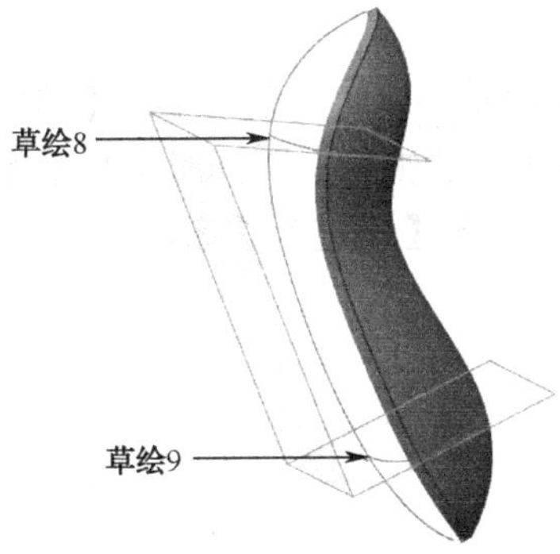

图 7-147　正面曲面截面线

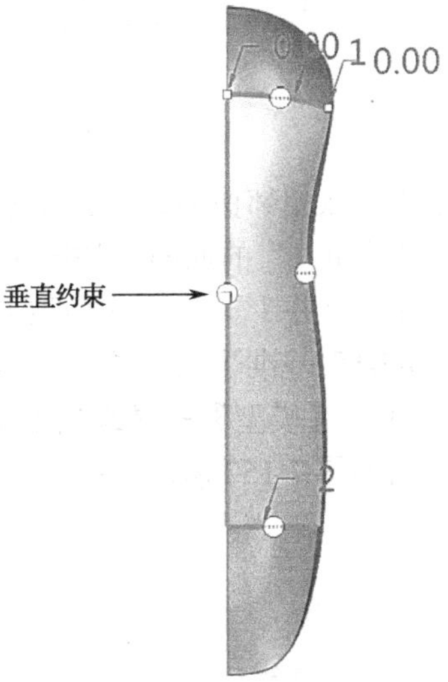

图 7-148　正面曲面建立“边界混合 4”

（5）单击【模型】→按钮，弹出【拉伸】操控面板。在操控面板上，选择【拉伸为曲面】。单击【放置】→【定义】，选择绘图区中的 FRONT 平面作为草绘平面，RIGHT 平面作为参照平面，参考方向为左。绘制如图 7-149 所示截面。完成后单击【确定】。选择同时点选边界混合 4 曲面进行剪切，得到曲面。

（6）单击【模型】→【曲面】模块的按钮，激活边界混合特征工具。在绘图区上方出现【边界混合】操控面板，单击选取模型底部第一方向边界曲线；单击选择第二方向边界曲线，初步生成顶部曲面“边界混合 5”（见图 7-150）。然后设置“草绘 7”所在边为【垂直】约束，分别设置与“边界混合 4”相接的边为【相切】约束。同理，建立底部曲面“边界混合 6”，如图 7-150 所示。

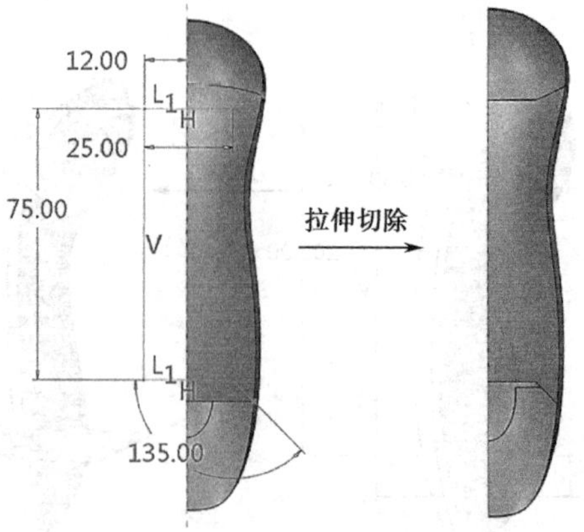

图 7-149　曲面修剪截面

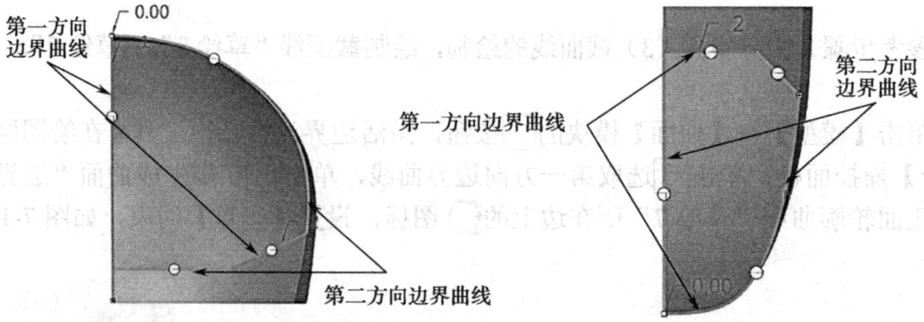

图 7-150　“边界混合 5”及“边界混合 6”

（7）依次选取相邻曲面，单击【模型】→【编辑】模块中的按钮，单击【确定】按钮，合并后生成“合并 1”的曲面，如图 7-151 所示。

（8）选择“合并 1”，单击【模型】→【编辑】模块中的按钮，系统弹出【镜像】操控面板。单击 RIGHT 基准平面，单击【确定】按钮，完成曲面的镜像。再同时选择原始曲面与镜像 1 曲面，单击【模型】→【编辑】模块中的按钮，单击【确定】按钮，完成“合并 2”，合并后的曲面如图 7-152 所示。

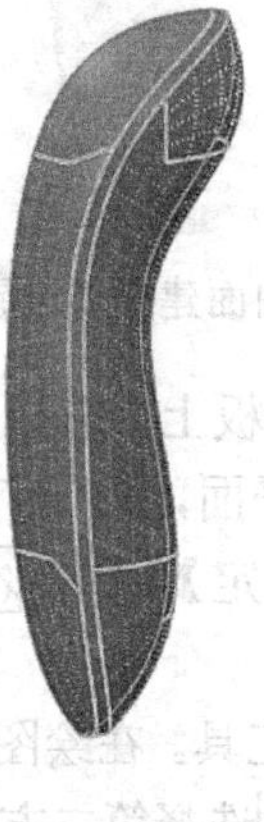

图 7-151　合并 1

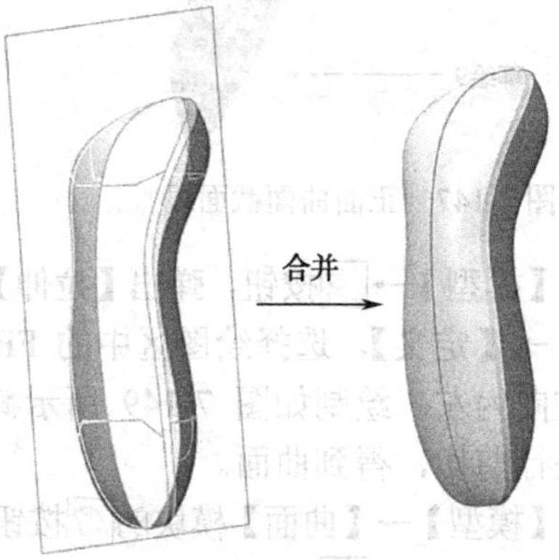

图 7-152　合并 2

步骤 4：剃须头建模

（1）单击【模型】→按钮，弹出【拉伸】操控面板。在操控面板上，选择【拉伸为曲面】。

单击【放置】→【定义】，选择绘图区中的 RIGHT 平面作为草绘平面，TOP 平面作为参照平面，参考方向为顶。单击【草绘】进入草绘模式。绘制完成后单击☑按钮，得到拉伸参考平面“拉伸 5”，如图 7-153 所示。

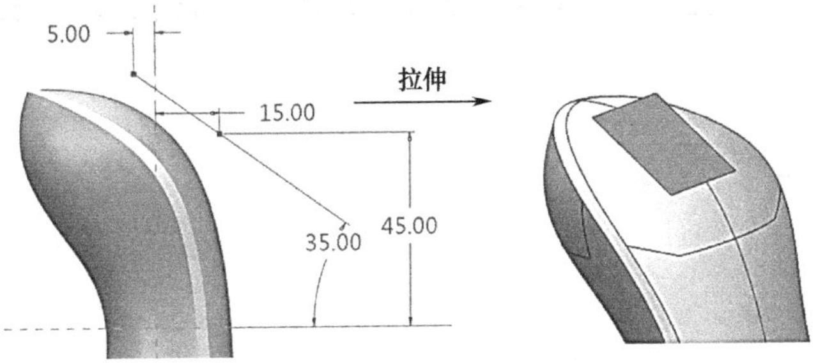

图 7-153　参考平面建立“拉伸 5”

（2）单击【模型】→按钮，弹出【拉伸】操控面板。在操控面板上，选择【拉伸为曲面】。单击【放置】→【定义】，选择绘图区中的“拉伸 5”作为草绘平面，单击【草绘】进入草绘模式。绘制如图 7-154 所示的圆形曲线，完成后单击【确定】。选择同时点选正面曲面进行修剪切，得到如图 7-154 所示的曲面。

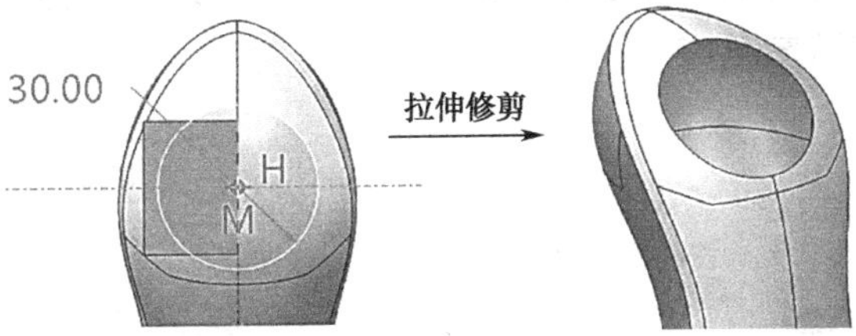

图 7-154　拉伸修剪正面曲面

（3）单击【模型】→按钮，弹出【拉伸】操控面板。在操控面板上，选择【拉伸为曲面】。单击【放置】→【定义】，选择绘图区中的“拉伸 5”作为草绘平面，单击【草绘】进入草绘模式。绘制圆形曲线，如图 7-155 所示。

（4）选择绘图区中的 RIGHT 平面作为草绘平面，TOP 平面作为参照平面，参考方向为顶。单击【草绘】进入草绘模式。使用【样条】工具捕捉“草绘 10”两端作为参考绘制“草绘 11”，如图 7-156 所示。

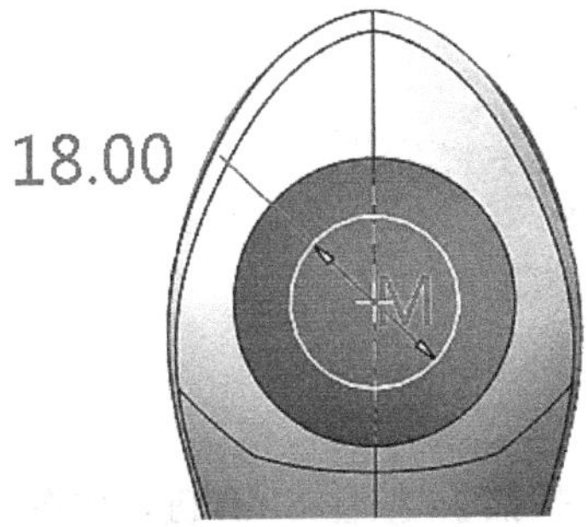

图 7-155　圆形草绘图“草绘 10”

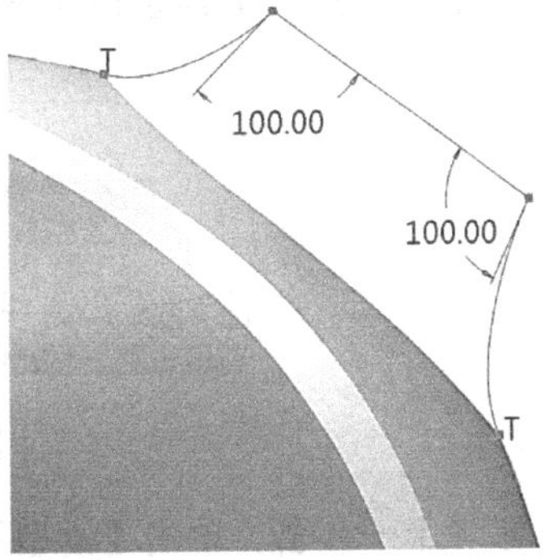

图 7-156　截面草绘“草绘 11”

（5）单击【模型】→【曲面】模块的按钮，激活边界混合特征工具。在绘图区上方出现

【边界混合】操控面板，单击，如图 7-157 所示选择“草绘 10”和修剪后的正面圆形轮廓线作为第一方向边界曲线；单击（第二方向曲线），选择“草绘 11”的两条边为第二方向边界曲线，初步生成曲面“边界混合 7”，镜像平面所在边分别设置【垂直】约束。对“边界混合 7”进行镜像，然后对“边界混合 7”和其镜像曲面进行合并，得到如图 7-158 所示的结果。

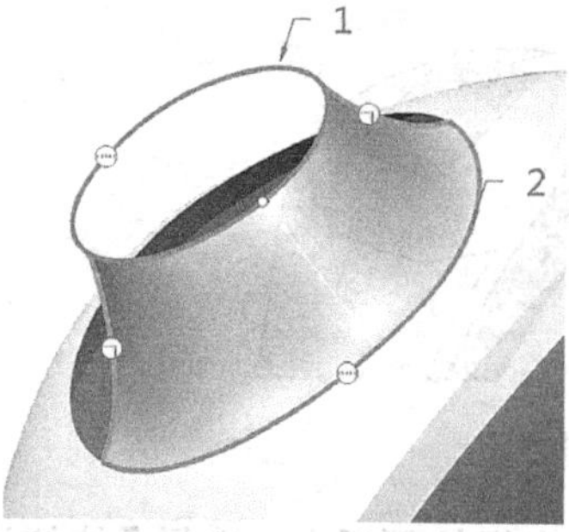

图 7-157　曲面“边界混合 7”

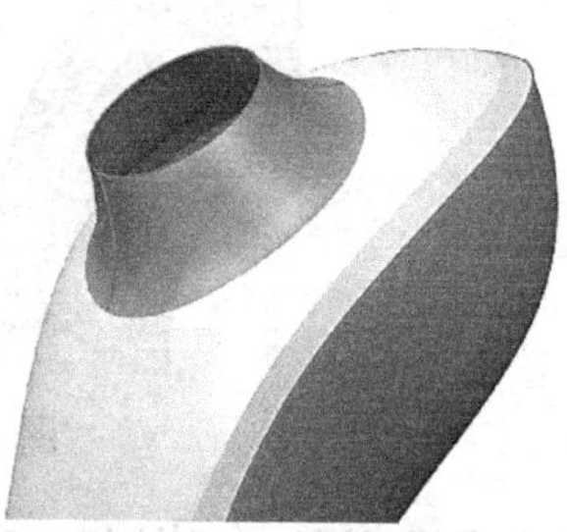

图 7-158　镜像合并

（6）选择“拉伸 5”平面，单击【新建基准面】，输入距离 10.00，向上偏移“拉伸 5”基准面，新建 DTM1 基准平面，如图 7-159 所示，以 DTM1 为基准面，“拉伸 5”平面作为参照平面，参考方向为右，画出如图 7-159 所示曲线“草绘 12”。注意在箭头位置分割曲线，添加一个断点，以便后续扫描参考。

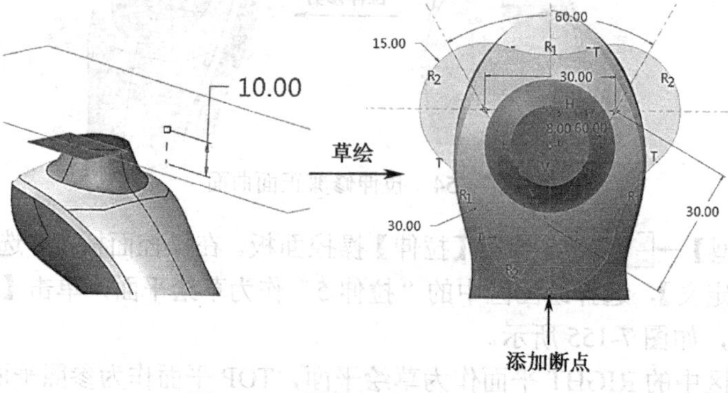

图 7-159　剃须刀头“草绘 12”

（7）单击【模型】→【形状】模块的【扫描】，选择“草绘 10”和“草绘 12”作为扫描轨迹线，使用【圆弧】工具绘制如图 7-160 所示的扫描截面线，生成“扫描 1”曲面。

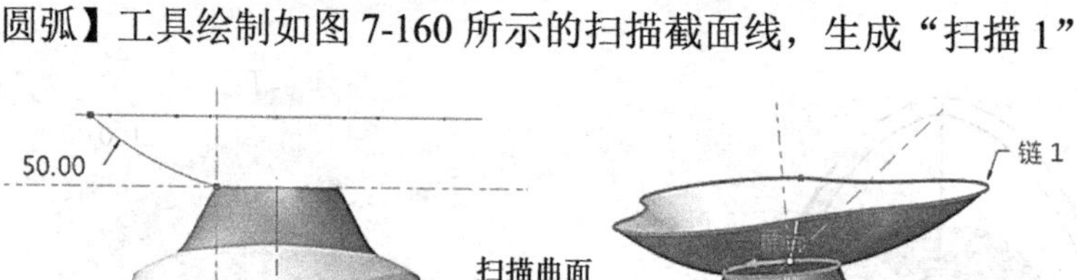

图 7-160　“扫描 1”曲面

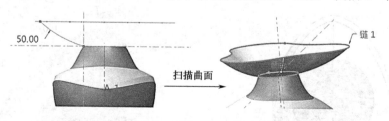

（8）参考上一步骤，单击【模型】→【形状】模块的【扫描】，按住 Shift 键，如图 7-161 所示，依次选取“扫描 1”曲面的上边界做为扫描轨迹。注意将起点设置为如图箭头所指示的位置。同时绘制如图 7-162 所示的扫描截面线，生成“扫描 2”曲面。

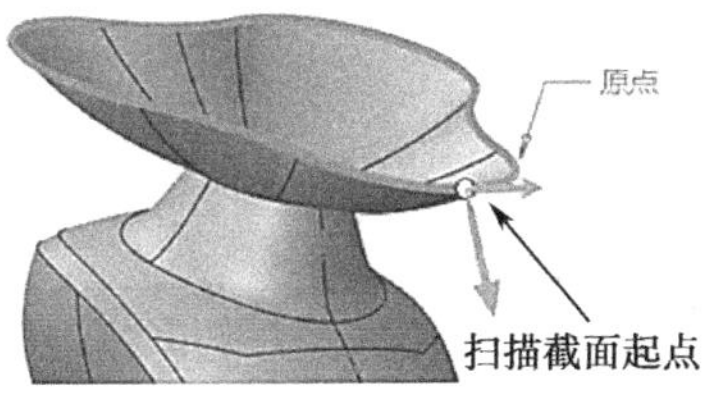

图 7-161　选取扫描轨迹

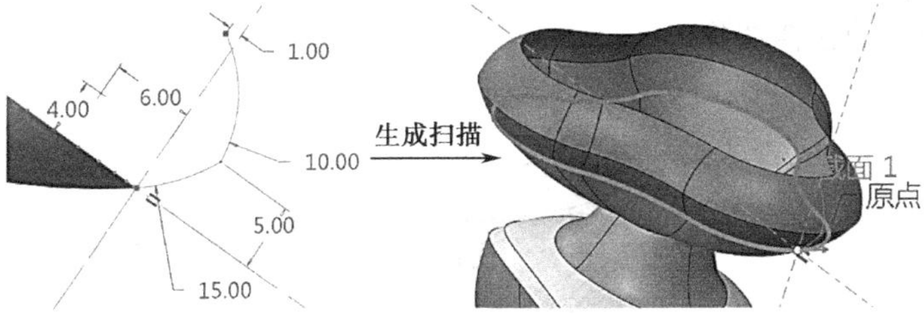

图 7-162　“扫描 2”曲面

（9）单击【模型】→【形状】模块的按钮，激活旋转特征工具。单击创建曲面特征，定义草绘轮廓，单击【放置】选项卡的草绘【定义】按钮，进入草绘环境。选取 RIGHT 基准平面为草绘平面，默认参考方向，使用 弧 绘制如图 7-163 所示的头部旋转曲面，并选取中轴线为旋转中心线，单击生成旋转曲面旋转 1。

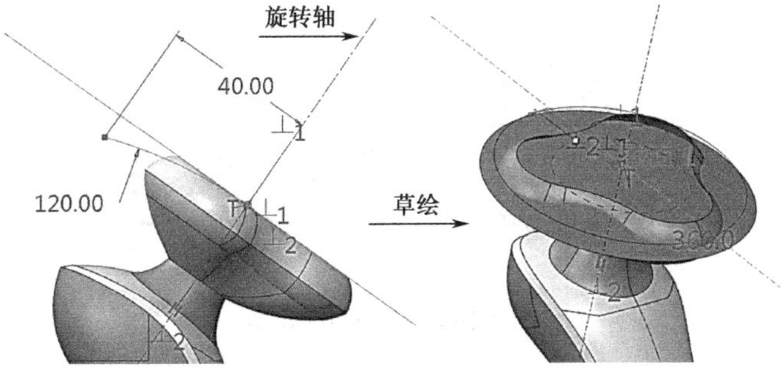

图 7-163　头部旋转曲面建立

（10）依次选取相邻曲面，单击【模型】→【编辑】模块中的按钮，将相邻曲面两两合并。在最终合并出的封闭曲面上单击【模型】→【编辑】模块中的按钮，再单击实体填充按钮。单击按钮，完成曲面的实体化，实体化后的曲面如图 7-164 所示。

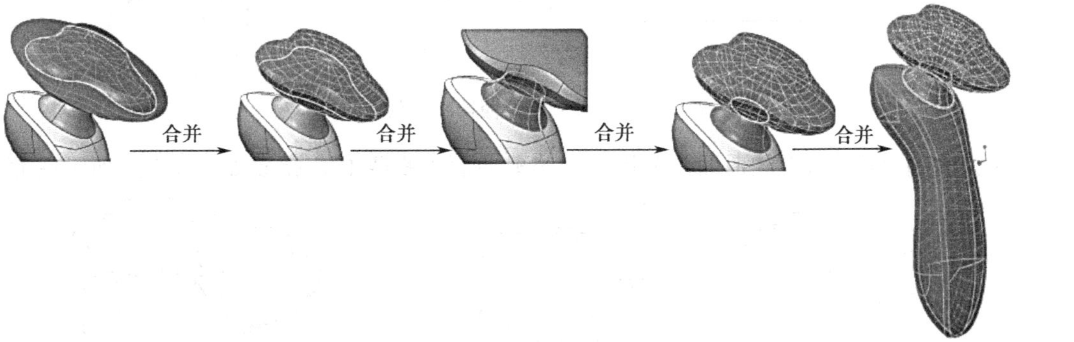

图 7-164　实体化曲面

步骤 5：

（1）选择“拉伸 5”平面，单击【新建基准面】，输入距离 25.00，向上偏移拉伸 5 基准面，新建 DTM2 基准平面，如图 7-165 所示。

单击【模型】→【形状】模块的按钮，激活拉伸特征工具。单击→，厚度数值输入 0.5，单击选项卡的 定义... 按钮，进入草绘环境。选取 DTM2 基准平面为草绘平面，参考平面为“拉伸 5”，参考方向为右，绘制如图 7-165 所示的草绘截面，完成后单击，完成对剃须刀头的拉伸切除。

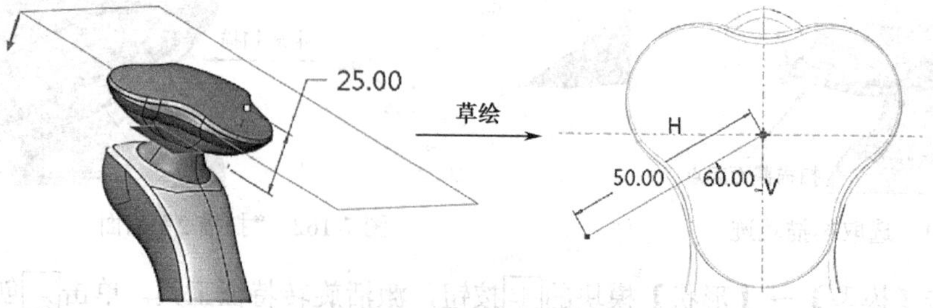

图 7-165 草绘截面

（2）点选上一步拉伸切除特征，单击【模型】→【编辑】模块的按钮，阵列方式选择【轴中心阵列】，输入数量 3，角度 120°，单击按钮，得到如图 7-166 所示的阵列切除模型。

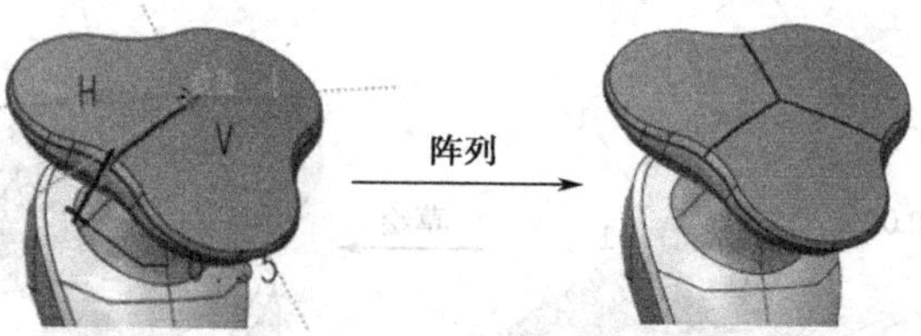

图 7-166 阵列切除模型

（3）参考分步骤（2），利用拉伸切除和阵列工具，完成如图 7-167 所示的模型。

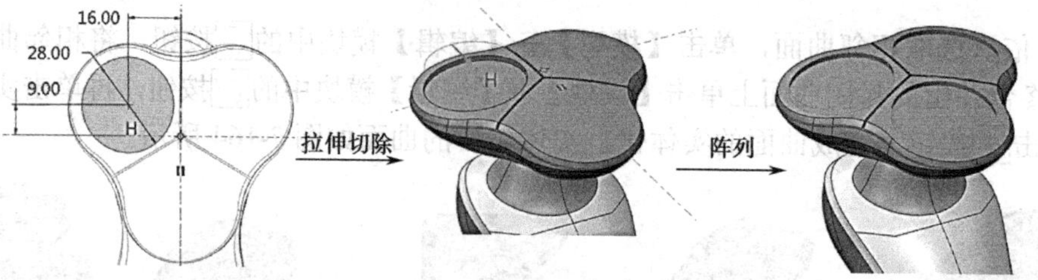

图 7-167 拉伸切除阵列

（4）复制"旋转 1"的曲面，利用拉伸修剪曲面"修剪 1"，得到如图 7-168 所示曲面。

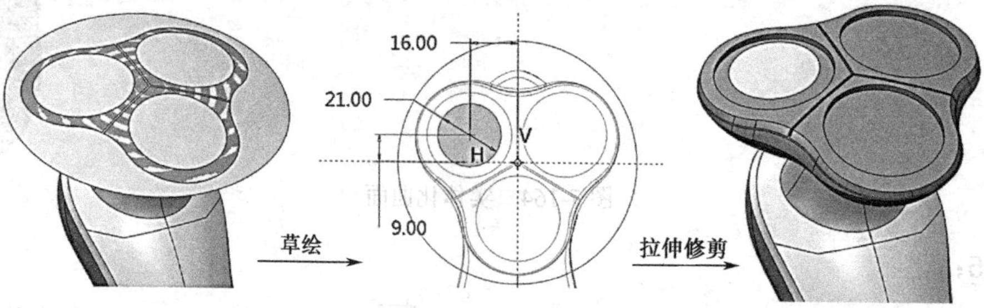

图 7-168 修剪曲面

（5）单击【模型】→【形状】模块的，选择分步骤 14 所得圆形曲面的轮廓曲线为扫描轨迹，绘制如图 7-169 所示的草绘曲线，完成扫描截面线绘制，单击【确定】，生成"扫描 2"曲面，如图 7-169 所示。

（6）单击【编辑】模块中的按钮依次选取“修剪 1”和“扫描 2”曲面，合并这两部分曲面。选取合并的曲面，单击【模型】→【编辑】模块的，阵列方式选择 轴 ，输入数量 3，角度为 120°，单击按钮，完成阵列，如图 7-170 所示。再分别对三个曲面进行加厚，单击 加厚 按钮，输入厚度 1，得到如图 7-171 所示的模型。

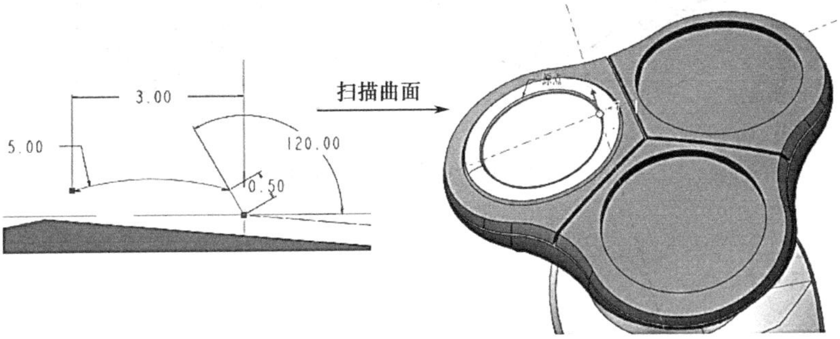

图 7-169 “扫描 2”曲面

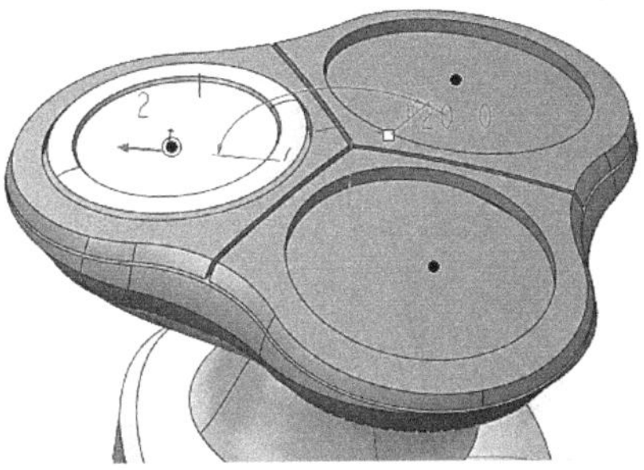

图 7-170　阵列曲面

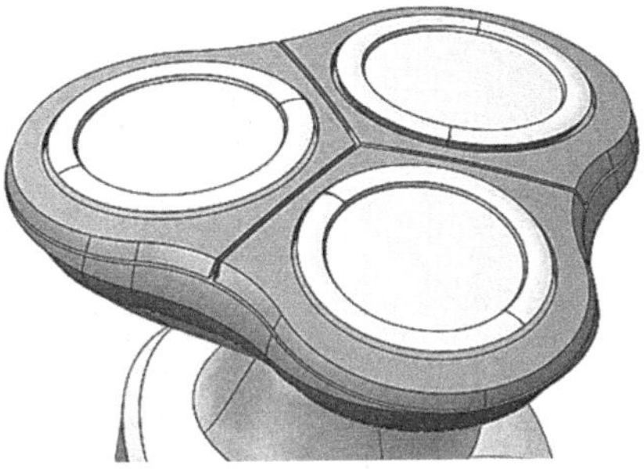

图 7-171　加厚曲面

（7）单击【模型】→按钮，单击，以 DTM2 为基准平面，绘制图 7-172 中的跑道形曲线，选取 ，单击得到如图 7-172 所示的拉伸切除结果。

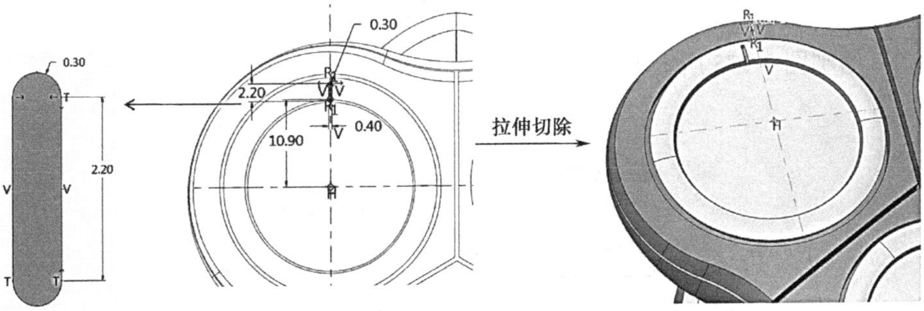

图 7-172　拉伸切除

（8）点选上一步拉伸切除特征，单击【模型】→【编辑】模块的，阵列方式选择 轴 ，选取拉伸 8 的轴为阵列中心，输入阵列数量为 72，角度为 5°。单击按钮，完成切除拉伸阵列，得到如图 7-173 所示模型。

（9）点选上一步拉伸切除阵列特征，单击【模型】→【编辑】模块的，阵列方式选择 轴 ，选择旋转 1 的中心为阵列轴中心，输入阵列数量为 3，角度为 120°，单击按钮完成，得到如图 7-126 所示的最终模型。

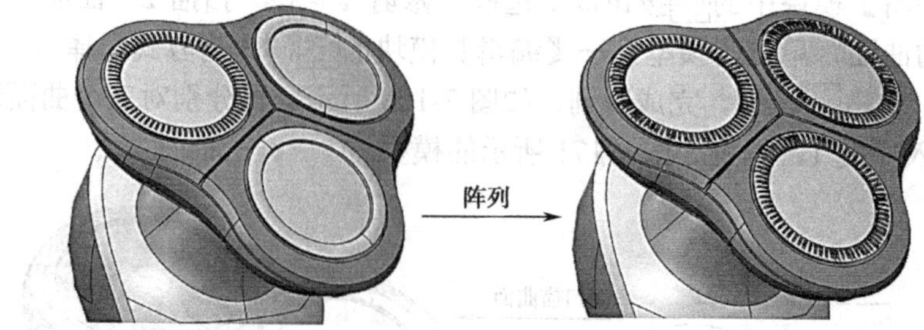

图 7-173　拉伸阵列切除

7.10　练习

练习 1　绘制图 7-174 所示洗发水瓶

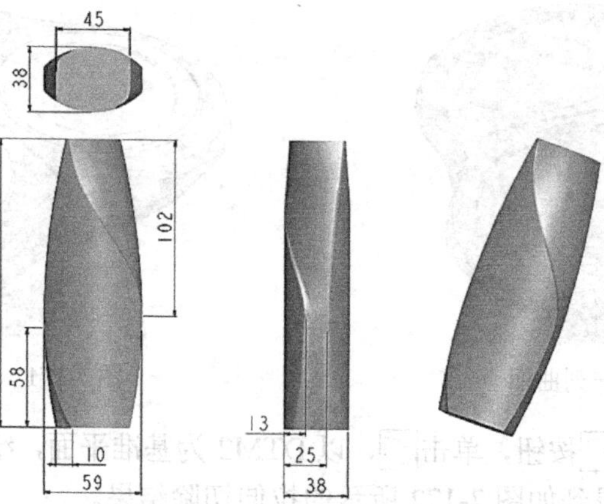

图 7-174　洗发水瓶

练习 2　绘制图 7-175 所示电熨斗

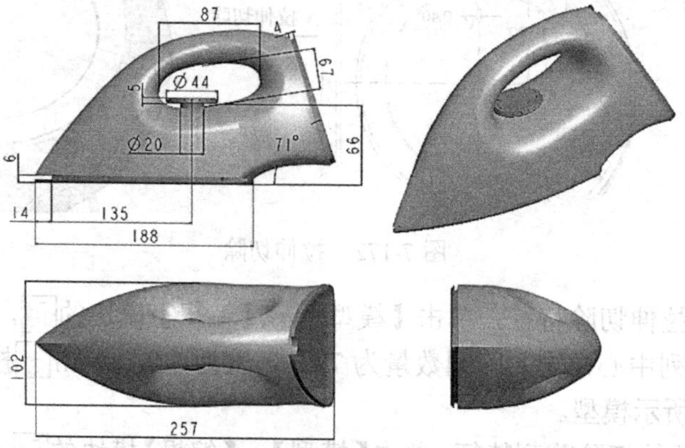

图 7-175　电熨斗

第 8 章

装配设计

8.1 装配设计思路

产品一般都包含多个零件或组件，将设计的零件按设计要求的约束条件或连接方式装配在一起，才能形成一个完整的产品设计。本章将介绍自底向上和自顶向下两种装配设计思想，并对 Creo Parametric 2.0 装配模块的各项功能做较为详细的介绍。

8.1.1 自底向上装配概述

在产品设计过程中，大多数产品是由多个元件组合而成的，自底向上装配就是当所有零件的三维模型创建完成后，将零件按一定的相互位置关系进行装配，从而形成产品的装配体的一种装配设计思路。这种装配设计方法主要通过指定各零件之间的装配约束关系来建立装配体，是 Creo 中最常用也是最基础的装配设计方法。

8.1.2 自顶向下装配概述

使用 Creo 进行产品整体设计时，自底向上装配设计思路是先把一个产品的每个零件都设计好，再装配成整体产品。这种设计思路的缺陷是装配完成后，如果需要更改某个零件，则与这个零件相关的其他零件都需要更改，这样的设计更改工作量非常大而且较为繁琐。这种设计思路无法从一开始就对产品有很好的规划，所有零件的特征和零件数量只有等到所有零件完成后才能确定。

针对以上问题，Creo 提供了自顶向下装配设计方法。 自顶向下装配设计方法是指以已完成的产品为参照或骨架，然后逐步将其拆分成零件向下设计。将产品的主框架作为主组件，并将产品分解为组件、子组件，然后标识主组件元件及其相关特征，并评估产品的装配方式。这种方法能很好地把握产品的整体设计思路，明确组织结构，能让不同的设计部门同步进行产品的设计和开发，达到协同开发的目的。

8.2 自底向上装配

8.2.1 元件装配的概念及步骤

1. 元件装配概念

元件通过“约束”来确定相互之间的相对位置，已确定相互之间的约束条件的元件构成组件。在一个完整的装配体中可能同时存在元件和子组件，它们共同组成有一定功能的整体，如图 8-1 所示，下面介绍 Creo 装配环境：

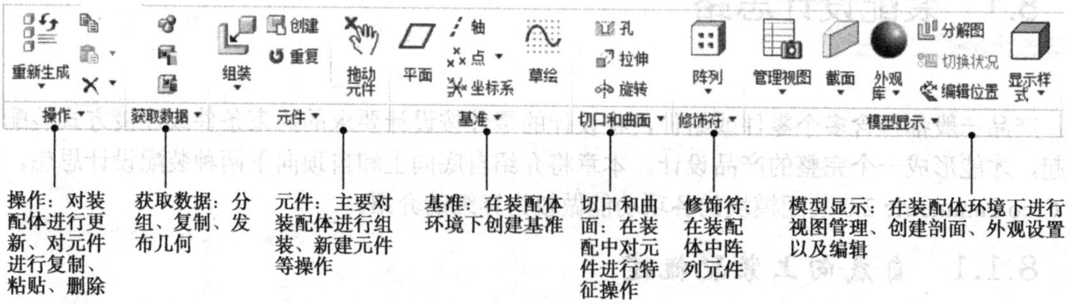

图 8-1 Creo 装配环境

在工具栏上方单击□按钮，或选择【文件】→【新建】命令，弹出如图 8-2 所示的【新建】对话框，在对话框【类型】列表中选择【装配】类型，在【子类型】列表中选择【设计】类型，然后在【名称】栏中输入文件的名字，也可默认系统给定的名字，然后单击【确定】按钮，即可建立新的零件文件。

在【新建】对话框中，可在【使用默认模板】前的复选框取消选择，单击【确定】后，弹出如图 8-3 所示的【新文件选项】对话框，在这里可以选择其他模板，也可以导入自己定制的模板文件。在模型树中可以看到装配文件的后缀名为“.asm”。

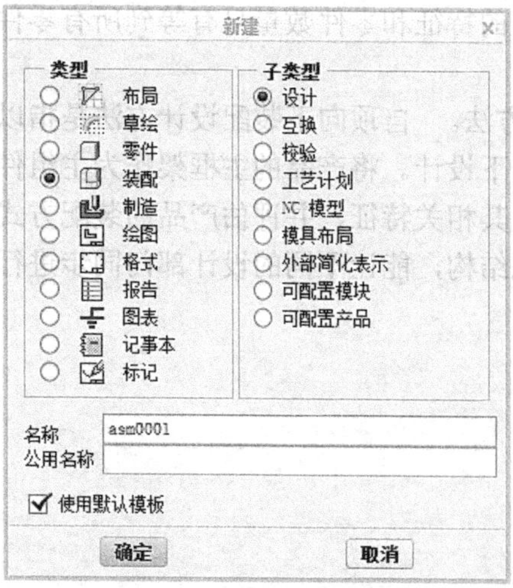

图 8-2 【新建】对话框

图 8-3 【新文件选项】对话框

2．元件装配步骤

在 Creo 中，进入装配环境后，进行装配的一般步骤如下：

单击【模型】→【元件】模块的【组装】按钮，激活组装工具，此时系统弹出【打开】对话框，调入需要组装的文件，单击【确定】，进入了装配环境，在装配下系统弹出【元件放置】操控面板，如图 8-4 所示，用户可以在此操控面板中定义产品零件的用户定义的约束集和约束类型。

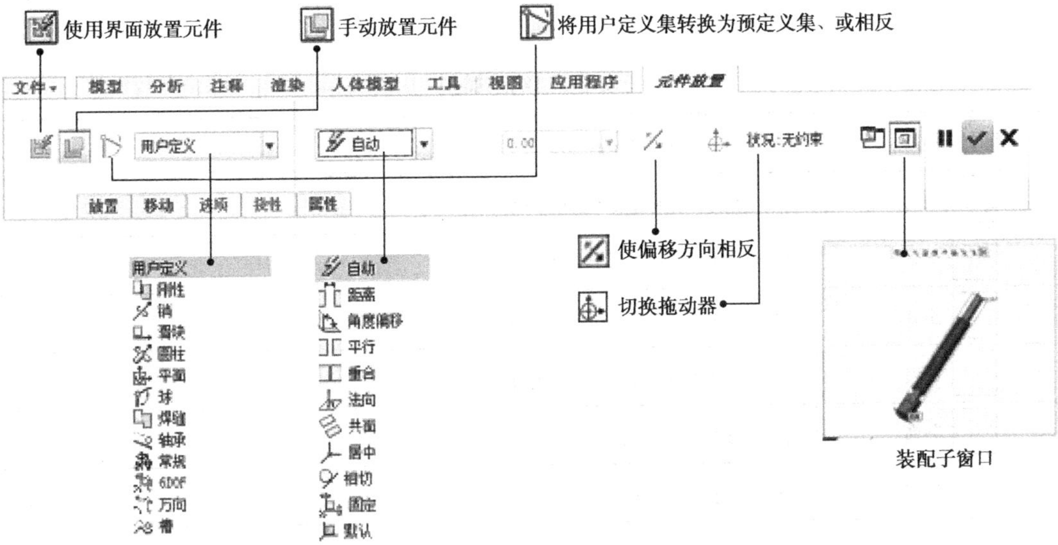

图 8-4　【元件放置】操控面板

- **约束**

Creo 中的装配体中的元件之间都是通过一系列约束关系装配在一起的，所谓约束就是元件之间的配合关系，例如对称、共线等。下面介绍在组装操控面板中定义产品零件的用户定义的约束集的类型以及意义，如表 8-1 所示。

表 8-1　用户定义的约束集及意义

刚性	在装配中不允许有任何移动
销	包含旋转移动轴和平移约束
滑块	包含平移移动轴和旋转约束
圆柱	包含 360°　旋转移动轴和平移移动
平面	包含平面约束，允许沿着参考平面旋转和平移
球	包含用于 360°　移动的点对齐约束
焊缝	包含一个坐标系和一个偏距值，以将元件“焊接”在相对于装配的一个固定位置上
承载	包含点对齐约束，允许沿直线轨迹进行旋转
一般	创建有两个约束的用户定义集

续表

6DOF	包含一个坐标系和一个偏移值，允许在各个方向上移动
万向节	包含零件上的坐标系和装配中的坐标系以允许绕枢轴各个方向旋转
槽	包含点对齐约束，允许沿一条非直轨迹旋转

在组装操控面板中约束类型如表 8-2 所示。当选择用户定义的约束集时，默认设置为【自动】。

表 8-2　约束类型

距离	从装配参考定义元件距离参考
角度偏移	以某一角度将元件定位至装配参考
平行	将元件参考定向至与装配参考平行
重合	将元件参考定位至与装配参考重合
法向	将元件参考定位至与装配参考垂直
共面	将元件参考定位至与装配参考共面
居中	居中元件参考与装配参考
相切	定位两种不同的参考，使两者相切，接触点为切点
固定	将被移动或封装的元件固定到当前位置
默认	将元件坐标与默认的装配坐标对齐
自动	选取参考后，自动匹配可用约束
	使偏移方向相反
	切换拖动器

- 元件拖动器：当元件插入时，模型上会显示拖动器，如图 8-5 所示，通过鼠标控制拖动器可以对模型按照 XYZ 三个方向进行平移和旋转操作。

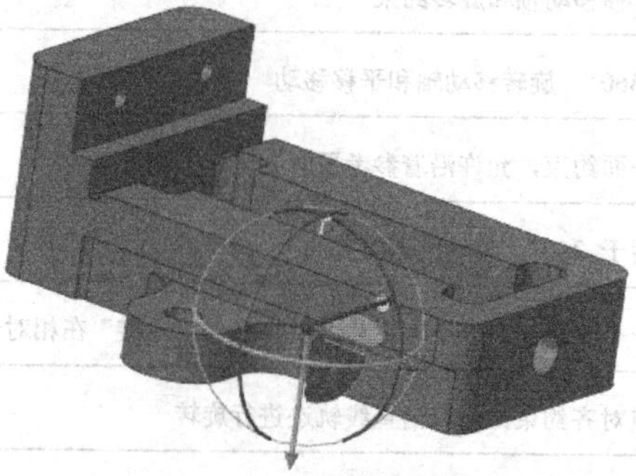

图 8-5　元件拖动器

下面对【元件放置】操控面板各选项卡的基本功能做简单阐述。

- □ 【放置】选项卡：如图 8-6 所示，主要用于定义和修改装配零件之间的约束关系。面板左侧【集】定义栏用于新建、编辑、删除每对零件间的装配约束，面板右侧用于对当前的约束集的约束类型、约束参数、启用等进行设置。

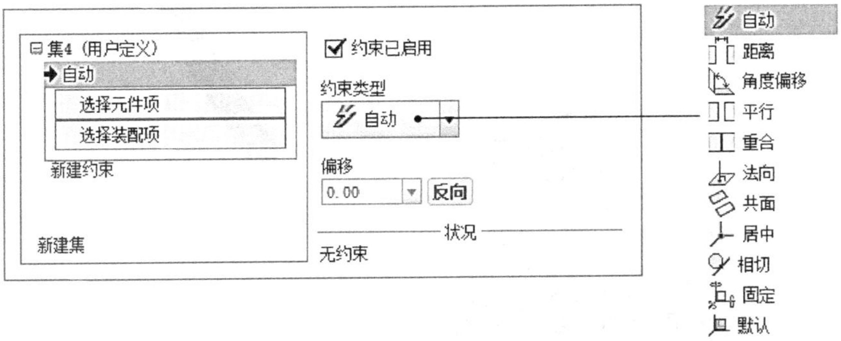

图 8-6　【放置】选项卡

□ 【移动】选项卡：如图 8-7 所示，主要用于调整装配零件在设计环境空间中的位置，以方便定义约束条件。在【运动类型】中用户可以选择零件的运动方式，同时用户还可以定义【在视图平面中相对】和【运动参考】两种运动方式。在【平移】中可以选择零件平滑移动或按照一定距离步数移动。

- 定向模式：重定向视图。
- 平移：在平面范围内移动元件。
- 旋转：旋转元件。
- 调整：调整元件的位置。

- □ 【挠性】选项卡：如图 8-8 所示，用于对已经定义好约束关系的元件进行“挠性化”处理，并定义其可变项，其主要功能是定义机构的装配连接以及机构的运动学和动力学分析。

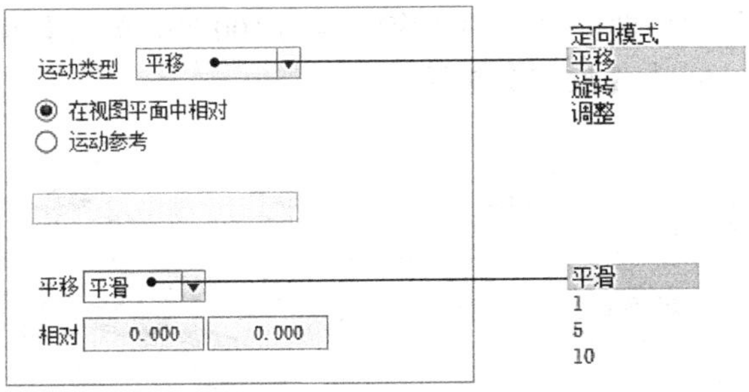

图 8-7　【移动】选项卡

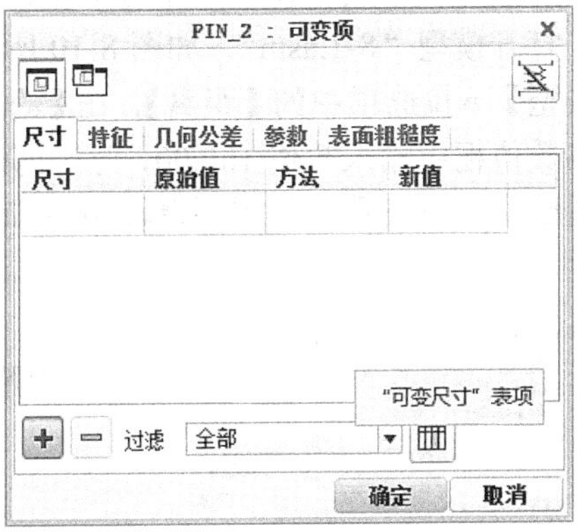

图 8-8　【挠性-可变项】选项卡

- □ 【子窗口】选项卡：主要用于控制元件的装配显示方式，用于在单独的子窗口中显示待装配的元件，如图 8-9 所示，按下此按钮后，弹出待装配元件子窗口，用户可在主窗口和子窗口中同时操作，提高了选取参照的可操作性。按钮控制是否在主界面中显示待装配体。

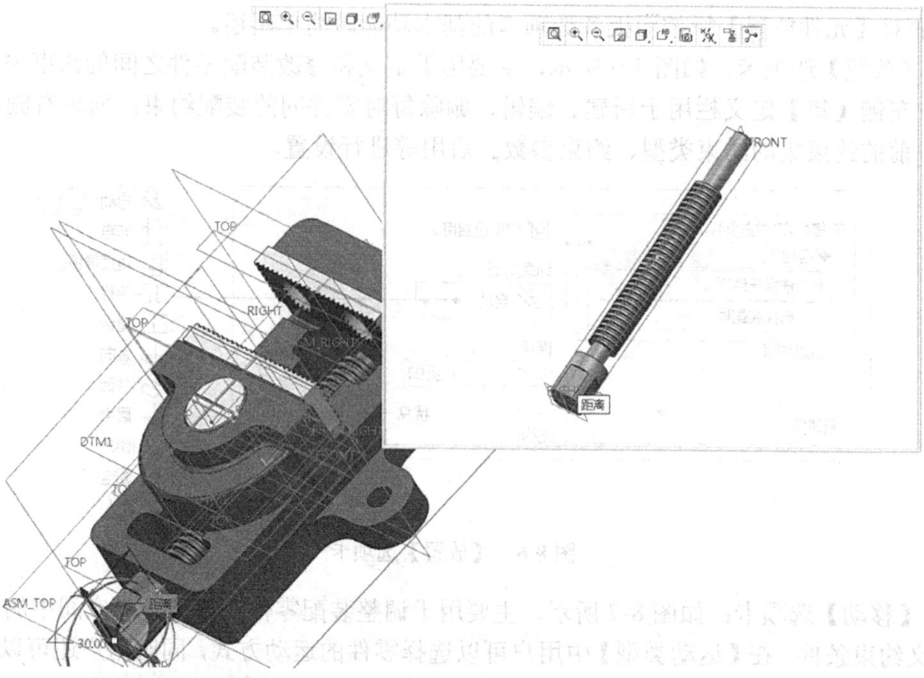

图 8-9　装配子窗口

8.2.2　元件装配约束的类型

Creo 为零件之间提供了多种约束类型，如距离、平行、重合等。当用户定义好各零件和子组件之间的装配约束关系后，系统会自动调整这些元件之间的位置，从而形成一个系统的、参数化控制的装配整体。下面逐一介绍元件装配各种约束的类型。

● 距离

“距离”约束用于设定装配元件之间点、线、面特征之间的距离。具体约束参考可以是点对点、点对线、线对线、平面对平面、平面曲面对平面曲面、点对平面或线对平面。

打开模型“8-1.asm”，如图 8-10 所示，在【元件放置】中单击【放置】选项卡，点选【约束类型】下拉选项中的【距离】，在【约束集】一栏中分别选择两个零件的钳口平面，在【偏移】距离数值框中输入数值 100.00，此时两个零件钳口曲面之间的约束距离为 100.00，单击【确定】按钮确认约束关系。当需要调转距离方向时，单击【反向】按钮 反向 。

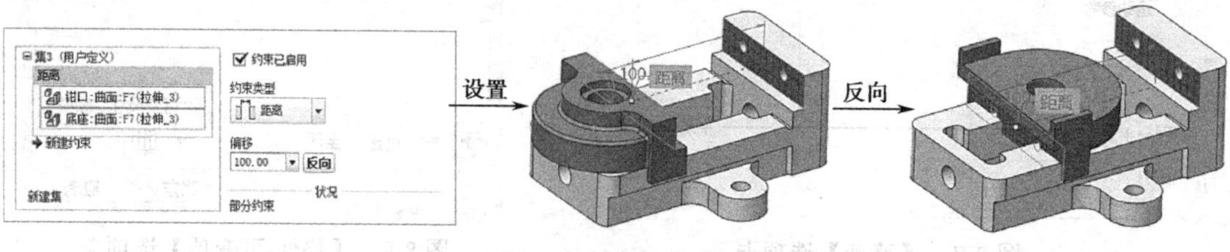

图 8-10　距离约束

● 角度偏移

“角度偏移”约束用于设定装配元件以某一角度定位到选定的装配参考。具体约束参考可以是线对线、线对平面、平面对平面。

打开模型“8-1.asm”，如图 8-11 所示，在【元件放置】单击【放置】选项卡，点选【约束类型】下拉选项中的【角度偏移】，在【约束集】一栏中分别选择两个零件的钳口平面，在【偏移】距离数值框中输入数值，此两个零件高亮面之间的约束距离为 60°，单击【确定】按钮确认约束关系。当需要调转距离方向时，单击 【反向】按钮 反向 。

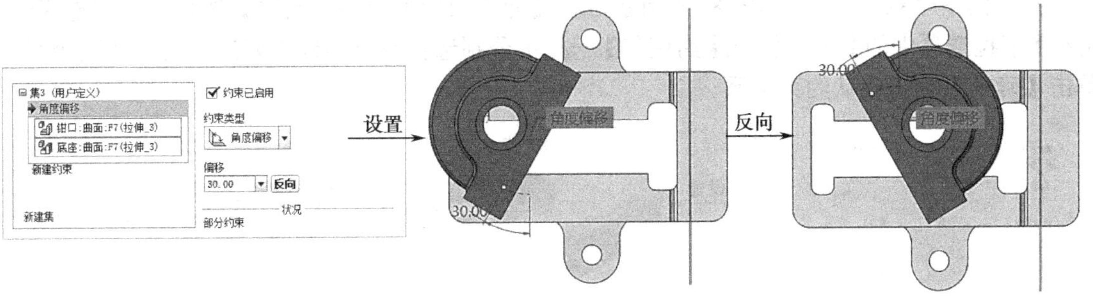

图 8-11 角度约束

● 平行

“平行”约束主要用于设定装配元件的参考呈平行放置，其参考可以是线对线、线对平面或平面对平面。

打开模型“8-1.asm”，如图 8-12 所示，在【元件放置】单击【放置】选项卡，点选【约束类型】下拉选项中的【平行】，在【约束集】一栏中分别选择两个零件需要平行的平面，单击【确定】按钮确认约束关系。当需要调转距离方向时，单击 【反向】按钮 反向 。

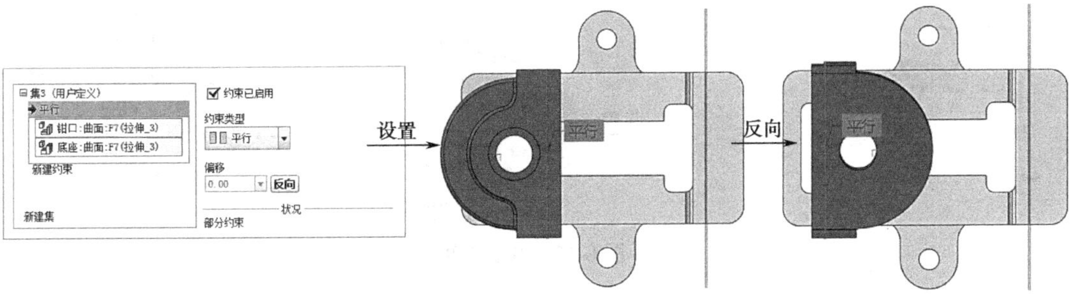

图 8-12 平行约束

● 重合

“重合”约束用于定义元件之间指定特征之间重合，约束的参考可以为点、线、平面或平面曲面、圆柱、圆锥、曲线上的点以及这些参考的任何组合。

打开模型“8-2.asm”，如图 8-13 所示，在【元件放置】单击【放置】选项卡，点选【约束类型】下拉选项中的【重合】，在【约束集】一栏中分别选择两个零件需要重合的平面，单击【确定】按钮确认约束关系。当需要调整距离方向时，单击 【反向】按钮 反向 。

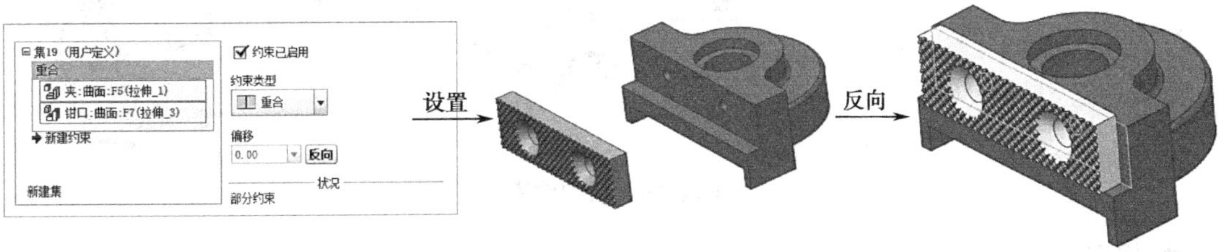

图 8-13 重合约束

● 法向

“法向”约束用于定义元件之间指定特征之间呈垂直状态，其参考可以是线对线、线对平面、平面对平面。

打开模型“8-2.asm”，如图 8-14 所示，在【元件放置】单击【放置】选项卡，点选【约束类型】下拉选项中的【法向】，在【约束集】一栏中分别选择两个零件需要法向约束的两个平面，单击【确定】按钮确认约束关系。

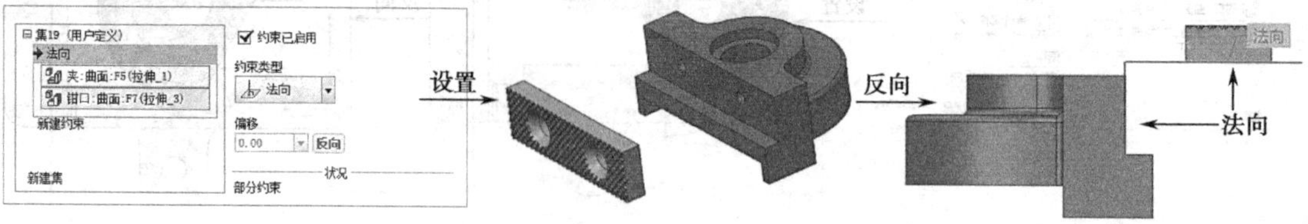

图 8-14 法向约束

● 共面

“共面”约束主要用于将待装配元件边、轴等线类参考定位为共面。即装配元件边、轴径约束后在同一平面上。

打开模型“8-3.asm”，如图 8-15 所示，在【元件放置】单击【放置】选项卡，点选【约束类型】下拉选项中的【共面】，在【约束集】一栏中分别选择两个零件的中心轴线，单击【确定】按钮确认约束关系，此两个零件的轴线将共面。

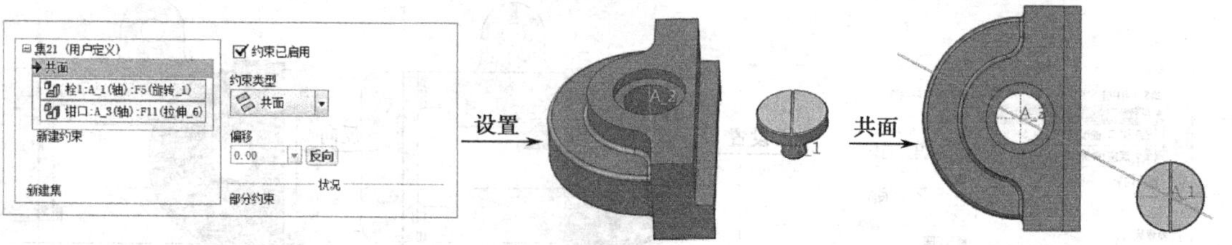

图 8-15 共面约束

● 居中

“居中”约束主要用于定义装配元件的圆柱面、圆锥面、圆环、球面之间同心约束。

打开模型“8-3.asm”，如图 8-16 所示，在【元件放置】单击【放置】选项卡，点选【约束类型】下拉选项中的【居中】，在【约束集】一栏中分别选择两个零件的圆柱面，单击【确定】按钮确认约束关系，此两个零件的圆柱面相互居中。

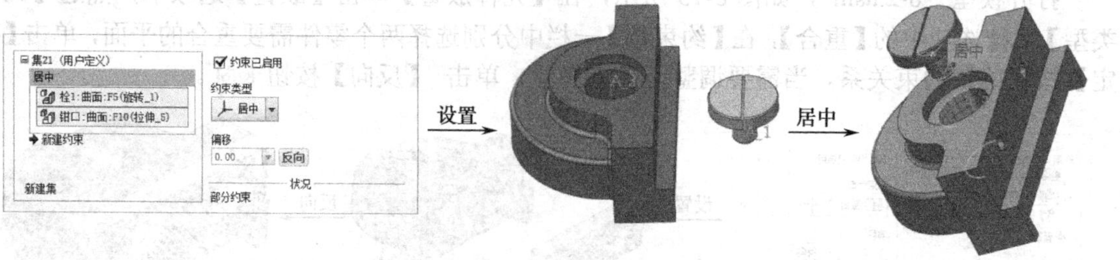

图 8-16 居中约束

● 相切

“相切”约束主要用于定义装配元件的曲面之间在切点接触。

如图 8-17 所示，在【元件放置】单击【放置】选项卡，点选【约束类型】下拉选项中的【相切】，在【约束集】一栏中分别选择两个零件的圆柱面，单击【确定】按钮确认约束关系，此两个零件的圆柱面之间呈相切关系。

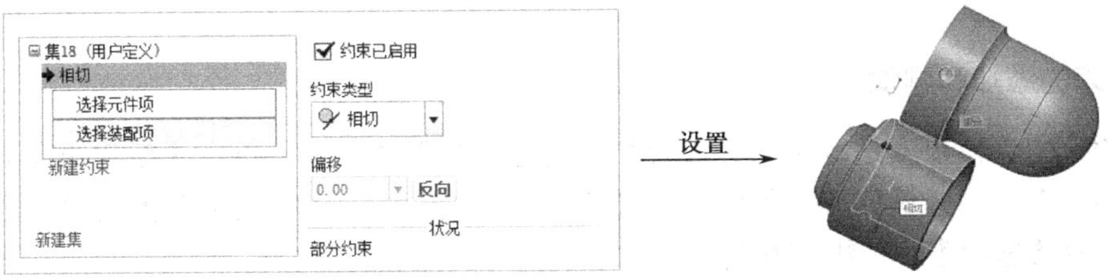

图 8-17　相切约束

● 固定

“固定”约束主要用于将装配元件固定于当前位置，一般将第一个或者基准参照元件固定在适当位置后，后插入的元件以它为定位基础进行装配。

如图 8-18，单击【元件】→按钮，调入待装配零件，在【元件放置】单击【放置】选项卡，点选【约束类型】下拉选项中的【固定】，零件就被固定在当前位置。被“固定”约束后的零件为完全约束状态。

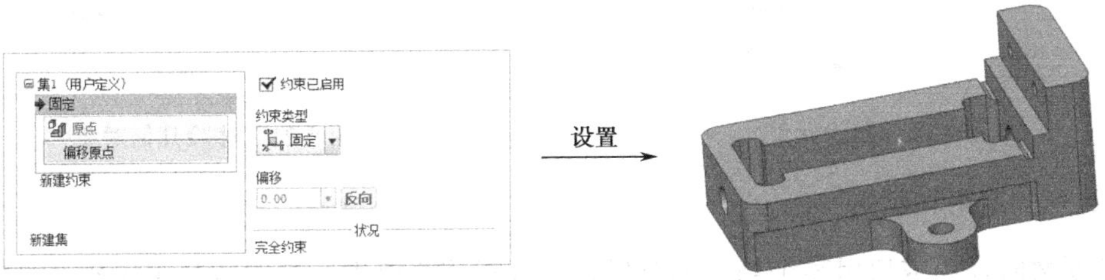

图 8-18　固定约束

● 默认

“默认”约束主要用于将系统创建的元件的默认坐标系与系统创建的装配的默认坐标系对齐。“默认”同样用于将第一个或者基准参照元件固定在适当位置后，后插入的元件以它为定位基础进行装配。

如图 8-19，单击【元件】→按钮，调入待装配零件，在【元件放置】单击【放置】选项卡，点选【约束类型】下拉选项中的【默认】，零件本身的坐标系与系统坐标系相对齐，同时被固定，“默认”约束后的零件为完全约束状态。

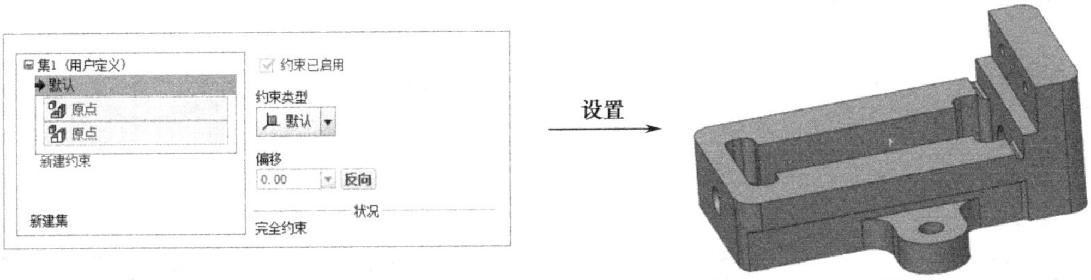

图 8-19　默认元件

● 自动

选择“自动”约束选项，系统可以识别用户选择的一对装配元件的几何特征，自动匹配生成距离、重合、平行、发相、居中、共面、相切、角度偏移等约束类型。

8.2.3 约束的添加、删除、禁用及启用

1. 约束的添加和删除

添加约束的具体步骤是在【元件放置】单击【放置】选项卡，单击【新建约束】选项。如果需要删除约束，在【元件放置】中单击【放置】选项卡，选中需要删除的约束，右击，在弹出菜单中选择【删除】，如图 8-20 所示。

当需要对某个约束集内的几何对象进行修改时，首先要删除已有的约束几何对象，然后选择新的几何对象添加至该约束集中。在【元件放置】中单击【放置】选项卡，选中需要修改的约束，然后右击其中需要移除的几何对象，在最后弹出菜单中选择【移除】，再在工作区中点选新的几何对象，完成几何对象的替换，如图 8-21 所示。

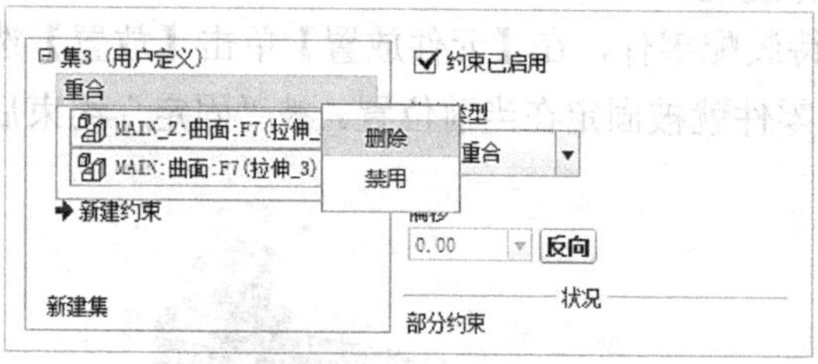

图 8-20　删除元件

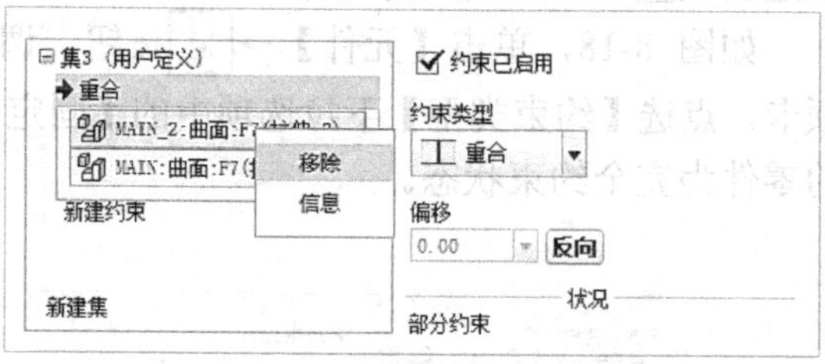

图 8-21　移除几何对象

2. 约束的启用和禁用

当需要暂时停用或启用某个约束的时候，可以对该约束进行启用或禁用操作，具体操作过程是在【元件放置】中单击【放置】选项卡，选中需要修改的约束，然后勾选【约束已启用】复选框，完成约束的启用；取消勾选复选框，完成约束的禁用。

- 完全约束：放置元件时，要对零件的 6 个自由度进行约束，Creo 会自动识别放置状态，当 6 个自由度被限制后，系统提示“完全约束”。当元件处于完全约束状态时，【放置】选项卡右下方会显示“完全约束”，同时在模型树中其名称前无任何符号，如图 8-23 所示。
- 部分约束：放置元件时，当限制的自由度少于 5 个，元件处于部分约束状态。当元件处于部分约束状态时，【放置】选项卡右下方会显示“部分约束”，同时在模型树中其名称前会出现“□”符号，如图 8-24 所示。

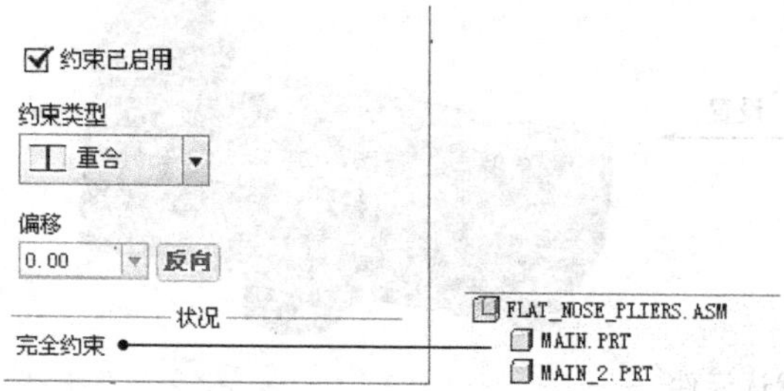

图 8-22　完全约束状态

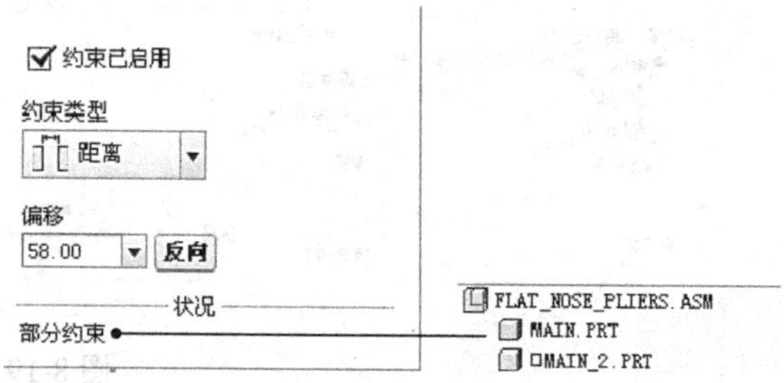

图 8-23　完全约束状态

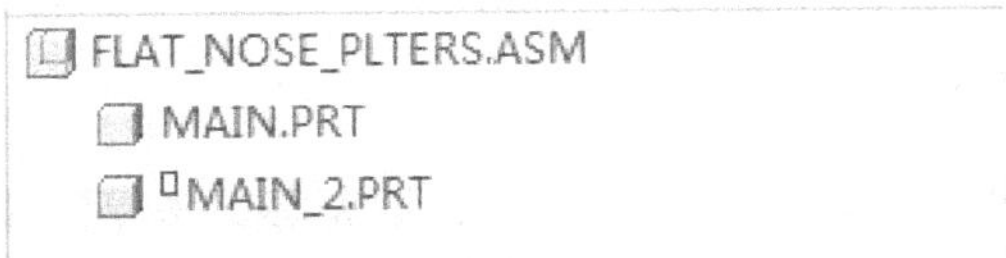

图 8-24

8.3 元件的编辑及相关操作

8.3.1 装配元件的激活、打开、删除

如图 8-25 所示，右击模型树中需要操作的元件，弹出元件操作菜单，选择【激活】可以激活元件，激活元件后就可以对其进行特征操作。选择【打开】【删除】可以对元件进行打开或删除操作。

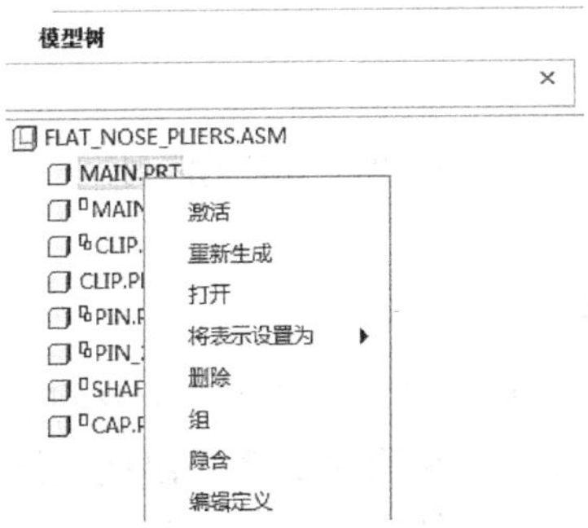

图 8-25　元件操作菜单

8.3.2 装配元件的复制

在一个装配体中常常出现多个同一元件的情况，此时我们可以利用元件的复制功能来快速完成多个同一零件的复制，而不需要多次插入该零件。

如图 8-26 所示，点选装配体中的六角螺栓，选择【模型】→【操作】→【复制】选项，或者使用键盘 CTRL+C 组合键进行复制，再选择【模型】→【操作】→【粘贴】选项，或者使用键盘 CTRL+V 对元件进行粘贴。可以对新生成的复制元件进行拖动或重新定义约束条件来对其进行放置。

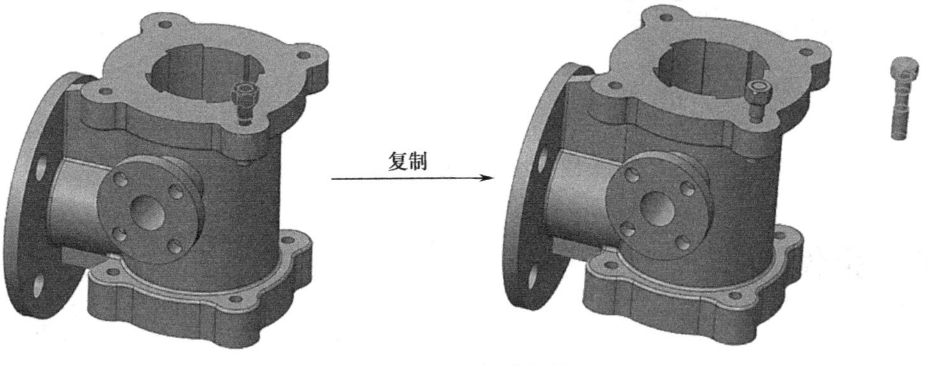

图 8-26　元件的复制

8.3.3 装配元件的阵列

通过阵列功能可以快速根据尺寸、方向、轴、填充等参考复制出多个元件，并按一定规律放置。阵列功能可以使用驱动尺寸对元件进行阵列装配。

如图 8-27 所示，点选装配体中的六角螺栓，选择【模型】→【阵列】选项，弹出元件阵列操控面板，在阵列参考下拉列表中选择【轴】，同时点选阀体的中轴 A_1，在【成员数目】栏输入 4，在【成员间角度】栏输入 90，单击【确定】生成元件阵列。

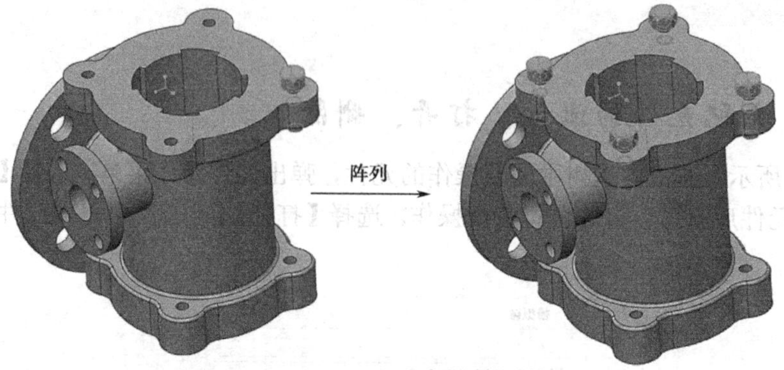

图 8-27 元件的阵列

8.3.4 装配干涉检查

Creo 装配模块的一个重要功能就是对装配体内的元件进行干涉检查，以便快速分析哪些元件之间存在干涉以及干涉体积的大小，从而避免产品出现装配问题以及错误。

选择【分析】→【检查几何】→【全局干涉】选项 全局干涉，弹出【全局干涉】分析菜单，单击预览按钮，在干涉元件列表中列出了相互干涉的元件名称以及干涉体积大小，同时在工作区中，模型上相互干涉的部分以红色高亮显示，如图 8-28 所示。

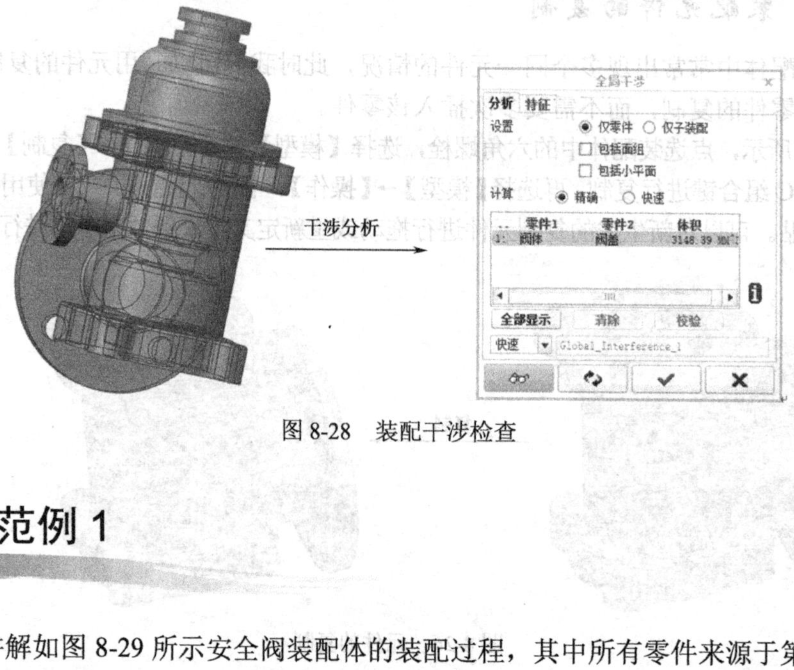

图 8-28 装配干涉检查

8.4 范例 1

本范例讲解如图 8-29 所示安全阀装配体的装配过程，其中所有零件来源于第 4 章范例 4.6

和习题，装配结构如图 8-30 所示，下面分步骤讲解装配过程。

图 8-29　安全阀装配体

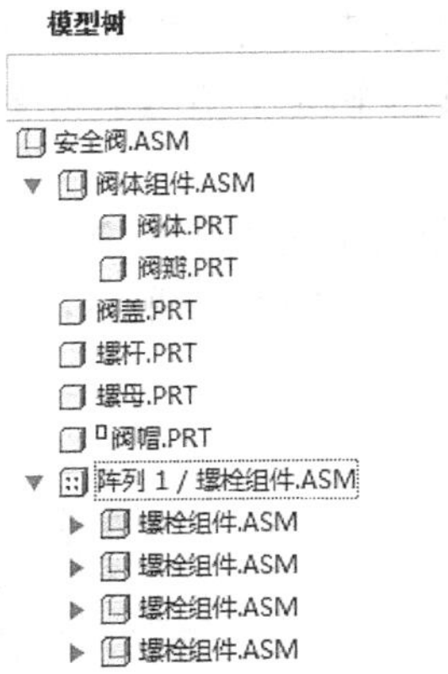

图 8-30　装配体结构图

步骤 1：新建文件

（1）单击【文件】→【新建】，或者单击按钮，弹出【新建】对话框，如图 8-31 所示。在名称一栏中输入“安全阀”，取消【使用默认模板】，单击【确定】按钮。系统弹出【新文件选项】框，选择【mmns_asm_design】，单击【确定】，模型树下生成“安全阀”组件，如图 8-32 所示。

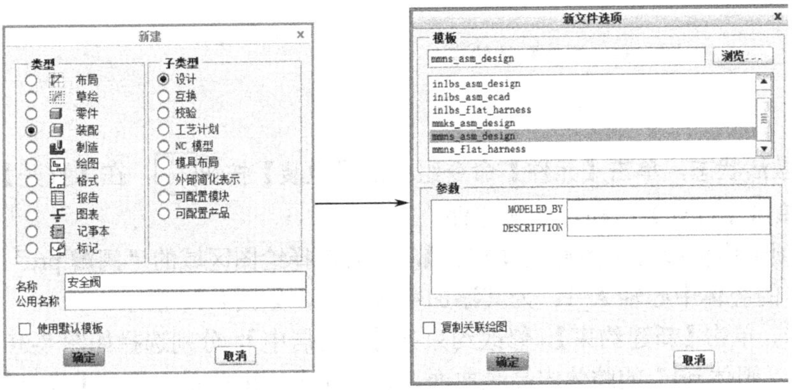

图 8-31　【新建组件】对话框　　图 8-32　“安全阀”模型树

（2）单击【模型】→【元件】模块中的创建，在“安全阀”装配体下建立“阀体组件”，整个过程如图 8-33 所示。选择“默认”定位装置配方式，点击按钮，完成操作。

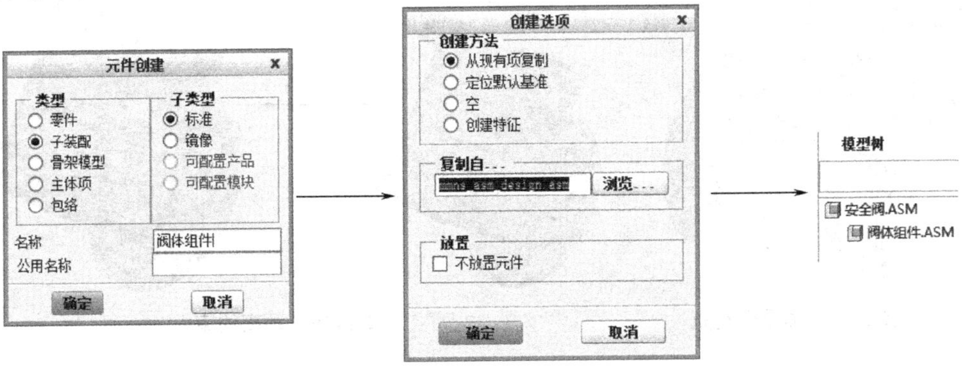

图 8-33　子组件建立

步骤 2：装配基础零件

（1）在模型树中选中“阀体组件”，右击在弹出的菜单中选择【激活】选项，单击【元件】命令组中的【组装】按钮，在【打开】对话框中选择“阀体.prt”，单击【打开】按钮，调入零件。

（2）在【元件放置】选项卡中修改约束条件为【默认】，添加默认约束之后，零件坐标系与装配体坐标系重合，如图 8-34 所示，单击【确定】按钮，完成零件“阀体.prt”的装配。

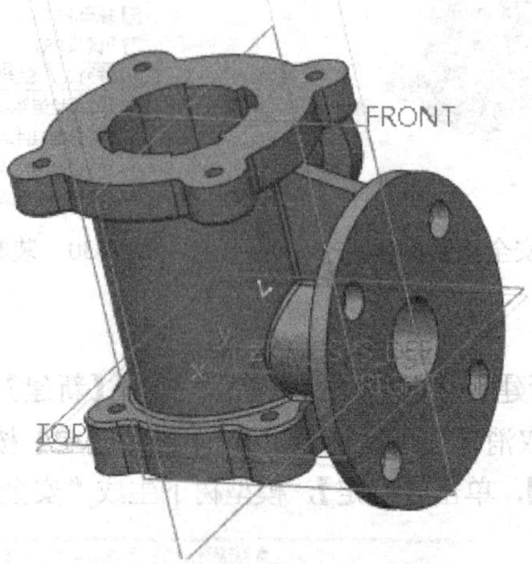

图 8-34　添加默认约束

步骤 3：装配阀体组件

（1）保持“阀体组件”激活状态，单击【元件】命令组中的【组装】按钮，在【打开】对话框中选择“阀瓣.prt”，单击【打开】按钮，调入零件。

（2）在【元件放置】选项卡中修改约束条件为【重合】，然后选择绘图区域的“阀瓣.prt”的中心轴 A_1 和“阀体.prt”的腔体中心轴 A_1，为其添加重合约束，如图 8-35 所示。

（3）单击【放置】选项卡，单击【新建约束】，修改约束条件为【居中】，分别选择如图 8-36 所示的“阀瓣.prt”高亮面和“阀体.prt”的腔体内高亮曲面，建立完全约束关系。单击【确定】按钮，完成零件“阀瓣.prt”的装配。

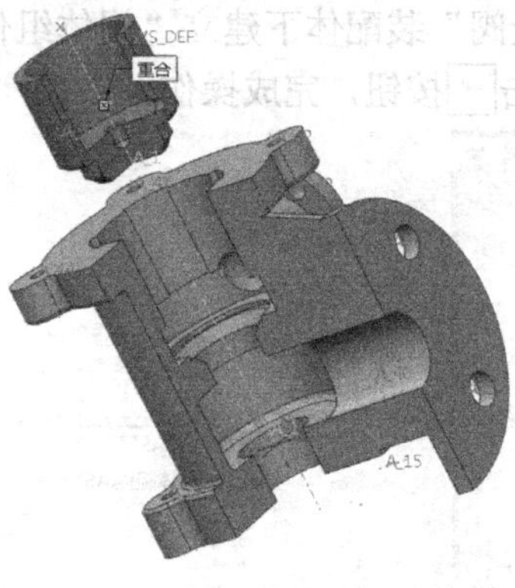

图 8-35　轴重合约束

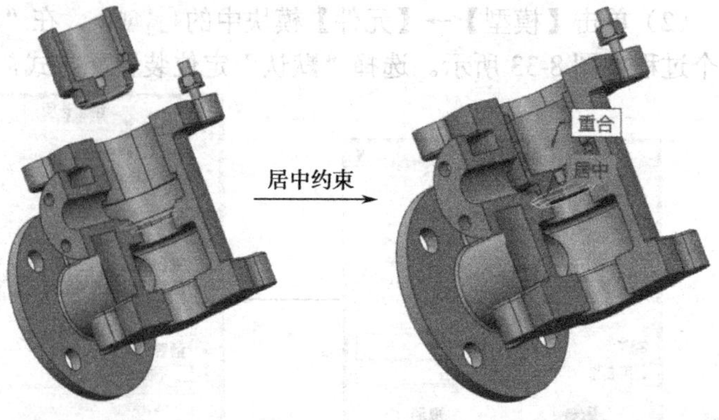

图 8-36　距离约束

步骤 4：装配阀盖

（1）在模型树中选中“安全阀”组件，右击在弹出菜单中选择【激活】选项,单击【元件】命令组中的【组装】按钮，在【打开】对话框中选择 “阀盖.prt”，单击【打开】按钮，调入零件。

（2）在【元件放置】选项卡中修改约束条件为【重合】，然后选择绘图区域“阀盖.prt”的中心轴 A_1 和“阀体.prt”的腔体中心轴 A_1，为其添加重合约束，如图 8-37 所示。

（3）单击【放置】选项卡，单击【新建约束】，修改约束条件为【重合】，分别选择如图 8-38 所示的“阀盖.prt”底面和“阀体.prt”的法兰顶面，建立完全约束关系。单击【确定】按钮，完成零件“阀盖.prt”的装配。

步骤 5：装配螺杆

（1）单击【元件】命令组中的【组装】按钮，在【打开】对话框中选择 “螺杆.prt”，单击【打开】按钮，调入零件。

（2）在【元件放置】选项卡中修改约束条件为【重合】，然后选择绘图区域的“螺杆.prt”的中心轴 A_1 和“阀盖.prt”的腔体中心轴 A_1，为其添加重合约束，如图 8-38 所示。

（3）单击【放置】选项卡，单击【新建约束】，修改约束条件为【距离】，分别选择如图 8-38 所示的“螺杆.prt”高亮顶面和“阀盖.prt”的高亮顶面，在【偏移】框内输入 15.00，建立完全约束关系。单击【确定】按钮，完成零件“螺杆.prt”的装配。

（4）重复以上步骤，装配好“螺母.prt”零件，完成阀盖紧固件的装配，如图 8-39 所示。

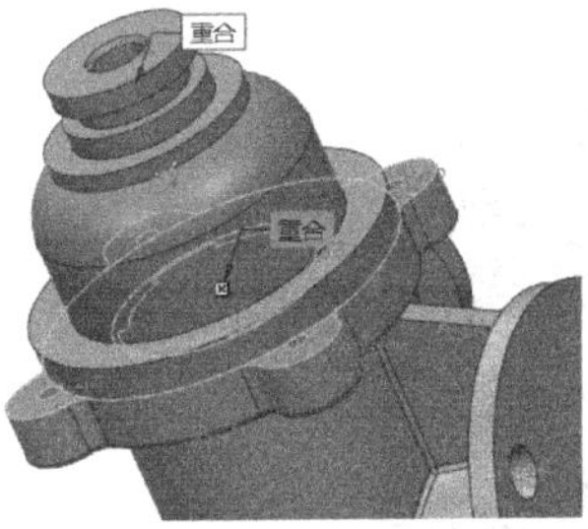

图 8-37　阀盖装配

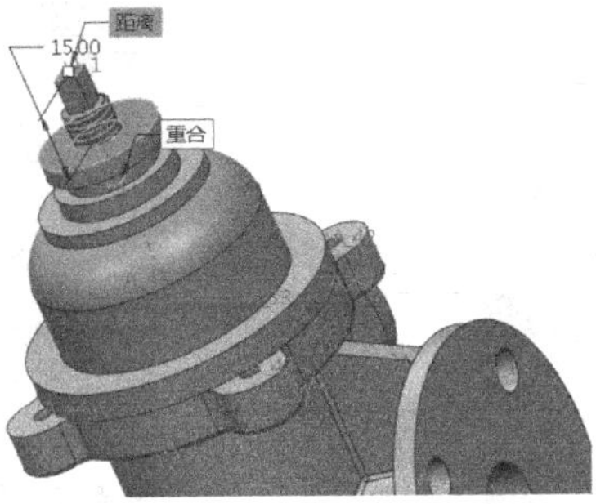

图 8-38　螺杆装配

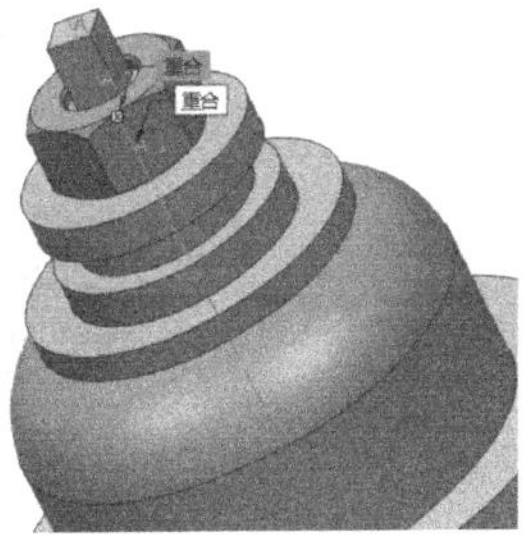

图 8-39　螺母装配

步骤 6：装配阀帽

（1）单击【元件】命令组中的【组装】按钮，在【打开】对话框中选择 “阀帽.prt”，单击【打开】按钮，调入零件。

（2）在【元件放置】选项卡中修改约束条件为【重合】，然后选择绘图区域的“阀帽.prt”的中心轴 A_1 和“阀盖.prt”的腔体中心轴 A_1，为其添加重合约束，如图 8-40 所示。

（3）单击【放置】选项卡，单击【新建约束】，修改约束条件为【角度偏移】，分别选择如图 8-41 所示的“阀帽.prt”的基准平面 TOP 和“阀盖.prt”的基准平面 FRONT，在【偏移】框内输入 90.0，建立完全约束关系。单击【确定】按钮，完成零件“螺杆.prt”的装配。

（4）单击【放置】选项卡，单击【新建约束】，修改约束条件为【重合】，然后选择绘图区域的“阀盖.prt”的中心轴 A_1 和“阀体.prt”的腔体中心轴 A_1，为其添加重合约束，完成阀帽装配。

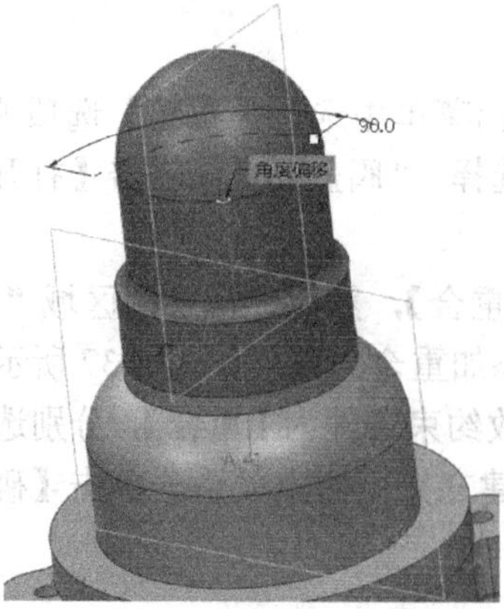

图 8-40　阀帽轴约束

图 8-41　阀帽角度偏移约束

步骤 7：阵列螺栓

（1）参照以上步骤，在“安全阀”装配体下建立“螺栓组件”，利用轴重合和面重合约束，将“螺柱.prt”、“垫片.prt”、“螺母.prt”分别装配至安全阀体法兰装配孔中。

（2）在装配环境下激活“安全阀”组件，选中“螺栓组件”，单击【模型】→【阵列】按钮，将【阵列参考】下拉项选择为【轴】，点选“阀体.prt”元件的腔体中心轴 A_1，【数量】输入栏填入 4，【角度】输入栏填入 90，单击【确定】按钮，完成组件“螺栓组件.prt”的阵列装配，如图 8-42 所示。

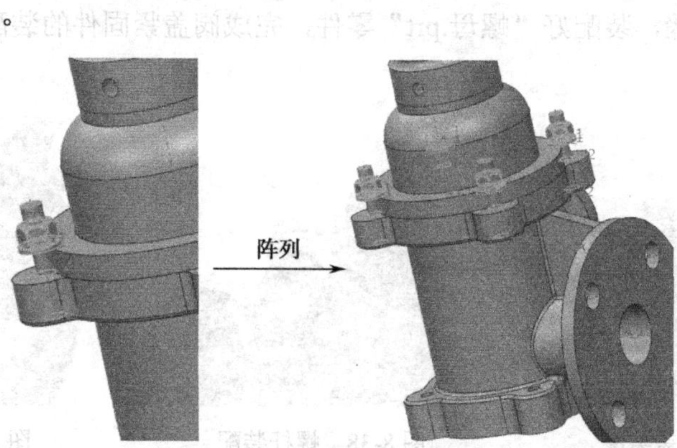

图 8-42　螺栓组件阵列

8.5　自顶向下装配设计

自顶向下设计广泛使用在家电产品、通信电子产品等领域的新产品设计中，产品的设计流程可以从制定规格，外观造型骨架等标准设计流程开始。综前所述，自顶而下设计要求先确定总体思路、设计总体布局，然后设计其中的零件或子装配组件。采用自顶向下设计可以系统、高效地管理大型装配体产品，可以实现不同设计人员的分工协作、资源共享，是企业广泛采用的装配设计方法。

自顶向下设计一般由以下 3 大步骤形成。

- 定义设计意图。利用二维布局、骨架模型等建立主控零件。

● 定义产品结构，确立装配体各子组件、零件的相互关系等。
● 传达设计意图，按照布局或骨架将产品拆分成具体零件，对具体的元件进行详细设计。

8.5.1　骨架零件

骨架零件一般由曲线或曲面构成，如图 8-43 所示，它包含了产品的主要外形信息和运动参照，在子装配中提供零件或子装配的设计参照，通过修改骨架模型可以实现对整个产品的修改和控制。

使用骨架模型在设计产品装配结构时非常方便，零件可以参照骨架模型中的曲线或曲面创建特征，同时也参照骨架模型中的基准特征，从而可以通过骨架模型方便地控制零件的尺寸、形状和装配。

一般不从零件复制几何到骨架。因为这样骨架模型可能由于缺少外部参考而失败，从而破坏自顶向下设计的稳定性。

图 8-43　骨架模型

8.5.2　骨架零件的创建

默认状态下，每个装配件只能有一个骨架模型，当产品比较复杂时，一个骨架模型需要包括的信息太多，可以采用多个骨架模型相互配合分工，完成设计信息的提供和参考。

（1）在装配体模型树中置顶，并且排在默认参考基准面的前面。

（2）自动被排除在工程图之外，工程图不显示骨架模型的内容。

（3）可以被排除在 BOM 表之外。

（4）骨架模型中只能增加参考点、线、面和坐标系，不能在骨架中建立实体特征。

选择【模型】→【元件】→【创建】创建，弹出【元件创建】对话框，在【类型】栏选择【骨架模型】选项，【子类型】选择【标准】选项，如图 8-44 所示。单击【确定】，弹出【创建选项】对话框，选择【从现有项复制】选项，如图 8-45 所示，单击【确定】生成骨架模型 ASM0001_SKEL.PRT，在装配体模型树中骨架模型置顶排列，如图 8-46 所示。

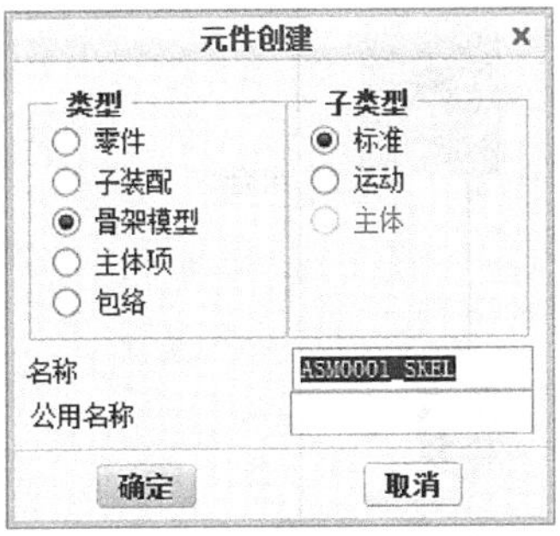

图 8-44　【元件创建】对话框

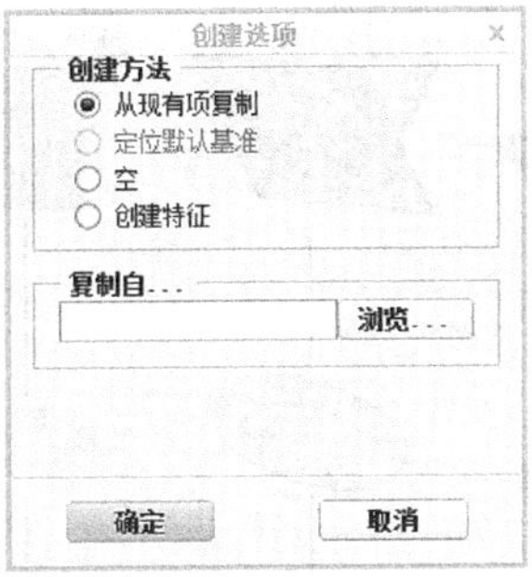

图 8-45　【创建选项】对话框

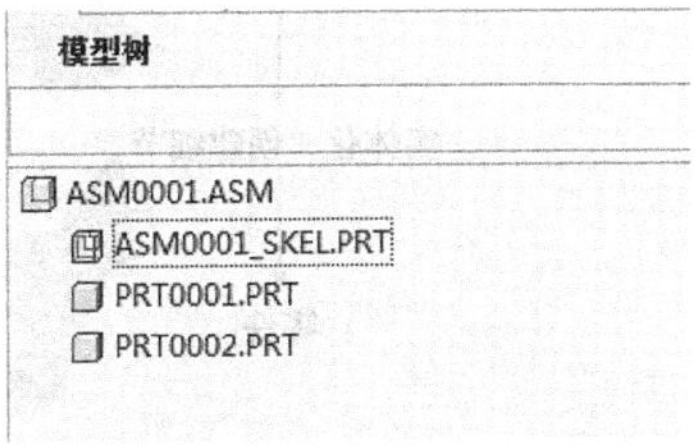

图 8-46　骨架模型

骨架零件一般在装配体中创建，骨架模型文件不是实体文件，一般骨架模型由曲面、曲线构成，除了产品布局、外形特征以外，通常还包含产品的分型面、分型线等特征，装配体中的元件都参照这些外形或分型面、线生成。

如图 8-47 所示，图中蒸脸器模型是一个典型的产品骨架，由主体曲面与底座、瓶嘴、储水盖分型面组成，产品零件都参照该主体零件生成。

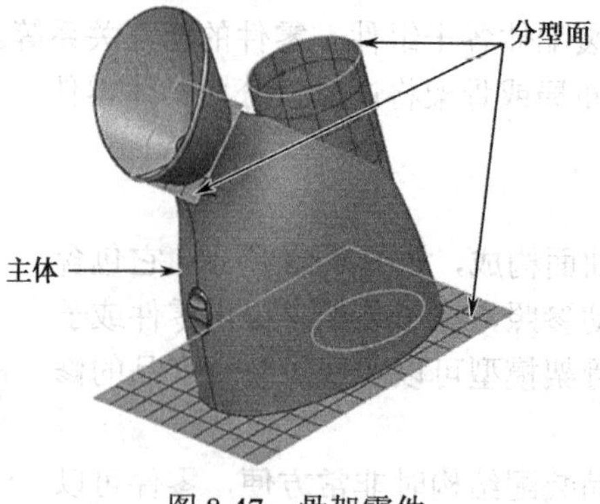

图 8-47　骨架零件

8.5.3　各分零件的创建

选择【模型】→【元件】→【创建】，弹出【元件创建】对话框，在【类型】栏选择【零件】选项，逐一建立各个子零件。

如果需要建立新组件则选择【模型】→【元件】→【创建】，弹出【元件创建】对话框，在【类型】栏选择【子装配】选项，逐一建立各个子装配。

新建立的零件复制骨架零件的主体，通过骨架内的分型面来切分零件，然后进一步在分开的零件上建立细节特征，从而完成各子零件的创建，如图 8-48 所示。

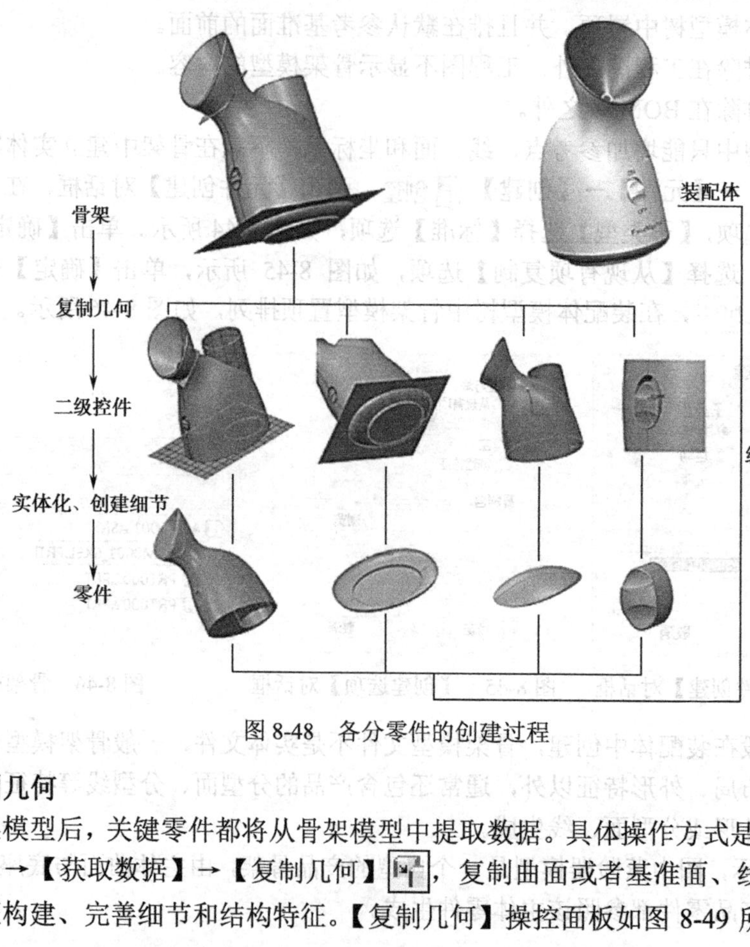

图 8-48　各分零件的创建过程

（1）复制几何

做好骨架模型后，关键零件都将从骨架模型中提取数据。具体操作方式是：激活新建零件，选择【模型】→【获取数据】→【复制几何】，复制曲面或者基准面、线、点等，然后再依据这些特征构建、完善细节和结构特征。【复制几何】操控面板如图 8-49 所示，其中具体功能如下：

：可通过选择参考来创建相关性，从参考元件向另一个元件复制几何特征，从而形成新的零件特征。

外部复制几何：此功能用于在模型之间复制几何，而不是在装配环境中复制几何。在“零件”模式中创建“复制几何”特征时，会将它自动定义为外部特征。使用外部“复制几何”创建的零件将独立于装配环境。

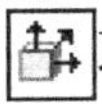取消发布几何：取消选择此项，就可以选取。

“选项”菜单的选项如图 8-50 所示，各选项含义如下：

- 按原样复制所有曲面（Copy all surfaces as is）（默认设置）：创建与选定曲面完全相同的副本。
- 排除曲面并填充孔（Exclude surfaces and Fill holes）：激活两个收集器。
- 复制内部边界（Copy Inside boundary）：定义包含待复制曲面的边界。
- 从属：取消勾选则复制几何后的零件将不会跟随骨架的修改而更新。

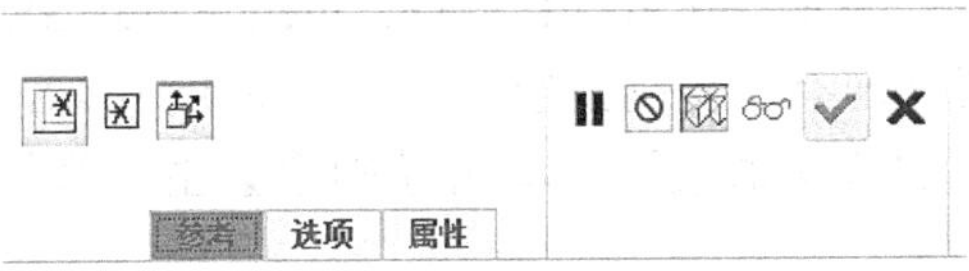

图 8-49　【复制几何】操控面板

图 8-50　【复制几何】的【选项】菜单

（2）继承/外部合并

【继承/外部合并】功能可以从装配中选择另外一个零件作为要从中复制几何的参考模型，然后单击【获取数据】→【合并/继承】。【合并/继承】选项卡打开，默认情况下会选择【参考】模型。可从模型树或图形窗口中选择不同的零件作为参考模型。【继承/外部合并】操控面板如图 8-51 所示：

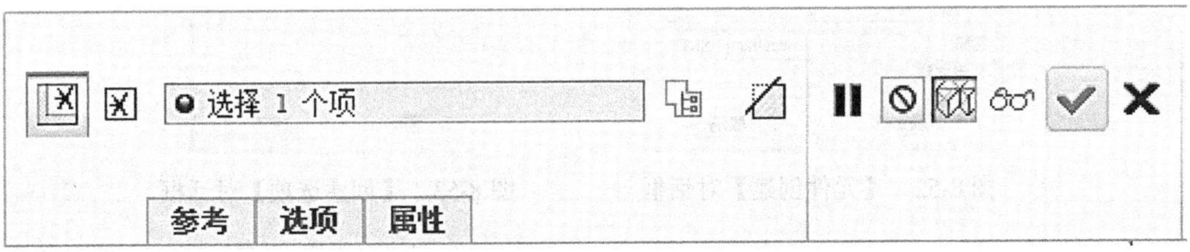

图 8-51　【继承/外部合并】操控面板

其中具体功能如下：

- ：添加（默认）或移除材料几何。
- ：将参考类型设置为装配环境（默认）。
- ：将参考类型设为外部。
- 单击【选项】（Options）更改以下选项：

□ 可变项（Varied Items）：定义可变项属性。

□ 重新调整基准（Refit Datums）：更改所复制基准的尺寸或参考。

□ 从属（Dependent）：使继承特征从属（默认设置）或独立于参考模型。当在参考零件中进行更改时，从属特征将更新。一个独立的继承特征在修改参考零件时不会更新。

- 单击【属性】（Properties）以更改继承特征的名称。

8.6 范例2

本范例以第 7 章范例 1 中的蒸脸器模型为骨架，讲述如何使用自顶向下的装配设计思想，建立蒸脸器产品装配体，下面按步骤讲述装配设计过程。

步骤 1：建立装配文件

单击【文件】→【新建】，或者单击按钮，弹出【新建】对话框，在名称一栏中输入“蒸脸器”，取消【使用默认模板】，单击【确定】按钮。系统弹出【新文件选项】框，选择【mmns_asm_design】，单击【确定】。

步骤 2：建立骨架模型

（1）选择【模型】→【元件】→【创建】创建，弹出元件创建菜单，在【类型】栏选择【骨架模型】选项，【子类型】选择【标准】选项，如图 8-52 所示。在【名称】中输入“zhenglianqi_SKEL”，单击【确定】，弹出【创建选项】对话框，选择【从现有项复制】选项，如图 8-53 所示，在弹出的文件打开菜单中选择第 7 章范例 1 所建立的蒸脸器模型，单击【确定】生成骨架模型“zhenglianqi.prt”。

（2）为了建立蒸脸器的各个子零件，建立切分零件所需要的分型面，激活骨架模型“zhenglianqi.prt”，使用拉伸工具建立 3 个分型面，分型面位置与形状如图 8-54 所示。

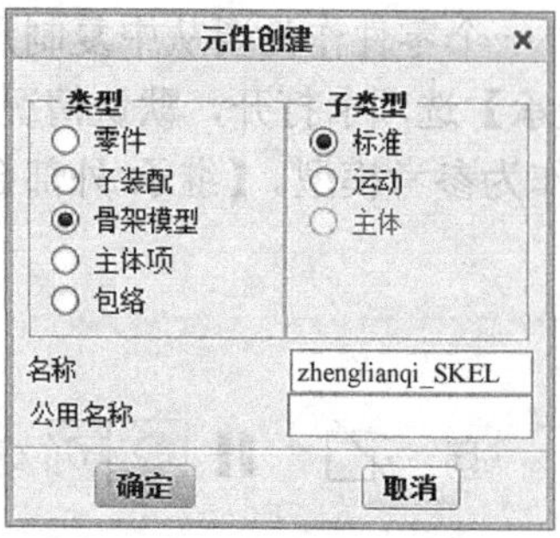

图 8-52 【元件创建】对话框

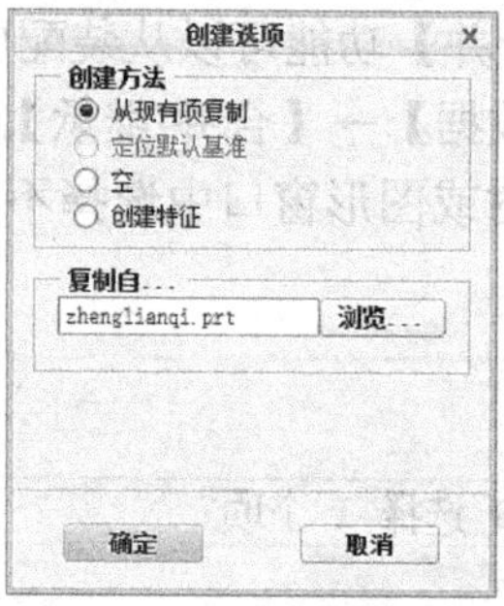

图 8-53 【创建选项】对话框

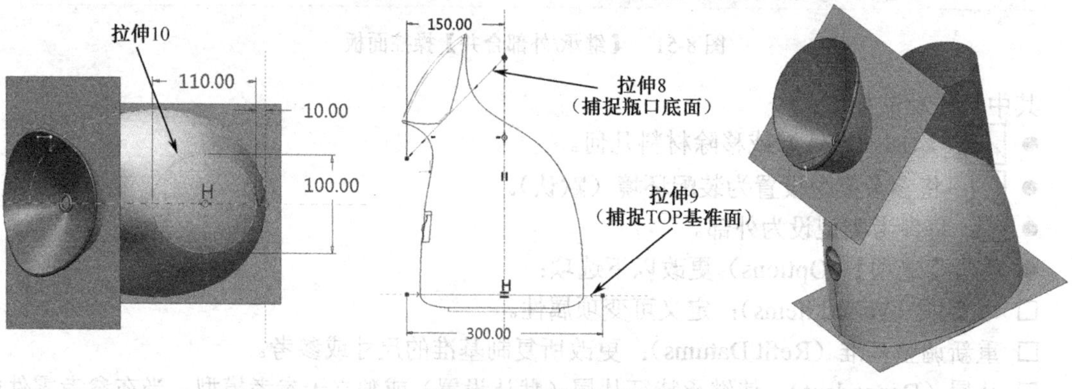

图 8-54 分型面建立

步骤 3：主体零件建立

（1）在模型激活总装配文件，选择【模型】→【元件】→【创建】，弹出元件创建菜单，在【类型】栏选择【零件】选项，【子类型】选择【实体】选项，如图 8-55 所示。在【名称】中输入“主体”，单击【确定】。

（2）弹出【创建选项】菜单，选择【从现有项复制】选项，如图 8-56 所示，【复制自】下方栏选择安装软件路径下的【Common Files】→【Mo60】→【templates】的“mmns_part_sloid.prt”，单击【确定】生成零件“主体.prt”，在【约束类型】下拉选项中选取【默认】约束，单击【确定】，完成“主体.prt”装配。

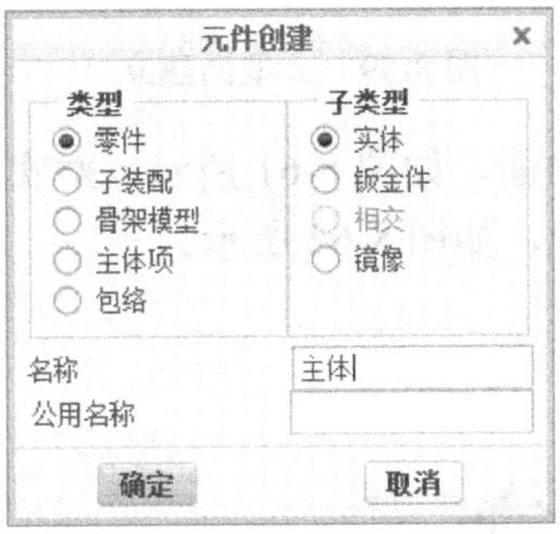

图 8-55　【元件创建】菜单

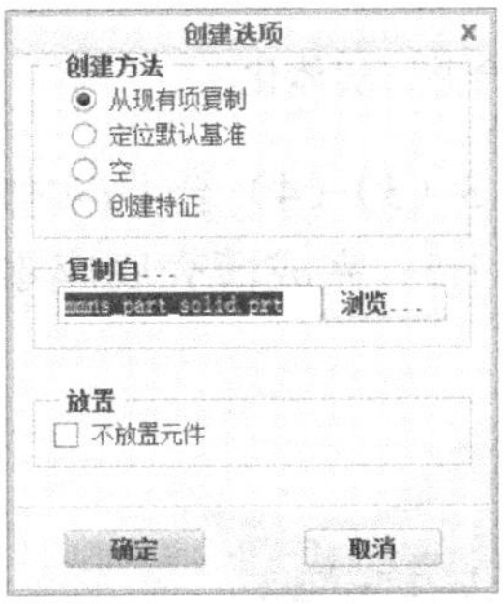

图 8-56　【创建选项】菜单

（3）在模型树中选中“主体.prt“，右击在弹出的菜单中选择【激活】选项，激活”主体.prt”，首先使用鼠标选取蒸脸器外表面，选择【模型】→【获取数据】→【复制几何】，取消【仅限发布几何】的按钮，使用鼠标选取如图 8-57 所示分型面，单击按钮，完成主体零件外表面的复制几何。

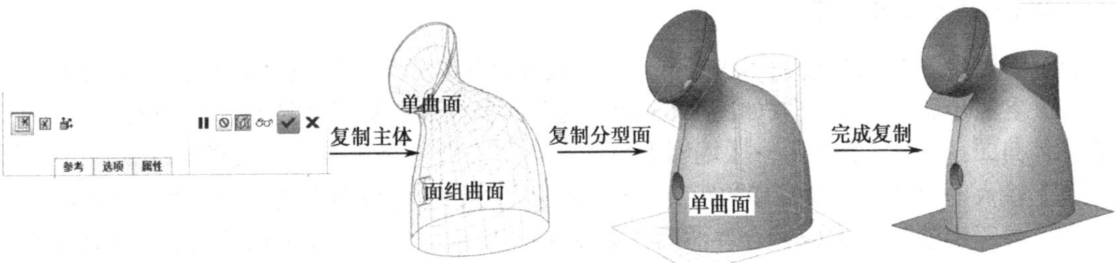

图 8-57　零件复制几何

（4）将主体中的各面进行合并，形成如图 8-57 所示的单曲面。按住 Ctrl 键依次选择拉伸 8 与主体面，拉伸 9 与主体面，单击【模型】→【编辑】模块中的按钮，单击【确定】按钮，合并后的曲面如图 8-58 所示。单击【模型】→【编辑】模块中的按钮，再单击实体填充按钮。单击按钮，完成曲面的实体化。

（5）产品零件在设计结构时都需要先对实体零件进行抽壳，之后在抽壳后的零件上进行细节的结构特征设计。选取第（4）步完成的实体化的模型，单击【模型】→【工程】模块中的【壳】按钮 壳，在【厚度】输入框内输入 1.5，主体底面为移除面，单击按钮，完成薄壳主体零件的创建，如图 8-59 所示。

步骤 4：底座零件建立

（1）参照步骤 3（1）、（2）新建“底座.prt”，选取【默认】约束，完成“底座.prt“的装配。

（2）参照步骤 3（3）选取如图 8-60 的蒸脸器底座曲面；然后选取底座分型面复制几何。

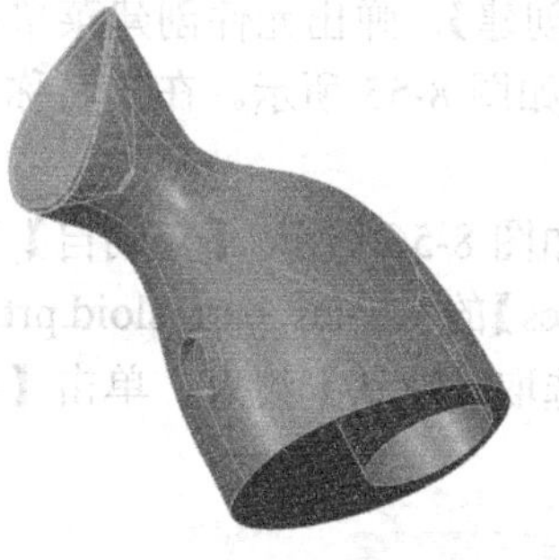

图 8-58　主体曲面合并、实体化

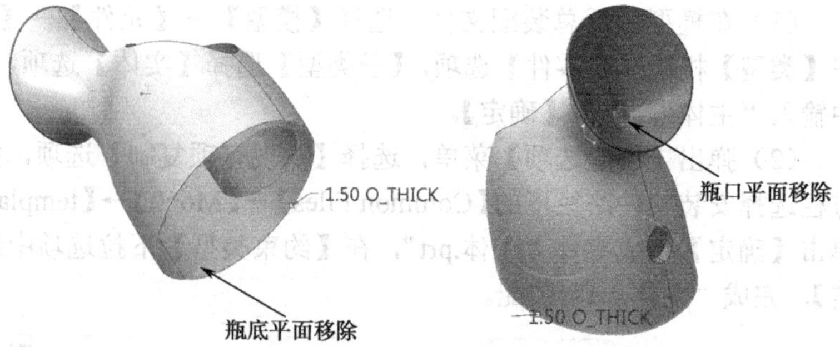

图 8-59　分型面建立

（3）参照步骤 3（3）（4）合并/实体化底座曲面，如图 8-61 所示，对实体化后的模型进行抽壳处理，厚度为 1.5。完成薄壳底座零件的创建，如图 8-62 所示。

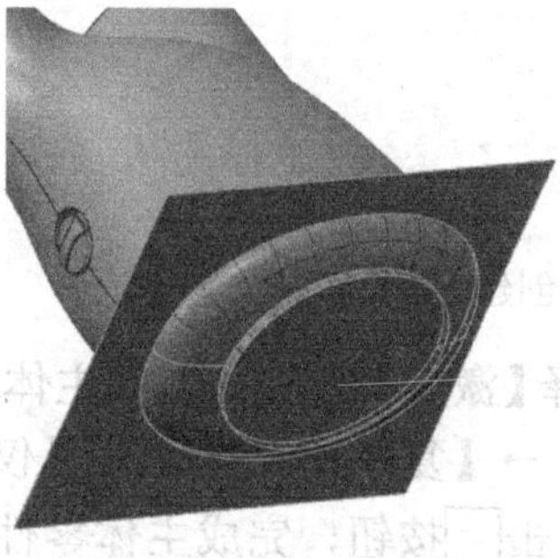

图 8-60　底座曲面复制几何

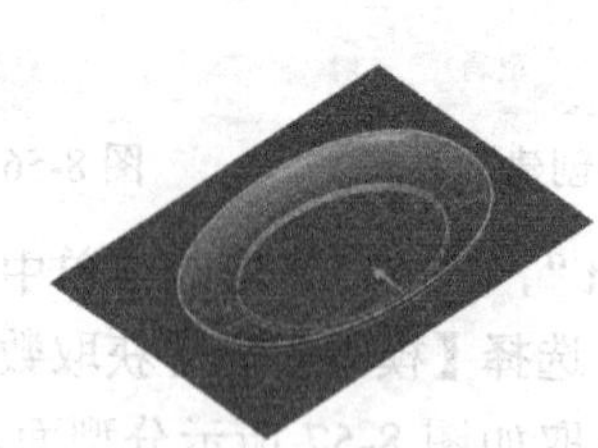

图 8-61　底座曲面合并/实体化

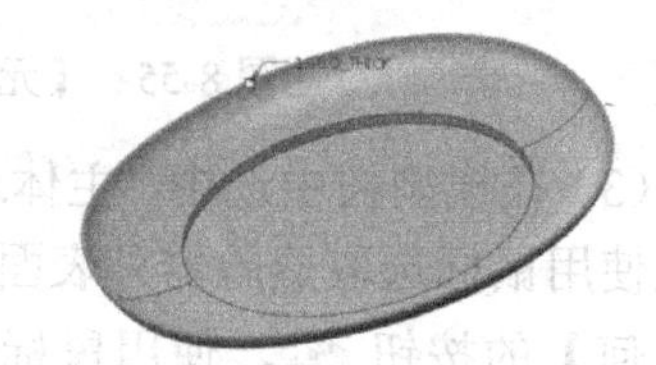

图 8-62　底座抽壳

步骤 5：盖子零件建立

（1）参照步骤 3（1）新建“盖子.prt”，选取【默认】约束，完成“盖子.prt”的装配。

（2）参照步骤 3（2）选取如图 8-63 所示的蒸脸器曲面；然后“拉伸 10”进行复制几何。点选主体曲面，单击【模型】→【编辑】模块中的按钮，再单击标准偏移按钮，在【偏移距离】输入框内输入需要偏移的距离 1.5。单击按钮，完成曲面的偏移，如图 8-64 所示。

（3）参照步骤 3（3）（4）合并曲面，如图 8-65 所示，实体化盖子相关曲面，如图 8-66 所示，完成盖子的建立。

（4）使用拉伸工具对盖子边缘部分进行拉伸切除，做出手部扣手位，如图 8-67 所示。

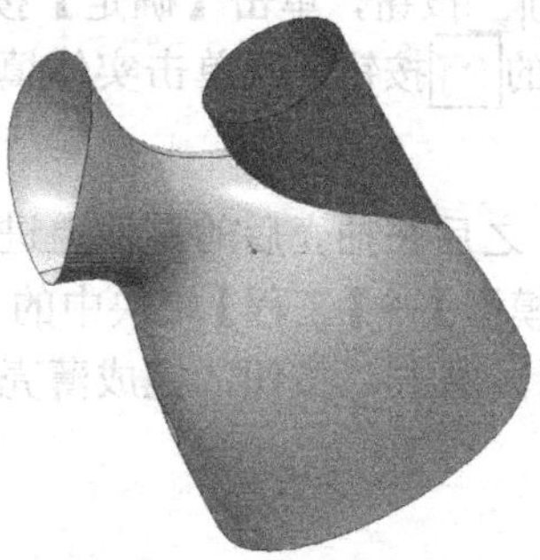

图 8-63　分型面建立

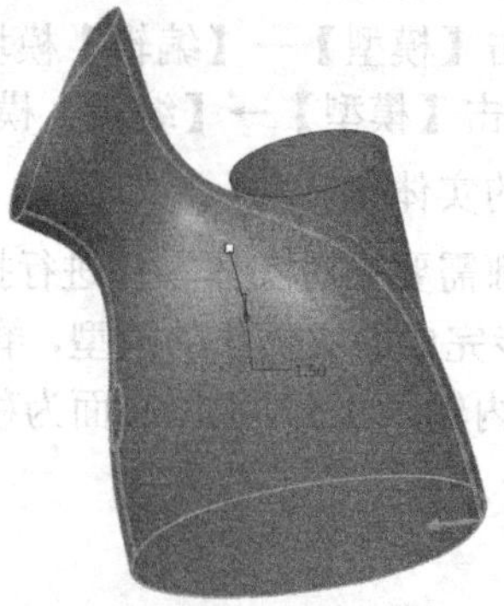

图 8-64　主体曲面偏移

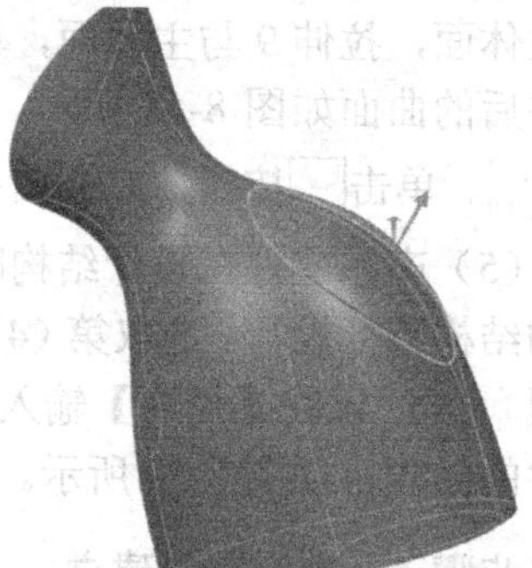

图 8-65　分型面建立

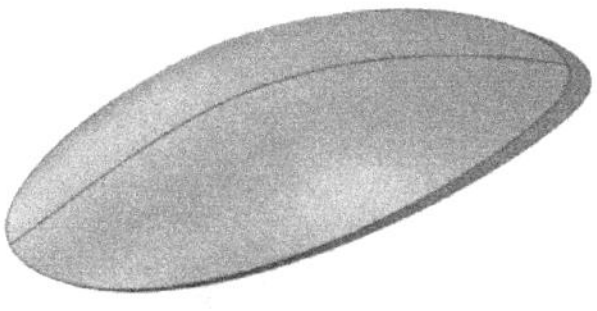

图 8-66　盖子曲面实体化

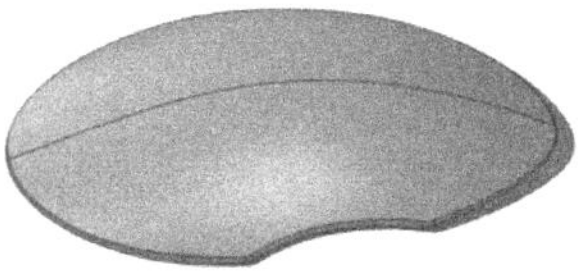

图 8-67　细节建立

步骤 6：按钮零件建立

（1）参照步骤 3（1）、（2）新建“按钮.prt”，选取【默认】约束，完成“按钮.prt”的装配。

（2）参照步骤 3（3）选取如图 8-68 所示的蒸脸器按钮表面，然后选取按钮背面曲面。

（3）参照步骤 3（4）合并按钮曲面和按钮背部曲面并实体化，对实体化后的模型进行抽壳处理，移除面为背面，厚度为 1.5。完成薄壳按钮零件的创建，如图 8-69 所示。

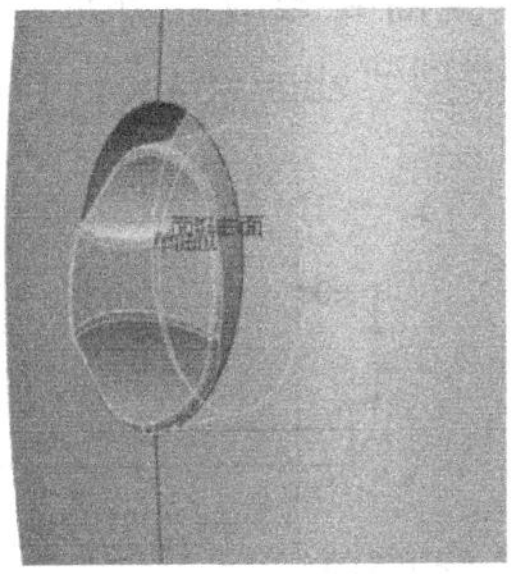

图 8-68　按钮相关曲面复制几何

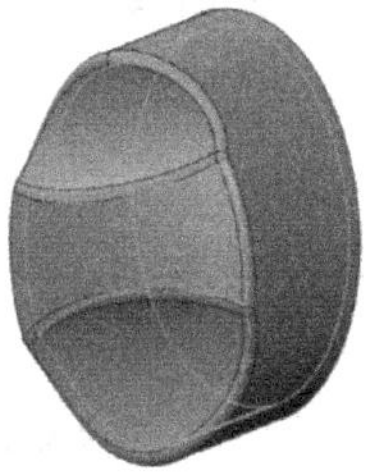

图 8-69　按钮实体化

步骤 7：喷嘴零件建立

（1）参照步骤 3（1）、（2）新建“喷嘴.prt”，选取【默认】约束，完成“喷嘴.prt”装配。

（2）参照步骤 3（3）选取如图 8-70 所示的蒸脸器喷嘴曲面，然后选取喷嘴分型面，如图 8-71 所示。

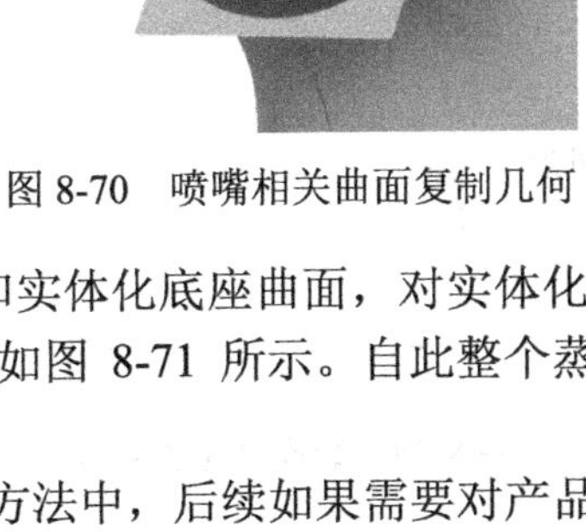

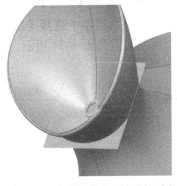

图 8-70　喷嘴相关曲面复制几何

（3）参照步骤 3（4）合并和实体化底座曲面，对实体化后的模型进行抽壳处理，厚度为 1.5，完成薄壳底座零件的创建，如图 8-71 所示。自此整个蒸脸器产品的装配设计完成，整体装配模型如图 8-72 所示。

在这种自顶向下的装配设计方法中，后续如果需要对产品外型进行修改，只需调整骨架模型的形态，然后更新组件内所有零件，被修改的形态信息就会传递到各个更新的零件中，从而完成产品的修改。而不必对每个零件进行修改，从而极大地减少工作量，提高了设计效率。

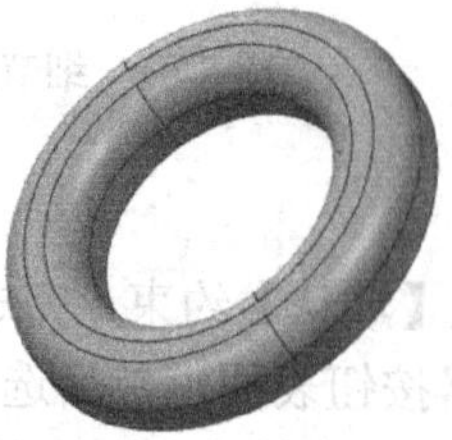

图 8-71 喷嘴实体化

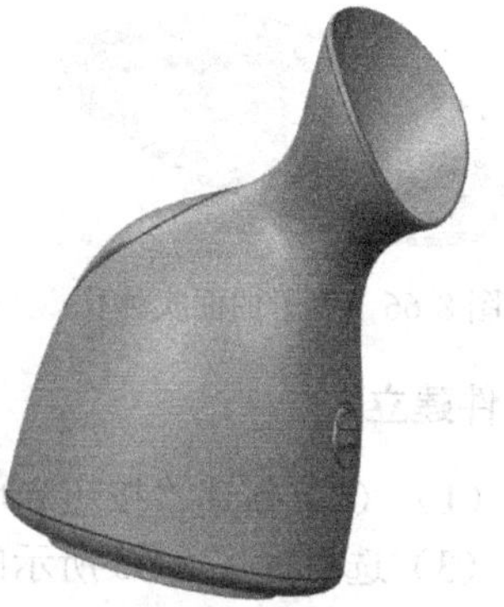

图 8-72 整体装配模型

（1）激活或打开骨架模型“zhenglianqi.prt”，找到需要修改的外形线草绘 4，将其框内尺寸改成如图 8-73 所示尺寸，单击【确定】，完成骨架模型“zhenglianqi.prt”的修改。

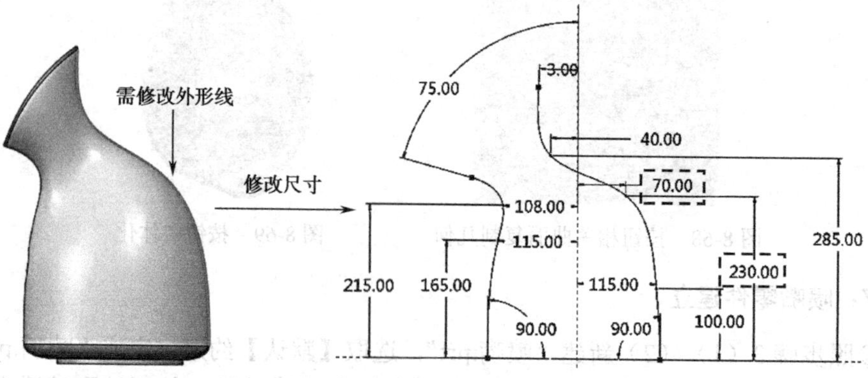

图 8-73 骨架模型外形线修改

（2）激活总装配文件“蒸脸器.asm”，单击【操作】→【重新生成】 按钮，或者在模型树中选择所有待更新的零件，右击在弹出的菜单中选择【重新生成】命令，则所有相关联零件的外形将跟随骨架模型的修改而更新，过程如图 8-74 所示。

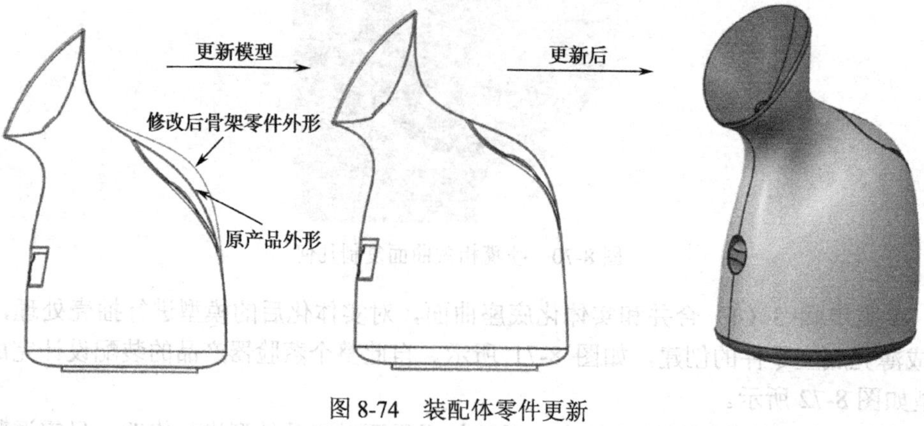

图 8-74 装配体零件更新

8.7　习题

习题 1

使用第 4 章习题文件，按照图 8-75 所示的平口钳装配图，将 1-8 号零件分别进行装配。

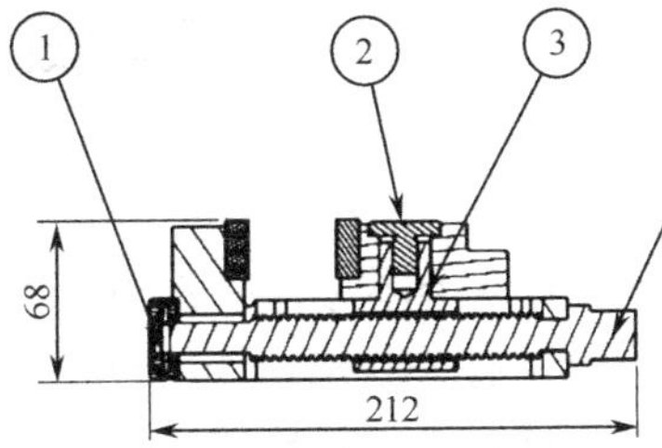

截面 A—A

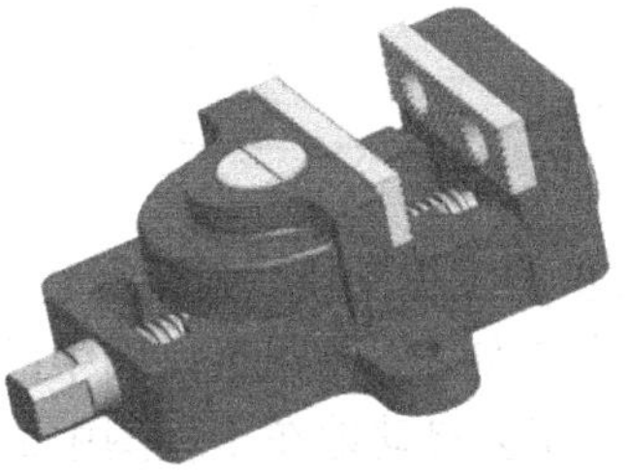

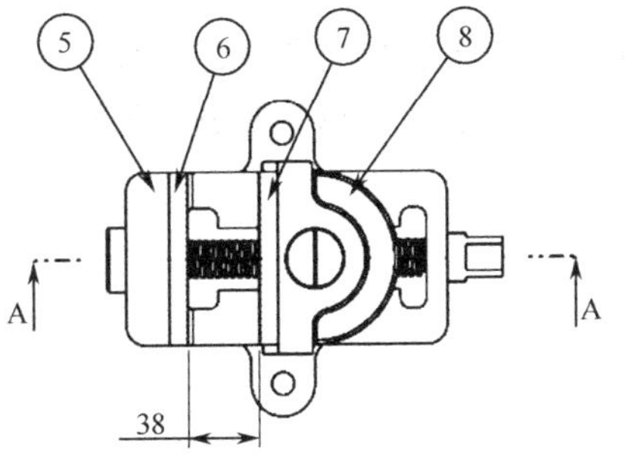

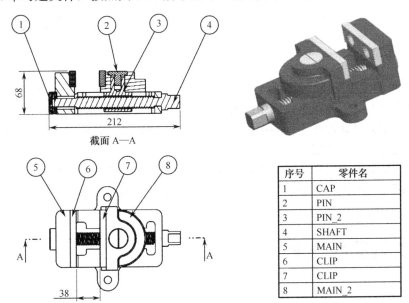

序号	零件名
1	CAP
2	PIN
3	PIN_2
4	SHAFT
5	MAIN
6	CLIP
7	CLIP
8	MAIN_2

图 8-75　平口钳装配图

习题 2

使用第 7 章综合范例 2 的剃须刀文件作为骨架文件，利用自顶向下的装配设计方法，按照图 8-76 所示的装配图，将骨架文件拆分成零件（抽壳厚度 1.5mm）并装配。

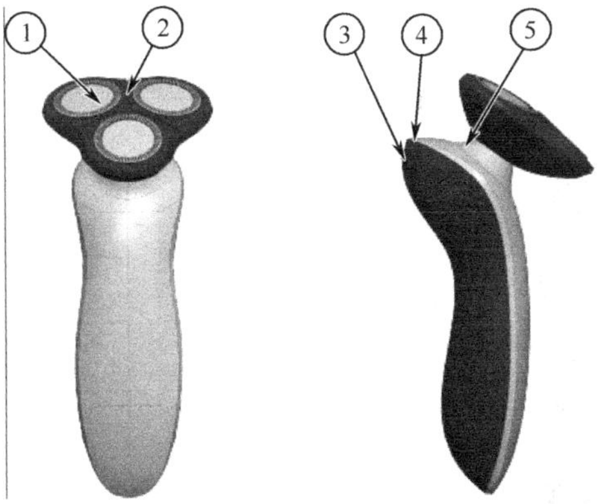

序号	零件名
1	SHAVE
2	HEAD
3	BACK
4	MIDDLE
5	FONRT

图 8-76　剃须刀装配图

第 9 章

工程图设计

Creo2.0 提供的工程图模块（在新建对话框中翻译为“绘图模块”），能方便地将三维模型转化为符合标准的二维工程图。工程图中的所有视图与模型有关联性，若用户在模型中修改了结构和尺寸，则系统会自动地在工程图中做相应的修改。同样，如果修改了某一工程图的尺寸，关联的三维模型也会相应改变。

为确保工程图能被识别和交流，工程图应符合一定的标准和规范。系统提供的工程图配置不能满足我国国家标准或企业标准的要求，通常还要根据实际需要进行工程图的设置、定义格式或模板等。

9.1 工程图的设置

9.1.1 新建工程图文件

新建工程图的具体步骤如下：

步骤 1：选择【文件】→【新建】命令，系统弹出如图 9-1 所示的新建对话框，在【类型】区域中点选【绘图】，指定名称，取消【使用缺省模板】，单击【确定】。

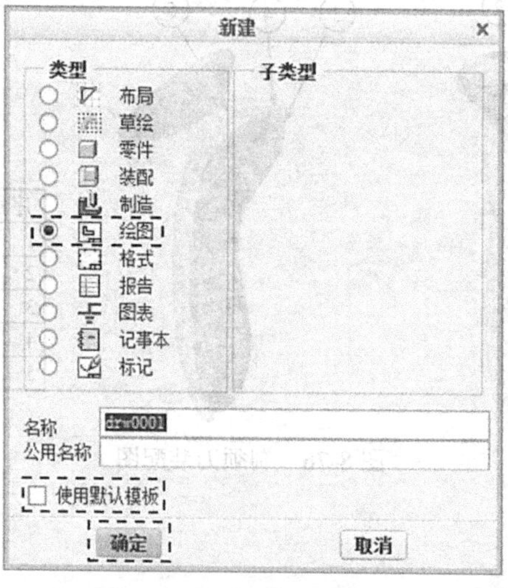

图 9-1 【新建】对话框

步骤 2：在弹出的【新建绘图】对话框中，单击【浏览】按钮，选择要创建工程图的模型。

【指定模板】区域有三个选项。

【使用模板】选项：将使用系统提供的或用户自定义的模板生成工程图；

【格式为空】选项：将指定系统提供的或用户自定义的格式文件生成工程图；

【空】选项：将选择图纸放置方向及幅面大小生成空白工程图。

例如，点选【空】选项，选择横向方向，图纸大小为 C，对话框如图 9-2 所示，单击【确定】进入工程图界面，如图 9-3 所示。

注意：如果在已经打开的模型文件中新建，系统会将此模型作为工程图的默认模型。

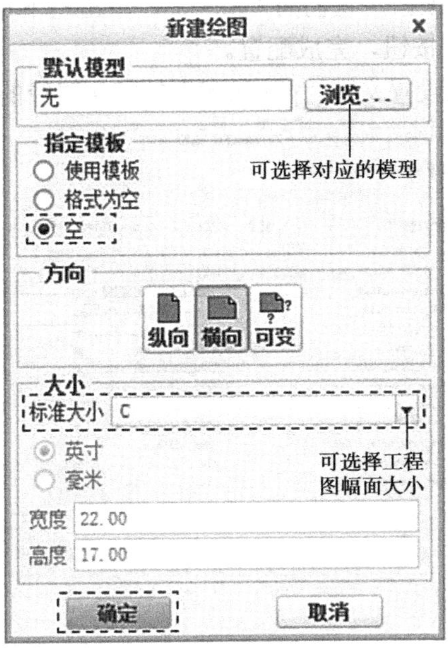

图 9-2　【新建绘图】对话框

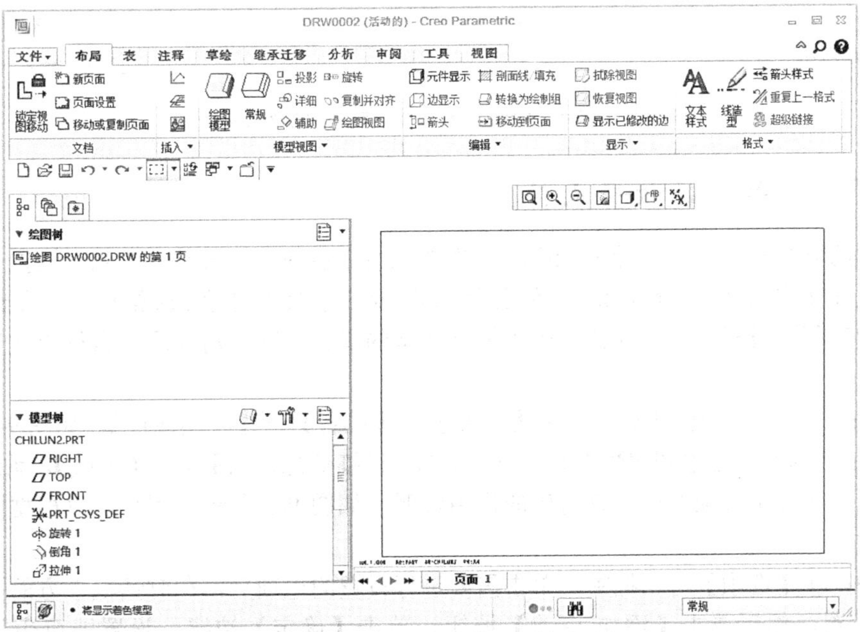

图 9-3　工程图界面

9.1.2 工程图的配置

Creo 系统的环境和界面等受 Config.pro 配置文件的控制，其中的部分选项会影响工程图的操作环境，如格式文件和模板文件的路径设定等，为方便设计管理，可以在工程图创建之前对相关选项进行配置。其步骤如下。

步骤 1： 单击【文件】→【选项】→【配置编辑器】，打开 Creo Parametric 选项对话框，如图 9-4 所示。

步骤 2： 根据需要对各选项指定它们的“值”后，单击左下角的【导出配置】，将配置文件存盘以便调用。单击【确定】按钮，完成配置。

图 9-4 所示为指定工程图设置文件“gbgct.dtl”的默认路径的步骤。

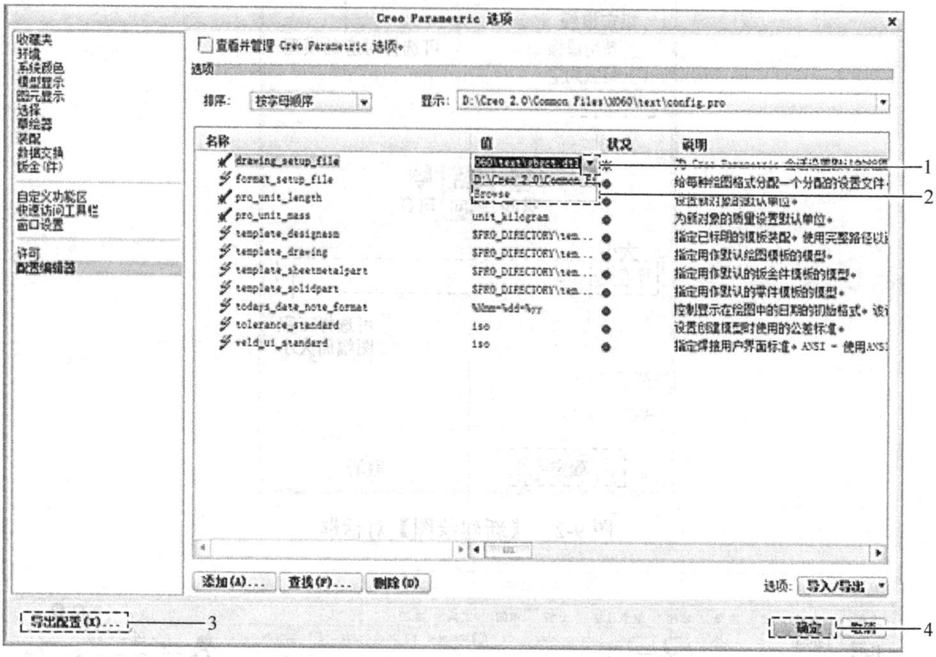

图 9-4 【Creo Parametric】选项对话框及设置步骤

9.1.3 工程图的设置文件

工程图的环境和格式不仅受 Config.pro 配置文件的控制，还要由“*.dtl”设置文件进一步确定诸如尺寸文本高度、文本位置、几何公差标准、箭头长度和宽度、表格样式等参数。Creo 系统中默认的工程图设置文件，部分内容不符合我国的国家标准，需要用户自行更改设置。其步骤如下：

步骤 1： 进入工程图模块后，单击【文件】→【准备】→【绘图属性】，如图 9-5 所示。

步骤 2： 系统弹出【绘图属性】对话框，单击【详细信息选项】中的【更改】，系统弹出【选项】对话框，在各个选项右侧，有对应的作用说明，如图 9-6 所示。用户可以根据国家标准改变对应参数。

步骤 3： 在【选项】对话框中，单击需要进行设置的选项后，在对话框下方的【值】中进行参数的设置，然后单击【添加/更改】按钮，单击【确定】按钮，设置即可生效。例如，图 9-6 所示是将箭头样式改为实心填充样式的步骤。

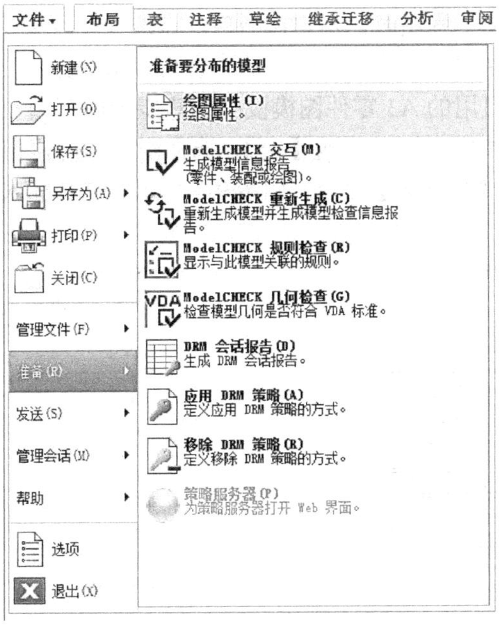

图 9-5　【绘图属性】命令的位置

步骤 4：完成所需的设置后，单击 按钮，将所做设置保存为名为“gbgct*.dtl”的文件，以便后续创建工程图时调用，按【确定】按钮完成设置。也可以在 Config.pro 配置文件中将其设定为默认的工程图设置文件，如图 9-4 所示。

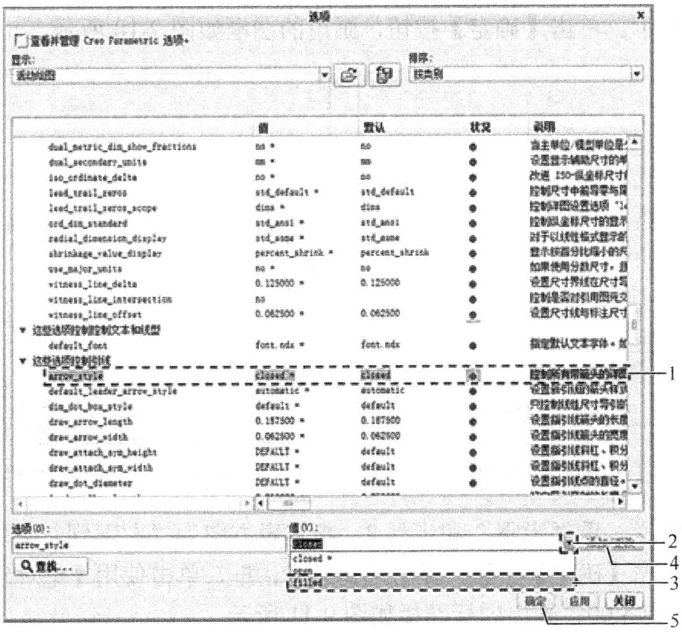

图 9-6　【选项】对话框及设置步骤

9.1.4　工程图模板

工程图模板的文件名为“*.drw”形式，是用作模板的工程图。使用模板创建工程图，相当于将模板工程图的视图布局与显示、注释、表格等内容复制到新的工程图中，可以减少重复工作，提高创建效率。在新建工程图时，指定模型后，点选【使用模板】，单击【浏览】，选择要使用的模板文件即可调用。注意：模板文件中的内容可以被修改。

符合国家标准的供练习用的 A3 零件图模板的创建步骤如下：

步骤 1：新建绘图文件“gba3”，点选【空】，选择横向方向，指定图纸大小为 A3。

步骤 2：单击【表】→【插入表】命令，如图 9-7 所示。打开插入表对话框，如图 9-8 所示。

图 9-7　插入表命令

图 9-8　【插入表】对话框

步骤 3：画图框。指定表方向为“右下到左上”，1 列 1 行，行高为 287，列宽为 390，单击【确定】按钮，弹出【选择点】对话框，单击使用【绝对坐标选择点】按钮，输入 X 为 415.00,Y 为 5.00，如图 9-9 所示。单击【确定】按钮，画出的图框如图 9-10 所示。

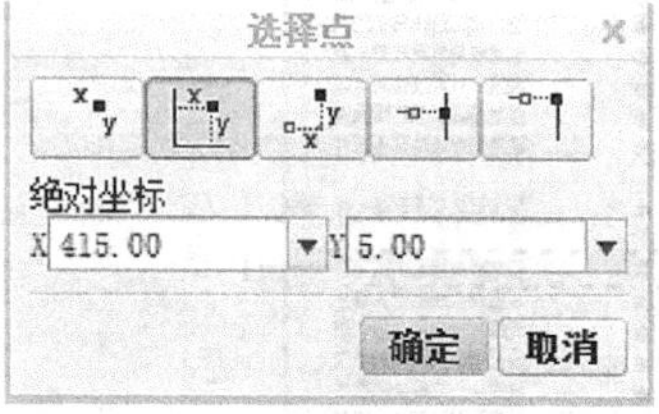

图 9-9　【选择点】对话框

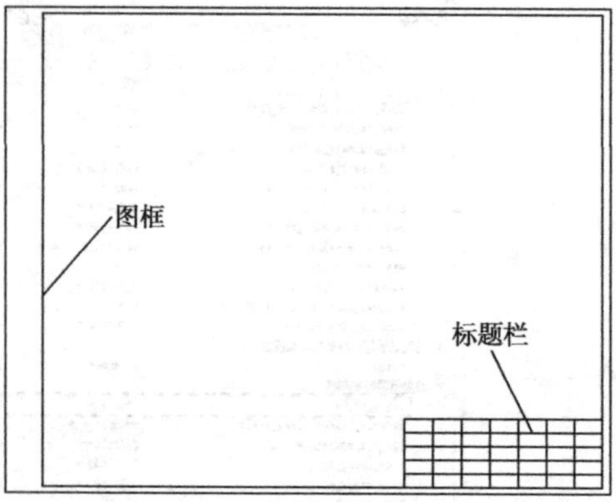

图 9-10　图框和标题栏

步骤 4：画标题栏。重复步骤 2 和步骤 3，指定表方向为“右下到左上”，7 列 5 行，行高为 8，列宽为 20，单击【确定】按钮，弹出选择点对话框，单击使用【绝对坐标选择点】按钮，输入 X 为 415.00,Y 为 5.00，画出的标题栏如图 9-11 所示。

步骤 5：合并单元格。单击【表】→【合并单元格】命令，选择需要合并的单元格，结果如图 9-11 所示。

步骤 6：填写注释文字。双击要填写注释文字的单元格，弹出【注释属性】对话框，输入文本，并设置文字样式，输入高度为 5，水平和竖直位置都选【中心】和【正中】，单击【确定】按钮，完成零件图的标题栏，结果如图 9-12 所示。

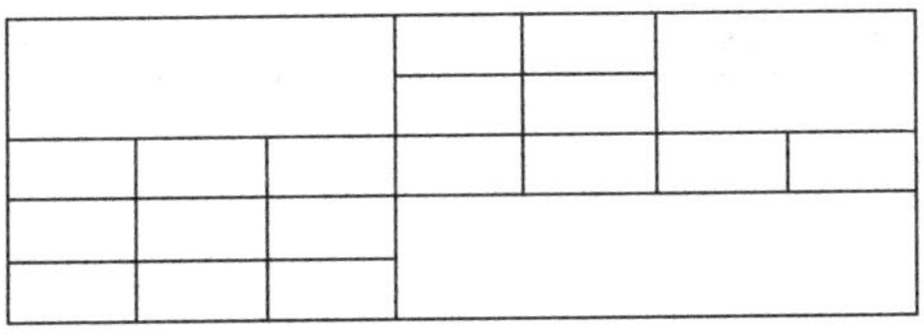

图 9-11　合并单元格

			比例			
			数量			
制图			重量		材料	
校对						
审核						

图 9-12　填写文字后的零件图标题栏

步骤 7：将创建好的模板文件存盘，以便调用。

创建零件图时，将自动生成标题栏。

9.2　创建工程图视图

在 Creo 的绘图模块中，可以建立基本视图、局部视图、剖视图、断面图等表达方法。完全描述一个模型所需要的所有视图都可以添加到工程图中。

9.2.1　创建基本视图

下面将以图 9-13 所示的底座零件 dizuo.prt 为例，说明工程图中基本视图的具体创建步骤。

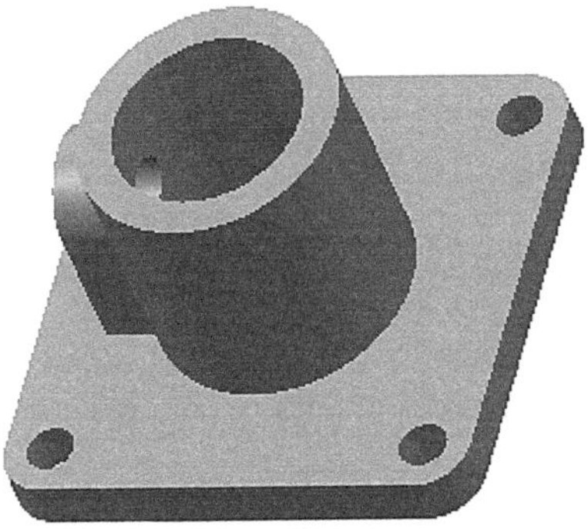

图 9-13　底座零件

步骤 1：新建工程图文件

（1）单击菜单栏中的【新建】命令，新建文件。在弹出的【新建】对话框的【类型】栏中选择【绘图】，在【名称】输入栏输入文件名“dizuo”，取消【使用默认模板】复选框，单击【确定】按钮。

（2）系统弹出【新建绘图】对话框中，在【默认模型】一栏中，系统会自动打开当前已打开的模型（若无已打开模型，则单击【浏览】，选择 dizuo.prt 模型）。在指定模板区域点选【使用模板】，在模板一栏中选择 gba4，如图 9-14 所示，单击【确定】按钮，进入工程图界面。

步骤 2：创建主视图

单击工具栏上的【模型视图】模块中的【常规】图标

，系统弹出如图 9-15 所示的【选择组合状态】对话框，单击【确定】。

在绘图区内适当位置单击左键，出现模型图像，系统同时弹出【绘图视图】对话框。如图 9-16 所示。在【视图方向】中，选择 FRONT，或者选择【几何参考】，并在绘图区内，通过选择对应的参考平面，来确定主视图的方向。单击【确定】，生成主视图，如图 9-17 所示。

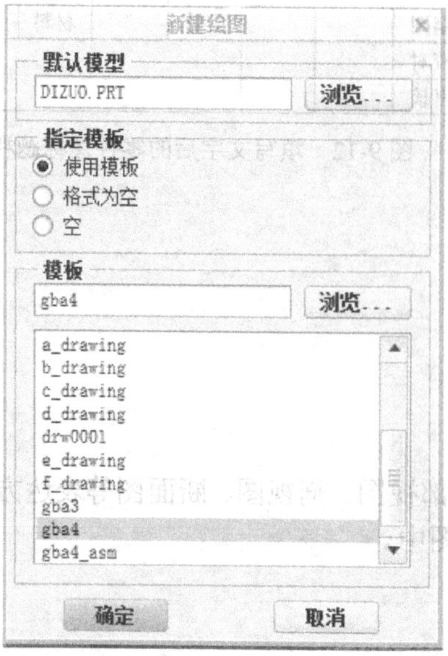

图 9-14 【新建绘图】对话框

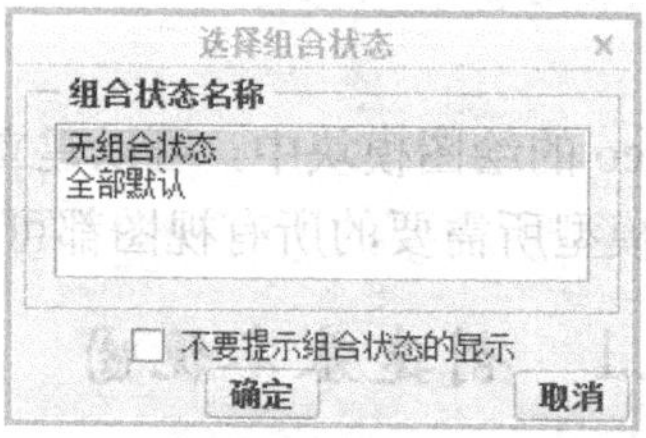

图 9-15 【选择组合状态】对话框

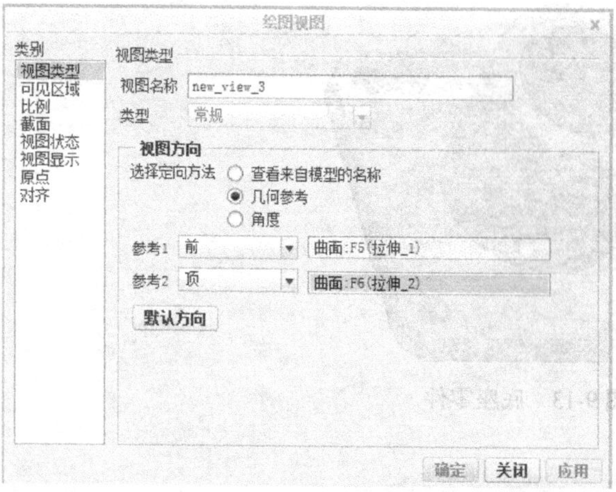

图 9-16 【绘图视图】对话框

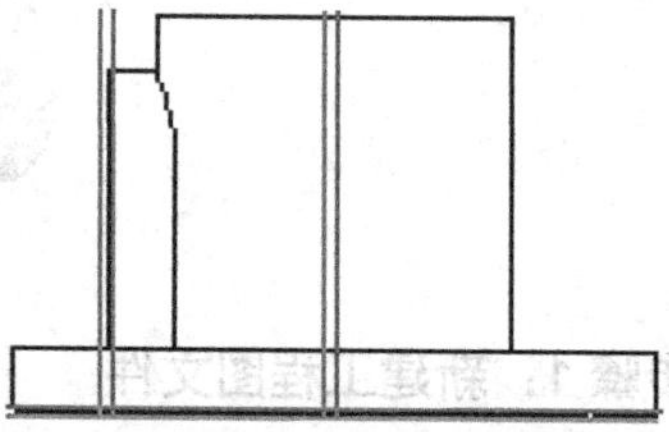

图 9-17 生成主视图

若主视图是渲染模式，可以单击【绘图视图】对话框的【视图显示】，将显示样式设置为【消隐】，将相切边显示样式设置为【无】。

系统会自动确定零件的比例。如果需要更改比例，可以单击【绘图视图】对话框的【比例】进行修改。

步骤 3：创建左视图和俯视图

在主视图为选中的状态下（出现绿色虚线框），单击功能区【模型视图】模块中的【投影】命令 投影，移动光标在主视图右侧适当位置单击，即生成左视图。如果将光标移至主视图下方单击，则生成俯视图，如图 9-18 所示。用同样方法可以创建其他投影视图。

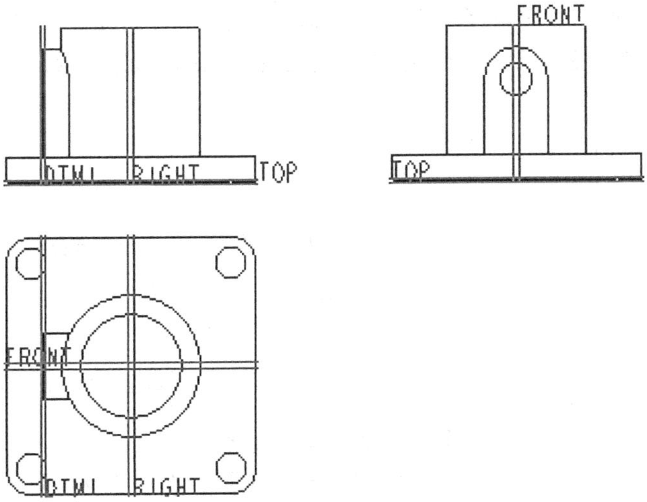

图 9-18　生成左视图和俯视图

9.2.2　创建单一截面的剖视图

剖视图是用来表达零件内部结构的常用表达方法，常用的单一截面的剖视图有全剖、半剖和局部剖视图。下面仍以底座零件为例，说明工程图中三种单一截面剖视图的具体创建步骤。

1．全剖视图

步骤 1：打开【绘图视图】对话框

双击主视图，系统弹出【绘图视图】对话框，如图 9-19 所示。在左侧【类别】栏中选择【截面】，点选【2D 横截面】，单击下方的加号 + ，单击【创建新】进行截面的设置。系统弹出【菜单管理器】，如图 9-20 所示，单击【完成】。在弹出的横截面名称栏中输入名称“A”，单击 ✓ 按钮。

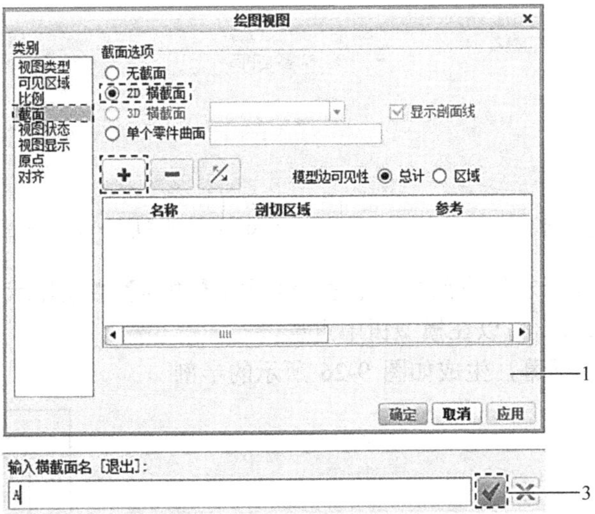

图 9-19　【绘图视图】对话框

图 9-20　【菜单管理器】

步骤 2：指定全剖截面

在弹出的菜单管理器中认可【平面】默认项，在俯视图中选择 FRONT 平面为截面。如图 9-21 所示。【绘图视图】对话框中会出现剖面信息，如图 9-22 所示，表明平面选择正确。

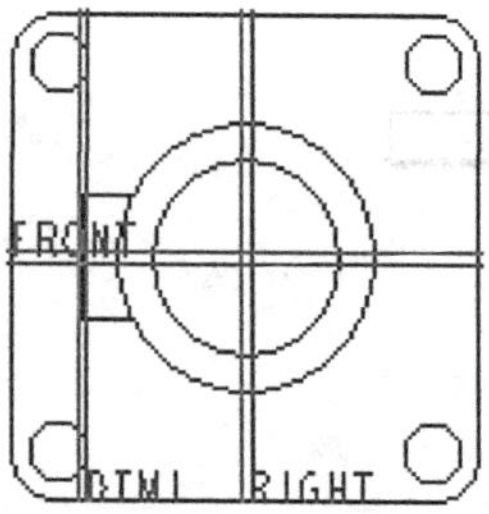

图 9-21　选取 FRONT 为截面

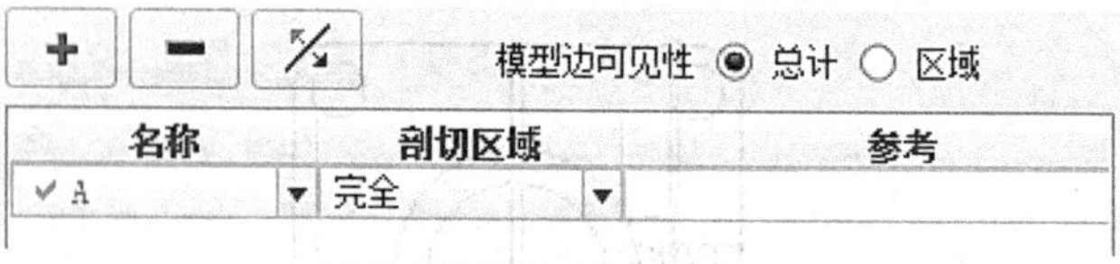

图 9-22　截面 A 前 出现对号

步骤 3：生成全剖视图

在【绘图视图】对话框中单击【应用】，生成如图 9-23 所示的全剖视图。单击【确定】，完成全剖视图创建。

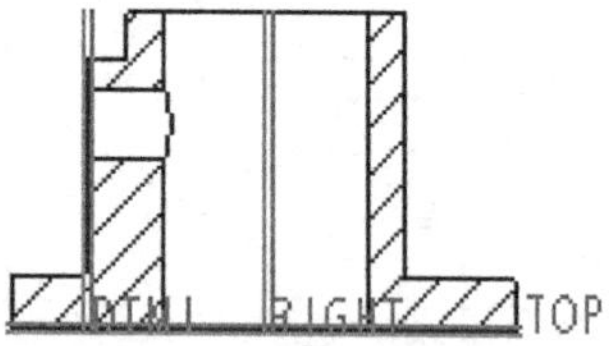

图 9-23　生成的全剖视图

2. 半剖视图

半剖视图一般用于结构对称的零件，既需要表达内部结构又要保留外形的情况。创建方法与全剖视图相似，不同在半剖视图还需指定外形与内形的分界平面所在位置。

步骤 1：打开【绘图视图】对话框

双击左视图，用与全剖视图相同的方法进入截面的设置，在弹出的横截面名称栏中输入名称“B”，单击✔按钮。

步骤 2：指定半剖截面和内外形分界参考平面

根据系统提示，在俯视图中选择 RIGHT 基准平面为截面。在【绘图视图】对话框的【剖切区域】选择【一半】，如图 9-24 所示。系统在【参考】栏内提示：选择平面，单击左视图的 FRONT 面作为内外形分界参考面，对话框中的剖面信息如图 9-25 所示。

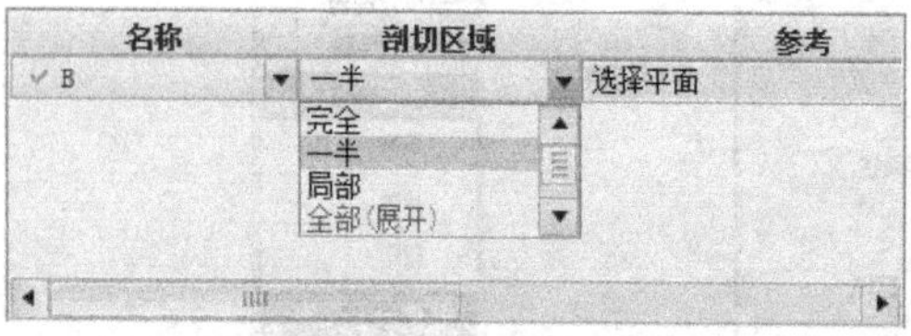

图 9-24　指定剖切区域为一半

图 9-25　对话框中的剖面信息

再单击 FRONT 平面右侧，表示右侧作剖视。此时，对话框【边界】栏里显示“已定义侧”。注意：如果图样上的平面不易选取，可以在模型树中点选。

步骤 3：单击【确定】，刷新屏幕，生成如图 9-26 所示的半剖视图。

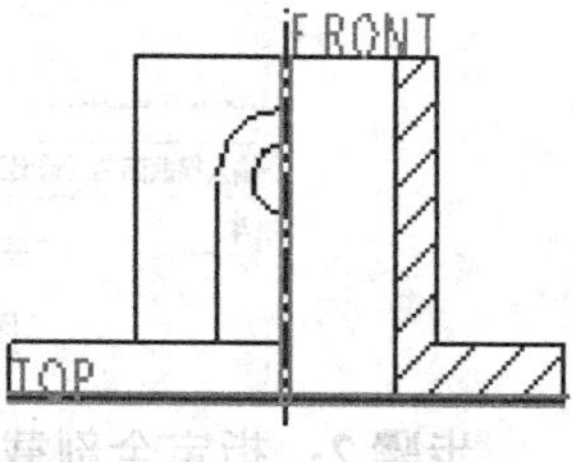

图 9-26　生成半剖视图

3. 局部剖视图

局部剖视图一般用于非对称图形，既需要表达内部结构又要保留局部外形的零件。下面将俯视图修改成局部剖视图。

步骤 1：创建局部剖切的截面

双击俯视图，打开【绘图视图】对话框，单击【截面】→【2D 截面】→ + →【创建新】，在弹出的【菜单管理器】中点选【偏移】、【双侧】、【单一】、【完成】，如图 9-27 所示。在弹出的横截面名称栏中输入名称“C”，单击✔。

系统进入模型界面，如图 9-28 所示，菜单管理器提示“设置草绘平面”，点选 FRONT 平面为草绘平面，在弹出的【菜单管理器】中单击【确定】→【默认】，进入草绘界面。点选凸台内孔的轴线为参考，画截面位置直线，如图 9-29 所示。单击✔按钮，退出草绘，回到工程图界面。

图 9-27　【菜单管理器】

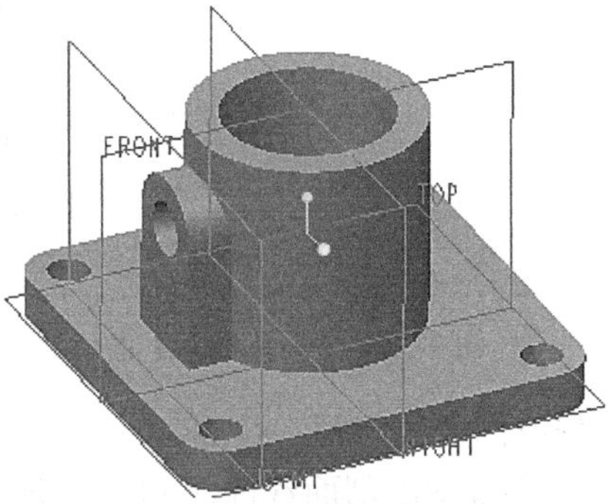

图 9-28　模型界面

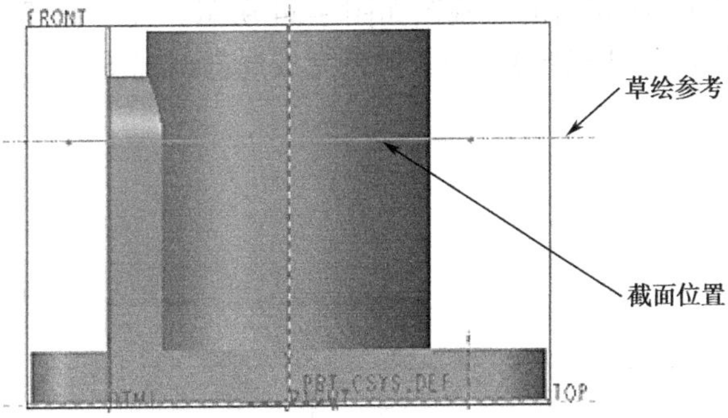

图 9-29　草绘参考线和截面位置线

步骤 2：指定剖切范围中心和边界

在【绘图视图】对话框的【剖切区域】栏内选择【局部】，如图 9-30 所示。系统在【参考】栏内提示“选择点”，在俯视图剖切范围内单击边线上任一点；系统在【边界】栏内提示“草绘线条”，用样条曲线圈出局部剖视的范围，如图 9-31 所示。

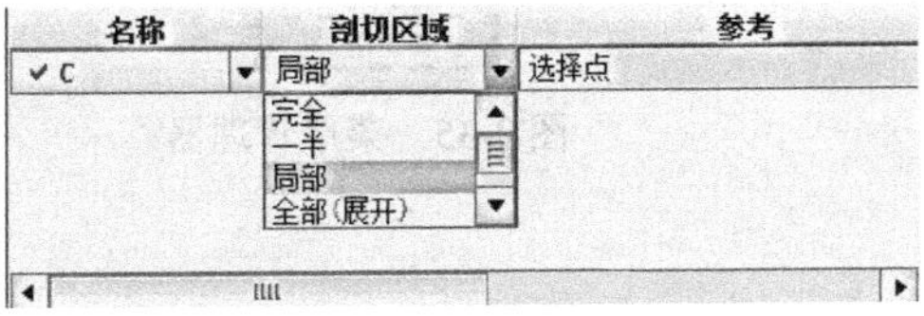

图 9-30　指定剖切区域为局部

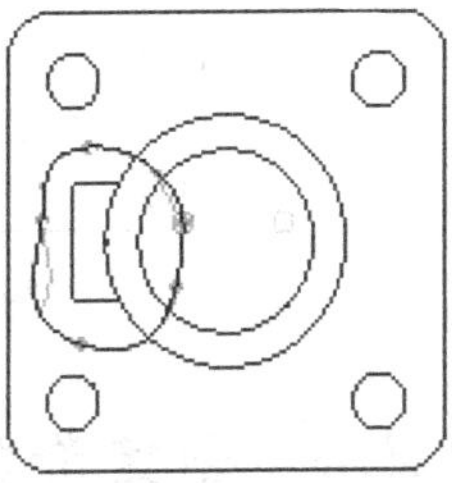

图 9-31　样条曲线绘制剖切范围

步骤 3：显示剖切符号

拉动对话框中的隐藏条，如图 9-32 所示。在【箭头显示】栏内单击左键，再单击主视图，单击【应用】，就会在主视图上显示剖切符号，结果如图 9-33 所示。

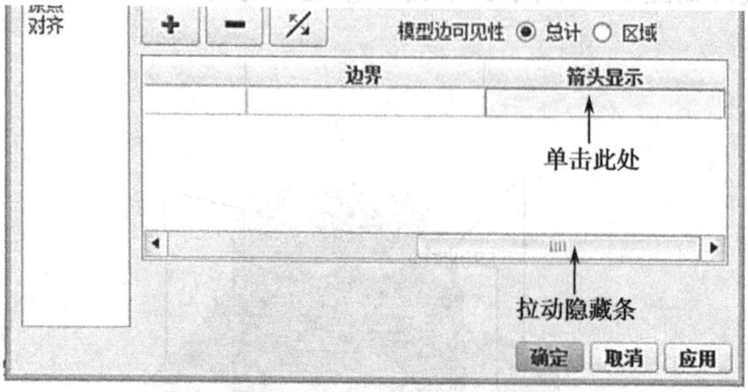

图 9-32 【箭头显示】的位置

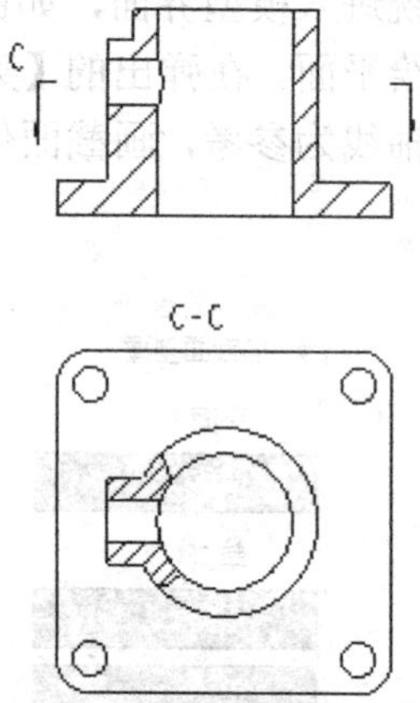

图 9-33 生成的局部视图

步骤 4：修改剖面线间距

同一张图中各视图的剖面线间距和方向要求一致，用户可以通过修改剖面线间距的值来达到要求。分别双击各视图的剖面线，在弹出的菜单管理器中选择【间距】、【值】，输入间距值为 3，单击✔，单击【完成】，剖切后的三视图如图 9-34 所示。菜单管理器如图 9-35 所示。

步骤 5：单击对话框中的【确定】，刷新屏幕完成局部剖视图。

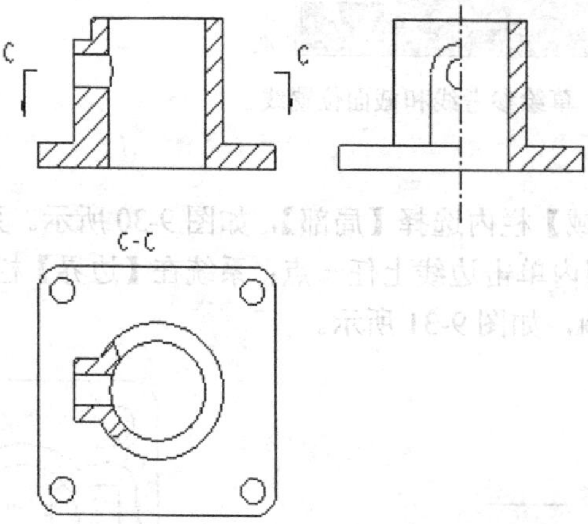

图 9-34 剖切后的三视图

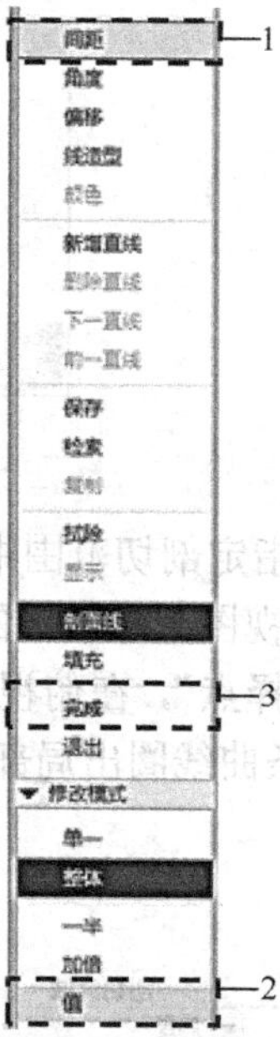

图 9-35 菜单管理器

9.2.3 创建阶梯剖视图

如图 9-18 所示，底座三视图中的主视图，也可以采用两平行剖切截面进行阶梯剖视。具体步骤如下。

步骤 1： 新建阶梯剖截面

双击主视图，打开【绘图视图】对话框，单击【截面】→【2D 截面】→ + →【创建新】，点选【偏移】、【双侧】、【单一】、【完成】。在横截面名称栏中输入 “D”，单击✔。

步骤 2： 草绘截面位置

进入模型界面，点选底面 TOP 平面为草绘平面，单击【确定】→【默认】，进入草绘界面。点选如图 9-36 所示的两个圆为参考，单击【草绘】模块中的 线工具，画图 9-36 中的截面位置的直线，单击✔，退出草绘，回到工程图界面。

步骤 3： 生成阶梯剖视图

在【绘图视图】对话框中，【剖切区域】栏内选择【完全】；【箭头显示】栏内单击左键，再单击主视图，单击【确定】。生成的阶梯剖视图如图 9-37 所示。

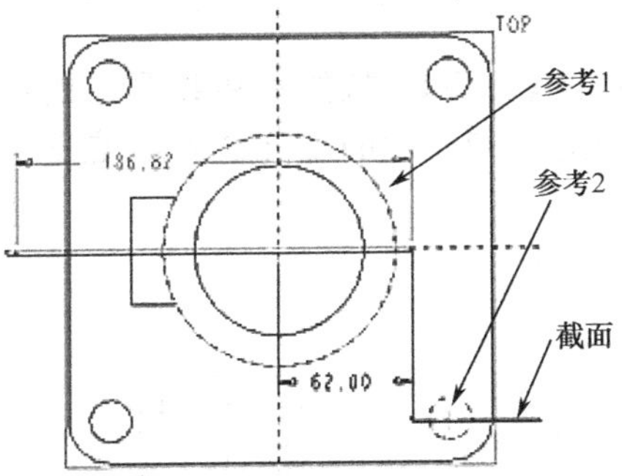

图 9-36 草绘截面位置线

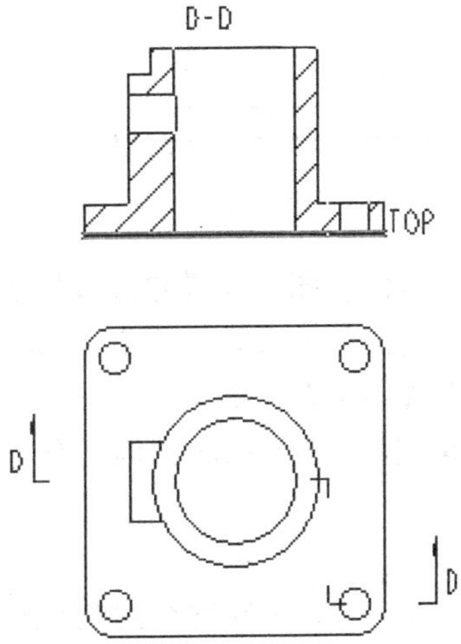

图 9-37 生成阶梯剖视图

9.2.4 创建旋转剖视图

如果采用两个相交于回转轴的组合截面进行剖切，即得到旋转剖视图。注意：在旋转剖视图中，各个视图均用常规视图的方法创建，不能用投影视图。具体步骤如下。

步骤 1： 用常规视图命令创建该底座零件的主视图，其他两视图暂时不创建。

步骤 2： 新建旋转剖截面

方法同阶梯剖视图的步骤 1，在横截面名称栏中输入 “E”，单击✔。

步骤 3： 草绘截面位置

进入模型界面，点选底面 TOP 平面为草绘平面，单击【确定】→【默认】，进入草绘界面。点选如图 9-38 所示的两个圆为参考，单击【草绘】模块中的 线工具，绘制如图 9-38 中所示的两相交的截面位置直线，单击✔，退出草绘，回到工程图界面。

步骤 4： 生成旋转剖视图

在【绘图视图】对话框中，【剖切区域】栏内选择【全部（对齐）】，如图 9-39 所示。点选大圆柱的回转轴（见图 9-40），单击【应用】，生成如图 9-41 所示的旋转剖视图。

步骤 5： 创建俯视图并与主视图对齐

（1）单击【常规视图】命令，按前述方法创建俯视图。

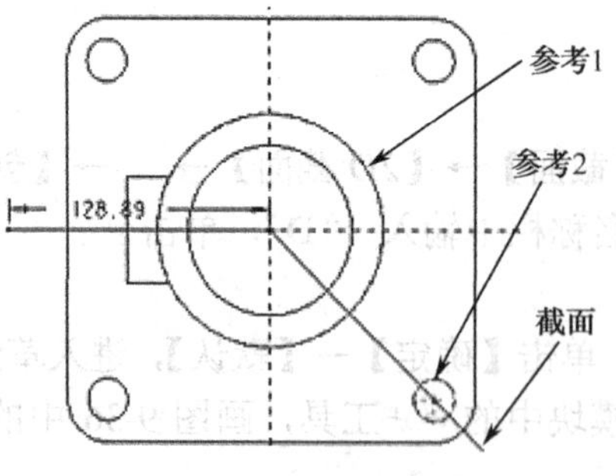

图 9-38 草绘截面位置线

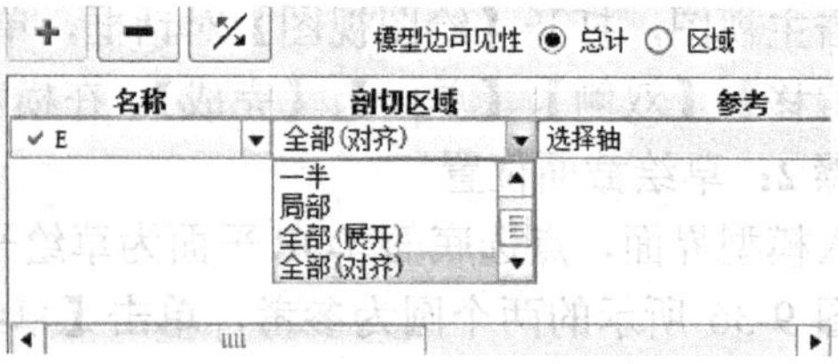

图 9-39 指定剖切区域为全部（对齐）

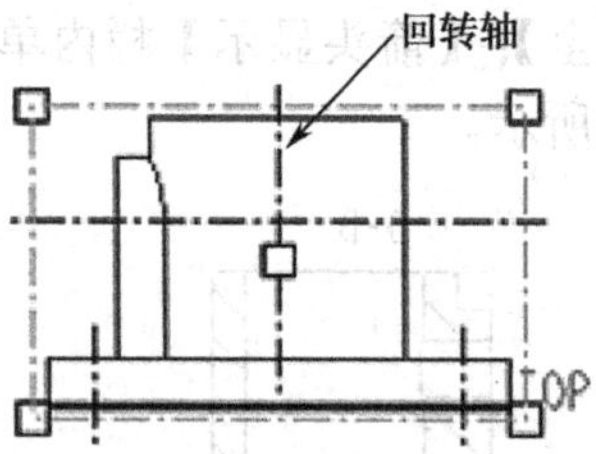

图 9-40 选择圆柱的回转轴

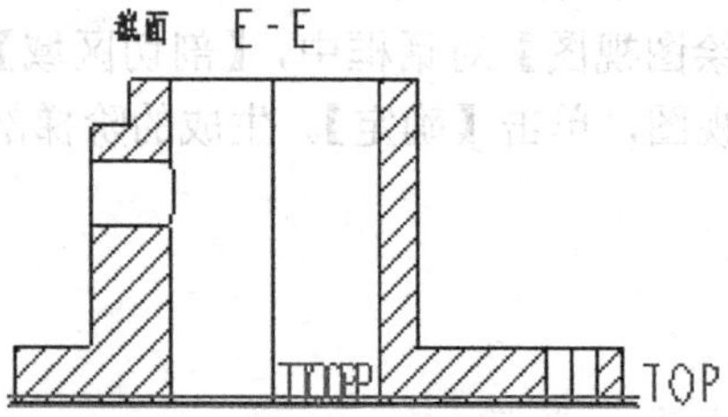

图 9-41 生成旋转剖视图

（2）双击俯视图，在【绘图视图】对话框中单击【对齐】，按如图 9-42 所示的步骤，点选主视图；点选上面的【自定义】，点选俯视图的最左边；点下面的【自定义】，点选主视图的最左边，单击【确定】完成对齐。

步骤 6： 按前述方法添加剖切符号，如图 9-43 所示。

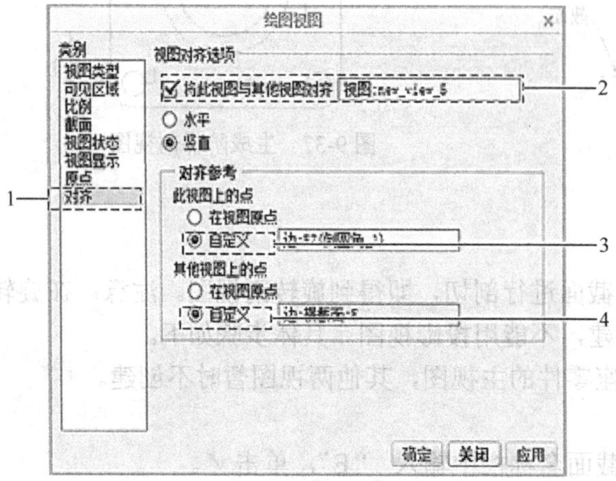

图 9-42 对齐操作步骤

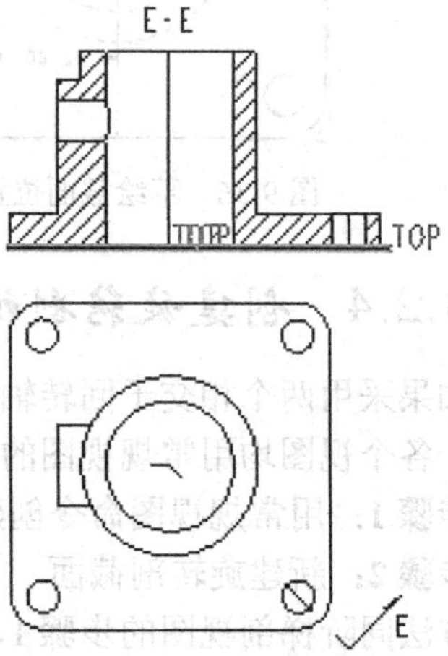

图 9-43 添加了剖切符号的俯视图

9.3 视图操作与修改

在创建完一般视图、投影视图等视图后，就需要对各个视图进行编辑，以方便用户的阅读习惯，也为后面更好地进行尺寸标注和文本注释做好准备。

9.3.1　移动视图

视图是否能够移动需要看功能区【文档】模块中的【锁定视图移动】，如图 9-44 所示。当图标变成灰色，表示所有的视图都已经被锁定，无法移动。单击图标，视图锁定解除，视图可以通过鼠标左键拖动视图进行移动。

该操作也可在选择视图后，右击，在快捷菜单中找到对应的选项，如图 9-45 所示。

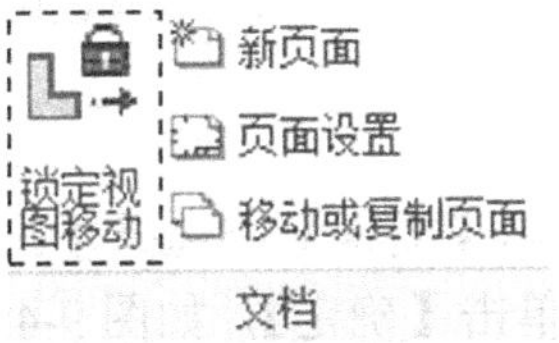

图 9-44　锁定视图移动命令的位置

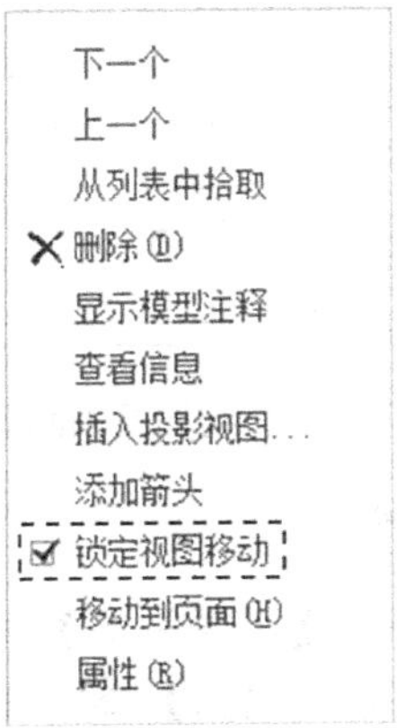

图 9-45　锁定视图移动命令的位置

移动视图需要注意几个内容：

（1）当绘图区内只有一个视图，视图的移动不会受到任何的限制；当绘图区内有投影视图时，父视图移动，子视图会严格按照投影关系同时移动。

（2）子视图的部分方向移动受限，如需移动，需移动对应的父视图。

（3）若需要解除父子视图的位置制约，可以双击视图，在【类别】栏中取消【将此视图与其他视图对齐】复选框，如图 9-46 所示。

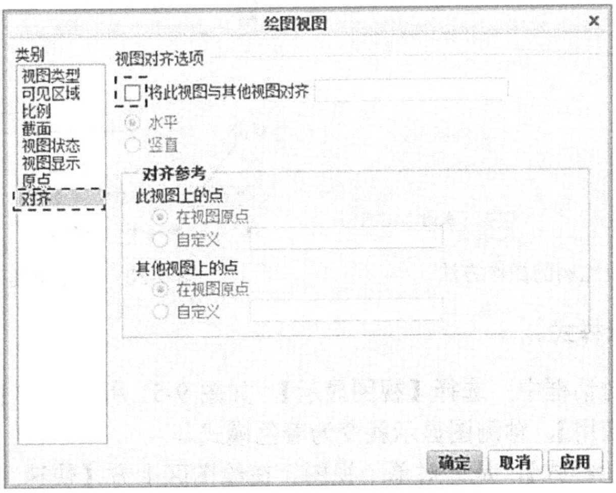

图 9-46　取消视图对齐关系的操作

9.3.2　修改视图

视图创建完成后，对于各个视图的显示类型、视图比例、视图可见区域等都可以进行修改。

如图 9-47 所示为底座三视图及轴测图，全图比例为 0.25，轴测图的显示样式是【消隐】、相切边默认为有，修改后的图形如图 9-48 所示。修改操作的具体方法说明如下。

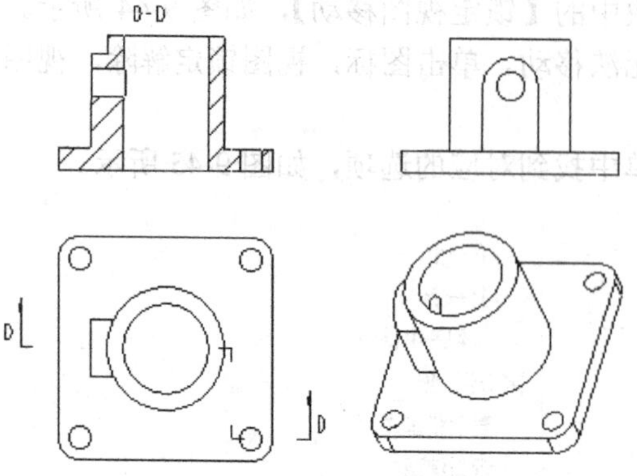

图 9-47 修改前底座三视图及轴测图

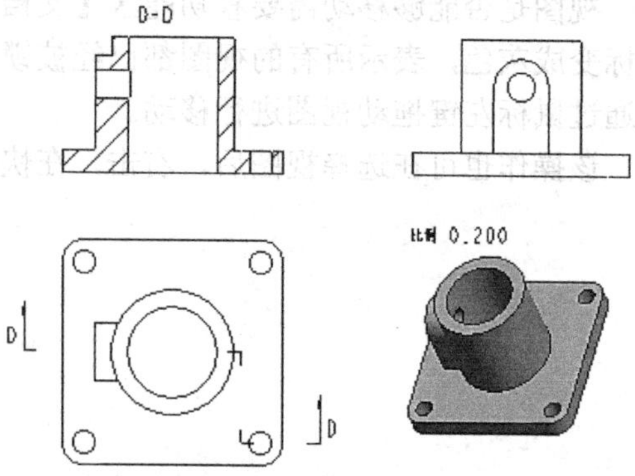

图 9-48 轴测图修改比例和视图显示后

步骤 1：修改比例。

双击轴测图，弹出【绘图视图】对话框。在左侧【类别】中选择【比例】，点选【比例和透视图选项】的【自定义比例】，输入比例为 0.2，单击【确定】，如图 9-49 所示。

备注：对于有父子关系的视图，要修改视图比例则需要选择父视图，其他子视图会随着父视图的修改而改变。双击界面左下角的比例可以修改全图比例，如图 9-50 所示。

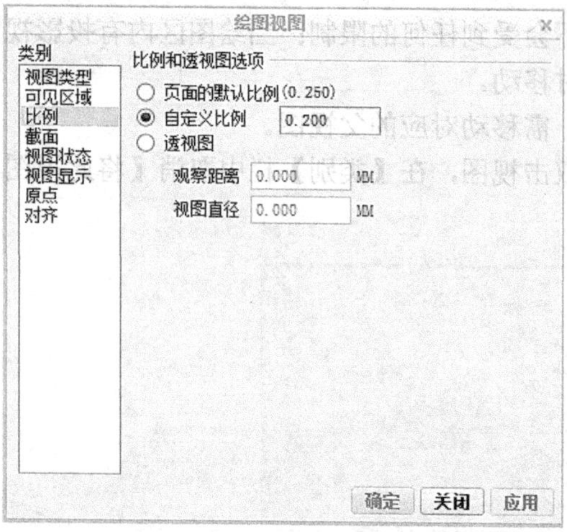

图 9-49 修改比例的操作方法

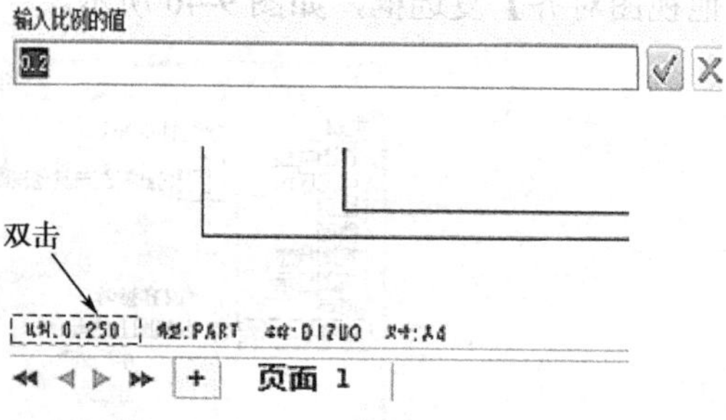

图 9-50 在左下角修改全图比例

步骤 2：修改显示样式。

在【绘图视图】对话框中，选择【视图显示】，如图 9-51 所示。在【显示样式】中可选择【带边着色】，单击【应用】，轴测图显示就变为着色模式。

在这里修改【显示样式】，是针对单个视图。在绘图区上方【快速工具栏】进行修改，则是对所有视图进行修改。【显示样式】中的【从动环境】选项就是指随着【快速工具栏】中的显示样式。

轴测图的比例和显示样式修改后的图形如图 9-48 所示。

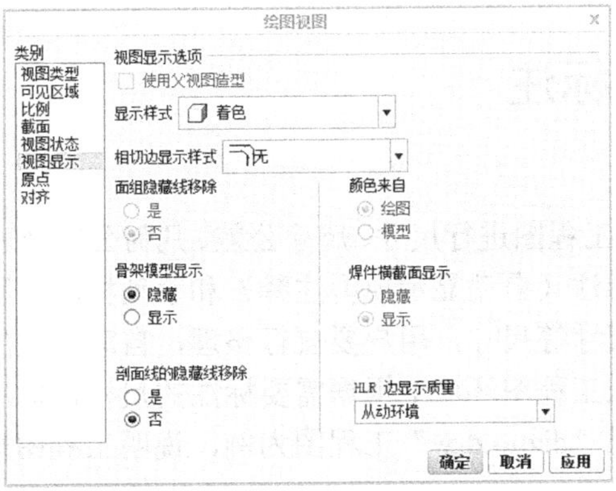

图 9-51　显示样式的修改方法

此外，对于装配图，还可以在工程图中用分解视图将各个零件之间的装配关系立体地表达出来。如图 9-52 所示的齿轮油泵，双击轴测图，弹出【绘图视图】对话框。在对话框中选择【视图状态】一栏，勾选【视图中的分解元件】，如图 9-53 所示。单击【应用】，完成如图 9-54 所示显示效果。

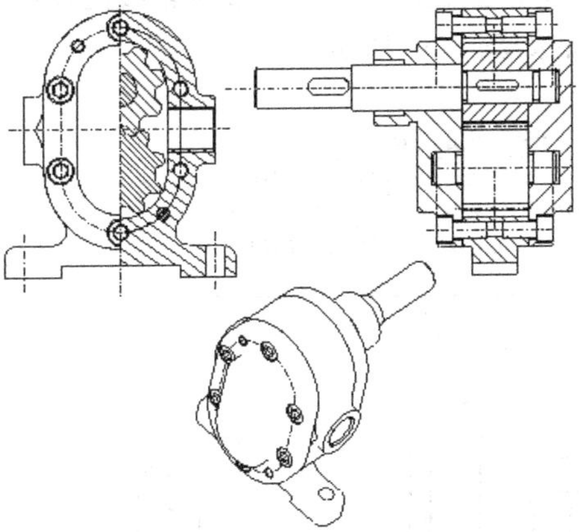

图 9-52　轴测图为不分解状态

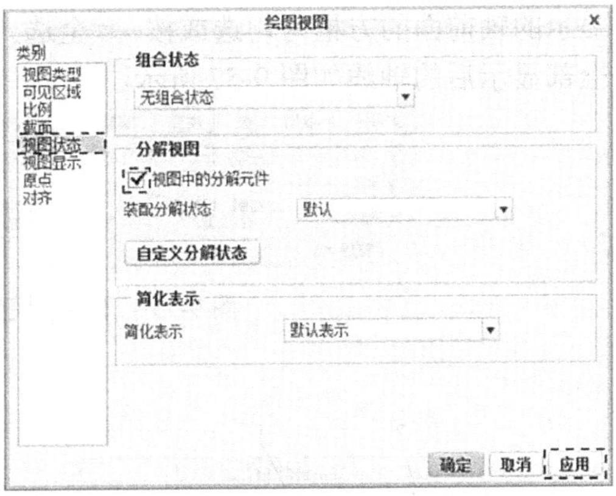

图 9-53　视图状态的修改方法

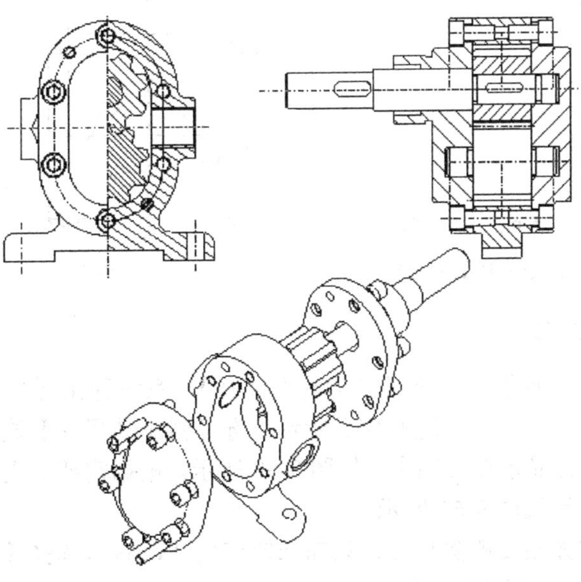

图 9-54　轴测图为分解状态

9.4 工程图的标注

视图创建完后，需要对工程图进行尺寸、尺寸公差、几何公差及表面粗糙度的标注。Creo 2.0 的尺寸标注方法包括自动标注（自动显示模型注释）和手动标注两种类型。自动标注尺寸是在视图中显示建模时的驱动尺寸等尺寸，用户要自行整理，自动标注的尺寸有时不是用户需要的尺寸。手动标注的尺寸是在工程图环境中根据需要标注的尺寸，标注方法与第 2 章二维绘图的尺寸标注方法类似。下面以“dizuo.drw”工程图为例，说明工程图标注的具体步骤。

9.4.1 自动显示模型注释

步骤 1：显示轴线

单击【注释】→【注释】模块→【显示模型注释】，如图 9-55 所示。系统弹出【显示模型注释】对话框，单击【显示模型基准】按钮，点选【轴】选项，单击要显示轴线的视图，在需要显示的轴前面的方框内勾选或按 全选。对话框如图 9-56 所示。

全部显示后的轴线如图 9-57 所示。

图 9-55 【显示模型注释】命令的位置

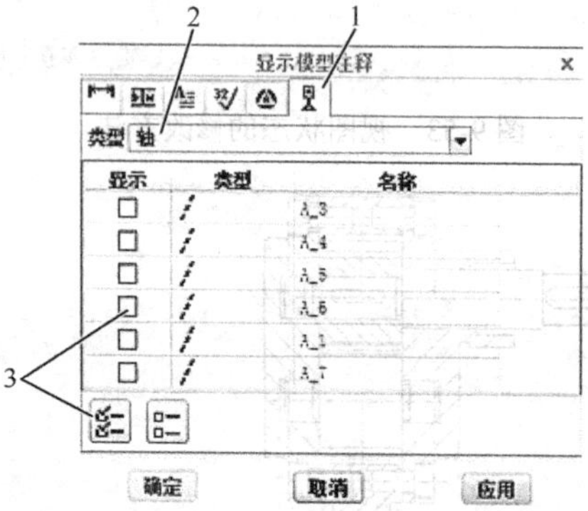

图 9-56 【显示模型注释】对话框

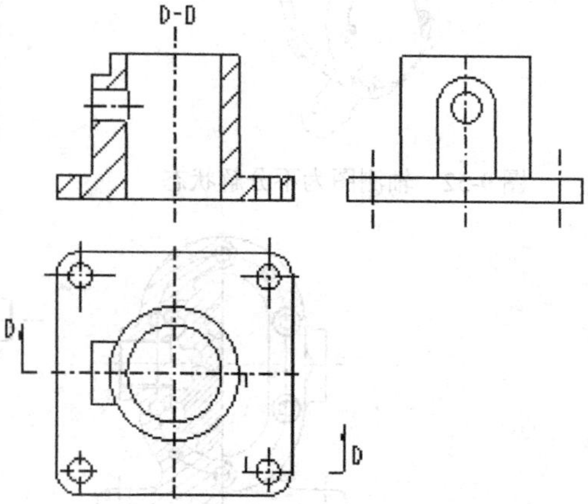

图 9-57 显示轴线

步骤 2：显示驱动尺寸

单击【注释】→【注释】模块→【显示模型注释】，系统弹出【显示模型注释】对话框，单击【显示模型尺寸】按钮，如图 9-58 所示点选【强驱动尺寸】选项。单击要显示尺寸的特征，特征的相关尺寸会显示在视图上，如图 9-59 所示。根据需要点选尺寸。对话框如图 9-60 所示。选择后的尺寸显示如图 9-61 所示。

注意：标注过程中如果要删除尺寸，只需选定该尺寸，右击选择【删除】即可；或选定需要删除的尺寸，按 Delete 键删除。

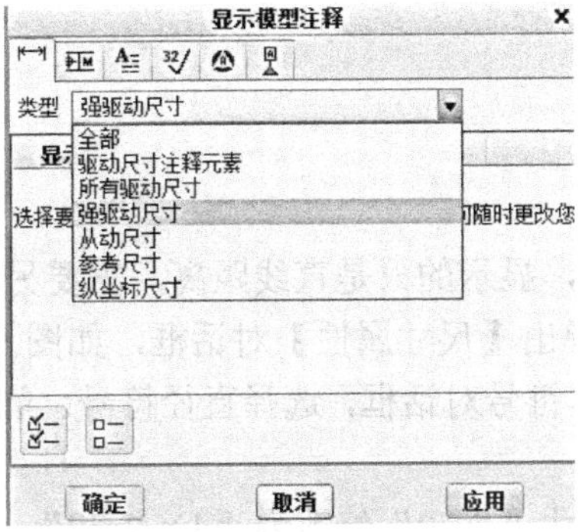

图 9-58　选择强驱动尺寸

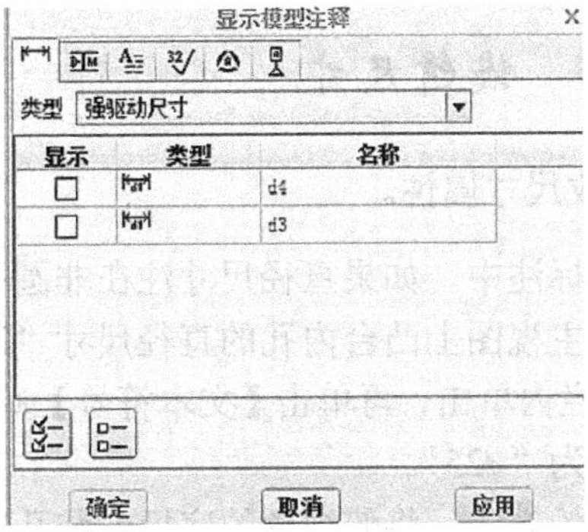

图 9-59　对话框中显示的尺寸

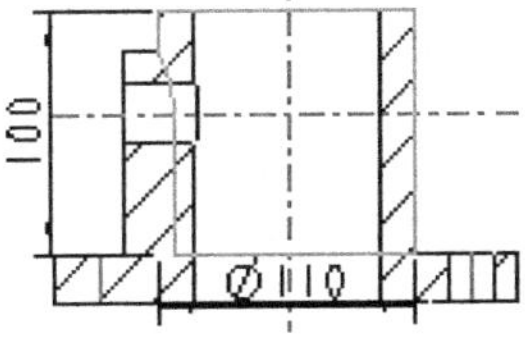

图 9-60　视图上显示的尺寸

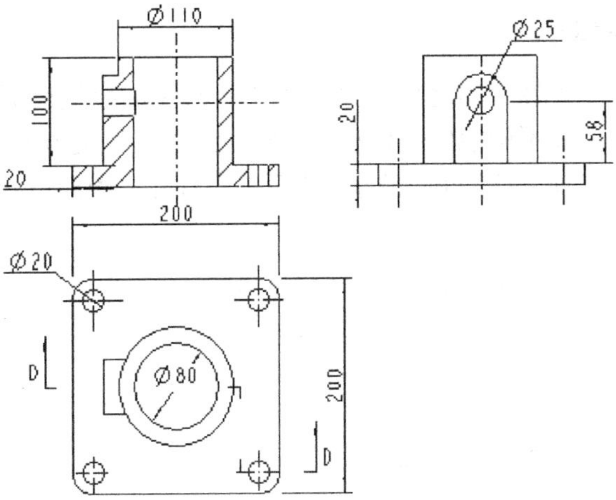

图 9-61　选择的强驱动尺寸

9.4.2 手动标注尺寸

单击【注释】→【注释】模块→尺寸按钮，按第 2 章所述方法标注所需的尺寸。添加手动标注后的尺寸如图 9-62 所示。

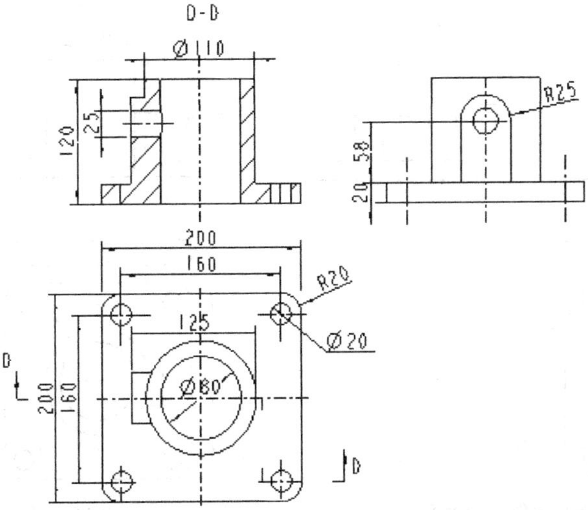

图 9-62　手动标注尺寸

9.4.3 编辑尺寸

1. 修改尺寸属性。

在手动标注中，如果直径尺寸注在非圆视图上，显示的只是直线距离，需要另外加上直径符号。双击主视图上凸台内孔的直径尺寸“25”，弹出【尺寸属性】对话框，如图 9-63 所示。在【前缀】栏内单击，再单击【文本符号】弹出文本符号对话框，选择直径符号。单击【确定】，将尺寸修改为“ϕ25”。

用类似的方法，将俯视图的底板安装孔直径尺寸“Φ20”修改为“4×Φ20”，单击【反向箭头】，修改后的尺寸标注如图 9-64 所示。

2. 移动尺寸。

在同一视图中移动尺寸时，单击尺寸使该尺寸变为绿色，然后按左键的同时拖动尺寸到适当的位置；在不同视图中移动尺寸时，选中尺寸使该尺寸变为绿色后，右击在弹出的快捷菜单中选择【将项目移动到视图】，然后单击目标视图即可。移动结果如图 9-65 所示。

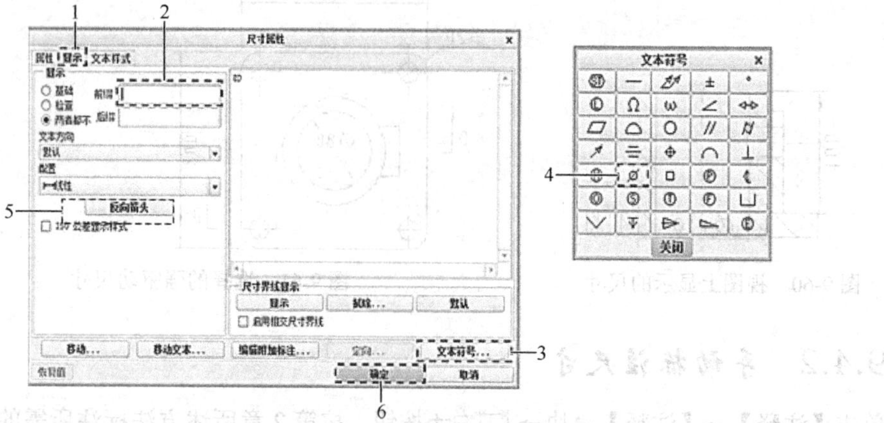

图 9-63 添加直径符号的方法

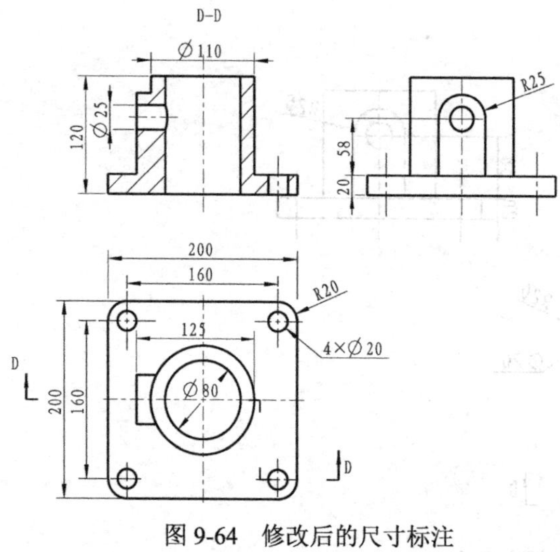

图 9-64 修改后的尺寸标注

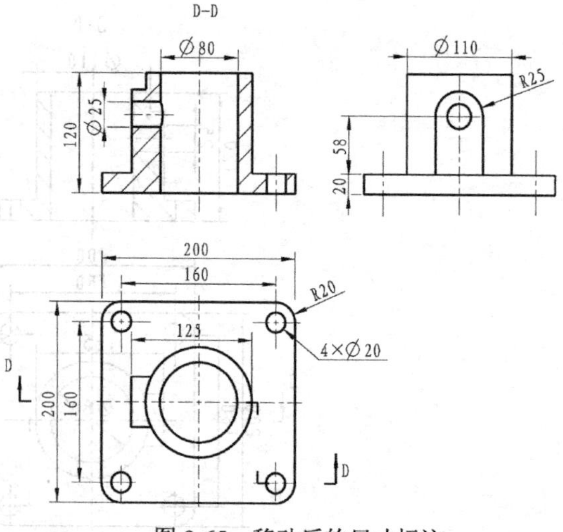

图 9-65 移动后的尺寸标注

9.4.4　标注尺寸公差

对于有配合要求的零件，需要进行尺寸公差的标注。在标注尺寸公差之前，需要按 9.1.3 节所述方法，将工程图设置文件中【准备】→【绘图属性】的【tol_display】的值设定为【yes】，否则系统会默认为“公称”模式，不会显示尺寸公差。

标注操作说明如下。

双击待标注公差的尺寸，打开【尺寸属性】对话框，如图 9-66 所示，Creo 2.0【尺寸属性】对话框中提供了 5 种公差模式，含义如下：

- 公称：系统默认模式，只显示公称值。
- 限制：指定上限尺寸和下限尺寸的值。
- 正-负：在【上公差】和【下公差】栏中指定上偏差和下偏差的值，如图 9-67 所示。
- -对称：使用绝对值相等的上下偏差。
- -对称（上标）：使用绝对值相等的上下偏差，偏差以上标格式显示。

各种公差模式的标注效果如图 9-68 所示。用户根据具体的需要进行选择。

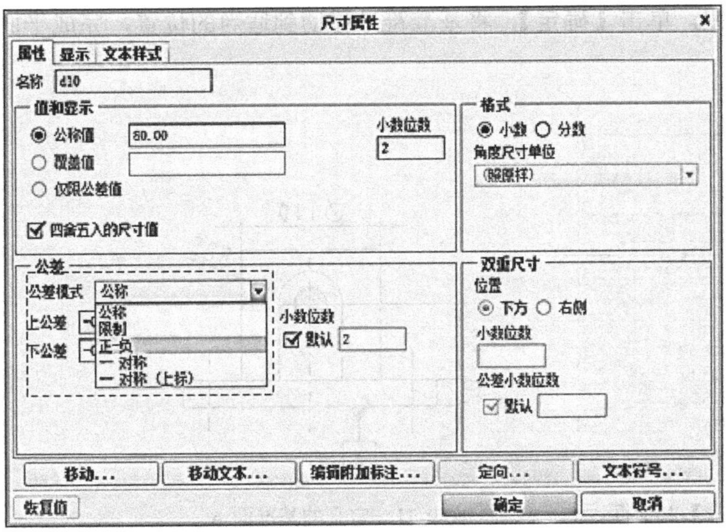

图 9-66　对话框中的五种尺寸公差模式

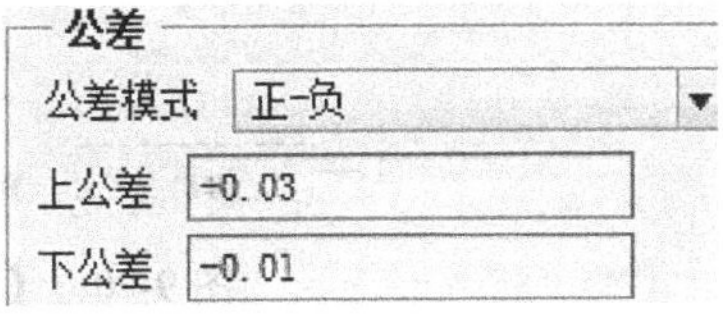

图 9-67　指定偏差值

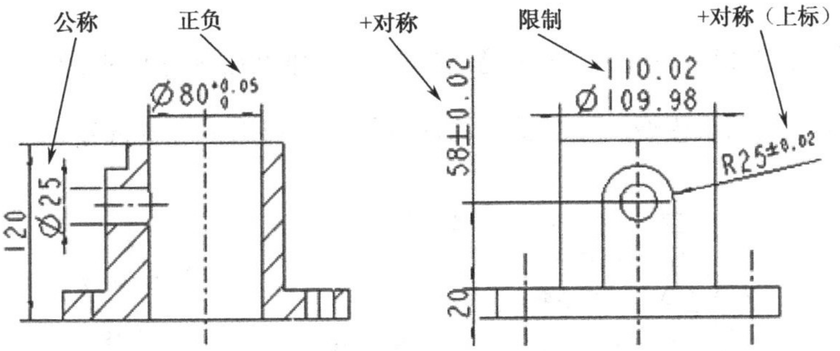

图 9-68　五种公差模式的标注效果

9.4.5　标注几何公差

几何公差又称形位公差，用于控制零件的形状和位置等要素的允许变动的范围。标注的具体步骤仍以“dizuo.drw”工程图为例说明。

步骤 1：定义公差基准

公差基准有平面基准和轴基准两种形式，本例使用平面基准，轴基准的定义方法见范例 9-1 的步骤 5。

（1）单击【注释】→【注释】模块→【模型基准】下拉选项的 模型基准平面按钮，如图 9-69 所示，系统弹出图【基准】对话框，如图 9-70 所示

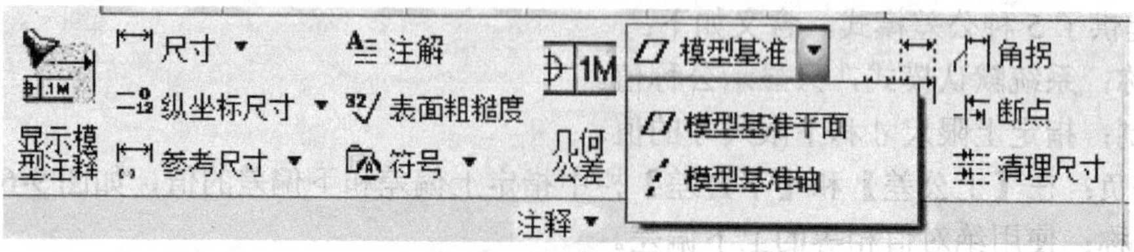

图 9-69 【模型基准平面】命令的位置

（2）指定基准名称，单击【定义】→【在曲面上】，单击左视图的底面。

（3）单击【显示】→ 按钮，单击【确定】，将基准符号移动到适当的位置，完成平面基准 A 的创建，如图 9-71 所示。

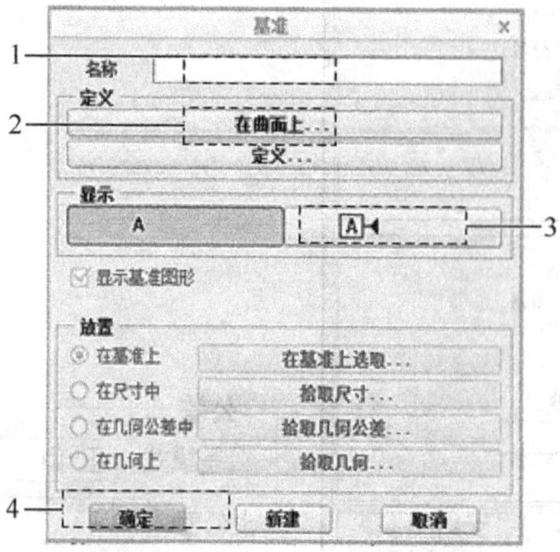

图 9-70 【基准】对话框

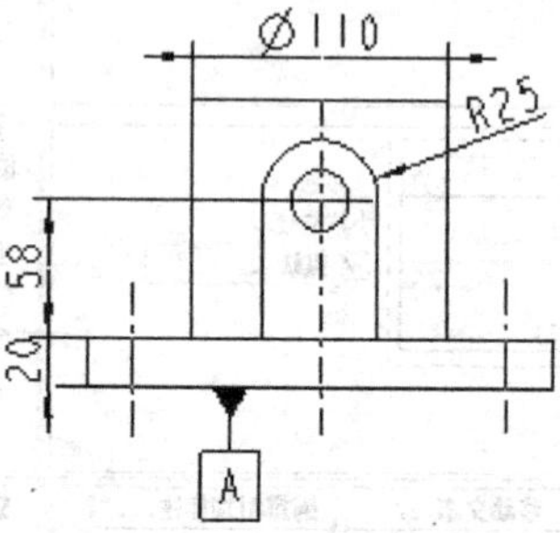

图 9-71 定义的基准面 A

步骤 2：创建几何公差

（1）单击【注释】模块→【几何公差】按钮 ，弹出几何公差对话框，如图 9-72 所示。打开的“dizuo.prt”为默认模型。在对话框的左侧符号区点选垂直度符号。

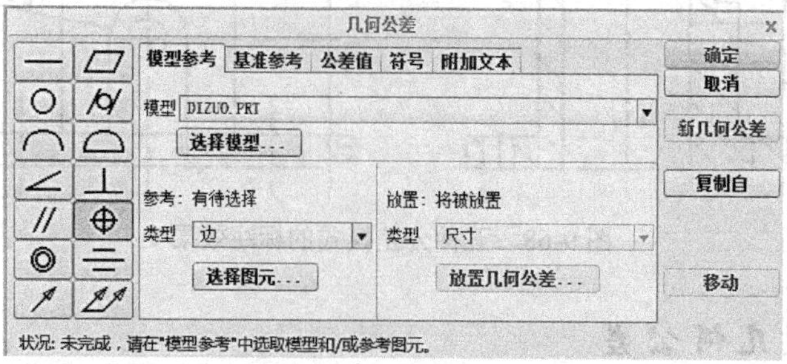

图 9-72 几何公差对话框

（2）在【模型参考】标签的参考【类型】栏中选择【轴】，如图 9-73 所示。点选如图所示主视图中的轴为参考。

（3）在放置【类型】栏中选择【法向引线】，如图 9-74 所示，在弹出的菜单管理器中点选【箭头】，单击Φ80 的右边尺寸界线，在放置几何公差的适当位置单击左键。

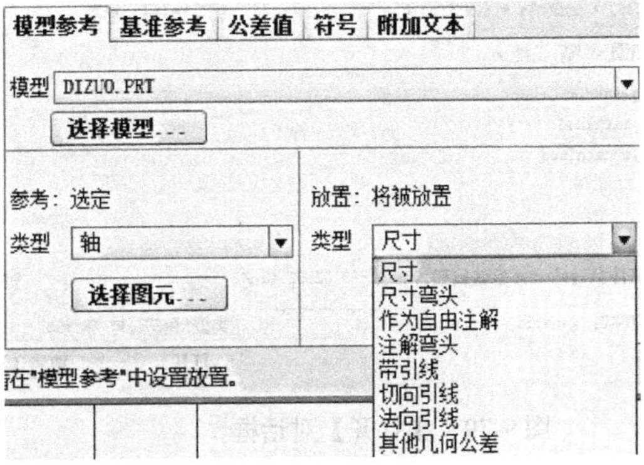

图 9-73 选择法向引线

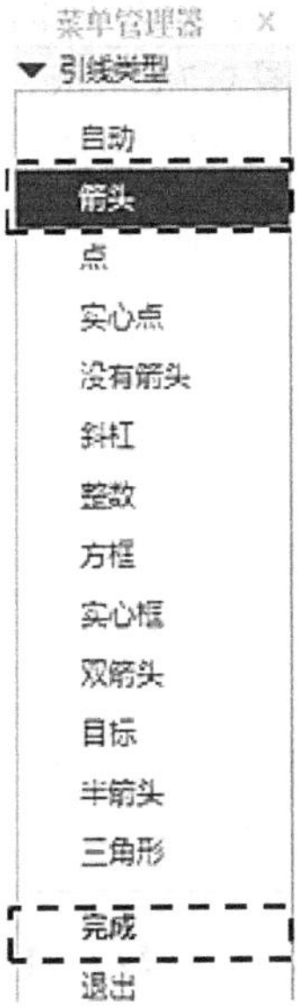

图 9-74 引线类型选箭头

（4）在【基准参考】→【首要】→【基本】栏中单击黑色展开按钮，选择 A，如图 9-75 所示。

（5）在【公差值】→【总公差】栏中填写 0.05，如图 9-76 所示。

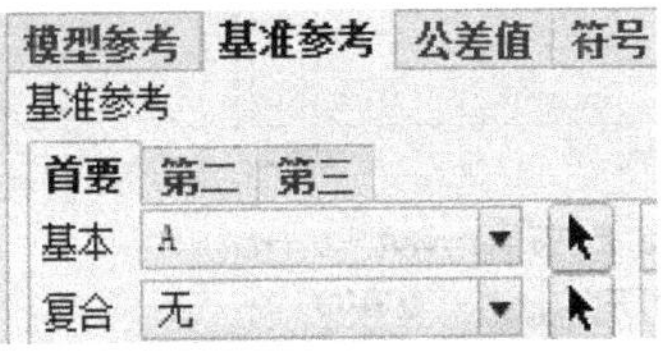

图 9-75 指定基准

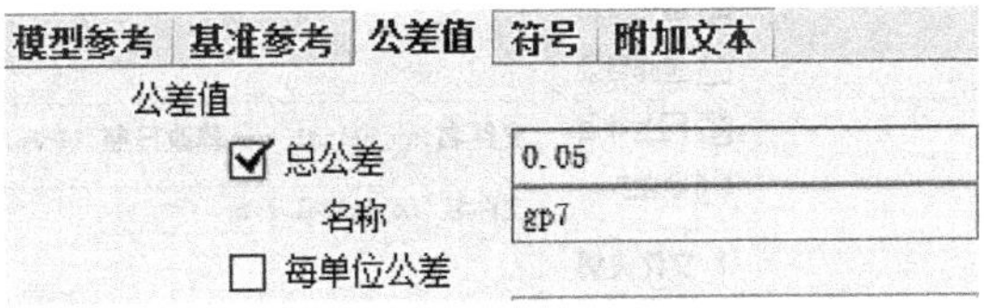

图 9-76 指定公差值

（6）单击【确定】，整理几何公差，使其对齐Φ80 的尺寸线。标注结果如图 9-77 所示。

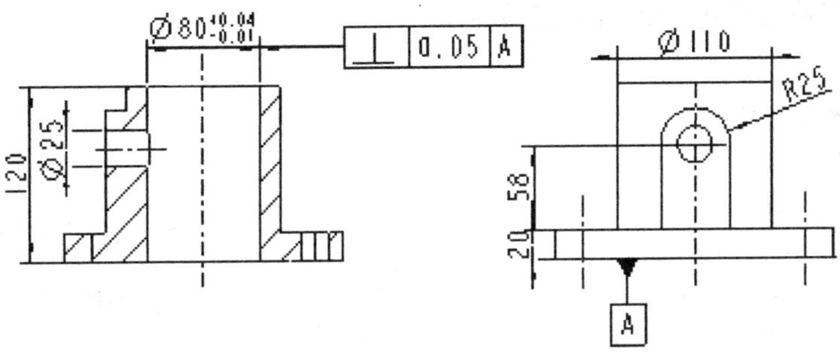

图 9-77 标注后的几何公差

9.4.6 标注表面粗糙度符号

工程图中的零件各个表面均需注明表面粗糙度的要求，下面以“dizuo.drw”工程图为例说明表面粗糙度符号的标注方法。

步骤 1：单击【注释】模块→【表面粗糙度】命令，在弹出的菜单管理器中单击【检索】，如图 9-78 所示。

步骤 2：系统自动弹出【打开】对话框，如图 9-79 所示，点选“machined”,系统又弹出【打开】对话框，如图 9-80 所示，点选“standardl.sym”,单击【打开】。

图 9-78 单击【检索】

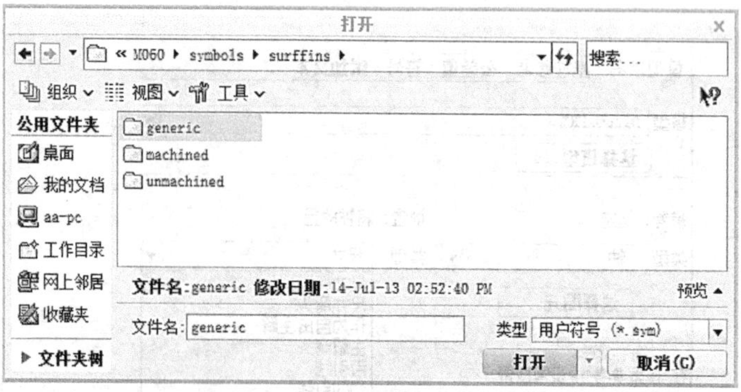

图 9-79 【打开】对话框

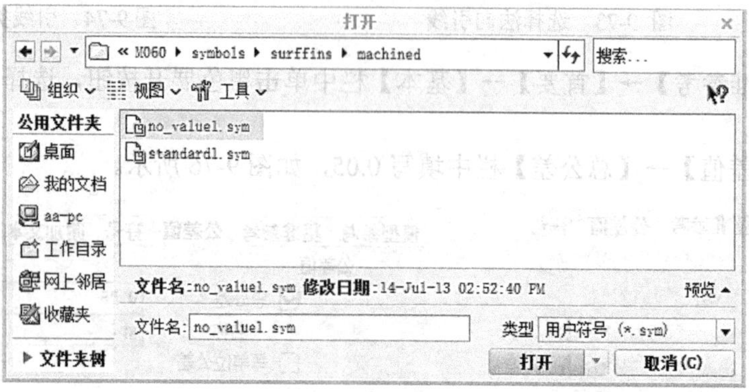

图 9-80 【打开】对话框

步骤 3：系统弹出【实例依附】菜单管理器，如图 9-81 所示，单击【法向】，在主视图上单击要放置粗糙度符号的边，如图 9-82 所示。

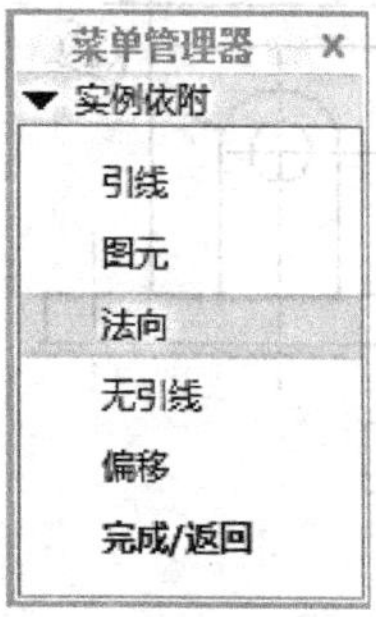

图 9-81 【实例依附】菜单管理器

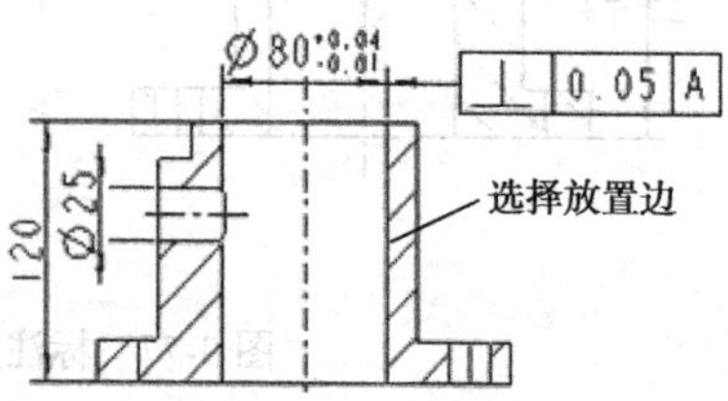

图 9-82 单击符号放置边

步骤 4： 在【输入 roughness_height 的值】文本框中输入 1.6，如图 9-83 所示。单击✓，标注后的结果如图 9-84 所示。

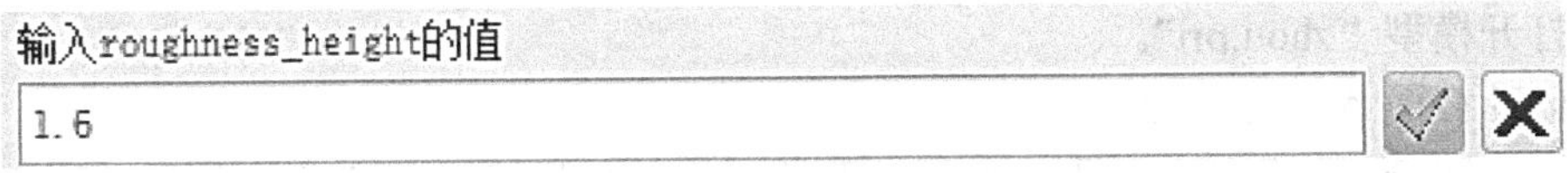

图 9-83 输入粗糙度的值

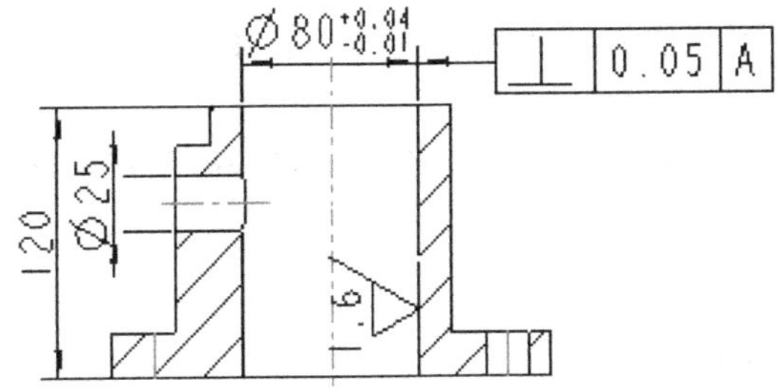

图 9-84 标注表面粗糙度符号

9.5 范例

范例 9-1

按照图 9-85 所示的要求，创建轴零件的视图表达，并标注尺寸、尺寸公差、几何公差及表面粗糙度（标题栏略）。

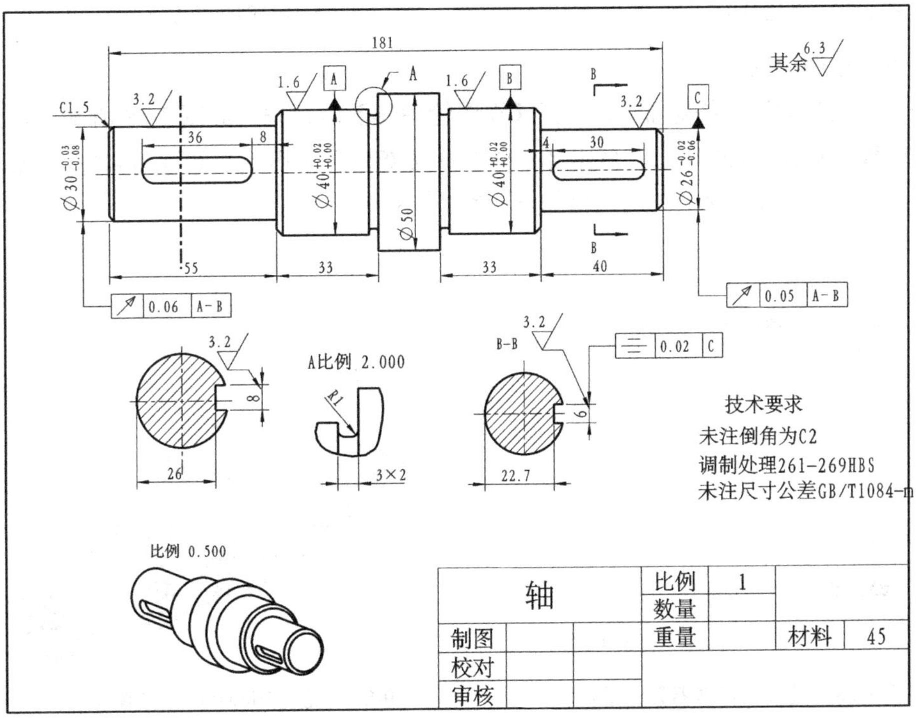

图 9-85 轴零件图

步骤 1：准备工作

（1）设置工作目录。

（2）打开模型“zhou.prt”。

（3）创建截面 A 和截面 B。

单击【视图管理器】按钮，打开视图管理器对话框，单击【截面】→【新建】→【偏移】，如图 9-86 所示。在弹出的文本框中输入“A”,按回车键确认，打开【截面】绘图界面。进入草绘，绘制如图 9-87 所示的截面 A 的位置直线。单击✓，退出草绘，再单击✓，完成截面 A 的创建。

用同样方法创建截面 B，位置如图 9-85 所示。双击视图管理器对话框的【无横截面】，退出激活状态。

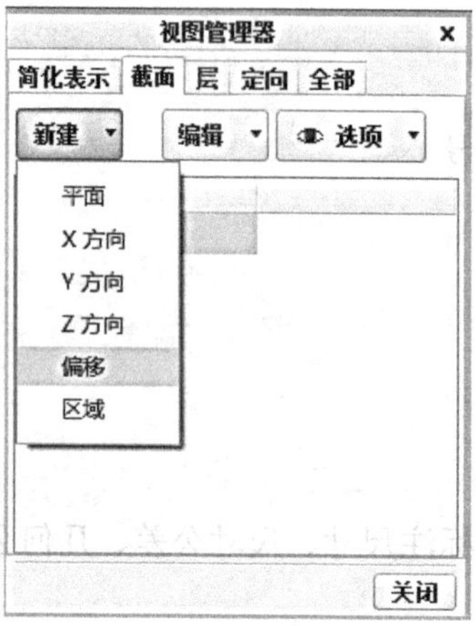

图 9-86　新建截面

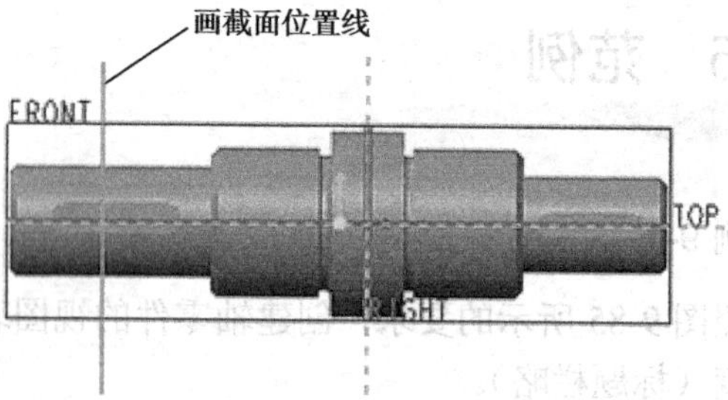

图 9-87　创建截面 A

（4）定义视图方向。

单击【视图管理器】按钮，打开【视图管理器】对话框，如图 9-88 所示。将模型旋转到适当的位置，如图 9-89 所示。单击【定向】→【新建】采用默认新视角名称 View0001，按回车键确认。双击 View0001 时，结果如图 9-89 所示。

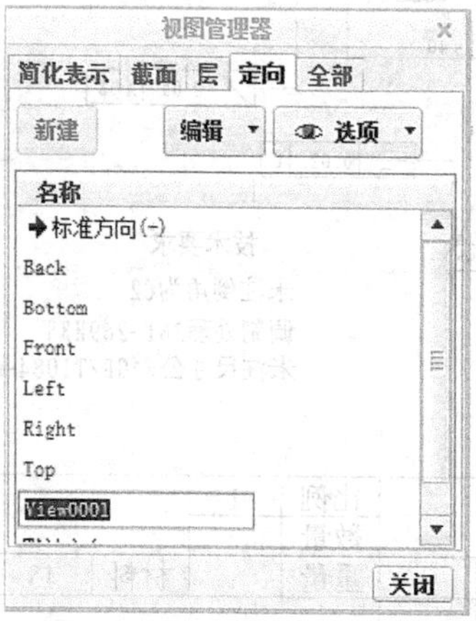

图 9-88　【视图管理器】对话框

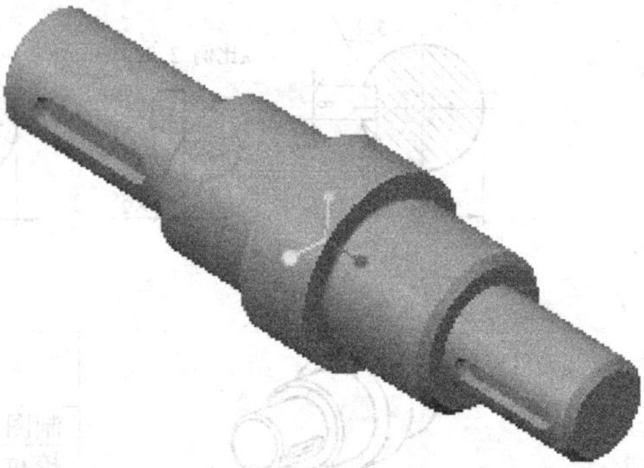

图 9-89　视角 View0001d 的模型

步骤 2：新建工程图

选择【新建】命令，指定名称为“zhou”，取消【使用默认模板】，单击【确定】，在【新建绘图】对话框中，单击【使用模板】，选用 gba4 模板，单击【确定】。新建的工程图如图 9-90 所示。

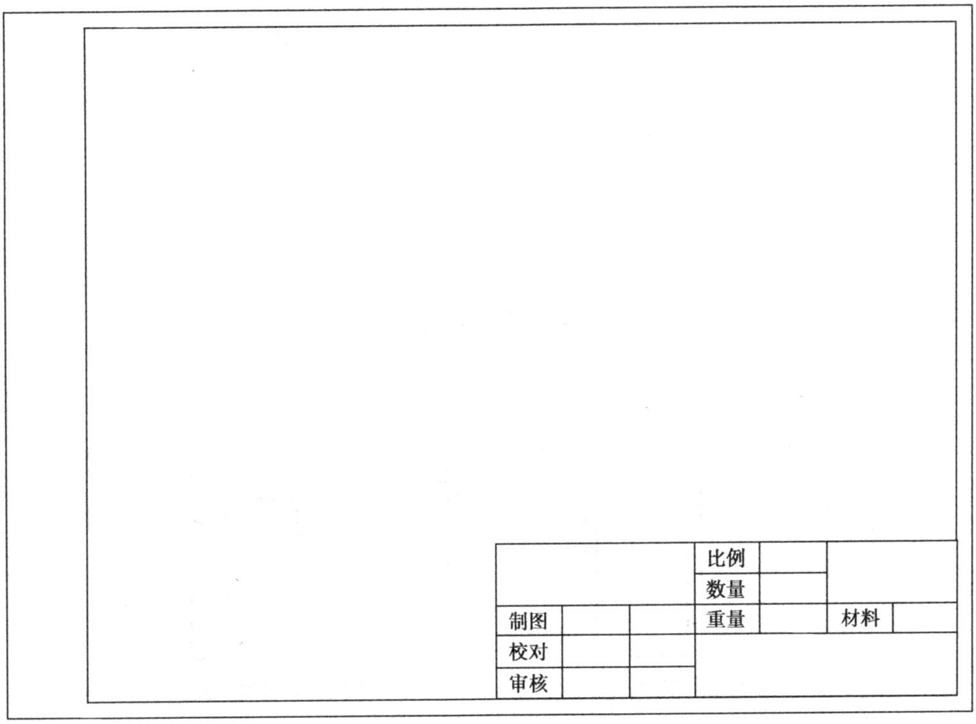

图 9-90　使用模板新建的工程图

步骤 3：创建视图表达

（1）创建主视图。

单击【布局】→【常规】按钮，在适当位置单击创建主视图。双击工程图界面左下角的比例，指定全图比例为 1。

（2）创建Φ30 轴段的断面图。

单击【布局】→【常规】按钮，在适当位置单击，在【绘图视图】对话框中单击【视图类型】→【查看来自模型的名称】→“LEFT”，单击【应用】。单击【截面】→【2D 截面】→ + ，在【名称】栏内选择“A”，在【剖切区域】栏内选择【完全】，【模型边可见性】点选【区域】，如图 9-91 所示，单击【确定】。

（3）创建Φ26 轴段的断面图。

方法同上，并且在【绘图视图】对话框的【箭头显示】栏内单击，然后单击主视图，单击【确定】完成创建。

双击各个断面图的剖面线，修改间距的值，使两图的剖面线一致。

（4）创建详细视图。

单击【布局】→【详细】按钮 详细，在主视图上点选要放大部分的中心点；围绕中心点绘制样条曲线确定细节的范围，按中键确定，如图 9-92 所示；在适当位置单击放置详细视图，创建结果如图 9-93 所示。双击详细视图，可以在【绘图视图】对话框中更改比例。

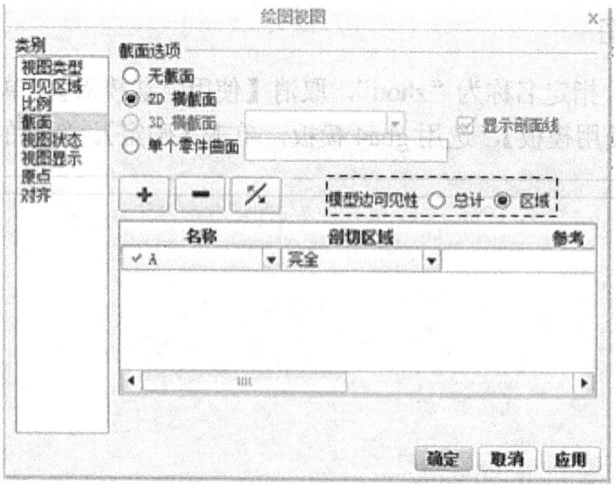

图 9-91　断面图的设置

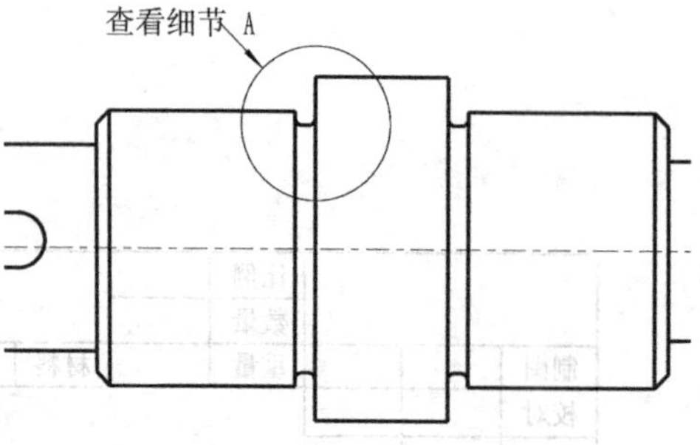

图 9-92　创建详细视图

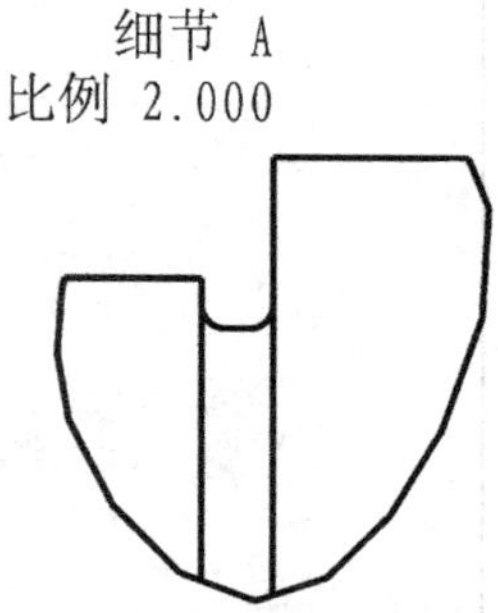

图 9-93　详细视图创建结果

（5）创建轴测图。

单击【布局】→【常规】 按钮，在适当位置单击创建轴测图。在【绘图视图】对话框中单击【比例】→【自定义比例】，指定比例为 0.5；单击【视图类型】，选择步骤 1 定义的视角方向，如图 9-89 所示，单击【确定】。

步骤 4：标注尺寸

（1）显示轴线和驱动尺寸。

单击【注释】→【显示模型注释】按钮，在弹出的【显示模型注释】对话框中单击→【轴】，单击视图显示各个图样中的轴线。

单击→【强驱动尺寸】，分别单击回转轴、大键槽、小键槽和倒角等特征，在视图中显示出强驱动尺寸。经过选择和移动后，效果如图 9-94 所示。

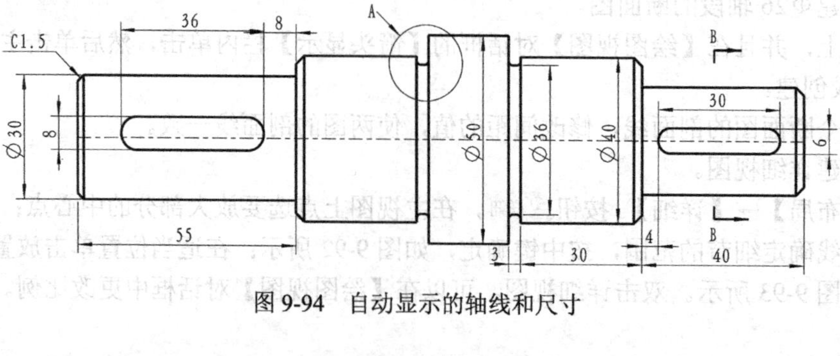

图 9-94　自动显示的轴线和尺寸

（2）手动补充尺寸及尺寸公差。

自动显示的尺寸不够完整，还要进行手动标注和编辑尺寸，方法见本章第 2 和第 3 节。双击需要标注尺寸公差的直径尺寸，在弹出的【尺寸属性】对话框中，指定公差模式为“正-负”，输入上下偏差值，修改小数位数为 3，如图 9-95 所示。

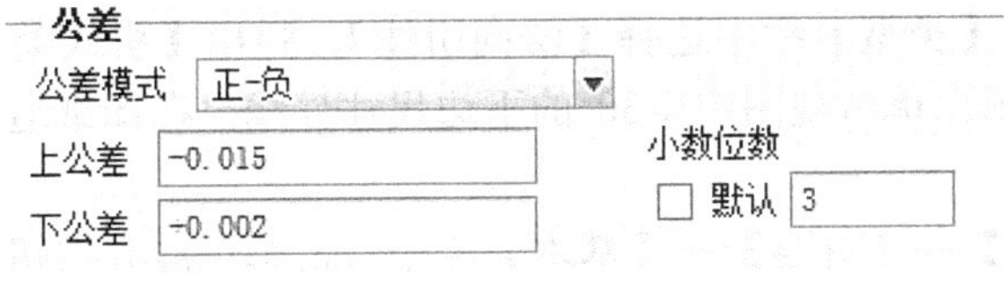

图 9-95　指定偏差值

修改完成的尺寸如图 9-96 所示。

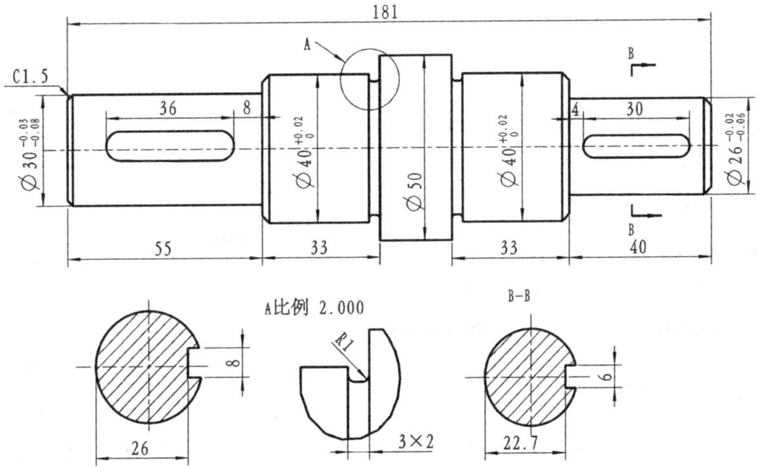

图 9-96　修改完成的尺寸

步骤 5：定义轴基准

单击【注释】→【模型基准】→ 模型基准轴 按钮，系统弹出图【轴】对话框，如图 9-97 所示。指定基准名称为“A”，单击【定义】，在弹出的基准轴菜单管理器中选择【过柱面】，在视图中点选基准轴所在圆柱的表面，单击 A 确定基准显示形式，点选【在尺寸中】→【拾取尺寸】，在视图中单击要放置基准符号的尺寸 ϕ40，单击【确定】。

用同样方法定义基准 B 和 C。

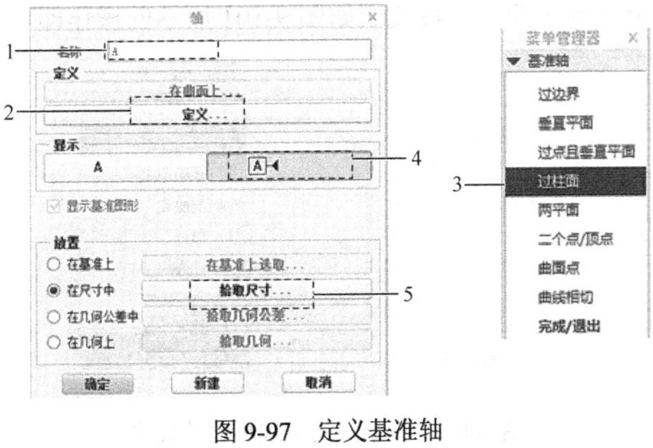

图 9-97　定义基准轴

步骤 6：标注几何公差

（1）单击【注释】→【几何公差】按钮，在几何公差对话框中点选圆跳动按钮，如图 9-98 所示。在【参考】→【类型】栏内点选【曲面】，单击【选择图元】，在主视图上单击 $\phi 30$ 轴段的圆柱表面。

（2）在【放置】→【类型】栏中选择【法向引线】，弹出【引线类型】菜单管理器，点选【箭头】，如图 9-99 所示。单击视图中Φ30 的下边尺寸界线，在图纸适当位置单击放置公差符号。

（3）在【基准参考】→【首要】→【基本】栏中单击黑色展开按钮，选择 A；在【复合】栏中选择 B，如图 9-100 所示。

（4）在【公差值】→【总公差】的文本框中填写 0.06。单击【确定】。完成几何公差的标注。用同样的方法标注剩余的几何公差。

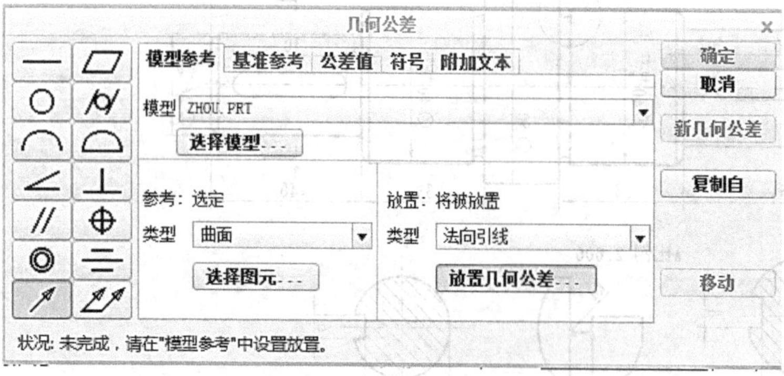

图 9-98　几何公差的设置

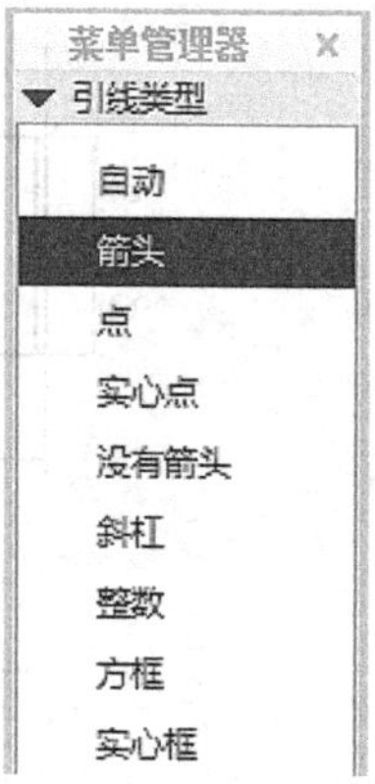

图 9-99　【引线类型】菜单管理器

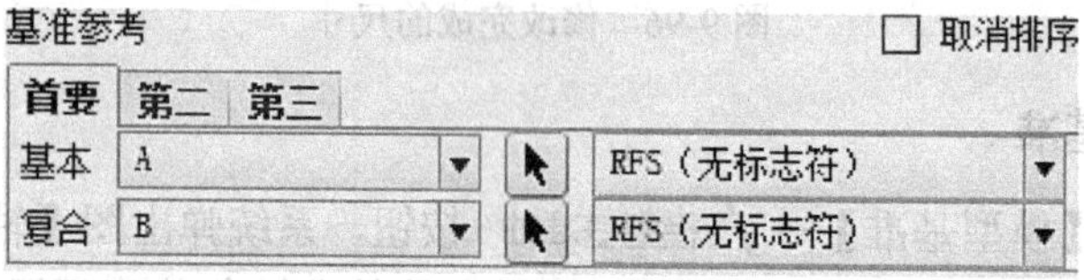

图 9-100　指定复合基准

步骤 7：标注表面粗糙度

按照 9.4.6 节讲述的方法标注表面粗糙度符号。对于不便标注的位置可以用带箭头的引线标出。操作时将 9.4.6 节步骤 3 的操作转变成如图 9-101 所示的操作即可。

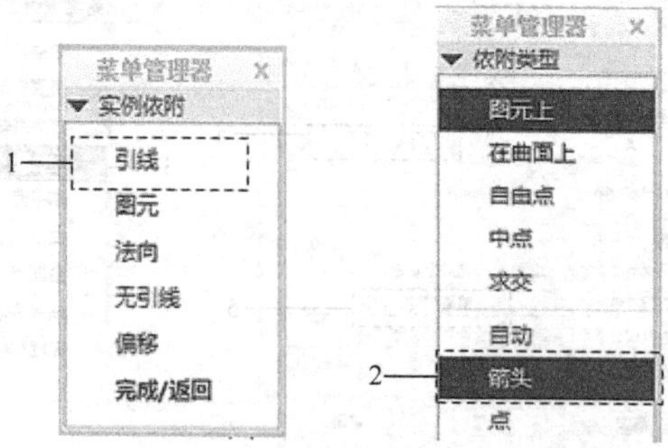

图 9-101　带箭头的引线标注的设置

步骤 8：添加注解

单击【注释】→【注解】按钮 注解，弹出【注解类型】对话框，如图 9-102 所示。单击【无引线】→【进行注解】，系统弹出【选择点】对话框，如图 9-103 所示。在图纸适当位置单击后，弹出【输入注解】文本框，如图 9-104 所示。输入完一行，单击✔，系统会回到【输入注解】文本框，可以继续输入下一行的内容。

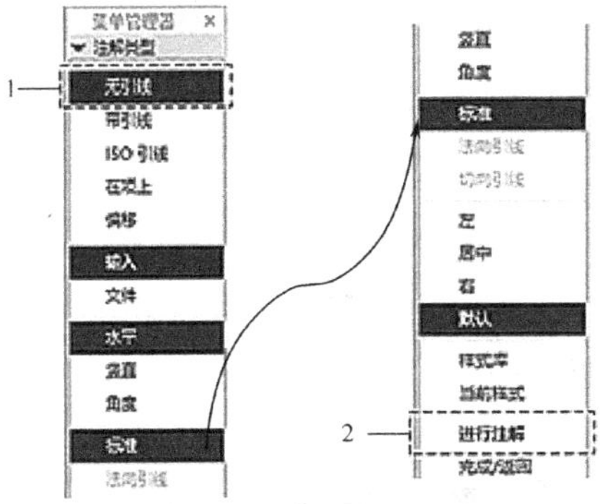

图 9-102　【注解类型】对话框

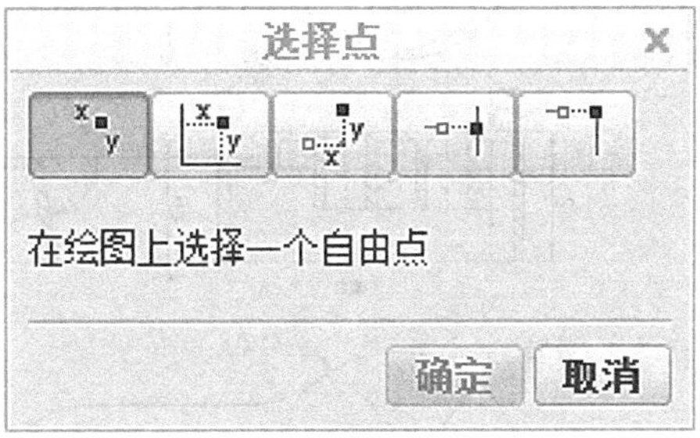

图 9-103　【选择点】对话框

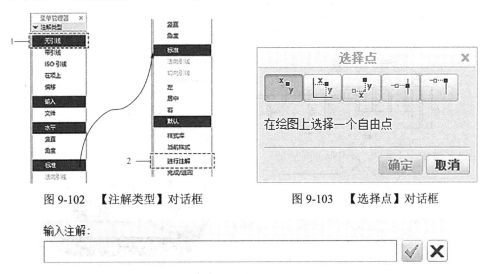

图 9-104　【输入注解】文本框

9.6 练习

练习 1

按图 9-105 所示的要求，创建前盖工程图。

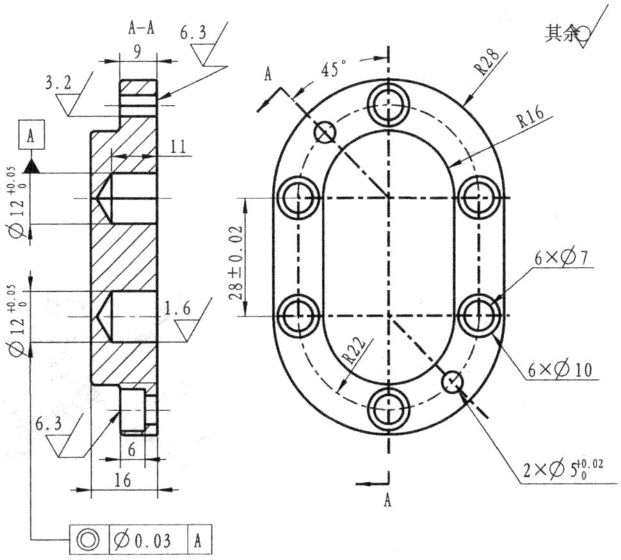

图 9-105　练习 1 零件图

练习 2

创建如图 9-106 所示的工程图，要求主视图采用阶梯剖视图表达，左视图全剖视图表达，并标注相应的尺寸。

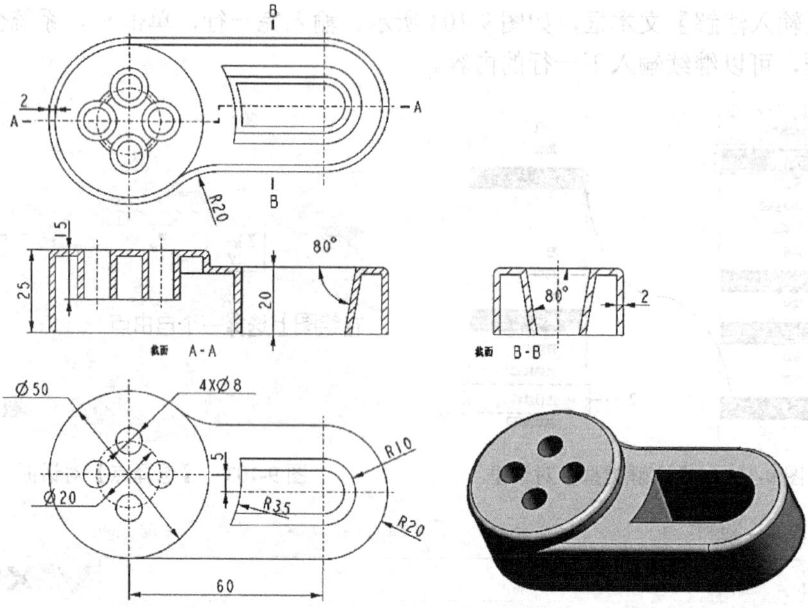

图 9-106 练习 2 零件图

练习 3

创建如图 9-107 所示的工程图，主视图采用全剖视图，俯视图采用局部剖视图表达，并标注相应的尺寸。

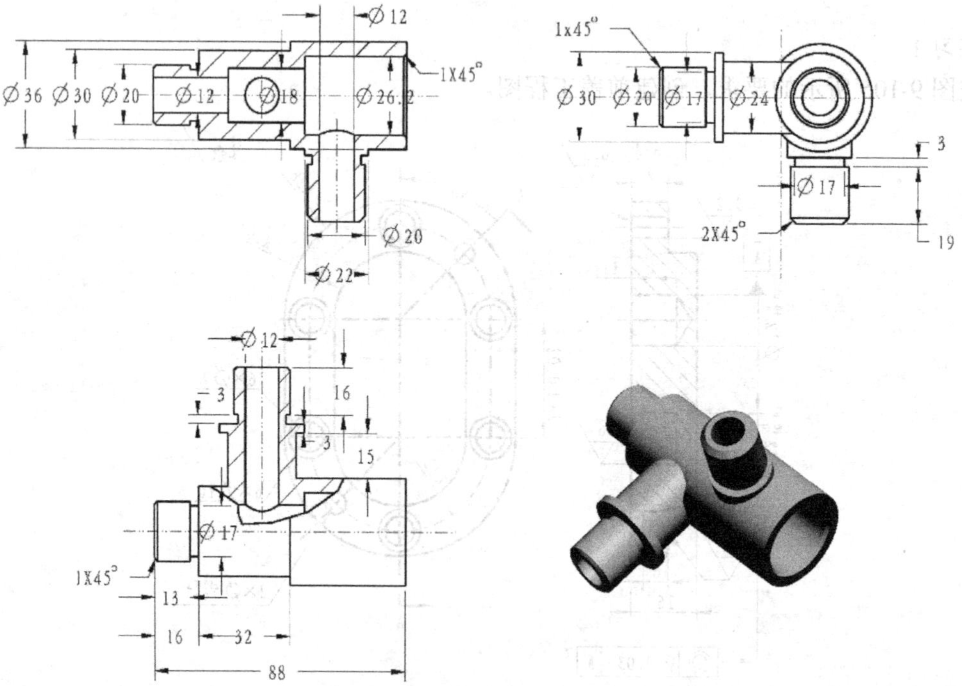

图 9-107 练习 3 零件图

练习 4

按图 9-108 所示的要求，创建虎钳底座工程图。

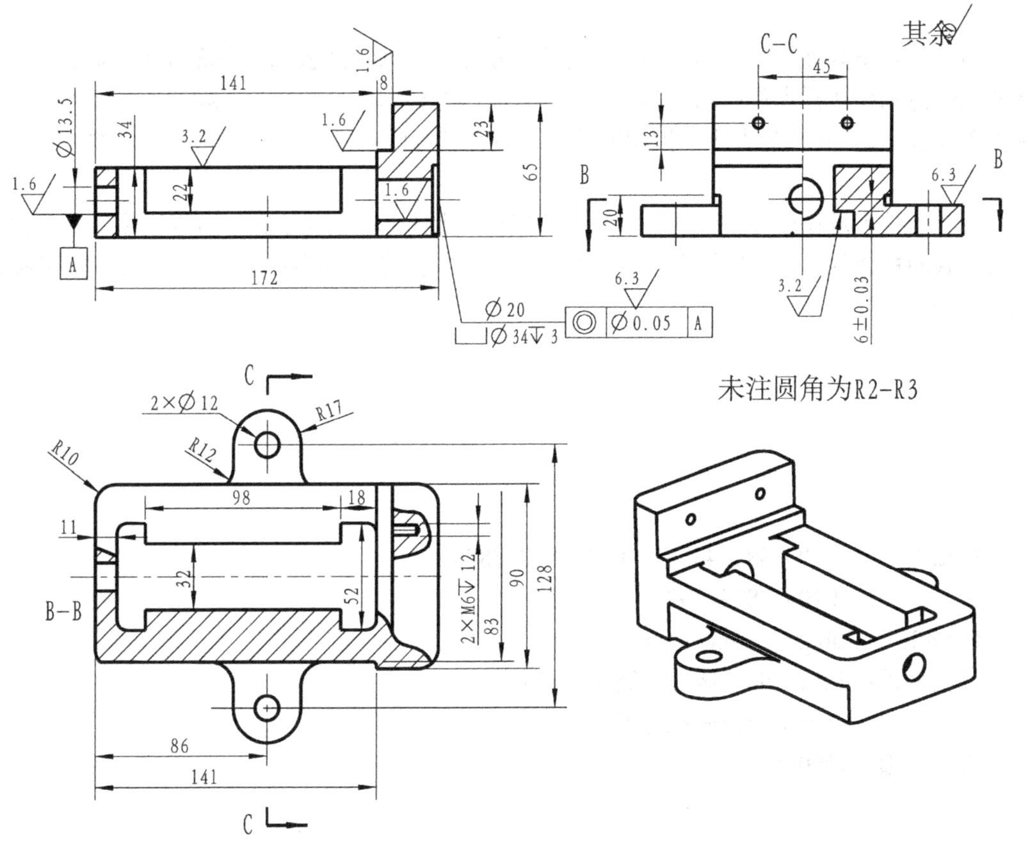

图 9-108　练习 4 零件图

反侵权盗版声明